Kamprath-Reihe

Dipl.-Ing. Walter Wagner

Rohrleitungstechnik

12., überarbeitete und erweiterte Auflage

Vogel Communications Group

Dipl.-Ing. Walter Wagner

Jahrgang 1941, absolvierte nach einer Lehre als Technischer Zeichner ein Maschinenbaustudium und war 1964 bis 1968 Anlagenplaner im Atomreaktorbau; nach einer Ausbildung zum Schweiß-Fachingenieur war er ab 1968 Technischer Leiter im Apparatebau, Kesselbau und in der Wärmetechnik. 1974 bis 1997 bekam Walter Wagner einen Lehrauftrag an der Fachhochschule Heilbronn, von 1982 bis 1984 zusätzlich an der Fachhochschule Mannheim und von 1987 bis 1989 an der Berufsakademie Mosbach.
Im Zeitraum 1988 bis 1995 war er Geschäftsführer der Hoch-Temperatur-Technik Vertriebsbüro Süd GmbH. Seit 1992 ist er Leiter der Beratung und Seminare für Anlagentechnik: WTS Wagner-Technik-Service. Walter Wagner ist außerdem Obmann verschiedener DIN-Normen und öffentlich bestellter und vereidigter Sachverständiger für Wärmeträgertechnik, Thermischer Apparatebau und Rohrleitungstechnik.

Dipl.-Ing. Walter Wagner ist Autor folgender Vogel Fachbücher der Kamprath-Reihe:

Festigkeitsberechnungen im Apparate- und Rohrleitungsbau
Kreiselpumpen und Kreiselpumpenanlagen
Lufttechnische Anlagen
Planung im Anlagenbau
Regel- und Sicherheitsarmaturen
Rohrleitungstechnik
Strömung und Druckverlust
Wärmeaustauscher
Wärmeträgertechnik
Wärmeübertragung
Wasser und Wasserdampf im Anlagenbau
Dietzel/Wagner: Technische Wärmelehre
Hemming/Wagner: Verfahrenstechnik

Zur Themenreihe gehören – ebenfalls bei der Vogel Communications Group erschienen:

H. J. Bullack: (CD-ROM)
Berechnung von Druckbehälter-Bauteilen
Berechnung von Sicherheitseinrichtungen
Berechnung von Kunststoffbehältern
Flanschberechnungen nach EN 1591
Pipe Elements/Rohrleitungsbauteile

Weitere Informationen:
www.vogel-fachbuch.de
http://twitter.com/vogelfachbuch
www.facebook.com/vogelfachbuch

ISBN 978-3-8343-3467-1
12. Auflage. 2020

Printed in Germany

Vorwort

Neben der Festigkeitsberechnung von Rohrleitungsbauteilen sind Planung und Auslegung von Rohrleitungsanlagen wichtige Aufgaben der Fachgebiete Apparatebau, Strömungs-, Verfahrens- und Wärmetechnik. In der Planung muss daher bereits darauf geachtet werden, dass das Fließbild der Anlage allgemeinverständlich dargestellt wird und den Regeln der Technik entspricht.

Im Wesentlichen werden Stahlrohrleitungen behandelt, die nicht im Erdreich verlegt sind und wie sie im industriellen Anwendungsbereich (Anlagenbau) eingesetzt werden.

Dieses Buch ist gedacht für Studierende der Fachrichtungen Maschinenbau, Apparatebau, Versorgungstechnik und Verfahrenstechnik sowie für den in der Praxis tätigen Fachmann im Rohrleitungsbau. Neben den Grundkenntnissen der Mathematik, Festigkeitslehre und Strömungstechnik sind keine besonderen Grundlagen für das Verständnis des Buches erforderlich.

Die Anwendung der aufgeführten Sinnbilder und Gleichungen gestattet die Auslegung von Rohrleitungsanlagen, wobei zum Abschätzen von Elastizität, Rohrleitungsdruckverlusten sowie Dämmdicken entsprechende Tabellen und Diagramme mit aufgeführt werden. Am Schluss sind die entsprechenden Gleichungen nochmals zusammengefasst. Zur leichteren Einarbeitung wurden möglichst viele Anwendungsbeispiele eingefügt.

Resonanz aus Leserkreisen ist mir stets willkommen, E-Mail: wagner@wts-online.de. Der Vogel Communications Group danke ich für die sorgfältige Herstellung.

St. Leon-Rot — Walter Wagner

Der **Onlineservice InfoClick** bietet unter www.vogel-fachbuch.de/infoclick nach Codeeingabe zusätzliche Informationen und Aktualisierungen zu diesem Buch.

InfoClick

In zwei Schritten zum Onlineservice

1. Einfach www.vogel-fachbuch.de/infoclick aufrufen.
2. Den unten stehenden Zugangscode und eine E-Mail-Adresse eingeben.

Ihr persönlicher Zugang zum Onlineservice 

346705690012

Inhaltsverzeichnis

Bedeutung der wichtigsten Formelzeichen

Die nachfolgenden wichtigsten Zeichen werden nach Möglichkeit grundsätzlich angewendet, wobei Abweichungen von diesen Formelzeichen jeweils bei den entsprechenden Gleichungen oder Bildern genannt sind. Nach Möglichkeit wurde versucht, die in den technischen Regelwerken bereits eingeführten Zeichen zu verwenden.

Formelzeichen	Bedeutung	Einheiten	Bemerkung
A	Fläche	mm^2	
B	Brennstoffmenge	kg	
$\dot{B}$	Brennstoffstrom	kg/s	
C	Strahlungskonstante	$W/(m^2 \cdot K^4)$	
C_s	Strahlungskonstante des schwarzen Körpers	$W/(m^2 \cdot K^4)$	$C_S = 5{,}67 \cdot 10^{-8}\ W/(m^2 \cdot K^4)$
D	Durchmesser	mm	
E	Elastizitätsmodul	N/mm^2	
E	Energie	J	
F	Kraft	N	
Fr	Froude-Zahl	–	$Fr = \frac{\bar{w}}{\sqrt{d_i \cdot g}}$
G	Gewichtskraft	N	$G = m \cdot g$
H	Höhe	m	
H	Förderhöhe, Verlusthöhe	m	
H_A	Anlagehöhe	m	
H_u	Heizwert, spezifisch	J/kg	
I	Flächenträgheitsmoment	mm^4	
I_x	Linienträgheitsmoment	mm^3	
I_{xy}	Linienzentrifugalmoment	mm^3	
$I_{x,s}$	Linienträgheitsmoment	mm^3	bezogene auf Schwerachse
$I_{xy,s}$	Linienzentrifugalmoment	mm^3	bezogene auf Schwerachse
K	Festigkeitskennwert	N/mm^2	
K	Kármán-Faktor	–	
K	Kosten	€/...	
K_W	Wärmepreis	€/GJ	
L	Länge	mm	
ΔL	Längenänderung	mm	
M	Moment	$N \cdot m$	$1\ N \cdot m = 1\ J = 1\ W \cdot s$
M_b	Biegemoment	$N \cdot m$	
M_x	Linienmoment	m^2	bezogen auf x-Achse
O	Oberfläche	mm^2	
P	Leistung	W	
Q	Wärmemenge	J	$1\ J = 1\ W \cdot s$
$\dot{Q}$	Wärmestrom	W	$1\ W = 1\ J/s$
R	Radius	mm	

Formel-zeichen	Bedeutung	Einheiten	Bemerkung
R	Gaskonstante, spezifisch	J/(kg · K)	
Re	Reynolds-Zahl	–	$Re = \frac{\overline{w} \cdot d_{\text{i}}}{\nu}$
R	Strömungs-Widerstand	kg/m^7	
S	Sicherheitsbeiwert	–	
T	Temperatur, thermodynamisch	K	
U	Umfang	mm	
V	Volumen	m^3	
$\dot{V}$	Volumenstrom	m^3/s	
V	Vorspannung	%	
W	Widerstandsmoment	mm^3	
W	Arbeit	J	
a	Beschleunigung	m/s^2	
a	Abstand zwischen 2 Festpunkten	mm	
b	Breite	mm	
c	Wärmekapazität, spezifisch	J/(kg · K)	
c	Federkoeffizient	N/mm	
c_1	Zuschlag zum Ausgleich der zulässigen Wanddicken-Unterschreitung	mm	
c_1'	Zul. Wanddicken-Unterschreitung	%	
c_2	Zuschlag für Korrosion bzw. Abnutzung	mm	
d	Durchmesser	mm	
d_a	Außendurchmesser	mm	
d_i	Innendurchmesser	mm	
e	Schwerpunktabstand	mm	
f	Faktor	–	
g	Fallbeschleunigung	m/s^2	
h	Höhe, Abstand	mm	$g_n \approx 9{,}81\ m/s^2$
h	Enthalpie	J/kg	
Δh_V	Verdampfungsenthalpie, spezifisch	J/kg	
i	Trägheitsradius	mm	
k	Wärmedurchgangskoeffizient	$W/(m^2 \cdot K)$	
k	Rauigkeitshöhe	mm	
k	Heizmittelkosten, spezifisch	€/kg	
l	Länge	mm	
m	Masse	kg	
$\dot{m}$	Massenstrom	kg/s	
n	Drehzahl	1/s	
n	Wellenzahl am Kompensator	–	$1\ s^{-1} = 1\ Hz$
P	Druck	bar	
Δp	Druckabfall	bar	$1\ bar = 10^5\ Pa = 10^5\ N/m^2$
$\dot{q}$	Wärmestromdichte	W/m^2	
r	Radius	mm	
s	Weglänge, Wanddicke	mm	
s_v	rechnerische Wanddicke ohne Zuschläge	mm	
t	Zeit	s	
v	Volumen, spezifisch	m^3/kg	$v = 1 / \varrho$
w	Geschwindigkeit	m/s	

Formel-zeichen	Bedeutung	Einheiten	Bemerkung
$\bar{w}$	mittlere Strömungsgeschwindigkeit	m/s	
w_s	Sinkgeschwindigkeit	m/s	
α	Winkel	–	
α	Wärmeübergangskoeffizient	$W/(m^2 \cdot K)$	
$\bar{\beta}_L$	Längenausdehnungskoeffizient	1/K	
ε	Dehnung	–	$\varepsilon = \Delta L / L$
ζ	Widerstandsbeiwert	–	
η	Wirkungsgrad	–	
η	dynamische Viskosität	$Pa \cdot s$	
ϑ	Temperatur, Celsius	°C	
$\Delta\vartheta$	Temperaturdifferenz	K	$\vartheta = T - T_0$ $T_0 = 273{,}15$ K
λ	Wärmeleitfähigkeit	$W/(m \cdot K)$	
λ	Schlankheitsgrad	–	
λ_B	Rohrbogenkoeffizient	–	
λ_D	Wärmeleitfähigkeit von Dämmstoffen	$W/(m \cdot K)$	
λ	Rohrreibungszahl	–	
μ	Reibungszahl	–	$\mu = F_R / F_n$
μ_o	Haftreibungszahl	–	
μ_{pn}	Materialaufladung bei pneumatischer Förderung	–	
μ_h	Volumenverhältnis bei hydraulischer Förderung	–	
ν	kinematische Viskosität	m^2/s	$\nu = \eta / \varrho$
ν	Querkontraktionszahl	–	$\nu = 0{,}3$ für Stahl
ϱ	Dichte	kg/m^3	
σ	Spannung	N/mm^2	
σ_l	Spannung in Längsrichtung	N/mm^2	
σ_u	Spannung in Umfangsrichtung	N/mm^2	
σ_r	Spannung in Radialrichtung	N/mm^2	
σ_{zul}	zulässige Beanspruchung bei ruhender Belastung	N/mm^2	
$\tilde{\sigma}_{zul}$	zulässige Beanspruchung bei schwellender Belastung	N/mm^2	
σ_B	Zugfestigkeit	N/mm^2	
σ_S	Streckgrenze bei 20 °C	N/mm^2	
$\sigma_{0,2}$	0,2%-Dehngrenze bei 20 °C	N/mm^2	
$\sigma_{Sch/D}$	Dauerschwellfestigkeit	N/mm^2	
$\sigma_{Sch/n}$	Zeitschwellfestigkeit	N/mm^2	
σ_V	Vergleichsspannung (Anstrengung)	N/mm^2	
σ_1	1%-Dehnungsgrenze bei 20 °C	N/mm^2	
$\check{\sigma}_{0,2/\vartheta}$	Warmstreckgrenze bzw. 0,2%-Dehngrenze bei ϑ	N/mm^2	Mindestwert
$\check{\sigma}_{1/\vartheta}$	1%-Dehngrenze bei ϑ	N/mm^2	Mindestwert
$\bar{\sigma}_{B/2 \cdot 10^5,}$	Zeitstandfestigkeit für 200 000 Stunden bei ϑ	N/mm^2	Mittelwert
$\bar{\sigma}_{B/10^5/\vartheta}$	Zeitstandfestigkeit für 100 000 Stunden bei ϑ	N/mm^2	Mittelwert
$\bar{\sigma}_{1/10^5/\vartheta}$	1%-Zeitdehngrenze für 100 000 Stunden bei ϑ	N/mm^2	Mittelwert
σ_{prop}	Spannung an der Proportionalgrenze	N/mm^2	

Formelzeichen	Bedeutung	Einheiten	Bemerkung
σ_K	Knickspannung	N/mm²	
τ	Schubspannung, Scherspannung	N/mm²	
φ	Winkel	–	
ψ	Winkel	–	
Vorzeichen			
Δ	Differenz		
d	differentiell		
δ	partiell		
Σ	Summe		
$\exp(...) = e^{(...)}$	Exponentialfunktion		
Diakritische Zeichen (Kopfzeiger)			
-	Mittelwert		
·	auf die Zeit bezogene Größe		
^	maximal		
˅	minimal		
~	wechselnd		
Indizes			
a	außen		
a	Austritt		
e	Eintritt		
e	Ende		
ges	gesamt		
h	hydraulisch		
i	innen		
ℓ	längs		
n	Normzustand		
r	radial		
res	resultierende Kraft		
u	Umfang		
ü	Überdruck		
x-	Richtung		
y-	Richtung		
z-	Richtung		
zul	zulässig		
D	Dichtung, Dämmstoff		
Fl	Flüssigkeit		
H	horizontale Richtung		
K	Konvektion		
L	Bezug auf Länge, laminar		
Str	Strahlung		
T	Turbulent		
V	vertikale Richtung, Vergleich		
ϑ	Bezug auf Temperatur		
0	Anfangswert		
1	Anfang, Eingang		
2	Ende, Ausgang		
∞	unendlich		

1 Planungsgrundlagen

1.1 Allgemeines

Rohrleitungsanlagen (Bild 1.1) dienen vorwiegend der Verbindung von Erzeugungsstätten mit Verbrauchersystemen und können je nach Anwendungszweck in 2 Hauptgruppen eingeteilt werden:

- Produktionsleitungen und
- Transportleitungen.

Die Rohrleitungen selbst haben hierin die Aufgabe, das Fluid (Flüssigkeiten, Gase, Dämpfe und Feststoffe) zu führen und fortzuleiten. Bei Produktionsleitungen handelt es sich um Leitungen, die innerhalb einer Produktionsstätte benötigt werden, und bei Transportleitungen (Pipelines) dienen diese zum Transport des Mediums über größere Entfernungen.

Ein wesentliches Merkmal von Rohrleitungsanlagen ist auch die Verlegungsart, ob diese im Erdboden eingebettet oder frei verlegt sind.

Sobald Rohrleitungen auch durch das Medium eine andere Temperatur als die Umgebungstemperatur annehmen können, sind besonders die möglichen **Längenänderungen** bei der Planung und Ausführung zu berücksichtigen. Zusätzlich ist hierbei erforderlichenfalls ein Wärme- bzw. Kälteschutz durch Anbringung einer Dämmung vorzusehen.

Es sind bei Planung und Bau von Rohrleitungen neben den speziell dafür geltenden Normen auch andere Regeln, Richtlinien, Arbeits- oder Merkblätter zu beachten, die sich mit den zu verbindenden Anlagen oder Einrichtungen befassen und von verschiedenen

Bild 1.1 Anlagenbau – Innenaufstellung [Quelle: heat11]

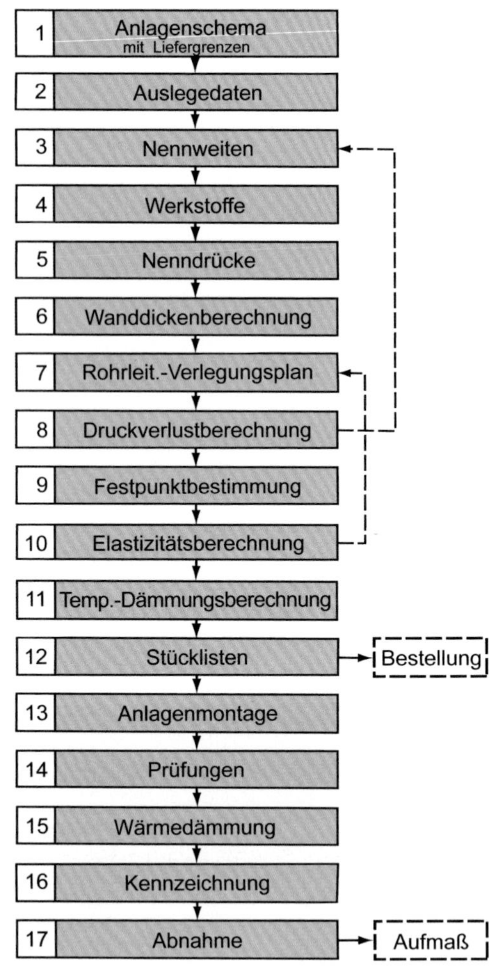

Bild 1.2
Planungs- und Bauablauf eines Rohrleitungssystems

Verbänden und Körperschaften aufgestellt wurden.

Allgemein kann der Planungsablauf eines Rohrleitungssystems gemäß Bild 1.2 wie folgt beschrieben werden, wobei zu beachten ist, dass je nach Genauigkeit und geforderter Wirtschaftlichkeit einzelne Größen durch Iterationsrechnung bestimmt werden müssen.

1. Auf der Grundlage des erforderlichen Verfahrensablaufs wird ein Anlagenschema einschließlich der Rohrleitungsorgane und Messstellen angefertigt (nach DIN EN ISO 10628 und DIN 19227).
2. Für die einzelnen Rohrleitungsstränge werden die Auslegedaten, wie Medium, Förderstrom, Druck und Temperatur, festgelegt.
3. Mit Hilfe der wirtschaftlichen Geschwindigkeit und des Förderstromes wird der Rohrinnendurchmesser bzw. die Nennweite (DN) in ihrer Abstufung (nach DIN EN ISO 6708 ermittelt.
4. Rohrwerkstofffestlegung aus Medium, Druck und Temperatur, wobei berücksichtigt werden muss, dass bestimmte Vorschriften oder Normen Beachtung finden z.B. DIN EN 13480-2.
5. Bestimmung des Nenndruckes (PN) der Rohrstränge aus Werkstoff, Druck und Betriebstemperatur (nach DIN EN 1333).
6. Wanddickenberechnung von Rohr- und Formstücken aus Druck, Temperatur, Werkstoff und Korrosionseinfluss sowie nach Herstellungsgüte, s. «Festigkeitsberechnungen im Apparate- und Rohrleitungsbau» [3.1]
7. Mit Hilfe der Maßzeichnungen der Rohrleitungsteile, wie Pumpen, Armaturen usw., sowie dem Anlagen-Lageplan wird ein Rohrleitungsplan erstellt, wobei Dämmdicken, Bedienbarkeit von Geräten und Mindestabstände zu Nachbarrohren, Wänden usw. berücksichtigt werden müssen.
8. Berechnung der Druckverluste und gegebenenfalls Änderung primär der Rohrnennweite bzw. Änderung der Rohrverlegung.
9. Festlegung der systembedingten Festpunkte, wie z.B. Großaggregate und Strömungsmaschinen.
10. Elastizitätsberechnung des Rohrleitungssystems, wobei eventuell hierdurch der Rohrplan nochmals geändert werden muss.
11. Dämm- und Wärmeverlustberechnung, z.B. nach DIN EN ISO 12241, wobei Mindestdämmdicken wegen Berührungsschutz bzw. Brandgefahr berücksichtigt werden müssen.
12. Erstellung von Stücklisten und Bestellung der Bauteile.
13. Anlagenmontage, wobei zuerst Transportmaße und Einbringungsmöglichkeiten berücksichtigt werden müssen.

14. Prüfungen nach DIN EN 13480-5.
15. Temperaturdämmung (Berechnung n. DIN EN ISO 12241, Ausführung z.B. nach DIN 4140).
16. Kennzeichnung des Rohrleitungssystems (vorzugsweise DIN EN 13480-4 u. DIN 2403).
17. Abnahme durch Betreiber und evtl. einer Abnahmebehörde sowie, wenn vereinbart wurde, Aufmaß der Anlage (z.B. nach VOB). Überarbeitung der Unterlagen nach dem Ist-stand.

1.2 Rohrleitungen innerhalb der Druckgeräterichtlinie (DGRL)

1.2.1 Allgemeines

Ein Druckgerät kann nach DGRL ein Behälter, eine Rohrleitung, ein Ausrüstungsteil mit Sicherheitsfunktion, ein druckhaltendes Ausrüstungsteil oder eine Baugruppe, also eine Zusammenfügung mehrerer Druckgeräte sein. Eine Rohrleitung dient der Durchleitung von Fluiden und verbindet Bauteile eines Drucksystems miteinander.

Das Rohrleitungssystem kann umfassen:

- ❑ Einzelteile ohne CE-Kennzeichnung (z.B. Rohre, Bögen, Formstücke, Flansche, Schrauben, Mutter, Dichtungen),
- ❑ Druckbehälter mit gesonderter CE-Kennzeichnung (z.B. Kompensatoren),
- ❑ Ausrüstungsteile mit Sicherheitsfunktion, die eine gesonderte CE-Kenzeichnung tragen (z.B. Sicherheitsventile),
- ❑ sonstige Komponenten, die nicht druckbeaufschlagt sind, aber für den sicheren Betrieb der Rohrleitung unerlässlich sind (z.B. Rohrhalterungen).

Zur Rohrleitung gehören auch Anschweißungen und andere unlösbar angebrachte Teile wie integrale Halterungsanschlüsse, angeschweißte Rohrhalterungen, Halterungsnocken als Tragkonstruktion der Dämmung, Nocken für Gefällemessung, Aufschweißstutzen für Druck- und Temperaturmessung, Transportbefestigungen, Transportösen und angeschweißte Schilderhalter.

Ein Rohrleitungssystem ist definiert durch ein Fluid mit einem bestimmten Druck und einer zulässigen Temperatur, das für den vorgegebenen Verwendungszweck vorgesehen ist. Es beginnt, endet und wird unterbrochen

- ❑ am Stutzen oder hinter der Absperrarmatur einer Ausrüstung (z.B. Pumpe, Turbine),
- ❑ am Stutzen oder hinter der Absperrarmatur eines Druckbehälters,
- ❑ vor oder hinter einer Druckreduzierung ggf. kombiniert mit einer Temperaturreduzierung (z.B. an einer Umleitstation, Sicherheitsventil oder Kondensatableiter).

1.2.2 Einstufung des Druckgerätes

Fluidgruppe
Entsprechend Artikel 9 der DGRL ist die Fluidgruppe durch das später in dem Bauteil fließende bzw. befindliche Medium bestimmt. Die DGRL unterscheidet 2 Fluidgruppen (Tabelle 1.1):

- **Fluidgruppe 1:** gefährliche Fluide, die als explosionsgefährlich, hochentzündlich, leicht entzündlich, entzündlich (wenn die maximal zulässige Temperatur über deren Flammpunkt liegt), sehr giftig, giftig oder brandfördernd eingestuft werden,
- **Fluidgruppe 2:** weniger gefährliche und ungefährliche Fluide, also alle die, die nicht in die Fluidgruppe 1 eingruppiert werden.

Tabelle 1.1 Fluidgruppen

Fluidgruppe		Fluideigenschaften
1	gefährliche Fluide	explosionsgefährlich hochentzündlich leicht entzündlich entzündlich[1)] sehr giftig giftig brandfördernd
2	weniger gefährliche und ungefährliche Fluide	alle nicht zur Gruppe 1 gehörenden Fluide

[1)] wenn die maximal zulässige Temperatur über dem Flammpunkt liegt

«Fluide» sind Gase, Flüssigkeiten und Dämpfe

Mit Hilfe der Richtlinie 67/548/EG (zuletzt geändert durch die Richtlinie 94/69/EG) umgesetzt in der Gefahrstoffverordnung, werden Stoffe mit ihren Gefährlichkeits- und Risikomerkmalen beschrieben. Die dort verwendeten Symbole wie z.B. T oder T+ und die Einstufung in Fluidgruppen nach DGRL sind allerdings nicht identisch. So können krebserregende Stoffe zwar nach Gefahrstoffverordnung mit dem Symbol T (wie giftig) gekennzeichnet sein, fallen aber trotzdem, nicht in die Fluidgruppe 1. Trotz dieser Nichtübereinstimmung zwischen DGRL und Gefahrstoffverordnung bietet die Symbolik und das Risikomerkmal eine gute Hilfe für die Einstufung in die richtige Fluidgruppe.

Bestimmung des Aggregatzustandes
Ausgehend von der Einteilung, dass ein Fluid im gasförmigen Zustand unter Druck ein höheres Gefahrenpotential in sich birgt, als im flüssigen Zustand, ist für das vorliegende Fluid zu bestimmen, ob der Dampfdruck bei der zulässigen maximalen Temperatur (TS) in der Rohrleitung um mehr als 0,5 bar oder höchstens 0,5 bar oberhalb des normalen Atmosphärendruckes von 1013 mbar liegt. Für einen Dampfdruck um mehr als 0,5 bar oberhalb des Atmosphärendruckes, wird das Fluid als Gas behandelt und entsprechend seiner Fluidgruppe in Diagramm 6 oder 7 der DGRL eingestuft. Liegt der Dampfdruck höchstens 0,5 bar über dem normalen Atmosphärendruck, kommen die Diagramme 8 und 9 je nach Fluidgruppe zur Anwendung (siehe Bilder 1.3 bis 1.6).

1.2.3 Konformitätsbewertungsverfahren

Ausgehend von den Auslegungsdaten für die Rohrleitung wird aus dem maximal zulässigen Druck (PS) in bar und der Nennweite der Rohrleitung (DN) das dimensionslose Produkt «PS × DN» ermittelt. Entsprechend der bereits festgelegten Bestimmung des Aggregatzustandes in Kombination mit der Fluidgruppe, er-

Tabelle 1.2 Konformitätsbewertungsverfahren in Abhängigkeit von der Kategorie

<table>
<tr><th>Art des Druckgerätes</th><th>Kategorie</th><th>Modul für Konformitätsbewertung</th><th colspan="2">Bezeichnung des Konformitätsbewertungsverfahrens nach Anhang III der Druckgeräterichtlinie</th></tr>
<tr><td rowspan="9">Rohrleitungen, druckhaltende Ausrüstungsteile</td><td>I</td><td>A</td><td colspan="2">interne Fertigungskontrolle</td></tr>
<tr><td rowspan="3">II</td><td>A1</td><td colspan="2">interne Fertigungskontrolle mit Überwachung der Abschlussprüfung</td></tr>
<tr><td>D1</td><td colspan="2">Qualitätssicherung Produktion</td></tr>
<tr><td>E1</td><td colspan="2">Qualitätssicherung Produkt</td></tr>
<tr><td rowspan="5">III</td><td>B1 + D</td><td rowspan="2">EG-Entwurfsprüfung +</td><td>Qualitätssicherung Produktion</td></tr>
<tr><td>B1 + F</td><td>Prüfung der Produkte</td></tr>
<tr><td>B + E</td><td rowspan="2">EG-Baumusterprüfung +</td><td>Qualitätssicherung Produkt</td></tr>
<tr><td>B + C1</td><td>Konformität mit der Bauart</td></tr>
<tr><td>H</td><td colspan="2">Umfassende Qualitätssicherung</td></tr>
<tr><td rowspan="4">Ausrüstungsteile mit Sicherheitsfunktion, druckhaltende Ausrüstungsteile</td><td rowspan="4">IV</td><td>B + D</td><td rowspan="2">EG-Baumusterprüfung +</td><td>Qualitätssicherung Produktion</td></tr>
<tr><td>B + F</td><td>Prüfung der Produkte</td></tr>
<tr><td>G</td><td>EG-Einzelprüfung</td><td></td></tr>
<tr><td>H1</td><td colspan="2">umfassende Qualitätssicherung mit Entwurfsprüfung und besonderer Überwachung der Abschlussprüfung</td></tr>
</table>

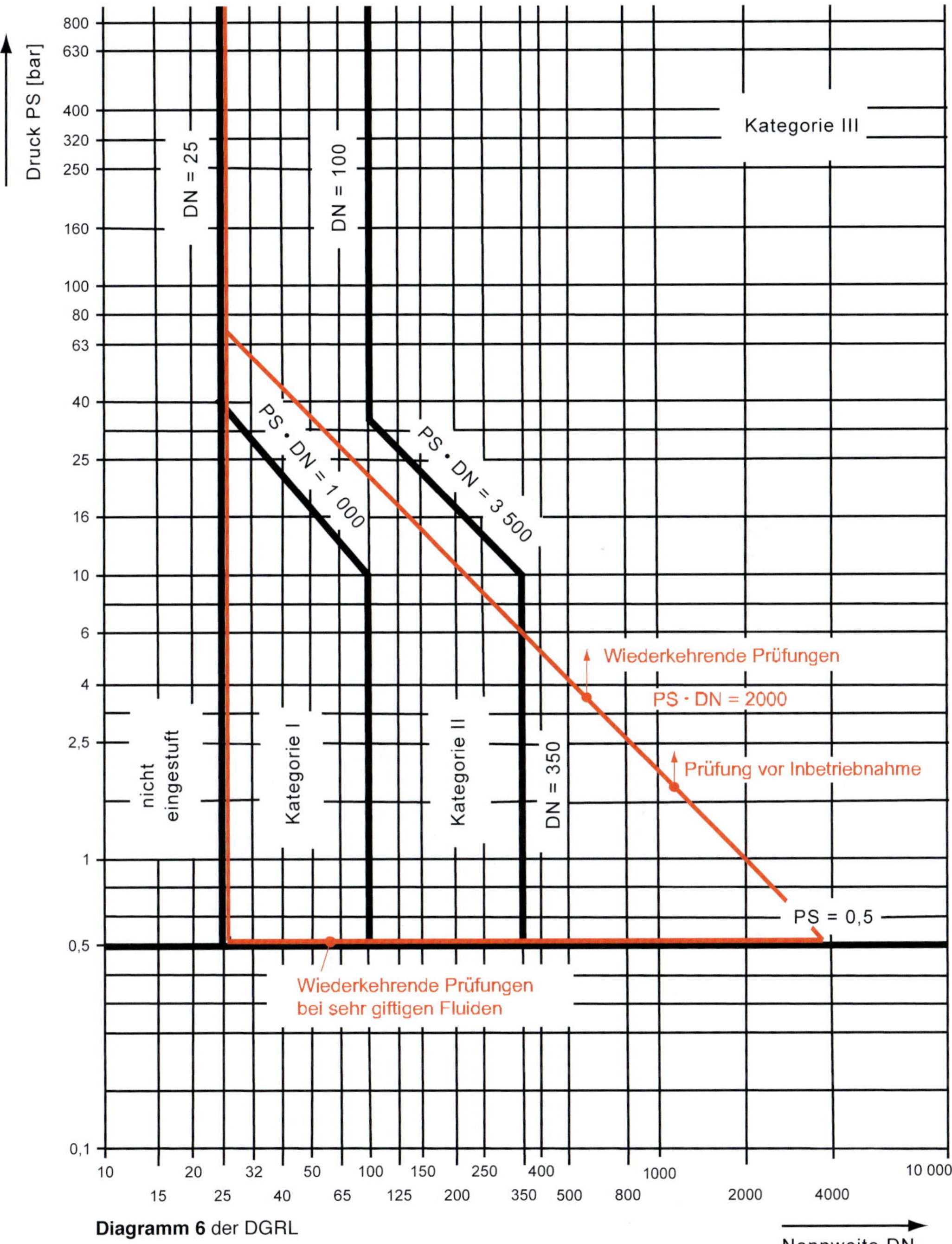

Bild 1.3 Einstufung von Rohrleitungen für gefährliche Gase und Dämpfe sowie Flüssigkeiten, deren Dampfdruck bei Betriebstemperatur > 0,5 bar über Atmosphärendruck liegt

$p_{\text{Dampf, TS}}$ > 0,5 bar, ü *Fluide der Gruppe 1*	s. Betriebssicherheitsverordnung (Abschnitt 1.3)

Als Ausnahme hiervon sind Rohrleitungen, die für instabile Gase bestimmt sind und nach Diagramm 6 unter die Kategorie I oder II fallen, in die Kategorie II einzustufen.

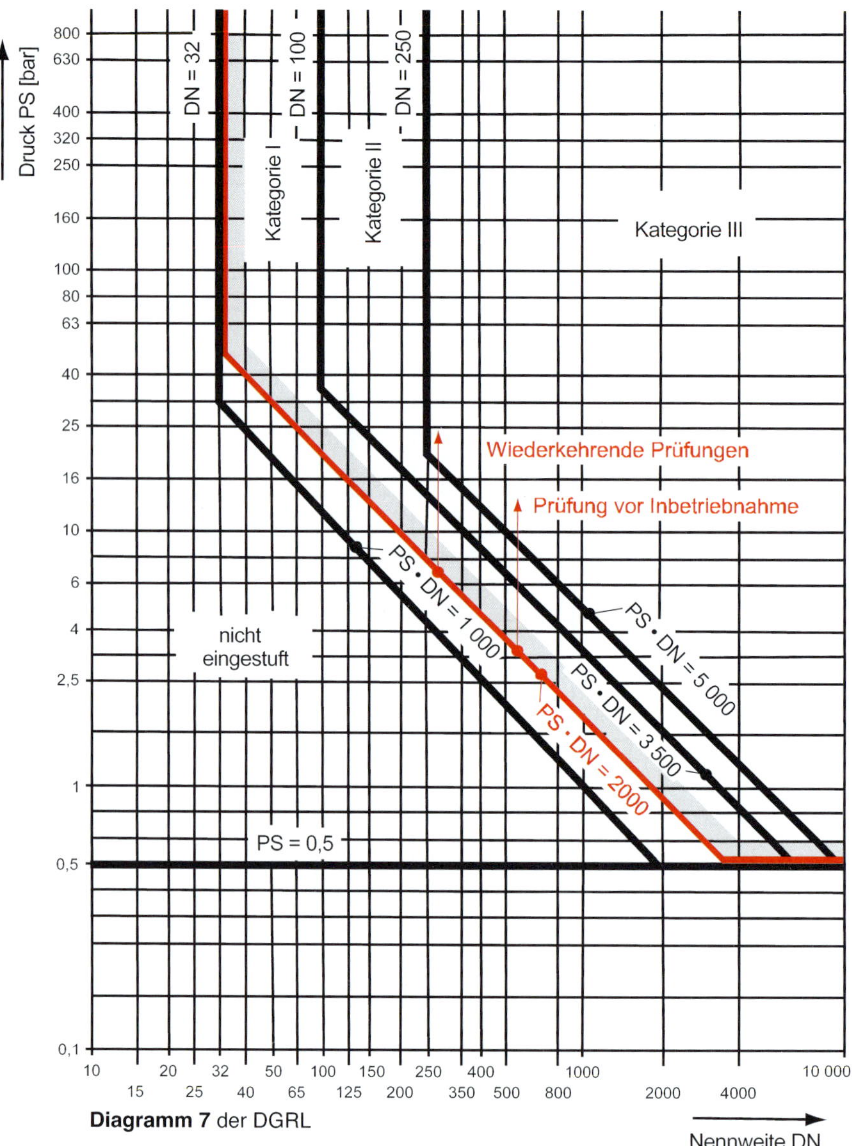

Bild 1.4 Einstufung von Rohrleitungen für wenig gefährliche und ungefährliche Gase und Dämpfe sowie Flüssigkeiten, deren Dampfdruck bei Betriebstemperatur > 0,5 bar über Atmosphärendruck liegt (bei Wasser >110 °C)

$p_{\text{Dampf, TS}}$ > 0,5 bar, ü *Fluide der Gruppe 2*	s. Betriebssicherheitsverordnung (Abschnitt 1.3)

Als Ausnahme hiervon sind Rohrleitungen, die Fluide mit Temperaturen von mehr als 350 °C enthalten und nach Diagramm 7 unter die Kategorie II fallen, in die Kategorie III einzustufen.

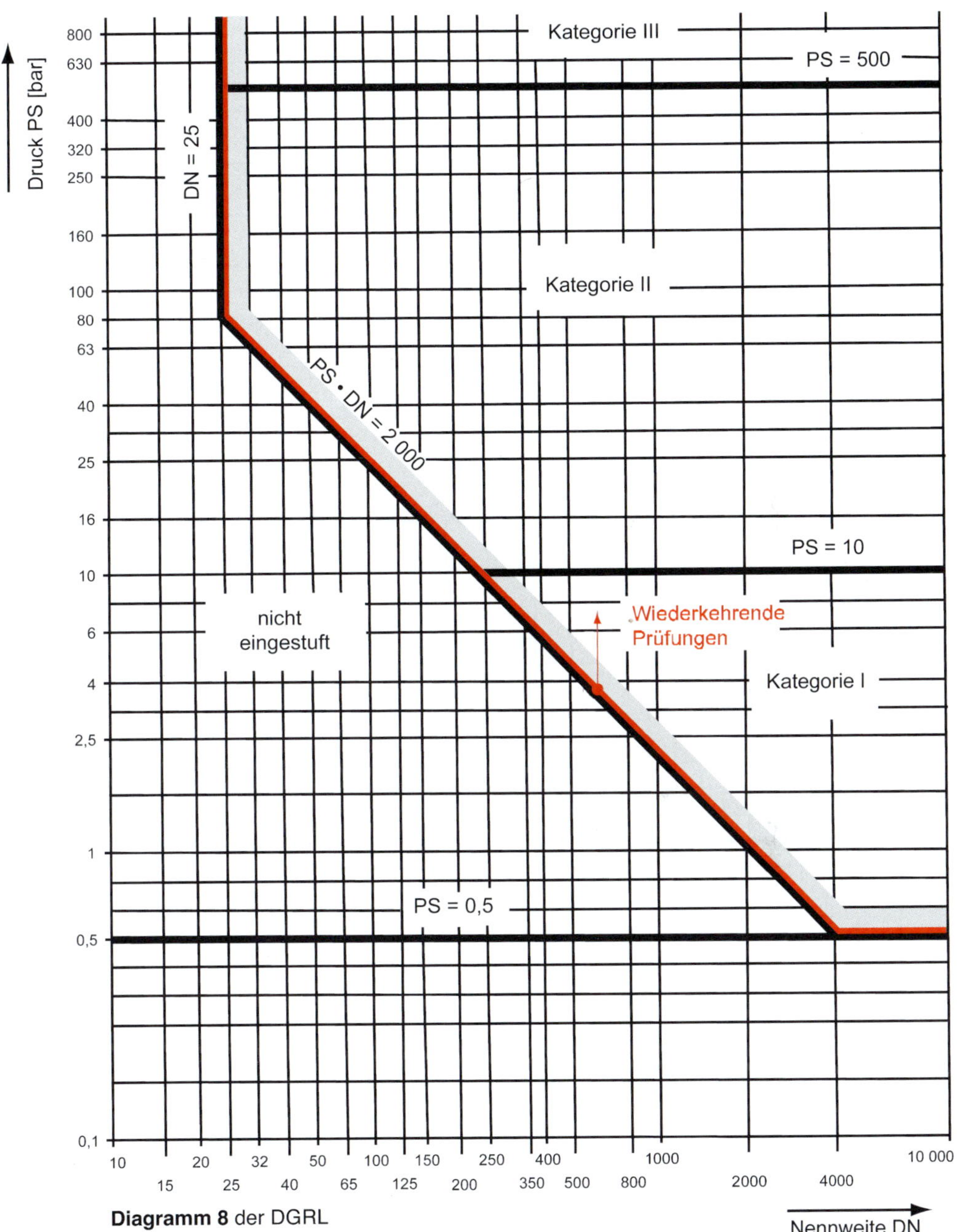

Bild 1.5 Einstufung von Rohrleitungen für gefährliche Flüssigkeiten, deren Dampfdruck bei Betriebstemperatur < 0,5 bar über Atmosphärendruck liegt

$p_{\text{Dampf, TS}} \leqq 0{,}5$ bar, ü *Fluide der Gruppe 1*

s. Betriebssicherheitsverordnung (Abschnitt 1.3)

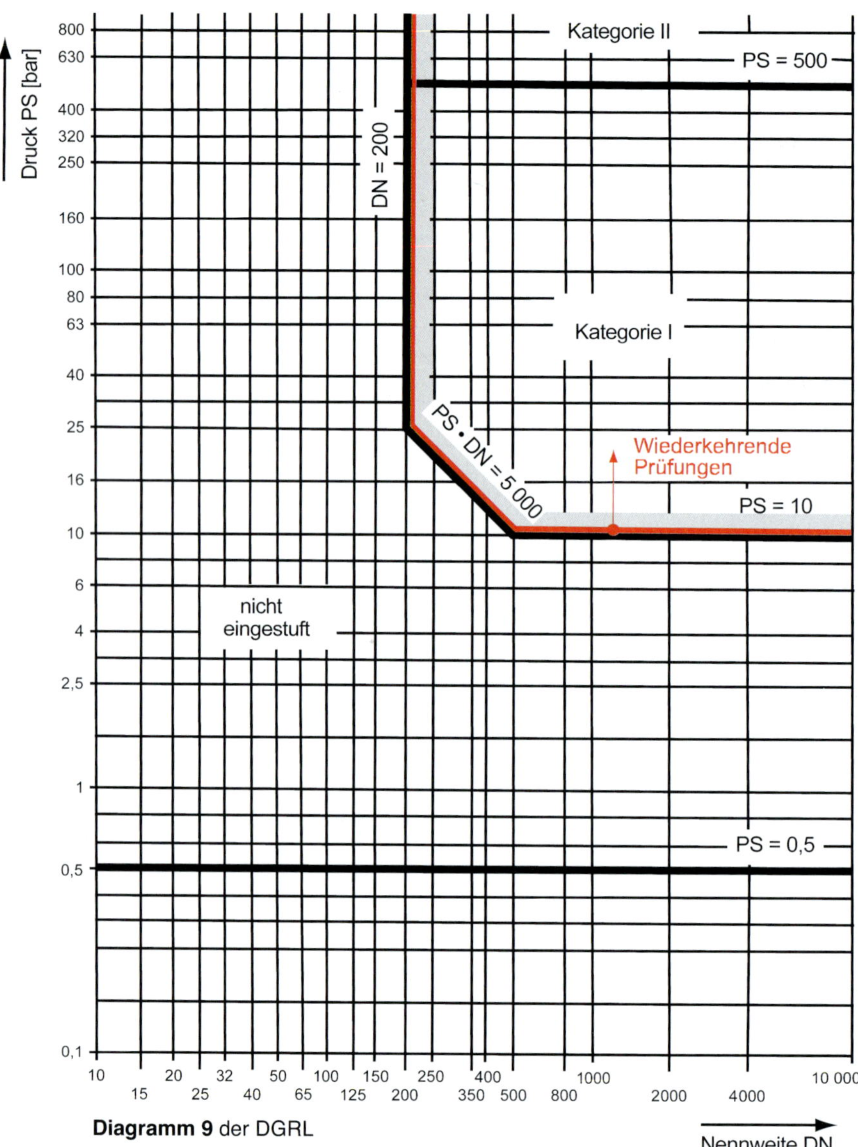

Bild 1.6 Einstufung von Rohrleitungen für wenig gefährliche und ungefährliche Flüssigkeiten, deren Dampfdruck bei Betriebstemperatur < 0,5 bar über Atmosphärendruck liegt (bei Wasser <110 °C)

$p_{\text{Dampf, TS}} \leqq 0{,}5$ bar, ü *Fluide der Gruppe 2*	s. Betriebssicherheitsverordnung (Abschnitt 1.3)

gibt sich aus den entsprechenden Diagrammen 6, 7, 8 oder 9 der DGRL die **Kategorie**.

Innerhalb dieser Kategorien ist es nun dem Hersteller freigestellt, welches **Modul** bzw. **Modulkombination** er für die Auftragsabwicklung zur Herstellung seiner Rohrleitung wählt (Tabelle 1.2).

Eine Anleitung für den Gebrauch des Konformitätsbewertungsverfahrens enthält die DIN EN 13480 – Teil 7.

1.2.4 Gefahrenanalyse

Um als Hersteller auftreten und später alle Anforderungen der DGRL erfüllen zu können, ist sowohl im Anfragestadium wie auch im Auftragsfall ausreichende Kenntnis über die spätere Verwendung des Druckgerätes beim Betreiber notwendig.

Hierzu ist der Hersteller verantwortlich, alle relevanten Daten zu beschaffen. Fehlen in Anfragen/Aufträgen die Bestellspezifikationen mit diesen Vorgabedaten, ist es die Aufgabe des Herstellers des Druckgerätes, diese zu befragen. Diese Daten sind im Wesentlichen:

- Kenntnis des Prozesses in den das Druckgerät eingebunden wird (Verwendung wofür),
- Auslegungsbedingungen (Medium, Betriebsweise, Lastwechsel, Drücke, Temperaturen),
- Äußere Belastungen (Windlasten, Korrosionsbedingungen usw.).

Die Gefahrenanalyse enthält:

- Definition des Produktes,
- Bestimmungen der einschlägigen Richtlinien,
- Bestimmung der zutreffenden Anforderungen,
- Maßnahmen zur Erfüllung der Anforderungen (z.B. auf Grundlage harmonisierter Normen),
- Festlegung der noch verbleibenden Gefahren,
- Beurteilung der nicht vernachlässigbaren Gefahren,
- Hinweise auf Gefahren bei unsachgemäßer Verwendung,
- Tolerierbarkeit der Restgefahren,
- Maßnahmen gegen tolerierbare Restgefahren (z.B. durch Hinweise, Piktogramme usw.).

Für Rohrleitungen lässt sich diese Gefahrenanalyse (hazard analysis) weitgehend standardisieren. Zweckmäßig ist eine tabellarische Anordnung in die 4 Spalten Gefahr, Grund, Maßnahmen/Schutzmaßnahmen und Hinweise. Eine Gefahr stellt z.B. das mechanische Versagen der drucktragenden Wand dar. Gründe hierfür können Konstruktionsfehler, Fertigungsfehler, Montagefehler oder äußere Korrosion sein. Jedem dieser Gründe werden nun stichwortartig Maßnahmen zur Vermeidung dieser Einflussgrößen zugeordnet. Z.B. der Einsatz von durch die benannte Stelle vorgeprüften Rohrklassen im Chemierohrleitungsbau. In der Rubrik Hinweise kann dort dann zusätzlich auf normierte Rohrklassen des Auftraggebers hingewiesen werden.

Die Gefahrenanalyse ist frühzeitig bereits in der Planungsphase zu erstellen. Maßnahmen gegen tolerierbare Restgefahren sind in die Betriebsanleitung zu übernehmen.

Die Gefahrenanalyse ist Bestandteil der Entwurfsprüfunterlagen.

1.2.5 Betriebsanleitung

Für jedes Druckgerät ist eine Betriebsanleitung zu erstellen (siehe auch EN 764-6). Sie enthält im Wesentlichen alle notwendigen Informationen für:

- Montage, einschließlich der Verbindung an andere Druckgeräte,
- Inbetriebnahme,
- Benutzung (Betrieb),
- Wartung und Inspektion,
- Entleerungs- und Entlüftungsmöglichkeiten,
- Hinweise auf Restgefahren und auf besondere Merkmale, die sich aus der Gefahrenanalyse ergeben,
- Füllen und Entleeren,
- Ausschlüsse z.B. der Fahrweise, des Fluids, des Druckes, der Temperatur usw.,
- Hinweise auf Gefahren bei unsachgemäßer Verwendung.

Diese Betriebsanleitung ist Bestandteil des Konformitätsbewertungsverfahrens und muss der benannten Stelle vorgelegt und von ihr inhaltlich bewertet werden. Auch diese Betriebsanleitung lässt sich für Rohrleitungen weitgehend standardisieren. Allerdings sind die sich aus der Gefahrenanalyse ergebenden unvermeidbaren Restgefahren, insbesondere Gefahren durch das Fluid, deutlich in der Betriebsanleitung hervorzuheben. Die Betriebsanleitung muss dem Druckgerät eindeutig und unverwechselbar zuzuordnen sein.

1.2.6 Anzuwendendes Regelwerk

Für die Planung, Konstruktion, Herstellung und Errichtung sind Regelwerke (Codes) anzuwenden, die die Anforderungen der DGRL erfüllen. Dies sind harmonisierte unterstützende EN-Normen und harmonisierte Produktnormen, die den Anhang I der DGRL umsetzen und im Amtsblatt der Europäischen Union veröffentlicht wurden. Zurzeit können für Rohrleitungen die DIN EN 13480 Teile 1 bis 7 «Metallische industrielle Rohrleitungen» oder z.B. das AD-2000-Regelwerk herangezogen werden.

Es können aber auch andere Regelwerke verwendet werden, sofern sie die grundlegenden Sicherheitsanforderungen des Anhangs I der DGRL erfüllen, jedoch liegt die Beweislast gegenüber der benannten Stelle hinsichtlich der Erfüllung beim Hersteller. In jedem Fall ist aber das einmal angezogene Regelwerk für **alle** Stadien (Konstruktion, Berechnung, Herstellung, Prüfung) durchgängig anzuwenden. Insbesondere ist zu prüfen, ob es eine Kundenvorgabe hinsichtlich des anzuwendenden Regelwerkes gibt (z.B. DIN EN 13480, AD 2000 usw.).

Weiterhin ist vom Hersteller im Zuge der Erstellung der Entwurfsunterlagen eine Aufstellung der für den Auftrag ganz oder teilweise angewendeten Normen zu erstellen. Diese Aufstellung dient der Erfüllung des Artikels 5 der DGRL zum Nachweis der Konformitätsvermutung der angewendeten Regelwerke für Konstruktion, Fertigung und Funktion.

1.2.7 Werkstoffe

Die zur Anwendung kommenden Werkstoffe einschließlich der Schweißzusatzwerkstoffe müssen den Anhang I der DGRL erfüllen. Der Hersteller muss also Angaben zur Einhaltung der Werkstoffvorschriften der Richtlinie machen. In der Liste der eingesetzten Werkstoffe sind diese Querverweise zu geben auf:

- geeignete Werkstoffe in harmonisierten Produktnormen z.B. DIN EN 13480-2,
- Werkstoffe, für die eine europäische Werkstoffzulassung für Druckgeräte vorliegt. Die Auflistung dieser Werkstoffe wird im Amtsblatt der Europäischen Union veröffentlicht;
- Einzelgutachten zu den Werkstoffen.

Für jede Rohrleitung sind die Werkstoffe mit Angabe über Halbzeugart und Normen aufzulisten und im Rahmen der Entwurfsprüfung durch den Hersteller bei Kategorie II bzw. durch die benannte Stelle bei Kategorie III und IV zu bestätigen.

Hinsichtlich der Zeugnisbelegung von Halbzeugen (Rohre, Flansche, Schmiedestücke usw.) ist zu beachten, dass für Halbzeuge für Druckgeräte, die in Kategorie I fallen, ein Werkszeugnis nach DIN EN 10204 Typ 2.2 erforderlich ist.

Für Halbzeuge, die in Druckgeräten nach Kategorie II, III oder IV eingesetzt werden, ist

- ein Abnahmeprüfprotokoll nach DIN EN 10204-3.2 oder Abnahmeprüfzeugnis 3.1.C erforderlich bei spezifischer Prüfung der Produkte über eine direkte Prüfung **oder**,
- ein Abnahmeprüfzeugnis Typ 3.1.B bei spezifischer Prüfung der Produkte über ein Qualitätssystem z.B. von einem Halbzeughersteller mit AD-W 0 Zulassung mit DIN-EN-ISO-9001/9002-Zertifizierung **oder**
- ein Abnahmeprüfzeugnis Typ 3.1.B z.B. von einem Halbzeughersteller mit Zertifizierung nach Druckgeräterichtlinie.

Wenn auf den Zeugnissen für das Halbzeug nicht die Querverweise auf AD-W 0, DIN EN-ISO-9001/9002 oder DGRL vorhanden sind, müssen diese Nachweise den Zeugnissen beigefügt sein.

Hinsichtlich der Zeugnisbelegung für Verbindungselemente (Schrauben, Bolzen, Muttern, Schweißzusätze) ist mindestens ein Werkszeugnis nach DIN EN 10204-2.2 beizufügen.

1.2.8 Dauerhafte Verbindungen (Schweißen)

Die Herstellung von Schweißverbindungen geschieht durch Schweißer mit gültiger Schweißerprüfungsbescheinigung nach DIN EN 287-1. Je nach Wahl des zugrunde liegenden Regelwerkes z.B. AD 2000 gilt dann in weiterer Verknüpfung die Anforderung an Schweißer aus AD 2000 Merkblatt HP 3. Für Schweißverbindungen in den Kategorien II, III oder IV müssen diese Prüfungsbescheinigungen durch eine benannte Stelle zugelassen sein. Dies gilt auch für Personal von Lieferanten oder AÜG-Firmen! Meist geschieht dies durch einen zusätzlichen Stempelaufdruck auf der Schweißerprüfungsbescheinigung mit Unterschrift durch eine benannte Stelle.

Arbeitsverfahren für die Herstellung von Schweißverbindungen werden durch Verfahrensprüfungen nach z.B. DIN EN 288-3 bzw. mit Zusatzforderungen AD 2000 Merkblatt HP 2/1 belegt. Diese Verfahrensprüfungen müssen für Schweißverbindungen in den Kategorien II, III oder IV durch eine benannte Stelle zugelassen sein. Dies gilt natürlich auch für Arbeitsverfahren von Lieferanten! Es hat sich als zweckmäßig herausgestellt, die in den Fertigungsbetrieben vorliegende Übersicht der Schweißverfahrensprüfungen durch die benannte Stelle abstempeln und unterschreiben zu lassen.

1.2.9 Zerstörungsfreie Prüfung

Die Prüfung von Schweißverbindungen geschieht durch Personal mit Bescheinigungen nach DIN EN 473. Für Schweißverbindungen in den Kategorien III und IV müssen diese Prüfungsbescheinigungen durch eine benannte Stelle gebilligt sein (Tabelle 1.3). Dies gilt auch für Personal von Lieferanten oder AÜG-Firmen! «Gebilligt sein» bedeutet, eine unabhängige Prüfstelle bestätigt, dass die vorgelegte Qualifizierung der DGRL entspricht. Auf den Kompetenzzertifikaten nach DIN EN 473 findet sich heute dann auch direkt der Hinweis: «einschließlich der Prüfung von dauerhaften Verbindungen nach DGRL».

1.2.10 Prüfungen und Abnahmen

Prüfungen, wie zerstörungsfreie Prüfungen und Festigkeitsprüfungen, geschehen nach dem jeweils gewählten Code in uneingeschränktem Umfang. Es sei denn, der Vertrag mit dem Kunden schreibt etwas anderes vor. Für jeden Auftrag empfiehlt es sich einen spezifischen Prüfplan zu erstellen, in dem alle Tätigkeitsschritte für die Beteiligten wie Hersteller, Lieferanten oder benannte Stelle festgelegt und dokumentiert werden.

1.2.11 Dokumentation

Die Dokumentation muss die im gewählten Code geforderten Umfänge enthalten, wie z.B.:

- die Entwurfsprüfung einschl. Gefahrenanalyse und Entwurfsprüfbescheinigung der benannten Stelle,
- Schweißerprüfungsbescheinigungen mit DGRL-Konformität,

Tabelle 1.3 Zulassungen für die Hestellung und Prüfung von Werkstoffverbindungen z.B. Schweißverbindungen

<table>
<tr><th rowspan="2">Anforderung an die Herstellung</th><th colspan="5">Zulassung erforderlich für Kategorie</th><th rowspan="2">Zulassungsstelle</th></tr>
<tr><th>ohne</th><th>I</th><th>II</th><th>III</th><th>IV</th></tr>
<tr><td>qualifiziertes, geprüftes und befähigtes Personal zur Herstellung der Verbindungen</td><td colspan="2" rowspan="3">gesonderte Zulassung nicht erforderlich</td><td>X</td><td>X</td><td>X</td><td>benannte Stelle oder</td></tr>
<tr><td>Herstellung nach fachlich einwandfreien Arbeitsverfahren</td><td>X</td><td>X</td><td>X</td><td>anerkannte Prüfstelle</td></tr>
<tr><td>zerstörungsfreie Prüfung durch qualifiziertes und befähigtes Personal</td><td></td><td>X</td><td>X</td><td>anerkannte Prüfstelle</td></tr>
</table>

- Nachweis der Verfahrensprüfungen nach DGRL,
- Werkstoffnachweise,
- Berechnungen mit Berechnungsisometrien,
- Qualifikationsnachweise des ZfP-Personals,
- ZfP-Berichte,
- Schweißnahtdokumentationen,
- Wärmeführungsnachweise,
- Maßprüfungen,
- Abweichungsberichte,
- Abnahmeberichte.

In Tabelle 1.4 ist eine Zusammenfassung der Dokumentation einer Rohrleitungsanlage nach DIN EN 13480-5: 2002 dargestellt.

1.2.12 CE-Kennzeichnung

Die CE-Kennzeichnung ist ausschließlich im Zuständigkeitsbereich der Druckgeräterichtlinie anzuwenden. Das CE-Kennzeichen kann nur vom Hersteller angebracht werden. Wenn das Rohrleitungsbauunternehmen als Liefer-

Tabelle 1.4 Dokumentation der Rohrleitungsanlage nach EN 13480-5: 2002

Nr.	Unterlagen	Abschnitt-Nr.	Rohrleitungs-Kategorie				Rohrleitung unter 0,5 bar
			III	II	I	0	
1	Rohrleitungs- und Instrumentierungsschaltbild	6.2	x	x	x	x[1]	x[1)]
2	Zusammenstellung der Auslegungs- und Betriebsbedingungen		x	x	x	x[1]	x[1)]
3	Zeichnungen des Anlagen-Schemas der Rohrleitung und Rohrhalterungen mit Maßen (kann isometrische Darstellungen enthalten, Ausführungszeichnungen, Schnittzeichnungen, Grundrisspläne).	6.2 6.3.1	x	x	x	x[1)]	x[1)]
4	Stückliste für Rohrleitungsbauteile mit Maßen, Normen, Werkstoffen	6.2	x	x	x[1)]	x[1)]	–
5	Werkstoffbescheinigungen für Grundwerkstoffe und Schweißzusätze und -hilfsstoffe, falls verlangt	7.2.2	x	x	x[1)]	siehe EN 13480-2	–
6	Unterlagen für verschiedene Bauteile, z.B. Armaturen, Sicherheitseinrichtungen	6.3.1	x	x	x[1)]	x[1)]	x[1)]
7	Schweißunterlagen	6.2.3	x	x	x[1)]	x[1)]	–
8	ZfP-Unterlagen	6.2.2 8.8	x	x	x	–	–
9	Unterlagen über die Wärmebehandlung	6.2.2	x	x	x	–	–
10	Druckprüfungs- oder gleichwertige Prüfungsunterlagen	6.2.2	x	x	x	x[1)]	–
11	Kennzeichnungsangaben	EN 13 480-4: 2002, 11.2	x	x	x	x	x[1)]
12	Herstellererklärung zur Auslegung	6.5	x	x	x	–	–
13	Herstellererklärung für die Fertigung/Verlegung der Rohrleitung	10	x	x	x	–	–
14	Bescheinigung der Druckprüfung	9.3.4	x	x	x	–	–
15	Herstellererklärung	10	x	x	x	–	–
16	Betriebsanleitungen	9.5.3	x	x	x	x	x

[1)] Je nach Entscheidung des Herstellers.

ant (verlängerte Werkbank) auftritt, darf es keine CE-Kennzeichnung anbringen.

1.2.13 Konformitätserklärung

Der Hersteller stellt die Konformitätserklärung aus. Tritt das Rohrleitungsbauunternehmen als Lieferant auf, kann und darf es keine solche Konformitätserklärung ausstellen. Diese Konformitätserklärung muss folgendes enthalten (siehe DGRL Anhang VII):

- Name und Anschrift des Herstellers,
- Beschreibung des Druckgerätes oder der Baugruppe,
- Angewandtes Konformitätsbewertungsverfahren,
- Name und Anschrift der benannten Stelle,
- Verweis auf EG-Entwurfsprüfungsbescheinigung,
- Hinweis auf angewandte Normen,
- Rechtsverbindliche Unterschrift des Herstellers.

In Bild 1.7 ist ein Ablaufdiagramm nach der DGRL dargestellt.

1.3 Betriebssicherheitsverordnung

Diese Verordnung gilt auch für überwachungsbedürftige Anlagen im Sinne des § 2 Abs. 2a des Gerätesicherheitsgesetzes (GSG), soweit es sich um Rohrleitungen unter innerem Überdruck für entzündliche, leichtentzündliche, hochentzündliche, ätzende oder giftige Gase, Dämpfe oder Flüssigkeiten handelt.

1.3.1 Prüfung vor Inbetriebnahme

Eine überwachungsbedürftige Anlage darf erstmalig und nach einer wesentlichen Veränderung nur in Betrieb genommen werden, wenn die Anlage unter Berücksichtigung der vorgesehenen Betriebsweise durch eine zugelassene Überwachungsstelle auf ihren ordnungsgemäßen Zustand hinsichtlich der Montage, der Installation, den Aufstellungsbedingungen und der sicheren Funktion geprüft worden ist.

Rohrleitungen, die nach:

- Diagramm 6 (Bild 1.3), sofern das Produkt aus maximal zulässigem Druck PS und Nennweite DN nicht mehr als 2000 beträgt und die Rohrleitung nicht für sehr giftige Fluide verwendet wird, oder

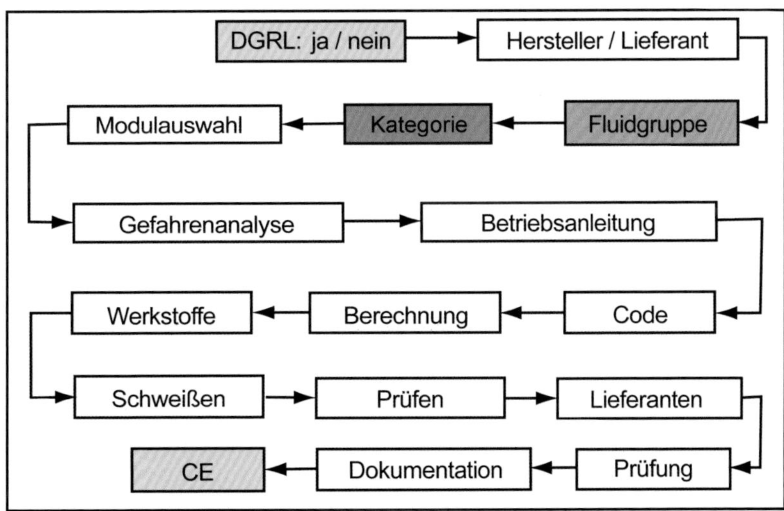

Bild 1.7 Ablaufdiagramm nach der DGRL

Tabelle 1.5 Fristen für wiederkehrende Prüfungen

Einstufung des Druckgeräts gemäß Artikel 9 in Verbindung mit Anhang II der Richtlinie 97/23/EG nach	Äußere Prüfung	Innere Prüfung	Festigkeitsprüfung
Diagramm 6 in die a) Kategorie I, sofern die Rohrleitung für sehr giftige Fluide verwendet wird, oder b) Kategorie II oder III, sofern die Rohrleitung für – sehr giftige Fluide oder – andere Fluide, wenn das Produkt aus maximal zulässigem Druck PS und Nennweite DN mehr als 2000 beträgt, verwendet wird	5 Jahre	–	5 Jahre
Diagramm 7 in die a) Kategorie I, sofern das Produkt aus maximal zulässigem Druck PS und Nennweite DN mehr als 2000 beträgt, oder b) Kategorie II oder III			
Diagramm 8 in die Kategorie I, II oder III			
Diagramm 9 in die Kategorie I oder II			

- Diagramm 7 (Bild 1.4), sofern das Produkt aus maximal zulässigem Druck PS und Nennweite DN nicht mehr als 2000 beträgt, können durch befähigte Personen geprüft werden.

1.3.2 Wiederkehrende Prüfungen

Eine überwachungsbedürftige Anlage und ihre Anlagenteile sind in bestimmten Fristen wiederkehrend auf ihren ordnungsgemäßen Zustand hinsichtlich des Betriebs durch eine zugelassene Überwachungsstelle zu prüfen. Der Betreiber hat die Prüffristen der Gesamtanlage und der Anlagenteile auf der Grundlage einer sicherheitstechnischen Bewertung zu ermitteln. Prüflisten für Rohrleitungen s. Tabelle 1.5.

Prüfungen besonderer Druckgeräte, § 17 der BetrSichV, sind im Anhang 5 der Verordnung genannt.

1.4 Fließbilder

Das Fließbild (Anlagenschema, Fließschema, Wärmeschaltplan, Rohrleitungsplan usw.) ist eine mit Hilfe von Bild- und Schriftzeichen vereinfachte zeichnerische Darstellung von Aufbau und Funktion von Anlagen. Es dient der Verständigung der an solchen Anlagen beteiligten Stellen.

Aufbau und Darstellungsart des Planes ist freizügig dem Verwendungszweck anzupassen. Es ist der Darstellungsart der Vorzug zu geben, die am einfachsten, übersichtlichsten und einprägsamsten ist. Diesem Ziel kommt man am nächsten, wenn die Bildzeichen innerhalb der Pläne in waagerechter wie in senkrechter Richtung geordnet werden, wenn der Linienzug der Hauptleitung möglichst wenig Umlenkungen erhält und wenn Kreuzungen weitgehend vermieden werden.

1.4.1 Bildzeichen für Anlagensysteme

Bildzeichen sollen die zeichnerische Ausführung von Fließbildern mit einfachen Zeichen darstellen. Sie sind Symbole für Einzelteile. Die konstruktive Ausführung wird nur soweit berücksichtigt, als dies zur Erzielung leichtverständlicher Zeichen und Bilder erforderlich ist. Sie können in jeder Lage, entsprechend dem jeweiligen Verlauf der Leitungen, in die Pläne eingefügt werden.

Benennung	Bildzeichen
Leitungen	
Grundleitung	
Erweiterungsleitung	
Wirkleitung	
Impulsleitung	
bewegliche Leitung Schlauch	
Leitung mit Heizung oder Kühlung	
Leitung mit Doppelmantel	
Rippenrohr	
Kreuzung von Leitungen ohne Verb.	* oder
Kreuzung von Leitungen mit Verb.	oder
Abzweigstelle	
Reduzierung	
Gefälle mit Angabe in %	...%
Angabe der Fließrichtung	oder
Leitung mit Dämmung	
Leitungseingang und -ausgang	
Auslass zur Atmosphäre und Ablass, Trichter	
Grenze allgemein Die Art der Grenze wird durch Hinweise angegeben	

a)

* möglichst vermeiden

Benennung	Bildzeichen
Kennzeichnung von Leitungen in Bezug auf das Betriebsmedium (falls erforderlich)	
brennbare Gase	
brennbare Flüssigkeit	
Abgase	
Luft	
Medium mit Feststoffen	
Konzentrate	
Verbindungen	
Rohrverbindung	
Flanschverbindung	
Blindflansch	
Verschlussboden	
Kugelgelenk	
Verbindung eingesteckt	
Schraubverbindung	
Kupplungsverbindung	
Klammerverbindung	
Schweißverbindung	
eingeschweißte Armatur	
Verschraubung mit Überwurfmutter	

b)

Bild 1.8 Bildzeichen für Rohrleitungen (n. DIN 2429 (1.88) und DIN EN ISO 10 628 (3.01))

Die Bildzeichen für Apparate und Maschinen dürfen, sofern sie nicht lageabhängig sind, gedreht und, falls erforderlich, durch Darstellung konstruktiver Einzelheiten erweitert werden. Eine Längenänderung der Bildzeichen in einer Hauptachse ist zulässig, wenn es im Sinne einer besseren Darstellung erwünscht ist. Wenn die unterschiedliche Größe von Apparaten zum Ausdruck gebracht werden soll, kann die Darstellung den tatsächlichen Abmessungen angepasst werden. Apparate und Maschinen, für die keine Bildzeichen existieren, sind sinngemäß vereinfacht oder durch ein Rechteck mit eingeschriebener Benennung darzustellen.

Die gebräuchlichsten Bildzeichen für:
Rohrleitungen s. Bild 1.8
Rohrleitungsorgane, Apparate, Behälter und Maschinen s. Bild 1.9

Bildzeichen und Kennbuchstaben für mess-, steuerungs- und regeltechnische (MSR) Einrichtungen

Aus der Darstellung gehen die Messgröße, ihre Verarbeitung, die MSR-Stellen-Nummer, die Ortsangabe und der Signalflussweg hervor. Der **Messort** kann durch einen Kreis dargestellt werden und ist durch eine Linie mit dem MSR-Stellen-Kreis zu verbinden. Wenn keine Verwechslung möglich ist, darf der Kreis für den Messort wegfallen.

Die Funktionen einer MSR-Stelle werden durch Kennbuchstaben in einem Kreis dargestellt, der bei größerem Platzbedarf zu einem Langrund gestreckt werden kann. Im **MSR-Stellen-Kreis** werden zusätzlich zu den Kennbuchstaben die Ortskennzeichnung und die MSR-Stellen-Nummer angegeben.

Wird eine Messgröße durch getrennte Aufnehmer mehrfach erfasst, z.B. aus Sicherheitsgründen, dann können auch getrennte Kreise angewendet werden.

Werden mehrere Messgrößen mit einem Ausgabegerät wiedergegeben, dann wird jeder ein eigener MSR-Stellen-Kreis zugeordnet. Die Zusammenfassung mehrerer Messgrößen in einem Gerät kann außerhalb des Kreises gekennzeichnet werden.

Benennung	Bildzeichen
Rohrdehnungsausgleicher und Rohrhalterungen	
U-Bogen Dehnungsausgleicher	
Schiebemuffe	
Rohrleitlager	
Gleitlager mit Führung	
Gleitlager auf Rollen	
Gleitlager auf Kugeln	
Festpunkt	
Rohrhalterung stehend	
Rohrhalterung hängend	
federnde Unterstützung	
federnde Aufhängung	
Rohrleitungsteile	
Schauglas	
Schalldämpfer	
Mischstrecke	
Filterapparat (Schmutzfänger)	
Kondensatableiter	
Berstscheibe die Fließrichtung ist anzugeben	
Kompensator allgemein	
Wellrohrkompensator	

Bild 1.9a

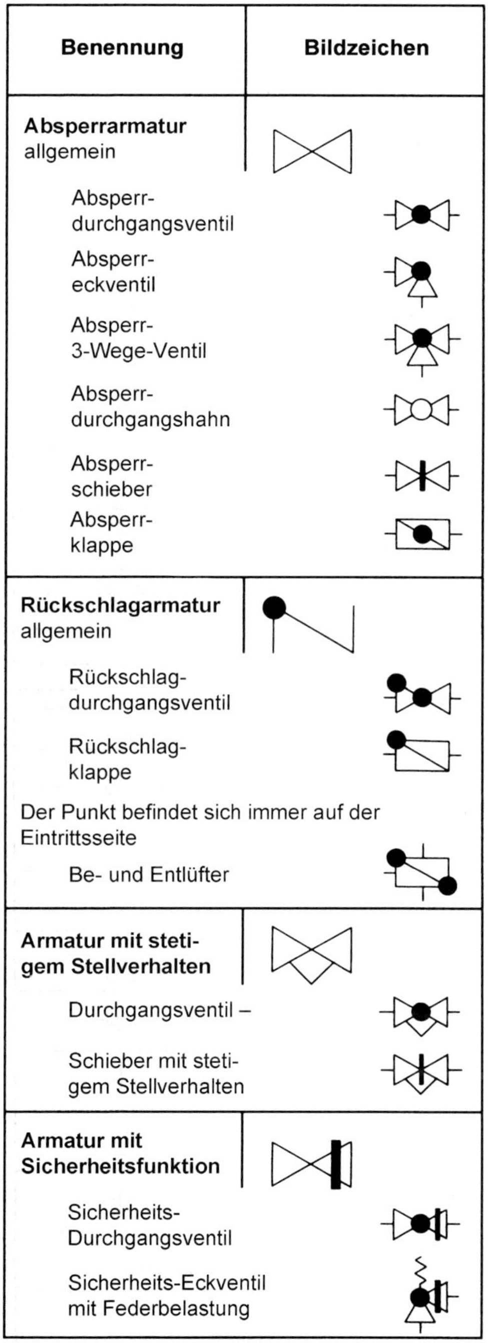

Benennung	Bildzeichen
Absperrarmatur allgemein	
Absperr-durchgangsventil	
Absperr-eckventil	
Absperr-3-Wege-Ventil	
Absperr-durchgangshahn	
Absperr-schieber	
Absperr-klappe	
Rückschlagarmatur allgemein	
Rückschlag-durchgangsventil	
Rückschlag-klappe	
Der Punkt befindet sich immer auf der Eintrittsseite	
Be- und Entlüfter	
Armatur mit stetigem Stellverhalten	
Durchgangsventil –	
Schieber mit stetigem Stellverhalten	
Armatur mit Sicherheitsfunktion	
Sicherheits-Durchgangsventil	
Sicherheits-Eckventil mit Federbelastung	

Bild 1.9b

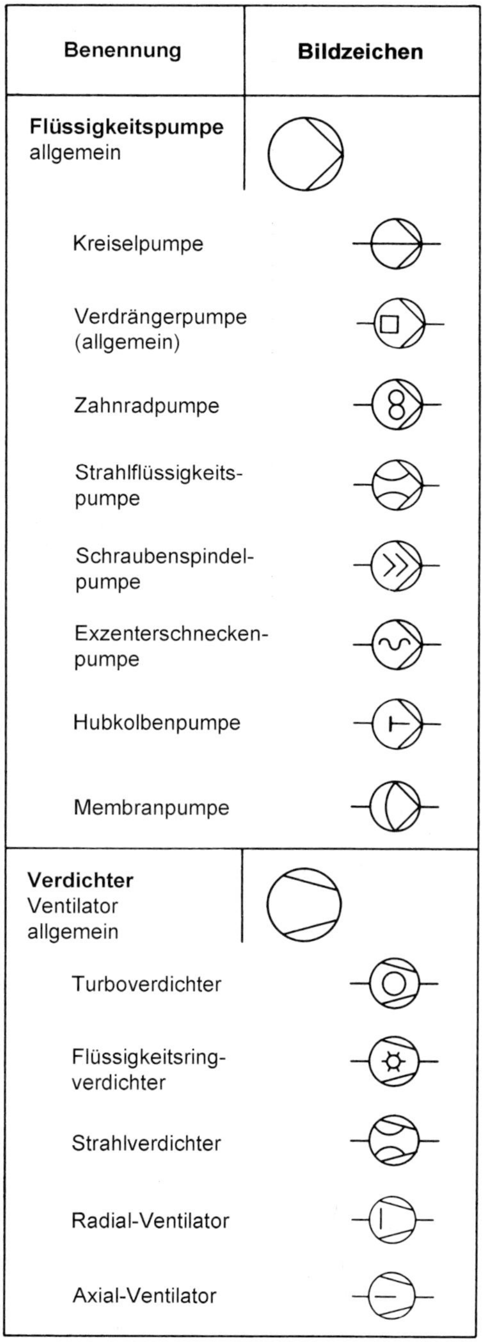

Benennung	Bildzeichen
Flüssigkeitspumpe allgemein	
Kreiselpumpe	
Verdrängerpumpe (allgemein)	
Zahnradpumpe	
Strahlflüssigkeits-pumpe	
Schraubenspindel-pumpe	
Exzenterschnecken-pumpe	
Hubkolbenpumpe	
Membranpumpe	
Verdichter Ventilator allgemein	
Turboverdichter	
Flüssigkeitsring-verdichter	
Strahlverdichter	
Radial-Ventilator	
Axial-Ventilator	

Bild 1.9c

Benennung	Bildzeichen
Behälter allgemein	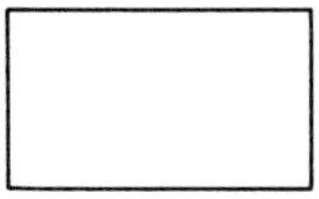
Behälter mit gewölbten Böden	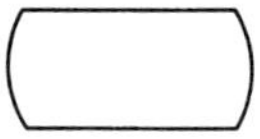
Becken (allgemein)	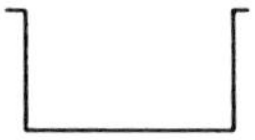
Wärmeerzeuger allgemein	
Wasserdampf-erzeuger	
elektrisch beheizter Wärmeerzeuger	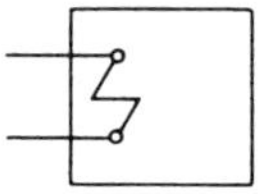
Wärmeverbraucher Wärmeaustauscher allgemein	
Wärmeaustauscher mit Kreuzung der Fließlinien	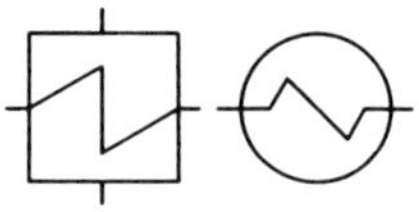
Wärmeaustauscher ohne Kreuzung der Fließlinien	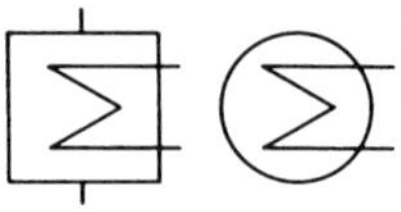

Bild 1.9d

Benennung	Bildzeichen
Abscheider allgemein	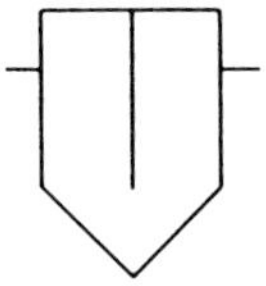
Prallabscheider	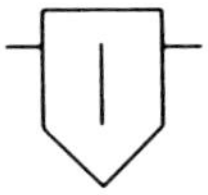
Fliehkraftabscheider, Zyklon	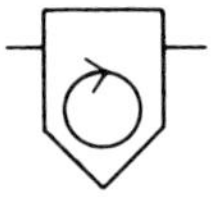
Nassabscheider, allgemein	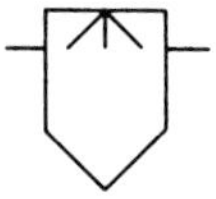
elektromagnetischer Abscheider	
Schwerkraft-abscheider	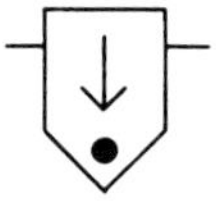
Zerkleinerungs-maschine, allgemein	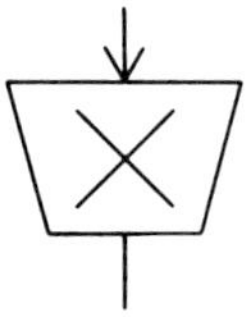
Kühlturm, allgemein	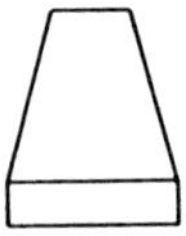
Sieb	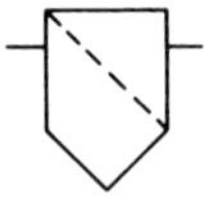

Bild 1.9e

Benennung	Bildzeichen
Mischen von Stoffen	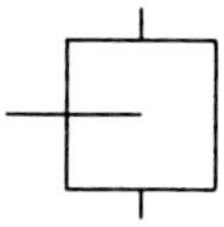
Zentrifuge	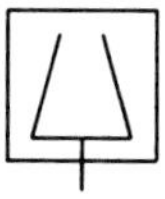
Gasflasche	
Zuteiler für feste Stoffe, allgemein	
Zellenrad	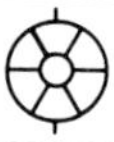
Brenner	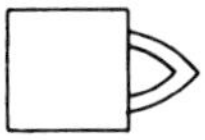
Schornstein, Kamin allgemein	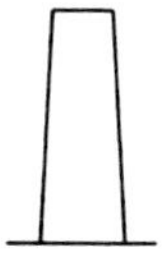
Stetigförderer, allgemein	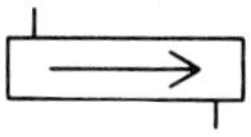
Bandförderer, allgemein	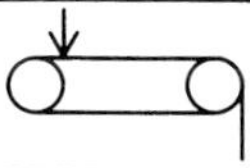
Schneckenförderer	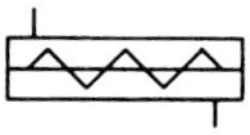
Rührer, allgemein	

Bild 1.9f

Benennung	Bildzeichen
einige sonstige Anlagenteile	
Druckminderventil	
Druckminderventil mit Einspritzung	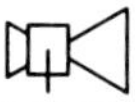
Detonations-sicherung	
Elektromotor	 M
Stromerzeuger	 G
Turbine	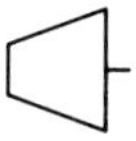
Drosselscheibe	
Blindscheibe (allgemein)	
Kupplung mit stetiger Verstellbarkeit	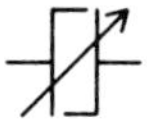
Blende	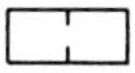
Düse	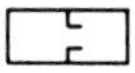
Venturidüse	
Niveau	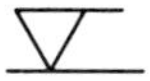
Mauerwerk, Beton Erdreich feuerfeste Steine	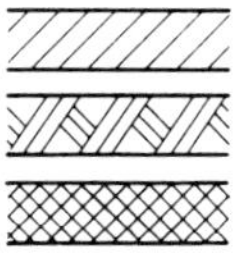

Bild 1.9g

Bilder 1.9a bis 9g Bildzeichen für Rohrleitungsorgane, Apparate, Behälter und Maschinen DIN EN ISO 10 628 (3.01)

Tabelle 1.6 Kennbuchstaben für mess-, steuerungs- und regelungstechnische (MSR-)Einrichtungen n. DIN 19277

Kenn-buch-stabe	**Gruppe 1: Messgröße oder andere Eingangsgröße, Stellglied**		**Gruppe 2: Verarbeitung**
	als Erstbuchstabe	**als Ergänzungsbuchstabe (1)**	**als Folgebuchstabe Reihenfolge: (11) I, R, C**
A	(2)		Störungsmeldung
B	(2)		
C	(2)		selbsttätige Regelung
D	Dichte	Differenz	
E	elektrische Größen		Aufnehmerfunktion (12)
F	Durchfluss, Durchsatz	Verhältnis	
G	Abstand, Länge, Stellung		
H	Handeingabe, Handeingriff		oberer Grenzwert (High) (9)
I	(2)		Anzeige
J	(2)	Messstellenabfrage	
K	Zeit		frei verfügbar (3)
L	Stand (auch von Trennschicht)		unterer Grenzwert (Low) (9)
M	Feuchte		frei verfügbar (3)
N	frei verfügbar (3)		
O	frei verfügbar (3)		Sichtzeichen, Ja/Nein-Anzeige (nicht Störungsmeldung)
P	Druck		
Q	Qualitätsgrößen (Analyse, Stoffeigenschaft) (außer D, M, V) (4)	Integral, Summe	
R	Strahlungsgrößen		Registrierung (7)
S	Geschwindigkeit, Drehzahl, Frequenz		Schaltung, Ablaufsteuerung, Verknüpfungssteuerung
T	Temperatur		Messumformerfunktion (6)
U	zusammengesetzte Größen (5) (8)		zusammengefasste Antriebsfunktionen (10)
V	Viskosität		Stellgerätefunktion
W	Gewichtskraft, Masse		
X	sonstige Größen (3)		
Y	frei verfügbar (3)		Rechenfunktion
Z	(2)		Noteingriff, Schutz durch Auslösung
+			oberer Grenzwert (9)
/			Zwischenwert (9)
–			unterer Grenzwert (9)

Zu (1): Buchstaben, denen bereits eine Bedeutung als «Ergänzungsbuchstabe» zugeordnet ist, dürfen nicht als Folgebuchstaben angewendet werden.

Zu (2): Die Buchstaben A, B, C, I, J und Z in Gruppe 1 bleiben einer späteren Normung vorbehalten.

Zu (3): Die Erstbuchstaben N, O, X, Y darf der Anwender frei verwenden. Der Buchstabe X wird einzelnen, nicht häufig wiederkehrenden, die Buchstaben N, O, Y werden häufig wiederkehrenden Messgrößen in einer Anlage zugeordnet, falls diese Messgrößen nicht in Tabelle 1 enthalten sind.
Die Buchstaben K und M darf der Anwender als Folgebuchstaben frei verwenden.

Zu (4): Qualitätsgrößen sind z. B.: Konzentration, pH-Wert, Leitfähigkeit, Heizwert, Wobbe-Zahl, Flammpunkt, Farbzahl, Brechungsindex, Konsistenz.

Zu (5): Aus mehreren Größen zusammengesetzte Eingangsgröße, soweit sie nicht durch andere Kennbuchstaben dargestellt werden kann.

Zu (6): Falls zur weiteren Unterscheidung der Messumformerfunktion erforderlich, darf ein weiterer EMSR-Stellenkreis dargestellt werden. Dem T (Transmitting) als Folgebuchstabe folgt kein weiterer Kennbuchstabe.

Zu (7): Registrierung ist der Sammelbegriff für Ausgabe mit Speicherfunktion. Die Art der Speicherung wird dabei nicht unterschieden.

Zu (8): Die Kennzeichnung eines Stellgliedes mit Erstbuchstabe «U» ist immer dann erforderlich, wenn das Stellglied von mehreren Verarbeitungsfunktionen angesteuert wird.

Zu (9): Oberer Grenzwert, Zwischenwert und unterer Grenzwert der Messgröße werden durch Pluszeichen, Schrägstrich oder Minuszeichen gekennzeichnet, die den Folgebuchstaben A, O, S, Z nachgestellt sind. Weiter dürfen die Zeichen H (High) für oberen Grenzwert und L (Low) für unteren Grenzwert verwendet werden. Mit Ausnahme des Schrägstriches dürfen alle vorgenannten Zeichen auch zur Kennzeichnung der Endstellungen «offen» bzw. «geschlossen» oder der Schaltzustände «Ein» bzw. «Aus» verwendet werden.

Zu (10): Für Prozessanlagen werden in der Planungsphase die Standardfunktionen (Bedienung und Darstellung) für elektrische Antriebe festgelegt. Bei solchen zusammengefassten Antriebsfunktionen wird der Folgebuchstabe «U» in Verbindung mit dem Erstbuchstaben «E» verwendet. Die detailliertere Beschreibung der Aufgabenstellung erfolgt in separaten Unterlagen (Spezifikationsblätter, Legende, Fußleiste im R + I-Fließbild).

Zu (11): Im Anschluss an die Folgebuchstaben I, R, C ist die Reihenfolge der Kennbuchstaben frei wählbar.

Zu (12): Zur Kennzeichnung der Aufnehmerfunktion ohne weitere Verarbeitung darf ein zusätzlicher EMSR-Stellen-Kreis mit dem Folgebuchstaben E dargestellt werden. Dem E (Sensing Element) als Folgebuchstabe folgt kein weiterer Kennbuchstabe.

Darstellung	Ausgabe- und Bedienungsort	Kennzeichnung im MSR-Stellen-Kreis
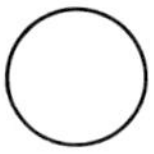	Mess- oder Stellort	Kennbuchstaben ohne Unterstreichung
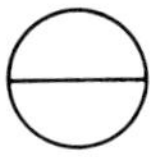	zentrale Warte	Kennbuchstaben werden durchgehend unterstrichen
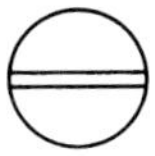	örtliche Messtafel, Unterwarte	Kennbuchstaben können doppelt unterstrichen werden, wenn Unterscheidung zur zentralen Warte erforderlich ist

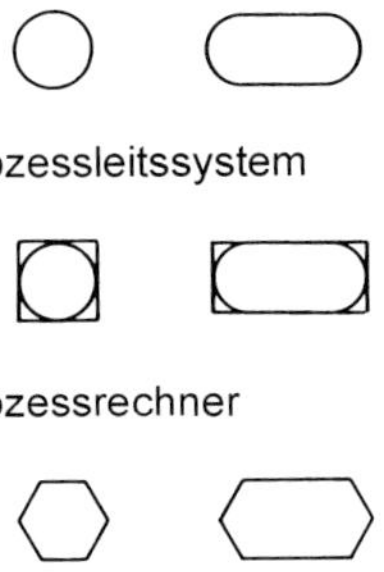

Allgemein

Prozessleitssystem

Prozessrechner

Bild 1.10 Bildzeichen für den Ausgabe- und Bedienungsort (n. DIN 19 227 Teil 1, 10.93)

Mitunter ist es notwendig, die Kennbuchstaben einer MSR-Stelle nicht in einem einzigen Kreis zusammenzufassen, sondern aus Gründen einer unmissverständlichen Darstellung mehrere Kreise anzuwenden, z.B. wenn neben der Messgröße auch ihre durch Ergänzungsbuchstaben gekennzeichneten Modifizierungen verarbeitet werden oder wenn mehrere Ausgabe- und Bedienungsorte vorhanden sind.

Messgeräte oder andere Eingangsgrößen und ihre Verarbeitung werden durch die **Kennbuchstaben** nach Tabelle 1.6 angegeben, und zwar im oberen Teil des Kreises, wobei sich die Reihenfolge aus Tabelle 1.6 ergibt.

Der **Ausgabe- und Bedienungsort** (Kommunikationsstelle zwischen Mensch und MSR-Einrichtung) wird nach Bild 1.10 gekennzeichnet. Sind für eine MSR-Einrichtung mehrere Ausgabe- und Bedienungsorte vorhanden, dann ist dies durch mehrere Kreise mit entsprechender Kennzeichnung darzustellen.

Die **MSR-Stellen-Nummer** ist in den unteren Teil des MSR-Stellen-Kreises einzutragen. Die Art des Nummernsystems ist frei wählbar.

Einwirkung auf die Strecke

Der **Stellort** wird dargestellt durch die Spitze eines gleichseitigen Dreiecks. Ist in einem Fließbild bereits ein spezielles Stellglied, z.B. ein Ventil, eingezeichnet, dann ist hierdurch der Stellort gekennzeichnet.

Das **Stellgerät** wird dargestellt durch das Bildzeichen für Stellglied und einem Kreis, die mit einer Linie miteinander verbunden sind.

Das Verhalten des Stellgerätes bei **Ausfall der Hilfsenergie** wird durch zusätzliche Zeichen nach Bild 1.11 gekennzeichnet.

Der **Signalflussweg** vom MSR-Stellen-Kreis zum Stellgerät wird durch eine gestrichelte Linie dargestellt. Wenn keine Verwechslung möglich ist, darf auch eine Volllinie angewendet werden. Die Signalflussrichtung kann durch einen Pfeil gekennzeichnet werden.

Darstellung	Bedeutung
	Stellort, Stellglied (auch vereinfachte Darstellung für Stellgeräte)
	Stellgerät (mit Hilfsenergie oder selbsttätig)
	Bei Ausfall der Hilfsenergie nimmt das Stellgerät die Stellung für maximalen Massenstrom oder Energiefluss ein
	Bei Ausfall der Hilfsenergie nimmt das Stellgerät die Stellung für minimalen Massenstrom oder Energiefluss ein
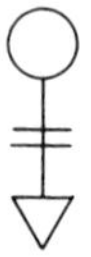	Stellgerät verbleibt bei Ausfall der Hilfsenergie in vorgegebener Stellung
	Stellgerät verbleibt bei Ausfall der Hilfsenergie zunächst in vorgegebener Stellung, der Pfeil gibt die zulässige Driftrichtung an
	Manueller Stellantrieb, gegen unbefugte Betätigung gesichert

Bild 1.11
Bildzeichen für die Einwirkung auf die Strecke (n. DIN 19 227 Teil 1, 10.93 und DIN 2429 Teil 2, 1.88)

Beispiele s. Bild 1.12.

Bild 1.12
Anwendungsbeispiele und Erläuterungen für Bildzeichen Messen, Steuern, Regeln (n. DIN 19 227 Teil 1, 9.73)

Fließbild	**Bemerkungen**
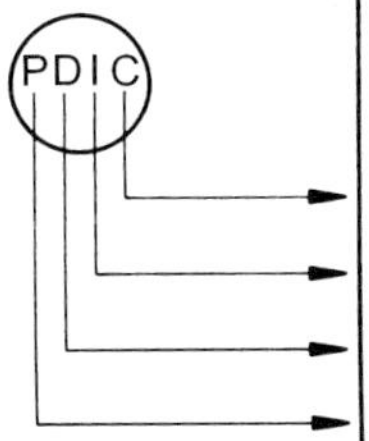 PDIC	Regelung Anzeige örtlich Differenz Druck
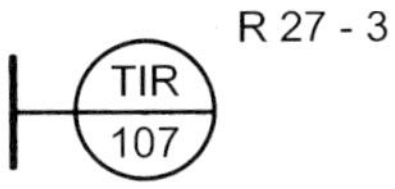 TIR 107 R 27 - 3	TIR 107 Temperaturmessung Anzeige und Registrierung in Messwarte z.B. auf 6-Farben- Schreiber R 27, Schreib- stelle 3 und getrenntem Anzeiger
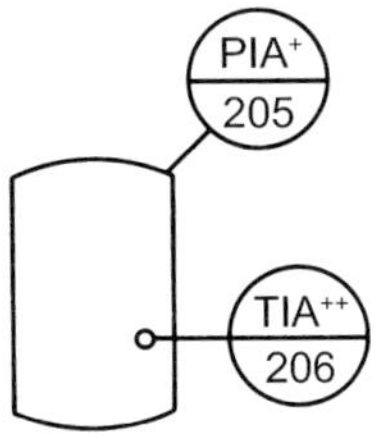 PIA+ 205 TIA++ 206	PIA + 205 Druckmesung Stetige Anzeige, zusätzlich Alarm bei Erreichen des oberen Fehlbereiches (Hochalarm) TIA +_+ 206 Temperaturmessung Stetige Anzeige, zusätzlich Alarm bei Erreichen des unteren sowie des 1. und 2. oberen Fehlbereiches
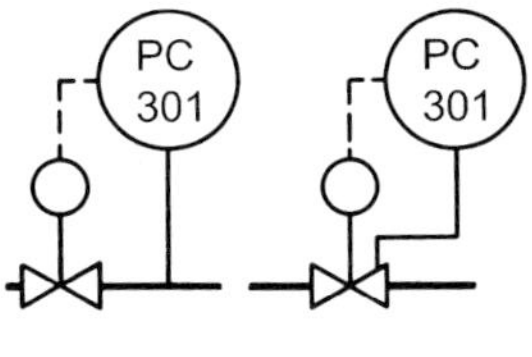 PC 301 PC 301	PC 301 Druckregelungen, örtlich Wenn kein besonderer Druckstutzen benötigt wird, z.B. bei Reduzier- stationen, kann die Darstellung rechts angewendet werden

1.4.2 Bezeichnung von Anlagenelementen

Kurzzeichen

Kurzzeichen dienen in Fließbildern der eindeutigen Kennzeichnung und Identifizierung von Bauelementen; sie setzen sich im Wesentlichen zusammen

für **Apparate und Maschinen** aus:

- dem Kennbuchstaben (gemäß Tabelle 1.6) und einem
- 2. Kennbuchstaben (soweit zutreffend),
- der betriebsinternen Zählnummer und
- gegebenenfalls einer Anhängezahl oder einem Anhängebuchstaben, wobei die Anhängezahl durch einen Punkt von der Zählnummer getrennt wird.

Zu einem Apparat oder einer Maschine gehörende Zusatzteile, wie Antriebsmaschinen, Getriebe usw., erhalten den **gleichen** Kennbuchstaben wie der Apparat oder die Maschine, wobei der Kennbuchstabe für das Zusatzteil als 2. Buchstabe nachgestellt wird.

In einer Anlage werden Apparate und Maschinen mit demselben Kennbuchstaben durch Zählnummern unterschieden.

Durch Anhängezahlen oder -buchstaben werden parallelgeschaltete Apparate und Maschinen derselben Konstruktion und/oder mehrere Zusatzteile an ein und demselben Apparat oder derselben Maschine unterschieden. Die Anhängezahl wird durch einen Punkt von der Zählnummer getrennt.

für **Armaturen** aus:

- der Nennweite. Bei Armaturen, deren Nennweite nicht aus der anschließenden Rohrleitung erkennbar bzw. nicht mit ihrer Nennweite identisch ist oder bei keiner Rohrleitung zugeordnet werden kann, ist die Nennweite unverschlüsselt vor den Kennbuchstaben der Armatur zu setzen;
- dem Kennbuchstaben gemäß Tabelle 1.7,
- der Armaturenkennzahl (alphanumerisch), die ausführlich die Bezeichnung der Armatur wie: Bauart, Nenndruck, Werkstoff und konstruktive Einzelheiten festlegt. Sie wird vom Anwender festgelegt;
- dem Kennbuchstaben des Armaturenanschlusses, die einen anderen Anschluss haben als Flansche mit glatter Dichtleiste (gemäß Tabelle 1.7);
- der Zählnummer, falls erforderlich, die unter das Kurzzeichen zu setzen ist;

für **Rohrleitungen** aus der Rohrklassenbenennung:

- der **Leitungsnummer**. Eine Zählnummer, die vom Anwender je nach den Erfordernissen festgelegt wird;
- der **Nennweite**, vorzugsweise n. DIN EN ISO 6708,
- der **Rohrklasse**, diese ist ein Begriff für eine festgelegte Zusammenstellung aller Rohrleitungsteile, die zu einer Rohrleitung gehören; diese Teile sind: Rohre, Formstücke und Rohrverbindungen einschließlich Schrauben und Dichtungen. Innerhalb einer Rohrklasse sind die einem **Nenndruck** und **Rohrwerkstoff** zugeordneten Rohrleitungsteile in jeweils einer Ausführung eindeutig festgelegt.
  Die Bezeichnung der Rohrklasse setzt sich zusammen aus (s. DIN 21057):
  dem Nenndruck n. DIN EN 1333,
- Kennbuchstaben für die Werkstoffgruppe,
- Kennbuchstaben für die Dichtfläche bzw. Anschlussformen und einer laufenden Nummer zur Variantentrennung zusammen.

Tabelle 1.7 Kurzzeichen für Rohrleitungsanlagenteile

Buchstabe	Apparate, Maschinen und Zusatzteile	Armaturen	Armaturenanschluss	Rohrwerkstoffgruppe
A	Apparat, Maschine, allgemein	Ableiter		Gusseisen
B	Behälter			unlegierte Stähle
C	chemischer Reaktor			warmfeste Stähle
D	Dampferzeuger, Ofen, Erhitzer			hitzebeständige Stähle
E				druckwasserstoffbeständige Stähle
F	Filterapparat, Abscheider	Filter, Schmutzfänger		kaltzähe Stähle
G	Getriebe	Durchflussschauglas		oberflächengeschützte Stähle
H	Hebe- und Tranporteinrichtg.	Hahn		nichtrostende Stähle
I				
J			Flansch mit Eindrehung für Ringjoint n. ASA	
K	Kolonne	Klappe		Nichteisenmetalle
L			Flansch mit Eindrehung für Linsendichtung	Kunststoffe
M	Elektromotor		Flansch mit Abschrägung für Membranschweißdichtung	Beton
N			Nutflansch	Stahlbeton
O			Flansch mit Eindrehung für Ringdichtung	
P	Pumpe			Spannbeton
Q				Asbestzement
R	Rührwerk, Mischer	Rückschlagarmatur	Rücksprungflansch	Steinzeug
S	Schleuder, Separator	Schieber	Schweißende	
T	Trockner, Kristaller			
U				
V	Verdichter, Gebläse	Ventil		
W	Wärmeaustauscher			
X	sonstige Zusatzteile			
Y	sonstige Antriebsmaschine	Sicherheitsventil Berstscheibe	Gewindemuffe	
Z	Zerkleinerungsmaschine	sonstige Armaturen	Gewindezapfen	sonstige Werkstoffe

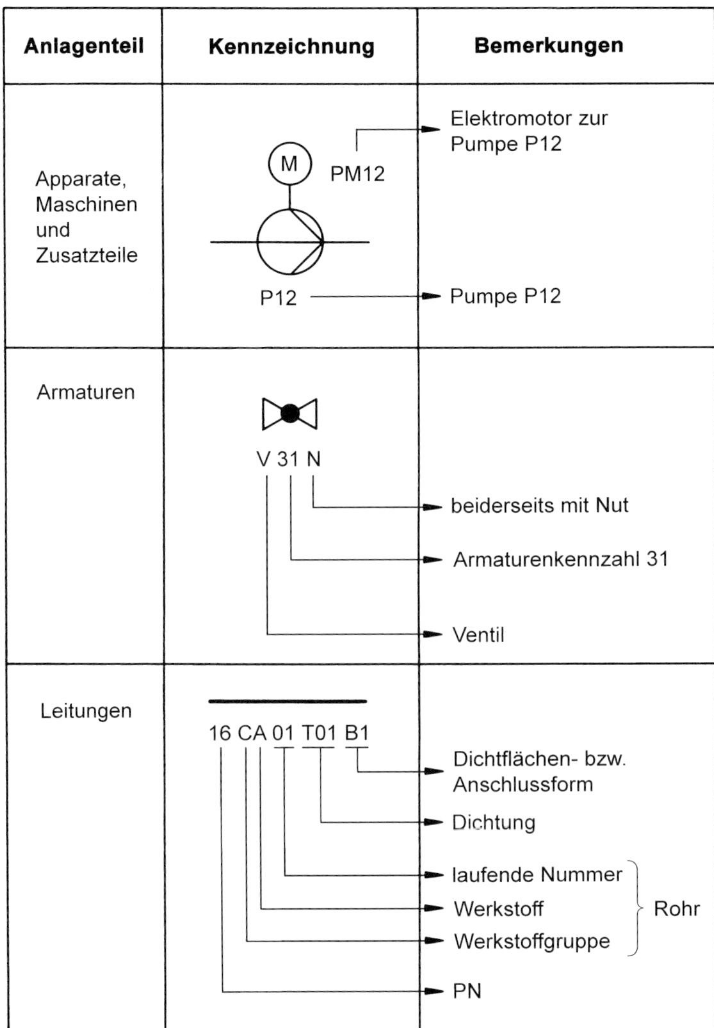

Bild 1.13 Anwendungsbeispiele und Erläuterungen für die Bezeichnung von Anlagenelementen

1.4.3 Bildzeichen für die gerätetechnische Darstellung

Die Bildzeichen nach Bild 1.14 dienen zur Darstellung der gerätetechnischen Lösung der i.A. mit den Darstellungsmitteln n. Tabelle 1.6 gegebenen Aufgabenstellung. Pläne, in denen diese Bildzeichen benutzt werden, zeigen den gerätetechnischen Aufbau von MSR-Stellen.

Der Aufbau der Bildzeichen erfolgt so, dass jedem Gerät ein Zeichen zugeordnet ist. Die Grundform sind Rechteck und Quadrat und wird ergänzt durch Bildelemente, Kennbuchstaben, Anschlusspunkte und Beschriftung. Um darzustellen, dass ein Gerät aus mehreren Funktionsgruppen (Teilgeräte) besteht, dürfen auch mehrere Bildzeichen aneinandergefügt werden. Die Bildzeichen für Stellantriebe können aus Bild 1.15 entnommen werden. In Bild 1.16 ist eine Zusammenfassung der wichtigsten Geräte einschließlich dem Zusammenwirken dargestellt.

Bild 1.14
Anwendungsbeispiele und Erläuterung für Bildzeichen der gerätetechnischen Darstellung

Benennung	Bildzeichen	Beispiel
Aufnehmer	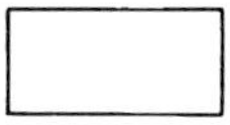	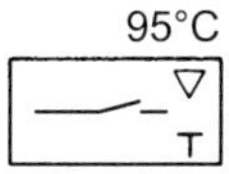 95°C ▽ T Temperaturschalter schließt bei ≧ 95°C
Anpasser	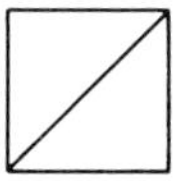	 A P Messumformer für Druck mit pneumatischem Einheitssignalausgang
Ausgeber	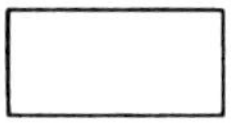	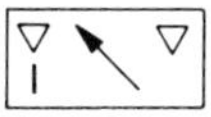 ▽ I ▽ Anzeiger mit Grenzsignalgeber für unteren und oberen Grenzwert links unterer Grenzwert rechts oberer Grenzwert
Regler	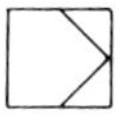	 PI PI-Regler mit fallendem Ausgangssignal bei steigendem Eingangssignal
Bedienungs-geräte	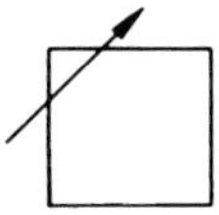	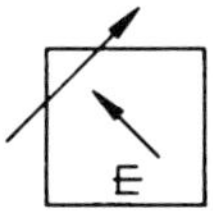 E Signaleinsteller für elektrisches Einheitssignal 4...20 mA, mit Anzeiger

Bildzeichen	Benennung
	Stellantrieb, allgemein
[1]	Hand-Stellantrieb
	Membran-Stellantrieb
	Kolben-Stellantrieb
	Motor-Stellantrieb
	Magnet-Stellantrieb
	Feder-Stellantrieb
	Schwimmer-Stellantrieb

Bild 1.15 Bildzeichen für Stellantriebe (n. DIN 2429 Teil 2, 1.88)

1) Handbetätigte Armaturen dürfen auch ohne dieses Symbolelement dargestellt werden, wenn Verwechslungen ausgeschlossen sind.

1.4.4 Fließbildausführung

Das Fließbild ist eine mit Hilfe von Bildzeichen vereinfachte zeichnerische Darstellung von Aufbau und Funktion der Anlage. Je nach Informationsinhalt und Darstellung sind verschiedene Arten von Fließbildern gebräuchlich, wobei für Rohrleitungsanlagen das

> ! Rohrleitungs- und Instrumenten-(RI-)-Fließbild (P + I flow sheet) I

n. DIN EN ISO 10 628 – Fließbilder verfahrenstechnischer Anlagen – am verbreitetsten ist. Das RI-Fließbild soll die technische Ausrüstung einer Anlage darstellen. Die Hauptfließrichtung soll i.Allg. von links nach rechts verlaufen. Fließlinien bzw. Rohrleitungen sollen sich möglichst nicht überschneiden. Überschneiden sich 2 Linien, kann eine davon unterbrochen werden, bei Linien verschiedener Breite ist stets die schmalere Linie durchzuziehen.

In Bild 1.17 ist für einen Einzel-Rührkessel-Reaktor das Fließbild dargestellt. Als Beispiel für ein Fließbild verfahrenstechnischer Anlagen nach DIN EN ISO 10 628 siehe Bild 1.18. Hierbei handelt es sich um Anlagen, in denen die Veränderung von Stoffen vorgenommen wird. Schemata nach dieser Norm sollen Apparate und Maschinen vorzugsweise in ihrer Höhenlage zueinander und in ihren äußeren Hauptabmessungen annähernd maßstäblich darstellen.

Fließbilder für Wärmekraftanlagen mit ihren vielen Verkettungen und Abhängigkeiten haben den Zweck, den Wärmekreislauf einfach, klar und verständlich darzustellen. In Bild 1.19 ist ein Grundschema einer Wärmeträgerölanlage dargestellt.

Benennung	Bildzeichen	Anmerkungen
Zusammen-wirken der Geräte	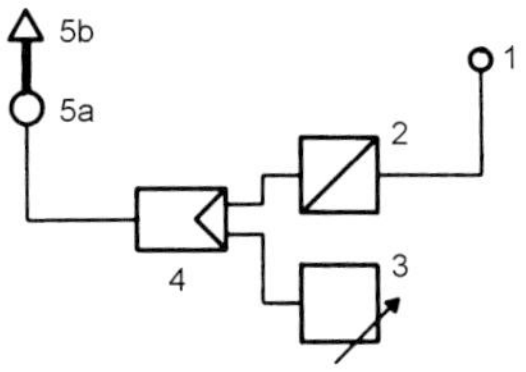 5b 5a 1 2 4 3	1 Messort und Fühler 2 Messumformer 3 Sollwerteinsteller 4 Regler 5 Stellgerät 5a Stellantrieb 5b Stellglied und Stellort
Beispiele für Armaturen-stellgeräte	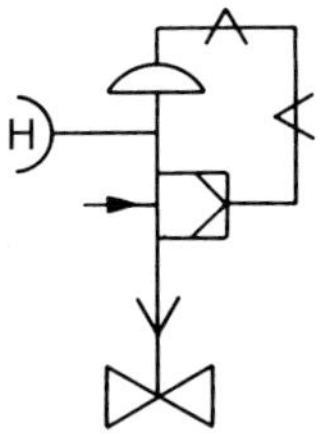 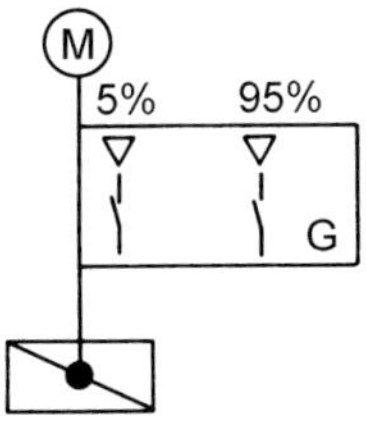 H M 5% 95% G	Armatur mit Membran-antrieb, angebautem Stellungsregler und Handbetätigung. Stellglied schließt bei Ausfall der Hilfsenergie Klappe mit Motorantrieb und Grenzsignalgeber mit Schalter, schließend bei 5% und 95% Öffnung
Einheits-signal	E A	elektrische pneumatisch 0,2...1,0 bar
Spezielle Leitungen	 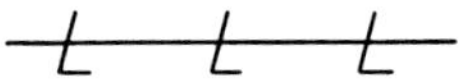  E E A A L L L X X	elektrische pneumatische hydraulische Kapillare

Bild 1.16 Anwendungsbeispiele und Erläuterungen für Bildzeichen der gerätetechnischen Darstellung

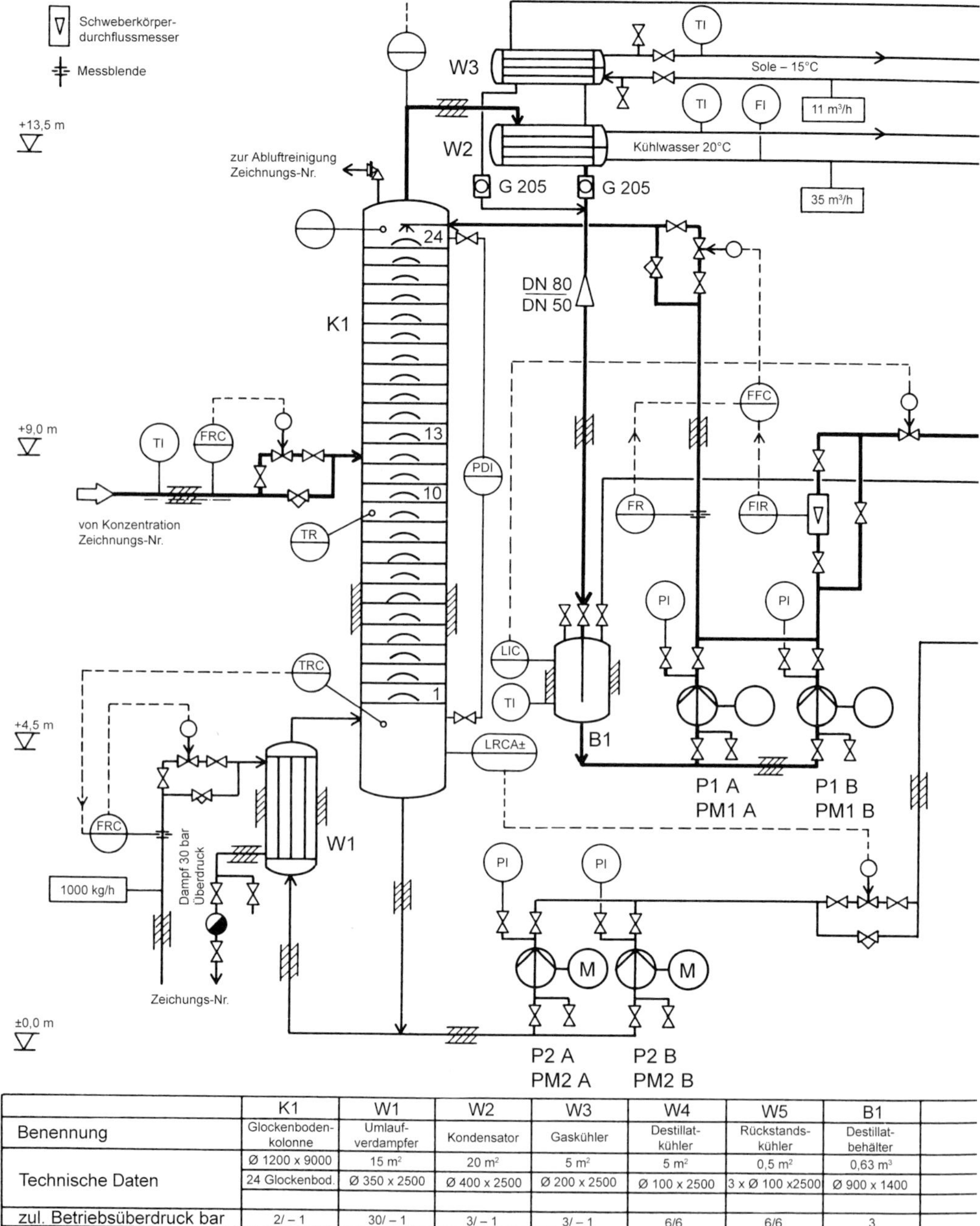

	K1	W1	W2	W3	W4	W5	B1	
Benennung	Glockenboden-kolonne	Umlauf-verdampfer	Kondensator	Gaskühler	Destillat-kühler	Rückstands-kühler	Destillat-behälter	
Technische Daten	Ø 1200 x 9000	15 m²	20 m²	5 m²	5 m²	0,5 m²	0,63 m³	
	24 Glockenbod.	Ø 350 x 2500	Ø 400 x 2500	Ø 200 x 2500	Ø 100 x 2500	3 x Ø 100 x2500	Ø 900 x 1400	
zul. Betriebsüberdruck bar	2/ – 1	30/ – 1	3/ – 1	3/ – 1	6/6	6/6	3	
zul. Betriebstemperatur °C	250	250	200	200	100	250	150	
Werkstoffbezeichnung	1.4571	1.4571	1.4571	1.4571	1.4571	HI/St/35	1.4571	
Bemerkung								

Bild 1.18 Verfahrenstechnisches Anlagenschema nach DIN EN ISO 10 628

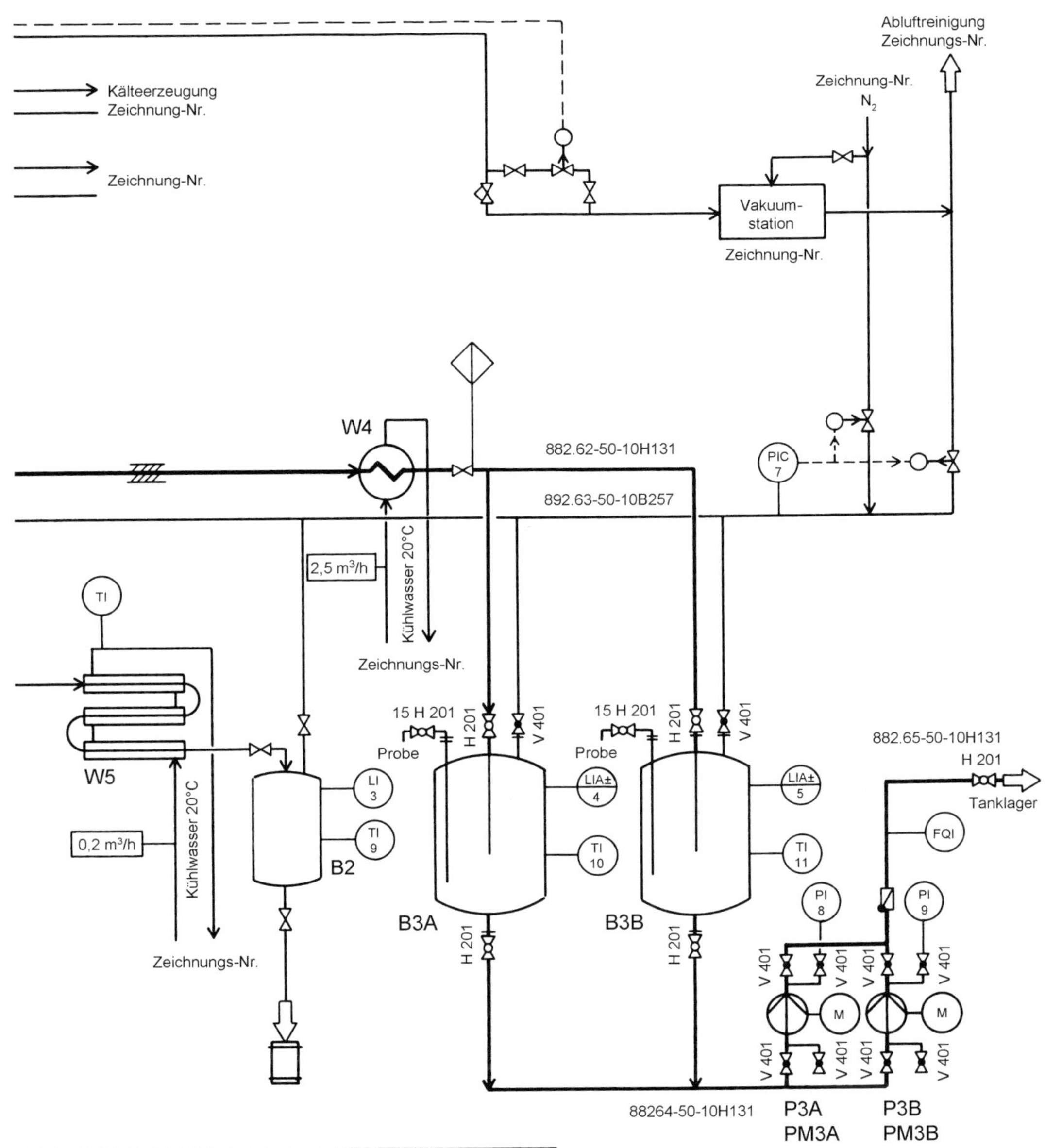

	B2	B3A-B	P1A-B	P2A-B	P3A-B
	Behälter	Behälter	Kreiselpumpe	Kreiselpumpe	Kreiselpumpe
	1,0 m³	6,3 m³	5 m³/h	1 m³/h	10 m³/h
	Ø 1000 x 1800	Ø 1800 x 3200	1450 min⁻¹	1450 min⁻¹	1450 min⁻¹
			Δp = 3 bar	Δp = 2,5 bar	Δp = 4 bar
	3	3			
	150	150			
	HI/St 35	1.4571	GGG-40	GG-25	GGG-40

MSR-Stellen-Nummern sowie Kurzzeichen für Rohrleitungen und Armaturen sind wegen der besseren Übersichtlichkeit nur an einigen Stellen angegeben.

8000 Betriebsstunden/Jahr

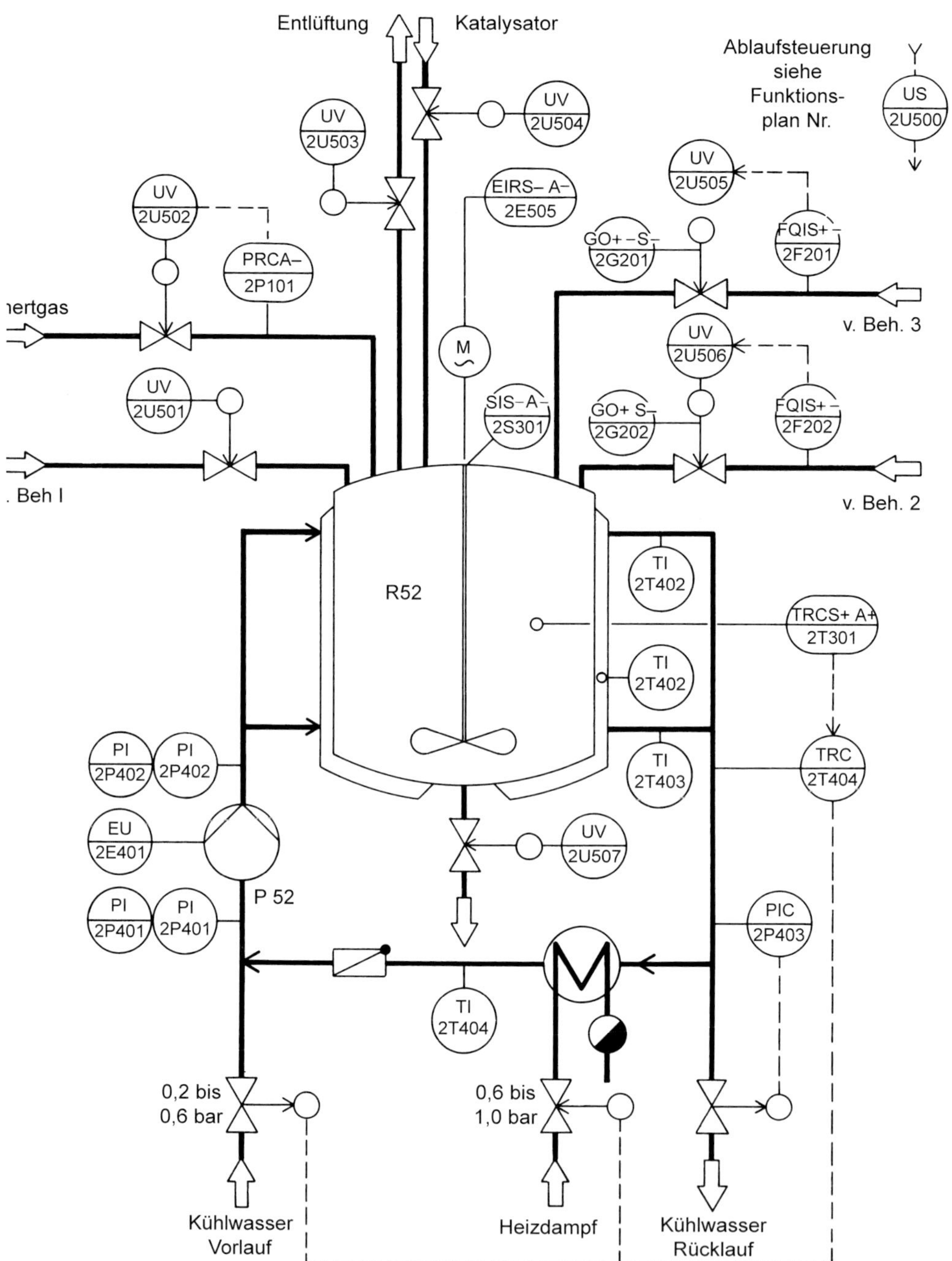

Bild 1.17 Rührkesselreaktor (Fließbilddarstellung n. DIN 19 227)

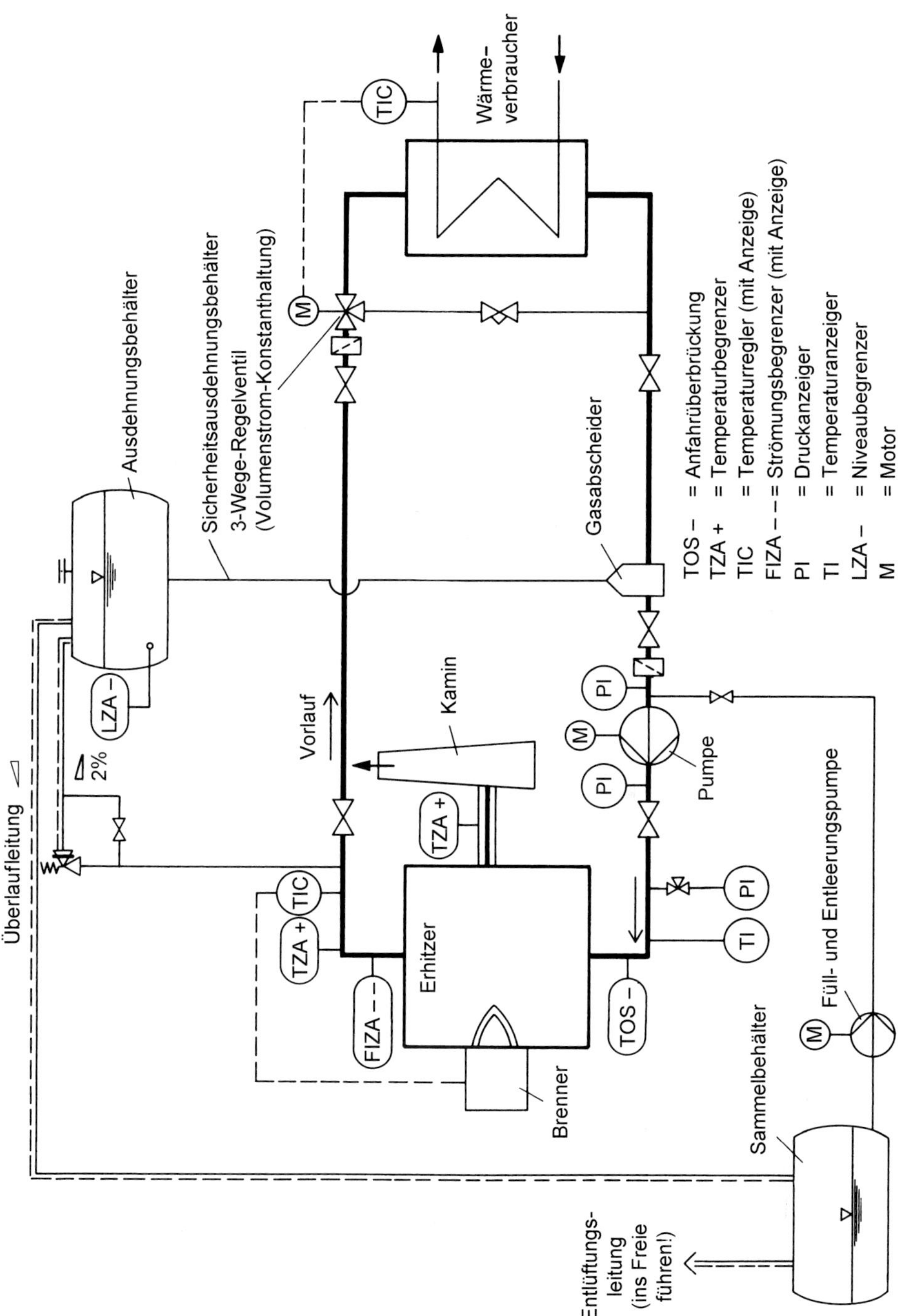

Bild 1.19 Fließschema einer Wärmeträgerölanlage

2 Kennzeichnung und Abmessungen von Rohrleitungselementen

2.1 Rohrherstellung

2.1.1 Geschichtliche Entwicklung

Eine der ältesten Rohrformen ist die Verwendung von ausgehöhlten Baumstämmen. Der Ersatz des Holzstammes durch Bretter und Rohrgebilde aus Stein bildeten Jahrtausende die Grundform und den Werkstoff von Rohren. Als erste metallische Werkstoffe wurden Blei und Kupfer verwendet.

Das Bleirohr wurde gegossen und überwiegend als Wasserleitungsrohr eingesetzt. Kupferrohre bildete man aus getriebenem Cu-Blech, das gerollt und zusammengelötet wurde.

Der immer größer werdende Bedarf an Rohrleitungen konnte durch Gusseisen- und Steinzeugrohre gedeckt werden, wobei Gussrohre im Bereich der Wasserversorgung bereits im 15. Jahrhundert eingesetzt wurden und solche Rohre aus dem 16. Jahrhundert z.T. noch heute in Betrieb sind. Für die immer höheren Beanspruchungen und Anforderungen musste jedoch ein neuer Rohrwerkstoff gefunden werden, der durch Stahl (seit etwa 1850) gegeben ist. Die überragende Stellung des Stahlrohres ist aufgrund seiner großen Festigkeit, seiner Elastizität und seines guten Formänderungsvermögens sowie besonders wegen seiner Schweißbarkeit gegeben. Diese Vorzugsstellung des Stahlrohres kommt auch in den weiteren Abschnitten durch die primäre Behandlung dieses Rohres zum Tragen.

Für Großrohre werden daneben auch Rohre aus Beton und für stark korrosive Medien (bei geringen Temperaturen und Drücken) Kunststoffrohre eingesetzt.

Im Vordergrund der Anwendung steht heute aber das Stahlrohr in den verschiedensten Stahlarten und Güteklassen, und zwar als nahtloses wie als geschweißtes Rohr.

2.1.2 Nahtlose Rohre

Bei der Herstellung von nahtlosen Rohren verwendet man i.Allg. das Warmverformungsverfahren. Durch eine anschließende Kaltverformung der Rohre können kleine Abmessungen, größere Maßgenauigkeiten und bessere Oberflächengüten erreicht werden.

Es gibt verschiedene Herstellungsverfahren, die jedoch alle auf einer gemeinsamen Grund-Konstruktionsidee aufgebaut sind in der Art, dass die Rohre in 2 Arbeitsgängen hergestellt werden. Im 1. Arbeitsgang erfolgt das Lochen eines Blockes zu einem dickwandigen Hohlkörper, der im 2. Arbeitsgang zum fertigen Rohr ausgestreckt wird.

Am Beispiel des **Schrägwalz-Pilgerschritt-Verfahrens**, das als ältestes Verfahren auf die Erfindung der **Brüder Mannesmann** um 1880 zurückgeht, soll die nahtlose Rohrherstellung beschrieben werden.

2.1.2.1 Schrägwalz-Pilgerschrittverfahren

Das Ausgangsmaterial ist hier ein Rund- oder Mehrkantblock, der in einem Ofen auf Walztemperatur erwärmt wird. Die Blöcke gelangen danach in das Schrägwalzwerk (Bild 2.1), um hier zum dickwandigen Hohlkörper, der Rohrluppe, gelocht zu werden. Das Schrägwalzwerk besitzt 2 besonders profilierte Walzen, die im gleichen Drehsinn angetrieben werden und deren Achsen geneigt zur Horizontalen und schräg zueinander angeordnet sind. Zwischen diesen Walzen wird der Block hineingeschoben, von diesen erfasst und schraubenförmig zwischen den Walzen hindurchgezogen. Das konische Einlaufteil der Walzen erzeugt eine «**Friemelwirkung**», die ein Auflockern und schließlich ein Öffnen des Blockkerns bewirkt. Das dabei entstehende unregelmäßig geformte Loch wird durch einen Dorn, der auf einer Stange sitzt und gegen ein Widerlager abgestützt ist, aufgeweitet und geglättet, wobei der Werkstoff verdichtet wird.

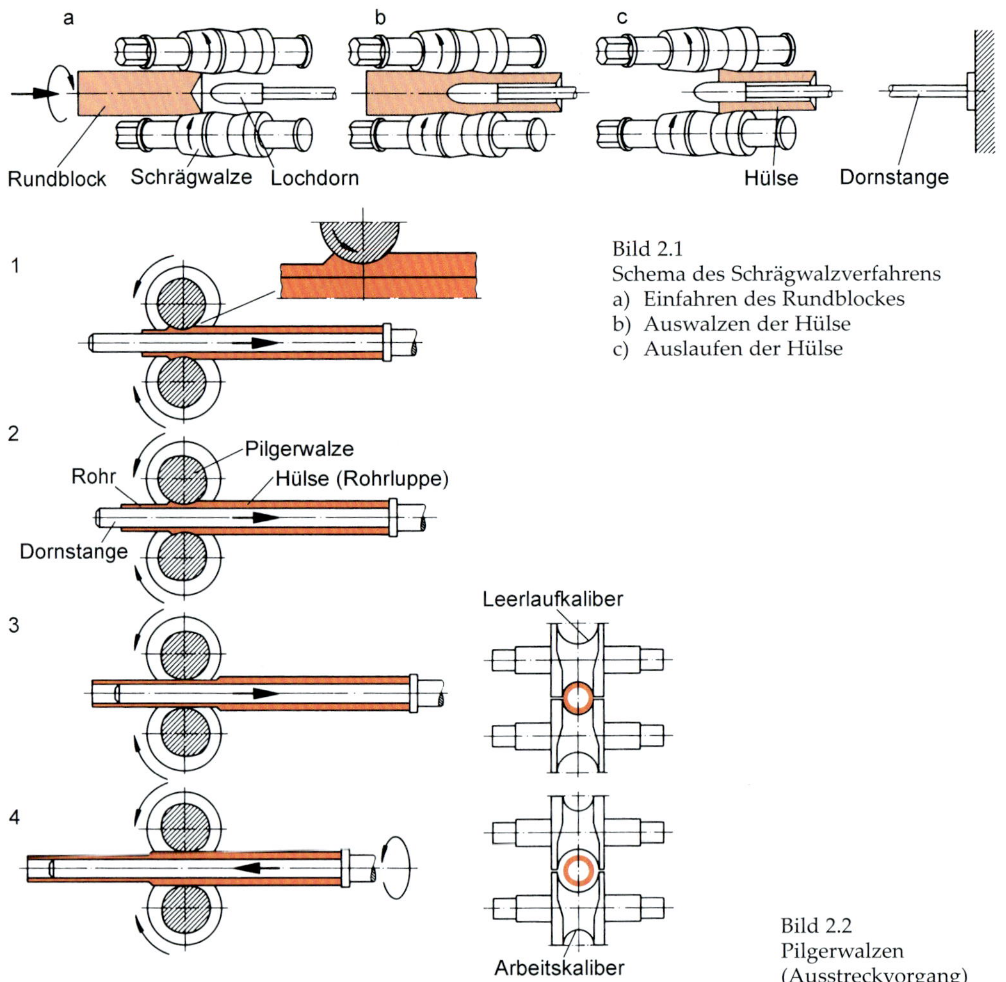

Bild 2.1
Schema des Schrägwalzverfahrens
a) Einfahren des Rundblockes
b) Auswalzen der Hülse
c) Auslaufen der Hülse

Bild 2.2
Pilgerwalzen
(Ausstreckvorgang)

Nach dem Schrägwalzen erfolgt das Ausstrecken der Rohrluppe zum fertigen Rohr im **Pilgerwalzwerk** (Bild 2.2), das einen Walz-Schmiede-Vorgang enthält. Die Luppe wird über einen zylindrischen, glatten Dorn geschoben, dessen Durchmesser etwa der lichten Weite des zu fertigenden Rohres entspricht, und den Pilgerwalzen zugeführt. Diese Walzen besitzen auf der einen Hälfte des Umfanges das Arbeitskaliber (bestehend aus dem konischen Pilgermaul) und dem gleichbleibenden zylindrischen Glättkaliber mit anschließendem Auslauf, während die andere Hälfte mit einer größeren Öffnung als Leerlaufkaliber ausgebildet ist.

Das Pilgermaul erfasst die Rohrluppe, drückt eine kleine Werkstoffwelle ab, die anschließend vom Glättkaliber auf dem Pilgerdorn zu dünner Wand ausgestreckt wird. Entsprechend dem Drehsinn der Walzen wird hierbei der Dorn mit der darauf befindlichen Luppe nach rückwärts bewegt, bis das Leerlaufkaliber die Luppe freigibt. Während sich die Walzen weiterdrehen, werden Dorn und Luppe bei gleichzeitiger Drehung um ca. 90° wieder vorgeschoben, so dass das Pilgermaul wieder einen neuen Arbeitstakt beginnen kann. Bei diesem schrittweise ablaufenden Walzprozess (Pilgerschrittbewegung) wird die Rohrluppe unter dauerndem Drehen um 90° gleichmäßig über den ganzen Umfang zum Rohr ausgestreckt.

Nach dem Verlassen des Pilgerwalzwerkes trennt eine Warmsäge den verbleibenden Rest der Rohrluppe und das ungleichmäßig verformte vordere Ende des Rohres ab. In einem Ofen wird das Rohr nochmals erwärmt und durchläuft anschließend ein Maßwalzwerk und eine Warmrichtanlage. Die wirtschaftlich geringste Wanddicke, die bei nahtlosen Rohren herstellbar ist, wird in DIN EN 10220 als Normalwanddicke bezeichnet.

Nach dem Schrägwalz-Pilgerschrittverfahren werden Rohre von ca. 50...550 mm Außendurchmesser mit Wanddicken von 3 mm bis über 60 mm in Längen bis zu 28 m hergestellt.

2.1.3 Geschweißte Rohre

Bei allen Herstellungsmethoden für geschweißte Stahlrohre wird als Ausgangsmaterial ein Blechband bzw. eine Blechtafel verwendet. Die Blechkanten werden durch Press- oder Schmelzschweißen verbunden.

Eines der wichtigsten Qualitätsmerkmale ist die Wertigkeit der Schweißnaht. Je nach Schweißverfahren und Prüfumfang kann die Schweißnahtwertigkeit (dies ist ein Verhältnis von der Güte Schweißnaht zur Güte des Grundwerkstoffes) unterschiedlich sein. Sie beeinflusst jedoch entscheidend die Wanddicke und damit das Gewicht der Rohre.

2.1.3.1 Pressgeschweißte Rohre

Das vorzugsweise für die handelsüblichen Rohre verwendete Blechband wird vom Ringbund abgehaspelt und in einer Richtmaschine gerichtet. Danach gelangt das Band gemäß Bild 2.3 in ein mehrgerüstiges Formwalzwerk, wo es durch Profilwalzen zum Schlitzrohr geformt wird, das anschließend in einer Schweißeinheit erhitzt und durch 2 Druckrollen zum Rohr verschweißt wird. Der beim Pressschweißen entstehende äußere und innere Stauchwulst (Grat) wird durch Schabewerkzeuge unmittelbar nach dem Schweißen innen und außen vom Rohr entfernt, so dass die Schweißnaht auf der Rohraußenseite nicht sichtbar ist und auf der Innenseite nur bedingt wiedergefunden werden kann.

Bei den pressgeschweißten Rohren unterteilt man die Verfahren im Wesentlichen in:

1. Feuerpressschweißen (Fretz-Moon-Verfahren),
2. Induktions-Schweißverfahren,
3. Widerstands-Schweißverfahren und
4. Hochfrequenz-Schweißverfahren (Hf-Verfahren).

Als Beispiel soll das vielverwendete Hochfrequenz-Widerstandspressschweißen etwas näher erläutert werden, da dieses Verfahren als sicherstes Pressschweißverfahren angesehen wird.

Beim Hochfrequenzschweißen arbeitet man mit Frequenzen zwischen 300...500 kHz, wobei die zu verschweißenden Bandkanten

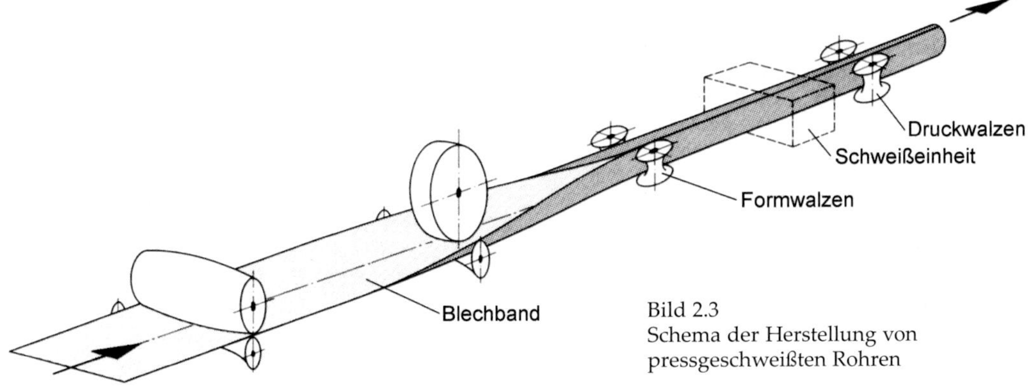

Bild 2.3
Schema der Herstellung von pressgeschweißten Rohren

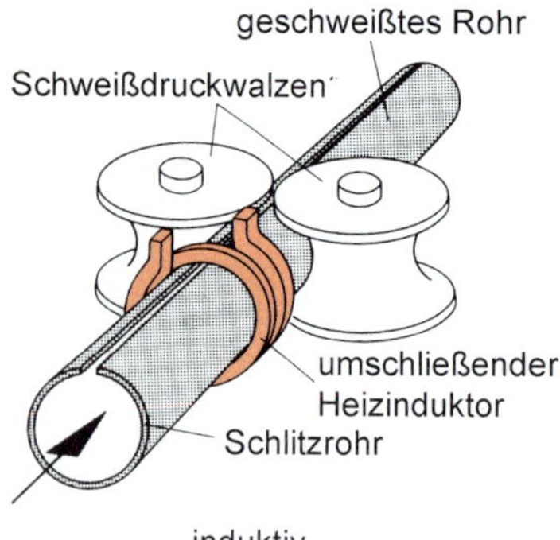

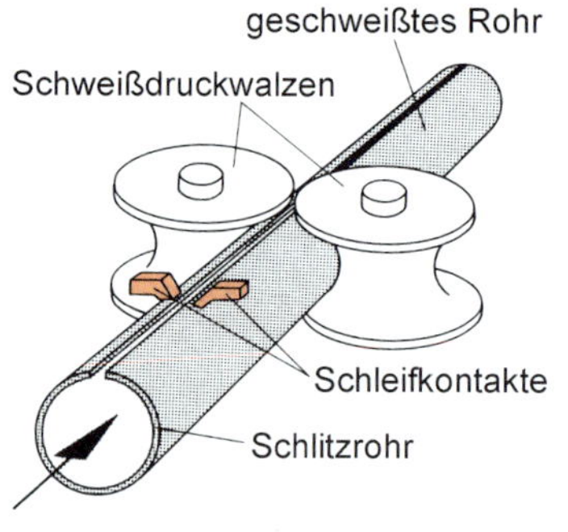

Bild 2.4
Schema des konduktiven und induktiven Hochfrequenz-Widerstandsschweißens

des Schlitzrohres durch einen elektrischen Strom erwärmt und unter Druck zusammengepresst werden. Hierbei gibt es nach Bild 2.4 2 Arten der Stromübertragung, nämlich eine Übertragung mittels a) Schleifkontakte oder auf b) induktivem Weg. Hinsichtlich des Schweißergebnisses sind diese beiden Arten gleichwertig, wobei diese Verfahren Schweißnahtwertigkeiten bis $v_N = 1{,}0$ gestatten.

Die besonderen Vorzüge des Hochfrequenzschweißens sind durch 2 physikalische Effekte begründet:

1. Größte Stromdichte im Oberflächenbereich (Skin-Effekt),
2. Anziehungseffekt der Stromfäden aufgrund der entgegengesetzten Stromrichtung an den beiden Kanten.

Durch beide Effekte wird eine hohe Stromdichte im Schweißspalt erreicht. Das Verfahren arbeitet daher praktisch schon im Gebiet des Schmelzschweißens. Bei der induktiven Schweißung wird durch eine das Rohr umschließende Ringspule der hochfrequente Strom eingebracht. Das Rohr wirkt dabei als Sekundärwicklung eines Transformators, bei dem sich der Sekundärstromkreis um das Rohr zu schließen sucht. Der Strom trifft dabei auf den V-förmigen Schlitz der Bandkanten, läuft den Schlitz entlang und entwickelt an der Spitze, d.h. im Schweißpunkt, die höchste Stromdichte. Nach dem Schweißen liegt nur eine sehr schmale, wärmebeeinflusste Zone vor, die jedoch nach dem Normalisierungsglühen völlig verschwindet. Nach einer weiteren Bearbeitung durch Kaltziehen und gegebenenfalls nochmaliger Wärmebehandlung tritt die Schweißnaht nicht mehr in Erscheinung.

Bei einer Schweißnahtwertigkeit $v_N = 1{,}0$ bedeutet dies, dass solche Rohre wie nahtlose Rohre eingesetzt werden können, wobei zusätzlich zu beachten ist, dass aus Blech gefertigte Rohre exzentrizitätsfrei sind und sehr geringe Wanddicken- und Durchmesserabweichungen haben.

Hochfrequenzgeschweißte Rohre werden in Durchmessern von 10...1000 mm und Wanddicken von 0,8...25 mm hergestellt.

2.1.3.2 Schmelzgeschweißte Rohre

Längsnahtgeschweißte Rohre

Als Ausgangsmaterial dienen Bleche mit einer Breite, die dem abgewickelten Rohrumfang entspricht. Auf einer 3-Walzen-Biegemaschine werden die Bleche zu Schlitzrohren geformt und über Rollgänge zu den Schweißaggregaten transportiert.

Die Schlitzrohre durchlaufen zunächst ein Heftgerüst, in dem sie genau gespannt und ihre Längskanten von außen durch Heftschweißung miteinander verbunden werden. Von hier aus gelangen die gehefteten Rohre zur Innenschweißmaschine, bei der der Schweißkopf an einem langen Ausleger durch das Rohrinnere geführt und hierbei die Innennaht geschweißt wird. Nach einer Innenbe-sichtigung werden die Wurzel der Innennaht sowie die Heftstellen von außen ausgefräst. Anschließend wird durch eine Außenschweißmaschine die Naht von außen fertig geschweißt.

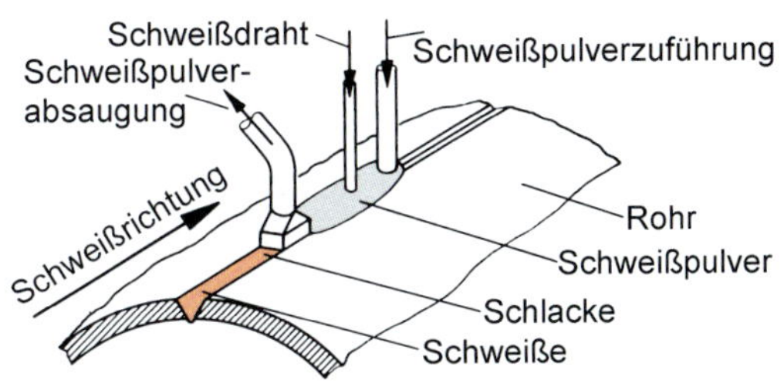

Bild 2.5
UP-Schweißung eines Rohres

Als Schweißverfahren wird aus Wirtschaftlichkeitsgründen das **UP-Schweißen** (Unter-Pulver-Schweißverfahren) angewendet (Bild 2.5). Hierzu wird ein blanker Schweißzusatzwerkstoff, der unter einem Schweißpulver abbrennt, genommen. Das Schweißpulver bildet dabei eine zähflüssige Schlacke, die die Schweißstelle nach außen abdeckt und primär das Eindringen von Sauerstoff und Stickstoff in das Schweißbad verhindert, wobei eine glatte und porenfreie Schweißnaht entsteht. Das aufgeschmolzene Schweißpulver (Schlacke) erhärtet und zerspringt beim Abkühlen, die somit leicht entfernt und wieder abgesaugt werden kann.

Nach diesem Verfahren werden Großrohre von ca. 400 mm Außendurchmesser bis zu den größten gewünschten Rohrdurchmessern gefertigt. Der größte Durchmesser wird bestimmt durch die Transportmöglichkeit der Rohre. Bei Versand mit der Eisenbahn liegt dieser bei ca. 3,2 m.

Spiralnahtgeschweißte Rohre

Bei spiralnahtgeschweißten Rohren dient als Ausgangsmaterial Warmbreitband, das von Ringbunden durch Aneinanderschweißen zu einem endlosen Band vereinigt wird. Von hier gelangt das Band in eine Verformungseinrichtung (Bild 2.6), in der es schraubenlinienförmig zum zylindrischen Rohr gebogen wird. Bei diesem Biegevorgang laufen die Kanten des Bandes gegeneinander und werden von innen und nach einer halben Drehung nach außen nach dem bereits beschriebenen UP-Schweißverfahren kontinuierlich verschweißt.

Der Herstellungsbereich für Rohre nach diesem Verfahren geht von 400...2000 mm Außendurchmesser bei einer Wanddicke von ca. 4...12 mm.

Der Vorteil der Spiralnahtschweißung liegt vor allem darin, dass man kontinuierlich vom Band **mit 1 Bandbreite**, durch Schrägstellung der Richtmaschine, verschiedene Rohrdurchmesser fertigen kann (Bild 2.7). Ein besonde-

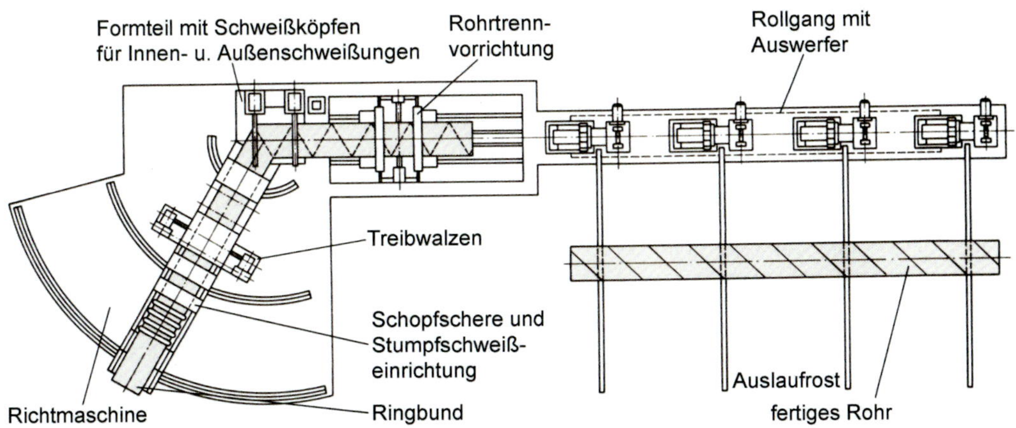

Bild 2.6 Schema einer Spiralnaht-Rohrschweißanlage (Draufsicht)

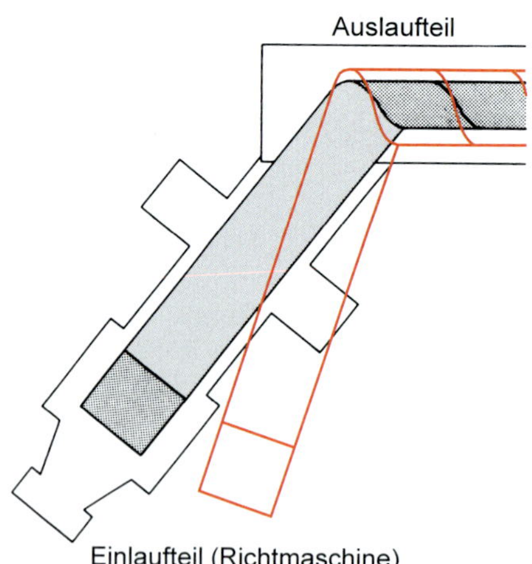

Bild 2.7
Herstellung von verschiedenen Durchmessern durch Veränderung der Schrägstellung der Richtmaschine bei gleicher Bandbreite

rer Vorteil ist, dass auch Rohre mit großem Durchmesser und geringer Wanddicke wirtschaftlich hergestellt werden können.

Tabelle 2.1 DN-Reihe von Rohrleitungsteilen (DIN EN ISO 6708 (9.95))

DN 10	DN 250	DN 1500
DN 15	DN 300	DN 1600
DN 20	DN 350	DN 1800
DN 25	DN 400	DN 2000
DN 32	DN 450	DN 2200
DN 40	DN 500	DN 2400
DN 50	DN 600	DN 2600
DN 60	DN 700	DN 2800
DN 65	DN 800	DN 3000
DN 80	DN 900	DN 3200
DN 100	DN 1000	DN 3400
DN 125	DN 1100	DN 3600
DN 150	DN 1200	DN 3800
DN 200	DN 1400	DN 4000

2.2 DN-Kenngrößensystem (Nennweite)

Die Nennweite (**Kurzzeichen DN**) ist eine Kenngröße, die bei Rohrleitungssystemen als kennzeichnendes Merkmal zueinander passender Teile benutzt wird. Die Nennweiten nach Tabelle 2.1 haben keine Einheiten und dürfen nicht als Maßeintragung benutzt werden, da diese nur zum großen Teil dem Innendurchmesser der Rohrleitungsteile entsprechen. Da die Außendurchmesser i.Allg. mit Rücksicht auf die Herstellung festliegen, können die lichten Durchmesser je nach den zur Ausführung gelangenden Wanddicken Unterschiede gegenüber den Kenngrößen der Nennweiten aufweisen.

2.3 Rohre

Die Europäische Norm DIN EN 10220 (3.03) enthält Festlegungen für nahtlose und geschweißte Stahlrohre **für allgemeine** Anwendungen.

Angaben über Maße von Stahlrohren **für besondere** Anwendungen können aus anderen Normen entnommen werden, wie z.B. für:

- nichtrostende Stahlrohre (siehe Tabelle 2.3) aus DIN EN ISO 1127,
- Präzisionsstahlrohre aus DIN EN 10305-1 u. 2 (siehe Tabelle 2.4).

Der Lieferumfang der am häufigsten verwendeten Stahlrohre nach DIN EN 10216-2 (nahtlose Rohre) und DIN EN 10217-2 (geschweißte Rohre) ist in Tabelle 2.2 mit eingetragen.

In Tabelle 2.5 sind die Abmessungen für Rohre aus unlegiertem Stahl mit Eignung zum Schweißen und Gewindeschneiden aufgeführt.

Maße und Gewichte
Die Maße und Gewichte von nahtlosen und geschweißten Stahlrohren sind in DIN EN 10 220 (Tabelle 2.2) festgelegt. Bei der Festlegung des Außendurchmessers zur zugehörigen Nennweite bestehen zur Zeit 3 Möglichkeiten:

1. Außendurchmesser-Grundreihe entspricht der ISO-Empfehlung und kann auf Zoll-Rohrgewinde geschnitten werden. Durch die von den USA ausgegebenen internationalen Richtlinien in der Erdölindustrie ist ein Großteil der Rohr- und Formstückfertigungsstraßen für diesen Rohrleitungselementen-Verbraucherkreis eingerichtet. Diese Durchmesserreihe ist daher international am gebräuchlichsten, und es empfiehlt sich, insbesondere im Export, diese Reihe zu verwenden. Der Innendurchmesser weicht jedoch teilweise (je nach Wanddicke) relativ stark von der Nennweitenangabe ab. Bei z.B. DN 150 ist der Innendurchmesser der Reihe 1 mit Normalwanddicke (168,3 x 4,5) mit 159,3 mm größer als der Außendurchmesser des Rohres der Reihe 3 (159 x 4,5) mit 159 mm.
   Für die Reihe 1 gibt es alles zum Bau einer Rohrleitung nötige Zubehör, z.B. Formstücke, Flansche usw.
2. Für die Reihe 2 ist nur ein Teil des Zubehörs genormt.
3. Außendurchmesser-Reihe 3, die aus der früheren deutschen Norm übernommen worden ist und bei Verwendung der Normalwanddicke Innendurchmesser ergibt, die relativ genau dem Nennweitenwert entsprechen. Im Laufe der Zeit werden diese Abmessungen gestrichen.

Tabelle 2.2 Rohre zur allgemeinen Verwendung, Maße und längenbezogene Masse, DIN EN 10220 (3.03)

Außendurchmesser mm Reihe 1	2	3	Wanddicke, mm 0,5	0,6	0,8	1	1,2	1,4	1,6	1,8	2	2,3	2,6	2,9	3,2	3,6	4	4,5	5	5,4*	5,6	6,3
			längenbezogene Masse, kg/m																			
10,2			0,120	0,142	0,185	0,227	0,266	0,304	0,339	0,373	0,404	0,448	0,487									
	12		0,142	0,169	0,221	0,271	0,320	0,366	0,410	0,453	0,493	0,550	0,603	0,651	0,694							
	12,7		0,150	0,179	0,235	0,289	0,340	0,390	0,438	0,484	0,528	0,590	0,648	0,701	0,750							
13,5			0,160	0,191	0,251	0,308	0,364	0,418	0,470	0,519	0,567	0,635	0,699	0,758	0,813	0,879						
		14	0,166	0,198	0,260	0,321	0,379	0,435	0,489	0,542	0,592	0,664	0,731	0,794	0,852	0,923						
	16		0,191	0,228	0,300	0,370	0,438	0,504	0,568	0,630	0,691	0,777	0,859	0,937	1,01	1,10	1,18					
17,2			0,206	0,246	0,324	0,400	0,474	0,546	0,616	0,684	0,750	0,845	0,936	1,02	1,10	1,21	1,3	1,41				
		18	0,216	0,257	0,339	0,419	0,497	0,573	0,647	0,719	0,789	0,891	0,987	1,08	1,17	1,28	1,38	1,50				
	19		0,228	0,272	0,359	0,444	0,527	0,608	0,687	0,764	0,838	0,947	1,05	1,15	1,25	1,37	1,48	1,61	1,73			
	20		0,240	0,287	0,379	0,469	0,556	0,642	0,726	0,808	0,888	1,00	1,12	1,22	1,33	1,46	1,58	1,72	1,85			
21,3			0,256	0,306	0,404	0,501	0,595	0,687	0,777	0,866	0,952	1,08	1,20	1,32	1,43	1,57	1,71	1,86	2,01	2,12		
		22	0,265	0,317	0,418	0,518	0,616	0,711	0,805	0,897	0,986	1,12	1,24	1,37	1,48	1,63	1,78	1,94	2,10	2,21		
	25		0,302	0,361	0,477	0,592	0,704	0,815	0,923	1,03	1,13	1,29	1,44	1,58	1,72	1,90	2,07	2,28	2,47	2,61	2,68	2,91
		25,4	0,307	0,367	0,485	0,602	0,716	0,829	0,939	1,05	1,15	1,31	1,46	1,61	1,75	1,94	2,11	2,32	2,52	2,66	2,73	2,97
26,9			0,326	0,389	0,515	0,639	0,761	0,890	0,998	1,11	1,23	1,40	1,56	1,72	1,87	2,07	2,26	2,49	2,70	2,86	2,94	3,20
		30	0,364	0,435	0,576	0,715	0,852	0,987	1,12	1,25	1,38	1,57	1,76	1,94	2,11	2,14	2,56	2,83	3,08	3,28	3,37	3,68
	31,8		0,386	0,462	0,612	0,760	0,906	1,05	1,19	1,33	1,47	1,67	1,87	2,07	2,26	2,50	2,74	3,03	3,30	3,52	3,62	3,96
	32		0,388	0,465	0,616	0,765	0,911	1,06	1,20	1,34	1,48	1,68	1,89	2,08	2,27	2,52	2,76	3,05	3,33	3,54	3,65	3,99
33,7			0,409	0,490	0,649	0,806	0,962	1,12	1,27	1,42	1,56	1,78	1,99	2,20	2,41	2,67	2,93	3,24	3,54	3,77	3,88	4,26
		35	0,425	0,509	0,675	0,838	1,00	1,16	1,32	1,47	1,63	1,85	2,08	2,30	2,51	2,79	3,06	3,38	3,70	3,94	4,06	4,46
	38		0,462	0,553	0,734	0,912	1,09	1,26	1,44	1,61	1,78	2,02	2,27	2,51	2,75	3,05	3,35	3,72	4,07	4,34	4,47	4,93
	40		0,487	0,583	0,773	0,962	1,15	1,33	1,52	1,70	1,87	2,14	2,40	2,65	2,90	3,23	3,55	3,94	4,32	4,61	4,75	5,24
42,4			0,517	0,619	0,821	1,02	1,22	1,42	1,61	1,80	1,99	2,27	2,55	2,82	3,09	3,44	3,79	4,21	4,61	4,93	5,08	5,61
		44,5	0,543	0,650	0,862	1,07	1,28	1,49	1,69	1,90	2,10	2,39	2,69	2,98	3,26	3,63	4,00	4,44	4,87	5,21	5,37	5,94
48,3				0,706	0,937	1,17	1,39	1,62	1,84	2,06	2,28	2,61	2,93	3,25	3,56	3,97	4,37	4,86	5,34	5,71	5,90	6,53
	51			0,746	0,990	1,23	1,47	1,71	1,95	2,18	2,42	2,76	3,10	3,44	3,77	4,21	4,64	5,16	5,67	6,07	6,27	6,94
		54		0,790	1,05	1,31	1,56	1,82	2,07	2,32	2,56	2,93	3,30	3,65	4,01	4,47	4,93	5,49	6,04	6,47	6,68	7,41
	57			0,835	1,11	1,38	1,65	1,92	2,19	2,45	2,71	3,10	3,49	3,87	4,25	4,74	5,23	5,83	6,41	6,87	7,10	7,88
60,3				0,883	1,17	1,46	1,75	2,03	2,32	2,60	2,88	3,29	3,70	4,11	4,51	5,03	5,55	6,19	6,82	7,31	7,55	8,19
	63,5			0,931	1,24	1,54	1,84	2,14	2,44	2,74	3,03	3,47	3,90	4,33	4,76	5,32	5,87	6,55	7,21	7,74	8,00	8,89
	70				1,37	1,70	2,04	2,37	2,70	3,03	3,35	3,84	4,32	4,80	5,27	5,90	6,51	7,27	8,01	8,60	8,89	9,90
		73			1,42	1,78	2,12	2,47	2,82	3,16	3,50	4,01	4,51	5,01	5,51	6,16	6,81	7,60	8,38	9,00	9,31	10,4
76,1					1,49	1,85	2,22	2,58	2,94	3,30	3,65	4,19	4,71	5,24	5,75	6,44	7,11	7,95	8,77	9,42	9,74	10,8
		82,5			1,61	2,01	2,41	2,80	3,19	3,58	3,97	4,55	5,12	5,69	6,26	7,00	7,74	8,66	9,56	10,3	10,6	11,8
88,9					1,74	2,17	2,60	3,02	3,44	3,87	4,29	4,91	5,53	6,15	6,76	7,57	8,38	9,37	10,3	11,1	11,5	12,8
	101,6						2,97	3,46	3,95	4,43	4,91	5,63	6,35	7,06	7,77	8,70	9,63	10,8	11,9	12,8	13,3	14,8
		108					3,16	3,68	4,20	4,71	5,23	6,00	6,76	7,52	8,27	9,27	10,3	11,5	12,7	13,7	14,1	15,8
114,3							3,35	3,90	4,45	4,99	5,54	6,35	7,18	7,97	8,77	9,83	10,9	12,2	13,5	14,5	15,0	16,8
	127								4,95	5,56	6,17	7,07	7,98	8,88	9,77	11,0	12,1	13,6	15,0	16,2	16,8	18,8
	133								5,18	5,82	6,46	7,41	8,36	9,30	10,2	11,5	12,7	14,3	15,8	17,0	17,6	19,7
139,7									5,45	6,12	6,79	7,79	8,79	9,78	10,8	12,1	13,4	15,0	16,6	17,9	18,5	20,7
		141,3							5,51	6,19	6,87	7,88	8,89	9,90	10,9	12,2	13,5	15,2	16,8	18,1	18,7	21,0
		152,4							5,95	6,69	7,42	8,51	9,61	10,7	11,8	13,2	14,6	16,4	18,2	19,6	20,3	22,7
		159							6,21	6,98	7,74	8,89	10,0	11,2	12,3	13,8	15,3	17,1	19,0	20,5	21,2	23,7
168,3									6,58	7,39	8,20	9,42	10,6	11,8	13,0	14,6	16,2	18,2	20,1	21,7	22,5	25,2
		177,8								7,81	8,67	9,95	11,2	12,5	13,8	15,5	17,1	19,2	21,3	23,0	23,8	26,6
		193,7								8,52	9,46	10,9	12,3	13,6	15,0	16,9	18,7	21,9	23,3	25,1	26,0	29,1
219,1										9,65	10,7	12,3	13,9	15,5	17,0	19,1	21,2	23,8	26,4	28,5	29,5	33,1
		244,5									12,0	13,7	15,5	17,3	19,0	21,4	23,7	26,6	29,5	31,8	33,0	37,0
273											13,4	15,4	17,3	19,3	21,3	23,9	26,5	29,8	33,0	35,6	36,9	41,4
323,9													20,6	23,0	25,3	28,4	31,6	36,4	39,3	42,4	44,0	49,3
355,6													22,6	25,2	27,8	31,3	34,7	39,0	43,2	46,6	48,3	54,3
406,4													25,9	28,9	31,8	35,8	39,7	44,6	49,5	53,4	55,4	62,2
457															36,8	40,3	44,7	50,2	56,7	60,1	62,3	70,0
508															39,8	44,8	49,7	55,9	62,0	66,9	69,4	77,9
		559													43,9	49,3	54,7	61,5	68,3	73,7	76,4	85,9
610															47,9	53,8	59,8	67,2	74,6	80,5	83,5	93,8
		660															64,7	72,7	80,8	87,2	90,4	102
711																	69,7	78,4	87,1	94,0	97,4	109
	762																74,8	84,1	93,3	101	104	117
813																	79,8	89,7	99,6	108	112	125
		864															84,8	95,4	106	114	119	133
914																	89,8	101	112	121	125	141
1016																	99,8	112	125	135	140	157
1067																			131	141	147	165
1118																			137	148	154	173
	1168																		143	155	161	180
1219																			150	162	168	188
	1321																				182	204
1422																					196	220
	1524																					236
1626																						252
	1727																					
1829																						
	1930																					
2032																						
	2134																					
2235																						
	2337																					
	2438																					
2540																						

* Wanddicke 5,4 mm gibt es bei nahtlosen und geschweißten Rohren nicht.

Blaue Linie: Lieferbereich für geschweißte Stahlrohre nach DIN EN 10217-2 und geschweißte Rohre nach DIN EN 10217-4 für tiefe Temperaturen

Rote Linie: Lieferbereich für nahtlose Stahlrohre nach DIN EN 10216-2

Wanddicke, mm																					
7,1	8	8,8	10	11	12,5	14,2	16	17,5	20	22,2	25	28	30	32	36	40	45	50	55	60	65
längenbezogene Masse, kg/m																					
3,47	3,73																				
4,01	4,34																				
4,32	4,70																				
4,36	4,74																				
4,66	5,07	5,40																			
4,89	5,33	5,69																			
5,41	5,92	6,34	6,91																		
5,76	6,31	6,77	7,40																		
6,18	6,79	7,29	7,99																		
6,55	7,20	7,75	8,51	9,09	9,86																
7,21	7,95	8,57	9,45	10,1	11,0																
7,69	8,48	9,16	10,1	10,9	11,9																
8,21	9,08	9,81	10,9	11,7	12,8	13,9															
8,74	9,67	10,5	11,6	12,5	13,7	15,0															
9,32	10,3	11,2	12,4	13,4	14,7	16,1	17,5														
9,88	10,9	11,9	13,2	14,2	15,7	17,3	18,7														
11,0	12,2	13,3	14,8	16,0	17,7	19,5	21,3	22,7													
11,5	12,8	13,9	15,5	16,8	18,7	20,6	22,5	24,0													
12,1	13,4	14,6	16,3	17,7	19,6	21,7	23,7	25,3	27,7												
13,2	14,7	16,0	17,9	19,4	21,6	23,9	26,2	28,1	30,8	33,0											
14,3	16,0	17,4	19,5	21,1	23,6	26,2	28,8	30,8	34,0	36,5	39,4										
16,5	18,5	20,1	22,6	24,6	27,5	30,6	33,8	36,3	40,2	43,5	47,2	50,8									
17,7	19,7	21,5	24,2	26,3	29,4	32,8	36,3	39,1	43,4	47,0	51,2	55,2	57,7								
18,8	21,0	22,9	25,7	28,0	31,4	35,1	38,8	41,8	46,5	50,4	55,1	59,6	62,4	64,9							
21,0	23,5	25,7	28,9	31,5	35,3	39,5	43,8	47,3	52,8	57,4	62,9	68,4	71,8	75,0	80,8						
22,0	24,7	27,0	30,3	33,1	37,1	41,6	46,2	49,8	55,7	60,7	66,6	72,5	76,2	79,7	86,1	91,7					
23,2	26,0	28,4	32,0	34,9	39,2	43,9	48,8	52,7	59,0	64,3	70,7	77,1	81,2	85,0	92,1	98,4					
23,5	26,3	28,8	32,4	35,3	39,7	44,5	49,4	53,4	59,8	65,2	71,7	78,2	82,3	86,3	93,5	99,9					
25,4	28,5	31,2	35,1	38,4	43,1	48,4	53,8	58,2	65,3	71,3	78,5	85,9	90,6	95,0	103	111	119				
26,6	29,8	32,6	36,7	40,1	45,2	50,7	56,4	61,1	68,6	74,9	82,6	90,5	95,4	100	109	117	127				
28,2	31,6	34,6	39,0	42,7	48,0	54,0	60,1	65,1	73,1	80,0	88,3	96,9	102	108	117	127	137	146			
29,9	33,5	36,7	41,4	45,2	51,0	57,3	63,8	69,2	77,8	85,2	94,2	103	109	115	126	136	147	158	167		
32,7	36,6	40,1	45,3	49,6	55,9	62,9	70,1	76,0	85,7	93,9	104	114	121	128	140	152	165	177	188	198	
37,1	41,6	45,6	51,6	56,5	63,7	71,8	80,1	87,0	98,2	108	120	132	140	148	163	177	193	209	223	235	247
41,6	46,7	51,2	57,8	63,3	71,5	80,6	90,2	98,0	111	122	135	149	159	168	185	202	221	240	257	273	288
46,6	52,3	57,3	64,9	71,1	80,3	90,6	101	110	125	137	153	169	180	190	210	230	253	275	296	315	333
55,5	62,3	68,4	77,4	84,9	96,0	108	121	132	150	165	184	204	217	230	256	280	310	338	365	390	415
61,0	68,6	75,3	85,2	93,5	106	120	134	146	166	183	204	226	241	255	284	311	345	377	408	437	466
69,9	78,6	86,3	97,8	107	121	137	154	168	191	210	235	261	278	295	329	361	401	439	477	513	547
78,8	88,6	97,3	110	121	137	156	174	190	216	238	266	296	316	335	374	411	457	502	545	587	628
87,7	98,6	108	123	135	153	173	194	212	241	266	298	331	354	376	419	462	514	565	614	663	710
96,6	109	119	135	149	168	191	214	234	266	294	329	367	391	416	464	512	570	628	684	738	792
106	119	130	148	162	184	209	234	256	291	322	361	402	429	456	510	562	627	691	753	814	874
114	129	141	160	176	200	226	254	277	316	349	392	436	466	496	554	612	683	752	821	888	954
123	139	152	173	190	215	244	274	299	341	377	423	472	504	536	599	662	739	815	890	963	1036
132	149	163	185	204	231	262	294	321	366	405	454	507	542	576	645	712	796	878	959	1039	1117
141	159	175	198	218	247	280	314	343	391	433	486	542	579	616	690	763	852	941	1028	1114	1199
150	169	186	211	231	262	298	335	365	416	461	517	577	617	657	735	813	909	1004	1097	1190	1281
159	179	196	223	245	278	315	354	387	441	488	548	612	654	696	780	862	964	1065	1165	1264	1361
177	199	219	248	273	309	351	395	431	491	544	611	682	729	777	870	963	1078	1191	1303	1415	1524
186	209	230	261	286	325	369	415	453	516	572	642	717	767	817	915	1013	1134	1254	1373	1490	1606
195	219	241	273	300	341	387	435	475	542	600	674	753	805	857	961	1063	1191	1317	1442	1556	1688
203	229	252	286	314	356	404	455	497	566	627	705	787	842	896	1005	1113	1246	1379	1510	1639	1768
212	239	263	298	328	372	422	475	519	591	655	736	822	880	937	1050	1163	1303	1441	1579	1715	1850
230	259	285	323	355	403	458	515	563	642	711	799	893	955	1017	1141	1264	1416	1567	1717	1866	2013
248	279	307	348	383	435	493	555	606	692	766	861	963	1030	1097	1231	1363	1528	1692	1854	2015	2175
266	299	329	373	410	466	529	595	650	742	822	924	1033	1105	1177	1321	1464	1641	1818	1993	2166	2339
283	319	351	399	438	497	564	635	694	792	878	987	1103	1181	1258	1412	1565	1755	1943	2131	2317	2502
301	339	373	423	466	529	600	675	738	842	933	1049	1173	1256	1338	1501	1664	1867	2068	2268	2467	2664
319	359	395	449	493	560	636	715	782	892	989	1112	1244	1331	1418	1592	1765	1980	2194	2406	2618	2828
	379	417	474	521	591	671	755	825	942	1044	1175	1313	1406	1498	1682	1864	2092	2318	2543	2767	2990
	399	439	499	548	623	707	795	869	992	1100	1237	1384	1481	1578	1772	1965	2205	2444	2682	2918	3153
		461	524	576	654	742	836	913	1043	1156	1300	1454	1557	1659	1863	2066	2318	2570	2820	3069	3317
		483	549	604	685	778	876	957	1093	1211	1363	1524	1631	1739	1952	2165	2430	2694	2957	3218	3479
			574	631	717	813	916	1001	1143	1267	1425	1594	1707	1819	2043	2266	2544	2820	3095	3369	3642
			599	658	758	849	956	1045	1193	1323	1488	1664	1782	1899	2133	2366	2656	2945	3232	3519	3804
			624	686	779	885	996	1089	1243	1378	1551	1735	1857	1979	2223	2466	2769	3070	3371	3670	3967

Reihe 1 = Durchmesser, für die das für den Bau von Rohrleitungssystemen benötigte Zubehör genormt ist.
Reihe 2 = Durchmesser, für die das Zubehör nicht vollständig genormt ist.
Reihe 3 = Durchmesser für besondere Anwendungen, für die nur sehr wenig genormtes Zubehör verfügbar ist.

Die angegebenen Masse-Werte gehen von einer Dichte von 7,85 kg/dm³ aus. Bei austenitischen nichtrostenden Stählen muss umgerechnet werden auf die Dichte von 7.97 kg/dm³ und bei ferritischen und martensitischen nichtrostenden Stählen auf eine Dichte von 7.73 kg/dm³

Tabelle 2.3 Vorzugsabmessungen* von nahtlosen und geschweißten Rohren aus austenitischen Stählen n. DIN EN ISO 1127 (3.1997)

Außendurchmesser in mm Reihe			Dicke, mm																				
			1,0	1,2	1,6	2,0	2,3	2,6	2,9	3,2	3,6	4,0	4,5	5,0	5,6	6,3	7,1	8,0	8,8	10,0	11,0	12,5	14,2
1	2	3	Übliche Werte der längenbezogenen Masse, kg/m																				
	6		0,125	0,144																			
	8		0,176	0,204																			
	10		0,225	0,264																			
10,2			0,230	0,270	0,344	0,410																	
	12		0,275		0,416	0,500																	
	12,7		0,293	0,345	0,445	0,536	0,599	0,658	0,711	0,761													
13,5			0,313	0,369	0,477	0,576	0,645		0,789														
		14	0,326		0,496	0,601																	
	16		0,376	0,445	0,577	0,701																	
17,2			0,406		0,625	0,761	0,858			1,12													
		18	0,425		0,657	0,801																	
	19		0,451	0,535	0,697	0,851																	
	20		0,476	0,564	0,737	0,901																	
21,3			0,509		0,789	0,966		1,22		1,45		1,74											
		22	0,526			1,00																	
	25		0,601	0,715	0,937	1,15		1,46															
		25,4		0,727	0,953	1,17		1,48															
26,9			0,649		1,01	1,25		1,58	1,75	1,90		2,29											
		30			1,14	1,40																	
	31,8			0,920	1,21	1,49		1,90		2,29		2,78											
	32			0,925		1,50																	
33,7			0,818	0,976	1,29	1,58	1,81	2,02		2,45			3,29										
		35		1,02		1,65																	
	38			1,11	1,46	1,81		2,30		2,79													
	40			1,17	1,54			2,44															
42,4					1,63	2,02		2,59		3,14	3,49			4,68									
		44,5				2,13		2,73	3,02														
48,3					1,87	2,31		2,97		3,61	4,03			5,42									
	51		1,25	1,49	1,98	2,46		3,15		3,83													
		54			2,10	2,60		3,35															

	57				2,22	2,75			3,93														
60,3					2,35	2,92	3,34	3,76	4,17	4,58	5,11	5,83			7,66								
	63,5				2,48	3,08		3,96		4,83													
	70				2,74	3,40			4,87														
76,1					2,98	3,70	4,25	4,78	5,32		6,54	7,22		8,90			12,3						
		82,5				4,03				6,35													
88,9					3,49	4,35	4,98	5,61	6,24	6,86	7,68	8,51			11,7			16,2					
	101,6					4,98			7,17			9,77			13,5			18,8					
114,3					4,52	5,62		7,27	8,09		9,98		12,4			17,1			23,2				
139,7					5,53	6,89		8,92		11,0		13,6		16,8		21,0	23,5			32,5			
168,3					6,68	8,32		10,8		13,2		16,4	18,5	20,4			28,6				43,3		
219,1						10,9		14,1		17,3	19,4	21,5				33,6		42,2				64,7	
273						13,6		17,6		21,6	24,3	26,9				42,0				65,9		81,5	92,0
323,9								20,9		25,7		32,1	35,9	39,9			56,3			78,6		97,4	
355,6								22,9		28,2		35,2		43,8						86,5	94,9	108	
406,4								26,3		32,3		40,3		50,2						99,3		123	
457										36,3		45,5		56,5						112		139	157
508										40,4	45,5			62,9	70,4						137	155	176
610										48,6		60,7			84,8	95,2						187	112
711																	125						
813																		161					
914																			199				
1016																				252			

* Die Felder mit den Massenangaben

Tabelle 2.4 Präzisionsstahlrohre, DIN EN 10305-1 (2.03)

Nenn-Außendurchmesser *D* mit Grenzabmaßen		Wanddicke *T*												
		0,5	0,8	1	1,2	1,5	1,8	2	2,2	2,5	2,8	3	3,5	4
		Nenn-Innendurchmesser mit Grenzabmaßen												
4	±0,08	3±0,15	2,4±0,15	2±0,15	1,6±0,15									
5		4±0,15	3,4±0,15	3±0,15	2,6±0,15									
6		5±0,15	4,4±0,15	4±0,15	3,6±0,15	3±0,15	2,4±0,15	2±0,15						
7		6±0,15	5,4±0,15	5±0,15	4,6±0,15	4±0,15	3,4±0,15	3±0,15						
8		7±0,15	6,4±0,15	6±0,15	5,6±0,15	5±0,15	4,4±0,15	4±0,15	3,6±0,15	3±0,25				
9		8±0,15	7,4±0,15	7±0,15	6,6±0,15	6±0,15	5,4±0,15	5±0,15	4,6±0,15	4±0,25	3,4±0,25			
10		9±0,15	8,4±0,15	8±0,15	7,6±0,15	7±0,15	6,4±0,15	6±0,15	5,6±0,15	5±0,15	4,4±0,25	4±0,25		
12		11±0,15	10,4±0,15	10±0,15	9,6±0,15	9±0,15	8,4±0,15	8±0,15	7,6±0,15	7±0,15	6,4±0,15	6±0,25	5±0,25	4±0,25
14		13±0,08	12,4±0,08	12±0,08	11,6±0,15	11±0,15	10,4±0,15	10±0,15	9,6±0,15	9±0,15	8,4±0,15	8±0,15	7±0,15	6±0,25
15		14±0,08	13,4±0,08	13±0,08	12,6±0,08	12±0,15	11,4±0,15	11±0,15	10,6±0,15	10±0,15	9,4±0,15	9±0,15	8±0,15	7±0,15
16		15±0,08	14,4±0,08	14±0,08	13,6±0,08	13±0,08	12,4±0,15	12±0,15	11,6±0,15	11±0,15	10,4±0,15	10±0,15	9±0,15	8±0,15
18		17±0,08	16,4±0,08	16±0,08	15,6±0,08	15±0,08	14,4±0,08	14±0,08	13,6±0,15	13±0,15	12,4±0,15	12±0,15	11±0,15	10±0,15
20		19±0,08	18,4±0,08	18±0,08	17,6±0,08	17±0,08	16,4±0,08	16±0,08	15,6±0,15	15±0,15	14,4±0,15	14±0,15	13±0,15	12±0,15
22		21±0,08	20,4±0,08	20±0,08	19,6±0,08	19±0,08	18,4±0,08	18±0,08	17,6±0,08	17±0,15	16,4±0,15	16±0,15	15±0,15	14±0,15
25		24±0,08	23,4±0,08	23±0,08	22,6±0,08	22±0,08	21,4±0,08	21±0,08	20,6±0,08	20±0,08	19,4±0,15	19±0,15	18±0,15	17±0,15
26		25±0,08	24,4±0,08	24±0,08	23,6±0,08	23±0,08	22,4±0,08	22±0,08	21,6±0,08	21±0,08	20,4±0,15	20±0,15	19±0,15	18±0,15
28		27±0,08	26,4±0,08	26±0,08	25,6±0,08	25±0,08	24,4±0,08	24±0,08	23,6±0,08	23±0,08	22,4±0,08	22±0,15	21±0,15	20±0,15
30		29±0,08	28,4±0,08	28±0,08	27,6±0,08	27±0,08	26,4±0,08	26±0,08	25,6±0,08	25±0,08	24,4±0,08	24±0,15	23±0,15	22±0,15
32	±0,15	31±0,15	30,4±0,15	30±0,15	29,6±0,15	29±0,15	28,4±0,15	28±0,15	27,6±0,15	27±0,15	26,4±0,15	26±0,15	25±0,15	24±0,15
35		34±0,15	33,4±0,15	33±0,15	32,6±0,15	32±0,15	31,4±0,15	31±0,15	30,6±0,15	30±0,15	29,4±0,15	29±0,15	28±0,15	27±0,15
38		37±0,15	36,4±0,15	36±0,15	35,6±0,15	35±0,15	34,4±0,15	34±0,15	33,6±0,15	33±0,15	32,4±0,15	32±0,15	31±0,15	30±0,15
40		39±0,15	38,4±0,15	38±0,15	37,6±0,15	37±0,15	36,4±0,15	36±0,15	35,6±0,15	35±0,15	34,4±0,15	34±0,15	33±0,15	32±0,15
42	±0,20			40±0,20	39,6±0,20	39±0,20	38,4±0,20	38±0,20	37,6±0,20	37±0,20	36,4±0,20	36±0,20	35±0,20	34±0,20
45				43±0,20	42,6±0,20	42±0,20	41,4±0,20	41±0,20	40,6±0,20	40±0,20	39,4±0,20	39±0,20	38±0,20	37±0,20
48				46±0,20	45,6±0,20	45±0,20	44,4±0,20	44±0,20	43,6±0,20	43±0,20	42,4±0,20	42±0,20	41±0,20	40±0,20
50				48±0,20	47,6±0,20	47±0,20	46,4±0,20	46±0,20	45,6±0,20	45±0,20	44,4±0,20	44±0,20	43±0,20	42±0,20
55	±0,25			53±0,25	52,6±0,25	52±0,25	51,4±0,25	51±0,25	50,6±0,25	50±0,25	49,4±0,25	49±0,25	48±0,25	47±0,25
60				58±0,25	57,6±0,25	57±0,25	56,4±0,25	56±0,25	55,6±0,25	55±0,25	54,4±0,25	54±0,25	53±0,25	52±0,25
65	±0,30			63±0,30	62,6±0,30	62±0,30	61,4±0,30	61±0,30	60,6±0,30	60±0,30	59,4±0,30	59±0,30	58±0,30	57±0,30
70				68±0,30	67,6±0,30	67±0,30	66,4±0,30	66±0,30	65,6±0,30	65±0,30	64,4±0,30	64±0,30	63±0,30	62±0,30
75	±0,35			73±0,35	72,6±0,35	72±0,35	71,4±0,35	71±0,35	70,6±0,35	70±0,35	69,4±0,35	69±0,35	68±0,35	67±0,35
80				78±0,35	77,6±0,35	77±0,35	76,4±0,35	76±0,35	75,6±0,35	75±0,35	74,4±0,35	74±0,35	73±0,35	72±0,35
85	±0,40					82±0,40	81,4±0,40	81±0,40	80,6±0,40	80±0,40	79,4±0,40	79±0,40	78±0,40	77±0,40
90						87±0,40	88,4±0,40	86±0,40	85,6±0,40	85±0,40	84,4±0,40	84±0,40	83±0,40	82±0,40
95	±0,45							91±0,45	90,6±0,45	90±0,45	89,4±0,45	89±0,45	88±0,45	87±0,45
100								96±0,45	95,6±0,45	95±0,45	94,4±0,45	94±0,45	93±0,45	92±0,45
110	±0,50							106±0,50	105,6±0,50	105±0,50	104,4±0,50	104±0,50	103±0,50	102±0,50
120								116±0,50	115,6±0,50	115±0,50	114,4±0,50	114±0,50	113±0,50	112±0,50
130	±0,70									125±0,70	124,4±0,70	124±0,70	123±0,70	122±0,70
140										135±0,70	134,4±0,70	134±0,70	133±0,70	132±0,70
150	±0,80											144±0,80	143±0,80	142±0,80
160												154±0,80	153±0,80	152±0,80
170	±0,90											164±0,80	163±0,90	162±0,90
180													173±0,90	172±0,90
190	±1,00												183±1,0	182±1,0
200													193±1,0	192±1,0
220	±1,20													
240														
260	±1,30													

Maße in mm

	4,5	5	5,5	6	7	8	9	10	12	14	16	18	20	22	25
	5±0,25														
	6±0,25	5±0,25													
	7±0,15	6±0,25	5±0,25	4±0,25											
	9±0,15	8±0,15	7±0,25	6±0,25											
	11±0,15	10±0,15	9±0,15	8±0,25	6±0,25										
	13±0,15	12±0,15	11±0,15	10±0,15	8±0,25										
	16±0,15	15±0,15	14±0,15	13±0,15	11±0,15	9±0,25									
	17±0,15	16±0,15	15±0,15	14±0,15	12±0,15	10±0,25									
	19±0,15	18±0,15	17±0,15	16±0,15	14±0,15	12±0,15									
	21±0,15	20±0,15	19±0,15	18±0,15	16±0,15	14±0,15	12±0,15	10±0,25							
	23±0,15	22±0,15	21±0,15	20±0,15	18±0,15	16±0,15	14±0,15	12±0,25							
	26±0,15	25±0,15	24±0,15	23±0,15	21±0,15	19±0,15	17±0,15	15±0,15							
	29±0,15	28±0,15	27±0,15	26±0,15	24±0,15	22±0,15	20±0,15	18±0,15							
	31±0,15	30±0,15	29±0,15	28±0,15	26±0,15	24±0,15	22±0,15	20±0,15							
	33±0,20	32±0,20	31±0,20	30±0,20	28±0,20	26±0,20	24±0,20	22±0,20							
	36±0,20	35±0,20	34±0,20	33±0,20	31±0,20	29±0,20	27±0,20	25±0,20							
	39±0,20	38±0,20	37±0,20	36±0,20	34±0,20	32±0,20	30±0,20	28±0,20							
	41±0,20	40±0,20	39±0,20	38±0,20	36±0,20	34±0,20	32±0,20	30±0,20							
	46±0,25	45±0,25	44±0,25	43±0,25	41±0,25	39±0,25	37±0,25	35±0,25	31±0,25						
	51±0,25	50±0,25	49±0,25	48±0,25	46±0,25	44±0,25	42±0,25	40±0,25	36±0,25						
	56±0,30	55±0,30	54±0,30	53±0,30	51±0,30	49±0,30	47±0,30	45±0,30	41±0,30	37±0,30					
	61±0,30	60±0,30	59±0,30	58±0,30	56±0,30	54±0,30	52±0,30	50±0,30	46±0,30	42±0,30					
	66±0,35	65±0,35	64±0,35	63±0,35	61±0,35	59±0,35	57±0,35	55±0,35	51±0,35	47±0,35	43±0,35				
	71±0,35	70±0,35	69±0,35	68±0,35	66±0,35	64±0,35	62±0,35	60±0,35	56±0,35	52±0,35	48±0,35				
	76±0,40	75±0,40	74±0,40	73±0,40	71±0,40	69±0,40	67±0,40	65±0,40	61±0,40	57±0,40	53±0,40				
	81±0,40	80±0,40	79±0,40	78±0,40	76±0,40	74±0,40	72±0,40	70±0,40	66±0,40	62±0,40	58±0,40				
	86±0,45	85±0,45	84±0,45	83±0,45	81±0,45	79±0,45	77±0,45	75±0,45	71±0,45	67±0,45	63±0,45	59±0,45			
	91±0,45	90±0,45	89±0,45	88±0,45	86±0,45	84±0,45	82±0,45	80±0,45	76±0,45	72±0,45	68±0,45	64±0,45			
	101±0,50	100±0,50	99±0,50	98±0,50	96±0,50	94±0,50	92±0,50	90±0,50	86±0,50	82±0,50	78±0,50	74±0,50			
	111±0,50	110±0,50	109±0,50	108±0,50	106±0,50	104±0,50	102±0,50	100±0,50	96±0,50	92±0,50	88±0,50	84±0,50			
	121±0,70	120±0,70	119±0,70	118±0,70	116±0,70	114±0,70	115±0,70	110±0,70	106±0,70	102±0,70	98±0,70	94±0,70			
	131±0,70	130±0,70	129±0,70	128±0,70	126±0,70	124±0,70	122±0,70	120±0,70	116±0,70	112±0,70	108±0,70	104±0,70			
	141±0,80	140±0,80	139±0,80	138±0,80	136±0,80	134±0,80	132±0,80	130±0,80	126±0,80	122±0,80	118±0,80	114±0,80	110±0,80		
	151±0,80	150±0,80	149±0,80	148±0,80	146±0,80	144±0,80	142±0,80	140±0,80	136±0,80	132±0,80	128±0,80	124±0,80	120±0,80		
	161±0,90	160±0,90	159±0,90	158±0,90	156±0,90	154±0,90	152±0,90	150±0,90	146±0,90	142±0,90	138±0,90	134±0,90	130±0,90		
	171±0,90	170±0,90	169±0,90	168±0,90	166±0,90	164±0,90	162±0,90	160±0,90	156±0,90	152±0,90	148±0,90	144±0,90	140±0,90		
	181±1,0	180±1,0	179±1,0	178±1,0	176±1,0	174±1,0	172±1,0	170±1,0	166±1,0	162±1,0	158±1,0	154±1,0	150±1,0	146±1,0	
	191±1,0	190±1,0	189±1,0	188±1,0	186±1,0	184±1,0	182±1,0	180±1,0	176±1,0	172±1,0	168±1,0	164±1,0	160±1,0	156±1,0	
	211±1,2	210±1,2	209±1,2	208±1,2	206±1,2	204±1,2	202±1,2	200±1,2	196±1,2	192±1,2	188±1,2	184±1,2	180±1,2	176±1,2	170±1,2
	231±1,2	230±1,2	229±1,2	228±1,2	226±1,2	224±1,2	222±1,2	220±1,2	216±1,2	212±1,2	206±1,2	204±1,2	200±1,2	196±1,2	190±1,2
		250±1,3	249±1,3	248±1,3	246±1,3	244±1,3	242±1,3	240±1,3	236±1,3	232±1,3	228±1,3	224±1,3	220±1,3	216±1,3	210±1,3
					↑ $T = 0{,}025$					↑ $T = 0{,}05\,D$					

Tabelle 2.5 Rohre aus unlegiertem Stahl mit Eignung zum Schweißen und Gewindeschneiden (n. DIN EN 10255 (11.04))

Nennaußendurchmesser *D*	Gewindegröße *R*	Außendurchmesser		Schwere Reihe (H)			Mittlere Reihe (M)			Nennweite *DN*
				Wanddicke *T*	Längenbezogene Masse (rohschwarzes Rohr)		Wanddicke *T*	Längenbezogene Masse (rohschwarzes Rohr)		
					glatte Enden	Enden mit Muffe		glatte Enden	Enden mit Gewinde/ Muffe	
mm		max. mm	min. mm	mm	kg/m	kg/m	mm	kg/m	kg/m	
10,2	1/8	10,6	9,8	2,6	0,487	0,490	2,0	0,404	0,407	6
13,5	1/4	14,0	13,2	2,9	0,765	0,769	2,3	0,641	0,645	8
17,2	3/8	17,5	16,7	2,9	1,02	1,03	2,3	0,839	0,845	10
21,3	1/2	21,8	21,0	3,2	1,44	1,45	2,6	1,21	1,22	15
26,9	3/4	27,3	26,5	3,2	1,87	1,88	2,6	1,56	1,57	20
33,7	1	34,2	33,3	4,0	2,93	2,95	3,2	2,41	2,43	25
42,4	1 1/4	42,9	42,0	4,0	3,79	3,82	3,2	3,10	3,13	32
48,3	1 1/2	48,8	47,9	4,0	4,37	4,41	3,2	3,56	3,60	40
60,3	2	60,8	59,7	4,5	6,19	6,26	3,6	5,03	5,10	50
76,1	2 1/2	76,6	75,3	4,5	7,93	8,05	3,6	6,42	6,54	65
88,9	3	89,5	88,0	5,0	10,3	10,5	4,0	8,36	8,53	80
114,3	4	115,0	113,1	5,4	14,5	14,8	4,5	12,2	12,5	100
139,7	5	140,8	138,5	5,4	17,9	18,4	5,0	16,6	17,1	125
165,1	6	166,5	163,9	5,4	21,3	21,9	5,0	19,8	20,4	150

2.4 Formstücke zum Einschweißen

In zunehmendem Umfang werden bei modernen Rohrleitungssystemen Formstücke (Stahlfittings) zum Einschweißen verwendet. Hierbei handelt es sich im Wesentlichen um Rohrbögen sowie um Reduzier-, T-Stücke und Rohrkappen in Korbbogenboden-Form.

Die DIN EN 10 253 umfasst eine Reihe von Normen über Formstücke zum Einschweißen:

- Teil 1: Unlegierter Stahl für allgemeine Anwendungen und ohne besondere Prüfanforderungen
- Teil 2: Unlegierte und legierte ferritische Stähle mit besonderen Prüfanforderungen
- Teil 3: Austenitische und austenitisch-ferritische nicht rostende (Duplex-)Stähle ohne besondere Prüfanforderungen
- Teil 4: Austenitische und austenitisch-ferritische nicht rostende (Duplex-)Stähle mit besonderen Prüfanforderungen

Teil 2 und Teil 4 legen 2 Typen von Formstücken fest:

- Typ A
  Diese Formstücke haben die gleiche Wanddicke an den Schweißenden wie ein Rohr, das die gleiche Wanddicke hat. Die Festigkeit gegen Innendruck ist geringer als die eines geraden Rohres mit gleichen Maßen und gleicher Stahlsorte.
- Typ B
  Dies sind Formstücke mit einer erhöhten Wanddicke. Sie sind für den gleichen Innendruck ausgelegt wie ein gerades Rohr mit den gleichen Maßen und gleicher Stahlsorte.

Diese beiden Formstücktypen sind für Anwendungen vorgesehen, die unter die Druckgeräterichtlinie (DGRL) fallen.

Die in DIN EN 13 480-3 festgelegten Berechnungsregeln basieren auf den geforderten Mindestwanddicken. Die Grenzmaße dieser Wanddicken sind:

a) 12,5%, wenn $D \leq 610$ mm oder das Formstück nahtlos ist,

b) 0,35 mm bei allen geschweißten Formstücken mit
$D > 610$ mm und $T \leq 10$ mm

c) 0,50 mm bei allen geschweißten Formstücken mit
$D > 610$ mm und $T > 10$ mm

Die Mindestwanddicke errechnet man über:

a) $T_{min} = T \cdot \frac{100 - 12{,}5}{100} - c_0$

b) $T_{min} = T - 0{,}35 \text{ mm} - c_0$

c) $T_{min} = T - 0{,}50 \text{ mm} - c_0$

mit:

c_0 Korrosions- bzw. Erosionszuschlag

Die Berechnung der Formstücke erfolgt nach DIN EN 13 480-3.

Der maximal zulässige Druck *(PS)* in Abhängigkeit von der max. zul. Temperatur *(TS)* für unbeheizte Rohre ergibt sich am Beispiel des Werkstoffes P235GH gemäß Tabelle 2.6.

Dieser Druck reduziert sich bei Formstücken «Typ A» um den Ausnutzungsgrad «X» (s. nachfolgende Tabellen: 2.9, 2.12, 2.15, 2.16 und 2.22.)

Hinweis: Eine entsprechende Mathcad-Berechnung finden Sie hierzu im buchbegleitenden Onlineservice InfoClick.

Tabelle 2.6 Druck (*PS*) – Temperatur (*TS*) – Zuordnungen für gerade Rohre mit der Wanddicke nach Vorzugsmaßen Reihe 2 (Tabelle 2.7) der Formstücke (Werkstoffgruppe: 3E0 (≈ P235GH))

DN	d_a mm	× s_p mm	maximal zulässige Temperatur *TS* (°C)							
			RT	100	150	200	250	300	350	400
			maximal zulässiger Druck *PS* (bar)							
15	21,3	2,0	108	102	96	87	77	68	62	57
20	26,9	2,3	115	108	102	93	82	72	65	61
25	33,7	2,6	114	108	101	92	82	72	65	60
32	42,4	2,6	89	84	79	72	64	56	51	47
40	48,3	2,6	78	73	69	63	55	49	44	41
50	60,3	2,9	75	70	66	60	53	47	42	39
65	76,1	2,9	58	55	52	47	42	37	33	31
80	88,9	3,2	58	55	52	47	42	37	33	31
100	114,3	3,6	54	51	48	43	38	34	31	28
125	139,7	4,0	51	48	45	41	36	32	29	27
150	168,3	4,5	50	47	44	40	35	31	28	26
200	219,1	6,3	59	56	52	48	42	37	34	31
250	273	6,3	47	44	42	38	33	29	27	25
300	323,9	7,1	46	43	40	37	33	29	26	24
350	355,6	8,0	48	45	42	39	34	30	27	25
400	406,4	8,8	47	44	41	38	33	29	26	24
450	457	10	48	45	43	39	34	30	27	25
500	508	10	43	41	38	35	31	27	24	23
550	559	10	39	37	35	31	28	24	22	20
600	610	10	36	34	32	29	26	23	21	19
$R_{p0,2/\vartheta}$ (N/mm²)			210	196	187	170	150	132	120	112
f (N/mm²)			140	132	124	113	100	88	80	74

$R_m = 360$ N/mm² $S_m = 2{,}4$

$$f_m = \frac{R_m}{S_m} = 150\ \text{N/mm}^2$$

$$f_{0,2/\delta} = \frac{R_{p0,2/\delta}}{S_{0,2}}$$

$S_{0,2} = 1{,}5$

Berechnungsspannung: $f = 140$ N/mm² bei RT
Wanddickentoleranz: $c_1 = 12{,}5\%$
Korrosionszuschlag: $c_0 = 1$ mm

$$PS = \frac{(s_p - 1{,}14) \cdot 1{,}75 \cdot f}{d_a - s_p} \cdot 10\ \text{(bar)}$$

d_a u. s_p in (mm)

f in (N/mm²), $f = \min \cdot (f_m; f_{0,2/\Delta})$

RT = Raumtemperatur von: –10...+50 °C

In den folgenden Tabellen (Tabelle 2.7 bis Tabelle 2.23) sind Auszüge der Konstruktionsdaten von Formstücken für unlegierte und legierte ferritische Stähle nach DIN EN 10 253-2: 2008-09 veranschaulicht:

Tabelle 2.7
Vorzugsmaße für Durchmesser und Wanddicken passend zu den Rohrmaßen nach DIN EN 10220 (s. auch Tabelle 2.2)

Tabelle 2.8
Maße der Rohrbogen, Bauart 2D, 3D und 5D

Tabelle 2.9
Ausnutzungsgrad für Rohrbogen, Typ A (verminderter Ausnutzungsgrad)

Tabelle 2.10
Wanddicke an der Bogeninnenseite von Rohrbogen, Typ B (voller Ausnutzungsgrad)

Tabelle 2.11
Maße von T-Stücken mit gleichen und mit reduziertem Abzweig

Tabelle 2.12
Ausnutzungsgrad für T-Stücke, Typ A (verminderter Ausnutzungsgrad)

Tabelle 2.13
Wanddicke von T-Stücken, Typ B (voller Ausnutzungsgrad)

Tabelle 2.14
Maße von Reduzierstücken

Tabelle 2.15
Ausnutzungsgrad für konzentrische Reduzierstücke, Typ A (verminderter Ausnutzungsgrad)

Tabelle 2.16
Ausnutzungsgrad für exzentrische Reduzierstücke, Typ A (verminderter Ausnutzungsgrad)

Tabelle 2.17
Wanddicke von konzentrischen Reduzierstücken, Typ B Wanddickenreihen 1...4 (voller Ausnutzungsgrad)

Tabelle 2.18
Wanddicke von konzentrischen Reduzierstücken, Typ B Wanddickenreihen 5...8 (voller Ausnutzungsgrad)

Tabelle 2.19
Wanddicke von exzentrischen Formstücken, Typ B Wanddickenreihen 1...4 (voller Ausnutzungsgrad)

Tabelle 2.20
Wanddicke von exzentrischen Formstücken, Typ B Wanddickenreihen 5...8 (voller Ausnutzungsgrad)

Tabelle 2.21
Maße von Kappen

Tabelle 2.22
Ausnutzungsgrade von Kappen, Typ A (verminderter Ausnutzungsgrad)

Tabelle 2.23
Wanddicke von Kappen, Typ B (voller Ausnutzungsgrad)

2.4.1 Rohrbögen

Als Stahlrohrbögen werden überwiegend genormte Bögen zum Einschweißen mit einem mittleren Krümmungsdurchmesser von $R \approx 1{,}5 \cdot D_A$ (Bauart 3D) eingesetzt. Für die Herstellung dieser Rohrbögen stehen verschiedene Herstellungsverfahren zur Verfügung. Auf Spezialmaschinen werden hierbei gerade, nahtlose Rohre über einen Dorn in warmem oder kaltem Zustand zur gewünschten Rohrbogenabmessung gebogen. Teilweise werden Rohrbögen auch aus gepressten Halbschalen hergestellt.

Tabelle 2.7 Vorzugsmaße für Durchmesser und Wanddicken (DIN EN 10253-2:2008-09)

Durchmesser			Wanddicke							
DN	*D*	*D*	1	2	3	4	5	6	7	8
15	21,3			2,0	2,6	3,2	4,0		5	7,1
		25		2,0	2,3					
20	26,9			2,3	2,6	3,2	4,0	4,5	5,6	8,0
		31,8		2,6						
25	33,7			2,6	3,2	4,0	4,5	5,6	6,3	8,8
		38		2,6						
32	42,4			2,6	3,6	4,0	5,0	6,3	8,0	10,0
40	48,3			2,6	3,6	4,0	5,0	6,3	8,0	10,0
		51		2,6						
		57		2,9						
50	60,3			2,9	3,6	4,0	5,6	7,1	8,8	11,0
		63,5		2,9						
		70		2,9						
		73		2,9	3,6	4,5	7,1			14,2
65	76,1			2,9	3,6	5,6	7,1	8,0	10,0	14,2
		82,5		3,2						
80	88,9			3,2	4,0	5,6	8,0	8,8	11,0	16,0
		101,6		3,6	4,0	5,6	8,0			
		108		3,6						
100	114,3			3,6	4,5	6,3	8,8	11,0	14,2	17,5
		127		4,0						
		133		4,0						
125	139,7			4,0	5,0	6,3	10,0	12,5	16,0	20,0
		141,3		4,0	5,4	6,3	10,0		16,0	20,0
		152,4		4,5						
		159		4,5						
		165,1		4,5	5,4					
150	168,3		4,0	4,5	5,6	7,1	11,0	14,2	17,5	22,2
		177,8		5,0						
		193,7		5,6	6,3	7,1				
200	219,1		4,5	6,3	7,1	8,0	12,5	16,0	17,5	22,2
		244,5		6,3						
250	273		5	6,3	8,8	10,0	12,5	16,0	22,2	30,0
300	323,9		5,6	7,1	8,8	10,0	12,5	17,5	25,0	32,0

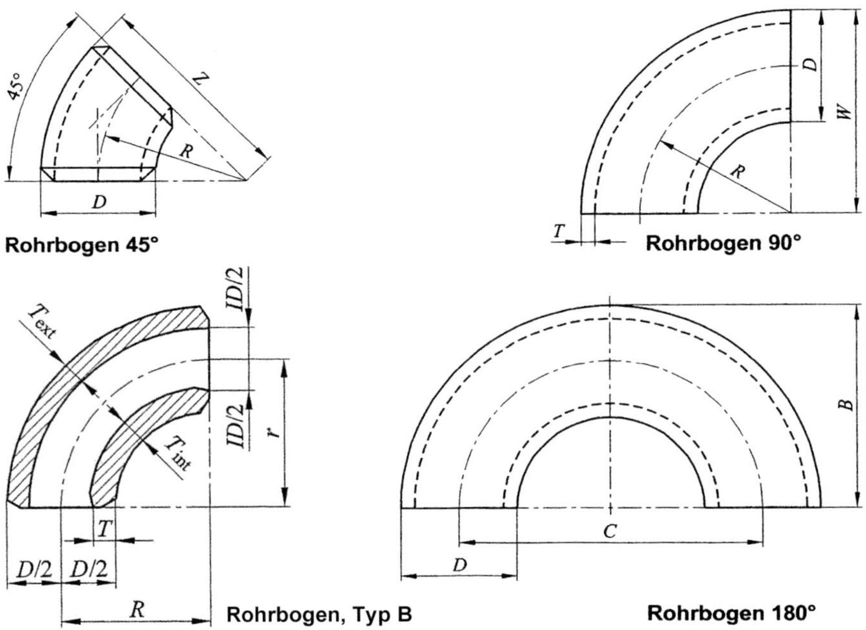
45°
Z
R
D
Rohrbogen 45°
D
W
R
T
Rohrbogen 90°
ID/2
T_{ext}
ID/2
r
T_{int}
T
D/2
D/2
R
Rohrbogen, Typ B
B
C
D
Rohrbogen 180°

Tabelle 2.8 (Fortsetzung)

Maße der Rohrbogen Bauart 3D				
DN	*D*	*R*	*C*	*B – W – Z*
15	21,3	38	76	49
20	26,9	38	76	51
25	33,7	38	76	56
	38	45	90	64
32	42,4	48	96	69
40	48,3	57	114	82
	51	63	126	88
	57	72	144	100
50	60,3	76	152	106
	70	92	184	127
65	76,1	95	190	133
80	88,9	114	228	159
	101,6	133	267	184
	108	142,5	285	196
100	114,3	152	304	210
	133	181	362	247
125	139,7	190	380	260
	159	216	432	295
150	168,3	229	457	313
	193,7	270	540	367
200	219,1	305	610	414
	244,5	340	680	462
250	273	381	762	518
300	323,9	457	914	619

Maße der Rohrbogen Bauart 5D				
DN	*D*	*R*	*C*	*B – W – Z*
15	21,3	42,5	85	53
20	26,9	57,5	115	71
25	33,7	72,5	145	89
	38	82,5	165	101
32	42,4	92,5	185	114
40	48,3	109,5	219	134
	51	122,5	245	149
	57	130	260	158
50	60,3	137,5	275	168
	70	160	320	195
65	76,1	175	350	213
80	88,9	207,5	415	252
	101,6	235	470	286
	108	253	506	306
100	114,3	270	540	327
	133	311,5	623	378
125	139,7	330	660	400
	159	375	750	454
150	168,3	390	780	474
200	219,1	515	1030	624
	244,5	580	1160	702
250	273	650	1300	786
300	323,9	770	1540	932

Tabelle 2.9 Ausnutzungsgrad *X* für Rohrbogen, Typ A (verminderter Ausnutzungsgrad)

Bauart		1				2				3				4			
			2D	3D	5D		2D	3D	5D		2D	3D	5D		2D	3D	5D
DN	*D*	*T*	*X*	*X*	*X*	*T*	*X*	*X*	*X*	*T*	*X*	*X*	*X*	*T*	*X*	*X*	*X*
15	21,3	–	–	–	–	2	75	85	87	2,6	76	85	87	3,2	77	86	88
20	26,9	–	–	–	–	2,3	67	80	87	2,6	67	80	88	3,2	68	81	88
25	33,7	–	–	–	–	2,6	54	74	87	3,2	55	74	88	4	57	75	88
32	42,4	–	–	–	–	2,6	54	73	87	3,6	55	74	88	4	56	74	88
40	48,3	–	–	–	–	2,6	56	74	88	3,6	57	75	88	4	58	75	88
50	60,3	–	–	–	–	2,9	60	76	88	3,6	61	76	88	4	61	77	88
65	76,1	–	–	–	–	2,9	58	76	88	3,6	59	76	88	5,6	60	77	88
80	88,9	–	–	–	–	3,2	60	76	88	4	60	76	88	5,6	61	77	88
100	114,3	–	–	–	–	3,6	62	77	88	4,5	62	77	88	6,3	63	78	88
125	139,7	–	–	–	–	4	63	78	88	5	63	78	88	6,3	64	78	88
150	168,3	4	62	78	88	4,5	62	78	88	5,6	63	78	88	7,1	63	78	88
200	219,1	4,5	63	78	88	6,3	64	78	88	7,1	64	78	88	8	64	78	88
250	273	5	64	78	88	6,3	64	78	88	8,8	64	78	88	10	64	79	88
300	323,9	5,6	64	78	88	7,1	64	78	88	8,8	65	79	88	10	65	79	88

Tabelle 2.10 Wanddicke an der Bogeninnenseite von Rohrbogen, Typ B (voller Ausnutzungsgrad)

Bauart		1				2				3				4			
			2D	3D	5D		2D	3D	5D		2D	3D	5D		2D	3D	5D
DN	D	T	T_{int}	T_{int}	T_{int}	T	T_{int}	T_{int}	T_{int}	T	T_{int}	T_{int}	T_{int}	T	T_{int}	T_{int}	T_{int}
15	21,3	–	–	–	–	2	2,7	2,4	2,4	2,6	3,5	3,1	3,1	3,2	4,3	3,8	3,7
20	26,9	–	–	–	–	2,3	3,5	2,9	2,7	2,6	3,9	3,3	3,0	3,2	4,8	4,0	3,7
25	33,7	–	–	–	–	2,6	4,7	3,6	3,0	3,2	5,7	4,4	3,7	4	6,9	5,4	4,6
32	42,4	–	–	–	–	2,6	4,7	3,6	3,0	3,6	6,4	4,9	4,2	4	7,0	5,5	4,6
40	48,3	–	–	–	–	2,6	4,6	3,5	3,0	3,6	6,2	4,9	4,1	4	6,8	5,4	4,6
50	60,3	–	–	–	–	2,9	4,8	3,9	3,3	3,6	5,9	4,8	4,1	4	6,5	5,3	4,6
65	76,1	–	–	–	–	2,9	5,0	3,9	3,3	3,6	6,1	4,8	4,1	5,6	9,2	7,4	6,4
80	88,9	–	–	–	–	3,2	5,3	4,2	3,7	4	6,6	5,3	4,6	5,6	9,1	7,3	6,4
100	114,3	–	–	–	–	3,6	5,8	4,7	4,1	4,5	7,2	5,9	5,1	6,3	9,9	8,2	7,2
125	139,7	–	–	–	–	4	6,4	5,2	4,6	5	7,9	6,5	5,7	6,3	9,9	8,1	7,2
150	168,3	4	6,4	5,2	4,6	4,5	7,2	5,8	5,2	5,6	8,9	7,2	6,4	7,1	11,2	9,1	8,1
200	219,1	4,5	7,1	5,8	5,2	6,3	9,8	8,1	7,2	7,1	11,1	9,1	8,1	8	12,4	10,2	9,1
250	273	5	7,9	6,4	5,7	6,3	9,9	8,1	7,2	8,8	13,7	11,2	10,0	10	15,5	12,8	11,4
300	323,9	5,6	8,7	7,2	6,4	7,1	11,0	9,1	8,1	8,8	13,6	11,2	10,0	10	15,4	12,7	11,4

5				6				7				8			
	2D	3D	5D		2D	3D	5D		2D	3D	5D		2D	3D	5D
T	*X*	*X*	*X*	*T*	*X*	*X*	*X*	*T*	*X*	*X*	*X*	*T*	*X*	*X*	*X*
4	79	87	88	–	–	–	–	5	80	88	89	7,1	84	90	91
4	69	82	88	4,5	70	82	89	5,6	72	83	89	8	77	86	91
4,5	58	75	88	5,6	60	77	89	6,3	61	77	89	8,8	66	80	90
5	58	75	88	6,3	60	76	89	8	62	78	89	10	65	79	90
5	59	76	88	6,3	61	77	89	8	63	78	89	10	65	79	90
5,6	62	77	88	7,1	64	78	89	8,8	65	79	89	11	67	80	90
7,1	61	77	88	8	62	77	89	10	63	78	89	14,2	67	80	90
8	63	78	89	8,8	63	78	89	11	65	79	89	16	68	80	90
8,8	64	78	89	11	65	79	89	14,2	67	80	89	17,5	68	80	90
10	65	79	89	12,5	66	79	89	16	67	80	89	20	68	81	89
11	64	79	88	14,2	65	79	88	17,5	66	80	89	22,2	67	80	89
12,5	65	79	88	16	66	79	88	17,5	66	80	89	22,2	67	80	89
12,5	65	79	88	16	65	79	88	22,2	66	80	89	30	68	80	89
12,5	65	79	88	17,5	66	79	88	25	67	80	89	32	68	80	89

5				6				7				8			
	2D	3D	5D		2D	3D	5D		2D	3D	5D		2D	3D	5D
T	T_{int}	T_{int}	T_{int}	*T*	T_{int}	T_{int}	T_{int}	*T*	T_{int}	T_{int}	T_{int}	*T*	T_{int}	T_{int}	T_{int}
4	5,3	4,7	4,7	–	–	–	–	5	6,5	5,9	5,8	7,1	9,0	8,3	8,1
4	5,9	5,0	4,6	4,5	6,5	5,6	5,2	5,6	8,0	6,9	6,4	8	11,0	9,8	9,1
4,5	7,7	6,1	5,2	5,6	9,2	7,5	6,4	6,3	10,2	8,4	7,2	8,8	13,5	11,4	10,0
5	8,5	6,8	5,8	6,3	10,4	8,4	7,2	8	12,8	10,6	9,1	10	15,4	13,1	11,4
5	8,4	6,7	5,7	6,3	10,3	8,4	7,2	8	12,7	10,5	9,1	10	15,4	13,0	11,3
5,6	8,9	7,3	6,4	7,1	11,1	9,2	8,1	8,8	13,5	11,4	10,0	11	16,5	14,1	12,5
7,1	11,5	9,3	8,1	8	12,8	10,5	9,1	10	15,7	13,0	11,4	14,2	21,5	18,2	16,1
8	12,7	10,4	9,1	8,8	13,9	11,4	10,0	11	17,0	14,2	12,5	16	23,9	20,4	18,1
8,8	13,7	11,3	10,0	11	16,9	14,1	12,5	14,2	21,4	18,1	16,1	17,5	25,9	22,1	19,8
10	15,4	12,8	11,4	12,5	19,0	15,9	14,2	16	24,0	20,3	18,1	20	29,5	25,2	22,6
11	17,1	14,1	12,5	14,2	21,7	18,1	16,1	17,5	26,5	22,2	19,9	22,2	33,0	28,0	25,1
12,5	19,1	15,9	14,2	16	24,3	20,3	18,1	17,5	26,4	22,1	19,8	22,2	33,1	28,0	25,1
12,5	19,2	15,9	14,2	16	24,4	20,3	18,1	22,2	33,4	28,0	25,1	30	44,4	37,7	33,9
12,5	19,2	15,9	14,2	17,5	26,6	22,1	19,8	25	37,4	31,5	28,3	32	47,3	40,1	36,1

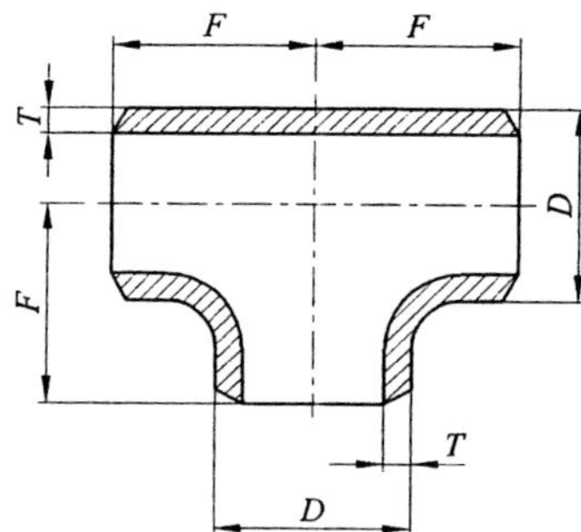

T-Stück mit gleichem Abzweig

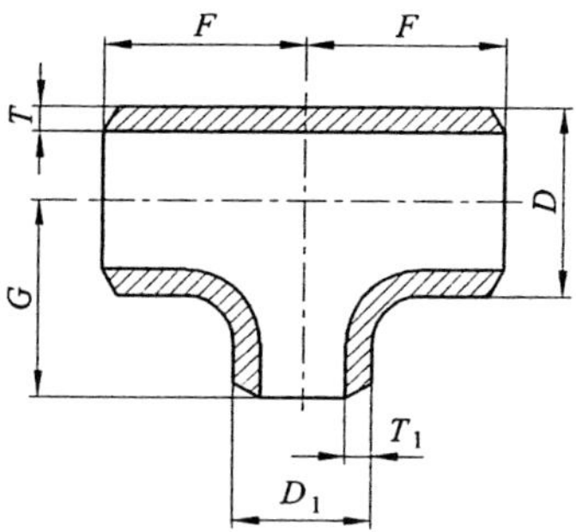

T-Stück mit reduziertem Abzweig

Tabelle 2.11 (Fortsetzung)

Maße von T-Stück mit reduziertem Abzweig					
Seite D		Seite D_1			
DN	*D*	**DN_1**	D_1	*F*	*G*
20	26,9	15	21,3	29	29
25	33,7	15 20	21,3 26,9	38	38
32	42,4	15 20 25	21,3 26,9 33,7	48	48
40	48,3	15 20 25 32	21,3 26,9 33,7 42,4	57	57
50	60,3	20 25 32 40	26,9 33,7 42,4 48,3	64	44 51 57 60
65	76,1	25 32 40 50	33,7 42,4 48,3 60,3	76	57 64 67 70
80	88,9	32 40 50 65	42,4 48,4 60,3 76,1	86	70 73 76 83
100	114,3	40 50 65 80	48,3 60,3 76,1 88,9	105	86 89 95 98
125	139,7	50 65 80 100	60,3 76,1 88,9 114,3	124	105 108 111 117
150	168,3	65 80 100 125	76,1 88,9 114,3 139,7	143	121 124 130 137
200	219,1	100 125 150	114,3 139,7 168,3	178	156 162 168
250	273,1	100 125 150 200	114,3 139,7 168,3 219,1	216	184 191 194 203
300	323,9	150 200 250	168,3 219,1 273	254	219 229 241

Tabelle 2.12 Ausnutzungsgrade X für T-Stücke, Typ A (verminderter Ausnutzungsgrad)

				1			2			3			4		
DN	*D*	**DN$_1$**	D_a	*T*	T_1	*X*	*T*	T_1	*X*	*T*	T_1	*X*	*T*	T_1	*X*
15	21,3	15	21,3	–	–	–	2	2	42	2,6	2,6	45	3,2	3,2	48
20	26,9	20	26,9	–	–	–	2,3	2,3	43	2,6	2,6	44	3,2	3,2	47
		15	21,3	–	–	–	2,3	2	44	2,6	2,6	50	3,2	3,2	53
25	33,7	25	33,7	–	–	–	2,6	2,6	41	3,2	3,2	43	4	4	46
		20	26,9	–	–	–	2,6	2,3	42	3,2	2,6	42	4	3,2	45
		15	21,3	–	–	–	2,6	2	43	3,2	2,6	47	4	3,2	50
32	42,4	32	42,4	–	–	–	2,6	2,6	38	3,6	3,6	42	4	4	43
		25	33,7	–	–	–	2,6	2,6	42	3,6	3,2	43	4	4	48
		20	26,9	–	–	–	2,6	2,3	43	3,6	2,6	43	4	3,2	47
		15	21,3	–	–	–	2,6	2	44	3,6	2,6	47	4	3,2	51
40	48,3	40	48,3	–	–	–	2,6	2,6	35	3,6	3,6	39	4	4	40
		32	42,4	–	–	–	2,6	2,6	38	3,6	3,6	42	4	4	43
		25	33,7	–	–	–	2,6	2,6	42	3,6	3,2	43	4	4	48
		20	26,9	–	–	–	2,6	2,3	42	3,6	2,6	42	4	3,2	46
		15	21,3	–	–	–	2,6	2	42	3,6	2,6	46	4	3,2	50
50	60,3	50	60,3	–	–	–	2,9	2,9	36	3,6	3,6	39	4	4	40
		40	48,3	–	–	–	2,9	2,6	39	3,6	3,6	45	4	4	47
		32	42,4	–	–	–	2,9	2,6	43	3,6	3,6	49	4	4	51
		25	33,7	–	–	–	2,9	2,6	51	3,6	3,2	54	4	4	60
		20	26,9	–	–	–	2,9	2,3	58	3,6	2,6	59	4	3,2	63
65	76,1	65	76,1	–	–	–	2,9	2,9	34	3,6	3,6	37	5,6	5,6	43
		50	60,3	–	–	–	2,9	2,9	41	3,6	3,6	44	5,6	4	46
		40	48,3	–	–	–	2,9	2,6	44	3,6	3,6	50	5,6	4	48
		32	42,4	–	–	–	2,9	2,6	48	3,6	3,6	55	5,6	4	52
		25	33,7	–	–	–	2,9	2,6	57	3,6	3,2	60	5,6	4	61

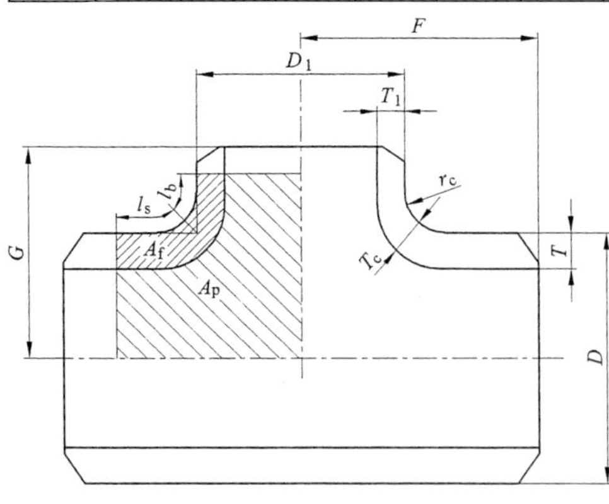

T-Stück, Typ A

5			6			7			8		
T	T_1	X	T	T_1	X	T	T_1	X	T	T_1	X
4	4	51	–	–	–	5	5	53	7,1	7,1	57
4	4	50	4,5	4,5	51	5,6	5,6	54	8	8	58
4	4	57	–	–	–	5,6	5	57	8	7,1	61
4,5	4,5	47	5,6	5,6	50	6,3	6,3	52	8,8	8,8	56
4,5	4	49	5,6	4,5	49	6,3	5,6	54	8,8	8	59
4,5	4	55	–	–	–	6,3	5	56	8,8	7,1	61
5	5	46	6,3	6,3	49	8	8	52	10	10	54
5	4,5	48	6,3	5,6	51	8	6,3	51	10	8,8	56
5	4	50	6,3	4,5	50	8	5,6	52	10	8	59
5	4	54	–	–	–	8	5	55	10	7,1	61
5	5	43	6,3	6,3	46	8	8	49	10	10	52
5	5	46	6,3	6,3	49	8	8	52	10	10	55
5	4,5	48	6,3	5,6	51	8	6,3	50	10	8,8	57
5	4	49	6,3	4,5	49	8	5,6	52	10	8	59
5	4	53	–	–	–	8	5	54	10	7,1	60
5,6	5,6	44	7,1	7,1	47	8,8	8,8	50	11	11	53
5,6	5	48	7,1	6,3	51	8,8	8	55	11	10	58
5,6	5	53	7,1	6,3	56	8,8	8	60	11	10	64
5,6	4,5	59	7,1	5,6	62	8,8	6,3	62	11	8,8	69
5,6	4	66	7,1	4,5	66	8,8	5,6	70	11	8	78
7,1	7,1	46	8	8	47	10	10	50	14,2	14,2	55
7,1	5,6	47	8	7,1	52	10	8,8	55	14,2	11	57
7,1	5	51	8	6,3	55	10	8	59	14,2	10	60
7,1	5	55	8	6,3	60	10	8	64	14,2	10	66
7,1	4,5	62	8	5,6	67	10	6,3	67	14,2	8,8	73

Tabelle 2.12 (Fortsetzung)

				1			2			3			4		
DN	D	**DN$_1$**	D_a	T	T_1	X	T	T_1	X	T	T_1	X	T	T_1	X
80	88,9	80	88,9	–	–	–	3,2	3,2	34	4	4	37	5,6	5,6	41
		65	76,1	–	–	–	3,2	2,9	36	4	3,6	38	5,6	5,6	46
		50	60,3	–	–	–	3,2	2,9	42	4	3,6	45	5,6	4	45
		40	48,3	–	–	–	3,2	2,6	46	4	3,6	52	5,6	4	51
		32	42,4	–	–	–	3,2	2,6	50	4	3,6	56	5,6	4	55
100	114,3	100	114,3	–	–	–	3,6	3,6	34	4,5	4,5	36	6,3	6,3	40
		80	88,9	–	–	–	3,6	3,2	37	4,5	4	40	6,3	5,6	45
		65	76,1	–	–	–	3,6	2,9	39	4,5	3,6	42	6,3	5,6	49
		50	60,3	–	–	–	3,6	2,9	45	4,5	3,6	49	6,3	4	49
		40	48,3	–	–	–	3,6	2,6	49	4,5	3,6	55	6,3	4	55
125	139,7	125	139,7	–	–	–	4	4	33	5	5	36	6,3	6,3	39
		100	114,3	–	–	–	4	3,6	36	5	4,5	38	6,3	6,3	44
		80	88,9	–	–	–	4	3,2	39	5	4	42	6,3	5,6	48
		65	76,1	–	–	–	4	2,9	41	5	3,6	44	6,3	5,6	53
		50	60,3	–	–	–	4	2,9	47	5	3,6	50	6,3	4	51
150	168,3	150	168,3	4	4	32	4,5	4,5	33	5,6	5,6	36	7,1	7,1	38
		125	139,7	–	–	–	4,5	4	35	5,6	5	38	7,1	6,3	40
		100	114,3	–	–	–	4,5	3,6	38	5,6	4,5	41	7,1	6,3	46
		80	88,9	–	–	–	4,5	3,2	42	5,6	4	45	7,1	5,6	51
		65	76,1	–	–	–	4,5	2,9	44	5,6	3,6	47	7,1	5,6	55
200	219,1	200	219,1	4,5	4,5	31	6,3	6,3	34	7,1	7,1	36	8	8	37
		150	168,3	4,5	4	34	6,3	4,5	37	7,1	5,6	37	8	7,1	41
		125	139,7	–	–	–	6,3	4	37	7,1	5	40	8	6,3	44
		100	114,3	–	–	–	6,3	3,6	40	7,1	4,5	43	8	6,3	50
250	273	250	273	5	5	30	6,3	6,3	32	8,8	8,8	36	10	10	38
		200	219,1	5	4,5	33	6,3	6,3	38	8,8	7,1	37	10	8	39
		150	168,3	5	4	36	6,3	4,5	37	8,8	5,6	40	10	7,1	43
		125	139,7	–	–	–	6,3	4	40	8,8	5	42	10	6,3	46
		100	114,3	–	–	–	6,3	3,6	43	8,8	4,5	47	10	6,3	52
300	323,9	300	323,9	5,6	5,6	29	7,1	7,1	32	8,8	8,8	34	10	10	36
		250	273	5,6	5	31	7,1	6,3	33	8,8	8,8	39	10	10	41
		200	219,1	5,6	4,5	34	7,1	6,3	39	8,8	7,1	40	10	8	41
		150	168,3	5,6	4	38	7,1	4,5	39	8,8	5,6	42	10	7,1	46

5			6			7			8		
T	T_1	X	T	T_1	X	T	T_1	X	T	T_1	X
8	8	46	8,8	8,8	47	11	11	50	16	16	55
8	7,1	47	8,8	8	49	11	10	52	16	14,2	56
8	5,6	49	8,8	7,1	54	11	8,8	57	16	11	58
8	5	53	8,8	6,3	58	11	8	62	16	10	63
8	5	58	8,8	6,3	63	11	8	67	16	10	68
8,8	8,8	45	11	11	48	14,2	14,2	51	17,5	17,5	54
8,8	8	50	11	8,8	50	14,2	11	52	17,5	16	60
8,8	7,1	52	11	8	52	14,2	10	55	17,5	14,2	62
8,8	5,6	54	11	7,1	57	14,2	8,8	60	17,5	11	63
8,8	5	58	11	6,3	61	14,2	8	65	17,5	10	69
10	10	44	12,5	12,5	47	16	16	51	20	20	53
10	8,8	47	12,5	11	50	16	14,2	54	20	17,5	57
10	8	52	12,5	8,8	52	16	11	55	20	16	63
10	7,1	54	12,5	8	55	16	10	58	20	14,2	65
10	5,6	56	12,5	7,1	60	16	8,8	63	20	11	66
11	11	44	14,2	14,2	47	17,5	17,5	50	22,2	22,2	52
11	10	47	14,2	12,5	50	17,5	16	54	22,2	20	56
11	8,8	50	14,2	11	53	17,5	14,2	57	22,2	17,5	60
11	8	55	14,2	8,8	56	17,5	11	59	22,2	16	66
11	7,1	57	14,2	8	59	17,5	10	62	22,2	14,2	68
12,5	12,5	43	16	16	46	17,5	17,5	47	22,2	22,2	49
12,5	11	47	16	14,2	51	17,5	17,5	57	22,2	22,2	59
12,5	10	51	16	12,5	54	17,5	16	60	22,2	20	63
12,5	8,8	54	16	11	57	17,5	14,2	63	22,2	17,5	66
12,5	12,5	41	16	16	44	22,2	22,2	47	30	30	48
12,5	12,5	47	16	16	51	22,2	17,5	50	30	22,2	55
12,5	11	52	16	14,2	56	22,2	17,5	57	30	22,2	59
12,5	10	54	16	12,5	58	22,2	16	61	30	20	63
12,5	8,8	58	16	11	61	22,2	14,2	64	30	17,5	67
12,5	12,5	39	17,5	17,5	43	25	25	46	32	32	47
12,5	12,5	44	17,5	16	46	25	22,2	49	32	30	53
12,5	12,5	50	17,5	16	53	25	17,5	51	32	22,2	53
12,5	11	55	17,5	14,2	58	25	17,5	59	32	22,2	62

Tabelle 2.13 Wanddicke von T-Stücken, Typ B (voller Ausnutzungsgrad)

				1				2				3				4			
DN	D	**DN$_1$**	D_a	T	T_1	T_s	T_b	T	T_1	T_s	T_b	T	T_1	T_s	T_b	T	T_1	T_s	T_b
15	21,3	15	21,3	–	–	–	–	2	2	4,2	3,2	2,6	2,6	5,2	3,9	3,2	3,2	6,1	4,6
20	26,9	20	26,9	–	–	–	–	2,3	2,3	4,8	3,6	2,6	2,6	5,3	4,0	3,2	3,2	6,3	4,7
		15	21,3	–	–	–	–	2,3	2	4,4	3,3	2,6	2,6	4,8	3,6	3,2	3,2	5,7	4,3
25	33,7	25	33,7	–	–	–	–	2,6	2,6	5,7	4,3	3,2	3,2	6,7	5,0	4	4	7,9	5,9
		20	26,9	–	–	–	–	2,6	2,3	5,2	3,9	3,2	2,6	6,1	4,6	4	3,2	7,2	5,4
		15	21,3	–	–	–	–	2,6	2	4,8	3,6	3,2	2,6	5,6	4,2	4	3,2	6,7	5,0
32	42,4	32	42,4	–	–	–	–	2,6	2,6	6,0	4,5	3,6	3,6	7,7	5,8	4	4	8,3	6,3
		25	33,7	–	–	–	–	2,6	2,6	5,5	4,1	3,6	3,2	7,0	5,3	4	4	7,6	5,7
		20	26,9	–	–	–	–	2,6	2,3	5,1	3,8	3,6	2,6	6,5	4,9	4	3,2	7,1	5,3
		15	21,3	–	–	–	–	2,6	2	4,8	3,6	3,6	2,6	6,1	4,6	4	3,2	6,6	5,0
40	48,3	40	48,3	–	–	–	–	2,6	2,6	6,3	4,7	3,6	3,6	8,0	6,0	4	4	8,7	6,6
		32	42,4	–	–	–	–	2,6	2,6	6,0	4,5	3,6	3,6	7,7	5,8	4	4	8,3	6,2
		25	33,7	–	–	–	–	2,6	2,6	5,5	4,2	3,6	3,2	7,1	5,3	4	4	7,7	5,8
		20	26,9	–	–	–	–	2,6	2,3	5,2	3,9	3,6	2,6	6,6	5,0	4	3,2	7,2	5,4
		15	21,3	–	–	–	–	2,6	2	4,9	3,7	3,6	2,6	6,3	4,7	4	3,2	6,8	5,1
50	60,3	50	60,3	–	–	–	–	2,9	2,9	6,9	5,2	3,6	3,6	8,2	6,1	4	4	8,8	6,6
		40	48,3	–	–	–	–	2,9	2,6	6,2	4,6	3,6	3,6	7,3	5,5	4	4	7,9	5,9
		32	42,4	–	–	–	–	2,9	2,6	5,8	4,3	3,6	3,6	6,8	5,1	4	4	7,4	5,5
		25	33,7	–	–	–	–	2,9	2,6	5,1	3,8	3,6	3,2	6,0	4,5	4	4	6,5	4,9
		20	26,9	–	–	–	–	2,9	2,3	4,5	3,4	3,6	2,6	5,3	4,0	4	3,2	5,8	4,4
65	76,1	65	76,1	–	–	–	–	2,9	2,9	7,2	5,4	3,6	3,6	8,4	6,3	5,6	5,6	11,8	8,9
		50	60,3	–	–	–	–	2,9	2,9	6,3	4,8	3,6	3,6	7,4	5,6	5,6	4	9,6	7,2
		40	48,3	–	–	–	–	2,9	2,6	5,7	4,3	3,6	3,6	6,7	5,1	5,6	4	9,4	7,1
		32	42,4	–	–	–	–	2,9	2,6	5,4	4,0	3,6	3,6	6,3	4,8	5,6	4	8,9	6,7
		25	33,7	–	–	–	–	2,9	2,6	4,8	3,6	3,6	3,2	5,6	4,2	5,6	4	8,0	6,0

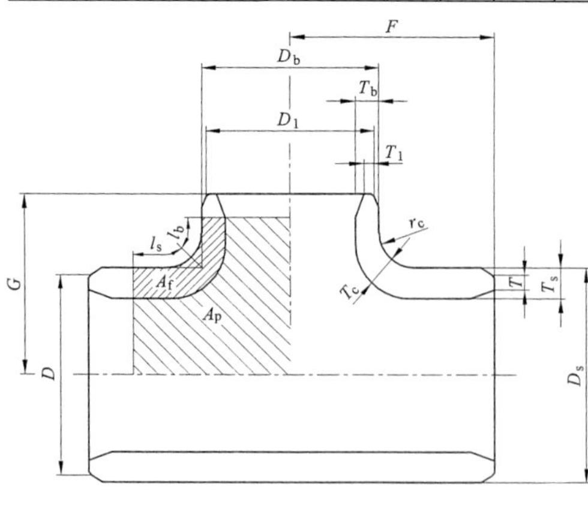

T-Stück, Typ B

5				6				7				8			
T	T_1	T_s	T_b	T	T_1	T_s	T_b	T	T_1	T_s	T_b	T	T_1	T_s	T_b
4	4	7,4	5,6	–	–	–	–	5	5	9,1	6,9	7,1	7,1	12,8	9,6
4	4	7,7	5,8	4,5	4,5	8,6	6,5	5,6	5,6	10,7	8,1	8	8	15,2	11,4
4	4	6,7	5,1	–	–	–	–	5,6	5	8,9	6,7	8	7,1	12,4	9,3
4,5	4,5	8,7	6,5	5,6	5,6	10,5	7,9	6,3	6,3	11,8	8,8	8,8	8,8	16,4	12,3
4,5	4	7,9	5,9	5,6	4,5	9,4	7,0	6,3	5,6	10,3	7,7	8,8	8	13,8	10,3
4,5	4	7,3	5,5	–	–	–	–	6,3	5	9,5	7,1	8,8	7,1	12,3	9,2
5	5	9,9	7,4	6,3	6,3	12,0	9,0	8	8	14,9	11,2	10	10	18,6	13,9
5	4,5	9,0	6,8	6,3	5,6	10,8	8,1	8	6,3	12,9	9,7	10	8,8	15,7	11,8
5	4	8,4	6,3	6,3	4,5	10,0	7,5	8	5,6	12,0	9,0	10	8	14,3	10,8
5	4	7,9	5,9	–	–	–	–	8	5	11,3	8,5	10	7,1	13,5	10,1
5	5	10,3	7,8	6,3	6,3	12,3	9,3	8	8	15,0	11,2	10	10	18,3	13,7
5	5	9,8	7,4	6,3	6,3	11,7	8,8	8	8	14,1	10,6	10	10	16,8	12,6
5	4,5	9,1	6,8	6,3	5,6	10,8	8,1	8	6,3	13,0	9,8	10	8,8	15,4	11,6
5	4	8,5	6,4	6,3	4,5	10,1	7,6	8	5,6	12,2	9,1	10	8	14,5	10,9
5	4	8,0	6,0	–	–	–	–	8	5	11,5	8,7	10	7,1	13,7	10,3
5,6	5,6	11,4	8,6	7,1	7,1	13,9	10,5	8,8	8,8	17,0	12,8	11	11	21,3	16,0
5,6	5	10,2	7,7	7,1	6,3	12,2	9,2	8,8	8	14,5	10,9	11	10	17,6	13,2
5,6	5	9,5	7,2	7,1	6,3	11,5	8,6	8,8	8	13,7	10,3	11	10	16,5	12,4
5,6	4,5	8,5	6,4	7,1	5,6	10,3	7,7	8,8	6,3	12,3	9,2	11	8,8	14,9	11,2
5,6	4	7,7	5,8	7,1	4,5	9,4	7,1	8,8	5,6	11,3	8,5	11	8	13,8	10,4
7,1	7,1	14,4	10,8	8	8	16,1	12,1	10	10	20,1	15,1	14,2	14,2	28,7	21,5
7,1	5,6	12,5	9,4	8	7,1	13,8	10,4	10	8,8	16,6	12,5	14,2	11	22,7	17,0
7,1	5	11,4	8,5	8	6,3	12,5	9,4	10	8	15,0	11,3	14,2	10	20,1	15,1
7,1	5	10,7	8,0	8	6,3	11,8	8,8	10	8	14,2	10,7	14,2	10	19,0	14,3
7,1	4,5	9,7	7,3	8	5,6	10,8	8,1	10	6,3	13,0	9,8	14,2	8,8	17,5	13,2

Tabelle 2.13 (Fortsetzung)

				1				2				3				4			
DN	D	**DN$_1$**	D_1	T	T_1	T_s	T_b	T	T_1	T_s	T_b	T	T_1	T_s	T_b	T	T_1	T_s	T_b
80	88,9	80	88,9	–	–	–	–	3,2	3,2	7,9	6,0	4	4	9,4	7,0	5,6	5,6	12,1	9,1
		65	76,1	–	–	–	–	3,2	2,9	7,3	5,5	4	3,6	8,7	6,5	5,6	5,6	11,2	8,4
		50	60,3	–	–	–	–	3,2	2,9	6,5	4,9	4	3,6	7,7	5,8	5,6	4	9,9	7,5
		40	48,3	–	–	–	–	3,2	2,6	5,9	4,4	4	3,6	7,0	5,3	5,6	4	9,0	6,8
		32	42,4	–	–	–	–	3,2	2,6	5,6	4,2	4	3,6	6,6	5,0	5,6	4	8,5	6,4
100	114,3	100	114,3	–	–	–	–	3,6	3,6	9,0	6,8	4,5	4,5	10,7	8,0	6,3	6,3	13,9	10,4
		80	88,9	–	–	–	–	3,6	3,2	7,9	6,0	4,5	4	9,4	7,1	6,3	5,6	12,2	9,1
		65	76,1	–	–	–	–	3,6	2,9	7,4	5,6	4,5	3,6	8,8	6,6	6,3	5,6	11,3	8,5
		50	60,3	–	–	–	–	3,6	2,9	6,6	5,0	4,5	3,6	7,9	5,9	6,3	4	10,2	7,7
		40	48,3	–	–	–	–	3,6	2,6	6,1	4,6	4,5	3,6	7,2	5,4	6,3	4	9,4	7,0
125	139,7	125	139,7	–	–	–	–	4	4	10,2	7,6	5	5	12,0	9,0	6,3	6,3	14,3	10,8
		100	114,3	–	–	–	–	4	3,6	9,1	6,9	5	4,5	10,8	8,1	6,3	6,3	12,9	9,7
		80	88,9	–	–	–	–	4	3,2	8,1	6,1	5	4	9,6	7,2	6,3	5,6	11,5	8,6
		65	76,1	–	–	–	–	4	2,9	7,6	5,7	5	3,6	9,0	6,8	6,3	5,6	10,7	8,1
		50	60,3	–	–	–	–	4	2,9	6,9	5,2	5	3,6	8,2	6,2	6,3	4	9,9	7,4
150	168,3	150	168,3	4	4	10,5	7,9	4,5	4,5	11,5	8,6	5,6	5,6	13,5	10,2	7,1	7,1	16,5	12,4
		125	139,7	–	–	–	–	4,5	4	10,4	7,8	5,6	5	12,3	9,2	7,1	6,3	14,7	11,1
		100	114,3	–	–	–	–	4,5	3,6	9,4	7,1	5,6	4,5	11,1	8,4	7,1	6,3	13,4	10,0
		80	88,9	–	–	–	–	4,5	3,2	8,4	6,3	5,6	4	10,0	7,5	7,1	5,6	12,0	9,0
		65	76,1	–	–	–	–	4,5	2,9	7,9	5,9	5,6	3,6	9,4	7,0	7,1	5,6	11,3	8,5
200	219,1	200	219,1	4,5	4,5	12,1	9,1	6,3	6,3	15,7	11,8	7,1	7,1	17,4	13,1	8	8	19,4	14,5
		150	168,3	4,5	4	10,6	7,9	6,3	4,5	12,9	9,7	7,1	5,6	14,9	11,2	8	7,1	16,3	12,3
		125	139,7	–	–	–	–	6,3	4	12,4	9,3	7,1	5	13,7	10,3	8	6,3	15,0	11,2
		100	114,3	–	–	–	–	6,3	3,6	11,4	8,6	7,1	4,5	12,5	9,4	8	6,3	13,7	10,3
250	273	250	273	5	5	13,7	10,3	6,3	6,3	16,3	12,2	8,8	8,8	21,9	16,5	10	10	24,8	18,6
		200	219,1	5	4,5	12,2	9,2	6,3	6,3	14,5	10,9	8,8	7,1	18,7	14,1	10	8	20,8	15,6
		150	168,3	5	4	10,8	8,1	6,3	4,5	12,8	9,6	8,8	5,6	16,5	12,4	10	7,1	18,3	13,7
		125	139,7	–	–	–	–	6,3	4	11,9	8,9	8,8	5	15,3	11,5	10	6,3	16,9	12,7
		100	114,3	–	–	–	–	6,3	3,6	10,9	8,2	8,8	4,5	14,1	10,6	10	6,3	15,6	11,7
300	323,9	300	323,9	5,6	5,6	15,5	11,7	7,1	7,1	18,6	13,9	8,8	8,8	22,4	16,8	10	10	25,2	18,9
		250	273	5,6	5	14,2	10,6	7,1	6,3	16,9	12,7	8,8	8,8	19,9	14,9	10	10	22,1	16,6
		200	219,1	5,6	4,5	12,7	9,5	7,1	6,3	15,1	11,4	8,8	7,1	17,8	13,4	10	8	19,8	14,8
		150	168,3	5,6	4	11,2	8,4	7,1	4,5	13,4	10,1	8,8	5,6	15,8	11,9	10	7,1	17,5	13,2

	5				6				7				8			
	T	T_1	T_s	T_b	T	T_1	T_s	T_b	T	T_1	T_s	T	T	T_1	T_s	T_b
	8	8	16,5	12,4	8,8	8,8	18,1	13,6	11	11	22,6	17,0	16	16	33,2	24,9
	8	7,1	14,7	11,1	8,8	8	15,9	11,9	11	10	19,4	14,6	16	14,2	28,4	21,3
	8	5,6	13,1	9,8	8,8	7,1	14,2	10,7	11	8,8	17,1	12,8	16	11	23,9	17,9
	8	5	11,9	9,0	8,8	6,3	12,9	9,7	11	8	15,6	11,7	16	10	21,4	16,0
	8	5	11,3	8,5	8,8	6,3	12,2	9,2	11	8	14,8	11,1	16	10	20,3	15,2
	8,8	8,8	18,8	14,1	11	11	23,6	17,7	14,2	14,2	30,6	23,0	17,5	17,5	38,0	28,5
	8,8	8	15,8	11,9	11	8,8	19,0	14,2	14,2	11	23,9	18,0	17,5	16	29,3	22,0
	8,8	7,1	14,7	11,0	11	8	17,6	13,2	14,2	10	21,9	16,4	17,5	14,2	26,1	19,6
	8,8	5,6	13,2	9,9	11	7,1	15,9	12,0	14,2	8,8	19,8	14,9	17,5	11	23,8	17,8
	8,8	5	12,2	9,2	11	6,3	14,6	11,0	14,2	8	18,2	13,7	17,5	10	21,8	16,4
	10	10	22,0	16,5	12,5	12,5	27,6	20,7	16	16	35,6	26,7	20	20	44,9	33,7
	10	8,8	18,6	14,0	12,5	11	22,4	16,8	16	14,2	28,8	21,6	20	17,5	36,1	27,1
	10	8	16,5	12,4	12,5	8,8	19,8	14,9	16	11	24,6	18,4	20	16	29,6	22,2
	10	7,1	15,4	11,6	12,5	8	18,5	13,9	16	10	23,0	17,2	20	14,2	27,7	20,8
	10	5,6	14,2	10,6	12,5	7,1	16,9	12,7	16	8,8	20,9	15,7	20	11	25,4	19,0
	11	11	25,2	18,9	14,2	14,2	32,9	24,7	17,5	17,5	40,8	30,6	22,2	22,2	52,4	39,3
	11	10	21,0	15,7	14,2	12,5	26,7	20,0	17,5	16	32,9	24,7	22,2	20	42,0	31,5
	11	8,8	19,0	14,3	14,2	11	23,6	17,7	17,5	14,2	28,1	21,1	22,2	17,5	35,4	26,5
	11	8	17,0	12,8	14,2	8,8	21,1	15,9	17,5	11	25,3	19,0	22,2	16	31,0	23,2
	11	7,1	16,0	12,0	14,2	8	19,8	14,9	17,5	10	23,8	17,9	22,2	14,2	29,2	21,9
	12,5	12,5	30,2	22,6	16	16	39,0	29,2	17,5	17,5	42,8	32,1	22,2	22,2	55,0	41,2
	12,5	11	23,5	17,7	16	14,2	28,9	21,7	17,5	17,5	31,5	23,6	22,2	22,2	40,0	30,0
	12,5	10	21,5	16,2	16	12,5	26,5	19,9	17,5	16	28,7	21,5	22,2	20	34,9	26,2
	12,5	8,8	19,7	14,8	16	11	24,3	18,3	17,5	14,2	26,4	19,8	22,2	17,5	32,2	24,2
	12,5	12,5	31,0	23,3	16	16	40,1	30,1	22,2	22,2	56,5	42,4	30	30	77,8	58,4
	12,5	12,5	25,1	18,9	16	16	30,8	23,1	22,2	17,5	42,5	31,9	30	22,2	54,4	40,8
	12,5	11	22,2	16,6	16	14,2	27,3	20,5	22,2	17,5	35,9	27,0	30	22,2	46,8	35,1
	12,5	10	20,4	15,3	16	12,5	25,1	18,8	22,2	16	33,1	24,8	30	20	42,9	32,2
	12,5	8,8	18,8	14,1	16	11	23,2	17,4	22,2	14,2	30,7	23,1	30	17,5	40,0	30,0
	12,5	12,5	31,3	23,5	17,5	17,5	44,2	33,2	25	25	64,3	48,2	32	32	83,6	62,7
	12,5	12,5	26,5	19,9	17,5	16	35,8	26,8	25	22,2	51,7	38,8	32	30	66,5	49,9
	12,5	12,5	23,9	18,0	17,5	16	31,6	23,7	25	17,5	42,8	32,1	32	22,2	54,3	40,7
	12,5	11	21,3	16,0	17,5	14,2	28,2	21,2	25	17,5	38,2	28,7	32	22,2	47,2	35,4

Tabelle 2.14 Reduzierstücke nach DIN EN 10253-2:2008-09

Reduzierstücke

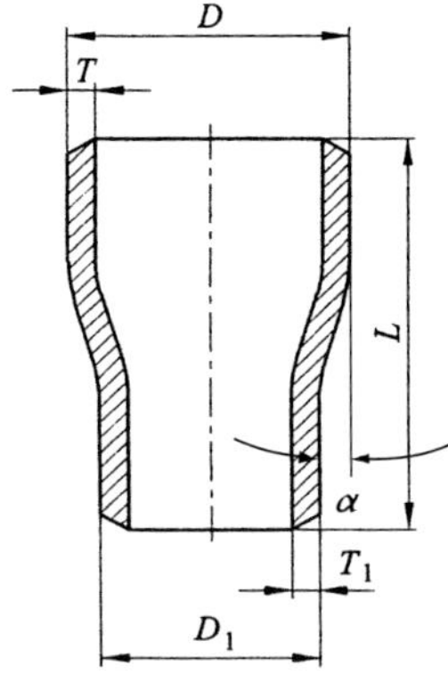

Konzentrisches Reduzierstück

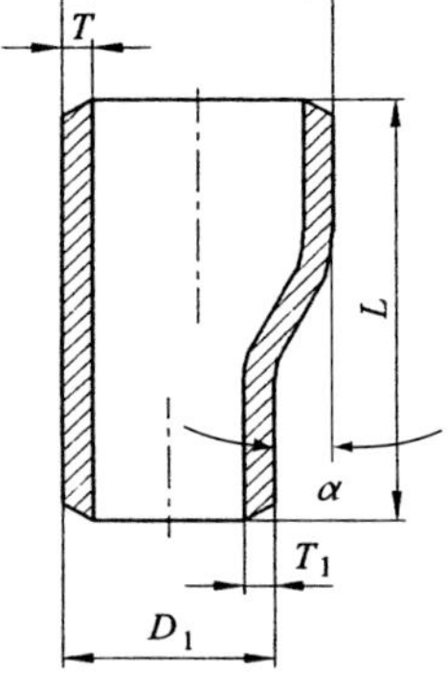

Exzentrisches Reduzierstück

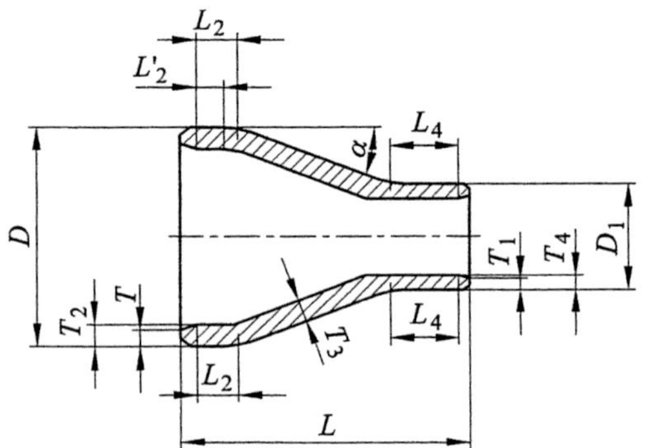

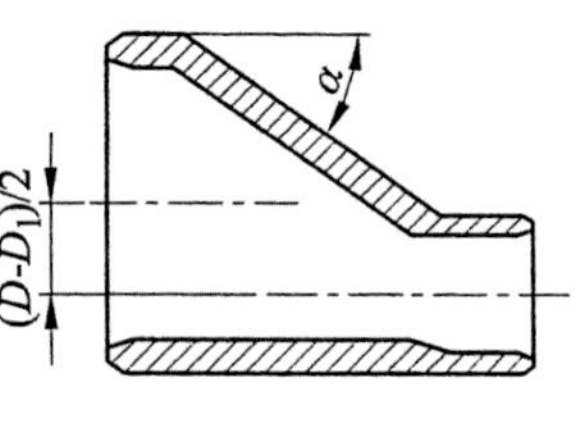

Maße von Reduzierstücken, Typ B

Tabelle 2.14 (Fortsetzung)

Reduzierstücke				
Seite D		Seite D_1		
DN	*D*	**DN_1**	D_1	**Länge *L***
20	26,9	15	21,3	38
25	33,7	20 15	26,9 21,3	51 51
32	42,2	25 20 15	33,7 26,9 21,3	51 51 51
40	48,3	32 25 20	42,4 33,7 26,9	64 64 64
50	60,3	40 32 25 20	48,3 42,4 33,7 26,9	76 76 76 76
65	76,1	50 40 32 25	60,3 48,3 42,4 33,7	89 89 89 89
80	88,9	65 50 40 32	76,1 60,3 48,3 42,4	89 89 89 89
100	114,3	80 65 50 40	88,9 76,1 60,3 48,3	102 102 102 102
125	139,7	100 80 65 50	114,3 88,9 76,1 60,3	127 127 127 127
150	168,3	125 100 80 65	139,7 114,3 88,9 76,1	140 140 140 140
200	219,1	150 125 100 80	168,3 139,7 114,3 88,9	152 152 152 152
250	273	200 150 125 100	219,1 168,3 139,7 114,3	178 178 178 178
300	323,9	250 200 150 125	273 219,1 168,3 139,7	203 203 203 203

Tabelle 2.15 Ausnutzungsgrade für konzentrische Reduzierstücke, Typ A (verminderter Ausnutzungsgrad)

					1			2			3		
DN	D	**DN$_1$**	D_1	α_{max}	T	T_1	X	T	T_1	X	T	T_1	X
20	26,9	15	21,3	8	–	–	–	2,3	2	100	2,6	2,6	100
25	33,7	20	26,9	7	–	–	–	2,6	2,3	100	3,2	2,6	100
		15	21,3	12	–	–	–	2,6	2	100	3,2	2,6	100
32	42,4	25	33,7	9	–	–	–	2,6	2,6	100	3,6	3,2	100
		20	26,9	15	–	–	–	2,6	2,3	100	3,6	2,6	100
		15	21,3	19	–	–	–	2,6	2	100	3,6	2,6	100
40	48,3	32	42,4	6	–	–	–	2,6	2,6	100	3,6	3,6	100
		25	33,7	10	–	–	–	2,6	2,6	100	3,6	3,2	100
		20	26,9	16	–	–	–	2,6	2,3	100	3,6	2,6	100
50	60,3	40	48,3	7	–	–	–	2,9	2,6	100	3,6	3,6	100
		32	42,4	11	–	–	–	2,9	2,6	100	3,6	3,6	100
		25	33,7	16	–	–	–	2,9	2,6	100	3,6	3,2	100
		20	26,9	21	–	–	–	2,9	2,3	100	3,6	2,6	100
65	76,1	50	60,3	9	–	–	–	2,9	2,9	100	3,6	3,6	100
		40	48,3	15	–	–	–	2,9	2,6	100	3,6	3,6	100
		32	42,4	18	–	–	–	2,9	2,6	100	3,6	3,6	100
		25	33,7	23	–	–	–	2,9	2,6	100	3,6	3,2	100
80	88,9	65	76,1	7	–	–	–	3,2	2,9	100	4	3,6	100
		50	60,3	16	–	–	–	3,2	2,9	100	4	3,6	100
		40	48,3	22	–	–	–	3,2	2,6	100	4	3,6	100
		32	42,4	26	–	–	–	3,2	2,6	100	4	3,6	100
100	114,3	80	88,9	13	–	–	–	3,6	3,2	100	4,5	4	100
		65	76,1	18	–	–	–	3,6	2,9	100	4,5	3,6	100
		50	60,3	26	–	–	–	3,6	2,9	100	4,5	3,6	100
		40	48,3	31	–	–	–	3,6	2,6	97	4,5	3,6	99

4			5			6			7			8		
T	T_1	X	T	T_1	X	T	T_1	X	T	T_1	X	T	T_1	X
3,2	3,2	100	4	4	100	–	–	–	5,6	5	100	8	7,1	100
4	3,2	100	4,5	4	100	5,6	4,5	100	6,3	5,6	100	8,8	8	100
4	3,2	100	4,5	4	100	–	–	–	6,3	5	100	8,8	7,1	100
4	4	100	5	4,5	100	6,3	5,6	100	8	6,3	100	10	8,8	100
4	3,2	100	5	4	100	6,3	4,5	100	8	5,6	100	10	8	100
4	3,2	100	5	4	100	–	–	–	8	5	100	10	7,1	100
4	4	100	5	5	100	6,3	6,3	100	8	8	100	10	10	100
4	4	100	5	4,5	100	6,3	5,6	100	8	6,3	100	10	8,8	100
4	3,2	100	5	4	100	6,3	4,5	100	8	5,6	100	10	8	100
4	4	100	5,6	5	100	7,1	6,3	100	8,8	8	100	11	10	100
4	4	100	5,6	5	100	7,1	6,3	100	8,8	8	100	11	10	100
4	4	100	5,6	4,5	100	7,1	5,6	100	8,8	6,3	100	11	8,8	100
4	3,2	100	5,6	4	100	7,1	4,5	100	8,8	5,6	100	11	8	100
5,6	4	100	7,1	5,6	100	8	7,1	100	10	8,8	100	14,2	11	100
5,6	4	100	7,1	5	100	8	6,3	100	10	8	100	14,2	10	100
5,6	4	100	7,1	5	100	8	6,3	100	10	8	100	14,2	10	100
5,6	4	100	7,1	4,5	100	8	5,6	100	10	6,3	100	14,2	8,8	100
5,6	5,6	100	8	7,1	100	8,8	8	100	11	10	100	16	14,2	100
5,6	4	100	8	5,6	100	8,8	7,1	100	11	8,8	100	16	11	100
5,6	4	100	8	5	100	8,8	6,3	100	11	8	100	16	10	100
5,6	4	100	8	5	100	8,8	6,3	100	11	8	100	16	10	100
6,3	5,6	100	8,8	8	100	11	8,8	100	14,2	11	100	17,5	16	100
6,3	5,6	100	8,8	7,1	100	11	8	100	14,2	10	100	17,5	14,2	100
6,3	4	100	8,8	5,6	100	11	7,1	100	14,2	8,8	100	17,5	11	100
6,3	4	100	8,8	5	100	11	6,3	100	14,2	8	100	17,5	10	100

Tabelle 2.15 (Fortsetzung)

					1			2			3		
DN	D	$\mathbf{DN_1}$	D_1	α_{max}	T	T_1	X	T	T_1	X	T	T_1	X
125	139,7	100	114,3	10	–	–	–	4	3,6	100	5	4,5	100
		80	88,9	20	–	–	–	4	3,2	100	5	4	100
		65	76,1	25	–	–	–	4	2,9	100	5	3,6	100
		50	60,3	30	–	–	–	4	2,9	97	5	3,6	99
150	168,3	125	139,7	9	–	–	–	4,5	4	100	5,6	5	100
		100	114,3	19	–	–	–	4,5	3,6	100	5,6	4,5	100
		80	88,9	27	–	–	–	4,5	3,2	98	5,6	4	100
		65	76,1	31	–	–	–	4,5	2,9	96	5,6	3,6	98
200	219,1	150	168,3	18	4,5	4	100	6,3	4,5	100	7,1	5,6	100
		125	139,7	27	–	–	–	6,3	4	99	7,1	5	100
		100	114,3	33	–	–	–	6,3	3,6	95	7,1	4,5	96
		80	88,9	39	–	–	–	6,3	3,2	90	7,1	4	91
250	273	200	219,1	16	5	4,5	100	6,3	6,3	100	8,8	7,1	100
		150	168,3	30	5	4	94	6,3	4,5	95	8,8	5,6	98
		125	139,7	36	–	–	–	6,3	4	91	8,8	5	94
		100	114,3	40	–	–	–	6,3	3,6	87	8,8	4,5	90
300	323,9	250	273	12	5,6	5	100	7,1	6,3	100	8,8	8,8	100
		200	219,1	24	5,6	4,5	98	7,1	6,3	99	8,8	7,1	100
		150	168,3	35	5,6	4	90	7,1	4,5	91	8,8	5,6	93
		125	139,7	40	–	–	–	7,1	4	87	8,8	5	88

4			5			6			7			8		
T	T_1	X	T	T_1	X	T	T_1	X	T	T_1	X	T	T_1	X
6,3	6,3	100	10	8,8	100	12,5	11	100	16	14,2	100	20	17,5	100
6,3	5,6	100	10	8	100	12,5	8,8	100	16	11	100	20	16	100
6,3	5,6	100	10	7,1	100	12,5	8	100	16	10	100	20	14,2	100
6,3	4	100	10	5,6	100	12,5	7,1	100	16	8,8	100	20	11	100
7,1	6,3	100	11	10	100	14,2	12,5	100	17,5	16	100	22,2	20	100
7,1	6,3	100	11	8,8	100	14,2	11	100	17,5	14,2	100	22,2	17,5	100
7,1	5,6	100	11	8	100	14,2	8,8	100	17,5	11	100	22,2	16	100
7,1	5,6	100	11	7,1	100	14,2	8	100	17,5	10	100	22,2	14,2	100
8	7,1	100	12,5	11	100	16	14,2	100	17,5	17,5	100	22,2	22,2	100
8	6,3	100	12,5	10	100	16	12,5	100	17,5	16	100	22,2	20	100
8	6,3	97	12,5	8,8	100	16	11	100	17,5	14,2	100	22,2	17,5	100
8	5,6	92	12,5	8	99	16	8,8	100	17,5	11	100	22,2	16	100
10	8	100	12,5	12,5	100	16	16	100	22,2	17,5	100	30	22,2	100
10	7,1	99	12,5	11	100	16	14,2	100	22,2	17,5	100	30	22,2	100
10	6,3	95	12,5	10	98	16	12,5	100	22,2	16	100	30	20	100
10	6,3	91	12,5	8,8	94	16	11	98	22,2	14,2	100	30	17,5	100
10	10	100	12,5	12,5	100	17,5	16	100	25	22,2	100	32	30	100
10	8	100	12,5	12,5	100	17,5	16	100	25	17,5	100	32	22,2	100
10	7,1	94	12,5	11	96	17,5	14,2	100	25	17,5	100	32	22,2	100
10	6,3	90	12,5	10	92	17,5	12,5	97	25	16	100	32	20	100

Tabelle 2.16 Ausnutzungsgrade für exzentrische Reduzierstücke, Typ A (verminderter Ausnutzungsgrad)

					1			2			3		
DN	D	**DN$_1$**	D_1	α_{max}	T	T_1	X	T	T_1	X	T	T_1	X
20	26,9	15	21,3	15	–	–	–	2,3	2	100	2,6	2,6	100
25	33,7	20	26,9	13	–	–	–	2,6	2,3	100	3,2	2,6	100
		15	21,3	24	–	–	–	2,6	2	100	3,2	2,6	100
32	42,4	25	33,7	16	–	–	–	2,6	2,6	100	3,6	3,2	100
		20	26,9	30	–	–	–	2,6	2,3	100	3,6	2,6	100
		15	21,3	42	–	–	–	2,6	2	97	3,6	2,6	100
40	48,3	32	42,4	8	–	–	–	2,6	2,6	100	3,6	3,6	100
		25	33,7	19	–	–	–	2,6	2,6	100	3,6	3,2	100
		20	26,9	28	–	–	–	2,6	2,3	100	3,6	2,6	100
50	60,3	40	48,3	13	–	–	–	2,9	2,6	100	3,6	3,6	100
		32	42,4	20	–	–	–	2,9	2,6	100	3,6	3,6	100
		25	33,7	29	–	–	–	2,9	2,6	100	3,6	3,2	100
		20	26,9	36	–	–	–	2,9	2,3	98	3,6	2,6	100
65	76,1	50	60,3	15	–	–	–	2,9	2,9	100	3,6	3,6	100
		40	48,3	27	–	–	–	2,9	2,6	100	3,6	3,6	100
		32	42,4	34	–	–	–	2,9	2,6	97	3,6	3,6	99
		25	33,7	42	–	–	–	2,9	2,6	90	3,6	3,2	93
80	88,9	65	76,1	13	–	–	–	3,2	2,9	100	4	3,6	100
		50	60,3	30	–	–	–	3,2	2,9	99	4	3,6	100
		40	48,3	44	–	–	–	3,2	2,6	87	4	3,6	90
		32	42,4	50	–	–	–	3,2	2,6	80	4	3,6	83
100	114,3	80	88,9	24	–	–	–	3,6	3,2	100	4,5	4	100
		65	76,1	37	–	–	–	3,6	2,9	93	4,5	3,6	95
		50	60,3	51	–	–	–	3,6	2,9	78	4,5	3,6	80
		40	48,3	60	–	–	–	3,6	2,6	(65)	4,5	3,6	(68)

	4			5			6			7			8		
	T	T_1	*X*	*T*	T_1	*X*	*T*	T_1	*X*	*T*	T_1	*X*	*T*	T_1	*X*
	3,2	3,2	100	4	4	100	–	–	–	5,6	5	100	8	7,1	100
	4	3,2	100	4,5	4	100	5,6	4,5	100	6,3	5,6	100	8,8	8	100
	4	3,2	100	4,5	4	100	–	–	–	6,3	5	100	8,8	7,1	100
	4	4	100	5	4,5	100	6,3	5,6	100	8	6,3	100	10	8,8	100
	4	3,2	100	5	4	100	6,3	4,5	100	8	5,6	100	10	8	100
	4	3,2	100	5	4	100	–	–	–	8	5	100	10	7,1	100
	4	4	100	5	5	100	6,3	6,3	100	8	8	100	10	10	100
	4	4	100	5	4,5	100	6,3	5,6	100	8	6,3	100	10	8,8	100
	4	3,2	100	5	4	100	6,3	4,5	100	8	5,6	100	10	8	100
	4	4	100	5,6	5	100	7,1	6,3	100	8,8	8	100	11	10	100
	4	4	100	5,6	5	100	7,1	6,3	100	8,8	8	100	11	10	100
	4	4	100	5,6	4,5	100	7,1	5,6	100	8,8	6,3	100	11	8,8	100
	4	3,2	100	5,6	4	100	7,1	4,5	100	8,8	5,6	100	11	8	100
	5,6	4	100	7,1	5,6	100	8	7,1	100	10	8,8	100	14,2	11	100
	5,6	4	100	7,1	5	100	8	6,3	100	10	8	100	14,2	10	100
	5,6	4	100	7,1	5	100	8	6,3	100	10	8	100	14,2	10	100
	5,6	4	100	7,1	4,5	100	8	5,6	100	10	6,3	100	14,2	8,8	100
	5,6	5,6	100	8	7,1	100	8,8	8	100	11	10	100	16	14,2	100
	5,6	4	100	8	5,6	100	8,8	7,1	100	11	8,8	100	16	11	100
	5,6	4	96	8	5	100	8,8	6,3	100	11	8	100	16	10	100
	5,6	4	90	8	5	100	8,8	6,3	100	11	8	100	16	10	100
	6,3	5,6	100	8,8	8	100	11	8,8	100	14,2	11	100	17,5	16	100
	6,3	5,6	100	8,8	7,1	100	11	8	100	14,2	10	100	17,5	14,2	100
	6,3	4	86	8,8	5,6	94	11	7,1	100	14,2	8,8	100	17,5	11	100
	6,3	4	74	8,8	5	83	11	6,3	93	14,2	8	100	17,5	10	100

Tabelle 2.16 (Fortsetzung)

					1			2			3		
DN	D	**DN₁**	D_1	α_{max}	T	T_1	X	T	T_1	X	T	T_1	X
125	139,7	100	114,3	18	–	–	–	4	3,6	100	5	4,5	100
		80	88,9	35	–	–	–	4	3,2	93	5	4	95
		65	76,1	43	–	–	–	4	2,9	86	5	3,6	88
		50	60,3	51	–	–	–	4	2,9	77	5	3,6	79
150	168,3	125	139,7	18	–	–	–	4,5	4	100	5,6	5	100
		100	114,3	34	–	–	–	4,5	3,6	94	5,6	4,5	95
		80	88,9	48	–	–	–	4,5	3,2	80	5,6	4	82
		65	76,1	52	–	–	–	4,5	2,9	(75)	5,6	3,6	77
200	219,1	150	168,3	31	4,5	4	(93)	6,3	4,5	(90)	7,1	5,6	(95)
		125	139,7	45	–	–	–	6,3	4	(74)	7,1	5	(84)
		100	114,3	55	–	–	–	6,3	3,6	(71)	7,1	4,5	(72)
		80	88,9	60	–	–	–	6,3	3,2	(64)	7,1	4	(65)
250	273	200	219,1	28	5	4,5	(92)	6,3	6,3	97	8,8	7,1	(97)
		150	168,3	48	5	4	(76)	6,3	4,5	(75)	8,8	5,6	(76)
		125	139,7	55	–	–	–	6,3	4	(69)	8,8	5	(72)
		100	114,3	60	–	–	–	6,3	3,6	(62)	8,8	4,5	(65)
300	323,9	250	273	23	5,6	5	(95)	7,1	6,3	(99)	8,8	8,8	100
		200	219,1	44	5,6	4,5	(72)	7,1	6,3	(83)	8,8	7,1	(84)
		150	168,3	55	5,6	4	(66)	7,1	4,5	(69)	8,8	5,6	(71)
		125	139,7	60	–	–	–	7,1	4	(61)	8,8	5	(63)

4			5			6			7			8		
T	T_1	X	T	T_1	X	T	T_1	X	T	T_1	X	T	T_1	X
6,3	6,3	100	10	8,8	100	12,5	11	100	16	14,2	100	20	17,5	100
6,3	5,6	98	10	8	100	12,5	8,8	100	16	11	100	20	16	100
6,3	5,6	91	10	7,1	100	12,5	8	100	16	10	100	20	14,2	100
6,3	4	82	10	5,6	92	12,5	7,1	99	16	8,8	100	20	11	100
7,1	6,3	100	11	10	100	14,2	12,5	100	17,5	16	100	22,2	20	100
7,1	6,3	98	11	8,8	100	14,2	11	100	17,5	14,2	100	22,2	17,5	100
7,1	5,6	85	11	8	93	14,2	8,8	100	17,5	11	100	22,2	16	100
7,1	5,6	80	11	7,1	88	14,2	8	96	17,5	10	100	22,2	14,2	100
8	7,1	98	12,5	11	100	16	14,2	100	17,5	17,5	100	22,2	22,2	100
8	6,3	(86)	12,5	10	93	16	12,5	99	17,5	16	100	22,2	20	100
8	6,3	74	12,5	8,8	81	16	11	88	17,5	14,2	91	22,2	17,5	100
8	5,6	(67)	12,5	8	74	16	8,8	81	17,5	11	84	22,2	16	96
10	8	100	12,5	12,5	100	16	16	100	22,2	17,5	100	30	22,2	100
10	7,1	(83)	12,5	11	86	16	14,2	91	22,2	17,5	99	30	22,2	100
10	6,3	74	12,5	10	77	16	12,5	82	22,2	16	91	30	20	100
10	6,3	(67)	12,5	8,8	(70)	16	11	75	22,2	14,2	85	30	17,5	100
10	10	100	12,5	12,5	100	17,5	16	100	25	22,2	100	32	30	100
10	8	(86)	12,5	12,5	88	17,5	16	93	25	17,5	100	32	22,2	100
10	7,1	(72)	12,5	11	75	17,5	14,2	80	25	17,5	90	32	22,2	100
10	6,3	(65)	12,5	10	(67)	17,5	12,5	73	25	16	83	32	20	94

Tabelle 2.17 Wanddicke von konzentrischen Reduzierstücken, Typ B – Wanddickenreihen 1...4

					1					2		
DN	D	$\mathbf{DN_1}$	D_1	α_{max}	T	T_1	T_2	T_3	T_4	T	T_1	T_2
20	26,9	15	21,3	8	–	–	–	–	–	2,3	2	2,3
25	33,7	20	26,9	7	–	–	–	–	–	2,6	2,3	2,6
		15	21,3	12	–	–	–	–	–	2,6	2	2,6
32	42,4	25	33,7	9	–	–	–	–	–	2,6	2,6	2,6
		20	26,9	15	–	–	–	–	–	2,6	2,3	2,6
		15	21,3	19	–	–	–	–	–	2,6	2	2,6
40	48,3	32	42,4	6	–	–	–	–	–	2,6	2,6	2,6
		25	33,7	10	–	–	–	–	–	2,6	2,6	2,6
		20	26,9	16	–	–	–	–	–	2,6	2,3	2,6
50	60,3	40	48,3	7	–	–	–	–	–	2,9	2,6	2,9
		32	42,4	11	–	–	–	–	–	2,9	2,6	2,9
		25	33,7	16	–	–	–	–	–	2,9	2,6	2,9
		20	26,9	21	–	–	–	–	–	2,9	2,3	2,9
65	76,1	50	60,3	9	–	–	–	–	–	2,9	2,9	2,9
		40	48,3	15	–	–	–	–	–	2,9	2,6	2,9
		32	42,4	18	–	–	–	–	–	2,9	2,6	2,9
		25	33,7	23	–	–	–	–	–	2,9	2,6	2,9
80	88,9	65	76,1	7	–	–	–	–	–	3,2	2,9	3,2
		50	60,3	16	–	–	–	–	–	3,2	2,9	3,2
		40	48,3	22	–	–	–	–	–	3,2	2,6	3,2
		32	42,4	26	–	–	–	–	–	3,2	2,6	3,2
100	114,3	80	88,9	13	–	–	–	–	–	3,6	3,2	3,6
		65	76,1	18	–	–	–	–	–	3,6	2,9	3,6
		50	60,3	26	–	–	–	–	–	3,6	2,9	3,6
		40	48,3	31	–	–	–	–	–	3,6	2,6	3,6

(voller Ausnutzungsgrad)

2		3					4				
T_3	T_4	T	T_1	T_2	T_3	T_4	T	T_1	T_2	T_3	T_4
2,3	2,0	2,6	2,6	2,6	2,6	2,6	3,2	3,2	3,2	3,1	3,2
2,6	2,3	3,2	2,6	3,2	3,1	2,6	4	3,2	4,0	3,9	3,2
2,5	2,0	3,2	2,6	3,2	3,1	2,6	4	3,2	4,0	3,8	3,2
2,6	2,6	3,6	3,2	3,6	3,5	3,2	4	4	4,0	3,9	4,0
2,6	2,3	3,6	2,6	3,6	3,5	2,6	4	3,2	4,0	3,8	3,2
2,6	2,0	3,6	2,6	3,6	3,5	2,6	4	3,2	4,0	3,8	3,2
2,6	2,6	3,6	3,6	3,6	3,6	3,6	4	4	4,0	3,9	4,0
2,6	2,6	3,6	3,2	3,6	3,5	3,2	4	4	4,0	3,9	4,0
2,6	2,3	3,6	2,6	3,6	3,5	2,6	4	3,2	4,0	3,9	3,2
2,9	2,6	3,6	3,6	3,6	3,6	3,6	4	4	4,0	4,0	4,0
2,9	2,6	3,6	3,6	3,6	3,5	3,6	4	4	4,0	3,9	4,0
2,9	2,6	3,6	3,2	3,6	3,5	3,2	4	4	4,0	3,9	4,0
2,9	2,3	3,6	2,6	3,6	3,6	2,6	4	3,2	4,0	3,9	3,2
2,9	2,9	3,6	3,6	3,6	3,6	3,6	5,6	4	5,6	4,9	4,0
2,9	2,6	3,6	3,6	3,6	3,6	3,6	5,6	4	5,6	5,4	4,0
2,9	2,6	3,6	3,6	3,6	3,6	3,6	5,6	4	5,6	5,4	4,0
3,0	2,6	3,6	3,2	3,6	3,6	3,2	5,6	4	5,6	5,4	4,0
3,2	2,9	4	3,6	4,0	4,0	3,6	5,6	5,6	5,6	5,5	5,6
3,2	2,9	4	3,6	4,0	4,0	3,6	5,6	4	5,6	5,5	4,0
3,3	2,6	4	3,6	4,0	4,0	3,6	5,6	4	5,6	5,5	4,0
3,3	2,6	4	3,6	4,0	4,1	3,6	5,6	4	5,6	5,5	4,0
3,6	3,2	4,5	4	4,5	4,5	4,0	6,3	5,6	6,3	6,2	5,6
3,6	2,9	4,5	3,6	4,5	4,5	3,6	6,3	5,6	6,3	6,2	5,6
3,7	2,9	4,5	3,6	4,5	4,6	3,6	6,3	4	6,3	6,3	4,0
3,8	2,6	4,5	3,6	4,5	4,7	3,6	6,3	4	6,3	6,4	4,0

Tabelle 2.17 (Fortsetzung)

					1					2		
DN	D	**DN₁**	D_1	α_{max}	T	T_1	T_2	T_3	T_4	T	T_1	T_2
125	139,7	100	114,3	10	–	–	–	–	–	4	3,6	4,0
		80	88,9	20	–	–	–	–	–	4	3,2	4,0
		65	76,1	25	–	–	–	–	–	4	2,9	4,0
		50	60,3	30	–	–	–	–	–	4	2,9	4,0
150	168,3	125	139,7	9	–	–	–	–	–	4,5	4	4,5
		100	114,3	19	–	–	–	–	–	4,5	3,6	4,5
		80	88,9	27	–	–	–	–	–	4,5	3,2	4,5
		65	76,1	31	–	–	–	–	–	4,5	2,9	4,5
200	219,1	150	168,3	18	4,5	4	4,5	4,6	4,0	6,3	4,5	6,3
		125	139,7	27	–	–	–	–	–	6,3	4	6,3
		100	114,3	33	–	–	–	–	–	6,3	3,6	6,3
		80	88,9	39	–	–	–	–	–	6,3	3,2	6,3
250	273	200	219,1	16	5	4,5	5,0	5,1	4,5	6,3	6,3	6,3
		150	168,3	30	5	4	5,0	5,4	4,0	6,3	4,5	6,3
		125	139,7	36	–	–	–	–	–	6,3	4	6,3
		100	114,3	40	–	–	–	–	–	6,3	3,6	6,3
300	323,9	250	273	12	5,6	5	5,6	5,6	5,0	7,1	6,3	7,1
		200	219,1	24	5,6	4,5	5,6	5,8	4,5	7,1	6,3	7,1
		150	168,3	35	5,6	4	5,6	6,3	4,0	7,1	4,5	7,1
		125	139,7	40	–	–	–	–	–	7,1	4	7,1

	2		3					4				
	T_3	T_4	T	T_1	T_2	T_3	T_4	T	T_1	T_2	T_3	T_4
	4,0	3,6	5	4,5	5,0	5,0	4,5	6,3	6,3	6,3	6,2	6,3
	4,1	3,2	5	4	5,0	5,0	4,0	6,3	5,6	6,3	6,3	5,6
	4,1	2,9	5	3,6	5,0	5,1	3,6	6,3	5,6	6,3	6,3	5,6
	4,3	2,9	5	3,6	5,0	5,2	3,6	6,3	4	6,3	6,5	4,0
	4,5	4,0	5,6	5	5,6	5,6	5,0	7,1	6,3	7,1	7,0	6,3
	4,6	3,6	5,6	4,5	5,6	5,6	4,5	7,1	6,3	7,1	7,1	6,3
	4,7	3,2	5,6	4	5,6	5,8	4,0	7,1	5,6	7,1	7,2	5,6
	4,8	2,9	5,6	3,6	5,6	5,9	3,6	7,1	5,6	7,1	7,4	5,6
	5,9	4,5	7,1	5,6	7,1	7,1	5,6	8	7,1	8,0	8,0	7,1
	6,5	4,0	7,1	5	7,1	7,3	5,0	8	6,3	8,0	8,2	6,3
	6,8	3,6	7,1	4,5	7,1	7,6	4,5	8	6,3	8,0	8,5	6,3
	7,1	3,2	7,1	4	7,1	8,0	4,0	8	5,6	8,0	8,9	5,6
	6,3	6,3	8,8	7,1	8,8	8,8	7,1	10	8	10,0	9,9	8,0
	6,7	4,5	8,8	5,6	8,8	9,2	5,6	10	7,1	10,0	10,4	7,1
	7,1	4,0	8,8	5	8,8	9,6	5,0	10	6,3	10,0	10,8	6,3
	7,3	3,6	8,8	4,5	8,8	10,0	4,5	10	6,3	10,0	11,2	6,3
	7,1	6,3	8,8	8,8	8,8	8,7	8,8	10	10	10,0	9,9	10,0
	7,3	6,3	8,8	7,1	8,8	9,0	7,1	10	8	10,0	10,2	8,0
	7,9	4,5	8,8	5,6	8,8	9,7	5,6	10	7,1	10,0	10,9	7,1
	8,3	4,0	8,8	5	8,8	10,1	5,0	10	6,3	10,0	11,4	6,3

Tabelle 2.18 Wanddicke von konzentrischen Reduzierstücken, Typ B – Wanddickenreihen 5...8 (voller

					5					6		
DN	D	**DN$_1$**	D_1	α_{max}	T	T_1	T_2	T_3	T_4	T	T_1	T_2
20	26,9	15	21,3	8	4	4	4,0	3,8	4,0	–	–	–
25	33,7	20	26,9	7	4,5	4	4,5	4,4	4,0	5,6	4,5	5,6
		15	21,3	12	4,5	4	4,5	4,3	4,0	–	–	–
32	42,4	25	33,7	9	5	4,5	5,0	4,8	4,5	6,3	5,6	6,3
		20	26,9	15	5	4	5,0	4,7	4,0	6,3	4,5	6,3
		15	21,3	19	5	4	5,0	4,7	4,0	–	–	–
40	48,3	32	42,4	6	5	5	5,0	4,9	5,0	6,3	6,3	6,3
		25	33,7	10	5	4,5	5,0	4,8	4,5	6,3	5,6	6,3
		20	26,9	16	5	4	5,0	4,8	4,0	6,3	4,5	6,3
50	60,3	40	48,3	7	5,6	5	5,6	5,5	5,0	7,1	6,3	7,1
		32	42,4	11	5,6	5	5,6	5,4	5,0	7,1	6,3	7,1
		25	33,7	16	5,6	4,5	5,6	5,4	4,5	7,1	5,6	7,1
		20	26,9	21	5,6	4	5,6	5,3	4,0	7,1	4,5	7,1
65	76,1	50	60,3	9	7,1	5,6	7,1	6,8	5,6	8	7,1	8,0
		40	48,3	15	7,1	5	7,1	6,8	5,0	8	6,3	8,0
		32	42,4	18	7,1	5	7,1	6,8	5,0	8	6,3	8,0
		25	33,7	23	7,1	4,5	7,1	6,8	4,5	8	5,6	8,0
80	88,9	65	76,1	7	8	7,1	8,0	7,8	7,1	8,8	8	8,8
		50	60,3	16	8	5,6	8,0	7,6	5,6	8,8	7,1	8,8
		40	48,3	22	8	5	8,0	7,6	5,0	8,8	6,3	8,8
		32	42,4	26	8	5	8,0	7,7	5,0	8,8	6,3	8,8
100	114,3	80	88,9	13	8,8	8	8,8	8,5	8,0	11	8,8	11,0
		65	76,1	18	8,8	7,1	8,8	8,5	7,1	11	8	11,0
		50	60,3	26	8,8	5,6	8,8	8,6	5,6	11	7,1	11,0
		40	48,3	31	8,8	5	8,8	8,7	5,0	11	6,3	11,0

Ausnutzungsgrad)

	6		7					8				
	T_3	T_4	T	T_1	T_2	T_3	T_4	T	T_1	T_2	T_3	T_4
	–	–	5,6	5	5,6	5,2	5,0	8	7,1	8,0	7,2	7,1
	5,4	4,5	6,3	5,6	6,3	6,0	5,6	8,8	8	8,8	8,1	8,0
	–	–	6,3	5	6,3	5,8	5,0	8,8	7,1	8,8	7,7	7,1
	6,0	5,6	8	6,3	8,0	7,4	6,3	10	8,8	10,0	9,1	8,8
	5,8	4,5	8	5,6	8,0	7,2	5,6	10	8	10,0	8,7	8,0
	–	–	8	5	8,0	7,0	5,0	10	7,1	10,0	8,4	7,1
	6,1	6,3	8	8	8,0	7,7	8,0	10	10	10,0	9,5	10,0
	6,0	5,6	8	6,3	8,0	7,5	6,3	10	8,8	10,0	9,2	8,8
	5,9	4,5	8	5,6	8,0	7,3	5,6	10	8	10,0	8,8	8,0
	6,9	6,3	8,8	8	8,8	8,4	8,0	11	10	11,0	10,4	10,0
	6,8	6,3	8,8	8	8,8	8,3	8,0	11	10	11,0	10,1	10,0
	6,7	5,6	8,8	6,3	8,8	8,1	6,3	11	8,8	11,0	9,9	8,8
	6,6	4,5	8,8	5,6	8,8	8,0	5,6	11	8	11,0	9,6	8,0
	7,7	7,1	10	8,8	10,0	9,5	8,8	14,2	11	14,2	12,8	11,0
	7,6	6,3	10	8	10,0	9,3	8,0	14,2	10	14,2	12,7	10,0
	7,5	6,3	10	8	10,0	9,2	8,0	14,2	10	14,2	12,5	10,0
	7,5	5,6	10	6,3	10,0	9,2	6,3	14,2	8,8	14,2	12,3	8,8
	8,6	8,0	11	10	11,0	10,6	10,0	16	14,2	16,0	15,2	14,2
	8,4	7,1	11	8,8	11,0	10,3	8,8	16	11	16,0	14,3	11,0
	8,3	6,3	11	8	11,0	10,2	8,0	16	10	16,0	14,0	10,0
	8,3	6,3	11	8	11,0	10,1	8,0	16	10	16,0	13,8	10,0
	10,5	8,8	14,2	11	14,2	13,3	11,0	17,5	16	17,5	16,2	16,0
	10,4	8,0	14,2	10	14,2	13,2	10,0	17,5	14,2	17,5	15,9	14,2
	10,5	7,1	14,2	8,8	14,2	13,1	8,8	17,5	11	17,5	15,6	11,0
	10,6	6,3	14,2	8	14,2	13,1	8,0	17,5	10	17,5	15,5	10,0

Tabelle 2.18 (Fortsetzung)

					5					6		
DN	D	**DN$_1$**	D_1	α_{max}	T	T_1	T_2	T_3	T_4	T	T_1	T_2
125	139,7	100	114,3	10	10	8,8	10,0	9,7	8,8	12,5	11	12,5
		80	88,9	20	10	8	10,0	9,7	8,0	12,5	8,8	12,5
		65	76,1	25	10	7,1	10,0	9,7	7,1	12,5	8	12,5
		50	60,3	30	10	5,6	10,0	9,9	5,6	12,5	7,1	12,5
150	168,3	125	139,7	9	11	10	11,0	10,7	10,0	14,2	12,5	14,2
		100	114,3	19	11	8,8	11,0	10,7	8,8	14,2	11	14,2
		80	88,9	27	11	8	11,0	10,9	8,0	14,2	8,8	14,2
		65	76,1	31	11	7,1	11,0	11,0	7,1	14,2	8	14,2
200	219,1	150	168,3	18	12,5	11	12,5	12,2	11,0	16	14,2	16,0
		125	139,7	27	12,5	10	12,5	12,5	10,0	16	12,5	16,0
		100	114,3	33	12,5	8,8	12,5	12,8	8,8	16	11	16,0
		80	88,9	39	12,5	8	12,5	13,3	8,0	16	8,8	16,0
250	273	200	219,1	16	12,5	12,5	12,5	12,3	12,5	16	16	16,0
		150	168,3	30	12,5	11	12,5	12,8	11,0	16	14,2	16,0
		125	139,7	36	12,5	10	12,5	13,3	10,0	16	12,5	16,0
		100	114,3	40	12,5	8,8	12,5	13,7	8,8	16	11	16,0
300	323,9	250	273	12	12,5	12,5	12,5	12,3	12,5	17,5	16	17,5
		200	219,1	24	12,5	12,5	12,5	12,6	12,5	17,5	16	17,5
		150	168,3	35	12,5	11	12,5	13,4	11,0	17,5	14,2	17,5
		125	139,7	40	12,5	10	12,5	13,9	10,0	17,5	12,5	17,5

	6		7					8				
	T_3	T_4	T	T_1	T_2	T_3	T_4	T	T_1	T_2	T_3	T_4
	12,0	11,0	16	14,2	16,0	15,3	14,2	20	17,5	20,0	18,8	17,5
	11,9	8,8	16	11	16,0	14,9	11,0	20	16	20,0	18,2	16,0
	11,9	8,0	16	10	16,0	14,9	10,0	20	14,2	20,0	18,0	14,2
	12,1	7,1	16	8,8	16,0	14,9	8,8	20	11	20,0	18,0	11,0
	13,7	12,5	17,5	16	17,5	16,8	16,0	22,2	20	22,2	21,1	20,0
	13,6	11,0	17,5	14,2	17,5	16,4	14,2	22,2	17,5	22,2	20,4	17,5
	13,7	8,8	17,5	11	17,5	16,5	11,0	22,2	16	22,2	20,2	16,0
	13,8	8,0	17,5	10	17,5	16,6	10,0	22,2	14,2	22,2	20,2	14,2
	15,4	14,2	17,5	17,5	17,5	16,8	17,5	22,2	22,2	22,2	20,9	22,2
	15,6	12,5	17,5	16	17,5	16,9	16,0	22,2	20	22,2	20,9	20,0
	16,0	11,0	17,5	14,2	17,5	17,3	14,2	22,2	17,5	22,2	21,2	17,5
	16,5	8,8	17,5	11	17,5	17,8	11,0	22,2	16	22,2	21,7	16,0
	15,6	16,0	22,2	17,5	22,2	20,8	17,5	30	22,2	30,0	25,6	22,2
	16,1	14,2	22,2	17,5	22,2	21,6	17,5	30	22,2	30,0	28,1	22,2
	16,6	12,5	22,2	16	22,2	22,1	16,0	30	20	30,0	28,5	20,0
	17,1	11,0	22,2	14,2	22,2	22,6	14,2	30	17,5	30,0	28,9	17,5
	17,1	16,0	25	22,2	25,0	24,1	22,2	32	30	32,0	30,5	30,0
	17,3	16,0	25	17,5	25,0	24,1	17,5	32	22,2	32,0	30,2	22,2
	18,2	14,2	25	17,5	25,0	25,0	17,5	32	22,2	32,0	30,9	22,2
	18,8	12,5	25	16	25,0	25,6	16,0	32	20	32,0	31,5	20,0

Tabelle 2.19 Wanddicke von exzentrischen Reduzierstücken, Typ B – Wanddickenreihen 1...4

					1					2		
DN	D	**DN$_1$**	D_1	α_{max}	T	T_1	T_2	T_3	T_4	T	T_1	T_2
20	26,9	15	21,3	15	–	–	–	–	–	2,3	2	2,3
25	33,7	20	26,9	13	–	–	–	–	–	2,6	2,3	2,6
		15	21,3	24	–	–	–	–	–	2,6	2	2,6
32	42,4	25	33,7	16	–	–	–	–	–	2,6	2,6	2,6
		20	26,9	30	–	–	–	–	–	2,6	2,3	2,6
		15	21,3	42	–	–	–	–	–	2,6	2	2,6
40	48,3	32	42,4	8	–	–	–	–	–	2,6	2,6	2,6
		25	33,7	19	–	–	–	–	–	2,6	2,6	2,6
		20	26,9	28	–	–	–	–	–	2,6	2,3	2,6
50	60,3	40	48,3	13	–	–	–	–	–	2,9	2,6	2,9
		32	42,4	20	–	–	–	–	–	2,9	2,6	2,9
		25	33,7	29	–	–	–	–	–	2,9	2,6	2,9
		20	26,9	36	–	–	–	–	–	2,9	2,3	2,9
65	76,1	50	60,3	15	–	–	–	–	–	2,9	2,9	2,9
		40	48,3	27	–	–	–	–	–	2,9	2,6	2,9
		32	42,4	34	–	–	–	–	–	2,9	2,6	2,9
		25	33,7	42	–	–	–	–	–	2,9	2,6	2,9
80	88,9	65	76,1	13	–	–	–	–	–	3,2	2,9	3,2
		50	60,3	30	–	–	–	–	–	3,2	2,9	3,2
		40	48,3	44	–	–	–	–	–	3,2	2,6	3,2
		32	42,4	50	–	–	–	–	–	3,2	2,6	3,2

(voller Ausnutzungsgrad)

	2		3					4				
	T_3	T_4	T	T_1	T_2	T_3	T_4	T	T_1	T_2	T_3	T_4
	2,2	2,0	2,6	2,6	2,6	2,5	2,6	3,2	3,2	3,2	3,0	3,2
	2,5	2,3	3,2	2,6	3,2	3,1	2,6	4	3,2	4,0	3,8	3,2
	2,6	2,0	3,2	2,6	3,2	3,1	2,6	4	3,2	4,0	3,7	3,2
	2,6	2,6	3,6	3,2	3,6	3,5	3,2	4	4	4,0	3,8	4,0
	2,6	2,3	3,6	2,6	3,6	3,5	2,6	4	3,2	4,0	3,9	3,2
	2,8	2,0	3,6	2,6	3,6	3,7	2,6	4	3,2	4,0	4,1	3,2
	2,6	2,6	3,6	3,6	3,6	3,5	3,6	4	4	4,0	3,9	4,0
	2,6	2,6	3,6	3,2	3,6	3,5	3,2	4	4	4,0	3,9	4,0
	2,7	2,3	3,6	2,6	3,6	3,6	2,6	4	3,2	4,0	3,9	3,2
	2,9	2,6	3,6	3,6	3,6	3,5	3,6	4	4	4,0	3,9	4,0
	2,9	2,6	3,6	3,6	3,6	3,5	3,6	4	4	4,0	3,9	4,0
	3,0	2,6	3,6	3,2	3,6	3,6	3,2	4	4	4,0	4,0	4,0
	3,1	2,3	3,6	2,6	3,6	3,8	2,6	4	3,2	4,0	4,1	3,2
	2,9	2,9	3,6	3,6	3,6	3,6	3,6	5,6	4	5,6	4,8	4,0
	3,0	2,6	3,6	3,6	3,6	3,7	3,6	5,6	4	5,6	5,5	4,0
	3,1	2,6	3,6	3,6	3,6	3,8	3,6	5,6	4	5,6	5,6	4,0
	3,3	2,6	3,6	3,2	3,6	4,0	3,2	5,6	4	5,6	5,9	4,0
	3,2	2,9	4	3,6	4,0	4,0	3,6	5,6	5,6	5,6	5,5	5,6
	3,4	2,9	4	3,6	4,0	4,1	3,6	5,6	4	5,6	5,6	4,0
	3,8	2,6	4	3,6	4,0	4,6	3,6	5,6	4	5,6	6,1	4,0
	4,0	2,6	4	3,6	4,0	4,9	3,6	5,6	4	5,6	6,5	4,0

Tabelle 2.19 (Fortsetzung)

					1					2		
DN	D	**DN$_1$**	D_1	α_{max}	T	T_1	T_2	T_3	T_4	T	T_1	T_2
100	114,3	80	88,9	24	–	–	–	–	–	3,6	3,2	3,6
		65	76,1	37	–	–	–	–	–	3,6	2,9	3,6
		50	60,3	51	–	–	–	–	–	3,6	2,9	3,6
		40	48,3	60	–	–	–	–	–	3,6	2,6	(4,2)
125	139,7	100	114,3	18	–	–	–	–	–	4	3,6	4,0
		80	88,9	35	–	–	–	–	–	4	3,2	4,0
		65	76,1	43	–	–	–	–	–	4	2,9	4,0
		50	60,3	51	–	–	–	–	–	4	2,9	4,0
150	168,3	125	139,7	18	–	–	–	–	–	4,5	4	4,5
		100	114,3	34	–	–	–	–	–	4,5	3,6	4,5
		80	88,9	48	–	–	–	–	–	4,5	3,2	4,5
		65	76,1	52	–	–	–	–	–	4,5	2,9	(4,7)
200	219,1	150	168,3	31	4,5	4	4,5	4,9	(4,2)	6,3	4,5	6,3
		125	139,7	45	–	–	–	–	–	6,3	4	6,3
		100	114,3	55	–	–	–	–	–	6,3	3,6	(6,8)
		80	88,9	60	–	–	–	–	–	6,3	3,2	(7,6)
250	273	200	219,1	28	5	4,5	5,0	5,3	(4,8)	6,3	6,3	6,3
		150	168,3	48	5	4	(5,5)	6,5	(4,7)	6,3	4,5	(6,4)
		125	139,7	55	–	–	–	–	–	6,3	4	(7,4)
		100	114,3	60	–	–	–	–	–	6,3	3,6	(8,2)
300	323,9	250	273	23	5,6	5	5,6	5,8	(5,3)	7,1	6,3	7,1
		200	219,1	44	5,6	4,5	(5,8)	6,9	(5,8)	7,1	6,3	7,1
		150	168,3	55	5,6	4	(7,3)	8,1	(4,4)	7,1	4,5	(8,5)
		125	139,7	60	–	–	–	–	–	7,1	4	(9,4)

2		3					4				
T_3	T_4	T	T_1	T_2	T_3	T_4	T	T_1	T_2	T_3	T_4
3,7	3,2	4,5	4	4,5	4,6	4,0	6,3	5,6	6,3	6,3	5,6
4,0	2,9	4,5	3,6	4,5	4,9	3,6	6,3	5,6	6,3	6,6	5,6
4,7	2,9	4,5	3,6	4,5	5,7	3,6	6,3	4	6,3	7,5	4,0
5,3	2,6	4,5	3,6	(4,9)	6,4	3,6	6,3	4	6,3	8,4	4,0
4,0	3,6	5	4,5	5,0	5,0	4,5	6,3	6,3	6,3	6,2	6,3
4,4	3,2	5	4	5,0	5,4	4,0	6,3	5,6	6,3	6,7	5,6
4,7	2,9	5	3,6	5,0	5,8	3,6	6,3	5,6	6,3	7,1	5,6
5,2	2,9	5	3,6	5,0	6,4	3,6	6,3	4	6,3	7,8	4,0
4,5	4,0	5,6	5	5,6	5,6	5,0	7,1	6,3	7,1	7,0	6,3
4,9	3,6	5,6	4,5	5,6	6,0	4,5	7,1	6,3	7,1	7,5	6,3
5,7	3,2	5,6	4	5,6	6,9	4,0	7,1	5,6	7,1	8,5	5,6
6,0	2,9	5,6	3,6	5,6	7,3	3,6	7,1	5,6	7,1	8,9	5,6
6,2	(5,1)	7,1	5,6	7,1	7,5	(5,9)	8	7,1	8,0	8,4	7,1
7,6	(5,1)	7,1	5	7,1	8,5	(5,6)	8	6,3	8,0	9,4	6,3
8,7	(4,2)	7,1	4,5	(7,4)	9,7	4,5	8	6,3	8,0	10,7	6,3
9,4	3,2	7,1	4	(8,2)	10,4	4,0	8	5,6	(8,8)	11,5	5,6
6,7	6,3	8,8	7,1	8,8	9,1	(7,3)	10	8	10,0	10,3	8,0
8,0	(5,5)	8,8	5,6	8,8	10,9	(6,8)	10	7,1	10,0	12,2	(7,5)
8,9	(4,4)	8,8	5	(9,1)	12,0	(5,4)	10	6,3	10,0	13,4	6,3
9,7	3,6	8,8	4,5	(10,2)	12,9	4,5	10	6,3	(11,0)	14,4	6,3
7,3	6,3	8,8	8,8	8,8	9,0	8,8	10	10	10,0	10,2	10,0
8,7	(6,8)	8,8	7,1	8,8	10,5	(7,9)	10	8	10,0	11,8	(8,6)
10,1	(5,1)	8,8	5,6	(9,7)	12,2	(5,9)	10	7,1	(10,5)	13,7	7,1
11,0	4,0	8,8	5	(10,8)	13,2	5,0	10	6,3	(11,7)	14,8	6,3

Tabelle 2.20 Wanddicke von exzentrischen Reduzierstücken, Typ B – Wanddickenreihen 5...8

					5					6		
DN	D	**DN$_1$**	D_1	α_{max}	T	T_1	T_2	T_3	T_4	T	T_1	T_2
20	26,9	15	21,3	15	4	4	4,0	3,7	4,0	–	–	–
25	33,7	20	26,9	13	4,5	4	4,5	4,2	4,0	5,6	4,5	5,6
		15	21,3	24	4,5	4	4,5	4,1	4,0	–	–	–
32	42,4	25	33,7	16	5	4,5	5,0	4,7	4,5	6,3	5,6	6,3
		20	26,9	30	5	4	5,0	4,7	4,0	6,3	4,5	6,3
		15	21,3	42	5	4	5,0	4,8	4,0	–	–	–
40	48,3	32	42,4	8	5	5	5,0	4,9	5,0	6,3	6,3	6,3
		25	33,7	19	5	4,5	5,0	4,7	4,5	6,3	5,6	6,3
		20	26,9	28	5	4	5,0	4,8	4,0	6,3	4,5	6,3
50	60,3	40	48,3	13	5,6	5	5,6	5,4	5,0	7,1	6,3	7,1
		32	42,4	20	5,6	5	5,6	5,3	5,0	7,1	6,3	7,1
		25	33,7	29	5,6	4,5	5,6	5,4	4,5	7,1	5,6	7,1
		20	26,9	36	5,6	4	5,6	5,5	4,0	7,1	4,5	7,1
65	76,1	50	60,3	15	7,1	5,6	7,1	6,7	5,6	8	7,1	8,0
		40	48,3	27	7,1	5	7,1	6,8	5,0	8	6,3	8,0
		32	42,4	34	7,1	5	7,1	6,9	5,0	8	6,3	8,0
		25	33,7	42	7,1	4,5	7,1	7,2	4,5	8	5,6	8,0
80	88,9	65	76,1	13	8	7,1	8,0	7,7	7,1	8,8	8	8,8
		50	60,3	30	8	5,6	8,0	7,7	5,6	8,8	7,1	8,8
		40	48,3	44	8	5	8,0	8,2	5,0	8,8	6,3	8,8
		32	42,4	50	8	5	8,0	8,6	5,0	8,8	6,3	8,8

(voller Ausnutzungsgrad)

6		7					8				
T_3	T_4	T	T_1	T_2	T_3	T_4	T	T_1	T_2	T_3	T_4
–	–	5,6	5	5,6	5,0	5,0	8	7,1	8,0	6,5	7,1
5,2	4,5	6,3	5,6	6,3	5,7	5,6	8,8	8	8,8	7,6	8,0
–	–	6,3	5	6,3	5,5	5,0	8,8	7,1	8,8	6,9	7,1
5,8	5,6	8	6,3	8,0	7,1	6,3	10	8,8	10,0	8,6	8,8
5,6	4,5	8	5,6	8,0	6,8	5,6	10	8	10,0	7,8	8,0
–	–	8	5	8,0	6,6	5,0	10	7,1	10,0	7,4	7,1
6,1	6,3	8	8	8,0	7,6	8,0	10	10	10,0	9,3	10,0
5,8	5,6	8	6,3	8,0	7,2	6,3	10	8,8	10,0	8,6	8,8
5,8	4,5	8	5,6	8,0	7,0	5,6	10	8	10,0	8,3	8,0
6,7	6,3	8,8	8	8,8	8,2	8,0	11	10	11,0	10,0	10,0
6,6	6,3	8,8	8	8,8	8,0	8,0	11	10	11,0	9,7	10,0
6,6	5,6	8,8	6,3	8,8	7,9	6,3	11	8,8	11,0	9,4	8,8
6,7	4,5	8,8	5,6	8,8	7,9	5,6	11	8	11,0	9,3	8,0
7,6	7,1	10	8,8	10,0	9,3	8,8	14,2	11	14,2	12,4	11,0
7,5	6,3	10	8	10,0	9,1	8,0	14,2	10	14,2	12,1	10,0
7,7	6,3	10	8	10,0	9,2	8,0	14,2	10	14,2	11,9	10,0
7,9	5,6	10	6,3	10,0	9,3	6,3	14,2	8,8	14,2	11,8	8,8
8,4	8,0	11	10	11,0	10,4	10,0	16	14,2	16,0	14,6	14,2
8,4	7,1	11	8,8	11,0	10,2	8,8	16	11	16,0	13,7	11,0
8,9	6,3	11	8	11,0	10,5	8,0	16	10	16,0	13,4	10,0
9,2	6,3	11	8	11,0	10,8	8,0	16	10	16,0	13,4	10,0

Tabelle 2.20 (Fortsetzung)

					5					6		
DN	D	**DN$_1$**	D_1	α_{max}	T	T_1	T_2	T_3	T_4	T	T_1	T_2
100	114,3	80	88,9	24	8,8	8	8,8	8,5	8,0	11	8,8	11,0
		65	76,1	37	8,8	7,1	8,8	8,9	7,1	11	8	11,0
		50	60,3	51	8,8	5,6	8,8	9,8	5,6	11	7,1	11,0
		40	48,3	60	8,8	5	8,8	10,8	5,0	11	6,3	11,0
125	139,7	100	114,3	18	10	8,8	10,0	9,7	8,8	12,5	11	12,5
		80	88,9	35	10	8	10,0	10,1	8,0	12,5	8,8	12,5
		65	76,1	43	10	7,1	10,0	10,6	7,1	12,5	8	12,5
		50	60,3	51	10	5,6	10,0	11,4	5,6	12,5	7,1	12,5
150	168,3	125	139,7	18	11	10	11,0	10,7	10,0	14,2	12,5	14,2
		100	114,3	34	11	8,8	11,0	11,2	8,8	14,2	11	14,2
		80	88,9	48	11	8	11,0	12,3	8,0	14,2	8,8	14,2
		65	76,1	52	11	7,1	11,0	12,8	7,1	14,2	8	14,2
200	219,1	150	168,3	31	12,5	11	12,5	12,7	11,0	16	14,2	16,0
		125	139,7	45	12,5	10	12,5	13,9	10,0	16	12,5	16,0
		100	114,3	55	12,5	8,8	12,5	15,5	8,8	16	11	16,0
		80	88,9	60	12,5	8	12,5	16,5	8,0	16	8,8	16,0
250	273	200	219,1	28	12,5	12,5	12,5	12,7	12,5	16	16	16,0
		150	168,3	48	12,5	11	12,5	14,8	11,0	16	14,2	16,0
		125	139,7	55	12,5	10	12,5	16,1	10,0	16	12,5	16,0
		100	114,3	60	12,5	8,8	(12,7)	17,3	8,8	16	11	16,0
300	323,9	250	273	23	12,5	12,5	12,5	12,6	12,5	17,5	16	17,5
		200	219,1	44	12,5	12,5	12,5	14,5	12,5	17,5	16	17,5
		150	168,3	55	12,5	11	12,5	16,6	11,0	17,5	14,2	17,5
		125	139,7	60	12,5	10	(13,5)	17,8	10,0	17,5	12,5	17,5

	6		7					8				
	T_3	T_4	T	T_1	T_2	T_3	T_4	T	T_1	T_2	T_3	T_4
	10,4	8,8	14,2	11	14,2	13,0	11,0	17,5	16	17,5	15,6	16,0
	10,8	8,0	14,2	10	14,2	13,2	10,0	17,5	14,2	17,5	15,6	14,2
	11,7	7,1	14,2	8,8	14,2	13,9	8,8	17,5	11	17,5	15,8	11,0
	12,5	6,3	14,2	8	14,2	14,5	8,0	17,5	10	17,5	16,0	10,0
	11,9	11,0	16	14,2	16,0	14,9	14,2	20	17,5	20,0	18,3	17,5
	12,3	8,8	16	11	16,0	15,1	11,0	20	16	20,0	18,0	16,0
	12,8	8,0	16	10	16,0	15,5	10,0	20	14,2	20,0	18,2	14,2
	13,5	7,1	16	8,8	16,0	16,1	8,8	20	11	20,0	18,6	11,0
	13,6	12,5	17,5	16	17,5	16,5	16,0	22,2	20	22,2	20,4	20,0
	14,0	11,0	17,5	14,2	17,5	16,7	14,2	22,2	17,5	22,2	20,3	17,5
	15,2	8,8	17,5	11	17,5	17,8	11,0	22,2	16	22,2	21,0	16,0
	15,7	8,0	17,5	10	17,5	18,2	10,0	22,2	14,2	22,2	21,4	14,2
	15,8	14,2	17,5	17,5	17,5	17,1	17,5	22,2	22,2	22,2	21,1	22,2
	17,2	12,5	17,5	16	17,5	18,5	16,0	22,2	20	22,2	22,3	20,0
	18,8	11,0	17,5	14,2	17,5	20,1	14,2	22,2	17,5	22,2	23,8	17,5
	19,8	8,8	17,5	11	17,5	21,1	11,0	22,2	16	22,2	24,7	16,0
	16,0	16,0	22,2	17,5	22,2	21,1	17,5	30	22,2	30,0	25,6	22,2
	18,3	14,2	22,2	17,5	22,2	23,9	17,5	30	22,2	30,0	30,0	22,2
	19,7	12,5	22,2	16	22,2	25,4	16,0	30	20	30,0	31,3	20,0
	21,0	11,0	22,2	14,2	22,2	26,6	14,2	30	17,5	30,0	32,3	17,5
	17,3	16,0	25	22,2	25,0	24,1	22,2	32	30	32,0	30,1	30,0
	19,5	16,0	25	17,5	25,0	26,3	17,5	32	22,2	32,0	32,1	22,2
	21,9	14,2	25	17,5	25,0	28,9	17,5	32	22,2	32,0	34,6	22,2
	23,4	12,5	25	16	25,0	30,5	16,0	32	20	32,0	35,9	20,0

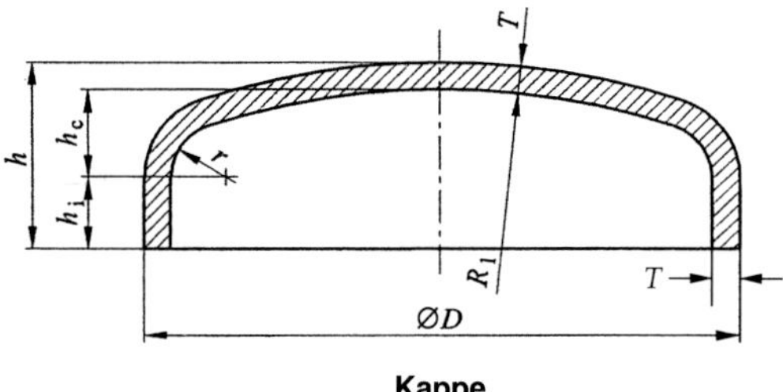

Kappe

Legende

R_1 ungefähr gleich 0,8 D

r ungefähr gleich 0,15 D

Tabelle 2.21 Maße von Kappen nach DIN EN 10 253-2: 2008-09

DN	*D*	*h*
15	21,3	25
20	26,9	25
25	33,7	25
32	42,4	38
40	48,3	38
50	60,3	38
65	76,1	38
80	88,9	51
	101,6	64
100	114,3	64
124	139,7	76
150	168,3	89
200	219,1	102
250	273,1	127
300	323,9	152
350	355,6	165
400	406,4	178
450	457	203
500	508	229
550	559	254
600	610	267
650	660	267
700	711	267 für $T \le 25$
		290
750	762	267 für $T \le 20$
		310
800	813	267 für $T \le 17,5$
		330
850	864	267 für $T \le 14$
		350
900	914	267 für $T \le 10$
		370
1000	1016	305 für $T \le 14,2$
		420
1050	1067	305 für $T \le 13$
		405
1100	1118	343 für $T \le 12$
		390
1150	1166	343 für $T \le 11$
		375
1200	1219	343 für $T \le 10$
		360

Tabelle 2.22 Ausnutzungsgrade für Kappen, Typ A (verminderter Ausnutzungsgrad)

		1		2		3		4		5		6		7		8	
DN	*D*	*T*	*X*	*T*	*X*	*T*	*X*	*T*	*X*	*T*	*X*	*T*	*X*	*T*	*X*	*T*	*X*
15	21,3		–	2	–	2,6	–	3,2	–	4	–		–	5	–	7,1	–
20	26,9		–	2,3	–	2,6	–	3,2	–	4	–	4,5	–	5,6	–	8	–
25	33,7		–	2,6	–	3,2	–	4	–	4,5	–	5,6	–	6,3	–	8,8	–
32	42,4		–	2,6	–	3,6	–	4	–	5	–	6,3	–	8	–	10	–
40	48,3		–	2,6	100	3,6	–	4	–	5	–	6,3	–	8	–	10	–
50	60,3		–	2,9	100	3,6	–	4	–	5,6	–	7,1	–	8,8	–	11	–
65	76,1		–	2,9	100	3,6	100	5,6	–	7,1	–	8	–	10	–	14,2	–
80	88,9		–	3,2	100	4	100	5,6	–	8	–	8,8	–	11	–	16	–
100	114,3		–	3,6	100	4,5	100	6,3	100	8,8	–	11	–	14,2	–	17,5	–
125	139,7		–	4	100	5	100	6,3	100	10	–	12,5	–	16	–	20	–
150	168,3	4	100	4,5	100	5,6	100	7,1	100	11	–	14,2	–	17,5	–	22,2	–
200	219,1	4,5	100	6,3	100	7,1	100	8	100	12,5	100	16	–	17,5	–	22,2	–
250	273	5	100	6,3	100	8,8	100	10	100	12,5	100	16	–	22,2	–	30	–
300	323,9	5,6	100	7,1	100	8,8	100	10	100	12,5	100	17,5	100	25	–	32	–
350	355,6	5,6	100	8	100	10	100	12,5	100	16	100	20	100	28	–	36	–
400	406,4	6,3	100	8,8	100	10	100	12,5	100	17,5	100	22,2	100	30	–	40	–
450	457	6,3	100	10	100	11	100	12,5	100	17,5	100	22,2	100	32	–	45	–
500	508	6,3	100	10	100	11	100	12,5	100	17,5	100	25	100	36	–	50	–
600	610	6,3	98	10	100	12,5	100	17,5	100	25	100	30	100	45	–	60	–
700	711	7,1	97	10	100	12,5	100	25	100	–	–	–	–	–	–	–	–
800	813	8	97	10	100	12,5	100	25	100	–	–	–	–	–	–	–	–
900	914	10	99	12,5	100	20	100	25	100	–	–	–	–	–	–	–	–
1000	1016	10	97	12,5	100	20	100	25	100	–	–	–	–	–	–	–	–
1200	1219	10	94	12,5	98	20	100	25	100	–	–	–	–	–	–	–	–

Für einige Maße sind keine Ausnutzungsgrade angegeben. In diesen Fällen liegen die Maße der Kappe nicht im Geltungsbereich der in Anhang A enthaltenen Berechnungsverfahren; die Anwendbarkeit muss in jedem Einzelfall überprüft werden.

Tabelle 2.23 Wanddicke von Kappen, Typ B (voller Ausnutzungsgrad)

		1		2		3		4		5		6		7		8	
DN	D	T	T_c	T	T_c	T	T_c	T	T_c	T	T_c	T	T_c	T	T_c	T	T_c
15	21,3	–	–	2	–	2,6	–	3,2	–	4	–	–	–	5	–	7,1	–
20	26,9	–	–	2,3	–	2,6	–	3,2	–	4	–	4,5	–	5,6	–	8	–
25	33,7	–	–	2,6	–	3,2	–	4	–	4,5	–	5,6	–	6,3	–	8,8	–
32	42,4	–	–	2,6	–	3,6	–	4	–	5	–	6,3	–	8	–	10	–
40	48,3	–	–	2,6	2,6	3,6	–	4	–	5	–	6,3	–	8	–	10	–
50	60,3	–	–	2,9	2,9	3,6	–	4	–	5,6	–	7,1	–	8,8	–	11	–
65	76,1	–	–	2,9	2,9	3,6	3,6	5,6	–	7,1	–	8	–	10	–	14,2	–
80	88,9	–	–	3,2	3,2	4	4,0	5,6	–	8	–	8,8	–	11	–	16	–
100	114,3	–	–	3,6	3,6	4,5	4,5	6,3	6,3	8,8	–	11	–	14,2	–	17,5	–
125	139,7	–	–	4	4,0	5	5,0	6,3	6,3	10	–	12,5	–	16	–	20	–
150	168,3	4	4,0	4,5	4,5	5,6	5,6	7,1	7,1	11	–	14,2	–	17,5	–	22,2	–
200	219,1	4,5	4,5	6,3	6,3	7,1	7,1	8	8,0	12,5	12,5	16	–	17,5	–	22,2	–
250	273	5	5,0	6,3	6,3	8,8	8,8	10	10,0	12,5	12,5	16	–	22,2	–	30	–
300	323,9	5,6	5,6	7,1	7,1	8,8	8,8	10	10,0	12,5	12,5	17,5	17,5	25	–	32	–
350	355,6	5,6	5,6	8	8,0	10	10,0	12,5	12,5	16	16,0	20	20,0	28	–	36	–
400	406,4	6,3	6,3	8,8	8,8	10	10,0	12,5	12,5	17,5	17,5	22,2	22,2	30	–	40	–
450	457	6,3	6,3	10	10,0	11	11,0	12,5	12,5	17,5	17,5	22,2	22,2	32	–	45	–
500	508	6,3	6,3	10	10,0	11	11,0	12,5	12,5	17,5	17,5	25	25,0	36	–	50	–
600	610	6,3	6,4	10	10,0	12,5	12,5	17,5	17,5	25	25,0	30	30,0	45	–	60	–
700	711	7,1	7,3	10	10,0	12,5	12,5	25	25,0	–	–	–	–	–	–	–	–
800	813	8	8,2	10	10,0	12,5	12,5	25	25,0	–	–	–	–	–	–	–	–
900	914	10	10,1	12,5	12,5	20	20,0	25	25,0	–	–	–	–	–	–	–	–
1000	1016	10	10,3	12,5	12,5	20	20,0	25	25,0	–	–	–	–	–	–	–	–
1200	1219	10	10,5	12,5	12,8	20	20,0	25	25,0	–	–	–	–	–	–	–	–

2.5 PN-Kenngrößensystem (Nenndruck)

PN ist eine Kenngröße für Referenzzwecke, bezogen auf eine Kombination von mechanischen und maßlichen Eigenschaften eines Bauteils eines Rohrleitungssystems.

Der maximal zulässige Druck eines Rohrleitungsteiles hängt von der PN-Stufe, dem Werkstoff und der Auslegung des Bauteils, der zulässigen Temperatur usw. ab.

Die entsprechenden Bauteilnormen enthalten Tabellen der Druck-Temperatur-Zuordnungen.

Der Nenndruck von Rohrleitungen und Rohrleitungsteilen (Rohre, Flansche, Formstücke, Armaturen und ähnliche Teile) ist das Kennzeichen für eine Druckstufe, in der Teile gleichartiger Ausführung und gleicher Anschlussmaße zusammengefasst sind. Bei innen- und außendruckbeanspruchten Bauteilen besteht eine gegenseitige Abhängigkeit von Druck und Temperatur, bedingt durch Werkstoff und Berechnungsgrundlagen.

Für die max. Temperatur ist die Festigkeit des Werkstoffes maßgebend und für die minimale Temperatur das Zähigkeitsverhalten (s. Bild 2.8). In Bild 2.9 ist der Einfluss der Kerbschlagzähigkeit auf den Berstdruck eines Behälters zu ersehen. Die Druckstufen sind nach Normzahlen gestuft und in Tabelle 2.23a aufgeführt.

Tabelle 2.23a Nenndruckstufen nach DIN EN 1333

Auswahl der PN-Stufen:
PN 2,5
PN 6
PN 10
PN 16
PN 25
PN 40
PN 63
PN 100
PN 160
PN 250
PN 320
PN 400

2.5.1 Begriffe (s. a. Bild 2.10)

Nenndruck
Der Zahlenwert eines Nenndruckes (**Kurzzeichen PN**) ist eine gebräuchliche, gerundete, auf den Druck bezogene Kennzahl.

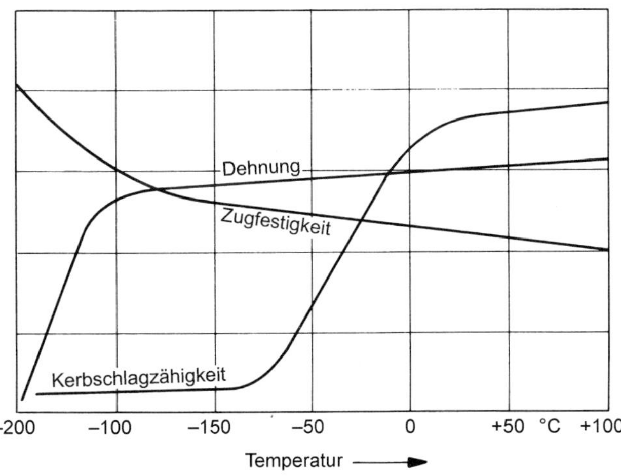

Bild 2.8
Verlauf von Zugfestigkeit, Bruchdehnung und Kerbschlagzähigkeit mit der Temperatur für einen kohlenstoffarmen ferritischen Stahl (schematisch)

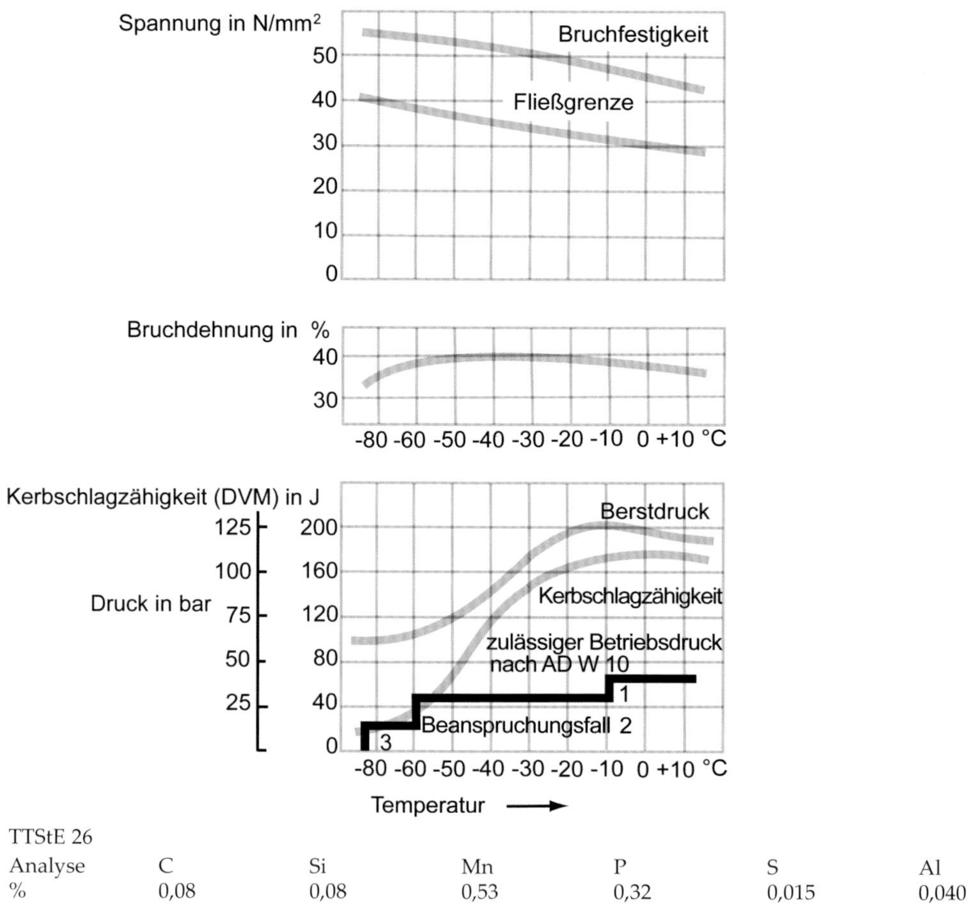

TTStE 26

Analyse	C	Si	Mn	P	S	Al
%	0,08	0,08	0,53	0,32	0,015	0,040

Bild 2.9 Auswertung der Versuche an einem Druckbehälter Ø 1000 mm

Zulässiger Betriebsüberdruck $p_{e,\,zul}$ (p_B)

Der zulässige anwendbare Druck ist der maximal mögliche innere Überdruck in einem Rohrleitungsteil unter Beachtung aller denkbaren Betriebszustände einschließlich des Druckstoßes. Er wird beeinflusst durch die temperaturabhängigen Festigkeitskennwerte der Werkstoffe. Dieser Druck ist in die Berechnungsformeln einzusetzen.

Höchster Arbeitsdruck $p_{A\,max}$

Der maximale Betriebsüberdruck ist der höchste Druck, der in einer Anlage unter den Bedingungen, für die die Anlage ausgelegt ist, auftreten kann.

Arbeitsdruck p_0

Der Arbeitsdruck ist der für den Ablauf eines Verfahrensschrittes erforderliche Druck.

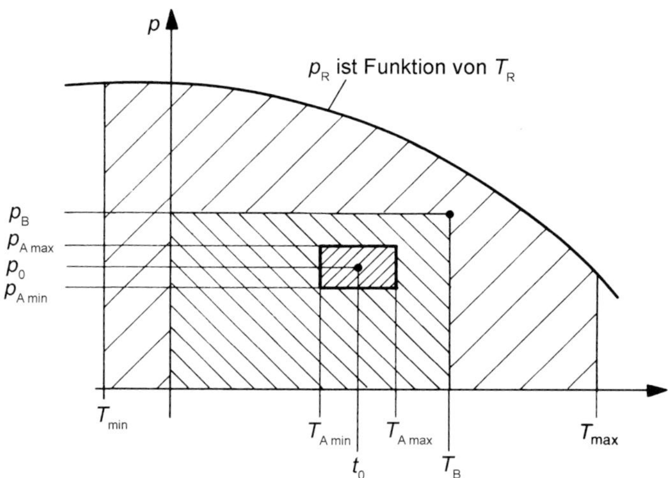

Bild 2.10 Druck-Temperatur-Zusammenhänge nach DIN EN 764 (11.94). Das schraffierte Feld stellt den Arbeitsbereich des Mediums dar. Dieser wird eingegrenzt durch den höchsten und niedrigsten Arbeitsdruck ($p_{A\,max}$ und $p_{A\,min}$) sowie der höchsten und tiefsten Arbeitstemperatur ($T_{A\,max}$ und $T_{A\,min}$).
Der Arbeitsbereich darf nicht außerhalb der Grenzkurve des Ratingdruckes (p_T) und der höchsten und tiefsten anwendbaren Temperaturen (T_{max} und T_{min}) liegen.
Bei Überwachungspflichtigen Anlagen gilt zusätzlich, dass der Arbeitsbereich nicht außerhalb der Grenzen des zulässigen Betriebsüberdruckes (p_B) und der zulässigen Betriebstemperatur (T_B) liegt.
In Sonderfällen kann auch ein 2. Wertepaar aus zulässigem Betriebsüberdruck und zulässiger Betriebstemperatur die Untergrenzen für die Zulassung (Vakuum bzw. tief kalte Temperatur) bestimmen (nicht im Schaubild enthalten).

2.6 Rohrleitungsverbindungen

Zur Verbindung von Einzelrohren (Herstellungslängen üblicherweise ca. 6 m) zu einer Rohrleitung sind viele Ausführungen in Gebrauch, wobei man zwischen lösbaren und nicht lösbaren Verbindungen unterscheidet. Grundsätzlich wird an eine Verbindung die Forderung der Dichtheit und festigkeitsmäßigen Gleichwertigkeit gegenüber dem Grundrohr gestellt.

2.6.1 Flanschverbindungen

Die Flanschverbindung ist eine lösbare Rohrverbindung, die durch Schraubenkräfte zusammengehalten wird. Zwischen den Flanschen befindet sich eine Dichtung.

Allgemein gilt für den Einsatz von Flanschverbindungen, dass diese durch die vordringende Schweißtechnik nicht mehr als eigentliche Rohrleitungsverbindung, sondern nur noch vorwiegend für Einbauanlagenteile, wie Armaturen, Pumpen, sonstige Rohrleitungsorgane, Sammler sowie an den Endstellen einer Rohrleitung, Verwendung haben. Jedoch wird auch hier immer mehr versucht, die Schweißverbindung anzuwenden, da Flanschverbindungen bei ungenügender Wartung die Ursache von Leckagen sind.

2.6.2 Flansche

Die den Flanschen zugrunde liegenden Maßnormen sind unabhängig von der Bauart der Flansche auf einheitlichen Anschlussmaßen aufgebaut. Flansche gleicher Nennweite und gleichen Nenndruckes können unabhängig von ihrer Bauart miteinander verbunden und gegeneinander ausgetauscht werden.

> **!** Jeder Flansch erhält eine durch 4 teilbare Anzahl von Schraubenlöchern, die so anzuordnen sind, dass sie symmetrisch zu den beiden Hauptachsen liegen und dass in diese Achsen keine Bohrungen fallen.

2.6.2.1 Grundregeln für die Berechnung der Flanschverbindung

Die Berechnung der Flanschverbindung n. DIN EN 1092-1 und die Bestimmung der Druck-Temperatur-Zuordnungen erfolgten mit nachfolgenden Annahmen:

- ❑ Äußere Lasten als Rohrzugkraft F_R wurden berücksichtigt bei Flanschen Typ 01, Typ 11, Typ 04 mit Typ 34:

  $$F_{R1} = \frac{15 \cdot \pi \cdot (A \cdot S - S^2)}{1000} \text{ (kN)},$$

  mit: A, S in (mm)

  $$F_{R2} = \text{min. (DN; } 10 \cdot \sqrt{\text{DN}}) \quad \text{(kN)}$$

  $$F_R = \text{max. } (F_{R1}; F_{R2})$$

- ❑ Flansche Typ 11, Typ 04 mit Typ 34, Typ 05
  - Korrosionszuschlag (Innenfläche):
    1 mm für unlegierten Stahl,
    0 mm für nichtrostenden Stahl
  - Berechnungsnennspannung:
    bei Betrieb 140 N/mm² (N/mm² = MPa)
    bei Einbau und Prüfung
    200 N/mm²; $p_{Test} = 1{,}43 \cdot PN$

  Diese Werte liegen nahe an den Werten des Werkstoffes P 245 GH und 1.4404.

Der maximal zulässige Druck bei Auslegungstemperatur ist abhängig von der Berechnungsnennspannung bei Auslegungstemperatur (f_t), bezogen auf 140 MPa, und muss folgendem Wert entsprechen:

$$PS = PN \cdot \frac{f_t}{140 \text{ MPa}}$$

Gültig für zeitunabhängige Berechnungsnennspannung.

E-Modul:
212 000 MPa für unlegierten Stahl
200 000 MPa für austenitischen Stahl

mittlerer Wärmeausdehnungskoeffizient:
$\alpha = 11{,}9 \cdot 10^{-6}$ (1/K) für unlegierte Stähle
$\alpha = 15{,}3 \cdot 10^{-6}$ (1/K) für austenitische Stähle

- ❑ Rohre
  - Maßreihen für das Rohr: EN 10216-2, EN 10216-5 und EN 10217-7.
  - Berechnungsnennspannung und Materialwerte wie bei Flanschen.

- ❑ Verschraubung
  Sechskantschraube mit Schaft nach DIN EN 4014 mit einer Mutter, glatt und einem Reibungsbeiwert von $\mu = 0{,}2$ (geschmiert).

  Schraubenwerkstoff:
  ≤ M39, Berechnungsspannung bei Betrieb 200 MPa (entspricht etwa 5.6)
  > M39, 250 MPa
  (entspricht etwa 25 Cr Mo 4)
  - Anziehen der Schrauben bis M20, über M20 mit Drehmomentschlüssel
  - zulässige Flanschblattneigung: 1°
  - Festigkeitskategorie der Schrauben nach DIN EN 1515-2: Normale Festigkeit
  - Mindest-Vorspannkraft der Schrauben: Mindest-Auslastungsgrad 0,3 (siehe DIN EN 1591-1, Abschn. 6)
  - Anzahl der Ein- und Ausbauvorgänge innerhalb der Lebensdauer: 20

- ❑ Dichtung
  – Bis einschließlich PN 63: Flachdichtung aus nicht metallischem Werkstoff.
  – Bei höheren PN: Spiraldichtung

Dichtung:	Flachdichtung	Spiraldichtung
Maße	DIN EN 1514-1	DIN EN 1514-2
Dicke	≤ DN 300: = 2 mm > DN 300: = 3 mm	4,5 mm
Q_{max}:	100 MPa	300 MPa
Q_{min}:	25 MPa	50 MPa
E_o	8000 MPa	10 000 MPa

2.6.2.2 Maße

❑ Flanschtypen		siehe Bild 2.11
❑ Maßbezeichnungen für Flansche		siehe Bild 2.12
❑ Maße für Flansche	PN 2,5	siehe Tabelle 2.24
❑ Maße für Flansche	PN 6	siehe Tabelle 2.25
❑ Maße für Flansche	PN 10	siehe Tabelle 2.26
❑ Maße für Flansche	PN 16	siehe Tabelle 2.27
❑ Maße für Flansche	PN 25	siehe Tabelle 2.28
❑ Maße für Flansche	PN 40	siehe Tabelle 2.29
❑ Flanschdichtflächen für	PN 2,5...PN 40	siehe Tabelle 2,30
❑ Wanddicke für Typ 11 (Anschluss)		siehe Tabelle 2.31
❑ Zulässige Formen von Abschrägungen bei ungleichen Wanddicken (Anschlüsse)		siehe Bild 2.13

2.6.2.3 Dichtflächen

Formen von Dichtflächen sind im Bild zu Tabelle 2.27 angegeben.

Oberflächenbeschaffenheit der Dichtflächen
Alle Dichtflächen der Flansche und Bunde bzw. Bördel (ausgenommen die Typen 33, 36 und 37) müssen maschinell bearbeitet sein und eine Oberflächenbeschaffenheit haben, die bei einem Vergleich mit Referenzprüflingen durch Besichtigen oder Tasten den in Tabelle 2.30 angegebenen Werten entsprechen.

Anmerkung:
Es ist nicht beabsichtigt, auf den Dichtflächen selbst Messungen mit Instrumenten durchzuführen; die R_a- und R_z-Werte, wie in EN ISO 4287 festgelegt, beziehen sich auf die Referenzprüflinge.

Bei Flanschen, Bunden bzw. Bördeln (ausgenommen die Typen 33, 36 und 37) mit Dichtflächenformen A, B1, E und F ist das Drehen mit einem Werkzeug auszuführen, das einen Schnittkantenradius nach Tabelle 2 aufweist.

Bei Flanschen Typ 05 bis PN 40 und Bunden bzw. Bördeln (ausgenommen die Typen 33, 36 und 37) wird die Dichtflächenform A, bei anderen Flanschen die Dichtflächenform B1 verwendet, außer zwischen Besteller und Flanschhersteller wird die Dichtflächenform B2 vereinbart.

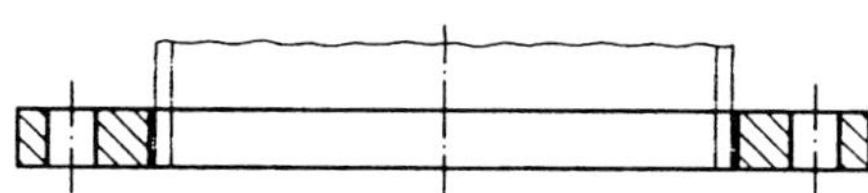

Typ 01
glatter Flansch zum Schweißen

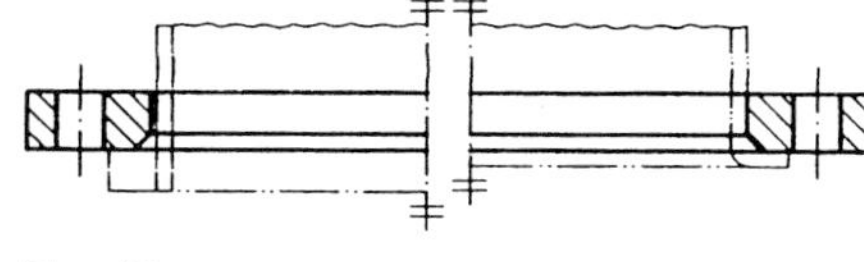

Typ 02
Loser Flansch für glatten Bund (siehe Typ 32)
oder für Vorschweißbördel (siehe Typ 33)

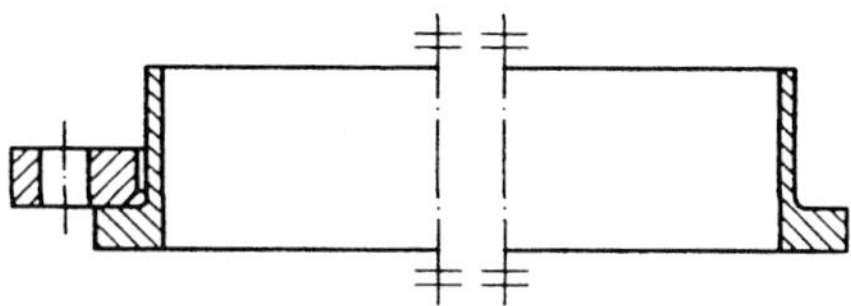

Typ 02
Loser Flansch für Vorschweißring (siehe Typ 35)

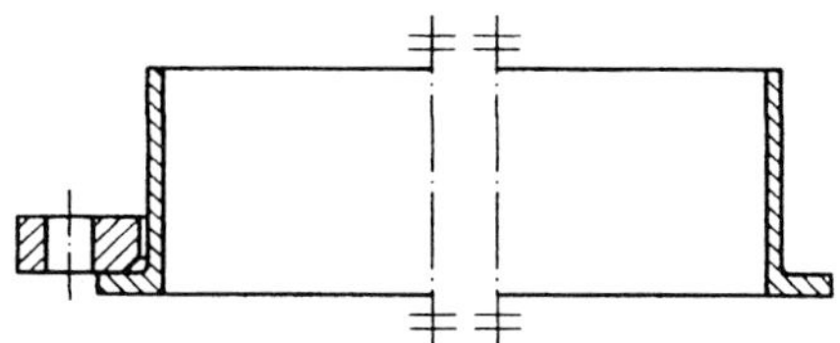

Typ 02
Loser Flansch für Pressbördel mit langem Ansatz (siehe Typ 36)

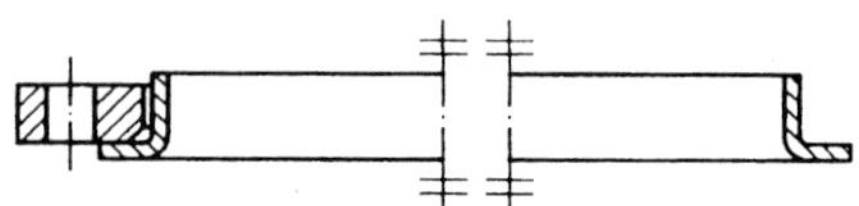

Typ 02
Loser Flansch für Vorschweißring (siehe Typ 37)

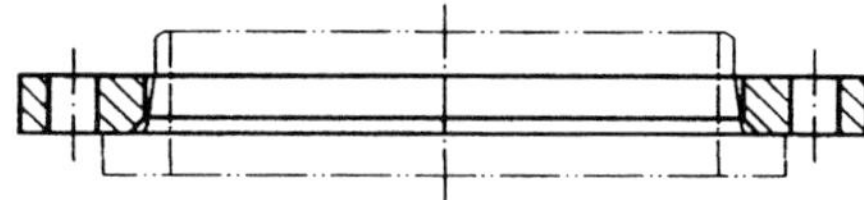

Typ 04
Loser Flansch für Vorschweißbund (siehe Typ 34)

Typ 05
Blindflansch

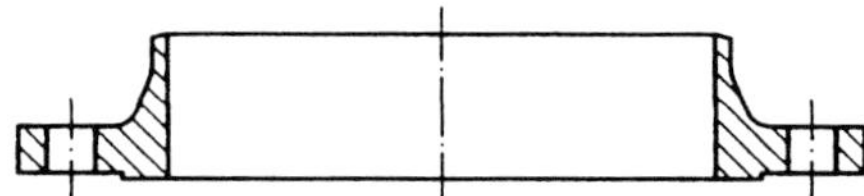

Typ 11
Vorschweißflansch

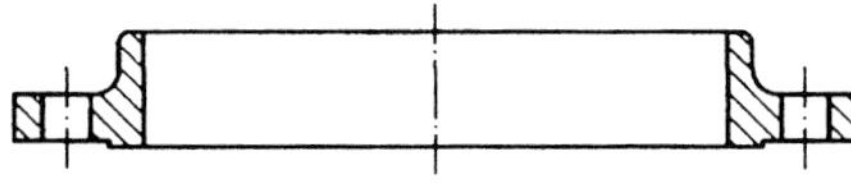

Typ 12
Überschieb-Schweißflansch mit Ansatz

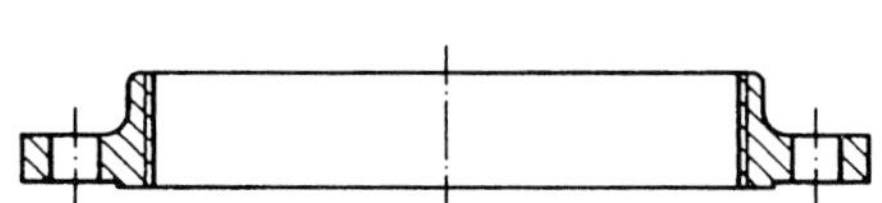

Typ 13
Gewindeflansch mit Ansatz

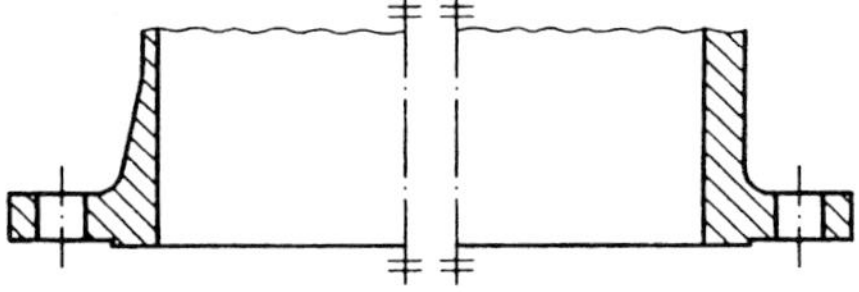

Typ 21
Integralflansch

Bild 2.11 Flanschtypen nach DIN EN 1092-1: 2008-09

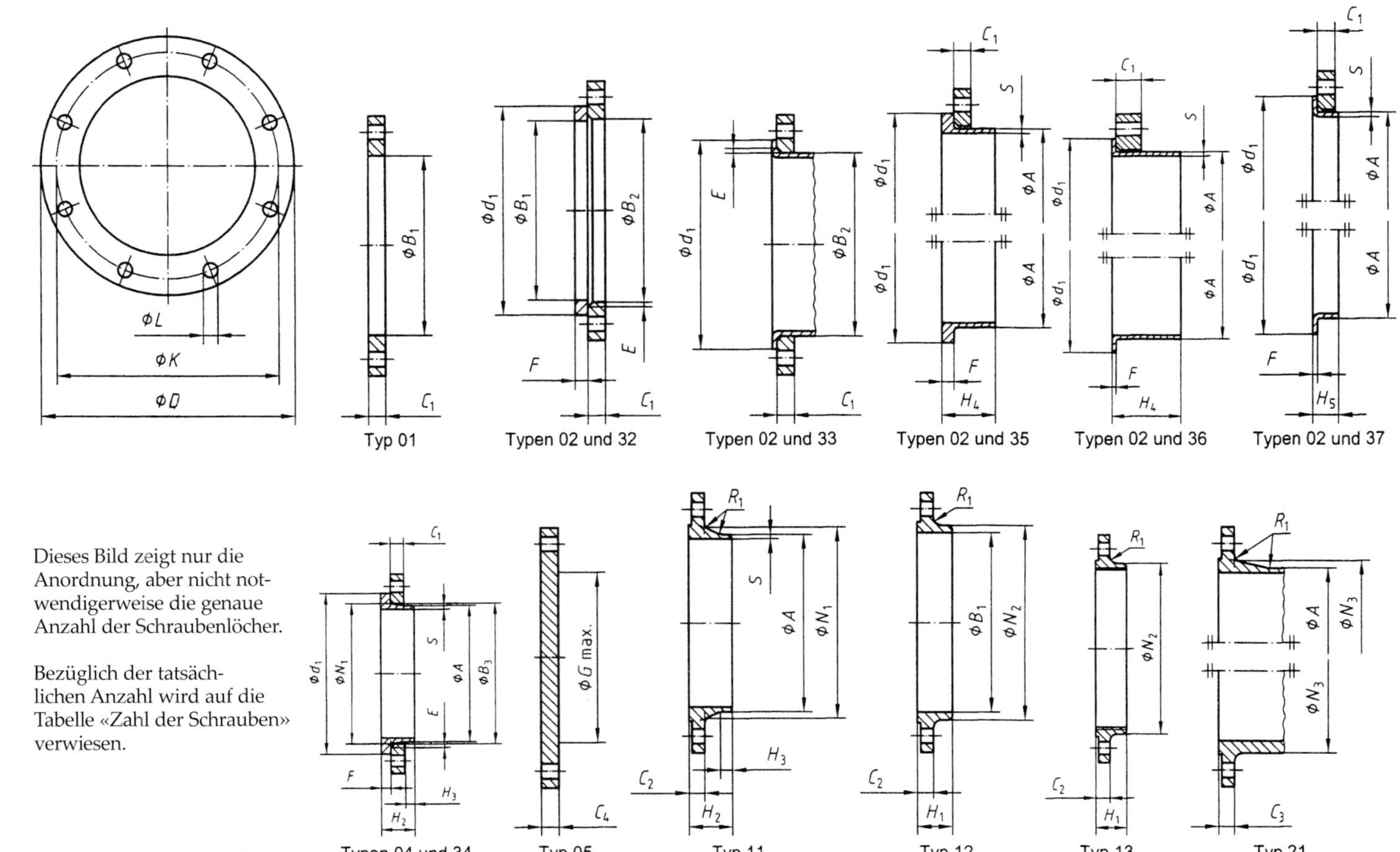

Bild 2.12 Maßbezeichnungen für Flansche DIN EN 1092-1: 2008-09 (D)

Tabelle 2.24 Maße für Flansche PN 2,5

DN	Anschlussmaße					Außen-durch-messer des Ansatzes	Bohrungs-durch-messer		Flanschdicke			
	Außen-durch-messer	Loch-kreis-durch-messer	Loch-durch-messer	Schrauben								
	D	K	L	Anzahl	Größe	A	B_1	B_2	C_1	C_2	C_3	C_4
	Flanschtyp											
	01, 02, 05, 11, 21					**11 21 35–37**	**01 32**	**02**	**01 02**	**11 21**		**05**
10	75	50	11	4	M10	17,2	18,0	21	12	12		12
15	80	55	11	4	M10	21,3	22,0	25	12	12		12
20	90	65	11	4	M10	26,9	27,5	31	14	14		14
25	100	75	11	4	M10	33,7	34,5	38	14	14		14
32	120	90	14	4	M12	42,4	43,5	46	16	14		14
40	130	100	14	4	M12	48,3	49,5	53	16	14		14
50	140	110	14	4	M12	60,3	61,5	65	16	14		14
65	160	130	14	4	M12	76,1	77,5	81	16	14		14
80	190	150	18	4	M16	88,9	90,5	94	18	16		16
100	210	170	18	4	M16	114,3	116,0	120	18	16		16
125	240	200	18	8	M16	139,7	141,5	145	20	18		18
150	265	225	18	8	M16	168,3	170,5	174	20	18		18
200	320	280	18	8	M16	219,1	221,5	226	22	20		20
250	375	335	18	12	M16	273,0	276,5	281	24	22		22
300	440	395	22	12	M20	323,9	327,5	333	24	22		22
350	490	445	22	12	M20	355,6	359,5	365	26	22		22
400	540	495	22	16	M20	406,4	411,0	416	28	22		22
450	595	550	22	16	M20	457,0	462,0	467	30	22		24
500	645	600	22	20	M20	508,0	513,5	519	30	24		24
600	755	705	26	20	M24	610,0	616,5	622	32	30		30
700	860	810	26	24	M24	711,0	a	721	40	30		40
800	975	920	30	24	M27	813,0		824	44	30		44
900	1075	1020	30	24	M27	914,0		926	48	30		48
1000	1175	1120	30	28	M27	1016,0		1028	52	30		52
1200	1375	1320	30	32	M27	1219		1234	60	32		50

Maße in mm

Bund- bzw. Bördeldicke				Durchmesser der Wölbung	Längen					Ansatz-durchmesser		Eckenradius	Wanddicke (siehe 5.6.1 der Norm)
F				G_{max}	H_2	H_3	H_4		H_5	N_1	N_3	R_1	S
Flanschtyp													
32	**35**	**36**	**37**	**05**	**11**	**11**	**35**	36	**37**	**11**	**21**	**11 13**	**11, 35 bis 37**
10	5	2	2,5	–	28	6	28	35	7	26	20	4	siehe Tabelle 2.31
10	5	2	2,5	–	30	6	30	38	7	30	26	4	
10	6	2,5	3	–	32	40	8	38	40	38	34	4	
10	7	2,5	3	–	35	6	35	40	10	42	44	4	
10	8	3	3	–	35	6	35	42	12	55	54	6	
10	8	3	3	–	38	7	38	45	15	62	64	6	
12	8	3	3	–	38	8	38	45	20	74	74	6	
12	8	3	3	55	38	9	38	45	20	88	94	6	
12	10	3	4	70	42	10	42	50	25	102	110	8	
14	10	4	4	90	45	10	45	52	25	130	130	8	
14	10	4	4	115	48	10	48	55	25	155	160	8	
14	10	5	4	140	48	12	48	55	25	184	182	10	
16	11	5	5	190	55	15	55	62	30	236	238	10	
18	12	8	–	235	60	15	60	68	–	290	284	12	
18	12	8	–	285	62	15	62	68	–	342	342	12	
18	13	8	–	330	62	15	62	68	–	385	392	12	
20	14	8	–	380	65	15	65	72	–	438	442	12	
20	15	8	–	425	65	15	65	72	–	492	494	12	
22	16	8	–	475	68	15	68	75	–	538	544	12	
22	16	–	–	575	70	16	70	–	–	640	642	12	
–	16	–	–	670	76	16	70	–	–	740	746	12	
–	16	–	–	770	76	16	70	–	–	842	850	12	
–	16	–	–	860	74	16	70	–	–	942	950	12	
–	18	–	–	960	74	16	70	–	–	1045	1050	16	
–	20	–	–	1160	94	16	90	–	–	1245	–	16	

Tabelle 2.25 Maße für Flansche PN 6

DN	Anschlussmaße					Außendurchmesser des Ansatzes	Bohrungsdurchmesser		Flanschdicke			Fase
	Außendurchmesser	Lochkreisdurchmesser	Lochdurchmesser	Schrauben								
	D	*K*	*L*	Anzahl	Größe	*A*	B_1	B_2	C_1	C_2 C_3	C_4	*E*
	Flanschtyp											
	01, 02, 05, 11, 12, 13, 21					**11 21[a] 35–37**	**01 12 32**	**02**	**01 02**	**11 12 13 21**	**05**	**02**
10	75	50	11	4	M10	17,2	18,0	21	12	12	12	3
15	80	55	11	4	M10	21,3	22,0	25	12	12	12	3
20	90	65	11	4	M10	26,9	27,5	31	14	14	14	4
25	100	75	11	4	M10	33,7	34,5	38	14	14	14	4
32	120	90	14	4	M12	42,4	43,5	46	16	14	14	5
40	130	100	14	4	M12	48,3	49,5	53	16	14	14	5
50	140	110	14	4	M12	60,3	61,5	65	16	14	14	5
65	160	130	14	4	M12	76,1	77,5	81	16	14	14	6
80	190	150	18	4	M16	88,9	90,5	94	18	16	16	6
100	210	170	18	4	M16	114,3	116,0	120	18	16	16	6
125	240	200	18	8	M16	139,7	141,5	145	20	18	18	6
150	265	225	18	8	M16	168,3	170,5	174	20	18	18	6
200	320	280	18	8	M16	219,1	221,5	226	22	20	20	6
250	375	335	18	12	M16	273,0	276,5	281	24	22	22	8
300	440	395	22	12	M20	323,9	327,5	333	24	22	22	8
350	490	445	22	12	M20	355,6	359,5	365	26	22	22	8
400	540	495	22	16	M20	406,4	411,0	416	28	22	22	8
450	595	550	22	16	M20	457,0	462,0	467	30	22	24	8

Maße in mm

Bund- bzw. Bördeldicke				Durchmesser der Wölbung	Längen						Ansatz-durchmesser			Eckenradius	Wand-dicke (siehe 5.6.1 der Norm)
F				G_{max}	H_1	H_2	H_3	H_4		H_5	N_1	N_2	N_3	R_1	S
Flanschtyp															
32	**35**	**36**	**37**	**05**	**12 13**	**11**	**11**	**35**	**36**	**37**	**11**	**12 13**	**21**	**11 12 13 21**	**11, 35 bis 37**
10	5	2	2,5	–	20	28	6	28	35	7	26	25	20	4	siehe Tabelle 2.31
10	5	2	2,5	–	20	30	6	30	38	7	30	30	26	4	
10	6	2,5	3	–	24	32	6	32	40	8	38	40	34	4	
10	7	2,5	3	–	24	35	6	35	40	10	42	50	44	4	
10	8	3	3	–	26	35	6	35	42	12	55	60	54	6	
10	8	3	3	–	26	38	7	38	45	15	62	70	64	6	
12	8	3	3	–	28	38	8	38	45	20	74	80	74	6	
12	8	3	3	55	32	38	9	38	45	20	88	100	94	6	
12	10	3	4	70	34	42	10	42	50	25	102	110	110	8	
14	10	4	4	90	40	45	10	45	52	25	130	130	130	8	
14	10	4	4	115	44	48	10	48	55	25	155	160	160	8	
14	10	5	4	140	44	48	12	48	55	25	184	185	182	10	
16	11	5	5	190	44	55	15	55	62	30	236	240	238	10	
18	12	8		235	44	60	15	60	68	–	290	295	284	12	
18	12	8		285	44	62	15	62	68	–	342	355	342	12	
18	13	8		330	–	62	15	62	68	–	385	–	392	12	
20	14	8		380	–	65	15	65	72	–	438	–	442	12	
20	15	8	–	425	–	65	15	72	72	–	492	–	494	12	

Tabelle 2.26 Maße für Flansche PN 10

DN	Anschlussmaße					Außendurchmesser des Ansatzes	Bohrungsdurchmesser			Flanschdicke				Fase
	Außendurchmesser	Lochkreisdurchmesser	Lochdurchmesser	Schrauben										
	D	*K*	*L*	Anzahl	Größe	*A*	B_1	B_2	B_3	C_1	C_2	C_3	C_4	*E*
	Flanschtyp													
	01, 02, 04, 05, 11, 12, 13, 21					**11 21[a] 34[c] 35–37**	**01 12 32**	**02**	**04**	**01 02 04**	**11 12 13**	**21**	**05**	**02 04**
10	90	60	14	4	M12	17,2	18,0	21	31	14	16	16	16	3
15	95	65	14	4	M12	21,3	22,0	25	35	14	16	16	16	3
20	105	75	14	4	M12	26,9	27,5	31	42	16	18	18	18	4
25	115	85	14	4	M12	33,7	34,5	38	49	16	18	18	18	4
32	140	100	18	4	M16	42,4	43,5	47	59	18	18	18	18	5
40	150	110	18	4	M16	48,3	49,5	53	67	18	18	18	18	5
50	165	125	18	4	M16	60,3	61,5	65	77	20	18	18	18	5
65	185	145	18	8	M16	76,1	77,5	81	96	20	18	18	18	6
80	200	160	18	8	M16	88,9	90,5	94	108	20	20	20	20	6
100	220	180	18	8	M16	114,3	116,0	120	134	22	22	22	22	6
125	250	210	18	8	M16	139,7	141,5	145	162	22	22	22	22	6
150	285	240	22	8	M20	168,3	170,5	174	188	24	22	22	22	6
200	340	295	22	8	M20	219,1	221,5	226	240	24	24	24	24	6
250	395	350	22	12	M20	273,0	276,5	281	294	26	26	26	26	8
300	445	400	22	12	M20	323,9	327,5	333	348	26	26	26	26	8
350	505	460	22	16	M20	355,6	359,5	365	400	30	26	26	26	8
400	565	515	26	16	M24	406,4	411,0	416	450	32	26	26	26	8

Maße in mm

Bund- bzw. Bördeldicke				Durchmesser der Wölbung	Längen						Ansatz-durchmesser			Eckenradius	Wanddicke (siehe 5.6.1 der Norm)	
F				G_{max}	H_1	H_2	H_3	H_4		H_5	N_1	N_2	N_3	R_1	S	
Flanschtyp																
32 34	**35**	**36**	**37**	**05**	**12 13**	**11 34[c]**	**11 34[c]**	**35**	**36**	**37**	**11 34[c]**	**12 13**	**21**	**11 12 13 21, 34**	**34**	**11, 35 bis 37**
12	5	2	2,5	–	22	35	6	35	35	6	28	30	28	4	1,8	siehe Tabelle 2.31
12	5	2	2,5	–	22	38	6	38	38	7	32	35	32	4	2,0	
14	6	2,5	3	–	26	40	6	40	40	8	40	45	40	4	2,3	
14	7	2,5	3	–	28	40	6	40	40	10	46	52	50	4	2,6	
14	8	3	3	–	30	42	6	42	42	12	56	60	60	6	2,6	
14	8	3	3	–	32	45	7	45	45	15	64	70	70	6	2,6	
16	8	3	4	–	28	45	8	45	45	20	74	84	84	6	2,9	
16	8	3	4	55	32	45	10	45	45	20	92	104	104	6	2,9	
16	10	3	4	70	34	50	10	50	50	25	105	118	120	6	3,2	
18	10	4	4	90	40	52	12	52	52	25	131	140	140	8	3,6	
18	10	4	4	115	44	55	12	55	55	25	156	168	170	8	4,0	
20	10	4	4	140	44	55	12	55	55	25	184	195	190	10	4,5	
20	11	5	4	190	44	62	16	62	62	30	234	246	246	10	6,3	
22	12	8	–	235	46	68	16	68	68	–	292	298	298	12	6,3	
22	12	8	–	285	46	68	16	68	68	–	342	350	348	12	7,1	
22	13	8	–	330	53	68	16	68	68	–	385	400	408	12	7,1	
24	14	8	–	380	57	72	16	72	72	–	440	456	456	12	7,1	

Tabelle 2.27 Maße für Flansche PN 16 DIN EN 1092-1: 2008-09

DN	Anschlussmaße					Außendurchmesser des Ansatzes	Bohrungsdurchmesser			Flanschdicke			
	Außendurchmesser	Lochkreisdurchmesser	Lochdurchmesser	Schrauben									
	D	K	*L*	Anzahl	Größe	*A*	B_1	B_2	B_3	C_1	C_2	C_3	C_4
	Flanschtyp												
	01, 02, 04, 05, 11, 12, 13, 21					**11 21[a] 34[d] 35–37**	**01 12 32**	**02**	**04**	**01 02 04**	**11 12 13**	**21**	**05**
10	90	60	14	4	M12	17,2	18,0	21	31	14	16	16	16
15	95	65	14	4	M12	21,3	22,0	25	35	14	16	16	16
20	105	75	14	4	M12	26,9	27,5	31	42	16	18	18	18
25	115	85	14	4	M12	33,7	34,5	38	49	16	18	18	18
32	140	100	18	4	M16	42,4	43,5	47	59	18	18	18	18
40	150	110	18	4	M16	48,3	49,5	53	67	18	18	18	18
50	165	125	18	4	M16	60,3	61,5	65	77	20	18	18	18
65	185	145	18	8[b]	M16	76,1	77,5	81	96	20	18	18	18
80	200	160	18	8	M16	88,9	90,5	94	108	20	20	20	20
100	220	180	18	8	M16	114,3	116,0	120	134	22	20	20	20
125	250	210	18	8	M16	139,7	141,5	145	162	22	22	22	22
150	285	240	22	8	M20	168,3	170,5	174	188	24	22	22	22
200	340	295	22	12	M20	219,1	221,5	226	240	26	24	24	24
250	405	355	26	12	M24	273,0	276,5	281	294	29	26	26	26
300	460	410	26	12	M24	323,9	327,5	333	348	32	28	28	28
350	520	470	26	16	M24	355,6	359,0	365	400	35	30	30	30
400	580	525	30	16	M27	406,4	411,0	416	454	38	32	32	32
450	640	585	30	20	M27	457,0	462,0	467	500	42	34	40	40
500	715	650	33	20	M30	508,0	513,5	519	556	46	36	44	44
600	840	770	36	20	M33	610,0	616,5	622	660	55	40	54	54
700	910	840	36	24	M33	711,0	–	721	–	63	40		58
800	1025	950	39	24	M36	813,0	–	824	–	74	41	c	62
900	1125	1050	39	28	M36	914,0	–	926	–	82	48		64
1000	1255	1170	42	28	M39	1016,0	–	1030	–	90	59		68
1200	1485	1390	48	32	M45	1219,0	–	–	–		78		
1400	1685	1590	48	36	M45	1422,0	–	–	–		84		
1600	1930	1820	56	40	M52	1626,0	–	–	–	c	102	c	c
1800	2130	2020	56	44	M52	1829,0	–	–	–		110		
2000	2345	2230	62	48	M56	2032,0	–	–	–		124		

[a] Bei Flanschen Typ 21 entspricht der Außendurchmesser des Ansatzes etwa dem Außendurchmesser des Rohres.

[b] Nach EN 1092-2 (Gusseisenflansche) und EN 1092-3 (Flansche aus Kupferlegierungen) dürfen Flansche mit diesem PN und DN mit 4 Löchern geliefert werden. Sind Stahlflansche mit 4 Löchern erforderlich, dürfen diese nach Absprache zwischen Flanschhersteller und Besteller geliefert werden.

Maße in mm

Fase	Bund- bzw. Bördeldicke				Durchmesser der Wölbung	Längen						Ansatzdurchmesser			Eckenradius	Wanddicke (siehe 5.6.1 der Norm)	
E	F				G_{max}	H_1	H_2	H_3	H_4		H_5	N_1	N_2	N_3	R_1	S	
Flanschtyp																	
02 04	**32 34**	**35**	**36**	**37**	**05**	**12 13**	**11 34**[c]	**11 34**[c]	**35**	**36**	**37**	**11 34**[c]	**12 13**	**21**	**11 12 13 21, 34**	**34**	**11, 35 bis 37**
3	12	5	2	2,5	–	22	35	6	35	35	7	28	30	28	4	1,8	siehe Tabelle 2.31
3	12	5	2	2,5	–	22	38	6	38	38	7	32	35	32	4	2,0	
4	14	6	2,5	3	–	26	40	6	40	40	8	40	45	40	4	2,3	
4	14	7	2,5	3	–	28	40	6	40	40	10	46	52	50	4	2,6	
5	14	8	3	3	–	30	42	6	42	42	12	56	60	60	6	2,6	
5	14	8	3	3	–	32	45	7	45	45	15	64	70	70	6	2,6	
5	16	8	3	4	–	28	45	8	45	45	20	74	84	84	6	2,9	
6	16	8	3	4	55	32	45	10	45	45	20	92	104	104	6	2,9	
6	16	10	3	4	70	34	50	10	50	50	25	105	118	120	6	3,2	
6	18	10	4	4	90	40	52	12	52	52	25	131	140	140	8	3,6	
6	18	10	4	4	115	44	55	12	55	55	25	156	168	170	8	4,0	
6	20	10	5	5	140	44	55	12	55	55	25	184	195	190	10	4,5	
6	20	11	6	6	190	44	62	16	62	62	30	235	246	246	10	6,3	
8	22	12	10	–	235	46	70	16	70	68	–	292	298	296	12	6,3	
8	24	14	10	–	285	46	78	16	78	68	–	344	350	350	12	7,1	
8	26	18	10	–	330	57	82	16	82	68	–	390	400	410	12	8,0	
8	28	20	10	–	380	63	85	16	85	72	–	445	456	458	12	8,0	
8	30	22	–	–	425	68	83	16	87	–	–	490	502	516	12	8,0	
8	32	22	–	–	475	73	84	16	90	–	–	548	559	576	12	8,0	siehe Tabelle 2.31
8	32	24	–	–	575	83	88	18	95	–	–	670	658	690	12	8,8	
8	–	26	–	–	670	83	104	18	100	–	–	755	760	760	12	–	
8	–	28	–	–	770	90	108	20	105	–	–	855	864	862	12	–	
8	–	30	–	–	860	94	118	20	110	–	–	955	968	962	12	–	
8	–	35	–	–	960	100	137	22	120	–	–	1058	1072	1076	16	–	
–	–	–	–	–	1160	–	160	30	–	–	–	1262	–	1282	16	–	
–	–	–	–	–	1346	–	177	30	–	–	–	1465	–	1482	16	–	
–	–	–	–	–	1546	–	204	35	–	–	–	1668	–	1696	16	–	
–	–	–	–	–	1746	–	218	35	–	–	–	1870	–	1896	16	–	
–	–	–	–	–	1950	–	238	40	–	–	–	2072	–	2100	16	–	

[c] Vom Besteller festzulegen.
[d] Verwendung bis DN 600 begrenzt.

Tabelle 2.28 Maße für Flansche PN 25 DIN EN 1092-1: 2008-09 (D)

DN	Anschlussmaße					Außendurchmesser des Ansatzes	Bohrungsdurchmesser			Flanschdicke			
	Außendurchmesser	Lochkreisdurchmesser	Lochdurchmesser	Schrauben									
	D	*K*	*L*	Anzahl	Größe	*A*	B_1	B_2	B_3	C_1	C_2	C_3	C_4
	Flanschtyp												
	01, 02, 04, 05, 11, 12, 13, 21					**11 21[a] 34[c] 35**	**01 12 32**	**02**	**04**	**01 02 04**	**11 12 13**	**21**	**05**
10	90	60	14	4	M12	17,2	18,0	21	31	14	16	16	16
15	95	65	14	4	M12	21,3	22,0	25	35	14	16	16	16
20	105	75	14	4	M12	26,9	27,5	31	42	16	18	18	18
25	115	85	14	4	M12	33,7	34,5	38	49	16	18	18	18
32	140	100	18	4	M16	42,4	43,5	47	59	18	18	18	18
40	150	110	18	4	M16	48,3	49,5	53	67	18	18	18	18
50	165	125	18	4	M16	60,3	61,5	65	77	20	20	20	20
65	185	145	18	8	M16	76,1	77,5	81	96	22	22	22	22
80	200	160	18	8	M16	88,9	90,5	94	114	24	24	24	24
100	235	190	22	8	M20	114,3	116,0	120	138	26	24	24	24
125	270	220	26	8	M24	139,7	141,5	145	166	28	26	26	26
150	300	250	26	8	M24	168,3	170,5	174	194	30	28	28	28
200	360	310	26	12	M24	219,1	221,5	226	250	32	30	30	30
250	425	370	30	12	M27	273,0	276,5	281	302	35	32	32	32
300	485	430	30	16	M27	323,9	327,5	333	356	38	34	34	34
350	555	490	33	16	M30	355,6	359,5	365	408	42	38	38	38
400	620	550	36	16	M33	406,4	411,0	416	462	48	40	40	40
450	670	600	36	20	M33	457,0	462,0	467	510	54	46	46	50
500	730	660	36	20	M33	508,0	513,5	519	568	58	48	48	51
600	845	770	39	20	M36	610,0	616,5	622	670	68	48	58	66
700	960	875	42	24	M39	711,0	–	721	–	85	50	b	b
800	1085	990	48	24	M45	813,0	–	824	–	95	53		
900	1185	1090	48	28	M45	914,0	–	–	–	b	57		
1000	1320	1210	56	28	M52	1016,0	–	–	–		63		
1200	d												
1400													
1600													
1800													
2000													

[a] Bei Flanschen Typ 21 entspricht der Außendurchmesser des Ansatzes etwa dem Außendurchmesser des Rohre

[b] Vom Besteller festzulegen.

[c] Verwendung bis DN 500 begrenzt.

[d] Nur die Anschlussmaße sind festgelegt, siehe Anhang J.

Maße in mm

Fase	Bund- bzw. Bördeldicke		Durch-messer der Wöl-bung	Längen				Ansatzdurchmesser			Ecken-radius	Wanddicke (siehe 5.6.1 der Norm)	
E	F		G_{max}	H_1	H_2	H_3	H_4	N_1	N_2	N_3	R_1	S	
Flanschtyp													
02 04	**32 34**	**35**	**05**	**12 13**	**11 34**[c]	**11 34**[c]	**35**	**11 34**	**12 13**	**21**	**11 12 13 21, 34**	**34**	**11, 35**
3	12	5	–	22	35	6	35	28	30	28	4	1,8	siehe Tabelle 2.31
3	12	5	–	22	38	6	38	32	35	32	4	2,0	
4	14	6	–	26	40	6	40	40	45	40	4	2,3	
4	14	7	–	28	40	6	40	46	52	50	4	2,6	
5	14	8	–	30	42	6	42	56	60	60	6	2,6	
5	14	8	–	32	45	7	45	64	70	70	6	2,6	
5	16	10	–	34	48	8	48	75	84	84	6	2,9	
6	16	11	55	38	52	10	52	90	104	104	6	2,9	
6	18	12	70	40	58	12	58	105	118	120	8	3,2	
6	20	14	90	44	65	12	65	134	145	142	8	3,6	
6	22	16	115	48	68	12	68	162	170	162	8	4,0	
6	24	18	140	52	75	12	75	192	200	192	10	4,5	
6	26	18	190	52	80	16	80	244	256	252	10	6,3	
8	26	18	235	60	88	18	88	298	310	304	12	5,1	
8	28	20	285	67	92	18	92	352	364	364	12	8,0	
8	32	22	332	72	100	20	100	398	418	418	12	8,0	
8	34	24	380	78	110	20	110	452	472	472	12	8,8	
8	36	26	425	84	110	20	110	500	520	520	12	8,8	
8	38	28	475	90	125	20	125	558	580	580	12	10,0	
8	40	30	575	100	125	20	115	660	684	684	12	11,0	siehe Tabelle 2.31
8	–	30	–	–	129	20	125	760	–	780	12	–	
8	–	35	–	–	138	22	135	864	–	882	12	–	
–	–	–	–	–	148	24	–	968	–	982	12	–	
–	–	–	–	–	160	24	–	1070	–	1086	16	–	

Tabelle 2.29 Maße für Flansche PN 40 DIN EN 1092-1: 2008-09

DN	Anschlussmaße					Außendurchmesser des Ansatzes	Bohrungsdurchmesser			Flanschdicke			
	Außendurchmesser	Lochkreisdurchmesser	Lochdurchmesser	Schrauben									
	D	K	L	Anzahl	Größe	A	B_1	B_2	B_3	C_1	C_2	C_3	C_4
	Flanschtyp												
	01, 02, 04, 05, 11, 12, 13, 21					**11 21**[a] **34**[c]	**01 12 32**	**02**	**04**	**01 02 04**	**11 12 13**	**21**	**05**
10	90	60	14	4	M12	17,2	18,0	21	31	14	16		16
15	95	65	14	4	M12	21,3	22,0	25	35	14	16		16
20	105	75	14	4	M12	26,9	27,5	31	42	16	18		18
25	115	85	14	4	M12	33,7	34,5	38	49	16	18		18
32	140	100	18	4	M16	42,4	43,5	47	59	18	18		18
40	150	110	18	4	M16	48,3	49,5	53	67	18	18		18
50	165	125	18	4	M16	60,3	61,5	65	77	20	20		20
65	185	145	18	8	M16	76,1	77,5	81	96	22	22		22
80	200	160	18	8	M16	88,9	90,5	94	114	24	24		24
100	235	190	22	8	M20	114,3	116,0	120	138	26	24		24
125	270	220	26	8	M24	139,7	141,5	145	166	28	26		26
150	300	250	26	8	M24	168,3	170,5	174	194	30	28		28
200	375	320	30	12	M27	219,1	221,5	226	250	36	34		36
250	450	385	33	12	M30	273,0	276,5	281	312	42	38		38
300	515	450	33	16	M30	323,9	327,5	333	368	52	42		42
350	580	510	36	16	M33	355,6	359,5	365	418	58	46		46
400	660	585	39	16	M36	406,4	411,0	416	472	65	50		50
450	685	610	39	20	M36	457,0	462,0	467	510	d	57		57
500	755	670	42	20	M39	508,0	513,5	519	572		57		57
600	890	795	48	20	M45	610,0	616,5	622	676		72		72
700	b												

Maße in Millimeter

Fase	Bund- bzw. Bördeldicke		Durchmesser der Wölbung	Längen				Ansatzdurchmesser			Eckenradius	Wanddicke (siehe 5.6.1 der Norm)	
E	F		G_{max}	H_1	H_2	H_3	H_4	N_1	N_2	N_3	R_1	S	
Flanschtyp													
02 04	**32 34**[c]	**35**	**05**	**12 13**	**11 34**[c]	**11 34**[c]	**35**	**11 34**	**12 13**	**21**	**11 12 13 21**	**34**[c]	**11, 35**
3	12	5	–	22	35	6	35	28	30	28	4	1,8	siehe Tabelle 2.31
3	12	5	–	22	38	6	38	32	35	32	4	2,0	
4	14	6	–	26	40	6	40	40	45	40	4	2,3	
4	14	7	–	28	40	6	40	46	52	50	4	2,6	
5	14	8	–	30	42	6	42	56	60	60	6	2,6	
5	14	8	–	32	45	7	45	64	70	70	6	2,6	
5	16	10	–	34	48	8	48	75	84	84	6	2,9	
6	16	11	55	38	52	10	52	90	104	104	6	2,9	
6	18	12	70	40	58	12	58	105	118	120	8	3,2	
6	20	14	90	44	65	12	65	134	145	142	8	3,6	
6	22	16	115	48	68	12	68	162	170	162	8	4,0	
6	24	18	140	52	75	12	75	192	200	192	10	4,5	
6	28	20	190	52	88	16	88	244	260	254	10	6,3	
8	30	22	235	60	105	18	105	306	312	312	12	7,1	
8	34	25	285	67	115	18	115	362	380	378	12	8,0	
8	36	28	330	72	125	20	125	408	424	432	12	8,8	
8	42	32	380	78	135	20	135	462	478	498	12	11,0	
8	46	–	425	84	135	20	–	500	522	522	12	12,5	
8	50	–	475	90	140	20	–	562	576	576	12	14,2	
8	54	–	575	100	150	20	–	666	686	686	12	16,0	

Tabelle 2.30 Flanschdichtflächen DIN EN 1092-1: 2008-09 (D)

DN	d_1												f_1	f_2	f_3	f_4	w^b	x	y	z^b	$\alpha \approx$	R
	PN 2,5[a]	**PN 6**[a]	**PN 10**	**PN 16**	**PN 25**	**PN 40**	**PN 63**	**PN 100**	**PN 160**	**PN 250**	**PN 320**	**PN 400**										
	mm	mm	mm	mm	mm	mm	mm	mm	mm	mm	mm	mm	mm	mm	mm	mm	mm	mm	mm	mm		mm
10	35	35	40	40	40	40	40	40	40	40	40	40	2	4,5	4,0	2,0	24	34	35	23	–	2,5
15	40	40	45	45	45	45	45	45	45	45	45	45					29	39	40	28	–	
20	50	50	58	58	58	58	58	58	58	58	58	58					36	50	51	35	41°	
25	60	60	68	68	68	68	68	68	68	68	68	68					43	57	58	42		
32	70	70	78	78	78	78	78	78	78	78	78	78					51	65	66	50		
40	80	80	88	88	88	88	88	88	88	88	88	88	3				61	75	76	60		
50	90	90	102	102	102	102	102	102	102	102	102	102					73	87	88	72		
65	110	110	122	122	122	122	122	122	122	122	122	122					95	109	110	94		
80	128	128	138	138	138	138	138	138	138	138	138	138					106	120	121	105		
100	148	148	158	158	162	162	162	162	162	162	162	162		5,0	4,5	2,5	129	149	150	128	32°	3
125	178	178	188	188	188	188	188	188	188	188	188	188					155	175	176	154		
150	202	202	212	212	218	218	218	218	218	218	218	218					183	203	204	182		
200	258	258	268	268	278	285	285	285	285	285	285	285					239	259	260	238		
250	312	312	320	320	335	345	345	345	345	345	345	–					292	312	313	291		
300	365	365	370	378	395	410	410	410	410	–	–	–	4				343	363	364	342		
350	415	415	430	438	450	465	465	465	–	–	–	–		5,5	5,0	3,0	395	421	422	394	27°	3,5
400	465	465	482	490	505	535	535	535	–	–	–	–					447	473	474	446		
450	520	520	532	550	555	560	560	560	–	–	–	–					497	523	524	496		
500	570	570	585	610	615	615	615	615	–	–	–	–					549	575	576	548		
600	670	670	685	725	720	735	735	–	–	–	–	–	5				649	675	676	648		
700	775	775	800	795	820	840	840	–	–	–	–	–					751	777	778	750		
800	880	880	905	900	930	960	960	–	–	–	–	–					856	882	883	855		
900	980	980	1005	1000	1030	1070	1070	–	–	–	–	–					961	987	988	960		
1000	1080	1080	1110	1115	1140	1180	1180	–	–	–	–	–		6,5	6,0	4,0	1062	1092	1094	1060	28°	4
1200	1280	1295	1330	1330	1350	1380	1380	–	–	–	–	–					1262	1292	1294	1260		
1400	1480	1510	1535	1530	1560	1600	–	–	–	–	–	–					1462	1492	1494	1460		
1600	1690	1710	1760	1750	1780	1815	–	–	–	–	–	–					1662	1692	1694	1660		
1800	1890	1920	1960	1950	1985	–	–	–	–	–	–	–					1862	1892	1894	1860		
2000	2090	2125	2170	2150	2210	–	–	–	–	–	–	–					2062	2092	2094	2060		
2200	2295	2335	2370	–	–	–	–	–	–	–	–	–		–	–	–	–	–	–	–	–	–
2400	2495	2545	2570	–	–	–	–	–	–	–	–	–		–	–	–	–	–	–	–	–	–
2600	2695	2750	2780	–	–	–	–	–	–	–	–	–		–	–	–	–	–	–	–	–	–
2800	2910	2960	3000	–	–	–	–	–	–	–	–	–		–	–	–	–	–	–	–	–	–

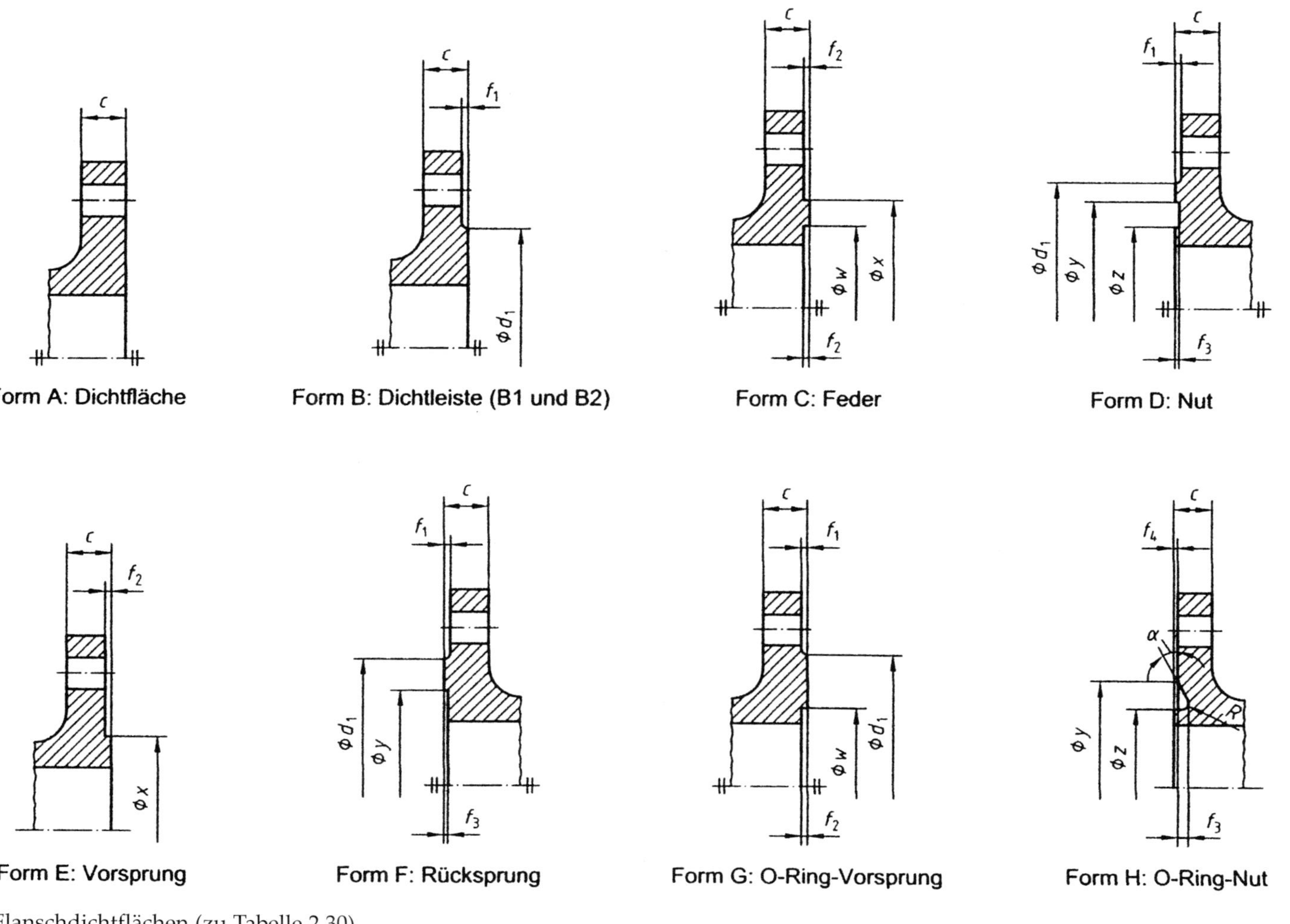

Flanschdichtflächen (zu Tabelle 2.30)

Tabelle 2.30a Oberflächenbeschaffenheit der Dichtflächen

Dichtflächenformen	Bearbeitungsverfahren	Schneidkantenradius mm	R_a^a µm		R_z^a µm	
		min.	min.	max.	min.	max.
A, B1[b], E, F	Drehen[c]	1,0	3,2	12,5	12,5	50
B2[b], C, D, G, H	Drehen[c]	–	0,8	3,2	3,2	12,5
ANMERKUNG: In bestimmten Anwendungsfällen, z.B. bei Tieftemperaturgasen, kann es erforderlich sein, eine genauere Prüfung der Oberflächenbeschaffenheit festzulegen.						

[a] R_a und R_z sind in EN ISO 4287 festgelegt

[b] B1 und B2 sind Dichtflächenformen mit Dichtleiste (Form B) mit unterschiedlichster Oberflächenrauheit.
B1: Standard-Dichtfläche für alle PN.
B2: Nur nach Vereinbarung zwischen Besteller und Flanschhersteller.

[c] «Drehen» umfasst jedes Bearbeitungsverfahren, bei dem entweder konzentrische oder spiralförmige Rillen entstehen.

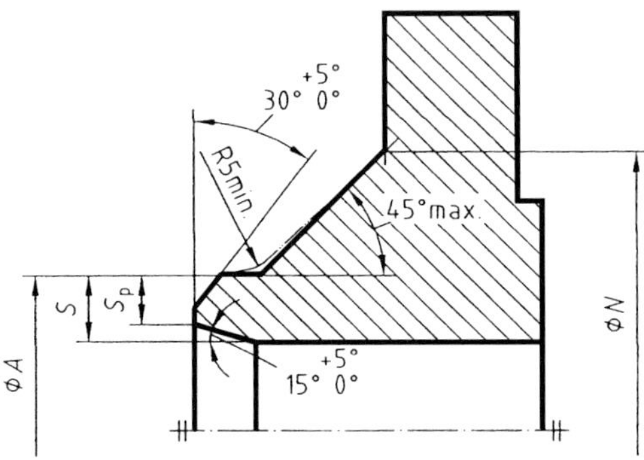

Bild 2.13 Zulässige Formen von Abschrägungen bei ungl. Wanddicken (n. DIN EN 1092-1: 2008-09 (D)

Anmerkung 1: Bei Flanschen für Verbindungen mit Rohren aus nicht austenitischem Stahl mit Nennwanddicken von weniger als 4,8 mm sollten die Schweißenden leicht angefast oder rechtwinklig nach Wahl des Flanschherstellers sein, wenn nichts anderes zwischen Flanschhersteller und Besteller oder Druckgerätehersteller vereinbart wurde.
Anmerkung 2: Bei Flanschen für Verbindungen mit Rohren aus nicht rostendem austenitischen Stahl mit Nennwanddicken bis 3.2 mm sollten die Schweißenden rechtwinklig sein.
Anmerkung 3: Die reduzierte Wanddicke des Flansches (S_p) muss der Wanddicke des Rohres (T) entsprechen.

2.6.2.4 Bestimmung der Druck-Temperatur-Zuordnung

Ein der PN-Stufe zugeordneter maximal zulässiger Druck ist bei der Referenztemperatur (RT) anwendbar. RT ist als der Temperaturbereich von –10 °C bis einschließlich 50 °C festgelegt.

Bis einschließlich 50 °C sind alle Flanschtypen für die angegebene PN-Stufe geeignet. Für höhere Temperaturen muss die Druck-Temperatur-Zuordnung beachtet werden.

Bei Temperaturen unterhalb von –10 °C muss auf die Vermeidung von Sprödbruch geachtet werden.

Bei Flanschen darf der bei Auslegungstemperatur errechnete maximal zulässige Druck einen der PN-Stufe zugeordneten maximalen zulässigen Druck nicht überschreiten.

$$PS \leq PN \qquad \text{(Gl. 2.1)}$$

a) Zeitunabhängige Berechnungsnennspannung:
Der max. zulässige Überdruck bei Auslegungstemperatur (PS) ist abhängig von der Berechnungsspannung bei Auslegungstemperatur, bezogen auf 140 MPa.

$$PS = PN \cdot \frac{f_t}{140\ \text{MPa}} \qquad \text{(Gl. 2.2)}$$

b) Zeitabhängige Berechnungsnennspannung:
Hier gilt für:

$$PS = PN \cdot \frac{\text{min.}\ (f_t; f_{CR})}{140\ \text{MPa}} \qquad \text{(Gl. 2.3)}$$

Tabelle 2.31 Wanddicke für Typ 11 (Anschluss) n. DIN EN 1092-1: 2008-09 (D)

∅ *A*	PN 2,5		PN 6		PN 10		PN 16		PN 25		PN 40		PN 63		PN 100	
	S	Sp	S	Sp	S	*Sp*	*S*	*Sp*	*S*	*Sp*	*S*	*Sp*	*S*	*Sp*	*S*	*Sp*
17,2	2	2	2	2	2	2	2	2	2	2	2	2	2	2	2	2
21,3	2	2	2	2	2	2	2	2	2	2	2	2	2	2	3,2	2
26,9	2,3	2,3	2,3	2,3	2,3	2,3	2,3	2,3	2,3	2,3	2,3	2,3	2,6	2,3	3,2	2,3
33,7	2,6	2,6	2,6	2,6	2,6	2,6	2,6	2,6	2,6	2,6	2,6	2,6	2,6	2,6	3,6	2,6
24,4	2,6	2,6	2,6	2,6	2,6	2,6	2,6	2,6	2,6	2,6	2,6	2,6	2,9	2,6	3,6	2,9
48,3	2,6	2,6	2,6	2,6	2,6	2,6	2,6	2,6	2,6	2,6	2,6	2,6	2,9	2,9	3,6	3,2
60,3	2,9	2,9	2,9	2,9	2,9	2,9	2,9	2,9	2,9	2,9	2,9	2,9	4	3,2	4	3,6
76,1	2,9	2,9	2,9	2,9	2,9	2,9	2,9	2,9	2,9	2,9	2,9	2,9	4	3,6	4	4
88,9	3,2	3,2	3,2	3,2	3,2	3,2	3,2	3,2	3,2	3,2	3,2	3,2	4,5	4	5	5
114,3	3,6	3,6	3,6	3,6	3,6	3,6	3,6	3,6	3,6	3,6	3,6	3,6	4,5	4,5	5,6	5,6
139,7	4	4	4	4	4	4	4	4	4	4	4	4	5,6	5,6	6,3	6,3
168,3	4,5	4,5	4,5	4,5	4,5	4,5	4,5	4,5	4,5	4,5	4,5	4,5	6,3	6,3	8	8
219,1	6,3	6,3	6,3	6,3	6,3	6,3	6,3	6,3	6,3	6,3	6,3	6,3	7,1	7,1	8,8	8,8
273	6,3	6,3	6,3	6,3	6,3	6,3	6,3	6,3	7,1	7,1	7,1	7,1	8,8	8,8	10	10
323,9	7,1	7,1	7,1	7,1	7,1	7,1	7,1	7,1	8	8	8	8	11	10	12,5	12,5
355,6	7,1	7,1	7,1	7,1	7,1	7,1	8	8	8	8	8,8	8,8	12,5	10	14,2	14,2
406,4	7,1	7,1	7,1	7,1	7,1	7,1	8	8	8,8	8,8	11	11	14,2	11	16	16
457	7,1	7,1	7,1	7,1	7,1	7,1	8	8	8,8	8,8	12,5	12,5				
508	7,1	7,1	7,1	7,1	7,1	7,1	8	8	10	10	14,2	14,2				
610	7,1	7,1	7,1	7,1	8	7,1	10	8,8	11	11	16	16				
711	7,1	7,1	8	7,1	8,8	8	10	8,8	14,2	12,5						
813	7,1	7,1	8	7,1	8,8	8	12,5	10	16	14,2						
914	7,1	7,1	8	7,1	12,5	10	12,5	10	17,5	16						
1016	7,1	7,1	8	7,1	12,5	10	12,5	10	20	17,5						
1219	8	7,1	8,8	8	12,5	11	14,2	12,5								
1422	8	7,1	8,8	8	14,2	12,5	16	14,2								
1626	8,8	8	10	9	16	14,2	17,5	16								
1829	10	10	11	10	17,5	16	20	17,5								
2032	11	10	12,5	11	17,5	16	22	20								
2235	11	10	14	12,5	20	18										
2438	11	10	15	14,2	22,2	20										
2620	11	10	16	14,2	25	22,2										
2820	11	10	17	16	25	22,2										
3020	11	10	20	16	32	24										
3220	11	10	20	16												
3420	11	10	22	17,5												
3620	11	10	22	17,5												
3820	11	10														
4020	11	10														

Anmerkung:
Die Werte für S_p müssen den in EN 10220 bzw. EN ISO 1127 festgelegten Werten entsprechen.

Tabelle 2.32 Werkstoffgruppen mit ähnlichen chemischen und mechanischen Eigenschaften n. DIN EN 1092-1: 2008-09 (D)

1E0	Unlegierte Baustähle ohne garantierte Festigkeitseigenschaften bei erhöhten Temperaturen, Anwendungsbereich –10 °C bis 100 °C;
1E1	Unlegierte Baustähle mit Festigkeitseigenschaften bei erhöhten Temperaturen;
2E0	Unlegierte Stähle ohne garantierte Festigkeitseigenschaften bei erhöhten Temperaturen;
3E0	Unlegierte Stähle mit garantierten Festigkeitseigenschaften bei erhöhten Temperaturen;
3E1	Unlegierte Stähle mit festgelegten Eigenschaften bis 400 °C, obere Streckgrenze > 265 N/mm²;
4E0	Niedriglegierte Stähle mit 0,3% Molybdän;
5E0	Niedriglegierte Stähle mit 1% Chrom und 0,5% Molybdän;
6E0	Niedriglegierte Stähle mit 2% Chrom und 1% Molybdän;
6E1	Legierte Stähle mit 5% Chrom und 0,5% Molybdän.
Die folgenden Werkstoffgruppen enthalten kaltzähe Stähle:	
7E0	Kaltzäher Feinkornstahl mit einer Mindest-Streckgrenze von 275 N/mm² bei Raumtemperatur
7E1	Kaltzäher Feinkornstahl mit einer Mindest-Streckgrenze von 355 N/mm² bei Raumtemperatur;
7E2	Kaltzäher legierter Nickelstahl (Nickel ≤ 3%);
7E3	Kaltzäher legierter Nickelstahl (Nickel > 3%).
Die folgenden Werkstoffgruppen enthalten Feinkornstähle:	
8E0	Streckgrenze min. 225 N/mm² bei Raumtemperatur;
8E2	Streckgrenze min. 285 N/mm² bei Raumtemperatur;
8E3	Streckgrenze min. 355 N/mm² bei Raumtemperatur;
Die folgenden Werkstoffgruppen enthalten hochfeste ferritische Stähle:	
9E0	Warmfester ferritischer Stahl mit 12% Chrom, 1% Molybdän und 0,5% Vanadium;
9E1	Warmfester ferritischer Stahl mit 9% Chrom, 1% Molybdän, 0,25% Vanadium und 0,1% Niob.
Die folgenden Werkstoffgruppen enthalten nicht rostende austenitische und austenitisch-ferritische Stähle, die sich in der Korrosionsbeständigkeit, der Schweißeignung und der Festigkeit unterscheiden. Die Gruppen 10E0 bis 12E0 sind nicht mit Molybdän legiert, die Gruppen 13E0 bis 15E0 sind mit Molybdän legiert:	
10E0	LC-Stahl;
10E1	LC-Stahl, stickstofflegiert;
11E0	Standard-Kohlenstoffgehalt;
12E0	Standard-Kohlenstoffgehalt, stabilisiert mit Ti bzw. Nb;
13E0	LC-Stahl mit Molybdän;
13E1	LC-Stahl mit Molybdän und Stickstoff legiert;
14E0	Standard-Kohlenstoffgehalt, legiert mit Molybdän;
15E0	Standard-Kohlenstoffgehalt, legiert mit Molybdän, stabilisiert mit Ti bzw. Nb;
16E0	austenitisch-ferritischer Stahl.

Tabelle 2.33 Nicht austenitische Werkstoffe n. DIN EN 1092-1: 2008-09 (D)

Werkstoff-gruppe	Werkstoff	Werkstoff-nummer	EN	R_p/R_e	Zeitstand-eigenschaften	Anmerkungen
3E0	P245GH	1.0352	10222-2	$R_{p0,2\,t}$	X	
3E1	P280GH	1.0426	10222-2	$R_{p0,2\,t}$	X	
4E0	16Mo3	1.5415	10222-2	$R_{p0,2\,t}$	X	
5E0	13CrMo4-5	1.7335	10222-2	$R_{p0,2\,t}$	X	
6E0	11CrMo9-10	1.7383	10222-2	$R_{p0,2\,t}$	X	
6E1	X16CrMo5-1+NT	1.7366	10222-2	$R_{p0,2\,t}$	X	
7E0	13MnNi6-3	1.6217	10222-3	$R_{p0,2\,t}$	–	[f]
7E1	P355 NL1, P355 NL2	1.0566 1.1106	10028-3	$R_{p0,2\,t}$	–	[a, g]
7E2	15NiMn6	1.6228	10222-3	$R_{p0,2\,t}$	–	[f]
7E3	12Ni14	1.5637	10222-3	$R_{p0,2\,t}$	–	[f]
7E2	X8Ni9	1.5662	10222-3	$R_{p0,2\,t}$	–	[f]
8E2	P285NH	1.0487	10222-4	$R_{p0,2\,t}$	–	[c, d]
8E3	P355NH	1.0565	10222-4	$R_{p0,2\,t}$	–	[b, d, e]
9E0	X20CrMoV11-1	1.4922	10222-2	$R_{p0,2\,t}$	X	
9E1	X10CrMoVNb9-1	1.4903	10222-2	$R_{p0,2\,t}$	X	

Anmerkung: Die Tabelle enthält eine Reihe allgemein gebräuchlicher nicht austenitischer Werkstoffe.

[a] Schmiedestücke aus Stahl, die diesem kaltzähen Feinkornstahl entsprechen, siehe Anhang D (der Norm).

[b] Druck-Temperatur-Zuordnungen können unter Umständen auch für die Werkstoffgruppe 7E1 verwendet werden (siehe EN 10028-3).

[c] Bei allen Dicken bis einschließlich 70 mm wurden für die Berechnung von Druck-Temperatur-Zuordnungen die Werte für Temperaturen über 50 °C für einen Dickenbereich $35 < v_R \leq 70$ eingesetzt.

[d] Für alle Dicken bis einschließlich 150 mm wurden für die Festigkeitswerte für Temperaturen über 50 °C niedrigere Werte aus EN 10028-3 bzw. EN 10222-4 eingesetzt.

[e] Für alle Dicken bis einschließlich 100 mm wurden die Festigkeitswerte für Temperaturen über 50 °C für einen Dickenbereich $40 < v_R \leq 100$ für die Berechnung der Druck-Temperatur-Zuordnungen eingesetzt.

[f] Werkstoffgruppen 7E0, 7E2; separate Druck-Temperatur-Zuordnungen sind nicht angegeben, da in den einschlägigen EN Normen EN 10222-3 und EN 10028-4 keine Festigkeitswerte für Temperaturen über 50 °C angegeben sind.

[g] Separate Druck-Temperatur-Zuordnungen sind nicht angegeben, da die Festigkeitswerte die gleichen sind wie bei der Sorte NH.

Tabelle 2.34 Druck-Temperatur-Zuordnungen für PN 2,5 n. DIN EN 1092-1: 2008-09 (D) (nicht austenitische Stähle)

PN	Werkstoffgruppe	v_R (mm)	maximal zulässige Temperatur TS °C																							
			RT	100	150	200	250	300	350	400	450	460	470	480	490	500	510	520	530	540	550	560	570	580	590	600
			maximal zulässiger Druck PS bar																							
2,5	3E0	≤ 50	2,5	2,3	2,2	2,0	1,9	1,7	1,6	1,4	*0,8*															
	3E0	$50 < v_R \le 150$	2,5	2,1	2,0	1,9	1,7	1,6	1,5	1,4	*0,8*															
	3E1	≤ 50	2,5	2,5	2,5	2,5	2,4	2,2	2,0	1,8	*1,0*															
	3E1	$50 < v_R \le 150$	2,5	2,5	2,3	2,2	2,0	1,9	1,7	1,6	*1,0*															
	4E0	≤ 60	2,5	2,5	2,5	2,5	2,4	2,1	2,0	1,8	1,7	1,6	1,4	1,3	1,2	*1,1*	*0,8*	*0,7*	*0,5*							
	4E0	$60 < v_R \le 90$	2,5	2,5	2,5	2,5	2,3	2,0	1,9	1,7	1,6	1,5	1,4	1,3	1,2	*1,1*	*0,8*	*0,7*	*0,5*							
	4E0	$90 < v_R \le 150$	2,5	2,5	2,5	2,3	2,1	1,9	1,7	1,5	1,4	1,4	1,3	1,2	1,1	*1,1*	*0,8*	*0,7*	*0,5*							
	5E0	≤ 60	2,5	2,5	2,5	2,5	2,5	2,5	2,3	2,2	2,1	2	1,9	1,8	1,7	*1,6*	*1,3*	*1,1*	*0,9*	*0,7*	*0,5*	*0,4*	*0,3*			
	5E0	$60 < v_R \le 90$	2,5	2,5	2,5	2,5	2,5	2,4	2,2	2,0	1,9	1,8	1,8	1,7	1,6	*1,6*	*1,3*	*1,1*	*0,9*	*0,7*	*0,5*	*0,4*	*0,3*			
	5E0	$90 < v_R \le 150$	2,5	2,5	2,5	2,5	2,5	2,2	2,1	1,9	1,8	1,7	1,7	1,6	1,6	*1,6*	*1,3*	*1,1*	*0,9*	*0,7*	*0,5*	*0,4*	*0,3*			
	6E0	≤ 150	2,5	2,5	2,5	2,5	2,5	2,5	2,4	2,3	2,2	2,0	1,9	1,8	1,7	*1,6*	*1,4*	*1,2*	*1,0*	*0,9*	*0,8*	*0,6*	*0,6*	*0,5*	*0,4*	*0,4*
	6E1	≤ 150	2,5	2,5	2,5	2,5	2,5	2,5	2,5	2,5	2,5	*2,5*	*2,5*	*2,1*	*1,7*	*1,3*	*1,1*	*0,9*	*0,8*	*0,7*	*0,5*	*0,5*	*0,4*			
	8E2	$35 < v_R \le 70$	2,5	2,5	2,5	2,3	2,1	1,8	1,6	1,4																
	8E2	$70 < v_R \le 100$	2,5	2,5	2,3	2,1	1,9	1,6	1,4	1,1																
	8E2	$100 < v_R \le 150$	2,5	2,4	2,2	1,9	1,7	1,4	1,1	0,9																
	8E3	$50 < v_R \le 100$	2,5	2,5	2,5	2,5	2,5	2,4	2,2	1,9																
	8E3	$100 < v_R \le 150$	2,5	2,5	2,5	2,5	2,5	2,3	2,1	1,7																
	9E0	≤ 150	2,5	2,5	2,5	2,5	2,5	2,5	2,5	2,5	2,5	2,5	2,5	2,5	2,5	*2,5*	*2,5*	*2,2*	*1,9*	*1,7*	*1,5*	*1,3*	*1,1*	*0,9*	*0,8*	*0,7*
	9E1	≤ 130	2,5	2,5	2,5	2,5	2,5	2,5	2,5	2,5	2,5	2,5	2,5	2,5	2,5	*2,5*	*2,5*	*2,5*	*2,3*	*2,1*	*1,9*	*1,7*	*1,5*	*1,4*	*1,2*	*1,1*

Tabelle 2.35 Druck-Temperatur-Zuordnungen für PN 6 n. DIN EN 1092-1: 2008-09 (D) (nicht austenitische Stähle)

PN	Werkstoffgruppe	v_R (mm)	maximal zulässige Temperatur TS °C																							
			RT	100	150	200	250	300	350	400	450	460	470	480	490	500	510	520	530	540	550	560	570	580	590	600
			maximal zulässiger Druck PS bar																							
	3E0	≤ 50	6,0	5,5	5,2	5	4,5	4,1	3,8	3,5	1,9															
	3E0	$50 < v_R \leq 150$	6,0	5,1	5	4,6	4,2	3,8	3,6	3,4	1,9															
	3E1	≤ 50	6,0	6,0	6,0	6,0	5,8	5,2	4,8	4,4	2,4															
	3E1	$50 < v_R \leq 150$	6,0	6,0	5,7	5,4	5,0	4,6	4,2	3,8	2,4															
	4E0	≤ 60	6,0	6,0	6,0	6,0	5,8	5,1	4,8	4,4	4,1	3,8	3,5	3,2	2,9	2,6	2,1	1,6	1,3							
	4E0	$60 < v_R \leq 90$	6,0	6,0	6,0	6,0	5,5	4,8	4,5	4,1	3,8	3,6	3,3	2,8	2,9	2,6	2,1	1,6	1,3							
	4E0	$90 < v_R \leq 150$	6,0	6,0	6,0	5,5	5,1	4,5	4,2	3,8	3,5	3,3	3,1	3,0	2,8	2,6	2,1	1,6	1,3							
	5E0	≤ 60	6,0	6,0	6,0	6,0	6,0	6,0	5,7	5,4	5,0	4,8	4,5	4,3	4,0	3,9	3,3	2,6	2,2	1,7	1,4	1,1	0,9			
	5E0	$60 < v_R \leq 90$	6,0	6,0	6,0	6,0	6,0	5,8	5,4	5,0	4,7	4,5	4,3	4,1	3,9	3,9	3,3	2,6	2,2	1,7	1,4	1,1	0,9			
6	5E0	$90 < v_R \leq 150$	6,0	6,0	6,0	6,0	6,0	5,5	5,0	4,7	4,4	4,2	4,1	4,0	3,9	3,9	3,3	2,6	2,2	1,7	1,4	1,1	0,9			
	6E0	≤ 150	6,0	6,0	6,0	6,0	6,0	6,0	5,8	5,5	5,2	5,0	4,7	4,4	4,1	3,8	3,3	2,9	2,5	2,2	1,9	1,6	1,4	1,2	1,0	0,9
	6E1	≤ 150	6,0	6,0	6,0	6,0	6,0	6,0	6,0	6,0	6,0	6,0	6,0	5,0	4,1	3,2	2,7	2,3	2,0	1,6	1,4	1,2	1,0			
	8E2	$35 < v_R \leq 70$	6,0	6,0	6,0	5,6	5,1	4,4	3,9	3,3																
	8E2	$70 < v_R \leq 100$	6,0	6,0	5,6	5,2	4,7	3,9	3,3	2,8																
	8E2	$100 < v_R \leq 150$	6,0	5,8	5,3	4,7	4,2	3,3	2,8	2,2																
	8E3	$50 < v_R \leq 100$	6,0	6,0	6,0	6,0	6,0	5,8	5,4	4,7																
	8E3	$100 < v_R \leq 150$	6,0	6,0	6,0	6,0	6,0	5,6	5,0	4,2																
	9E0	≤ 150	6,0	6,0	6,0	6,0	6,0	6,0	6,0	6,0	6,0	6,0	6,0	6,0	6,0	6,0	6,0	5,3	4,7	4,2	3,6	3,1	2,7	2,3	1,9	1,6
	9E1	≤ 130	6,0	6,0	6,0	6,0	6,0	6,0	6,0	6,0	6,0	6,0	6,0	6,0	6,0	6,0	6,0	6,0	5,7	5,2	4,7	4,2	3,8	2,4	3,0	2,6

Tabelle 2.36 Druck-Temperatur-Zuordnungen für PN 10 n. DIN EN 1092-1: 2008-09 (D) (nicht austenitische Stähle)

PN	Werkstoffgruppe	v_R (mm)	maximal zulässige Temperatur TS °C																							
			RT	100	150	200	250	300	350	400	450	460	470	480	490	500	510	520	530	540	550	560	570	580	590	600
			maximal zulässiger Druck PS bar																							
10	3E0	≤ 50	10,0	9,2	8,8	8,3	7,6	6,9	6,4	5,9	3,2															
	3E0	$50 < v_R \leq 150$	10,0	8,5	8,3	7,7	7,0	6,4	6,0	5,7	3,2															
	3E1	≤ 50	10,0	10,0	10,0	10,0	9,7	8,8	8,0	7,3	4,0															
	3E1	$50 < v_R \leq 150$	10,0	10,0	9,5	9,0	8,3	7,6	7,0	6,4	4,0															
	4E0	≤ 60	10,0	10,0	10,0	10,0	9,7	8,5	8,0	7,4	6,9	6,4	5,9	5,4	4,9	4,4	3,5	2,8	2,2							
	4E0	$60 < v_R \leq 90$	10,0	10,0	10,0	10,0	9,2	8,0	7,6	6,9	6,4	6,0	5,6	5,2	4,8	4,4	3,5	2,8	2,2							
	4E0	$90 < v_R \leq 150$	10,0	10,0	10,0	9,2	8,5	7,6	7,0	6,3	5,9	5,6	5,3	5,0	4,7	4,4	3,5	2,8	2,2							
	5E0	≤ 60	10,0	10,0	10,0	10,0	10,0	10,0	9,5	9,0	8,4	8,0	7,6	7,2	6,8	6,5	5,5	4,4	3,7	2,9	2,3	1,9	1,5			
	5E0	$60 < v_R \leq 90$	10,0	10,0	10,0	10,0	10,0	9,7	9,0	8,3	7,8	7,5	7,2	6,9	6,6	6,5	5,5	4,4	3,7	2,9	2,3	1,9	1,5			
	5E0	$90 < v_R \leq 150$	10,0	10,0	10,0	10,0	10,0	9,1	8,4	7,9	7,3	7,1	6,9	6,7	6,5	6,5	5,5	4,4	3,7	2,9	2,3	1,9	1,5			
	6E0	≤ 150	10,0	10,0	10,0	10,0	10,0	10,0	9,7	9,2	8,8	8,3	7,8	7,3	6,9	6,4	5,6	4,9	4,2	3,7	3,2	2,7	2,4	2,0	1,8	1,6
	6E1	≤ 150	10,0	10,0	10,0	10,0	10,0	10,0	10,0	10,0	10,0	10,0	10,0	8,4	6,9	5,3	4,5	3,8	3,3	2,8	2,3	2,0	1,7			
	8E2	$35 < v_R \leq 70$	10,0	10,0	10,0	9,3	8,6	7,4	6,5	5,6																
	8E2	$70 < v_R \leq 100$	10,0	10,0	9,4	8,6	7,9	6,5	5,6	4,6																
	8E2	$100 < v_R \leq 150$	10,0	9,7	8,8	7,9	7,0	5,6	4,6	3,7																
	8E3	$50 < v_R \leq 100$	10,0	10,0	10,0	10,0	10,0	9,8	9,0	7,9																
	8E3	$100 < v_R \leq 150$	10,0	10,0	10,0	10,0	10,0	9,3	8,4	7,0																
	9E0	≤ 150	10,0	10,0	10,0	10,0	10,0	10,0	10,0	10,0	10,0	10,0	10,0	10,0	10,0	10,0	10,0	8,9	7,9	7,0	6,0	5,2	4,5	3,8	3,2	2,8
	9E1	≤ 130	10,0	10,0	10,0	10,0	10,0	10,0	10,0	10,0	10,0	10,0	10,0	10,0	10,0	10,0	10,0	10,0	9,5	8,7	7,9	7,1	6,3	5,7	5,0	4,4

Tabelle 2.37 Druck-Temperatur-Zuordnungen für PN 16 n. DIN EN 1092-1: 2008-09 (D) (nicht austenitische Stähle

PN	Werkstoffgruppe	v_R (mm)	maximal zulässige Temperatur TS °C																							
			RT	100	150	200	250	300	350	400	450	460	470	480	490	500	510	520	530	540	550	560	570	580	590	600
			maximal zulässiger Druck PS bar																							
	3E0	≤ 50	16,0	14,8	14	13,3	12,1	11	10,2	9,5	*5,2*															
	3E0	$50 < v_R \leq 150$	16,0	13,7	13,3	12,4	11,3	10,2	9,6	9,1	*5,2*															
	3E1	≤ 50	16,0	16,0	16,0	16	15,6	14	12,9	11,8	*6,4*															
	3E1	$50 < v_R \leq 150$	16,0	16,0	16,0	14,5	13,3	12,2	11,3	10,2	*6,4*															
	4E0	≤ 60	16,0	16,0	16,0	16,0	15,6	13,7	12,9	11,9	11,0	10,2	9,4	8,6	7,8	*7,0*	*5,6*	*4,4*	*3,5*							
	4E0	$60 < v_R \leq 90$	16,0	16,0	16,0	16,0	14,8	12,9	12,1	11,1	10,2	9,6	9,0	8,3	7,7	*7,0*	*5,6*	*4,4*	*3,5*							
	4E0	$90 < v_R \leq 150$	16,0	16,0	16,0	14,8	13,7	12,1	11,2	10,1	9,4	8,9	8,5	8,0	7,5	*7,0*	*5,6*	*4,4*	*3,5*							
	5E0	≤ 60	16,0	16,0	16,0	16,0	16,0	16,0	15,2	14,4	13,4	12,8	12,1	11,5	10,8	*10,4*	*8,8*	*7,1*	*5,9*	*4,6*	*3,7*	*3,0*	*2,5*			
	5E0	$60 < v_R \leq 90$	16,0	16,0	16,0	16,0	16,0	15,6	14,4	13,4	12,5	12	11,5	11	10,5	*10,4*	*8,8*	*7,1*	*5,9*	*4,6*	*3,7*	*3,0*	*2,5*			
16	5E0	$90 < v_R \leq 150$	16,0	16,0	16,0	16,0	16,0	14,7	13,5	12,7	11,8	11,4	11,1	10,7	10,4	*10,4*	*8,8*	*7,1*	*5,9*	*4,6*	*3,7*	3,0	*2,5*			
	6E0	≤ 150	16,0	16,0	16,0	16,0	16,0	16,0	15,6	14,8	14,0	13,3	12,5	*11,8*	*11,0*	10,2	8,9	7,8	6,8	5,9	5,1	4,4	*3,8*	*3,3*	*2,8*	*2,5*
	6E1	≤ 150	16,0	16,0	16,0	16,0	16,0	16,0	16,0	16,0	16,0	*16,0*	*16,0*	*13,5*	*11,0*	*8,6*	*7,3*	*6,1*	*5,3*	*4,4*	*3,8*	*3,2*	*2,8*			
	8E2	$35 < v_R \leq 70$	16,0	16,0	16,0	15,0	13,7	11,9	10,4	8,9																
	8E2	$70 < v_R \leq 100$	16,0	16,0	16,0	13,8	12,7	10,4	8,9	7,4																
	8E2	$100 < v_R \leq 150$	16,0	16,0	16,0	12,7	11,2	8,9	7,4	5,9																
	8E3	$50 < v_R \leq 100$	16,0	16,0	16,0	16,0	16,0	15,6	14,4	12,7																
	8E3	$100 < v_R \leq 150$	16,0	16,0	16,0	16,0	16,0	14,9	13,4	11,2																
	9E0	≤ 150	16,0	16,0	16,0	16,0	16,0	16,0	16,0	16,0	16,0	16,0	16,0	*16,0*	*16,0*	*16,0*	*16,0*	*14,3*	*12,7*	*11,2*	*9,7*	*8,4*	*7,2*	*6,1*	*5,2*	*4,4*
	9E1	≤ 130	16,0	16,0	16,0	16,0	16,0	16,0	16,0	16,0	16,0	16,0	16,0	16,0	16,0	16,0	*16,0*	*16,0*	*15,3*	*13,9*	*12,6*	11,4	*10,2*	*9,1*	*8,0*	*7,1*

Tabelle 2.38 Druck-Temperatur-Zuordnungen für PN 25 n. DIN EN 1092-1: 2008-09 (D) (nicht austenitische Stähle

PN	Werkstoffgruppe	v_R (mm)	maximal zulässige Temperatur TS °C																							
			RT	100	150	200	250	300	350	400	450	460	470	480	490	500	510	520	530	540	550	560	570	580	590	600
			maximal zulässiger Druck PS bar																							
25	3E0	≤ 50	25,0	23,2	22,0	20,8	19,0	17,2	16,0	14,8	*8,2*															
	3E0	$50 < v_R \le 150$	25,0	21,4	20,8	19,4	17,7	16,0	15,1	14,2	*8,2*															
	3E1	≤ 50	25,0	25,0	25,0	25,0	24,4	22,0	20,2	18,4	*10,1*															
	3E1	$50 < v_R \le 150$	25,0	25,0	23,8	22,7	20,8	19,1	17,7	16,0	*10,1*															
	4E0	≤ 60	25,0	25,0	25,0	25,0	24,4	21,4	20,2	18,6	17,2	16,0	14,7	13,5	12,3	*11,0*	*8,8*	*7,0*	*5,5*							
	4E0	$60 < v_R \le 90$	25,0	25,0	25,0	25,0	23,2	20,2	19,0	17,3	16,0	15,0	14,0	13,0	12,0	*11,0*	*8,8*	*7,0*	*5,5*							
	4E0	$90 < v_R \le 150$	25,0	25,0	25,0	23,2	21,4	19,0	17,5	15,8	14,7	14,0	13,2	12,5	11,5	*11,0*	*8,8*	*7,0*	*5,5*							
	5E0	≤ 60	25,0	25,0	25,0	25,0	25,0	25,0	23,8	22,5	21,0	20,0	19,0	18,0	17,0	*16,3*	*13,8*	*11,1*	*9,2*	*7,2*	*5,8*	*4,7*	*3,9*			
	5E0	$60 < v_R \le 90$	25,0	25,0	25,0	25,0	25,0	24,4	22,5	20,9	19,6	18,8	18,0	17,2	16,5	*16,3*	*13,8*	*11,1*	*9,2*	*7,2*	*5,8*	*4,7*	*3,9*			
	5E0	$90 < v_R \le 150$	25,0	25,0	25,0	25,0	25,0	22,9	21,1	19,8	18,4	17,9	17,3	16,8	16,2	*16,3*	*13,8*	*11,1*	*9,2*	*7,2*	*5,8*	*4,7*	*3,9*			
	6E0	≤ 150	25,0	25,0	25,0	25,0	25,0	25,0	24,4	23,2	22,0	20,8	19,6	18,4	17,2	*16,0*	*14,0*	*12,2*	*10,7*	*9,2*	*8,0*	*6,9*	*6,0*	*5,2*	*4,5*	*4,0*
	6E1	≤ 150	25,0	25,0	25,0	25,0	25,0	25,0	25,0	25,0	25,0	*25,0*	*25,0*	*21,2*	*17,3*	*13,4*	*11,4*	*9,6*	*8,3*	*7,0*	*5,9*	*5,1*	*4,4*			
	8E2	$35 < v_R \le 70$	25,0	25,0	25,0	23,4	21,5	18,6	16,3	14,0																
	8E2	$70 < v_R \le 100$	25,0	25,0	23,5	21,6	19,8	16,3	14,0	11,6																
	8E2	$100 < v_R \le 150$	25,0	24,4	22,1	19,8	17,5	14,0	11,6	9,2																
	8E3	$50 < v_R \le 100$	25,0	25,0	25,0	25,0	25,0	24,5	22,6	19,8																
	8E3	$100 < v_R \le 150$	25,0	25,0	25,0	25,0	25,0	23,3	21,0	17,5																
	9E0	≤ 150	25,0	25,0	25,0	25,0	25,0	25,0	25,0	25,0	25,0	25,0	25,0	25,0	25,0	*25,0*	*25,0*	*22,3*	*19,8*	*17,5*	*15,2*	*13,2*	*11,3*	*9,6*	*8,2*	*7,0*
	9E1	≤ 130	25,0	25,0	25,0	25,0	25,0	25,0	25,0	25,0	25,0	25,0	25,0	25,0	25,0	*25,0*	*25,0*	*25,0*	*23,9*	*21,7*	*19,7*	*17,8*	*15,9*	*14,2*	*12,6*	*11,1*

Tabelle 2.39 Druck-Temperatur-Zuordnungen für PN 40 n. DIN EN 1092-1: 2008-09 (D) (nicht austenitische Stähle

PN	Werkstoffgruppe	v_R (mm)	maximal zulässige Temperatur TS °C																							
			RT	100	150	200	250	300	350	400	450	460	470	480	490	500	510	520	530	540	550	560	570	580	590	600
			maximal zulässiger Druck PS bar																							
40	3E0	≤ 50	40,0	37,1	35,2	33,3	30,4	27,6	25,7	23,8	13,1															
	3E0	$50 < v_R \le 150$	40,0	34,2	33,3	31,0	28,3	25,7	24,1	22,8	13,1															
	3E1	≤ 50	40,0	40,0	40,0	40,0	39,0	35,2	32,3	29,5	16,1															
	3E1	$50 < v_R \le 150$	40,0	40,0	38,0	36,3	33,3	30,6	28,3	25,7	16,1															
	4E0	≤ 60	40,0	40,0	40,0	40,0	39,0	34,2	32,3	29,9	27,6	25,6	23,6	21,6	19,7	17,7	14,0	11,2	8,9							
	4E0	$60 < v_R \le 90$	40,0	40,0	40,0	40,0	37,1	32,3	30,4	27,8	25,7	24,1	22,5	20,9	19,3	17,7	14,0	11,2	8,9							
	4E0	$90 < v_R \le 150$	40,0	40,0	40,0	37,1	34,2	30,4	28,0	25,3	23,6	22,4	21,2	20,0	18,9	17,7	14,0	11,2	8,9							
	5E0	≤ 60	40,0	40,0	40,0	40,0	40,0	40,0	38,0	36,0	33,7	32,0	30,4	28,8	27,2	26,0	22,0	17,9	14,8	11,6	9,3	7,5	6,2			
	5E0	$60 < v_R \le 90$	40,0	40,0	40,0	40,0	40,0	39,0	36,0	33,5	31,4	30,1	28,9	27,6	26,4	26,0	22,0	17,9	14,8	11,6	9,3	7,6	6,2			
	5E0	$90 < v_R \le 150$	40,0	40,0	40,0	40,0	40,0	36,7	33,9	31,8	29,5	28,6	27,7	26,8	26,0	26,0	22,0	17,9	14,8	11,6	9,3	7,6	6,2			
	6E0	≤ 150	40,0	40,0	40,0	40,0	40,0	40,0	39,0	37,1	35,2	33,3	31,4	29,5	27,6	25,7	22,4	19,6	17,1	14,8	12,9	11,0	9,7	8,3	7,2	6,4
	6E1	≤ 150	40,0	40,0	40,0	40,0	40,0	40,0	40,0	40,0	40,0	40,0	40,0	33,9	27,7	21,5	18,2	15,4	13,3	11,2	9,5	8,1	7,0			
	8E2	$35 < v_R \le 70$	40,0	40,0	40,0	37,5	34,4	29,9	26,0	22,4																
	8E2	$70 < v_R \le 100$	40,0	40,0	37,7	34,6	31,8	26,0	22,4	18,6																
	8E2	$100 < v_R \le 150$	40,0	39,0	35,4	31,8	28,0	22,4	18,6	14,8																
	8E3	$50 < v_R \le 100$	40,0	40,0	40,0	40,0	40,0	39,2	36,1	31,8																
	8E3	$100 < v_R \le 150$	40,0	40,0	40,0	40,0	40,0	37,3	33,7	28,0																
	9E0	≤ 150	40,0	40,0	40,0	40,0	40,0	40,0	40,0	40,0	40,0	40,0	40,0	40,0	40,0	40,0	40,0	35,8	31,8	28,0	24,3	21,1	18,0	15,4	13,1	11,2
	9E1	≤ 130	40,0	40,0	40,0	40,0	40,0	40,0	40,0	40,0	40,0	40,0	40,0	40,0	40,0	40,0	40,0	40,0	38,2	34,8	31,6	28,5	25,5	22,8	20,1	17,9

Tabelle 2.40 Austenitische und austenitisch-ferritische Werkstoffe n. DIN EN 1092-1: 2008-09 (D)

Werkstoff-gruppe	Werkstoff	Werk-stoff-nummer	EN	R_p/R_e	Zeitstand-eigenschaften	ν_R (mm)	A %
10E0	X2CrNi18-9	1.4307	10222-5	$R_{p1,0\,t}$	X	–	35
10E1	X2CrNiN18-10	1.4311	10222-5	$R_{p1,0\,t}$	–	–	35
11E0	X5CrNi18-10	1.4301	10222-5	$R_{p1,0\,t}$	X	–	35
12E0	X6CrNiTi18-10	1.4541	10222-5	$R_{p1,0\,t}$	X	–	30
12E0	X6CrNiNb18-10	1.4550	10222-5	$R_{p1,0\,t}$	–	–	30
13E0	X2CrNiMo17-12-2	1.4404	10222-5	$R_{p1,0\,t}$	–	–	35
14E0	X5CrNiMo17-12-2	1.4401	10222-5	$R_{p1,0\,t}$	X	–	35
15E0	X6CrNiMoTi17-12-2	1.4571	10222-5	$R_{p1,0\,t}$	X	–	35
16E0	X2CrNiMoN22-5-3	1.4462	10222-5	$R_{p0,2\,t}$	–	–	25
11E0	X6CrNi18-10	1.4948	10222-5	$R_{p1,0\,t}$	X	–	35
12E0	X6CrNiTiB18-10	1.4941	10222-5	$R_{p1,0\,t}$	X	–	30

Tabelle 2.41 Druck-Temperatur-Zuordnungen für PN 2,5 n. DIN EN 1092-1: 2008-09 (D) (austenitische Stähle)

PN	Werkstoffgruppe	Werkstoffnummer	maximal zulässige Temperatur TS °C															
			RT	100	150	200	250	300	350	400	450	500	550	560	570	580	590	600
			maximal zulässiger Druck PS bar															
	10E0	1.4307	2,5	2,1	1,9	1,7	1,6	1,5	1,4	1,3	1,3	1,2	*1,0*	*1,0*	*0,9*	*0,8*	*0,7*	*0,7*
	10E1	1.4311	2,5	2,5	2,5	2,2	2,0	1,9	1,9	1,8	1,8	1,7						
	11E0	1.4301	2,5	2,2	2,0	1,8	1,7	1,6	1,5	1,4	1,4	1,4	*1,0*	*1,0*	*0,9*	*0,8*	*0,7*	*0,7*
	12E0	1.4541	2,5	2,4	2,3	2,2	2,1	1,9	1,9	1,8	1,8	1,7	*1,6*	*1,5*	*1,4*	*1,2*	*1,1*	*1,0*
	12E0	1.4550	2,5	2,5	2,3	2,2	2,1	1,9	1,9	1,8	1,8	1,7						
2,5	13E0	1.4404	2,5	2,3	2,1	1,9	1,8	1,7	1,6	1,6	1,5	1,5						
	14E0	1.4401	2,5	2,5	2,2	2,1	1,9	1,8	1,7	1,7	1,6	1,6	1,6	1,6	1,5	1,5	*1,5*	*1,4*
	15E0	1.4571	2,5	2,5	2,4	2,3	2,2	2,0	2,0	1,9	1,9	1,8	1,8	1,8	*1,8*	*1,6*	*1,5*	*1,3*
	16E0	1.4462	2,5	2,5	2,5	2,5	2,5											
	11E0	1.4948	2,5	2,2	2	1,8	1,7	1,6	1,5	1,5	1,4	1,4	1,3	1,3	1,2	*1,2*	*1,1*	*1*
	12E0	1.4941	2,5	2,3	2,2	2,1	2,0	2,0	1,9	1,9	1,8	1,8	1,7	1,7	*1,6*	*1,5*	*1,3*	*1,2*

Tabelle 2.42 Druck-Temperatur-Zuordnungen für PN 6 n. DIN EN 1092-1: 2008-09 (D) (austenitische Stähle)

PN	Werkstoffgruppe	Werkstoffnummer	maximal zulässige Temperatur TS °C															
			RT	100	150	200	250	300	350	400	450	500	550	560	570	580	590	600
			maximal zulässiger Druck PS bar															
	10E0	1.4307	6,0	5,1	4,6	4,2	3,9	3,6	3,4	3,3	3,2	3,1	*2,6*	*2,4*	*2,2*	*2,0*	*1,8*	*1,6*
	10E1	1.4311	6,0	6,0	6,0	5,3	5,0	4,7	4,6	4,4	4,3	4,2						
	11E0	1.4301	6,0	5,4	4,9	4,4	4,1	3,8	3,6	3,5	3,5	3,4	*2,6*	*2,4*	*2,2*	*2,0*	*1,8*	*1,6*
	12E0	1.4541	6,0	5,9	5,6	5,3	5,0	4,7	4,6	4,4	4,3	4,2	*4,0*	*3,6*	*3,3*	*3,0*	*2,7*	*2,4*
	12E0	1.4550	6,0	6,0	5,6	5,3	5,0	4,7	4,6	4,4	4,3	4,2						
6	13E0	1.4404	6,0	5,6	5,1	4,7	4,4	4,1	3,9	3,8	3,7	3,6						
	14E0	1.4401	6,0	6,0	5,4	5,0	4,7	4,4	4,2	4,1	4,0	3,9	3,9	3,8	3,8	3,7	*3,7*	*3,3*
	15E0	1.4571	6,0	6,0	5,8	5,6	5,3	5,0	4,8	4,6	4,6	4,5	4,4	4,4	*4,4*	*4,0*	*3,6*	*3,3*
	16E0	1.4462	6,0	6,0	6,0	6,0	6,0											
	11E0	1.4948	6,0	5,4	4,9	4,4	4,2	3,9	3,7	3,6	3,5	3,3	3,2	3,1	3,1	*3,0*	*2,8*	*2,5*
	12E0	1.4941	6,0	5,7	5,4	5,1	5,0	4,9	4,7	4,6	4,4	4,3	4,2	4,0	*4,0*	*3,6*	*3,2*	*2,9*

Tabelle 2.43 Druck-Temperatur-Zuordnungen für PN 10 n. DIN EN 1092-1: 2008-09 (D) (austenitische Stähle)

PN	Werkstoffgruppe	Werkstoffnummer	maximal zulässige Temperatur TS °C															
			RT	100	150	200	250	300	350	400	450	500	550	560	570	580	590	600
			maximal zulässiger Druck PS bar															
	10E0	1.4307	10,0	8,6	7,7	7,0	6,5	6,0	5,7	5,5	5,3	5,1	*4,3*	*4,0*	*3,7*	*3,4*	*3,0*	*2,8*
	10E1	1.4311	10,0	10,0	10	8,9	8,3	7,9	7,6	7,4	7,2	7						
	11E0	1.4301	10,0	9,0	8,1	7,4	6,9	6,4	6,1	5,9	5,8	5,7	*4,3*	*4,0*	*3,7*	*3,4*	*3,0*	*2,8*
	12E0	1.4541	10,0	9,9	7,7	7,0	6,5	6,0	5,7	5,5	5,3	5,1	*6,7*	*6,1*	*5,6*	*5,0*	*4,5*	*4,0*
	12E0	1.4550	10,0	10,0	9,3	8,8	8,4	7,9	7,6	7,4	7,2	7						
10	13E0	1.4404	10,0	9,4	8,6	7,9	7,4	6,9	6,6	6,4	6,2	6						
	14E0	1.4401	10,0	10,0	9,0	8,4	7,9	7,4	7,1	6,8	6,7	6,6	6,5	6,4	6,3	6,2	*6,1*	*5,6*
	15E0	1.4571	10,0	10,0	9,8	9,3	8,8	8,3	8,0	7,8	7,6	7,5	7,4	7,4	*7,3*	*6,7*	*6,0*	*5,5*
	16E0	1.4462	10,0	10,0	10,0	10,0	10,0											
	11E0	1.4948	10,0	9,0	8,1	7,4	7,0	6,5	6,2	6,0	5,8	5,6	5,3	5,2	5,1	*5,0*	*4,6*	*4,2*
	12E0	1.4941	10,0	9,5	9,0	8,6	8,3	8,1	7,9	7,7	7,4	7,2	7,0	6,8	*6,6*	*6,0*	*5,4*	*4,8*

Tabelle 2.44 Druck-Temperatur-Zuordnungen für PN 16 n. DIN EN 1092-1: 2008-09 (D) (austenitische Stähle)

PN	Werkstoffgruppe	Werkstoffnummer	maximal zulässige Temperatur TS °C															
			RT	100	150	200	250	300	350	400	450	500	550	560	570	580	590	600
			maximal zulässiger Druck PS bar															
	10E0	1.4307	16,0	13,7	12,3	11,2	10,4	9,6	9,2	8,8	8,5	8,3	*7,0*	*6 ,4*	*5,9*	*5,4*	4,9	4,4
	10E1	1.4311	16,0	16	16	14,2	13,3	12,7	12,2	11,8	11,6	11,3						
	11E0	1.4301	16,0	14,5	13,1	11,9	11	10,2	9,8	9,5	9,3	9,1	*7,0*	*6,4*	*5,9*	*5,4*	*4,9*	*4,4*
	12E0	1.4541	16,0	15,8	14,9	14,1	13,4	12,7	12,2	11,8	11,6	11,3	*10,8*	*9,8*	*8,9*	*8,1*	*7,3*	*6,5*
	12E0	1.4550	16,0	16,0	14,9	14,1	13,4	12,7	12,2	11,8	11,6	11,3						
16	13E0	1.4404	16,0	15,1	13,7	12,7	11,9	11	10,5	10,2	10	9,7						
	14E0	1.4401	16,0	16,0	14,5	13,4	12,7	11,8	11,4	10,9	10,7	10,5	10,4	10,3	10,1	10,0	*9,9*	*8,9*
	15E0	1.4571	16,0	16,0	15,6	14,9	14,1	13,3	12,8	12,4	12,2	12	11,9	11,8	*11,7*	*10,7*	*9,7*	*8,8*
	16E0	1.4462	16,0	16,0	16,0	16,0	16,0											
	11E0	1.4948	16,0	14,5	13,1	11,9	11,2	10,4	10,0	9,6	9,3	8,9	8,6	8,4	8,2	*8,1*	*7,4*	*6,7*
	12E0	1.4941	16,0	15,3	14,5	13,7	13,4	13,1	12,7	12,3	11,9	11,5	11,2	10,8	*10,6*	*9,6*	*8,6*	*7,7*

Tabelle 2.45 Druck-Temperatur-Zuordnungen für PN 25 n. DIN EN 1092-1: 2008-09 (D) (austenitische Stähle)

PN	Werk-stoff-gruppe	Werkstoff-nummer	maximal zulässige Temperatur TS °C															
			RT	100	150	200	250	300	350	400	450	500	550	560	570	580	590	600
			maximal zulässiger Druck PS bar															
25	10E0	1.4307	25,0	21,5	19,2	17,5	16,3	15,1	14,4	13,8	13,3	12,9	*10,9*	*10,1*	*9,2*	*8,5*	*7,7*	*7,0*
	10E1	1.4311	25,0	25,0	25,0	22,2	20,8	Tabelle 2.45		18,5	18,1	17,7						
	11E0	1.4301	25,0	22,7	20,4	18,6	17,2	16,0	15,3	14,8	14,5	14,2	*10,9*	*10,1*	*9,2*	*8,5*	*7,7*	*7,0*
	12E0	1.4541	25,0	24,7	23,3	22,1	21,0	19,8	19,1	18,5	18,1	17,7	*16,9*	*15,3*	*14,0*	*12,7*	*11,4*	*10,2*
	12E0	1.4550	25,0	25,0	23,3	22,1	21,0	19,8	19,1	18,5	18,1	17,7						
	13E0	1.4404	25,0	23,6	21,5	19,8	18,6	17,2	16,5	16,0	15,6	15,2						
	14E0	1.4401	25,0	25,0	22,7	21,0	19,8	18,5	17,8	17,1	16,8	16,5	16,3	16,0	15,8	15,6	*15,4*	*14,0*
	15E0	1.4571	25,0	25,0	24,5	23,3	22,1	20,8	20,1	19,5	19,1	18,8	18,6	18,5	*18,3*	*16,7*	*15,2*	*13,8*
	16E0	1.4462	25,0	25,0	25,0	25,0	25,0											
	11E0	1.4948	25,0	22,7	20,4	18,6	17,5	16,3	15,7	15,1	14,5	14,0	13,4	13,1	12,9	*12,7*	*11,6*	*10,5*
	12E0	1.4941	25,0	23,9	22,7	21,5	20,9	20,4	19,8	19,2	18,6	18,0	17,5	17,0	*16,6*	*15,1*	*13,5*	*12,1*

Tabelle 2.46 Druck-Temperatur-Zuordnungen für PN 40 n. DIN EN 1092-1: 2008-09 (D) (austenitische Stähle)

PN	Werk-stoff-gruppe	Werkstoff-nummer	maximal zulässige Temperatur TS °C															
			RT	100	150	200	250	300	350	400	450	500	550	560	570	580	590	600
			maximal zulässiger Druck PS bar															
40	10E0	1.4307	40,0	34,4	30,8	28,0	26,0	24,1	23,0	22,0	21,4	20,7	*17,5*	*16,1*	*14,8*	*13,7*	*12,3*	*11,2*
	10E1	1.4311	40,0	40,0	40,0	35,6	33,3	31,8	30,6	29,7	29,0	28,3						
	11E0	1.4301	40,0	36,3	32,7	29,9	27,6	25,7	24,5	23,8	23,3	22,8	*17,5*	*16,1*	*14,8*	*13,7*	*12,3*	*11,2*
	12E0	1.4541	40,0	39,6	37,3	35,4	33,7	31,8	30,6	29,7	29,0	28,3	*27,0*	*24,5*	*22,4*	*20,3*	*18,2*	*16,3*
	12E0	1.4550	40,0	40,0	37,3	35,4	33,7	31,8	30,6	29,7	29,0	28,3						
	13E0	1.4404	40,0	37,9	34,4	31,8	29,9	27,6	26,4	25,7	25,0	24,3						
	14E0	1.4401	40,0	40,0	36,3	33,7	31,8	29,7	28,5	27,4	26,9	26,4	26,0	25,7	25,4	25,0	*24,7*	*22,4*
	15E0	1.4571	40,0	40,0	39,2	37,3	35,4	33,3	32,1	31,2	30,6	30,0	29,9	29,6	*29,3*	*26,8*	*24,3*	*22,0*
	16E0	1.4462	40,0	40,0	40,0	40,0	40,0											
	11E0	1.4948	40,0	36,3	32,7	29,9	28,0	26,0	25,1	24,1	23,3	22,4	21,5	21,0	20,7	*20,3*	*18,6*	*16,9*
	12E0	1.4941	40,0	38,2	36,3	34,4	33,5	32,7	31,8	30,8	29,9	28,9	28,0	27,2	*26,6*	*24,1*	*21,7*	*19,4*

Tabelle 2.47 Auswahl der Werkstoffe für Schrauben, Gewindebolzen und Muttern n. EN 1515-1 (99)

Zeile Nr.	PN bis	Temperaturbereich °C	Werkstofftyp		Werkstoffbezeichnung oder Festigkeitsklasse Werkstoffnummer Werkstoffnorm	
			Schraube	Mutter	Schraube Gewindebolzen	Mutter
1	PN 40	–10 bis 120	C-St	C-St	4.6 – EN 20898-1	5 – EN 20898-2
2	PN 40[1])	–10 bis 300	C-St	C-St	5.6 – EN 20898-1	5 – EN 20898-2
3	PN 40[1])	–10 bis 300	C-St	C-St	6.8 – EN 20898-1	6 – EN 20898-2
4	PN 40[1])	–10 bis 300	C-St	C-St	8.8 – EN 20898-1	8 – EN 20898-2
5	alle	–10 bis 450	0,25C-1Cr-Mo	C-St warmfest	25CrMo4 1.7218 EN 10269	C35E 1.1181 EN 10269
6	alle	–10 bis 450	0,42C-1Cr-Mo	C-St warmfest	42CrMo4 1.7225 EN 10269	C45E 1.1191 EN 10269
7	alle	–60 bis 400	0,25C-1Cr-Mo	18Cr-9Ni	25CrMo4 1.7218 EN 10296	A2-50, A2-70 – EN ISO 3506-2
8	alle	–100 bis 450	0,42C-1Cr-Mo	0,42C-1Cr-Mo	42CrMo4 1.7225 EN 10269	42CrMo4 1.7225 EN 10269
9	alle	–40 bis 300	0,3C-2Cr-Ni-Mo	0,42C-1Cr-M0	30CrNiMo8 1.6580 EN 10269	42CrMo4 1.7225 EN 10269
10	alle	–10 bis 500	0,42C-1,3Cr-0,6Mo	0,42C-1Cr-Mo	42CrMo5-6 – EN 10269	42CrMo4 1.7225 EN 10269
11	alle	–10 bis 500	0,40C-1Cr-0,6Mo-V	0,42C-1Cr-Mo	40CrMoV4-6 1.7711 EN 10269	42CrMo4 1.7225 EN 10269
12	alle	–10 bis 540	0,21C-1,3Cr-0,7Mo-V	0,21C-1,3Cr-0,7Mo-V	21CrMoV5-7 1.7709 EN 10269	21CrMoV5-7 1.7709 EN 10269
13	alle	–10 bis 600	0,2C-1Cr-1Mo-V-Ti-B	0,2C-1Cr-1Mo-V-Ti-B	20CrMoVTiB4-10 – EN 10269	20CrMoVTiB4-10 – EN 10269
14	alle	–200 bis 550	25Ni-15Cr-0,2Ti-Mo-V-B	25Ni-15Cr-0,2Ti-Mo-V-B	X6NiCrTiMoVB 25-15-2 1.4980 EN 10269	X6NiCrTiMoVB 25-15-2 1.4980 EN 10269

Tabelle 2.47 (Fortsetzung)

Zeile Nr.	PN bis	Temperaturbereich °C	Werkstofftyp		Werkstoffbezeichnung oder Festigkeitsklasse Werkstoffnummer Werkstoffnorm	
			Schraube	Mutter	Schraube Gewindebolzen	Mutter
15	alle	–10 bis 550	16Cr-16Ni-Mo-B-Nb	16Cr-16Ni-Mo-B-Nb	X7CrNiMoBNb16-16 1.4986 EN 10269	X7CrNiMoBNb16-16 1.4986 EN 10269
16	PN 40	–200 bis 400	18Cr-9Ni-Mo	18Cr-9Ni-Mo	A4-50 – EN ISO 3506-1	A4-50 – EN ISO 3506-2
17	PN 100	–200 bis 400	18Cr-9Ni-Mo	18Cr-9Ni-Mo	A4-70 – EN ISO 3506-1	A4-70 – EN ISO 3506-2
18	PN 40	–200 bis 400	18Cr-9Ni	18Cr-9Ni	A2-50 – EN ISO 3506-1	A2-50 – EN ISO 3506-2
19	PN 100	–200 bis 400	18Cr-9Ni	18Cr-9Ni	A2-70 – EN ISO 3506-1	A2-70 – EN ISO 3506-2
20	PN 40	–200 bis 550	17Cr-12Ni-2Mo	17Cr-12Ni-2Mo	X5CrNiMo17-12-2 1.4401 EN 10269	X5CrNiMo17-12-2 1.4401 EN 10269
21	PN 100	–200 bis 200[2])	17Cr-12Ni-2Mo AT+C	17Cr-12Ni-2Mo	X5CrNiMo17-12-2 AT+C 1.4401 EN 10269	X5CrNiMo17-12-2 1.4401 EN 10269
22	PN 40	–200 bis 550	18Cr-10Ni	18Cr-10Ni	X5CrNi18-10 1.4301 EN 10269	X5CrNi18-10 1.4301 EN 10269
23	PN 100	–200 bis 200[2])	18Cr-10Ni AT+C	18Cr-10Ni	X5CrNi18-10 AT+C 1.4301 EN 10269	X5CrNi18-10 1.4301 EN 10269

[1]) Bis PN 63 und für Temperaturen bis 120 °C

[2]) Festigkeitswerte für erhöhte Temperaturen können von diesem Werkstoff im Zustand AT genommen werden, da diese Werte für die kaltverfestigte Variante fehlen.

Die mit «X» gekennzeichneten Werkstoffe wurden mit Zeitstandsfestigkeitswerten von 100 000 h unter Berücksichtigung des Sicherheitsbeiwertes von $SF_{CR} = 1{,}5$ berechnet. Diese Werte sind in den Tabellen kursiv angegeben.

Die Ergebnisse des berechneten maximal zulässigen Drucks PS bei Auslegungstemperatur sind auf die erste Dezimalstelle hinter dem Komma abzurunden.

Werkstoffe

In Tabelle 2.32 sind Werkstoffe mit etwa gleichen physikalischen Daten in Werkstoffgruppen zusammengefasst.

Die gebräuchlichsten nicht austenitische Werkstoffgruppen sind in Tabelle 2.33 zusammengefasst.

Für diese Werkstoffgruppen sind beispielhaft die Druck-Temperatur-Zuordnungen in den Tabellen 2.34 bis 2.39 bis PN 40 angegeben.

Für die austenistischen und austenistisch-ferritischen Stähle sind die Werkstoffgruppen in Tabelle 2.40 erfasst. Für diese Werkstoffgruppen sind die Druck-Temperatur-Zuordnungen in den Tabellen 2.41 bis 2.46 zu ersehen.

Referenzwert für die Dicke (v_R)

v_R ist die obere Dicke jedes Nenndickenbereiches, für den in der Werkstoffnorm ein Festigkeitswert angegeben ist.

2.6.3 Dichtungen

Dichtungen haben die Aufgabe, in lösbaren Verbindungen die Unebenheiten der beiden Flanschflächen auszugleichen. Daher muss die Dichtung gute Verformungsfähigkeit und Elastizität besitzen.

Wie aus der Festigkeitsberechnung zu ermitteln ist, ergeben sich für die einzelnen Flansche in Abhängigkeit vom Nenndruck bestimmte Abmessungen, die keine wahllosen Formen der Dichtflächen mehr zulassen. Aus der Optimierung der Flanschverbindung (Flansche, Schrauben und Dichtung) ergeben sich die in Tabelle 2.30 dargestellten Formen der Dichtflächen in Abhängigkeit vom Nenndruck.

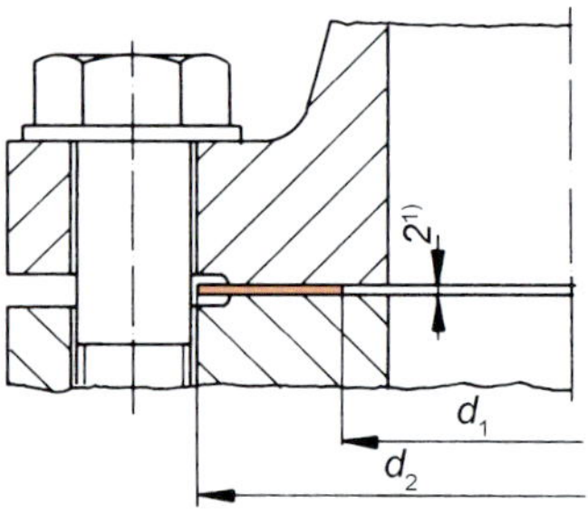

Flachdichtungen für Flansche mit ebener Dichtfläche nach DIN 28 090-2 (95) bzw. DIN EN 1514-1 (08.97) PN 1...40

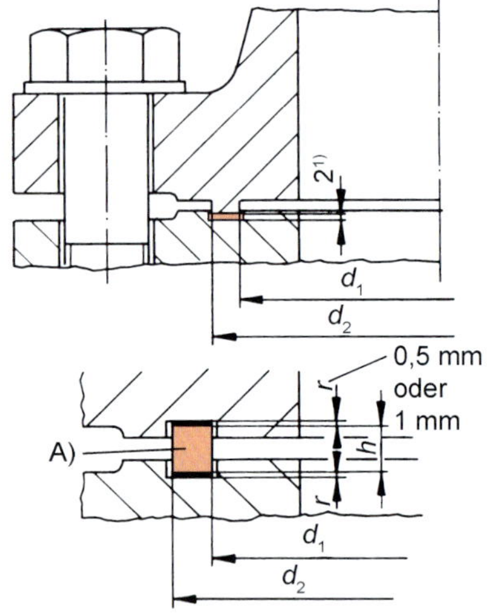

Flachdichtungen für Flansche mit Feder und Nut nach DIN EN 1514-1 (08.97) PN 10...160

A) Einlegering für Flanschverbindungen Nut gegen Nut nach DIN EN 1092-1: 2007 (D)

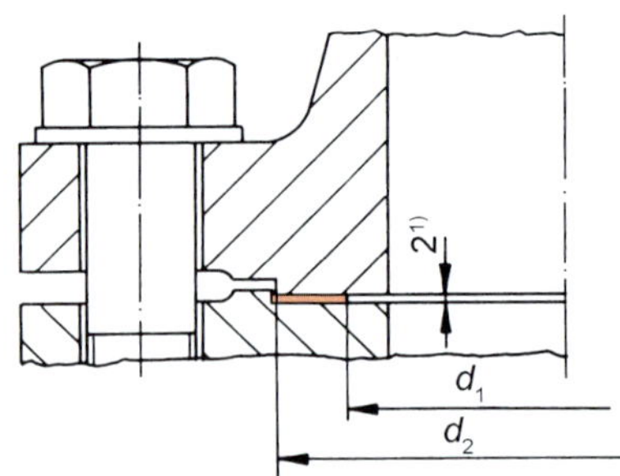

Flachdichtungen für Flansche mit Rücksprung nach DIN EN 1514-1 (08.97) PN 10...100

Bild 2.14. Typische Flachdichtungsformen

[1]) Größere Dicken können vereinbart werden.

Als Basis für die Maße sämtlicher Dichtflächen dient immer die Flanschblatt-dicke C. Von dieser Dicke aus werden die entsprechenden Ein- und Ausdrehungen vorgenommen für z.B. Nut- und Federausführung.

Grundsätzlich unterscheidet man 3 Dichtungsarten:

- Weichstoffdichtungen,
- Metall-Weichstoffdichtungen und
- Metalldichtungen.

Bei Dichtungen aus Fasermaterialien besteht die Gefahr, dass das Medium eindringt, da diese leicht porös sind. Es sollte daher die Dichtung so dünn wie möglich sein, um die dem Medium ausgesetzten Dichtungskanten zu verkleinern.

Die Dichtungsstärke kann jedoch nicht beliebig dünn sein, sondern ergibt sich aus der Tiefe der beiden Flanschrauigkeiten, der Kompressibilität bei gegebener Pressung und Temperatur sowie einer mechanisch erforderlichen Reststegdicke. Die minimale Dichtungsstärke für Flansche mit Dichtleiste beträgt somit ca. 0,5 mm. Als Standarddicke wird allgemein 2 mm verwendet (Bild 2.14).

Weichstoffdichtungen
Für die Rohrleitungsanlagen werden fast ausschließlich Fasermaterialien nach DIN 28091-2 verwendet. Diese Materialien können bis zu Temperaturen von 500 °C und einem Innendruck von 100 bar eingesetzt werden, wobei das früher verwendete Füllmaterial Gummi durch spezielle Binder (synthetische Elastomere und Grafit) ersetzt wurde.

Um das Eindringen vom Innenmedium in die Dichtung zu verhindern und die Lebensdauer der Faserdichtungen zu verlängern, besteht die Möglichkeit, die Innenkante der Dichtung mit Metallband zu umbördeln (armieren). Dieses Metallband ist aus Weicheisen oder Edelstahl (Bild 2.15). Hierdurch wird die Standfestigkeit der Dichtung erhöht, behält jedoch die Elastizität und Anschmiegsamkeit, durch die sich Faserdichtungen auszeichnen. Infolge des Metallbördels ist eine etwas höhere Vorverformungspressung auf die Dichtung aufzubringen als bei der reinen Faserdichtung.

Metall-Weichstoffdichtungen
Diese bestehen aus einer Weichstoffdichtung, die durch Metall ummantelt oder gestützt wird. Für eine gute Anpassung an die Dichtfläche sorgt die Weichdichtung. Das Rückfederungsvermögen sollte groß sein, damit in allen Betriebsbereichen die Dichtung ihre Funktion erhält.

Solche Forderung erfüllt die Spiral-Grafit-Dichtung nach Bild 2.15. Diese Art der Dichtungen besteht aus einem dünnen, V-förmigen, profilierten, in Spiralen konzentrisch angeordnetem Stahlband (CrNi-Stahl). Als Füllmaterial zwischen dem Stahlband dienen Grafit oder Faserstoffe. Das günstigste elastische Verhalten wird erst ab einer bestimmten Zusammenpressung erreicht. Um das Rückfederungs- und Erholungsvermögen möglichst groß werden zu lassen, beträgt die Standarddicke dieser Dichtung ca. 4,5 mm; sie sollte auf ca. 3,5 mm vorverformt werden. Die maximal zulässige Zusammenpressung ist bei einer Dicke von etwa 3 mm erreicht. Spiral-Grafit-Dichtungen besitzen wegen der hohen Flächenpressung i.Allg. eine bedeutend geringere Dichtungsbreite als Flachdichtungen aus Faserwerkstoffen. Zur Zentrierung der Dichtung wird dann vorwiegend eine Zentrierung aus Fasermaterial oder Stahl an die Spiraldichtung angebracht.

Metalldichtungen
Metalldichtungen werden vorzugsweise in Form von Flachdichtungen nach DIN 2694 (Bild 2.15) oder als Kammprofildichtung nach DIN EN 1514-6 (03.04) eingesetzt. Als Werkstoffe dienen Weicheisen, allgemeiner Baustahl nach DIN EN 10025-1 (02.05), warmfeste Stähle nach DIN EN 10028-1 (09.03) oder nichtrostende Stähle nach DIN EN 10088-3 (09.05) sowie Al und Cu.

2.6.4 Schrauben und Muttern

Die Schrauben einer Flanschverbindung erzeugen die erforderliche Dichtpressung und sind somit neben der Dichtung selbst ent-

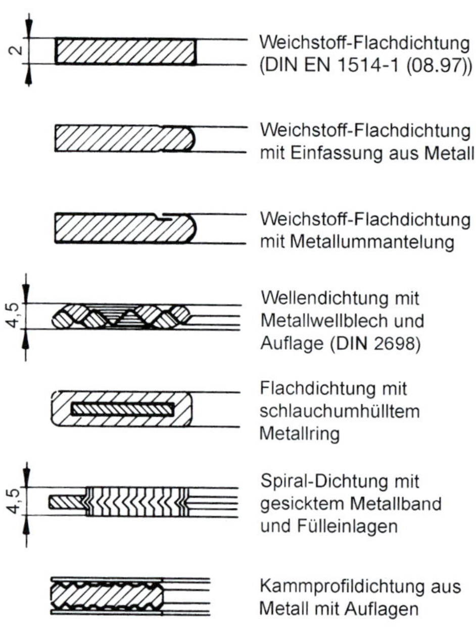

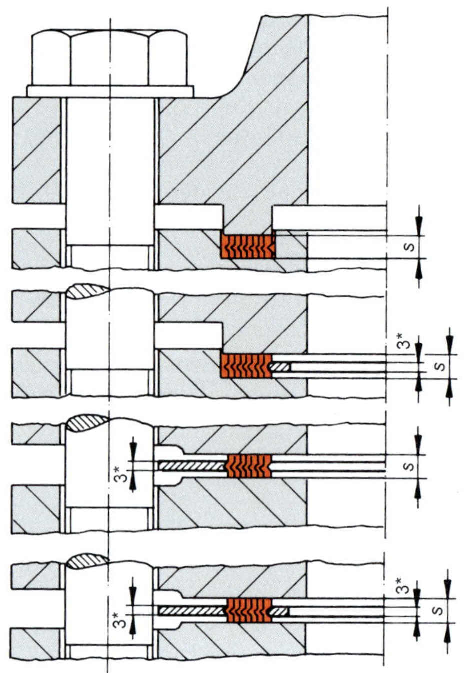

s = 4,5 mm
* nur bei 4,5 mm
Dichtungsdicke

Einbauarten am Beispiel
der Spiraldichtung

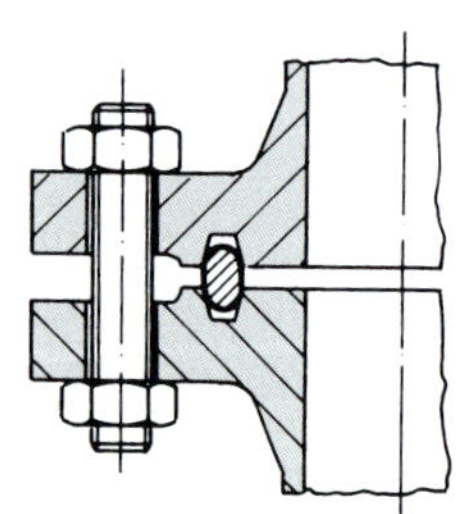

Flanschpaar mit
Ring-Joint-Dichtung
(API-Standard)

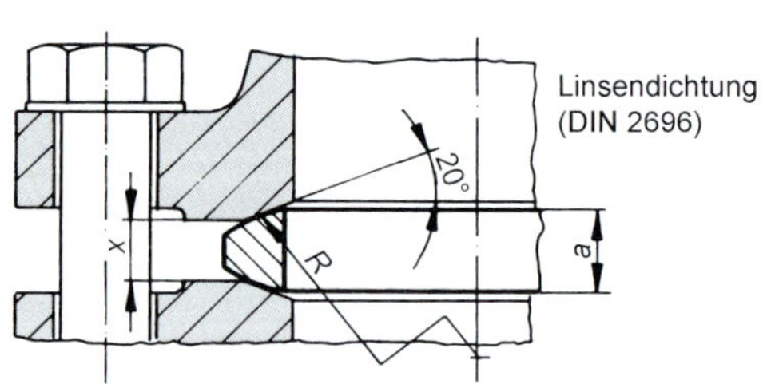

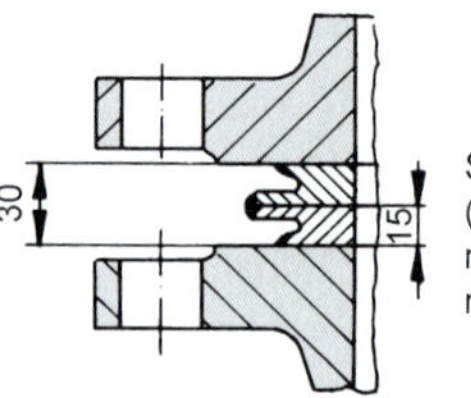

Schweißlippendichtung
(Wiederverschweißung ist je
nach Werkstoff 3- bis 4-mal
möglich)

Bild 2.15
Flanschdichtungen

scheidend dafür verantwortlich, dass keine Leckage am Flansch auftritt. Auch die Schrauben sind hohen Temperaturbeanspruchungen ausgesetzt. Vor allem entstehen beim An- und Abfahren der Anlage wechselhafte Beanspruchungen der Flanschverbindung, was eine gewisse Elastizität der Verbindung voraussetzt. So wird beim Anfahren zunächst das Rohr erwärmt und dann erst die Flansche. Die Erwärmung der Schraube erfolgt zeitlich später. Durch die Wärmeausdehnung der sich schneller erwärmenden Flansche entstehen in den Schrauben Zugbeanspruchungen, die einen Wert erreichen können, der über der Streckgrenze der Schrauben liegt und somit eine bleibende Dehnung der Schrauben entsteht, die zur Undichtigkeit der Flanschverbindung führen kann. Die Auswahl der Werkstoffe für Schrauben, Gewindebolzen und Muttern s. Tabelle 2.47

Beim Anziehen der Schrauben ist immer darauf zu achten, dass «über Kreuz» angezogen wird. Bei ungleichmäßigem Anziehen können einzelne Schrauben überbeansprucht werden. Überbeanspruchung kann auch entstehen, wenn die Flansche durch Montageungenauigkeiten oder durch Vorspannung der Rohrleitung nicht planparallel anliegen und dann versucht wird, mit den Schrauben die Flansche zusammenzuziehen.

Die Festigkeitswerte der Schrauben und Muttern sind in DIN 267-13 (05.07), festgelegt.

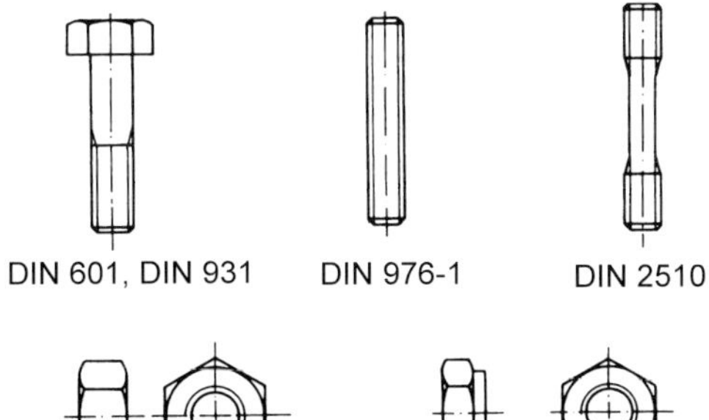

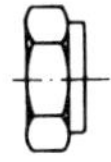

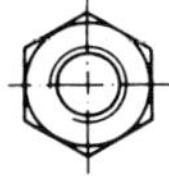

Bild 2.16 Schauben und Muttern nach DIN EN ISO 4032 (3.01)

Festigkeitsklassen für Schrauben

Das Bezeichnungssystem nennt als kennzeichnendes Merkmal die Mindestzugfestigkeit und das Streckgrenzenverhältnis bei Raumtemperatur, z.B.:

5.6 → Streckgrenzenverhältnis 60%,
↳ $^1/_{100}$ der Mindestzugfestigkeit (500 N/mm²).

Die Multiplikation beider Zahlen ergibt den Kennwert für die Mindeststreckgrenze von $5 \cdot 6 \cdot 10 = 300$ N/mm².

Festigkeitsklassen für Muttern

Die Bezeichnungszahl entspricht $^1/_{100}$ der Mindestzugfestigkeit in N/mm² einer Schraube, mit der die Mutter gepaart werden muss, wenn die Belastbarkeit der Verbindung bis zur Mindestbruchlast der Schraube gewährleistet werden soll, z.B.:

5 → Prüfspannung 500 N/mm².

Zur Werkstoffauswahl: Schraube und Mutter müssen aus verschiedenen Stählen hergestellt sein, da diese sonst zum «Festfressen» neigen. Richtlinien für die Werkstoffauswahl sind in Tabelle 2.47 aufgeführt. An Schrauben gibt es handelsüblich: 6-Kant-Schrauben, Schraubenbolzen mit Dehnschaft, d.h. Dehnschrauben (Bild 2.16).

Die Anwendung der Schraubenbolzen mit Dehnschaft ist dadurch gekennzeichnet, dass der Dehnschaft durch seine größere Elastizität gegenüber der Vollschaftschraube die Wechselbeanspruchung, hervorgerufen durch Temperaturschwankungen bzw. unterschiedliche Dehnungsverhältnisse Flansch zur Schraube, wesentlich besser aufnimmt. Aus diesem Grund sind für zulässige Betriebstemperaturen über 300 °C Dehnschrauben vorzusehen.

Gemäß der DIN 2510 muss eine Dehnschraubverbindung jedoch folgende grundsätzliche Voraussetzungen erfüllen (siehe Bild in Tabelle 2.48):

1. Die kleinste Dehnschaftlänge des Schraubenbolzens muss gleich dem 2-fachen Gewindedurchmesser sein.
2. Die Auflagefläche der 6-Kant-Mutter muss planbearbeitet sein (▽▽).
3. Die Auflageflächen der beiden Muttern müssen planparallel sein, damit der Dehnschaft nicht auf Biegung beansprucht wird.

Tabelle 2.48
Schraubenbolzen L und 6-Kant-Mutter NF nach DIN 2510 für Flanschverbindungen

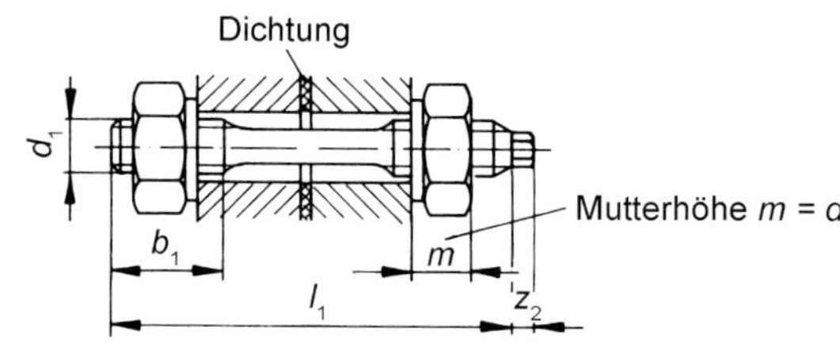

1. Schraubenbolzenabmessungen $d_1 \times l_1$ (Nenngrößen)[1)]

<table>
<tr><th>PN / DN</th><th>16</th><th>25</th><th>40</th><th>64</th><th>100</th><th>160</th><th>250</th><th>320</th><th>400</th></tr>
<tr><td>10</td><td rowspan="2">M 12 × 60</td><td rowspan="12">wie PN 40</td><td rowspan="2">M 12 × 65</td><td rowspan="6">wie PN 100</td><td rowspan="2">M 12 × 75</td><td rowspan="2">M 12 × 75</td><td>wie PN 320</td><td>M 16 × 90</td><td>M 16 × 105</td></tr>
<tr><td>15</td><td>M 16 × 95</td><td>M 16 × 95</td><td>M 20 × 110</td></tr>
<tr><td>20</td><td rowspan="2">M 12 × 65</td><td rowspan="2">M 12 × 70</td><td>–</td><td>–</td><td>–</td><td>–</td><td>–</td></tr>
<tr><td>25</td><td>M 16 × 90</td><td>M 16 × 90</td><td>M 20 × 110</td><td>M 20 × 120</td><td>M 24 × 135</td></tr>
<tr><td>32</td><td rowspan="2">M 16 × 70</td><td>M 16 × 75</td><td>–</td><td>–</td><td>–</td><td>–</td><td>–</td></tr>
<tr><td>40</td><td>M 16 × 80</td><td>M 20 × 105</td><td>M 20 × 110</td><td>M 24 × 130</td><td>M 24 × 135</td><td>M 27 × 165</td></tr>
<tr><td>50</td><td rowspan="2">M 16 × 75</td><td rowspan="2">M 16 × 85</td><td rowspan="2">M 20 × 105</td><td>M 24 × 115</td><td>M 24 × 120</td><td>M 24 × 135</td><td>M 24 × 145</td><td>M 27 × 170</td></tr>
<tr><td>65</td><td>M 24 × 120</td><td>M 24 × 130</td><td>M 24 × 145</td><td>M 27 × 170</td><td>M 30 × 200</td></tr>
<tr><td>80</td><td rowspan="2">M 16 × 80</td><td>M 16 × 90</td><td>M 20 × 110</td><td>M 24 × 125</td><td>M 24 × 135</td><td>M 27 × 160</td><td>M 27 × 175</td><td>M 30 × 210</td></tr>
<tr><td>100</td><td>M 20 × 100</td><td>M 24 × 120</td><td>M 27 × 140</td><td>M 27 × 145</td><td>M 30 × 180</td><td>M 33 × 210</td><td>M 36 × 245</td></tr>
<tr><td>125</td><td>M 16 × 85</td><td rowspan="2">M 24 × 115</td><td>M 27 × 135</td><td>M 30 × 155</td><td>M 30 × 160</td><td>M 30 × 195</td><td>M 33 × 230</td><td>M 36 × 270</td></tr>
<tr><td>150</td><td rowspan="3">M 20 × 95</td><td>M 30 × 145</td><td>M 30 × 160</td><td>M 30 × 175</td><td>M 33 × 215</td><td>M 36 × 255</td><td>M 39 × 300</td></tr>
<tr><td>(175)</td><td rowspan="2">M 24 × 115</td><td>M 27 × 130</td><td>M 30 × 155</td><td>M 30 × 170</td><td>M 33 × 190</td><td>–</td><td>M 39 × 285</td><td>–</td></tr>
<tr><td>200</td><td>M 27 × 135</td><td>M 33 × 165</td><td>M 33 × 185</td><td>M 33 x 200</td><td>M 39 × 255</td><td>M 39 × 300</td><td>M 45 × 365</td></tr>
<tr><td>250</td><td>M 24 × 110</td><td>M 27 × 125</td><td>M 30 × 150</td><td>M 33 × 170</td><td>M 36 × 205</td><td>M 39 × 230</td><td>M 45 × 305</td><td>M 48 × 365</td><td>–</td></tr>
<tr><td>300</td><td rowspan="2">M 24 × 115</td><td>M 27 × 130</td><td>M 30 × 160</td><td>M 33 × 185</td><td>M 39 × 230</td><td>M 39 × 250</td><td>–</td><td>–</td><td>–</td></tr>
<tr><td>350</td><td>M 30 × 145</td><td>M 33 × 170</td><td>M 36 × 200</td><td>M 45 × 255</td><td>–</td><td>–</td><td>–</td><td>–</td></tr>
<tr><td>400</td><td>M 27 × 125</td><td>M 33 × 155</td><td>M 36 × 185</td><td>M 39 × 215</td><td>–</td><td>–</td><td>–</td><td>–</td><td>–</td></tr>
</table>

[1)] Tabellenwerte der Schraubenbolzenlänge l_1 schließen die Dichtungsdicken ein: ≦ PN 40 ~ 1 mm; > PN 40 ~ 5 mm

2. Anzahl der Schraubenbolzen für eine Flanschverbindung

<table>
<tr><th>PN / DN</th><th>16</th><th>25</th><th>40</th><th>64</th><th>100</th><th>160</th><th>250</th><th>320</th><th>400</th></tr>
<tr><td>10-40</td><td rowspan="3">4</td><td rowspan="6">wie PN 40</td><td rowspan="2">4</td><td>wie PN 100</td><td rowspan="2">4</td><td rowspan="2">4</td><td>4</td><td>4</td><td>4</td></tr>
<tr><td>50</td><td>4</td><td rowspan="3">8</td><td rowspan="3">8</td><td rowspan="3">8</td></tr>
<tr><td>65</td><td rowspan="4">8</td><td rowspan="4">8</td><td rowspan="3">8</td><td rowspan="3">8</td></tr>
<tr><td>80 und 100</td><td rowspan="4">8</td></tr>
<tr><td>125</td><td rowspan="2">12</td><td rowspan="3">12</td><td rowspan="2">12</td></tr>
<tr><td>150</td><td rowspan="4">12</td><td rowspan="4">12</td></tr>
<tr><td>(175)</td><td rowspan="3">12</td><td rowspan="3">12</td><td rowspan="3">12</td><td></td><td></td></tr>
<tr><td>200</td><td rowspan="3">12</td><td>12</td><td rowspan="2">16</td><td>16</td></tr>
<tr><td>250</td><td>16</td><td rowspan="4"></td></tr>
<tr><td>300</td><td rowspan="3">16</td><td rowspan="3">16</td><td rowspan="3">16</td><td rowspan="2">16</td><td>16</td><td rowspan="3"></td><td rowspan="3"></td></tr>
<tr><td>350</td><td rowspan="2">16</td><td rowspan="2"></td></tr>
<tr><td>400</td><td></td></tr>
</table>

3. Maße zum Schraubenbolzen

Gewinde d_1	M 12	M 16	M 20	M 24	M 27	M 30	M 33	M 36	M 39	M 45	M 48
b_1	20	23	28	32	35	39	42	45	48	55	58
z_2	4	5	6	6	6	6	9	9	10	11	11

Bezeichnungsbeispiel:
Schraubenbolzen LM20 × 95 – DIN 2510 – 24 CrMo 5
Mutter NFM 20 – DIN 2510 – C 35

Bild 2.17 Dehnschraubenverbindung an einem Flanschpaar.
Die Dichtheit ist durch eine Schweißlippendichtung gewährleistet (Fabr.: HTT)

Gemäß Pos. 1 ist der Anwendungsbereich dadurch gekennzeichnet, dass eine Dehnschraubverbindung bis zu einem Nenndruck von PN 40 mit Dehnhülse versehen werden muss (Bild 2.18). Damit die Vorspannkraft den errechneten Wert möglichst erreicht, sollte die Schraubverbindung nur mit dem Drehmomentschlüssel angezogen werden.

Das Anziehdrehmoment errechnet sich nach Bild 2.19 zu:

$$M_A = M_A + M_R \qquad \text{(Gl. 2.4)}$$

mit:

$$M_A = F_S \cdot r_m \cdot \tan(\varphi + \varrho') \qquad \text{(Gl. 2.5)}$$

$$M_R = F_S \cdot R_m \cdot \mu \qquad \text{(Gl. 2.6)}$$

somit:

$$M = F_S \cdot (r_m \cdot \tan(\varphi + \varrho') + R_m \cdot \mu) \qquad \text{(Gl. 2.7)}$$

$$\tan \varphi = \frac{h}{d_2 \cdot \pi} \approx 0{,}05 \qquad \text{(Gl. 2.8)}$$

$$\tan \varrho' = \frac{h}{\cos \alpha / 2} \approx 0{,}16 \qquad \text{(Gl. 2.9)}$$

$$M \approx F_S \cdot (0{,}21 \cdot r_m + 0{,}14 \cdot R_m) \qquad \text{(Gl. 2.10)}$$

Die Flanschverbindung ist so anzuziehen, dass **beim Einbau** die notwendige Vorverformung der Dichtung gewährleistet ist und dass die Verbindung im Betriebszustand dicht bleibt.

Hinweis: Eine entsprechende Mathcad-Berechnung finden Sie hierzu im buchbegleitenden Onlineservice InfoClick.

2.6.5 Schraubverbindung

Schraubverbindungen werden im Wesentlichen unterteilt in Verbindungen mit Abdichtung im

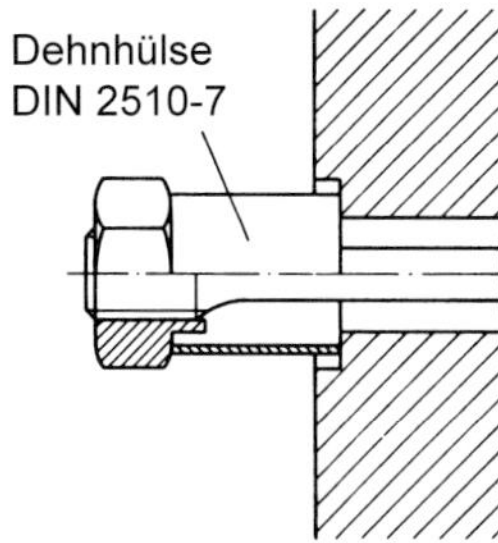

Bild 2.18 Dehnschraube mit Dehnhülse

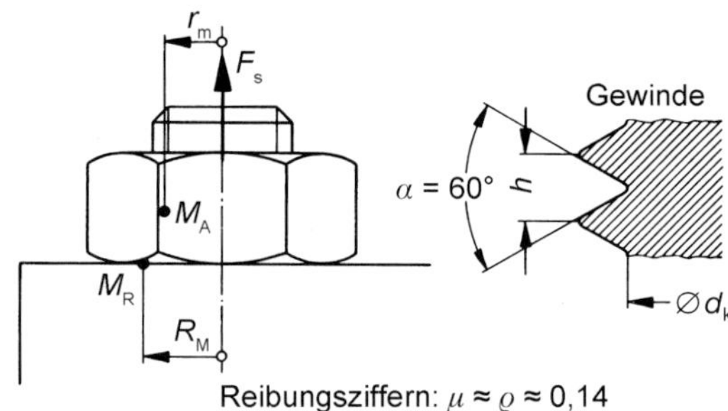

Bild 2.19 Kräfte und Momente an einer Schaubverbindung

Gewinde und in Verbindungen, in denen das Gewinde nicht die Dichtfunktion übernimmt.

Der wirtschaftliche Vorteil dieser Verbindungen besteht darin, dass mit ihnen eine Rohrleitung mit verhältnismäßig einfachen Mitteln zusammengebaut werden kann und später wieder zwischen 2 Gewindestellen zerlegbar ist.

2.6.5.1 Schraubverbindungen mit Abdichtungen im Gewinde

Es ist heute noch allgemein üblich, Versorgungsleitungen in der Hausinstallation und untergeordnete Rohrleitungen in der Industrie mit Gewindefittings zu verbinden.

In der Rohrinstallation verwendet man ausschließlich das Whitworth-Rohrgewinde nach DIN EN 10226-1 (10.04) für Verbindungen mit zylindrischem Innengewinde an Armaturen, Fittings usw. und kegeligem Außengewinde an Gewinderohren gemäß Bild 2.20.

Beim Zusammenbau von Rohrteil und Fitting wird nach festem Anziehen bereits eine weitgehende metallische Abdichtung erreicht. Um jedoch einen ergänzenden Sicherheitsfaktor zu erhalten, werden die Gewinde vor dem Einschrauben mit Dichtungsmittel in Form von Hanf mit Dichtungskitt oder Dichtbänder aus Kunststoff verpackt bzw. umwickelt.

Die wichtigsten Elemente für den Zusammenbau eines Rohrleitungssystems sind die Fittings. Diese haben auch die Aufgabe, Abzweigungen und Richtungsänderungen zu ermöglichen.

Grundsätzlich unterscheidet man zwischen Tempergussfittings nach DIN 2950 für Temperaturen bis 150 °C und Stahlfittings nach DIN 2980.

Bild 2.20 Rohrgewinde nach DIN EN 10226-1 (10.04)

Nennweite der Rohre	Zoll	$^1/_8$	$^1/_4$	$^3/_8$	$^1/_2$	$^3/_4$	1	$1^1/_4$	$1^1/_2$	2	$2^1/_2$	3	4	5	6
	metr.	6	8	10	15	20	25	32	40	50	65	80	100	125	150
mittlere ≈ Einschraublänge	mm	7	10	10	13	15	17	19	19	24	27	30	36	40	40
d		9,728	13,157	16,66	20,95	26,44	33,25	41,91	47,8	59,61	75,18	87,88	113,03	138,43	163,83

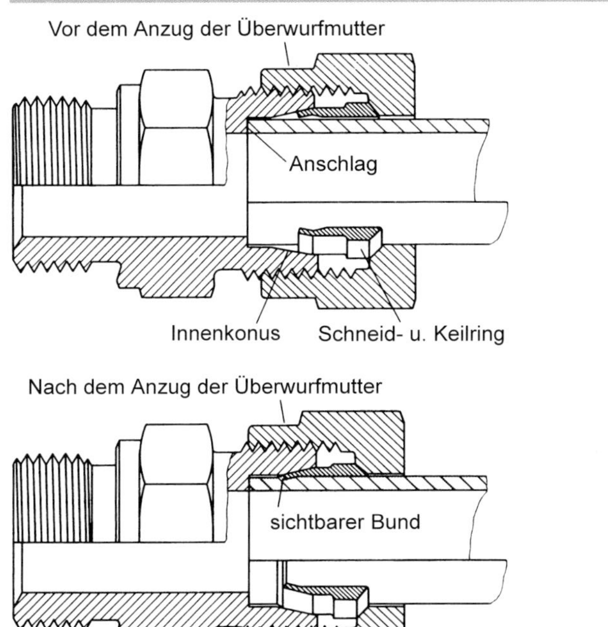

Bild 2.21 Schneidringverschraubung (Fa. Parker)

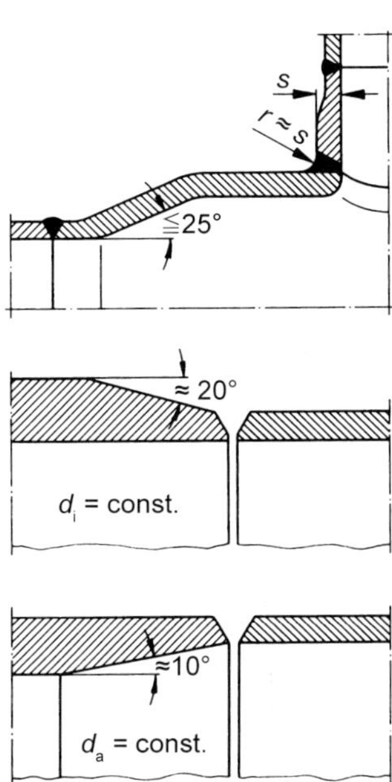

Bild 2.22 Konstruktive Gestaltungsrichtlinien für Schweißverbindungen

2.6.5.2 Rohrverschraubungen

Bei den Rohrverschraubungen wird die zur Dichtheit erforderliche Anpresskraft überwiegend durch eine Überwurfmutter erzeugt und auf einen Schneidring oder Buchsenkörper übertragen, der das Dichtungselement darstellt. Die Verschraubungselemente werden gekennzeichnet durch die Verbindung mit dem Rohrende. Im Wesentlichen unterscheidet man lötlose (Bild 2.21) und gelötete bzw. geschweißte Rohrverschraubungen. In DIN EN 3859-1 (09.05) sind die Normen von diesen Verbindungen übersichtartig zusammengestellt. Als Grundnorm für die Rohr-Außendurchmesser sämtlicher Verschraubungssysteme gilt DIN EN ISO 8434-1 (11.97), in der die gemeinsamen zu bevorzugenden Grundabmessungen mit d_a = 3, 4, 5, 6, 8, 10, 12, 14, 16, 20, 25, 30 und 38 mm festgelegt sind.

2.6.6 Schweißverbindungen

Geschweißte Verbindungen sind homogener Bestandteil der Rohrleitung und gewährleisten absolute Dichtheit im Betrieb. Sie werden deshalb bevorzugt verwendet und bilden zugleich die wirtschaftlichste Verbindung.

Voraussetzungen für die Güte einer Schweißverbindung sind das Zusammenpassen, eine einwandfreie Zentrierung der Rohrenden zueinander, die Schweißkantenvorbereitung und das Schweißverfahren.

2.6.6.1 Konstruktive Gestaltung

Die bei der Spannungsermittlung verwendeten Berechnungsverfahren setzen voraus, dass örtliche Spannungsspitzen durch Fließen abgebaut werden können. Das bedingt zum einen die Verwendung duktiver Werkstoffe und zum anderen eine dehnungsfreudige Gestaltung der Rohrleitungselemente, was somit eine Vermeidung von kerbartigen Übergängen und unterschiedliche Wanddicken voraussetzt. Die kerbartigen Übergänge lassen sich vermeiden, wenn die Nähte überschliffen und Eckverbindungen mit Abrundungsradien in der Größenordnung der Wanddicke versehen werden (Bild 2.22).

Tabelle 2.49 Fugenformen für Stumpfnähte, einseitig geschweißt (DIN EN 29692 (4.04)

Naht				
Kennzahl Nr.	Werkstückdicke t	Benennung	Symbol (nach ISO 2553)	Darstellung
1.1	$t \leq 2$	Bördelnaht	)(	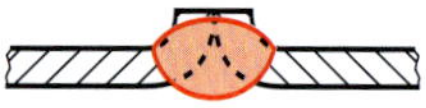
1.2	$t \leq 4$ $3 < t \leq 8$	I-Naht	||	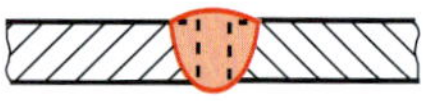
1.3	$3 \leq t \leq 10$	V-Naht	 V	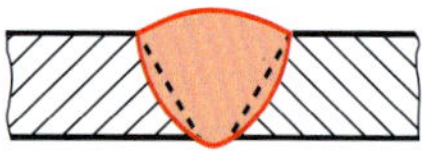
1.14	$t > 16$	Steilflankennaht	[5] 	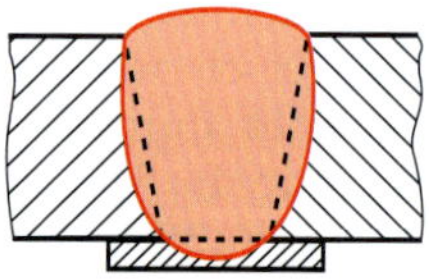
1.5	$5 \leq t \leq 40$	Y-Naht	 Y	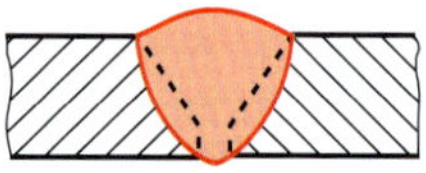

Fugenform					Empfohlener Schweißprozess[3] (nach ISO 4063)	Bemerkungen
Schnitt	Maße					
	Winkel[1] α, β	Spalt[2] b	Steghöhe c	Flankenhöhe h		
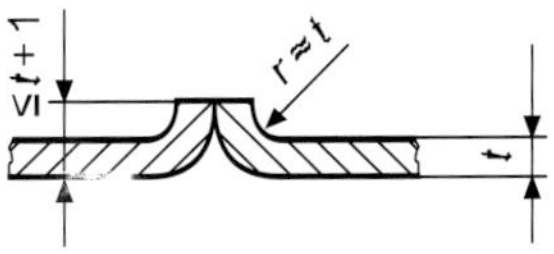 $\leq t+1$; $r \approx t$; t	–	–	–	–	3 111 141 131 135	Meist ohne Zusatzwerkstoff
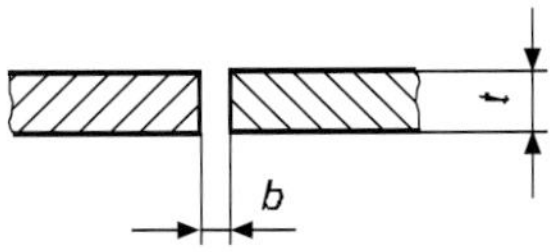 t; b	–	$b \approx t$	–	–	3 111 141	–
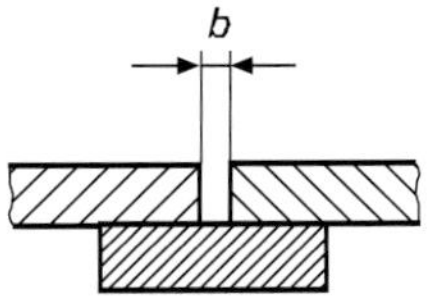 b	–	$6 \leq b \leq 8$	–	–	131 135 141[3]	Mit Badsicherung
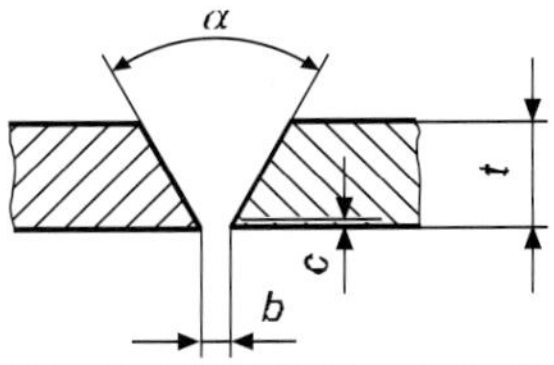 α; t; c; b	$40° \leq \alpha \leq 60°$	$b \leq 4$	$c \leq 2$	–	3[4]	Gegebenenfalls mit Badsicherung
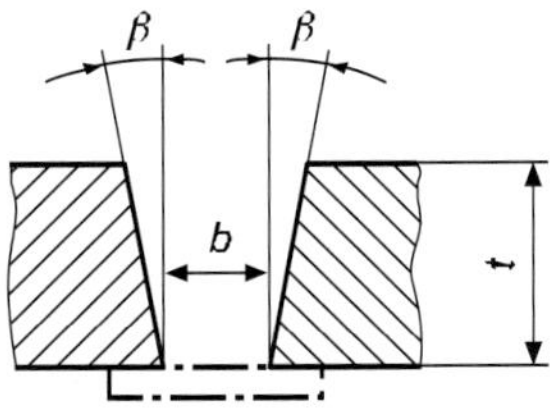 β; β; b; t	$5° \leq \beta \leq 20°$	$5 \leq b \leq 15$	–	–	111 131 135	Mit Badsicherung
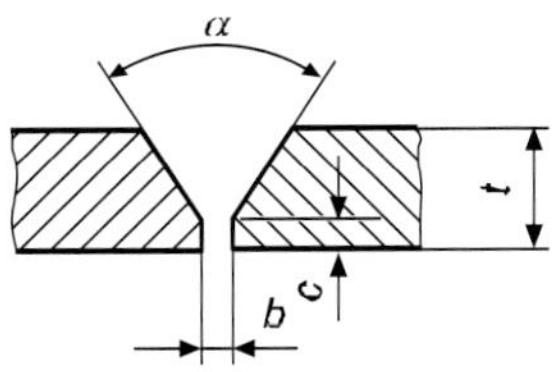 α; t; c; b	$\alpha \approx 60°$	$1 \leq b \leq 4$	$2 \leq c \leq 4$	–	111 131 135 141	–

Tabelle 2.49 (Fortsetzung)

Naht				
Kennzahl Nr.	Werkstückdicke t	Benennung	Symbol (nach ISO 2553)	Darstellung
1.3.7	$t > 12$	U-Naht auf V-Wurzel	5) 	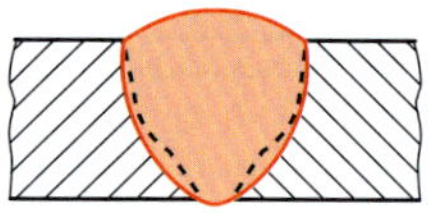
1.3.3	$t \leq 12$	V-Naht auf V-Wurzel	5) 	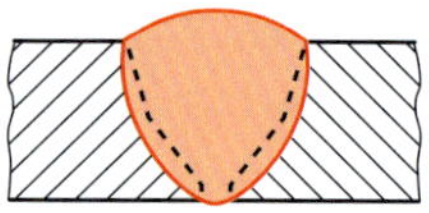
1.7	$t > 12$	U-Naht		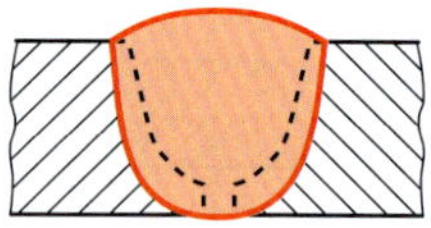

1) Für Schweißen in Position PC nach ISO 6947 (Querposition) auch größer und/oder unsymmetrisch.
2) Die angegebenen Maße gelten für den gehefteten Zustand.
3) Der Hinweis auf den Schweißprozess bedeutet nicht, dass er für den gesamten Bereich der Werkstückdicken anwendbar ist.
4) In besonderen Fällen auch anwendbar für 111, 131, 135, 141.
5) Symbol in ISO 2553 noch nicht genormt.

Fugenform					Empfohlener Schweißprozess[3] (nach ISO 4063)	Bemerkungen
Schnitt	Maße					
	Winkel[1] α, β	Spalt[2] b	Steghöhe c	Flankenhöhe h		
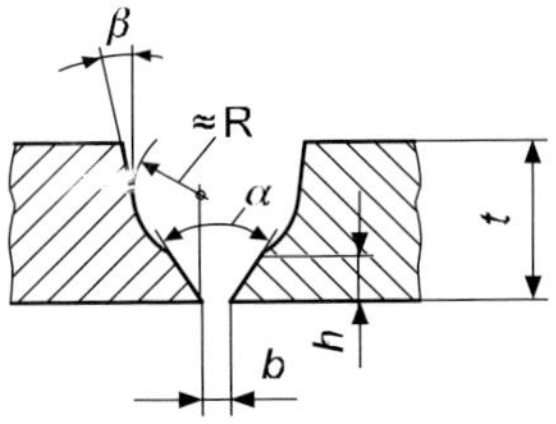	$60° \le \alpha \le 90°$ $8° \le \beta \le 12°$	$1 \le b \le 3$	–	$h \approx 4$	111 131 135 141	R = 6 bis 9
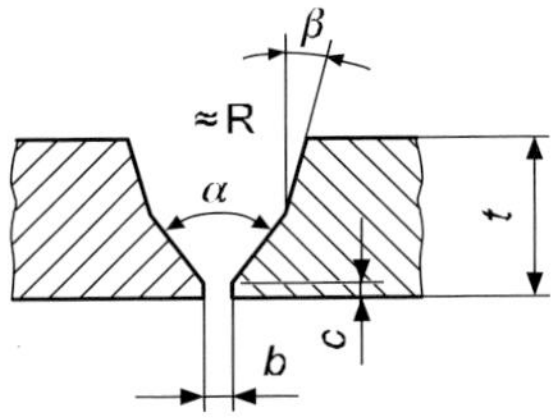	$70° \le \alpha \le 90°$ $10° \le \beta \le 15°$	$2 \le b \le 4$	$c \approx 3$	–	111 131 135 141	–
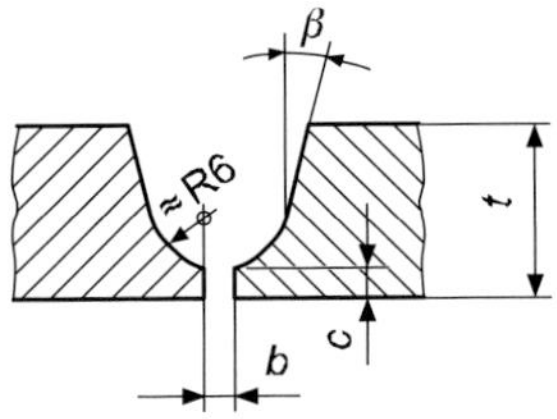	$8° \le \beta \le 12°$	$1 \le b \le 4$	$c \le 3$	–	111 131 135 141	–

Richtlinien für Fugenformen siehe DIN EN 29692 (s. Tabelle 2.49).

Stoßflanken können durch Brennschneiden oder Schmelzschneiden ohne spanendes Nacharbeiten hergestellt werden – vorausgesetzt, dass dadurch keine nachteilige Beeinträchtigung der Güte der Schweißverbindung zu erwarten ist. Beim Brennschneiden oder Schmelzschneiden von rissempfindlichen Stählen ist der Schnittbereich vorzuwärmen. Die Schnittfläche ist erforderlichenfalls zu überschleifen. Sofern nicht generell eine zerstörungsfreie Prüfung der Schnittfläche vorgeschrieben ist, wird diese dann erst geprüft, wenn ihr Aussehen auf Fehler im Stahl schließen lässt. Fehler in Schnittflächen dürfen ausgebessert werden.
Unmittelbar vor dem Schweißen muss die Rohroberfläche im Schweißnahtbereich innen und außen frei von Rost, Farbe, Fett, Zunder, Sand, Feuchtigkeit und Verunreinigungen sein. Der Versatz an den Rohren soll möglichst gering gehalten werden, damit eine einwandfreie Schweißung ermöglicht wird.

2.6.6.2 Schweißverfahren

Die Anwendung der verschiedenen Verfahren richtet sich nach Werkstoff, Abmessung, Verwendungszweck der Rohrleitungen oder ihrer Teile und nach Zugängigkeit der Schweißstöße. Es kommen manuelle, teil- oder vollmechanisierte Verfahren oder deren Kombinationen zur Anwendung.

Gasschweißen (G)
Dieses Verfahren ist für unlegierte und niedriglegierte Stähle geeignet. Die Durchmesser der Schweißstäbe sollen 4 mm nicht überschreiten. Je nach Anwendungsgebiet wird das 1-Lagen- oder Mehrlagenschweißen ab 3 mm als Nachrechts-Schweißen angewandt. Bei Wanddicken oberhalb ca. 8 mm sollte das Gasschweißen auf die Wurzellage beschränkt bleiben.

Metall-Lichtbogenschweißen mit Stabelektrode (E)
Dieses Verfahren ist für Stumpfnähte von Wanddicken über ca. 3 mm geeignet. Für Eck- und Kehlnähte kann dieses Verfahren auch bei geringeren Wanddicken eingesetzt werden.

Schutzgasschweißen (SG)
Bei der Anwendung der Schutzgasschweißverfahren sind neben dem Strahlenschutz weitere Vorsichtsmaßnahmen zu treffen, z.B. genaue und saubere Schweißnahtvorbereitung, Schutz vor Zug (Kaminwirkung), Sicherung gegen Unterbrechung des Schutzgasstromes durch äußere Einflüsse. Dies ist grundsätzlich zu beachten, gilt aber besonders unter Baustellenbedingungen.

Wolfram-Inertgas-Schweißen (WIG)
Das WIG-Schweißen eignet sich vorzugsweise zum Schweißen von kleinen Wanddicken oder für die Wurzellage. Reinheit und Zusammensetzung der Schutzgase richten sich nach dem Verwendungszweck (siehe auch DIN EN 1708-1 (05.99).

Metall-Inertgas-Schweißen (MIG) und Metall-Aktivgas-Schweißen (MAG)
Die Verfahren werden je nach Art der Werkstoffe angewandt. Als Schutzgase werden Inert- oder Aktivgase einschließlich Mischgase verwendet.

Lichtbogenschweißen mit Fülldrahtelektrode (Röhrchen- oder Falzdraht)
Nach diesem Verfahren können Stähle sowohl ohne als auch mit Schutzgas geschweißt werden.

Metall-Lichtbogenschweißen mit Netzmantel-Drahtelektroden
Dieses Verfahren eignet sich zum vollmechanisierten Schweißen beim Bau von Großrohrleitungen aus unlegierten und niedriglegierten Stählen in w-Position.

Unter-Pulver-Schweißen (UP)
Dieses Verfahren eignet sich zum vollmechanisierten Schweißen in w- und h-Position.

Bei nur einseitiger Zugängigkeit muss die Wurzellage zur Badsicherung mit einem anderen Verfahren geschweißt werden.

2.6.6.3 Abgrenzung und Kombination üblicher Schweißverfahren

Gas- und Lichtbogenschweißen haben die größte Bedeutung. Beide Verfahren lassen sich getrennt und gekoppelt einsetzen. Die

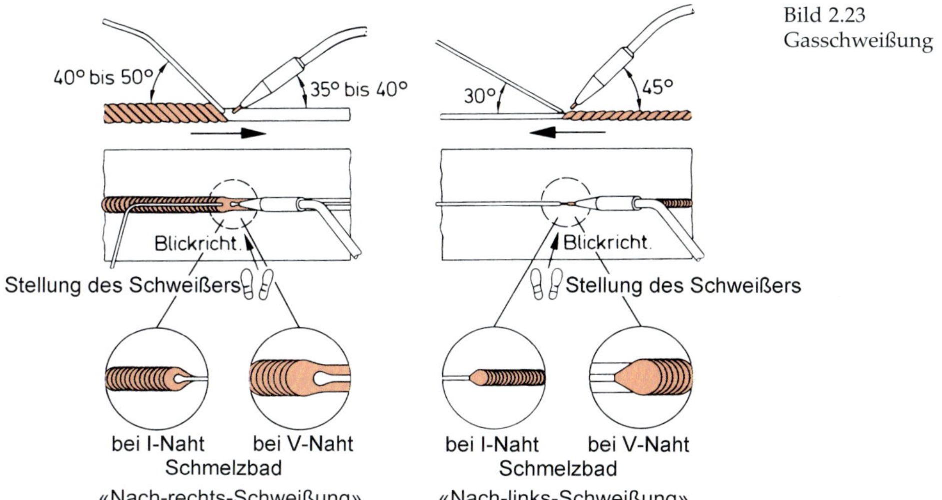

Bild 2.23
Gasschweißung

Grenzen der Anwendung beider Verfahren werden durch ihre Wirtschaftlichkeit bestimmt und sind somit vom Einsatzort abhängig. Allgemeine Vorteile bietet das Gasschweißen bei der Wurzelschweißung, da mit diesem Verfahren Kantenversatz und unterschiedliche Spaltbreiten, die sich nicht immer vermeiden lassen (z.B. durch Durchmesser- und Wanddickentoleranzen), gut ausgeglichen werden können. Jedoch hat sich eine allgemein etwa gültige Richtlinie herausgestellt, die besagt, dass bis etwa DN 100 das Gasschweißverfahren wirtschaftlicher in der Anwendung ist.

Ab einer Wanddicke von 3 mm darf hier nur die «**Nach-rechts-Schweißung**» angewendet werden. Hierbei (Bild 2.23) ergibt sich als entscheidender Vorteil gegenüber der «Nach-links-Schweißung» durch die ständige Erwärmung der Schweißstelle und die gute Beobachtung der Schweißöse ein Aufschmelzen der Wurzelkanten und damit eine einwandfreie Wurzelbindung. Bad und abschmelzender Schweißstab sind ferner durch die Flamme vor der Luft geschützt. Bei der «Nach-links-Schweißung» dagegen, etwa ab 3 mm Wanddicke, besteht die Gefahr durch die nicht aufgeschmolzenen Wurzelkanten, dass das Schweißgut vorläuft und so Wurzelbindefehler entstehen.

In zunehmendem Maß wird im Rohrleitungsbau auch das Schutzgasschweißen angewendet. Beim Wolfram-Inertgas-Verfahren (WIG) arbeitet man mit einer nicht abschmelzenden Wolframelektrode und Argon als Inertgas. Beim Metall-Inertgas-Verfahren (MIG) wird als Elektrode ein dem Grundwerkstoff artgleicher Werkstoff verwendet, der «endlos» abschmilzt. Das MAG-Verfahren arbeitet rein äußerlich gleich dem MIG-Verfahren, jedoch wird hier kein Inertgas, sondern ein den Schweißprozess mit beeinflussendes aktives Gas (CO_2) verwendet.

Zunder, der sich beim Schweißen auf der Rückseite des Schweißteiles bildet, ist durchweg unerwünscht. Er kann Betriebsstörungen verursachen, besonders in engen Rohren und in Mess- und Regelorganen. Beim Schweißen solcher Teile wird Zunderbildung durch Einleitung von **Formiergas** (80% N_2 und 20% H_2) verhindert. Hierzu werden die zu schweißenden Rohre abgedichtet, mit Zu- und Ableitungen versehen und während des Schweißens Formiergas durch sie geleitet. Der Wasserstoff reduziert hierbei vorhandene Oxide und verhindert die Bildung neuer Metalloxide.

Beispiele für das Kombinieren der üblichen Schweißverfahren s. Tabelle 2.41.

Tabelle 2.50 Beispiele für das Kombinieren der üblichen Schweißverfahren n. DIN EN 12732 (09.00)

Wurzellage	Füll-(Mittel-) und Decklage						
	G	E	WIG	MIG	MAGC	MAGM	UP
G	×	×					×
E		×			×	×	×
WIG	×	×	×				×
MIG		×		×			×
MAGC		×			×		×
MAGM		×				×	×

× = übliche Verfahren für den Aufbau der Schweißnähte

Schweißverfahren nach DIN EN ISO 17659 (09.05)

G	Gasschweißen
E	Metall-Lichtbogenschweißen mit Stabelektrode
WIG	Wolfram-Inertgas-Schweißen
MIG	Metall-Inertgas-Schweißen
MAGC	Metall-Aktivgas-Schweißen mit CO_2 (CO_2 Schweißen)
MAGM	Metall-Aktivgas-Schweißen mit Mischgasen (Mischgas-Schweißen)
UP	Unter-Pulver-Schweißen

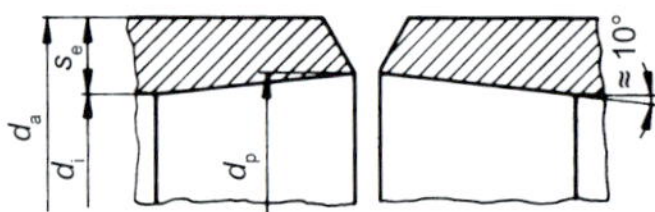

Schweißnahtvorbereitung n. DIN EN ISO 9692-1, Kennzahl 1.3

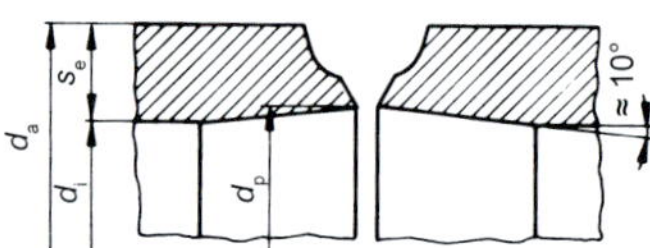

Schweißnahtvorbereitung n. DIN EN ISO 9692-1, Kennzahl 1.6

s_e Nennwanddicke
d_a Außendurchmesser
d_i Innendurchmesser
d_p Anpassdurchmesser

2.6.6.4 Anpassen der Innendurchmesser für Rundnähte von Verbindungen an Rohren

Die Fugenformen sollen einen gleichmäßigen Auslauf ohne Kanten und Absätze des angepassten Teiles aufweisen. Die bearbeitete Oberfläche soll eine Rautiefe $R_z \leqq 100$ µm ($R_a \leqq 12{,}5$ µm) aufweisen.

Anpassdurchmesser

Die Anpassdurchmesser für nahtlose Rohre sind in DIN 2559-2 (9.07) für nahtlose Rohre und in DIN 2559-3 (9.07) für geschweißte Rohre erläutert.

Zulässige Maßabweichungen für d_p:

d_p	zulässige Abweichungen
$\leqq 120$	0 – 0,3
$> 120 \leqq 320$	0 – 0,5
> 320	0 – 1,0

$$d_p = d_{a,\,min} - 2 \cdot s_{e,\,min}$$

somit mit den üblichen Toleranzen:

$$d_p \approx 0{,}99 \cdot d_a - 1{,}8 \cdot s_e$$

Lässt sich aus geometrischen Gegebenheiten der Anpasswinkel von ≈ 10° nicht einhalten, z.B. bei Rohrbögen, ist der Anpasswinkel zu vereinbaren. Zur Vermeidung eines unzulässigen Kantenversatzes ist ein Anpassen der Innendurchmesser der zu verbindenden Teile vorzunehmen.

2.6.6.5 Schweißenden an Armaturen (nach DIN 3239 T 1 [10.88])

Diese Norm gilt für die Ausbildung der Anschweißenden an Armaturen, die zum Lieferumfang der Armatur gehören und zur Verbindung der Armatur mit dem anschließenden Rohr dienen.

Formen, Maße, Bezeichnung

Allgemeintoleranzen: DIN 7168-m

Die Maße d_3 und s sind aus ISO 4200 – 1985 für Rohre aus P 235 ausgewählt. Die Festlegungen für d_p (Nennmaße, Grenzabmaße, Ausführung) sind DIN 2559 Teil 2 zu entnehmen (siehe Seiten 2...4).

Form der Schweißfuge
Bis 16 mm Wanddicke Kennzahl 21 nach DIN 2559 Teil 1.

Für Anschweißenden über 16 mm Wanddicke ist die Form der Schweißfuge nach DIN 2559 Teil 1 bei Bestellung zu vereinbaren.

Das Mindestmaß von d_2 darf gleich dem Rohr-Außendurchmesser des zugehörigen Rohres gewählt werden.

Bei Anschweißenden aus vorgeschuhten Rohren gelten für d_2 die Grenzabmaße der entsprechenden Rohrnorm.

Die Grenzabmaße für d_3 und s ergeben sich aus den Technischen Lieferbedingungen der verwendeten Stahlrohre, z.B. DIN 17175.

Form 1 und Form 2 (Bild 2.24) für Anwendungen, in denen eine von der Rohrleitungsseite aus einseitige Ultraschallprüfung durchgeführt werden muss.

Form 3 für Anwendungen, in denen eine beidseitige Ultraschallprüfung gefordert wird.

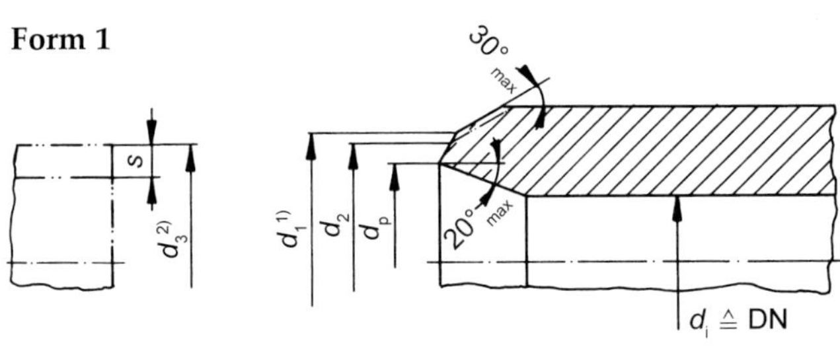

1) d_1 ist die maximale zulässige Vergrößerung des Außendurchmessers; sie gilt i.Allg. für Stahlguss und schweißgeeigneten Temperguss.

2) d_3 ist der Außendurchmesser des zugehörigen Stahlrohres Reihe 1 nach ISO 4200–1985

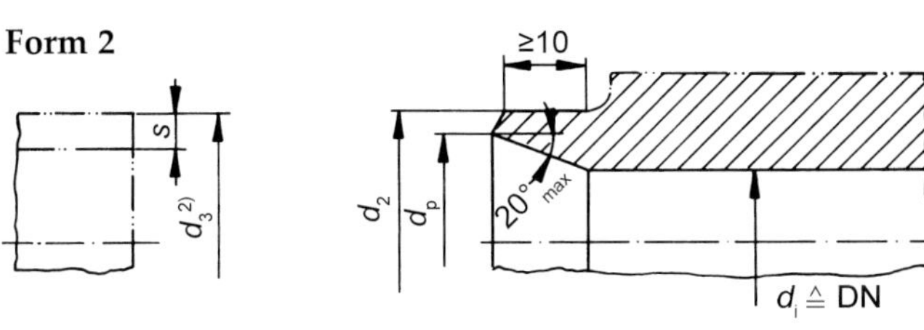

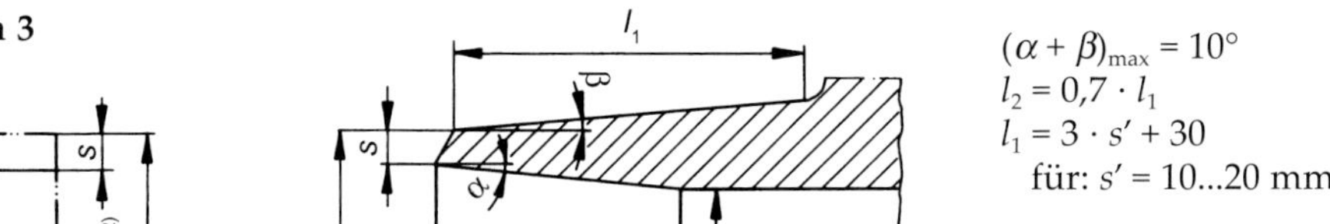

Bild 2.24 Schweißenden an Armaturen

3 Rohrverlegung

3.1 Rohrdehnung

Rohrleitungen sind bestrebt, ihre Länge zu ändern, sobald Änderungen der Belastung und der Temperatur auftreten. Hiervon macht keine Rohrleitung eine Ausnahme, denn nach der Inbetriebnahme herrschen immer andere Zustände als bei der Montage. Ob jedoch eine Längenänderung als groß oder klein anzusprechen ist, hängt weniger von ihrer absoluten Größe als vielmehr vom Vermögen der Leitung ab, dieser Längenänderung nachgeben zu können. Maßgebend für die Größe der Längenänderung soll hier primär die Dehnung in Richtung der Leitungsachse durch Temperatureinwirkung betrachtet werden, wobei die Längenänderung durch Innendruck vernachlässigt wird.

Wird ein einseitig fest eingespanntes Rohr (Bild 3.1) von der Anfangstemperatur ϑ_1 auf die Endtemperatur erwärmt, so dehnt sich dieses um den Betrag ΔL aus.

$$\Delta L = L \cdot \overline{\beta}_L \cdot \Delta\vartheta_{1,2} \qquad \text{(Gl. 3.1)}$$

Hierin ist $\overline{\beta}_L (K^{-1})$ der linearen Wärmeausdehnungskoeffizient (Tabelle 3.1), der angibt, um welchen Betrag je Längeneinheit sich das Rohr ändert, wenn man seine Temperatur um eine Temperatureinheit ändert. Bei dieser Einspannung entsteht keine Spannung, da sich das Rohr frei ausdehnen kann. Die Abhängigkeit der Längenausdehnung ΔL eines Rohres von der Länge L bei Temperatureinwirkung ist in Bild 3.2 dargestellt. Wird jedoch das Rohr im kalten Zustand (ϑ_1) am anderen Ende eben-

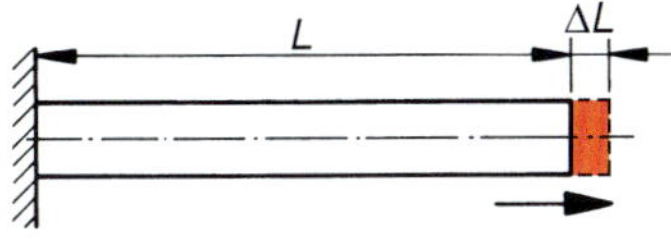

Bild 3.1
Längenänderung eines einseitig fest eingespannten Rohres infolge Temperatureinwirkung

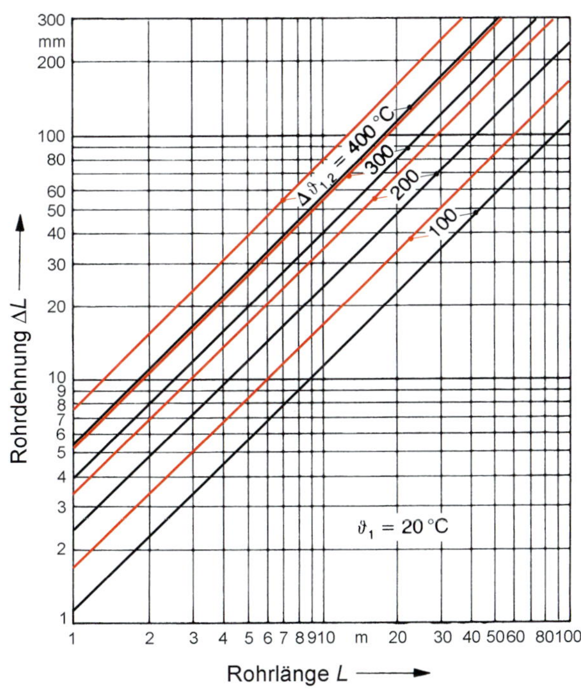

Bild 3.2
Längenausdehnung ΔL einer Rohrleitung bei Temperaturänderung für:
—— ferritische Stähle
—— austenitische Stähle

Tabelle 3.1 Stoffwerte und daraus abgeleitete Größen von ferritischen, martensitischen und austenitischen Stählen.
c = spezifische Wärmekapazität, β_L = linearer Ausdehnungskoeffizient, ϱ = Dichte, E = Elastizitätsmodul, ν = Querkontraktion

Stoffwerte	Einheiten und Stofffamilie		Temperatur ϑ (°C)															
			20	100	150	200	250	300	350	400	450	500	550	600	650	700	750	800
$c(\vartheta)$	kJ/(kg · K)	F	0.460	0.471	0.484	0.502	0.524	0.550	0.581	0.617	0.657	0.701	0.750	0.803				
		M	0.460	0.471	0.484	0.502	0.524	0.550	0.581	0.617	0.657	0.701	0.750	0.803	0.861	0.924		
		A	0.504	0.520	0.530	0.540	0.550	0.560	0.570	0.580	0.590	0.600	0.610	0.620	0.630	0.640	0.650	0.660
$\bar{c}(20, \vartheta)$	kJ/(kg · K)	F	0.460	0.465	0.470	0.476	0.484	0.493	0.504	0.517	0.531	0.546	0.563	0.581				
		M	0.460	0.465	0.470	0.476	0.484	0.493	0.504	0.517	0.531	0.546	0.563	0.581	0.601	0.623		
		A	0.504	0.512	0.517	0.522	0.527	0.532	0.537	0.542	0.547	0.552	0.557	0.562	0.567	0.572	0.577	0.582
$\beta_L(\vartheta)$	µm/(m · K)	F	11.90	12.70	13.20	13.70	14.20	14.70	15.20	15.70	16.20	16.70	17.20	17.70				
		M	10.60	11.24	11.64	12.04	12.44	12.84	13.24	13.64	14.04	14.44	14.84	15.24	15.64	16.04		
		A	16.80	17.70	18.21	18.67	19.08	19.45	19.78	20.06	20.30	20.49	20.63	20.73	20.79	20.80	20.76	20.68
$\bar{\beta}_L(20, \vartheta)$	µm/(m · K)	F	11.90	12.30	12.55	12.80	13.05	13.30	13.55	13.80	14.05	14.30	14.55	14.80				
		M	10.60	10.92	11.12	11.32	11.52	11.72	11.92	12.12	12.32	12.52	12.72	12.92	13.12	13.32		
		A	16.80	17.26	17.53	17.78	18.02	18.24	18.45	18.65	18.83	18.99	19.14	19.27	19.39	19.49	19.58	19.65
$\rho(\vartheta)$	kg/m³	F	7850	7827	7812	7796	7780	7763	7746	7728	7709	7691	7671	7651				
		M	7760	7740	7726	7713	7699	7684	7669	7654	7638	7622	7605	7588	7571	7553		
		A	7900	7867	7846	7825	7803	7780	7757	7734	7711	7688	7664	7641	7617	7594	7571	7548
$c \cdot \rho$	kJ/(m³ · K)	F	3611	3689	3783	3912	4074	4271	4501	4765	5061	5391	5753	6147				
		M	3570	3648	3742	3870	4032	4227	4457	4719	5014	5343	5703	6096	6521	6977		
		A	3982	4091	4159	4225	4291	4357	4422	4486	4550	4613	4675	4737	4799	4860	4921	4981
$E(\vartheta)$	kN/mm²	F	212.0	206.6	203.0	199.3	195.5	191.4	187.3	183.0	178.5	173.9	169.1	164.2				
		M	216.0	211.1	207.8	204.3	200.5	196.6	192.5	188.2	183.7	178.9	174.0	168.9	163.6	158.1		
		A	197.0	190.5	186.5	182.4	178.4	174.3	170.3	166.2	162.2	158.1	154.1	150.0	146.0	141.9	137.9	133.8
$\frac{\beta_L \cdot E}{1-\nu}$	N/(mm² · K)	F	3,604	3,748	3,829	3,901	3,965	4,020	4,067	4,104	4,131	4,148	4,156	4,152				
		M	3,271	3,390	3,455	3,513	3,564	3,607	3,641	3,667	3,684	3,691	3,689	3,677	3,655	3,622		
		A	4,728	4,818	4,850	4,865	4,863	4,845	4,811	4,763	4,702	4,628	4,541	4,443	4,335	4,217	4,090	3,954

F = Ferrit; M = Martensit; A = Austenit

falls fest eingespannt (Bild 3.3) und dann auf die Betriebstemperatur ϑ_2 erwärmt, kann sich das Rohr nicht ausdehnen, und die Längenänderung ΔL bewirkt eine Stauchung des Rohres um diesen Betrag. Voraussetzung hierfür ist aber, dass das Rohr nicht ausknickt.

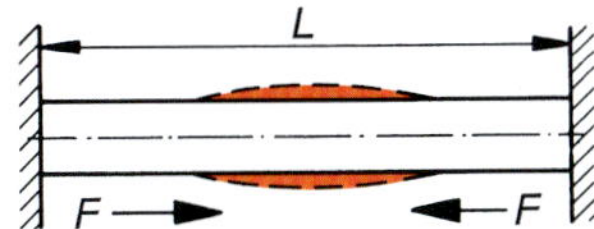

Bild 3.3 Stauchung eines beiderseits fest eingespannten Rohres infolge Temperatureinwirkung

Der Längenänderungsbetrag ΔL bezogen auf die ursprüngliche Länge L ist gemäß der Festigkeitslehre definiert als Stauchung oder Dehnung ε.

$$\varepsilon = \frac{\Delta L}{L} \qquad \text{(Gl. 3.2)}$$

Da die Spannungen im Bereich des «Hookeschen Gesetzes» proportional den Dehnungen sind, ergibt sich mit dem Proportionalitätsfaktor E:

$$\sigma = E \cdot \varepsilon \qquad \text{(Gl. 3.3)}$$

σ Normalspannung
E Elastizitätsmodul

Der Elastizitätsmodul E ist nur von dem Werkstoff und der Temperatur abhängig (Tabelle 3.1).

Setzt man die Gleichungen Gl. 3.1 u. Gl. 3.2 in Gl. 3.3 ein, ergibt sich als entstehende Wärmespannung σ_ϑ eine Größe, die als oberster Wert anzusehen ist, jedoch für die Grenzwertbetrachtung sehr aufschlussreich wird.

$$\sigma_\vartheta = E \cdot \frac{\Delta L}{L} = E \cdot \frac{L \cdot \overline{\beta}_L \cdot \Delta\vartheta_{1,2}}{L}$$

$$\sigma_\vartheta = E \cdot \overline{\beta}_L \cdot \Delta\vartheta_{1,2} \qquad \text{(Gl. 3.4)}$$

Bei einem starren System *kürzt sich* somit die *Rohrlänge heraus* und die entstehende Wärmespannung ist neben der Temperaturdifferenz nur vom Werkstoff abhängig. Dabei ist zu beachten, dass die beiden Einflussgrößen E und $\overline{\beta}_L$ primär vom Raumgitteraufbau der Werkstoffe abhängen und für ferritische Stähle (α-Raumgitter) sowie austenitische Stähle (β-Raumgitter) nahezu gleich sind. Starr eingespannte Rohrleitungen dürfen nur einer Temperaturdifferenz von:

$$\Delta\vartheta_{1,2} = \frac{\sigma_{zul}}{E \cdot \overline{\beta}_L} \qquad \text{(Gl. 3.5)}$$

ausgesetzt werden.

Für Stahlrohrleitungen mit:

$$\sigma_{zul} = \frac{\sigma_{0,2}}{S} = \frac{150}{1{,}5} = 100 \text{ N/mm}^2$$

$\overline{\beta}_L = 13 \cdot 10^{-6}\ \text{K}^{-1}$
$E = 2 \cdot 10^5\ \text{N/mm}^2$
S = Sicherheitsbeiwert = 1,5
$\sigma_{0,2}$ Streckgrenze = 150 N/mm² für P235 GH bei 250 °C (s. Tabelle 2.6)

folgt:

$$\Delta\vartheta_{1,2\,zul} = \frac{100}{2 \cdot 10^5 \cdot 13 \cdot 10^{-6}} \approx 40 \text{ K}$$

und es ergibt sich für ferritische Stahlrohrleitungen aus P235 eine zulässige Rohrtemperaturänderung von $\Delta\vartheta_{1,2} \leqq 40$ K.

Demnach müssen Rohrleitungen die einer Temperaturdifferenz von $\Delta\vartheta_{1,2} > 40$ K ausgesetzt sind, einen Rohrdehnungsausgleich besitzen.

Eine natürliche Reduzierung der Spannung auf den zulässigen Wert erfolgt durch die Ausknickung des Rohres (Bild 3.4) bei entsprechendem Schlankheitsgrad.

Gemäß der Eulerschen Knickformel:

$$\sigma_K = \frac{\pi^2 \cdot E}{\lambda^2} \qquad \text{(Gl. 3.6)}$$

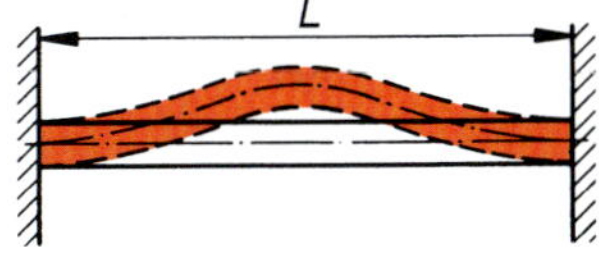

Bild 3.4 Ausknickung eines beiderseits fest eingespannten Rohres infolge Temperatureinwirkung

ergibt sich ein Schlankheitsgrad von:

$$\lambda = \pi \cdot \sqrt{\frac{E}{\sigma_K}} \qquad \text{(Gl. 3.7)}$$

Nimmt man die bei der starren Einspannung genannten Werte für E und $\sigma_k = \sigma_{Prop} \approx 0{,}8 \cdot \sigma_{0,2}$ an, beträgt der Schlankheitsgrad, ab dem mit Sicherheit ein *Ausknicken* auftritt:

mit: $\sigma_k = 120$ N/mm²
$E = 2 \cdot 10^5$ N/mm²

$$\lambda \gtrapprox 128 \qquad \text{(Gl. 3.8)}$$

Der Wert λ ist definiert als das Verhältnis aus freier Knicklänge und Trägheitsradius i.

Für beiderseits axial geführte Rohrlagerungen gilt:

$L_{Knick} = 0{,}5 \cdot L$

somit:

$$\lambda = \frac{0{,}5 \cdot L}{i} \qquad \text{(Gl. 3.9)}$$

mit

$$i = \sqrt{\frac{I}{A}} \qquad \text{(Gl. 3.10)}$$

I Trägheitsmoment des Rohres

$$I = \frac{\pi}{64} \cdot (d_a^4 - d_i^4) \approx \pi \cdot s \cdot r^{-3}$$

A Stahlquerschnitt des Rohres

Daraus erhält man die minimale Rohrlänge L, bei axial geführter Rohrleitung und Temperaturdifferenzen über 40 K, ab der Länge ein Ausknicken eintritt:

$$\check{L} = 200 \cdot i \qquad \text{(Gl. 3.11)}$$

Für dünnwandige Zylinder ergibt sich der Trägheitsradius i aus:

$$I = \frac{\pi \cdot s \cdot d^3}{8}, \text{und } A = d \cdot \pi \cdot s \quad \text{zu:}$$

$$i = 0{,}35 \cdot \bar{d} \qquad \text{(Gl. 3.12)}$$

Die **minimale Rohrlänge** ist damit:

$$\check{L} \approx 80 \cdot \bar{d} \qquad \text{(Gl. 3.13)}$$

mit:
$\bar{d}$ mittlerer Rohrdurchmesser

Man wird versuchen, die Rohrleitungen so zu verlegen, dass der Dehnungsausgleich nicht durch seitliches Ausbiegen erfolgt, da hierbei eine unzulässige Beanspruchung der Flanschverbindung auftritt. Ebenfalls sind die Festpunkte in der Praxis nur sehr selten so zu verankern, dass die volle Ausknickungsbelastung aufgenommen werden kann.

Beispiel 3.1

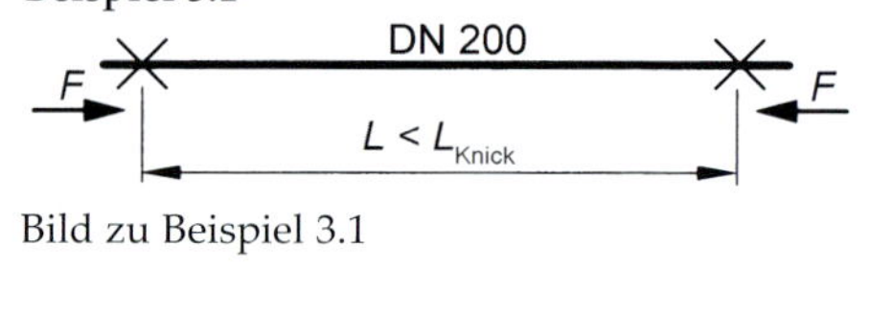

Bild zu Beispiel 3.1

$d_a \cdot s = 219{,}1 \cdot 6{,}3$
$\vartheta_{zul} = 300$ °C
Werkstoff: P235 TR2

$F = \sigma \cdot A_0$
$\sigma = R_{p0,2/\vartheta} = 140$ N/mm²
$A_0 = (d_a^2 - d_i^2) \cdot \frac{\pi}{4} = 4210$ mm²

$F = 5{,}9 \cdot 10^5$ N

3.2 Natürlicher Rohrdehnungsausgleich

3.2.1 Vereinfachte Grundsysteme

Rohre sollen so geführt werden, dass die durch Richtungswechsel entstehenden Schenkel durch elastische Verbiegung die Wärmedehnungen aufnehmen können. Für das einseitig fest eingespannte Rohr in Bild 3.5 ergibt sich die Auslenkung ΔL aus der Durchbiegung (elastische Linie):

$$y'' = \frac{d^2 y}{d x^2} = \frac{M}{E \cdot I} \qquad \text{(Gl. 3.14)}$$

zu

$$\Delta L = \frac{M}{E \cdot I} \cdot \frac{L_A^2}{3} \qquad \text{(Gl. 3.15)}$$

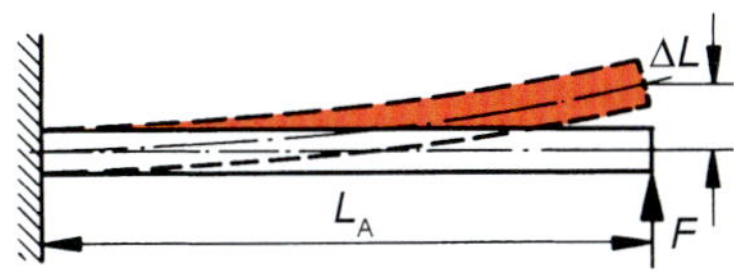

Bild 3.5 Auslenkung eines einseitig fest eingespannten Rohres infolge einer äußeren Kraft F

Mit dem Biegemoment: $M = F \cdot L_A$ erhält man:

$$\Delta L = \frac{F \cdot L_A^3}{3 \cdot E \cdot I} \qquad \text{(Gl. 3.16)}$$

oder umgeformt:

$$\Delta L \cdot E \cdot I = F \cdot \frac{L_A^3}{3} \qquad \text{(Gl. 3.17)}$$

Diese Gleichung stellt zugleich die **Grundgleichung für die Elastizitätsrechnung** dar (s. Bild 3.5a). Die Rohrschenkellänge L_A geht hierbei in der 3. Potenz in die Rechnung ein und entspricht dem Linienträgheitsmoment (s. Gl. 3.68).

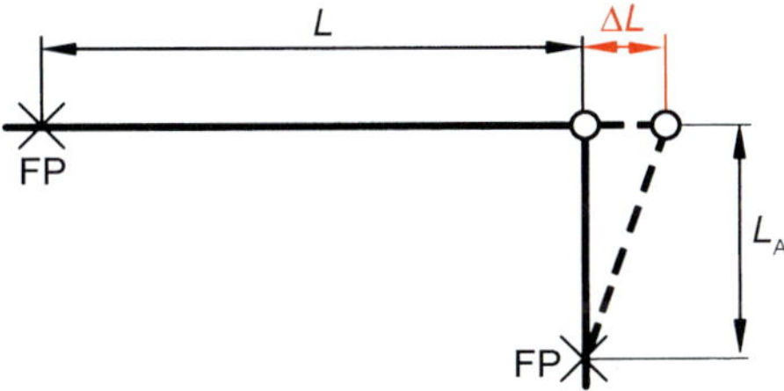

Bild 3.5a Erforderliche Ausladelänge L_A für die Dehnungsaufnahme ΔL

Die sich durch die Durchbiegung ergebende Spannung beträgt an der Einspannstelle:

$$\sigma = \frac{M}{W} = \frac{F \cdot L_A}{W} \qquad \text{(Gl. 3.18)}$$

W = Widerstandsmoment des Rohres:

$$W = \frac{\pi}{32} \cdot \frac{(d_a^4 - d_i^4)}{d_a} \approx \pi \cdot s \cdot \bar{r}^2$$

Für die Ausbiegung des Rohres um ΔL, ist eine Kraft erforderlich die, sich aus Gl. 3.16 ermitteln läßt zu:

$$F = E \cdot I \cdot \frac{\Delta L \cdot 3}{L_A^3} \qquad \text{(Gl. 3.19)}$$

und in Gl. 3.18 eingesetzt erhält man die Spannung:

$$\sigma = \frac{\Delta L \cdot 3 \cdot E \cdot I \cdot L_A}{L_A^3 \cdot W} = \frac{3 \cdot \Delta L \cdot E \cdot I}{L_A^2 \cdot W} \qquad \text{(Gl. 3.20)}$$

Mit der Definition des Randfaserabstandes von der Biegeachse

$$\frac{d_a}{2} = \frac{I}{W} \qquad \text{(Gl. 3.21)}$$

folgt die Spannung schließlich zu:

$$\sigma = \frac{3}{2} \cdot E \cdot \frac{\Delta L \cdot d_a}{L_A^2} \qquad \text{(Gl. 3.22)}$$

Diese Spannung darf nur so groß sein, dass die zulässige Spannung an der Einspannstelle nicht überschritten wird.

$$\sigma \leqq \sigma_{zul}$$

Die erforderliche Ausladelänge L_A ergibt sich daraus zu:

$$L_A = \sqrt{\frac{3}{2} \cdot \frac{E \cdot \Delta L \cdot d_a}{\sigma_{zul}}} \qquad \text{(Gl. 3.23)}$$

Teilt man diese Gleichung in geometrie- und werkstoffabhängige Größen auf, folgt:

$$L_A = \sqrt{\frac{3 \cdot E}{2 \cdot \sigma_{zul}}} \cdot \sqrt{\Delta L \cdot d_a} \qquad \text{(Gl. 3.24)}$$

oder

$$L_A = f_L \cdot \sqrt{\Delta L \cdot d_a} \qquad \text{(Gl. 3.25)}$$

mit:

$$f_L = \sqrt{\frac{1{,}5 \cdot E}{\sigma_{zul}}} \qquad \text{(Gl. 3.26)}$$

Der Faktor f_L ist nur Werkstoff- und temperaturabhängig.

Anmerkung

Zur Vermeidung unzulässiger Beanspruchungen infolge behinderter Wärmedehnung oder Vorverschiebungen, z.B. aus der Wärmedehnung anschließender Behälter, muss ein Rohrleitungssystem über ausreichende Möglichkeiten der Biegeverformung verfügen. Dies wird im Regelfall durch entsprechende Verlegung erreicht. Dabei kommt den Rohrbögen eine besondere Bedeutung zu, weil sie aufgrund ihrer Weichheit gegenüber dem geraden Rohr, hervorgerufen durch die Ovalisierung des Querschnittes unter Biegebeanspruchung, in besonderem Maße zur Elastizität des Rohrleitungssystems beitragen.

Da jedoch in einem «geschlossenen» Rohrleitungssystem der Biegerohrschenkel mit der Länge L_A nicht wie in Bild 3.5a dargestellt lose, sondern z.B. mit einem Rohrbogen verbunden ausgelenkt werden kann, ändert sich somit gemäß der Steifigkeit des Rohrbogens auch der Faktor $^1/_3$ in Gl. 3.16. Bei unendlich steifer Einspannung ändert sich der Faktor auf $^1/_{12}$ und mit dem halben Moment, eingesetzt in Gl. 3.17, ergibt sich mit Gl. 3.24 eine $\sqrt{2}$-fache Ausladelänge L_A. Dies wäre z.B. gegeben bei einer Rohrleitung, die zwischen 2 Behältern eingeschweißt ist. Zwischen den Behältern entsteht radial zur Rohrachse eine Verschiebung. Bei Rohrleitungssystemen jedoch (mit einem Rohrlager und einem Rohrbogen) hat der Rohrbogen eine so große Flexibilität (s. Abschnitt 3.2.4), dass die erforderliche Ausladelänge L_A gemäß Gl. 3.24 für Überschlagsrechnungen brauchbare Werte liefert.

Berücksichtigt man noch einen Spannungserhöhungsfaktor i und einen Flexibilitätsfaktor k_B (Abschnitt 3.2.7), ergibt sich:

$$L_A = \sqrt{\frac{3 \cdot E \cdot k_B}{2 \cdot \sigma_{zul}}} \cdot i \cdot \sqrt{\Delta L \cdot d_a}$$

mit: $\Delta L = L \cdot \beta \cdot \Delta\vartheta$

und: $\frac{k_B}{i} \approx 2$ für 3D-Normbögen

$$L_A = \sqrt{\frac{3 \cdot E}{\sigma_{zul}}} \cdot \sqrt{\Delta L \cdot d_a}$$

schließlich:

$$L_A = \sqrt{\frac{3 \cdot E \cdot \overline{\beta}_L \cdot \Delta\vartheta}{\sigma_{zul}}} \cdot \sqrt{L \cdot d_a} \qquad \text{(Gl. 3.26a)}$$

Wie aus Bild 3.27 zu entnehmen ist, kann die Stoffwertfunktion für alle ferritischen und austenitischen Rohrleitungsstähle vereinfacht als Funktion der Temperatur ϑ dargestellt werden. Gemäß Gl. 3.155 wird diese Funktion um den Wert $\sqrt{2}$ geringer und somit:

Beispiel 3.2

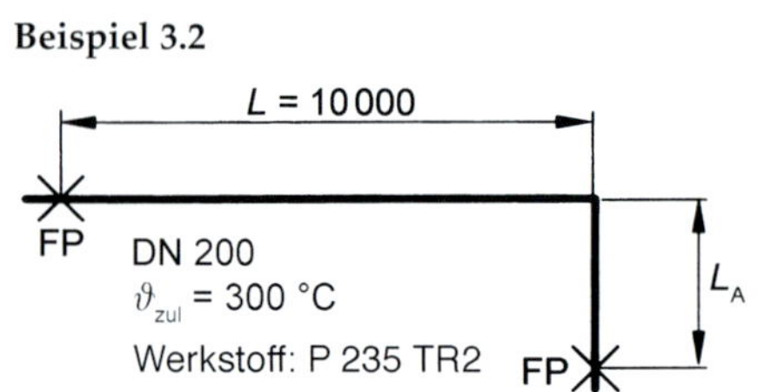

Bild zu Beispiel 3.2

Lösung

$$L_A \approx \sqrt{\frac{3 \cdot E}{\sigma_{zul}}} \cdot \sqrt{\Delta L \cdot d_a}$$

$E = 1{,}91 \cdot 10^5$ N/mm²

$d_a = 219{,}1$ mm

$\Delta L = L \cdot \overline{\beta} \cdot \Delta\vartheta$

$\Delta L = 10\,000 \cdot 13{,}2 \cdot 10^{-6} \cdot 280 = 37$ mm

$$\sigma_{zul} = \frac{K}{S} = \frac{R_{p\,0,2/\vartheta}}{S}$$

$S = 1{,}5$

$$\sigma_{zul} = \frac{140 \text{ N/mm}^2}{1{,}5} = 93 \text{ N/mm}^2$$

$$L_A = \sqrt{\frac{3 \cdot 1{,}91 \cdot 10^5}{93}} \cdot \sqrt{37 \cdot 219{,}1}$$

$L_A \approx 7000$ mm

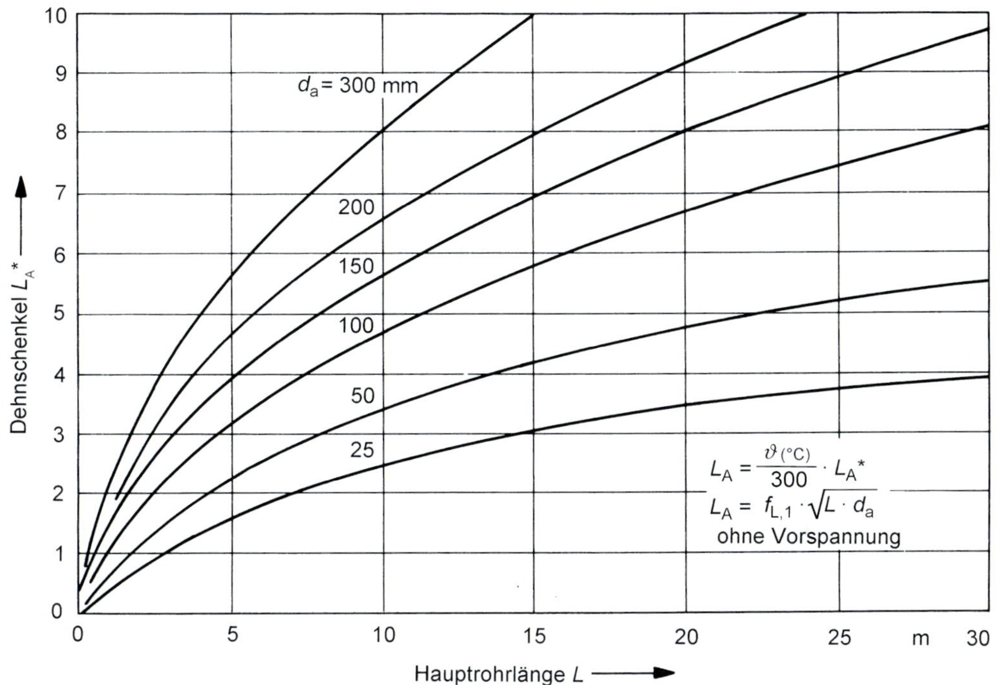

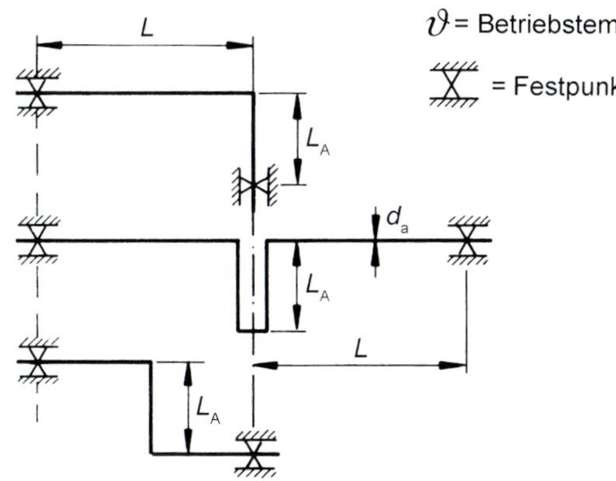

Bild 3.5b
Anhaltswerte für die erforderlichen Dehnschenkellängen bei warmgehenden ferritischen und austenitischen Rohrleitungsstählen (Erläuterungen gemäß Text).

mit: ϑ in °C

$$f_{L,1} = \frac{\vartheta}{64} \qquad \text{(Gl. 3.26b)}$$

Und die Bestimmungsgleichung lautet dann:

$$L_A \approx f_{L,1} \cdot \sqrt{L \cdot d_a} \qquad \text{(Gl. 3.26c)}$$

In Bild 3.5b ist diese Gleichung dargestellt. Um auch für die üblichen, gebräuchlichen Dehnungsausgleicher die grundsätzliche Abhängigkeit der Kräfte zu ersehen, wird mit dem einfachen Grundsystem weitergerechnet.

3.2.1.1 Einfacher Winkelbogen

Wird der sich frei bewegende Winkelbogen (Bild 3.6) am 2. Ende ebenfalls eingespannt, dann treten Kräfte und Momente in den Festpunkten auf (Bild 3.7). Wählt man zur Größenwertabschätzung einen ungleichschenkligen

Winkelbogen mit einem großen L_2/L_1-Verhältnis, erfolgt eine geringe Auslenkung des langen Schenkelteiles L_2 gegenüber L_1.

Die Auslenkung des Schenkels L_1 ist in etwa:

$$\Delta L_1 = L_2 \cdot \overline{\beta}_\mathrm{L} \cdot \Delta\vartheta \qquad \text{(Gl. 3.27)}$$

Die Kraft, die hierfür erforderlich ist und von dem Schenkel L_2 aufgebracht werden muss, beträgt nach Gl. 3.19:

$$F_{\mathrm{V}2} = \frac{\Delta L_1 \cdot 3 \cdot E \cdot I}{L_1^3} \qquad \text{(Gl. 3.28)}$$

Setzt man in diese Gleichung die Längendehnung ΔL_1 (n. Gl. 3.27) ein, erhält man:

$$F_{\mathrm{V}2} = \frac{3 \cdot E \cdot I \cdot \overline{\beta}_\mathrm{L} \cdot \Delta\vartheta \cdot L_2}{L_1^3}$$

oder

$$F_{\mathrm{V}2} = 3 \cdot E \cdot \overline{\beta}_\mathrm{L} \cdot \Delta\vartheta \cdot \frac{L_2}{L_1} \cdot \frac{I}{L_1^2} \qquad \text{(Gl. 3.29)}$$

Als zugehörige Spannung am Eingangspunkt des Schenkels L_1 ergibt sich mit Gl. 3.18:

$$\sigma_1 = \frac{F_{\mathrm{V}2} \cdot L_1}{W} \qquad \text{(Gl. 3.30)}$$

Als minimal zulässige kurze Rohrschenkellänge L_1 erhält man mit $\sigma_1 = \sigma_{\mathrm{zul}}$:

$$L_1 = \frac{3 \cdot E \cdot \overline{\beta}_\mathrm{L} \cdot \Delta\vartheta}{2 \cdot \sigma_{\mathrm{zul}}} \cdot \frac{L_2}{L_1} \cdot d_\mathrm{a} \qquad \text{(Gl. 3.31)}$$

und etwas umgeformt:

$$L_1 = \frac{1{,}5 \cdot E}{\sigma_{\mathrm{zul}}} \cdot \overline{\beta}_\mathrm{L} \cdot \Delta\vartheta \cdot \frac{L_2}{L_1} \cdot d_\mathrm{a} \qquad \text{(Gl. 3.32)}$$

Der 1. Faktor stellt die Abhängigkeit f_L^2 des einseitig eingespannten Rohres dar (Gl. 3.26). Damit wird:

$$L_1 = f_\mathrm{L}^2 \cdot \overline{\beta}_\mathrm{L} \cdot \Delta\vartheta \cdot \frac{L_2}{L_1} \cdot d_\mathrm{a} \qquad \text{(Gl. 3.33)}$$

Für die Bestimmung von $F_{\mathrm{H}1}$ geht man analog vor und erhält mit

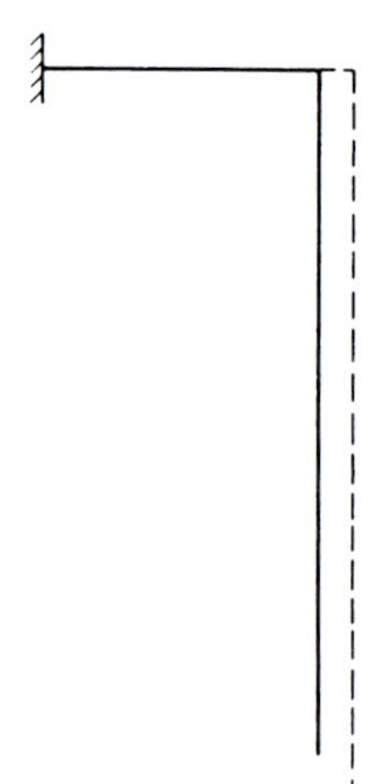

Bild 3.6
Längenänderungen eines einseitig fest eingespannten Winkelbogens infolge Temperatureinwirkung

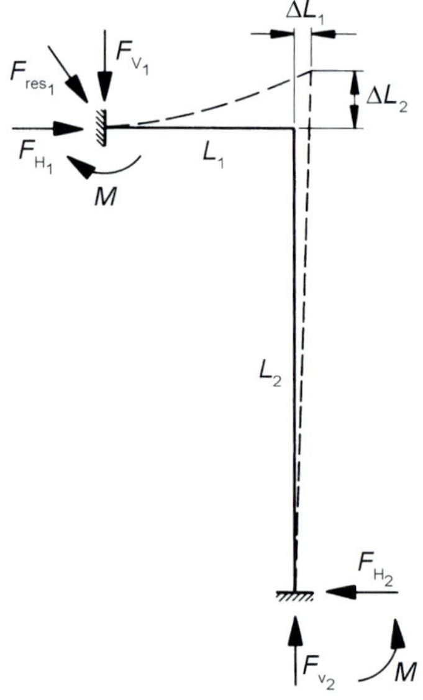

Bild 3.7
Längenänderungen eines beiderseits fest eingespannten Winkelbogens infolge Temperatureinwirkung

$$\Delta L_2 = L_1 \cdot \overline{\beta}_\mathrm{L} \cdot \Delta\vartheta \qquad \text{(Gl. 3.34)}$$

$$F_{\mathrm{H}1} = 3 \cdot E \cdot \overline{\beta}_\mathrm{L} \cdot \Delta\vartheta \cdot \frac{L_1}{L_2} \cdot \frac{I}{L_2^2} \qquad \text{(Gl. 3.35)}$$

Die resultierende Gesamtkraft ergibt sich somit (mit $F_{\mathrm{V}1} = F_{\mathrm{V}2}$) zu:

$$F_{\mathrm{res}} = \sqrt{F_{\mathrm{H}1}^2 + F_{\mathrm{V}1}^2} \qquad \text{(Gl. 3.36)}$$

Beispiel 3.3

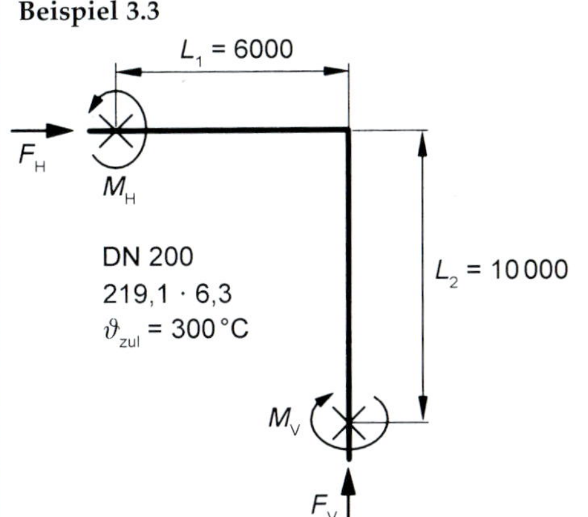

Bild zu Beispiel 3.3

Lösung

$$F_V = 3 \cdot E \cdot \overline{\beta} \cdot \Delta\vartheta \cdot \frac{L_2}{L_1} \cdot \frac{I}{L_1^2}$$

$$F_H = 3 \cdot E \cdot \overline{\beta} \cdot \Delta\vartheta \cdot \frac{L_1}{L_2} \cdot \frac{I}{L_2^2}$$

$E = 1{,}91 \cdot 10^5$ N/mm²

$\overline{\beta} = 13{,}2 \cdot 10^{-6}\ \mathrm{K}^{-1}$, $\Delta\vartheta = 280$ K

$$\frac{L_2}{L_1} = \frac{10\,000}{6\,000} = 1{,}67$$

$$I = (d_a^4 - d_i^4) \cdot \frac{\pi}{64} = 2{,}38 \cdot 10^7\ \mathrm{mm}^4$$

Kräfte

$F_V = 2388$ N, $F_H = 302$ N

$$F_{res} = \sqrt{F_V^2 + F_H^2}$$

$F_{res} = 2407$ N

Momente

$M_V = F_H \cdot L_2 = 302$ N · 10N

$M_V = 3020$ Nm

$M_H = F_V \cdot L_1 = 2388$ N · 6 m

$M_H = 14328$ Nm

Obwohl diese idealisierten Rechnungen nur relativ genaue Werte ergeben, werden die wesentlichen Abhängigkeitsfaktoren richtig wiedergegeben. Die Kräfte sind abhängig von:

$$F = f_\vartheta \cdot f_{Geo} \cdot \frac{I}{L^2} \qquad \text{(Gl. 3.37)}$$

Für die Rohrschenkellänge ergibt sich eine Abhängigkeit von:

$$L = f_\vartheta \cdot f_{Geo} \cdot \frac{1}{\sigma_{zul}} \cdot d_a \qquad \text{(Gl. 3.38)}$$

mit Temperaturfaktor:

$$f_\vartheta = E \cdot \overline{\beta}_L \cdot \Delta\vartheta$$

Geometriefaktor:

$$f_{Geo} = f\left(\frac{L_2}{L_1}\ \text{u. Geometrie}\right)$$

Die Vorspannung V ergibt sich in linearer Abhängigkeit. Damit können die ohne Vorspannung ermittelten Werte bei Anwendung mit Vorspannung mit dem Proportionalitätsfaktor $\frac{100 - V}{100}$ multipliziert werden.

Die Streckgrenzenwerte für Rohrstähle siehe [3.1].

3.2.1.2 Gleichschenkliger Z-Bogen

Analog den Ableitungen beim Winkelbogen ergeben sich hier (Bild 3.8) die gleichen Abhängigkeiten (da doppelter Winkelbogen), jedoch mit einem anderen Geometriefaktor f_{Geo}. Der Temperatur- und Vorspannungsfaktor ist der gleiche.

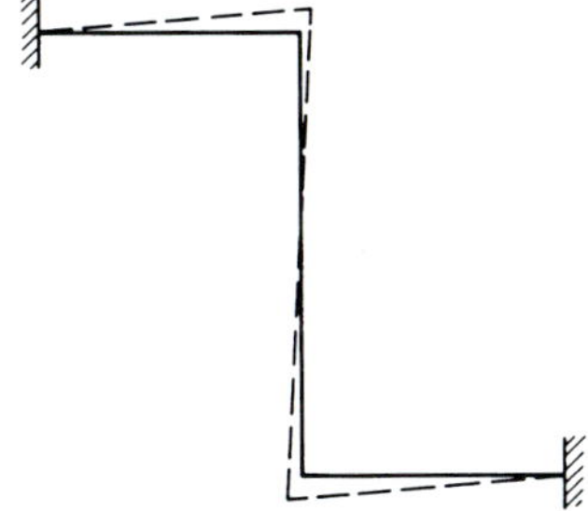

Bild 3.8 Längenänderungen eines beiderseits fest eingespannten Z-Bogens infolge Temperatureinwirkung

3.2.1.3 Symmetrischer Umbogen

Auch hier (Bild 3.9) ergeben sich die gleichen Ableitungen wie beim Winkelbogen und es

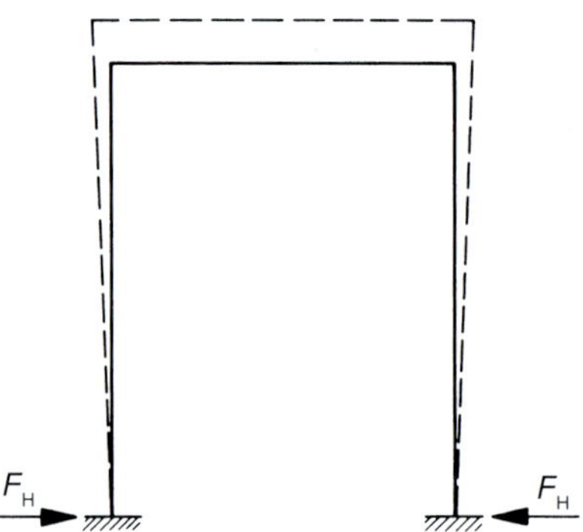

Bild 3.9 Längenänderungen eines beiderseits fest eingespannten Umbogens infolge Temperatureinwirkung

gelten dieselben Anmerkungen wie beim Z-Bogen. Lediglich die Kraftkomponente am Festpunkt in Leitungsrichtung entfällt.

3.2.1.4 U-Bogen-Dehnungsausgleicher

Bei dem U-Bogen-Dehnungsausgleicher in Bild 3.10 ergibt sich die gleiche Ableitung, jedoch wird die Längenausdehnung $\Delta L = \Delta L_1 + \Delta L_2$ auf 2 Rohre aufgeteilt. Die Ausladelänge beträgt dann nur noch:

$$L_A = f_{L,U} \cdot \sqrt{\frac{\Delta L}{2} \cdot d_a} = \frac{f_{L,U}}{\sqrt{2}} \cdot \sqrt{\Delta L \cdot d_a} \quad \text{(Gl. 3.39)}$$

Die Reaktionskraft ergibt sich zu:

$$F = \frac{3 \cdot E \cdot I \cdot \Delta L}{2 \cdot L_A^3} \quad \text{(Gl. 3.40)}$$

Diese Gleichungen bilden die oberen Grenzwerte für die Ausladelänge L_A und die Reaktionskraft F. Durch die beiderseitigen Rohrkrümmer können die Größen verringert werden. Wie Bild 3.10 zeigt, ist die Einspannstelle nicht so «steif«, und das Einspannmoment verringert sich entsprechend der Krümmerbauweise. Die kennzeichnende Größe für die Bogen-Elastizität ist der sog. Kármán-Faktor K (s. Abschnitt 3.2.5).

Entsprechend der Größe L_A/R und K verringert sich die Ausladelänge und die Reaktionskraft. Rechnet man mit einem Kármán-Wert von $K = 0{,}1...0{,}2$ und $L_A/R = 10$, dann ist:

$$f_{L,U} \approx \sqrt{\frac{E}{\sigma_{zul}}} = 0{,}8 \cdot f_L \quad \text{(Gl. 3.41)}$$

und:

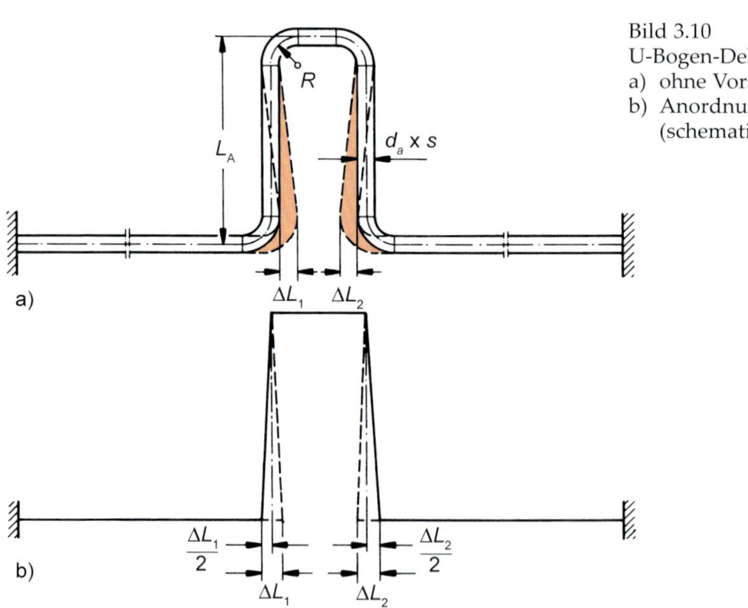

Bild 3.10
U-Bogen-Dehnungsausgleicher
a) ohne Vorspannung
b) Anordnung bei 50 % Vorspannung (schematische Darstellung)

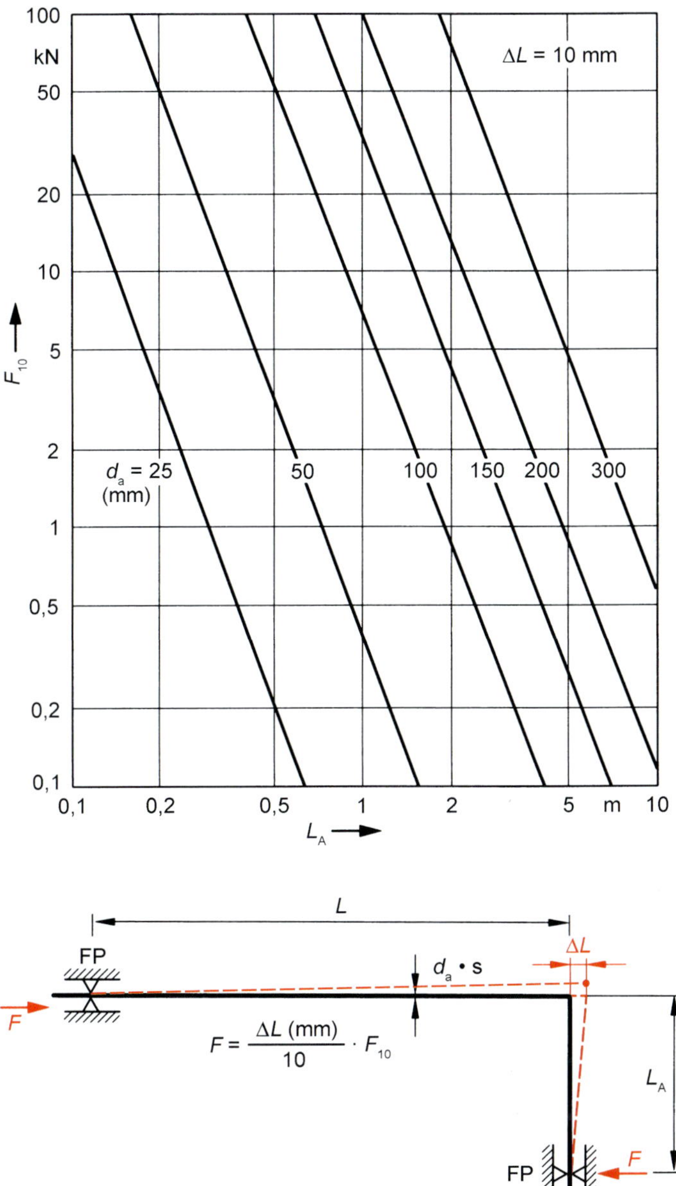

Bild 3.11 Überschlägige Bestimmung der Festpunktkräfte gemäß Gl. 3.28

$L \gg L_{A'}$ $\quad$ $s \approx 0{,}03 \cdot d_{a'}$

$$E = 2 \cdot 10^5 \, \frac{\text{N}}{\text{mm}^2}$$

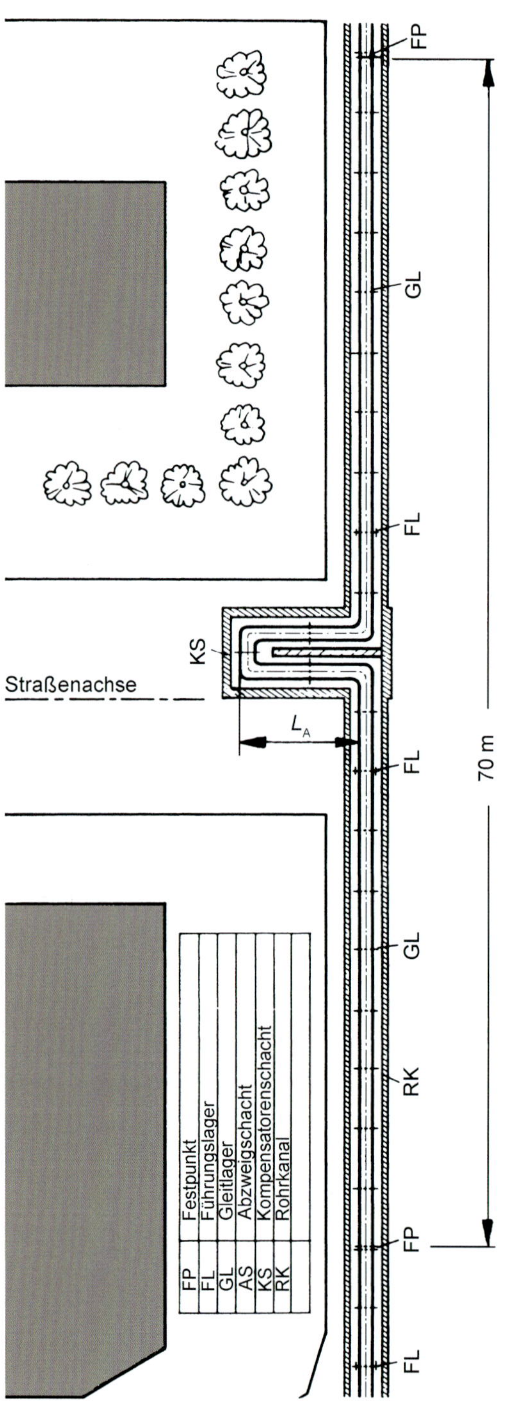

$$F_U = \frac{E \cdot I \cdot \Delta L}{L_A^3} \qquad \text{(Gl. 3.42)}$$

Wird der U-Bogen (Bild 3.10a) vorgespannt, dann ergibt sich eine Verringerung der Dehnungsaufnahme um den Betrag:

$$\Delta L = \Delta L_0 \cdot \frac{100 - V}{100} \qquad \text{(Gl. 3.43)}$$

L_0 erforderliche Dehnungsaufnahme ohne Vorspannung
V Vorspannung in %

Bei der üblichen *Vorspannung von 50%* (Bild 3.10b) ergibt sich somit eine Ausladelänge gemäß Gl. 3.39 zu:

$$L_A = L_{A,0} \cdot \sqrt{\frac{100 - V}{100}} = 0{,}71 \cdot L_{A,0} \qquad \text{(Gl. 3.44)}$$

Vorspannung sollte nur bei geringen Lastwechselzahlen ($n \leqq 7000$) und bei Temperaturen unterhalb des Zeitstandsfestigkeitsbereiches ($\vartheta \leqq 400$ °C) Berücksichtigung finden (s. Anmerkungen in Abschnitt 3.2.6).

Bild 3.11a
Verlegung einer warmgehenden Rohrleitung in einen geraden Fernkanal

Beispiel 3.4

Aufgabenstellung

In einem geraden Fernkanal (s. Bild 3.11a zu diesem Beispiel) soll eine warmgehende Rohrleitung DN 200 verlegt werden, mit einer Innentemperatur von 300 °C. Aus Sicherheitsgründen dürfen keine Axial-Kompensatoren verwendet werden.

Betriebsdaten

Festpunktabstand: 70 m
Werkstoff: P235 GH
Zulässige Spannung: $\sigma_{zul} = 88$ N/mm²
Rohr-Außendurchmesser: $d_a = 219{,}1$ mm
Temperatur im Montagezustand: 20 °C

Frage

Wie groß ist die erforderliche Ausladelänge für einen U-Bogen-Dehnungsausgleicher ohne und mit 50% Vorspannung.

Aufgabenlösung

Längenänderung:

$$\Delta L = L \cdot \overline{\beta}_L \cdot \Delta\vartheta$$

mit: $\overline{\beta}_L = 13{,}3 \cdot 10^{-6}$ 1/K

$$\Delta L = 70 \cdot \frac{13{,}3}{10^6} \cdot 280 = 0{,}261 \text{ m}$$

$$\Delta L = 261 \text{ mm}$$

Ausladelänge:

$$L_{A,U} = \frac{0{,}8 \cdot f_L}{\sqrt{2}} \cdot \sqrt{\Delta L \cdot d_s}$$

mit

$$f_L = \sqrt{\frac{1{,}5 \cdot E}{\sigma_{zul}}} = \sqrt{\frac{1{,}5 \cdot 1{,}92 \cdot 10^5}{88}} = 57$$

wird

$$L_{A,U} = \frac{0{,}8 \cdot 57}{\sqrt{2}} \cdot \sqrt{261 \cdot 219{,}1} \approx 7703 \text{ mm}$$

ohne Vorspannung:

$$L_A = 7{,}7 \text{ m}$$

– mit Vorspannung: $L_{A,50\%} = L_A \cdot 0{,}71$

$$L_{A,50\%} = 5{,}7 \text{ m}$$

3.2.1.5 Vorspannung

Bei einer Vorspannung ergeben sich durch den erhöhten Elastizitätsmodul im kalten Zustand größere Spannungen und höhere Kräfte, die auf die Festpunkte wirken. Diese sind zu berücksichtigen; es ergibt sich eine Multiplikation der Kräfte um den Faktor $f_{20°}$:

$$f_{20°} = \frac{V}{100} \cdot \frac{E_{20°}}{E_\vartheta} \qquad \text{(Gl. 3.45)}$$

3.2.2 Dehnung eines beliebig geformten Systems

Die Bewegung des Endpunktes eines beliebig geformten Systems kann man anhand des Bildes 3.12 sehr leicht verfolgen.

Dehnt sich das einseitig eingespannte Rohrsystem in der Form, in dem man annimmt, dass das Rohr L_1 erwärmt wird und L_2 kalt bleibt (Bild 3.12a), dann verschiebt sich der Endpunkt von 1 auf 2 (Bild 3.12b). Wird nun nachträglich die Rohrstrecke L_2 auf die Tempe-

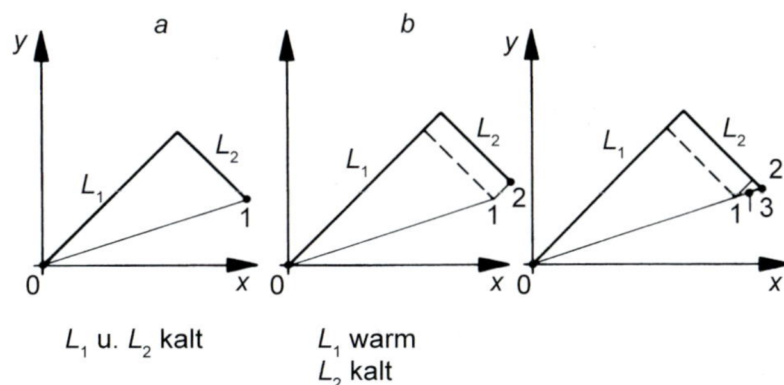

Bild 3.12
Entwicklung der Ausdehnung ΔL eines beliebigen Systems in Richtung der Verbindungslinie $\overline{01}$

ratur von L_1 erwärmt, dann verschiebt sich der Endpunkt von Pkt. 2 auf Pkt. 3. Die Längenänderung des Punktes 1 auf Pkt. 3 (was identisch ist mit der Ausdehnung des Systems) liegt somit auf der Verbindungslinie dieser Punkte.

Beweis

Im Bogen *AB* in Bild 3.13 mit dem Radius *r* und dem Winkel ψ dehnt sich das Bogenelement mit d*s* in seiner Richtung um den Betrag

$$\varepsilon_L \cdot ds = \varepsilon_L \cdot r \cdot d\varphi \qquad \text{(Gl. 3.46)}$$

mit:

$$\frac{\Delta L}{L} = \varepsilon_L = \overline{\beta}_L \cdot \Delta\vartheta \qquad \text{(Gl. 3.47)}$$

aus. Zerlegt man das Bogenelement d*s* in die Koordinaten in *x*- und *y*-Richtung, so ergeben sich auch 2 zugehörige Komponenten der Wärmedehnung:

$$\varepsilon_L \cdot ds \cdot \sin\varphi = \varepsilon_L \cdot r \cdot \sin\varphi \cdot d\varphi \qquad \text{(Gl. 3.48)}$$

in *x*-Richtung

$$\varepsilon_L \cdot ds \cdot \cos\varphi = \varepsilon_L \cdot r \cdot \cos\varphi \cdot d\varphi \qquad \text{(Gl. 3.49)}$$

in *y*-Richtung

Die Summe der Wärmedehnungen der Komponenten ergibt: in *x*-Richtung:

$$\Delta x = \int_0^{\psi} \varepsilon_L \cdot r \cdot \sin\varphi = \varepsilon_L \cdot \left| -\cos\varphi \right|_0^{\psi}$$

$$\Delta x = \varepsilon_L \cdot r \cdot (1 - \cos\psi) \qquad \text{(Gl. 3.50)}$$

in *y*-Richtung

$$\Delta y = \int_0^{\psi} \varepsilon_L \cdot r \cdot \cos\varphi = \varepsilon_L \cdot r \cdot \sin\varphi \,\Big|_0^{\psi}$$

$$\Delta y = \varepsilon_L \cdot r \cdot \sin\psi \qquad \text{(Gl. 3.51)}$$

und die resultierende Ausdehnung ΔL ist dann:

$$\Delta L = \sqrt{\Delta x^2 + \Delta y^2}$$

$$= \sqrt{(\varepsilon_L \cdot r \cdot (1 - \cos\psi))^2 + (\varepsilon_L \cdot r \cdot \sin\psi)^2}$$

$$\Delta L = \varepsilon_L \cdot r \cdot \sqrt{(1 - \cos\psi)^2 + \sin^2\psi} \qquad \text{(Gl. 3.52)}$$

wobei der Ausdruck

$$r \cdot \sqrt{(1 - \cos\psi)^2 + \sin^2\psi} = L \qquad \text{(Gl. 3.53)}$$

die Bogensehne darstellt.

Somit:

$$\Delta L = \varepsilon_L \cdot L \qquad \text{(Gl. 3.54)}$$

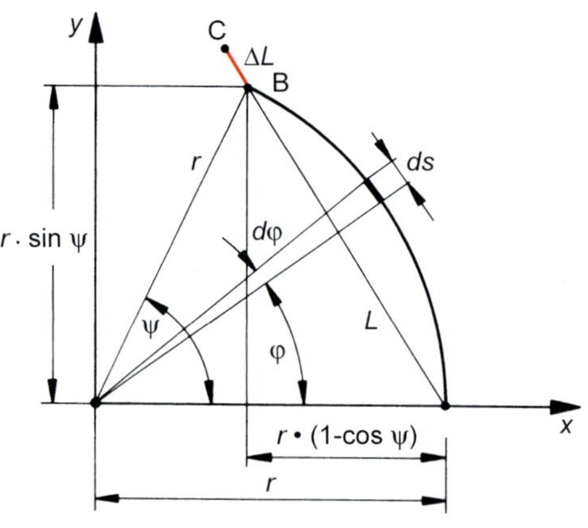

Bild 3.13 Skizze zur Ableitung der Richtung und Größe von Wärmedehnungen

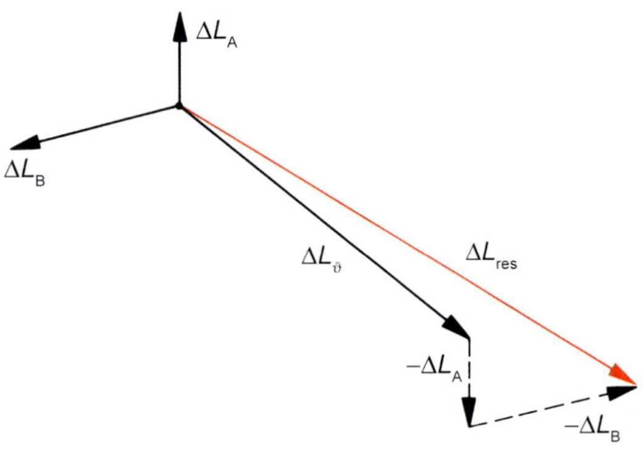

Bild 3.14 Zusammensetzung von Verschiebungen an den Rohrleitungsenden mit Wärmedehnungen

> **!** Das heißt, dass ein beliebig geformtes System, sich in der Richtung der Verbindungslinie seiner Endpunkte ausdehnt und dass die Größe der Wärmedehnung identisch ist mit der Dehnung der Verbindungslinie beider Endpunkte.

Bei der Durchführung der Elastizitätsrechnung wendet man nun folgende Überlegung an:

Das eine Festpunktende des zu untersuchenden Rohrsystems wird als fest eingespannt angesehen. Das andere Ende des Systems denkt man sich zunächst als vom Festpunkt befreit, so dass es sich unter der Wirkung der Wärmedehnung frei bewegen kann. Es wird sich also um den Betrag $\Delta L = \varepsilon_L \cdot L$ in der Richtung der Verbindungslinie AB verschieben (Bild 3.13) und befindet sich nach erfolgter Erwärmung im Punkte C. Nun lässt man auf das Ende C solche Kräfte und Momente einwirken, dass es in die alte Lage nach B verschoben wird. Dies sind dann die durch die Wärmedehnung hervorgerufenen Kräfte, die die Rohrleitung beansprucht und deren Größe zu bestimmen ist.

Bewegt sich der Rohrleitungsfestpunkt ebenfalls, muss diese Bewegung vektoriell mitberücksichtigt werden bei der Gesamtdehnung.

Ist ΔL_ϑ die durch die Temperatur des Rohrsystems bedingte eigene Wärmeausdehnung (Bild 3.14) und ΔL_A sowie ΔL_B seine Verschiebungen des Festpunktendes, dann ergibt sich die resultierende Verschiebung ΔL_{res}, wenn die Verschiebungen in negativer Richtung zu der Wärmedehnung ΔL_ϑ des Rohrsystems geometrisch addiert werden.

3.2.3 Elastizität ebener Rohrsysteme

Die Festigkeitsberechnung eines Rohrleitungssystems setzt sich wie folgt zusammen aus der:

1. Bestimmung der wirksamen Wärmedehnung,
2. Ermittlung der wirkenden inneren Kräfte des Systems auf die Festpunkte,
3. Berechnung der durch die Kräfte verursachten Biegemomente und Biegespannungen im Rohrquerschnitt,
4. Ermittlung der durch den Innendruck und durch den Temperaturunterschied in der Rohrwand bedingten Spannungen [3.1],
5. Berechnung der resultierenden Gesamtspannung,

wobei die Festpunkte als unverschiebbar vorausgesetzt werden, was die Ergebnisse auf die sichere Seite hin beeinflusst.

Man unterscheidet 2 Arten von Festpunkten:

a) Festpunkte, die eine Winkeländerung des Rohrendes zulassen, nennt man **Gelenkfestpunkte**,
b) Festpunkte, die weder eine Verschiebung noch eine Dehnung des Rohrendes gestatten, nennt man **Einspannfestpunkte**.

In der Praxis entsprechen die in Rohrleitungsanlagen vorkommenden Festpunkte keiner der beiden Arten exakt, denn es ist auch bei fester Einspannung stets mit einer elastischen Formänderung des Festpunktes zu rechnen. Man liegt jedoch auf der sicheren Seite, wenn man die geringen Formänderungen vernachlässigt und grundsätzlich den **Einspannfestpunkt zugrunde legt.**

Die Grundgleichung auf der alle Elastizitätsberechnungen beruhen, ist die Gleichung der elastischen Linie:

$$y'' = \frac{d^2y}{dx^2} = \frac{M_b}{E \cdot I} \qquad \text{(Gl. 3.55)}$$

Beim Einspannfestpunkt kann das Rückverschieben der Längenausdehnung an einem Festpunkt durch eine horizontale Kraft, vertikale Kraft

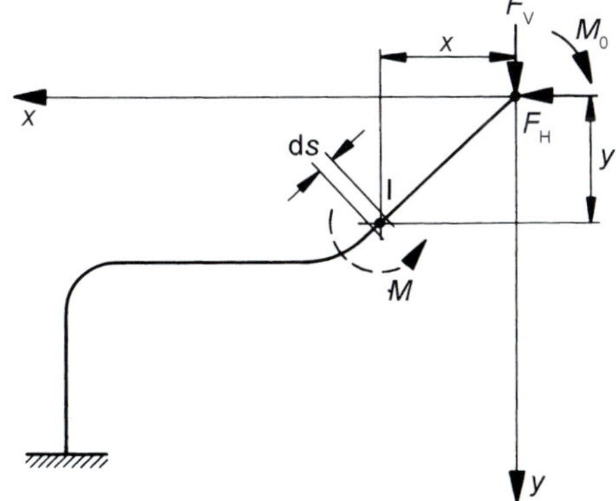

Bild 3.15 Rohrsystem mit Einspannfestpunkten

und ein Einspannmoment ersetzt werden (Bild 3.15).

Hiermit ist das Biegemoment in einem beliebigen Punkt I des Systems gegeben durch ($\Sigma M = 0$):

$$M = F_V \cdot x - F_H \cdot y + M_0 \qquad \text{(Gl. 3.56)}$$

Gemäß dem Satz von CASTIGLIANO, der besagt, dass die Verschiebung des Angriffspunktes einer Kraft gleich der partiellen Ableitung der Formänderungsarbeit W nach dieser Kraft ist, wobei die Längs- und Querkräfte gegenüber dem Moment vernachlässigbar sind.

Mit der Formänderungsarbeit W ergibt sich bei konst. Elastizitätsmodul E und Trägheitsmoment I:

$$W = \frac{1}{E \cdot I} \cdot \int_0^L \frac{M^2}{2} \cdot \mathrm{d}s \qquad \text{(Gl. 3.57)}$$

Die partielle Ableitung des Momentes nach der Kraft ist:

$$\frac{\partial M}{\partial F_V} = x; \quad \frac{\partial M}{\partial F_H} = -y; \quad \frac{\partial M}{\partial M_0} = 1 \qquad \text{(Gl. 3.58)}$$

und durch Differenzieren der Arbeit nach der Kraft erhält man die Verschiebung in der horizontalen Richtung:

$$\Delta L_H = \frac{\partial W}{\partial F_H} = \frac{1}{E \cdot I} \cdot \int_0^L M \cdot \frac{\partial M}{\partial F_H} \cdot \mathrm{d}s \qquad \text{(Gl. 3.59)}$$

$$\Delta L_H = \frac{1}{E \cdot I} \cdot \int_0^L (F_V \cdot x - F_H \cdot y + M_0) \cdot (-y) \cdot \mathrm{d}s \qquad \text{(Gl. 3.60)}$$

$$\Delta L_H = \frac{1}{E \cdot I} \cdot \left(F_H \cdot \int_0^L y^2 \cdot \mathrm{d}s - F_V \cdot \int_0^L x \cdot y \cdot \mathrm{d}s - M_0 \cdot \int_0^L y \cdot \mathrm{d}s \right) \qquad \text{(Gl. 3.61)}$$

Hierin bedeuten:

$\int_0^L y^2 \cdot \mathrm{d}s = I_x$ das Trägheitsmoment des Systems, bezogen auf die x-Achse

$\int_0^L x \cdot y \cdot \mathrm{d}s = I_{xy'}$ das Zentrifugalmoment des Systems, bezogen auf die x- und y-Achse

$\int_0^L y \cdot \mathrm{d}s = M_{x'}$ das statische Moment des Systems, bezogen auf die x-Achse

In gleicher Weise folgt für die Verschiebung in vertikaler Richtung:

$$\Delta L_V = \frac{1}{E \cdot I} \cdot \left(F_V \cdot \int_0^L x^2 \cdot \mathrm{d}s - F_H \cdot \int_0^L x \cdot y \cdot \mathrm{d}s + M_0 \cdot \int_0^L x \cdot \mathrm{d}s \right) \qquad \text{(Gl. 3.62)}$$

Hierin bedeuten

$\int_0^L x^2 \cdot \mathrm{d}s = I_{y'}$ das Trägheitsmoment des Systems bezogen auf die y-Achse

$\int_0^L x \cdot \mathrm{d}s = M_{y'}$ das statische Moment des Systems bezogen auf die y-Achse

Für die Gerade AB mit der Länge L (Bild 3.16) ermittelt sich z.B. das *Linienträgheitsmoment* **in Bezug auf die Achse x–x**

$$I_x = \int_A^B y^2 \cdot \mathrm{d}\ell \qquad \text{(Gl. 3.63)}$$

mit: $y = a + \ell \cdot \sin\varphi$ und

somit:

$y^2 = a^2 + 2 \cdot a \cdot \ell \cdot \sin\varphi + \ell^2 \sin^2\varphi$

ergibt sich:

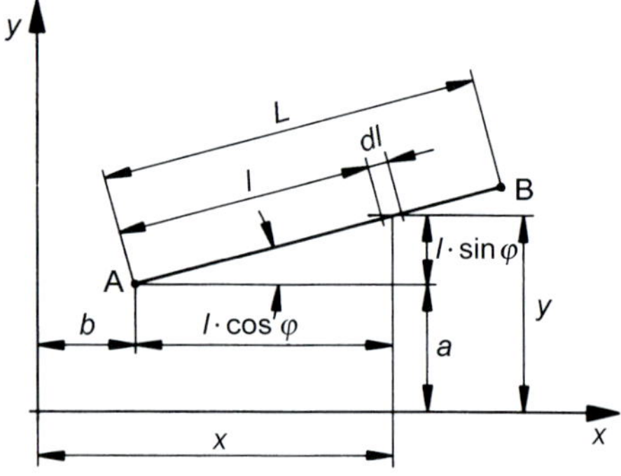

Bild 3.16 Bezeichnung an einem geraden Rohr zur Ermittlung der Linienmomente

$$I_x = \int_0^L (a^2 + 2 \cdot a \cdot \ell \cdot \sin\varphi + \ell^2 \cdot \sin^2\varphi) \cdot d\ell$$

$$I_x = \left| a^2 \cdot \ell + a \cdot \ell^2 \cdot \sin\varphi + \frac{\ell^3}{3} \cdot \sin^2\varphi \right|_0^L$$

und eingesetzt in die Grenzen:

$$I_x = a^2 \cdot L + a \cdot L^2 \cdot \sin\varphi + \frac{L^3}{3} \cdot \sin^2\varphi \quad \text{(Gl. 3.64)}$$

In analoger Weise erhält man das *Linienträgheitsmoment* **in Bezug auf die Achse** y**–**y

$$I_y = b^2 \cdot L + b \cdot L^2 \cdot \cos\varphi + \frac{L^3}{3} \cdot \cos^2\varphi \quad \text{(Gl. 3.65)}$$

Steht z.B. die Gerade *AB* senkrecht zur Achse x–x (φ = **90**°), dann ergibt sich:

$$I_x = a^2 \cdot L + a \cdot L^2 + \frac{L^3}{L} \quad \text{(Gl. 3.65a)}$$

und

$$I_y = b^2 \cdot L \quad \text{(Gl. 3.66)}$$

oder liegt die Gerade *AB* parallel zur Achse x–x (φ = **0**), dann folgt:

$$I_x = a^2 \cdot L \quad \text{(Gl. 3.67)}$$

$$I_y = b^2 \cdot L + b \cdot L^2 + \frac{L^3}{L} \quad \text{(Gl. 3.68)}$$

Im Gegensatz zum Linienträgheitsmoment, das nur auf eine Achse bezogen wird, muss das **Linienzentrifugalmoment** auf 2 zueinander senkrechte Achsen bezogen werden. Es stellt die Summe der Produkte aus den einzelnen Linienelementen mit den beiden Abständen von einem irgendwie gewählten Achsenkreuz dar.

Nach Bild 3.16 ist das Linienträgheitsmoment somit der Geraden **AB**, bezogen auf die Achsen x–x und y–y:

$$I_{xy} = \int_A^B x \cdot y \cdot dl \quad \text{(Gl. 3.69)}$$

mit: $x = b + \ell \cdot \cos\varphi$
und $y = a + \ell \cdot \sin\varphi$

ergibt sich:

$$I_{xy} = \int_0^L (b + \ell \cdot \cos\varphi) \cdot (a + \ell \cdot \sin\varphi) \cdot d\ell$$

$$I_{xy} = \int_0^L (a \cdot b + b \cdot \ell \cdot \sin\varphi + a \cdot \ell \cdot \cos\varphi + \ell^2 \cdot \cos\varphi \cdot \sin\varphi) \cdot d\ell$$

$$I_{xy} = \left| a \cdot b \cdot \ell + b \cdot \frac{\ell^2}{2} \cdot \sin\varphi + a \cdot \frac{\ell^2}{2} \cdot \cos\varphi + \frac{\ell^3}{3} \cdot \cos\varphi \cdot \sin\varphi \right|_0^L$$

$$I_{xy} = a \cdot b \cdot L + b \cdot \frac{L^2}{2} \cdot \sin\varphi + a \cdot \frac{L^2}{2} \cdot \cos\varphi + \frac{L^3}{3} \cdot \cos\varphi \cdot \sin\varphi \quad \text{(Gl. 3.70)}$$

Steht die Gerade *AB* z.B. senkrecht zur Achse x–x (φ = 90°), dann erhält man:

$$I_{xy} = a \cdot b \cdot L + b \cdot \frac{L^2}{2} \quad \text{(Gl. 3.71)}$$

Das **statische Moment** ist bei φ = **90**° gemäß Bild 3.16:

$$M_x = \int_0^L y \cdot d\ell = \int_0^L (\ell + a) \cdot d\ell = \left| \frac{\ell^2}{2} + \ell \cdot a \right|_0^L \quad \text{(Gl. 3.72)}$$

$$M_x = \frac{L^2}{2} + a \cdot L \quad \text{(Gl. 3.73)}$$

Die Verschiebung durch das Einspannmoment ist 0, und es folgt:

$$0 = \frac{1}{E \cdot I} \cdot \int_0^L M \cdot \frac{\partial M}{\partial M_0} \cdot ds = \frac{1}{E \cdot I} \cdot \int_0^L (F_V \cdot x - F_H \cdot y + M_0) \cdot 1 \cdot ds \quad \text{(Gl. 3.74)}$$

$$0 = \frac{1}{E \cdot I} \cdot \left(F_V \cdot \int_0^L x \cdot ds - F_H \cdot \int_0^L y \cdot ds + M_0 \cdot \int_0^L ds \right) \quad \text{(Gl. 3.75)}$$

Hieraus folgen die 3 allgemeinen Elastizitätsbedingungen:

$$E \cdot I \cdot \Delta L_H = F_H \cdot I_x - F_V \cdot I_{xy} - M_0 \cdot M_x \quad \text{(Gl. 3.76)}$$

$$E \cdot I \cdot \Delta L_V = F_V \cdot I_y - F_H \cdot I_{xy} + M_0 \cdot M_y \quad \text{(Gl. 3.77)}$$

$$0 = F_V \cdot M_y - F_H \cdot M_x + M_0 \cdot L \quad \text{(Gl. 3.78)}$$

Aus der letzten Gleichung 3.78 geht für den Einspannfestpunkt die wichtige Erkenntnis hervor, nämlich:

$$M_0 = F_H \cdot \frac{M_x}{L} - F_V \cdot \frac{M_y}{L} \quad \text{(Gl. 3.79)}$$

wobei das statische Moment, dividiert durch die Länge des Systems, den Schwerpunktabstand von der betreffenden Achse darstellt und mit der Definition für den Schwerpunktabstand e:

$$e_x = \frac{M_y}{L}; \quad \text{bzw. } e_y = \frac{M_x}{L} \quad \text{(Gl. 3.80)}$$

ergibt sich:

$$M_0 = F_H \cdot e_x - F_V \cdot e_y \quad \text{(Gl. 3.81)}$$

> ! Diese Gleichung besagt, dass bei beiderseitiger Einspannung die Kraft F_H und F_V durch den Schwerpunkt des Systems gehen müssen.

Setzt man das Einspannmoment in die Elastizitätsbedingungen ein, erhält man mit:

$$M_0 \cdot M_x = F_H \cdot M_x \cdot e_x - F_V \cdot M_x \cdot e_y \quad \text{(Gl. 3.82)}$$

und

$$M_0 \cdot M_y = F_H \cdot M_y \cdot e_x - F_V \cdot M_y \cdot e_y \quad \text{(Gl. 3.83)}$$

sowie:

$$M_x \cdot e_y = e_x \cdot e_y \cdot L \quad \text{(Gl. 3.84)}$$

und

$$M_y \cdot e_x = e_x \cdot e_y \cdot L \quad \text{(Gl. 3.85)}$$

für die gedachten Verschiebungskomponenten:

Horizontalrichtung

$$E \cdot I \cdot \Delta L_H = F_H \cdot I_x - F_V \cdot I_{xy} - F_H \cdot e_x^2 \cdot L + F_V \cdot e_x \cdot e_y \cdot L \quad \text{(Gl. 3.86)}$$

Vertikalrichtung

$$E \cdot I \cdot \Delta L_V = F_V \cdot I_y - F_H \cdot I_{xy} - F_V \cdot e_y^2 \cdot L + F_H \cdot e_x \cdot e_y \cdot L \quad \text{(Gl. 3.87)}$$

oder

$$F_H \cdot I_x - F_H \cdot e_x^2 \cdot L = F_H \cdot (I_x - e_x^2 \cdot L) \quad \text{(Gl. 3.88)}$$

$$F_V \cdot I_y - F_V \cdot e_y^2 \cdot L = F_V \cdot (I_y - e_y^2 \cdot L) \quad \text{(Gl. 3.89)}$$

$$F_V \cdot I_{xy} - F_V \cdot e_x \cdot e_y \cdot L = F_V \cdot (I_{xy} - e_x \cdot e_y \cdot L) \quad \text{(Gl. 3.90)}$$

Gemäß dem «*Steiner'schen Satz*» gilt für die Verschiebung der Bezugsachse von Trägheits- bzw. Zentrifugalmoment in die Schwerpunktachse:

$$I_{x,s} = I_x - e_x^2 \cdot L \quad \text{(Gl. 3.91)}$$

und für I_{ys} analog sowie für

$$I_{yx,s} = I_{xy} - e_x \cdot e_y \cdot L \quad \text{(Gl. 3.92)}$$

Wobei die Werte $I_{x,s}$, I_{ys} und $I_{xy,s}$ das Trägheitsmoment, bzw. Zentrifugalmoment des Rohrsystems darstellen, bezogen auf die durch den Systemschwerpunkt gehenden Achsen x_s und y_s.

Damit lauten die Elastizitätsgleichungen für ein beiderseits eingespanntes Rohrsystem:

$$E \cdot I \cdot \Delta L_H = F_H \cdot I_{x,s} - F_V \cdot I_{x,s} \quad \text{(Gl. 3.93)}$$

und

$$E \cdot I \cdot \Delta L_V = F_V \cdot I_{y,s} - F_H \cdot I_{xy,s} \quad \text{(Gl. 3.94)}$$

> ! Für die Ermittlung der Festpunktkräfte bei beiderseits eingespannten Rohrsystemen müssen die Systemträgheitsmomente bzw. Zentrifugalmomente auf die Schwerpunktachsen bezogen werden.

Das Produkt $E \cdot I \cdot \Delta L$ ist dem Produkt aus der Kraft F und dem auf die Kraftachse bezogenen Linienträgheitsmoment des Rohrsystems gleich, wobei ΔL die mit der Richtung der Kraft zusammenfallende Wärmedehnung darstellt.

Die Kräfte ergeben sich damit zu:

$$F_{\mathrm{H}} = E \cdot I \cdot \frac{\Delta L_{\mathrm{H}} \cdot I_{\mathrm{y,s}} + \Delta L_{\mathrm{V}} \cdot I_{\mathrm{xy,s}}}{I_{\mathrm{x,s}} \cdot I_{\mathrm{y,s}} - I_{\mathrm{xy,s}}^2} \qquad \text{(Gl. 3.95)}$$

und

$$F_{\mathrm{V}} = E \cdot I \cdot \frac{\Delta L_{\mathrm{V}} \cdot I_{\mathrm{x,s}} + \Delta L_{\mathrm{H}} \cdot I_{\mathrm{xy,s}}}{I_{\mathrm{x,s}} \cdot I_{\mathrm{y,s}} - I_{\mathrm{xy,s}}^2} \qquad \text{(Gl. 3.96)}$$

sowie die resultierende Kraft:

$$F_{\mathrm{res}} = \sqrt{F_{\mathrm{H}}^2 + F_{\mathrm{V}}^2} = F \qquad \text{(Gl. 3.97)}$$

Die Vorzeichen gelten hierbei, wenn die Wärmedehnungen ΔL_{H} und ΔL_{V} entgegen den Kraftrichtungen wirkend eingesetzt werden.

Die Annahme von biegesteifen Ecken in den ausgeführten Berechnungen trifft in der Praxis nicht zu. Meist wird für eine Leitungsrichtungsänderung ein Rohrbogen eingesetzt, der bei Einleitung eines Biegemomentes sich anders verhält als ein Rohr.

3.2.4 Verformung gebogener Rohre

3.2.4.1 Rohrbogen-Verformung

Die Verbindungsstellen der einzelnen Rohrschenkel erfolgt in der Praxis üblicherweise mittels Rohrbogen. Es ist nun für die Bestimmung der Formänderungsarbeit und die Form der Biegemöglichkeit wichtig, diese «Einspannstelle» im Vergleich zum geraden Rohr zu kennen.

Beim gebogenen Rohr ruft ein Biegemoment eine stärkere Krümmungsänderung hervor als beim geraden Rohr. Die Abweichung von der Biegetheorie $\sigma = M_{\mathrm{b}}/W$ wird umso größer, je kleiner das Durchmesserverhältnis $u = d_{\mathrm{a}}/d_{\mathrm{i}}$ und je kleiner das Krümmungsverhältnis R/d ist. Als 1. entwickelte Kármán [3.2] eine Biegetheorie des Rohrbogens.

Wie aus Bild 3.17 ersichtlich, bewirken die entstehenden Längskräfte F_{L} infolge des Biegemoments M_{b} je eine auf die neutrale Faser gerichtete resultierende Kraft F_{n}. Durch diese Kräfte wird der Rohrquerschnitt annähernd ellipsenförmig verformt. Eine Folge der Querschnittsabflachung besteht darin, dass die von der neutralen Achse am weitesten entfernt liegenden Fasern des Rohres nicht der Spannungsverteilung unterliegen, die sich aus der üblichen Theorie der Biegung ergibt. Der Einfluss auf die Formänderung ist damit derselbe, als wenn sich das Trägheitsmoment des Querschnittes verringert hätte.

Das durch die Längskräfte F_{L} erzeugte Gesamtmoment beträgt:

$$M_{\mathrm{b}} = \frac{E \cdot I \cdot K}{R} \cdot \frac{\Delta \mathrm{d}\alpha}{\mathrm{d}\alpha} \qquad \text{(Gl. 3.98)}$$

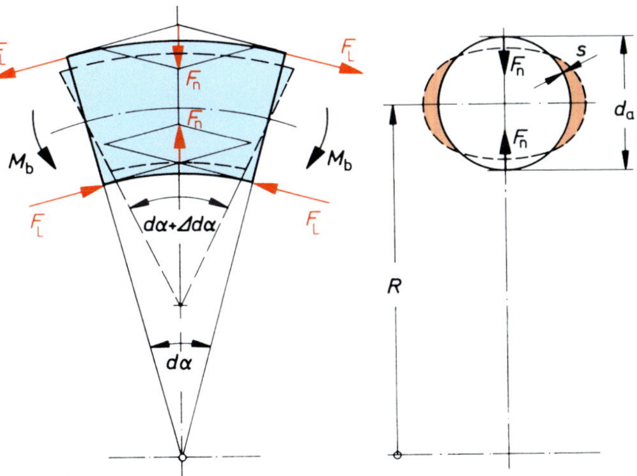

Bild 3.17
Entstehung der den Rohrbogenquerschnitt verformenden Kräfte F_{L} infolge des Biegemoments M_{b}

Hierin ist K der Kármán-Faktor (s.a. Tabelle 3.11), der sich ergibt zu:

$$K = \frac{\lambda_B}{1{,}65} \quad \text{(Gl. 3.99)}$$

gültig für: $K \leqq 1$

Für große λ_B-Werte ($\lambda_B > 1{,}0$) erhält man den Kármán-Faktor aus:

$$K = \frac{1 + 12 \cdot \lambda_B^2}{10 + 12 \cdot \lambda_B^2} \quad \text{(Gl. 3.100)}$$

mit dem Formfaktor:

$$\lambda_B = \frac{4 \cdot s \cdot R}{(d_a - s)^2} \quad \text{(Gl. 3.101)}$$

! Die Verformung des Rohrbogens durch Biegemomente ergibt sich somit nach der üblichen Biegetheorie, wenn man das Rohrträgheitsmoment I durch $I_B = I \cdot K$ ersetzt.

Der Kármán-Faktor (s.a. Bild 3.21) gilt auch bei Biegung senkrecht zur Krümmungsebene. Bezüglich der Verformung durch ein Torsionsmoment verhält sich der Rohrbogen entsprechend der normalen Torsionstheorie.

3.2.4.2 Bogenrohre

Wie gezeigt wurde, beruht die statische Berechnung von Rohrsystemen auf der Ermittlung der Linien- und Zentrifugalmomente des Systems. Dies gilt auch beim gebogenen Rohr.

Wirkt z.B. die Kraft F in der Ebene des einerseits eingespannten Bogens (Bild 3.18), bewirkt diese Kraft eine Winkeldrehung, $d\psi$ des kleinen Bogenteilchens ds unter dem Einfluss des Biegemomentes:

$$M_b = F \cdot y \quad \text{(Gl. 3.102)}$$

zu

$$d\psi = \frac{M_b}{E \cdot I} \cdot ds \quad \text{(Gl. 3.103)}$$

Daraus folgt die Durchbiegung des freien Bogenendes in x-Richtung:

$$dx = y \cdot d\psi = \frac{M_b}{E \cdot I} \cdot y \cdot ds \quad \text{(Gl. 3.104)}$$

und für den ganzen Bogen:

$$\Delta x = \int_o^L \frac{F \cdot y}{E \cdot I} \cdot y \cdot ds = \frac{F}{E \cdot I} \cdot \int_0^L y^2 \cdot ds \quad \text{(Gl. 3.105)}$$

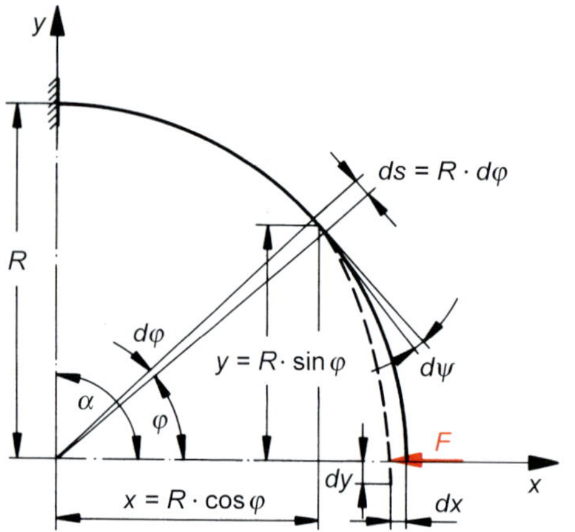

Bild 3.18 Abbiegungen eines 90°-Bogens infolge der Kraft F

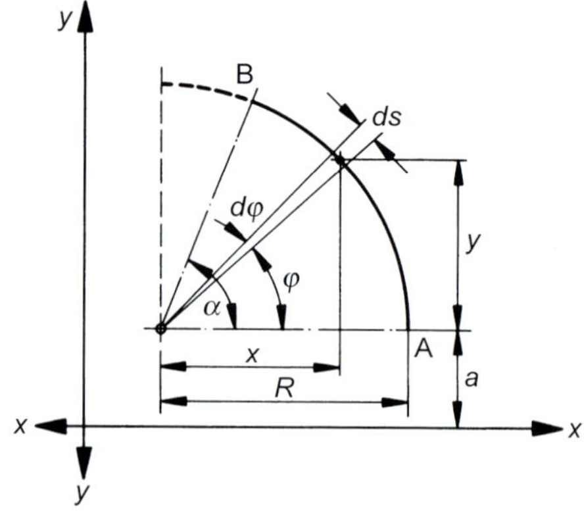

Bild 3.19 Bezeichnungen an einem beliebigen Bogen zur Ermittlung der Bogenmomente

Hierin ist: $\int_0^L y^2 \cdot \mathrm{d}s$ Linienträgheitsmoment des Bogens

Der Bogen weicht aber auch unter der Wirkung der Kraft F in senkrechter Richtung zur Kraft aus. Diese Durchbiegung ermittelt sich analog zu:

$$\mathrm{d}y = (R - x) \cdot \mathrm{d}\psi = \frac{M_b}{E \cdot I} \cdot (R - x) \cdot \mathrm{d}s \quad \text{(Gl. 3.106)}$$

und mit $M_b = F \cdot y$ wird

$$\Delta y = \int_0^L \frac{F \cdot y}{E \cdot I} \cdot (R - x) \cdot \mathrm{d}s = \frac{F}{E \cdot I} \cdot \int_0^L y \cdot (R - x) \cdot \mathrm{d}s \quad \text{(Gl. 3.107)}$$

Hierin ist: $\int_0^L y \cdot (R - x) \cdot \mathrm{d}s$ Linienzentrifugalmoment des Bogens.

Für einen beliebigen Bogen (Bild 3.19) gelten folgende Bedingungen bezogen auf die x–x-Achse:

$$I_x = \int_A^B (y + a)^2 \cdot \mathrm{d}s = \int_A^B (y^2 + 2 \cdot a \cdot y + a^2) \cdot \mathrm{d}s \quad \text{(Gl. 3.108)}$$

mit:

$\mathrm{d}s = R \cdot \mathrm{d}\varphi$

$y = R \cdot \sin \varphi$

$x = R \cdot \cos \varphi$

folgt:

$$I_x = \int_0^\alpha (R^2 \cdot \sin^2 \varphi + 2 \cdot a \cdot R \cdot \sin \varphi + a^2) \cdot R \cdot \mathrm{d}\varphi$$

$$I_x = \int_0^\alpha R^3 \cdot \sin^2 \varphi \cdot \mathrm{d}\varphi + \int_0^\alpha 2 \cdot a \cdot R^2 \cdot \sin \varphi \cdot \mathrm{d}\varphi + \int_0^\alpha a^2 \cdot R \cdot \mathrm{d}\varphi$$

und aufgelöst:

$$I_x = R^3 \cdot (0{,}5 \cdot \alpha - 0{,}25 \cdot \sin(2\alpha)) + 2 \cdot a \cdot R^2 \cdot (1 - \cos\alpha) + R \cdot a^2 \cdot \alpha \quad \text{(Gl. 3.109)}$$

Für einen 90°-Bogen ist $\alpha = \frac{\pi}{2}$ und $\sin \pi = 0$; $\cos \frac{\pi}{2} = 0$ und damit:

$$I_{x(90°)} = \frac{\pi}{4} \cdot R^3 + 2 \cdot R^2 \cdot a + \frac{\pi}{2} \cdot R \cdot a^2$$

$$I_{x(90°)} = 0{,}785 \cdot R^3 + 2 \cdot R^2 \cdot a + 1{,}57 \cdot R \cdot a^2 \quad \text{(Gl. 3.110)}$$

In gleicher Weise errechnen sich I_y und I_{xy} für einen 90°-Bogen, wobei diese Werte in Tabelle 3.2 aufgeführt sind.

3.2.5 Berechnungsgang

3.2.5.1 Ebene Systeme

Beim ebenen System liegen die Rohrachsen in einer Ebene. Die Berechnung erfolgt gemäß Gl. 3.95 so, dass das Produkt aus Kraft F und das auf die Kraftachse bezogene Linienträgheitsmoment des Systems gleich ist dem Produkt aus $\Delta L \cdot E \cdot I$ (wobei ΔL mit der Kraftrichtung zusammenfällt). Als nächstes wird der Schwerpunkt des Systems ermittelt und die Kraft wirkt in diesem Schwerpunkt. Die Lage des Systemschwerpunktes wird hierbei bestimmt, indem man die Rohrstrecke in gerade Linien und Kreisbogen aufteilt. Eine gerade Linie hat ihren Schwerpunkt in der Mitte. Der Kreisbogen hat seinen Schwerpunkt auf der Halbierenden seines Zentriwinkels. Für den Halbkreis beträgt der Abstand vom Mittelpunkt 0,637 · R.

Bezogen auf die x- und y-Achsen ergibt sich der Schwerpunktabstand:

$$e_x = \frac{\Sigma(L \cdot x)}{\Sigma L} \quad \text{(Gl. 3.111)}$$

und

$$e_y = \frac{\Sigma(L \cdot y)}{\Sigma L} \quad \text{(Gl. 3.112)}$$

Anschließend werden die Zentrifugal- und Trägheitsmomente errechnet und die beiden Komponenten F_H und F_V festgelegt.

Bei der Berechnung der statischen Momente und der Zentrifugalmomente muss stets auch die Richtung der Abstände von der gewählten Bezugsachse berücksichtigt werden. Legt man eine Richtung als positiv fest, dann ist die andere Richtung negativ, und die Abstände sind jeweils mit dem entsprechenden Vorzeichen einzusetzen (+ oder –).

Nun wird das Rohrsystem in Gerade und Bogen zerlegt und der entsprechende Streckenteil mit der zugeordneten Kennziffer versehen.

Die Momente können bei ebenen Systemen auch zeichnerisch ermittelt werden, indem man die Kraft F mit dem senkrechten Abstand von der Wirkungslinie zum gewünschten Systemschwerpunkt bestimmt und multipliziert.

Das größte Biegemoment ergibt sich aus dem größten Abstand im System von der Kraft F.

$$\hat{M}_b = F \cdot \hat{h} \qquad \text{(Gl. 3.113)}$$

Dieses Moment steht im Gleichgewicht mit

$$\hat{M}_b = W \cdot \hat{\sigma}_b \qquad \text{(Gl. 3.114)}$$

Besteht das Leitungssystem aus verschiedenen Teilstücken mit z.B. unterschiedlicher Nennweite und Elastizität, ist es von Vorteil, die am häufigsten vorkommenden Werte von E und I (Elastizitätsmodul und axiales Rohrträgheitsmoment des Teilstückes) mit E_0 und I_0 zu bezeichnen und mit dem Verhältnis der unterschiedlichen Größen E und I zu multiplizieren.
Die Basisgleichung (Gl. 3.95) wird damit:

$$\Delta L \cdot E_0 \cdot I_0 = \sum_0^L \frac{E_0 \cdot I_0}{E \cdot I \cdot K} \cdot (-\,\text{Auflagereaktion}\,-) \qquad \text{(Gl. 3.115)}$$

Auflagereaktion z.B.: $F_H \cdot I_{x,s} - F_V \cdot I_{xy,s}$

Hierin ist K der Rohrbogenfaktor (s. Abschnitt 3.2.4.1), der für gerade Rohre $K = 1$ wird.

Beispiel 3.5

Aufgabenstellung

Es soll für den in Bild 1 zum Beispiel dargestellten, flach auf Loslagern aufliegenden Z-Bogen die Richtung und Größe der resultierenden Kraft ermittelt werden.

Betriebsdaten

Rohrabmessung: DN 100 (114,3 · 3,6)
Montagetemperatur: 20 °C
Zul. Betriebstemperatur: 300 °C
Werkstoff: P235 TR1
Rohrbogen nach DIN EN 10 253-2 (3D-Bogen; $R \approx 1{,}5 \cdot d_i$)

Aufgabenlösung

Zur Einarbeitung sollen bei diesem Beispiel die Geometriegrößen noch nicht tabellarisch, sondern möglichst der Entwicklungsgang zuerst allgemein dargestellt werden.

Als Bezugsachsen wählt man zweckmäßigerweise die mit den Rohr-Schenkeln zusammenfallenden Achsen, wobei nach links bzw. unten vom Ursprung die positiven Richtungen seien. Es muss nun zunächst die Lage der **Schwerpunktachsen** x_s und y_s ermittelt werden, wofür die **Schwerpunktabstände** e_x und e_y zu berechnen sind.

Elastische Rohrlänge

Die gestreckte elastische Rohrlänge des Systems beträgt:

$$L = \Sigma L + \Sigma L_B$$

$$L = L_1 + L_2 + L_3 + 2 \cdot 1{,}57 \cdot \frac{R}{K}$$

$$L = 3000 + 4000 + 5000 + 2 \cdot 1{,}57 \cdot \frac{152{,}5}{0{,}11} = 16\,353 \text{ mm}$$

Hierbei ist zu beachten, dass die **elastische Bogenlänge** sich um ca. das *10-fache* gegenüber der Installations-Bogenlänge vergrößert.

Linienmomente

Zum leichteren Auffinden der Bestimmungsgleichungen werden die Gleichungsnummern aus Tabelle 3.2 mit angegeben.

Schenkel L_1, hier gilt Bild ① und Formel 7 in Tabelle 3.2

Trägheitsmoment

$I_x = L_1 \cdot a^2$; mit $a = 0$ wird: $I_x = 0$

Statisches Moment

$M_x = L_1 \cdot a$; mit $a = 0$ wird $M_x = 0$

Bogen B_1, hier gilt Bild ④ und Formel 2

Trägheitsmoment

$$I_x = 0{,}355 \cdot \frac{R^3}{K} + 1{,}14 \cdot \frac{R^2}{K} \cdot b + 1{,}57 \cdot \frac{R}{K} \cdot b^2$$

mit $b = 0$ wird:

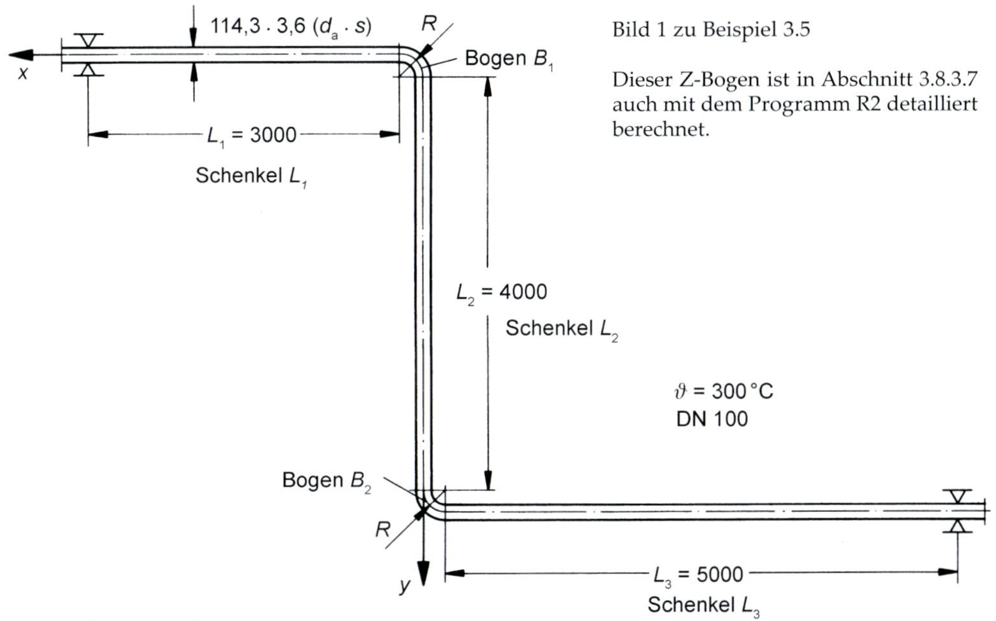

Bild 1 zu Beispiel 3.5

Dieser Z-Bogen ist in Abschnitt 3.8.3.7 auch mit dem Programm R2 detailliert berechnet.

Bogenradius: $R = 152{,}5$ mm

Elastizitätsfaktor: $\lambda_B = \dfrac{4 \cdot s \cdot R}{(d_a - s)^2} = \dfrac{4 \cdot 3{,}6 \cdot 152{,}5}{(114{,}3 - 3{,}6)^2} = 0{,}18$

Kármán-Faktor: $K = \dfrac{\lambda_B}{1{,}65} = \dfrac{0{,}18}{1{,}65} = 0{,}11$

Trägheitsmoment vom Rohr: $I = \dfrac{\pi}{64} \cdot (d_a^{\,4} - d_i^{\,4}) = \dfrac{\pi}{64} \cdot (114{,}3^4 - 107{,}1^4)$

$I = 1{,}92 \cdot 10^6$ mm^4

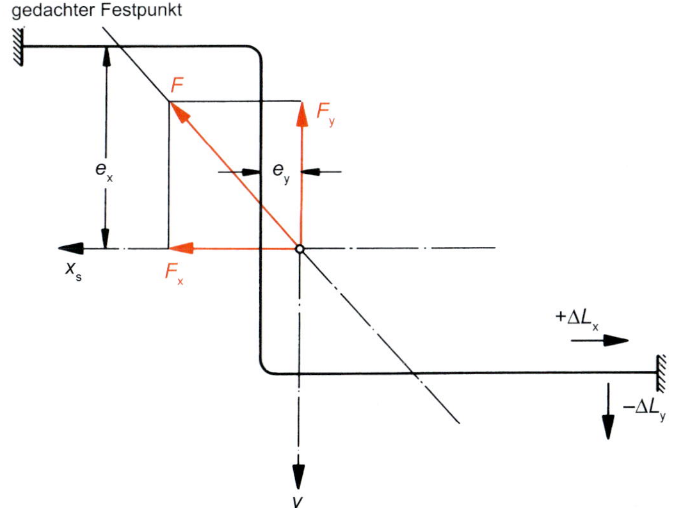

Bild 2 zu Beispiel 3.5

$$I_x = 0{,}355 \cdot \frac{R^3}{K} = 0{,}355 \cdot \frac{152{,}5^3}{0{,}11} = 1{,}14 \cdot 10^7 \text{mm}^3$$

Statisches Moment

$$M_x = 0{,}57 \cdot \frac{R^2}{K} + 1{,}57 \cdot \frac{R}{K} \cdot b;$$

mit $b = 0$ wird:

$$M_x = 0{,}57 \cdot \frac{R^2}{K} = 0{,}57 \cdot \frac{152{,}5^2}{0{,}11} = 1{,}2 \cdot 10^5 \text{mm}^2$$

Schenkel L_2, hier gilt Bild ⑤ und Formel 6

Trägheitsmoment

$$I_x = \frac{1}{3} L_2^3 + L_2^2 \cdot b + L_2 \cdot b^2$$

mit $b = R$ wird:

$$I_x = \frac{1}{3} L_2^3 + L_2^2 \cdot R + L_2 \cdot R^2$$

$$I_x = \frac{1}{3} \cdot 4000^3 + 4000^2 \cdot 152{,}5 + 4000 \cdot 152{,}5^2 = 2{,}39 \cdot 10^{10} \text{mm}^3$$

Statisches Moment
$M_x = 0{,}5 \cdot L_2^2 + L_2 \cdot b$;
mit $b = R$ wird
$M_x = 0{,}5 \cdot 4000^2 + 4000 \cdot 152{,}5 = 8{,}61 \cdot 10^6$ mm²

Bogen B_2, hier gilt Bild ② und Formel 1

Trägheitsmoment

$$I_x = 0{,}785 \cdot \frac{R^3}{K} + 2 \cdot \frac{R^2}{K} \cdot a + 1{,}57 \cdot \frac{R}{K} \cdot a^2;$$

mit: $a = R + L_2$ wird:

$$I_x = 0{,}785 \cdot \frac{R^3}{K} + 2 \cdot \frac{R^2}{K} \cdot (R + L_2) + 1{,}57 \cdot \frac{R}{K} \cdot (R + L_2)^2$$

$$I_x = 0{,}785 \cdot \frac{152{,}5^3}{0{,}11} + 2 \cdot \frac{152{,}5^2}{0{,}11} \cdot (152{,}5 + 4000) + 1{,}57 \cdot \frac{152{,}5}{0{,}11} \cdot (152{,}5 + 4000)^2$$

$I_x = 3{,}93 \cdot 10^{10}$ mm³

Statisches Moment

$$M_x = \frac{R^2}{K} + 1{,}57 \cdot \frac{R}{K} \cdot a$$

mit $a = R + L_2$ wird:

$$M_x = \frac{R^2}{K} + 1{,}57 \cdot \frac{R}{K} \cdot (R + L_2)$$

$$M_x = \frac{152{,}5^2}{0{,}11} + 1{,}57 \cdot \frac{152{,}5}{0{,}11} \cdot (152{,}5 + 4000) = 9{,}25 \cdot 10^6 \text{ mm}^2$$

Schenkel L_3, hier gilt Bild ① und Formel 7

Trägheitsmoment
$I_x = L_3 \cdot a^2$; mit $a = L_2 + 2 \cdot R$ wird:
$I_x = L_3 \cdot (L_2 + 2 \cdot R)^2$
$I_x = 5000 \cdot (4000 + 2 \cdot 152{,}5)^2$
$= 9{,}27 \cdot 10^{10}$ mm³

Statisches Moment
$M_x = L_3 \cdot a$ mit $a = L_2 + 2 \cdot R$ wird:
$M_x = L_3 \cdot (L_2 + 2 \cdot R)$
$M_x = 5000 \cdot (4000 + 2 \cdot 152{,}5)^2$
$= 2{,}15 \cdot 10^7$ mm²

Die Summe der Trägheitsmomente in x-Richtung beträgt:

$\Sigma I_x = 1{,}56 \cdot 10^{11}$ mm³

und die Summe der statischen Momente:

$\Sigma M_x = 3{,}95 \cdot 10^7$ mm²

In analoger Weise werden die Momente für die y-Achse ermittelt:

Schenkel L_1, hier gilt Bild ① und Formel 6

Trägheitsmoment

$$I_y = \frac{1}{3} \cdot L_1^3 + L_1^2 \cdot b + L_1 \cdot b^2$$

mit $b = R$ wird:

$$I_y = \frac{1}{3} \cdot L_1^3 + L_1^2 \cdot R + L_1 \cdot R^2$$

$$I_y = \frac{1}{3} \cdot 3000^3 + 3000^2 \cdot 152{,}5 + 3000 \cdot 152{,}5^2 = 1{,}04 \cdot 10^{10} \text{mm}^3$$

Statisches Moment
$M_y = 0{,}5 \cdot L_1^2 + L_1 \cdot b$
mit $b = R$ wird:

Tabelle 3.2 Bestimmungsgleichungen für Trägheits- und Zentrifugalmomente von geraden Rohren und Rohrbogen ebener Systeme [3.3]

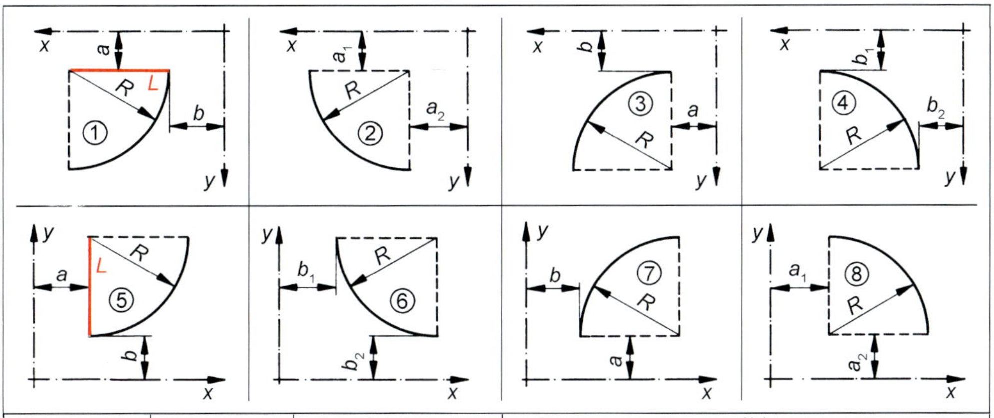

Kraft	in Richtung der Achse	Trägheits- bzw. Zentrifugalmoment	Bild 1	2	3	4	5	6	7	8
Für Bogen			**Nr. der Formel**							
F_x	in X	I_x	1	1	2	2	2	2	1	1
F_y	in Y	I_y	2	1	1	2	1	2	2	1
F_x oder F_y	in XY	I_{xy}	4	3	4	5	4	5	4	3
Für Gerade			**Nr. der Formel**							
F_x	in X	I_x	7				6			
F_y	in Y	I_y	6				7			
F_x oder F_y	in XY	I_{xy}	8				8			

Nr. der Formel	Für Bogen: Trägheitsmomente	Statische Momente
1	$0{,}785 \cdot \frac{R^3}{K} + 2 \cdot \frac{R^2}{K} \cdot a + 1{,}57 \cdot \frac{R}{K} \cdot a^2$	$\frac{R^2}{K} + 1{,}57 \cdot \frac{R}{K} \cdot a$
2	$0{,}355 \cdot \frac{R^3}{K} + 1{,}14 \cdot \frac{R^2}{K} \cdot b + 1{,}57 \cdot \frac{R}{K} \cdot b^2$	$0{,}57 \cdot \frac{R^2}{K} + 1{,}57 \cdot \frac{R}{K} \cdot b$
	Zentrifugalmomente	
3	$0{,}5 \cdot \frac{R^3}{K} + \frac{R^2}{K} \cdot a_1 + \frac{R^2}{K} \cdot a_2 + 1{,}57 \cdot \frac{R}{K} \cdot a_1 \cdot a_2$	
4	$0{,}5 \cdot \frac{R^3}{K} + 0{,}57 \cdot \frac{R^2}{K} \cdot a + \frac{R^2}{K} \cdot b + 1{,}57 \cdot \frac{R}{K} \cdot a \cdot b$	
5	$0{,}07 \cdot \frac{R^3}{K} + 0{,}57 \cdot \frac{R^2}{K} \cdot b_1 + 0{,}57 \cdot \frac{R^2}{K} \cdot b_2 + 1{,}57 \cdot \frac{R}{K} \cdot b_1 \cdot b_2$	
	Für Gerade	
	Trägheitsmomente	**Statische Momente**
6	$\frac{1}{3} \cdot L^3 + L^2 \cdot b + L \cdot b$	$0{,}5 \cdot L^2 + L \cdot b$
7	$L \cdot a^2$	$L \cdot a$
	Zentrifugalmoment	
8	$\frac{1}{2} \cdot L^2 \cdot a + L \cdot a \cdot b$	

$M_y = 0{,}5 \cdot L_1^2 + L_1 \cdot R$

$M_y = 0{,}5 \cdot 3000^2 + 3000 \cdot 152{,}5 = 4{,}96 \cdot 10^6\ \text{mm}^2$

Bogen B_1, hier gilt Bild ④ und Formel 2

Trägheitsmoment

$$I_y = 0{,}355 \cdot \frac{R^3}{K} + 1{,}14 \cdot \frac{R^2}{K} \cdot b + 1{,}57 \cdot \frac{R}{K} \cdot b^2;$$

mit $b = 0$ wird:

$$I_y = 0{,}355 \cdot \frac{R^3}{K}$$

$$I_y = 0{,}355 \cdot \frac{R^3}{K} \cdot \frac{152{,}5^3}{0{,}11} = 1{,}14 \cdot 10^7\ \text{mm}^3$$

Statisches Moment

$$M_y = 0{,}57 \cdot \frac{R^2}{K} + 1{,}57 \cdot \frac{R}{K} \cdot b$$

mit $b = 0$ wird

$$M_y = 0{,}57 \cdot \frac{R^2}{K}$$

$$M_y = 0{,}57 \cdot \frac{152{,}5^2}{0{,}11} = 1{,}2 \cdot 10^5\ \text{mm}^2$$

Schenkel L_2, hier gilt Bild ⑤ und Formel 7

Trägheitsmoment

$I_y = L_2 \cdot a^2$ mit $a = 0$ wird:

$I_y = 0$

Statisches Moment

$M_y = L_2 \cdot a$ mit $a = 0$ wird:

$M_y = 0$

Bogen B_2, hier gilt Bild ⑦ und Formel 2

Trägheitsmoment

$$I_y = 0{,}355 \cdot \frac{R^3}{K} + 1{,}14 \cdot \frac{R^2}{K} \cdot b + 1{,}57 \cdot \frac{R}{K} \cdot b^2;$$

mit: $b = 0$ wird:

$$I_y = 0{,}355 \cdot \frac{R^3}{K}$$

$$I_y = 0{,}355 \cdot \frac{152{,}5^3}{0{,}11} = 1{,}14 \cdot 10^7\ \text{mm}^3$$

Statisches Moment

$$M_y = 0{,}57 \cdot \frac{R^2}{K} + 1{,}57 \cdot \frac{R}{K} \cdot b$$

mit $b = 0$ und negativer Richtung wird:

$$M_y = -0{,}57 \cdot \frac{R^2}{K}$$

$$M_y = -0{,}57 \cdot \frac{152{,}5^2}{0{,}11} = -1{,}2 \cdot 10^5\ \text{mm}^2$$

Schenkel L_3, hier gilt Bild ① und Formel 6

Trägheitsmoment

$$I_y = \frac{1}{3} \cdot L_3^3 + L_3^2 \cdot b + L_3 \cdot b^2;$$

mit $b = R$ wird:

$$I_y = \frac{1}{3} \cdot L_3^3 + L_3^2 \cdot R + L_3 \cdot R^2;$$

$$I_y = \frac{1}{3} \cdot 5000^3 + 5000^2 \cdot 152{,}5 + 5000 \cdot 152{,}5^2 = 4{,}56 \cdot 10^{10}\ \text{mm}^3$$

Statisches Moment

$M_y = 0{,}5 \cdot L_3^2 + L_3 \cdot b$ mit $b = R$ wird:

$M_y = -0{,}5 \cdot L_3^2 - L_3 \cdot R$

$M_y = -0{,}5 \cdot 5000^2 - 5000 \cdot 152{,}5 = -1{,}33 \cdot 10^7\ \text{mm}^2$

Die Summe der Trägheitsmomente in y-Richtung beträgt:

$\boldsymbol{\Sigma I_y = 5{,}6 \cdot 10^{10}\ \text{mm}^3}$

$\boldsymbol{\Sigma M_y = -8{,}34 \cdot 10^6\ \text{mm}^2}$

Schwerpunktabstände

$$e_x = \frac{\Sigma M_x}{L} = \frac{3{,}95 \cdot 10^7}{16\,353} = 2415\ \text{mm}$$

$$e_y = \frac{\Sigma M_y}{L} = \frac{-8{,}34 \cdot 10^6}{16\,353} = -508\ \text{mm}$$

Auf die Schwerachsen bezogene Trägheitsmomente:

$I_{x,s} = \Sigma I_x - L \cdot e_x^2$

$= 1{,}56 \cdot 10^{11} - 16\,353 \cdot 2415^2$

$= 6{,}04 \cdot 10^{10}\ \text{mm}^3$

$I_{y,s} = \Sigma I_y - L \cdot e_y^2$

$= 5{,}6 \cdot 10^{10} - 16\,353 \cdot (-508)^2$

$= 5{,}18 \cdot 10^{10}\ \text{mm}^3$

Bestimmung des auf die x-y-Achse bezogenen Zentrifugalmomentes

Schenkel L_1, hier gilt Bild ① und Formel 8

$I_{xy} = 0{,}5 \cdot L_1^2 \cdot a + L_1 \cdot a \cdot b;$

mit $a = 0$ und $b = R$ wird:

$I_{xy} = 0$

Bogen B_1, hier gilt Bild ④ und Formel 5

$$I_{xy} = 0{,}07 \cdot \frac{R^3}{K} + 0{,}57 \cdot \frac{R^2}{K} \cdot b_1 + 0{,}57 \cdot \frac{R^2}{K} \cdot b_2;$$

mit $b_1 = 0$ und $b_2 = 0$ wird:

$$I_{xy} = 0{,}07 \cdot \frac{R^3}{K} \begin{pmatrix} a_{11} & a_{12} \\ a_{21} & a_{22} \end{pmatrix}$$

$$I_{xy} = 0{,}07 \cdot \frac{152{,}5^3}{0{,}11} = 2{,}26 \cdot 10^6 \text{ mm}^3$$

Schenkel L_2, hier gilt Bild ⑤ und Formel 8

$I_{xy} = 0{,}5 \cdot L_2^2 \cdot a + L_2 \cdot a \cdot b;$

mit $a = 0$ und $b = R$ wird:

$I_{xy} = 0$

Bogen B_2, hier gilt Bild ⑦ und Formel 4
Es ist die Lage im negativen Quadranten zu beachten:

$$I_{xy} = -0{,}5 \cdot \frac{R^3}{K} - 0{,}57 \cdot \frac{R^2}{K} \cdot a - \frac{R^2}{K} \cdot b - 1{,}57 \cdot \frac{R}{K} \cdot a \cdot b$$

mit $a = L_2 + R$ und $b = 0$ wird:

$$I_{xy} = -0{,}5 \cdot \frac{152{,}5^3}{0{,}11} - 0{,}57 \cdot \frac{152{,}5^2}{0{,}11} \cdot (4000 + 152{,}5) = -5{,}17 \cdot 10^8 \text{ mm}^3$$

Schenkel L_3, hier gilt Bild ① und Formel 8

Es ist wieder die Lage im negativen Quadranten zu beachten:

$I_{xy} = -0{,}5 \cdot L_3^2 \cdot a - L_3 \cdot a \cdot b;$

mit $a = L_2 + 2 \cdot R$ und $b = -R$ wird:

$I_{xy} = -0{,}5 \cdot L_3^2 \cdot (L_2 + 2 \cdot R) - L_3 \cdot (L_2 + 2 \cdot R) \cdot R$
$I_{xy} = -0{,}5 \cdot 5000^2 \cdot (4000 + 2 \cdot 152{,}5) - 5000 \cdot (4000 + 2 \cdot 152{,}5) \cdot 152{,}5 = -5{,}71 \cdot 10^{10} \text{ mm}^3$

Die Summe der Zentrifugalmomente für das ganze System beträgt:

$\Sigma I_{xy} = -5{,}76 \cdot 10^{10}$ mm³

Auf die Schwerachsen bezogen, ergibt sich ein Zentrifugalmoment von:

$I_{xy,s} = \Sigma I_{xy} - L \cdot e_x \cdot e_y$
$I_{xy,s} = -5{,}76 \cdot 10^{10} - 16\,353 \cdot 2415 \cdot (-508)$
$= -3{,}75 \cdot 10^{10} \text{ mm}^3$

Es ist besonders auf die Vorzeichen zu achten!

Die **Dehnungskomponenten** betragen – wobei zu beachten ist, dass Wärmedehnungen entgegen der Achsrichtung als positiv festgelegt werden. Das linke Ende wird dabei als gedachter Festpunkt angenommen –

in ***x*-Richtung**:

$$\Delta L_x = \overline{\beta}_L \cdot L_x \cdot \Delta\vartheta$$

$$\Delta L_x = \overline{\beta}_L \cdot (L_1 + 2 \cdot R + L_3) \cdot \Delta\vartheta;$$

mit: $\overline{\beta}_L = 13{,}3 \cdot 10^{-6}$ 1/K
und $\Delta\vartheta = 280$ K wird:

$$\Delta L_x = \frac{13{,}3}{10^6} \cdot (300 + 2 \cdot 152{,}5 + 5000) \cdot 280$$

$\Delta L_x = 30{,}9$ mm

in ***y*-Richtung**:

$$\Delta L_y = \overline{\beta}_L \cdot L_y \cdot \Delta\vartheta$$

$$\Delta L_y = \overline{\beta}_L \cdot (L_2 + 2 \cdot R) \cdot \Delta\vartheta$$

mit den gleichen Systemdaten wie bei der *x*-Richtung

$$\Delta L_y = \frac{13{,}3}{10^6} \cdot (4000 + 2 \cdot 152{,}5) \cdot 280$$

$\Delta L_y = -16{,}0$ mm

Die **Kraftkomponenten** betragen
in ***x*-Richtung**:

$$F_x = E \cdot I \cdot \frac{\Delta L_x \cdot I_{y,s} + \Delta L_y \cdot I_{xy,s}}{I_{x,s} \cdot I_{y,s} - I_{xy,s}^2}$$

mit: $E = 1{,}914 \cdot 10^5$ N/mm² bei 300 °C
$I = 1{,}92 \cdot 10^6$ mm⁴

$$F_x = 1{,}914 \cdot 10^5 \cdot 1{,}92 \cdot 10^6 \cdot \frac{30{,}9 \cdot 5{,}18 \cdot 10^{10} + (-16 \cdot (-3{,}75 \cdot 10^{10}))}{6{,}04 \cdot 10^{10} \cdot 5{,}18 \cdot 10^{10} - (-3{,}75 \cdot 10^{10})^2}$$

$F_x = 469$ N

In *y*-**Richtung**:

$$F_y = E \cdot I \cdot \frac{\Delta L_y \cdot I_{x,s} + \Delta L_x \cdot I_{xy,s}}{I_{x,s} \cdot I_{y,s} - I^2_{xy,s}}$$

$$F_y = 1{,}914 \cdot 10^5 \cdot 1{,}92 \cdot 10^6$$

$$\cdot \frac{(-16) \cdot 6{,}04 \cdot 10^{10} + 30{,}9 \cdot (-3{,}75 \cdot 10^{10})}{6{,}04 \cdot 10^{10} \cdot 5{,}15^{10} - (-3{,}75 \cdot 10^{10})^2}$$

$$F_y = -453 \text{ N}$$

Die resultierende Kraft beträgt:

$$F = \sqrt{F_x^2 + F_y^2} = \sqrt{469^2 + (-453)^2}$$

$$F = 653 \text{ N}$$

3.2.5.2 Räumliche Systeme

Bei der Elastizitätsberechnung räumlicher Rohrleitungssysteme geht man im Prinzip genauso vor wie bei ebenen Systemen. Hier muss man *Biege- und Torsionsbeanspruchung* beachten. So wirkt z.B. bei einer Ausdehnung des Schenkels *a* in Bild 3.20 der Schenkel *b* als Biegestrecke, der Schenkel *c* dagegen als Biege- und Torsionsstrecke. Der Rechenaufwand wird viel größer, da jetzt Bewegung und Kraftwirkung jeweils 6 Koordinaten aufweisen. Hier erfordern die schiefwinkligen größeren Rechenaufwand als die rechtwinkligen Systeme.

In jeder Ebene sind 2 Komponenten gleichzeitig wirksam, in der *x*-, *y*-Ebene sind dies die Komponenten F_x und F_y, in der *x*-, *z*-Ebene F_x und F_z sowie in der *y*-, *z*-Ebene F_y, und F_z.

Für jede der 3 Ebenen sind die Glieder-Linienträgheitsmomente und das dazugehörige Linienzentrifugalmoment, bezogen auf ihre Glieder-Schwerpunktachsen, getrennt zu berechnen. Diese sind dann auf die durch den Systemschwerpunkt gelegten Achsen zu übertragen. Der Kármán-Faktor (*K*) ist hierbei nur auf die Bogenstücke zu verwenden, bei denen eine Querschnittverformung zu erwarten ist.

Rohrleitungsstränge, die Verdrehungen durch die Kraftkomponenten erfahren, erhalten zur **Korrektur ihrer Länge** einen Beiwert, der die Torsionssteifigkeit in ein lineares

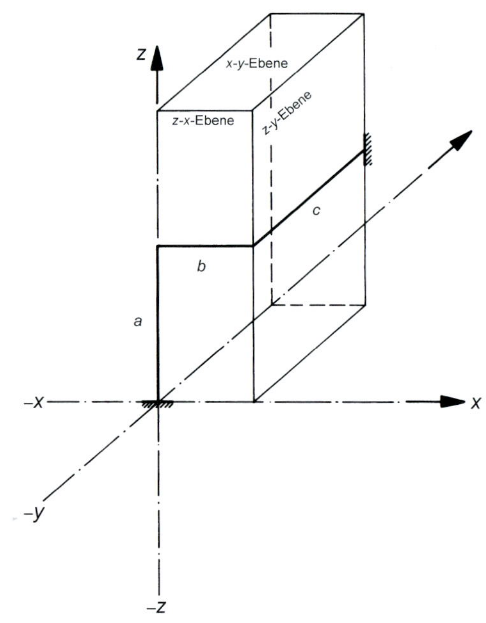

Bild 3.20 Räumliches Rohrsystem

System umwandelt. Der Rohrquerschnitt hat das polare Trägheitsmoment

$$I_p = 2 \cdot I \qquad \text{(Gl. 3.116)}$$

mit:

$$I = \frac{\pi}{64} \cdot (d_a^4 - d_i^4)$$

und der Schubmodul *G* die Größe:

$$G = \frac{E}{2 \cdot (1 + \nu)} \qquad \text{(Gl. 3.117)}$$

mit $\nu = 0{,}3$ wird: $G = 0{,}385 \cdot E$

Der Verdrehwinkel beträgt:

$$\psi = \frac{M_t \cdot L}{I_p \cdot G} \qquad \text{(Gl. 3.118)}$$

Mit Gl. 3.117 und $\nu = 0{,}3$ erhält man:

$$\psi = \frac{M_t \cdot L}{E \cdot I} \cdot 1{,}3 \qquad \text{(Gl. 3.119)}$$

! Die Verdrehung erhöht somit die Elastizität des räumlichen Systems.

Mit dem Beiwert 1,3 aus Gl. 3.119 werden die wirklichen Längen der auf Verdrehung beanspruchten Leitungslängen multipliziert, um deren ideelle Teillänge zu erhalten.

In der Biegung wird durch die senkrecht zur Biegeebene wirkende Komponente etwa die halbe Bogenlänge verdreht. Die ideelle Länge L_B' für einen Rohrbogen ergibt sich in Verbindung mit Gl. 3.119 zu:

$$L_B' = \frac{L}{2} + \frac{L}{2} \cdot 1{,}3 = 0{,}5 \cdot L \cdot (1 + 1{,}3) \qquad \text{(Gl. 3.120)}$$

Für einen 90°-Bogen, der senkrecht zur Biegeebene belastet wird, folgt mit

$$L = 1{,}57 \cdot R \qquad \text{(Gl. 3.121)}$$

die ideelle Bogenlänge:

$$L_B' = 1{,}8 \cdot R \qquad \text{(Gl. 3.122)}$$

3.2.6 Spannungsermittlung

Tabellarische Zusammenfassung der Spannungsermittlung:

a) Spannungsermittlung aus Innendruck, Druckstoß, Temperaturunterschiede usw. s. [3.1].

b) Spannungsermittlung durch Biegemoment im **geraden Rohr**:

$$\sigma_b = \pm \frac{M_b}{W} = \pm \frac{M_b \cdot d_a}{2 \cdot I} \qquad \text{(Gl. 3.123)}$$

mit:

$$W = \frac{2 \cdot I}{d_a}$$

c) Spannungsermittlung durch Torsionsmoment im **Rohr und Bogen.**
Max. Schubspannung an der Außenfaser mit M_t:

$$\tau = \frac{M_t \cdot d_a}{4 \cdot I} = \frac{M_t}{2 \cdot W} \qquad \text{(Gl. 3.124)}$$

d) Spannungsermittlung durch Biegemoment M_b **in Biegeebene des Bogens** (Bild 3.21)

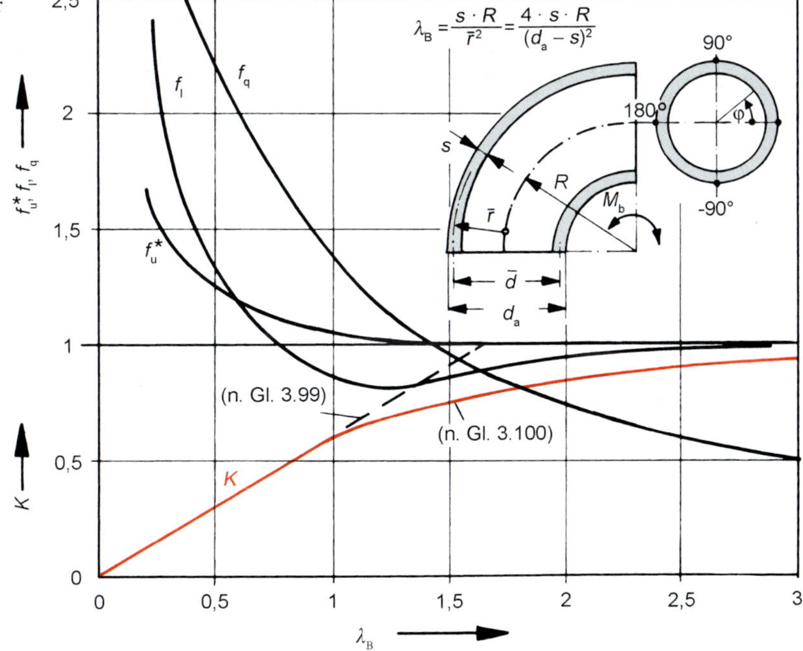

Bild 3.21 Beiwerte zur Spannungsermittlung im Rohrbogen

$$f_u = f_u^* \cdot \frac{R}{\bar{r}}$$

Die Biegespannungen werden aus praktischen Gründen auf die max. sich im geraden Rohr gleicher Abmessung ergebenden Spannungen bezogen [3.4].

$$\sigma_{b,x} = \frac{M_b \cdot d_a}{2 \cdot I} \cdot f_x = \frac{M_b}{W} \cdot f_x = \sigma_b \cdot f_x$$

> **!** Durch die Verformung eines Rohr-Bogens, ergeben sich durch das Biegemoment M_b in Bogenebene Längsspannungen $\sigma_{b,\ell}$, Umfangsbiegespannungen $\sigma_{b,q}$ sowie Umfangsspannungen $\sigma_{b,u}$.

Die angegebenen Vorzeichen wechseln, wenn der Bogen «aufgebogen» wird, was bei der Spannungsermittlung berücksichtigt werden muss.

Längsspannungen

$$\sigma_{b,\ell} = \pm \sigma_b \cdot f_\ell \qquad \text{(Gl. 3.125)}$$

Mit dem Faktor:

$$f_\ell = \frac{1}{K} \cdot \frac{\sqrt{10 + 12 \cdot \lambda_B^2}}{9} \qquad \text{(Gl. 3.126)}$$

gültig für $\lambda_B \leqq 1{,}472$

$$f_\ell \approx \sqrt{\frac{0{,}34}{\lambda_B^2} + 0{,}4}; \quad \text{mit } K = \frac{\lambda_B}{1{,}65}$$

Die Extremwerte liegen bei:

$$\varphi = \pm \arcsin \cdot \sqrt{\frac{5 + 6 \cdot \lambda_B^2}{18}}$$

Für $\lambda_B > 1{,}472$ wird:

$$f_\ell = \frac{12 \cdot \lambda_B^2 - 2}{1 + 12 \cdot \lambda_B^2} \qquad \text{(Gl. 3.127)}$$

Extremwerte bei: $\varphi = \pm 90°$
Bei: $\varphi = 0$ und $\varphi = 180°$ ist $\sigma_{b,\ell} = 0$

Umfangsbiegespannungen

$$\sigma_{b,q} = \pm \sigma_b \cdot f_q \qquad \text{(Gl. 3.128)}$$

mit: + für die Außenfaser
– für die Innenfaser
und

$$f_q = \frac{18 \cdot \lambda_B}{1 + 12 \cdot \lambda_B^2} \qquad \text{(Gl. 3.129)}$$

Die Extremwerte liegen bei:

$\varphi = 0$ u. $\varphi = 180°$ für + Vorzeichen
$\varphi = \pm 90°$ für – Vorzeichen
Bei: $\varphi = \pm 45°$ und $\varphi = \pm 135°$ wird $\sigma_{b,q} = 0$.

Umfangsspannung

$$\sigma_{b,q} = \pm \sigma_b \cdot f_q \qquad \text{(Gl. 3.130)}$$

mit:

$$f_u = \frac{\bar{r}}{R} \cdot \frac{2 + 12 \cdot \lambda_B^2}{1 + 12 \cdot \lambda_B^2} \qquad \text{(Gl. 3.131)}$$

Die Extremwerte liegen bei: $\varphi = 0°$ und $\varphi = 180°$
Die Spannungsfaktoren sind in Bild 3.21 dargestellt.

Vergleichsspannung
nach der Gestaltänderungshypothese:

$$\sigma_{V,Ge} = \sqrt{\frac{(\sigma_x - \sigma_y)^2 + (\sigma_y - \sigma_z)^2 + (\sigma_z - \sigma_x)^2}{2} + 3 \cdot \tau^2} \qquad \text{(Gl. 3.132)}$$

Für das ebene System erhält man (durch Wegfall der Torsionsspannung) mit den Spannungsbezeichnungen u für Umfangsspannung, ℓ für Längsspannung und r für Radialspannung s.a. [3.1]:

$$\sigma_{V,GE} = \frac{1}{\sqrt{2}} \cdot \sqrt{(\sigma_u + \sigma\ )^2 + (\sigma\ - \sigma_r) + (\sigma_r - \sigma_u)} \qquad \text{(Gl. 3.132a)}$$

und an der Außenwand mit der Radialspannung $\sigma_r = 0$

$$\sigma_{V,GE} = \sqrt{\sigma_u^2 + \sigma^2 - \sigma\ \cdot \sigma_u} \qquad \text{(Gl. 3.132b)}$$

Zulässige Spannungen und Sicherheiten s. Abschnitt 3.7.

Bild 1 zu Beispiel 3.6

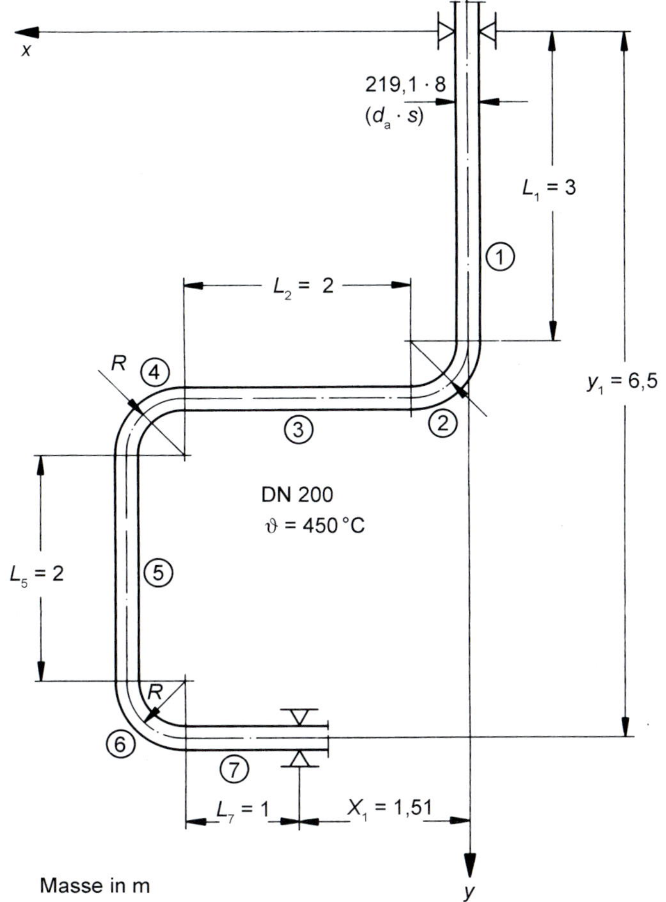

Beispiel 3.6

Aufgabenstellung

Für die in Bild 1 zu dieser Aufgabe dargestellte Heißdampfleitung sind die Kräfte und Spannungen zu ermitteln.

Betriebsdaten

Rohrabmessung: DN 200 (219,1 × 8)
Betriebstemperatur: $\vartheta = 450$ °C
Betriebsüberdruck: $p = 40$ bar
Werkstoff: 16 Mo 3
Rohrbogen n. DIN EN 10 253-2
(5D-Bogen, $R \approx 2{,}5 \cdot d_i$)

Aufgabenlösung

Im Gegensatz zu Beispiel 3.5 wird bei dieser Aufgabe die Ausrechnung in Form der Tabelle 1 zu diesem Beispiel durchgeführt sowie praxis-

Bogenradius: $R = 0{,}51$ m

Elastizitätsfaktor:

$$\lambda_B = \frac{4 \cdot s \cdot R}{(d_a - s)^2} = \frac{4 \cdot 8 \cdot 510}{(219{,}1 - 8)^2} = 0{,}366$$

Kármán-Faktor:

$$K = \frac{\lambda_B}{1{,}65} = 0{,}22$$

Trägheitsmoment vom Rohr:

$$I = \frac{\pi}{64} \cdot (d_a^4 - d_i^4) = \frac{\pi}{64} \cdot (219{,}1^4 - 203{,}1^4)$$

$$I = 2{,}96 \cdot 10^7 \text{ mm}^4$$

Tabelle 1 zu Beispiel 3.6

Nr.	L	Bild n.	Linienmomente									
	m	Tab. 3.2	I_x		M_x		I_y		M_y		I_{xy}	
				m³		m²		m³		m²		m³
1	3	5	$\frac{1}{3} L_1^3$	9	$0{,}5 \cdot L_1^2$	4,5	–	–	–	–	–	–
			–	–	–	–						
			–	–								
2	* 3,64	1	$0{,}785 \cdot \frac{R^3}{K}$	0,47	$\frac{R^2}{K}$	1,18	$0{,}355 \cdot \frac{R^3}{K}$	0,21	$0{,}57 \cdot \frac{R^2}{K}$	0,67	$0{,}5 \cdot \frac{R^3}{K}$	0,3
			$2 \cdot \frac{R^2}{K} \cdot L_1$	7,08	$1{,}57 \cdot \frac{R}{K} \cdot L_1$	10,93	–				$0{,}57 \cdot \frac{R^2}{K} \cdot L_1$	2,0
			$1{,}57 \cdot \frac{R}{K} \cdot L_1^2$	32,78			–				–	–
											–	–
3	2	1	$L_3 \cdot (L_1 + R)^2$	24,6	$L_3 \cdot (L_1 + R)$	7,02	$\frac{1}{3} L_3^3$	2,66	$0{,}5 \cdot L_3^2$	2,0	$\frac{1}{2} \cdot L_3^2 \cdot (L_1 + R)$	7,02
							$L_3^2 \cdot R$	2,04	$L_3 \cdot R$	1,02	$L_3 \cdot (L_1 + R) \cdot R$	3,58
							$L_3 \cdot R^2$	0,52				
4	* 3,64	3	$0{,}355 \cdot \frac{R^3}{K}$	0,21	$0{,}57 \cdot \frac{R^2}{K}$	0,67	$0{,}785 \cdot \frac{R^3}{K}$	0,47	$\frac{R^2}{K}$	1,18	$0{,}5 \cdot \frac{R^3}{K}$	0,3
			$1{,}14 \cdot \frac{R^2}{K} \cdot (L_1 + R)$	4,72	$1{,}57 \cdot \frac{R^2}{K} \cdot (L_1 + R)$	12,78	$2 \cdot \frac{R^2}{K} \cdot (L_3 + R)$	5,92	$1{,}57 \cdot \frac{R}{K} \cdot (L_3 + R)$	9,29	$0{,}57 \cdot \frac{R^2}{K} \cdot (L_1 + R)$	2,36
			$1{,}57 \cdot \frac{R}{K} \cdot (L_1 + R)^2$	44,87			$1{,}57 \cdot \frac{R}{K} \cdot (L_3 + R)^2$	22,95			$\frac{R^2}{K} \cdot (L_3 + R)$	2,96
											$1{,}57 \cdot \frac{R}{K} \cdot (L_1 + R) \cdot (L_3 + R)$	32,1

Nr.	L	Bild n.	Linienmomente									
	m	Tab. 3.2	I_x		M_x		I_y		M_y		I_{xy}	
				m³		m²		m³		m²		m³
5	2	5	$\frac{1}{3} L_5^3$	2,66	$0{,}5 \cdot L_5^2$	2	$L_5 \cdot (L_3 + 2 \cdot R)^2$	18,2	$L_5 \cdot (L_3 + 2 \cdot R)$	6,04	$\frac{1}{2} \cdot L_5^2 \cdot (L_3 + 2 \cdot R)$	6,04
			$L_5^2 \cdot (L_1 + 2 \cdot R)$	16,1	$L_5 \cdot (L_1 + 2 \cdot R)$	8,04					$L_5 \cdot (L_3 + 2 \cdot R) \cdot (L_1 + 2 \cdot R)$	24,28
			$L_5 \cdot (L_1 + 2 \cdot R)^2$	32,3								
6	* 3,64	2	$0{,}785 \cdot \frac{R^3}{K}$	0,47	$\frac{R^2}{K}$	1,18	$0{,}785 \cdot \frac{R^3}{K}$	0,47	$\frac{R^2}{K}$	1,18	$0{,}5 \cdot \frac{R^3}{K}$	0,3
			$2 \cdot \frac{R^2}{K} \cdot (y_1 - R)$	14,2	$1{,}57 \cdot \frac{R}{K} \cdot (y_1 - R)$	20,2	$2 \cdot \frac{R^2}{K} \cdot (x_1 + L_7)$	5,92	$1{,}57 \cdot \frac{R}{K} \cdot (L_7 + x_1)$	9,14	$\frac{R^2}{K} \cdot (y_1 - R)$	7,1
			$1{,}57 \cdot \frac{R}{K} \cdot (y_1 - R)^2$	132			$1{,}57 \cdot \frac{R}{K} \cdot (x_1 + L_7)^2$	22,95			$\frac{R^2}{K} \cdot (L_7 + x_1)$	2,96
											$1{,}57 \cdot \frac{R}{K} \cdot (y_1 - R) \cdot (L_7 + x_1)$	59,7
7	1	1	$L_7 \cdot y_1^2$	42,6	$L_7 \cdot y_1$	6,53	$\frac{1}{3} L_7^3$	0,33	$0{,}5 \cdot L_7^2$	0,5		
							$L_7^2 \;\; x_1$	1,51	$L_7 \cdot x_1$	1,51	$\frac{1}{2} L_7^2 \cdot y_1$	3,26
							$L_7 \cdot x_1^2$	2,28			$L_7 \cdot y_1 \cdot x_1$	9,86

$\Sigma L = 18{,}92$ $\Sigma I_x = 364{,}06\ \text{m}^3$ $\Sigma M_x = 75{,}03\ \text{m}^2$ $\Sigma I_y = 86{,}43\ \text{m}^3$ $\Sigma M_y = 32{,}53\ \text{m}^3$ $\Sigma I_{xy} = 164{,}12\ \text{m}^3$

* elastische Bogenlänge

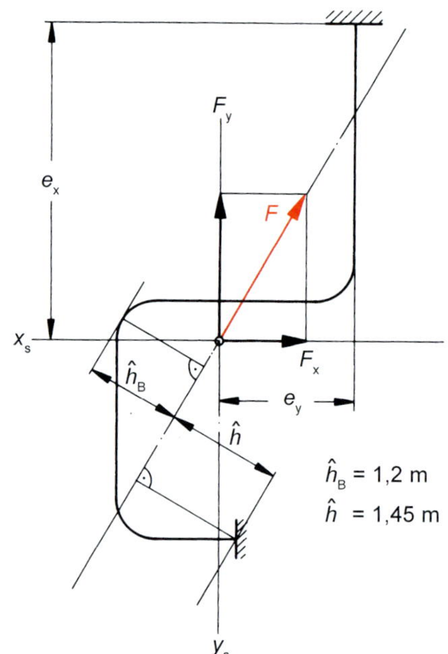

Bild 2 zu Beispiel 3.6

nahe Einheiten gewählt. Für die Rohrbögen ergeben sich folgende Konstanten:

– Elastische Bogenlänge:

$$L_B = 1{,}57 \cdot \frac{R}{K} = 1{,}57 \cdot \frac{0{,}51}{0{,}22} = 3{,}64 \text{ m}$$

– Linienmomenten-Faktoren:

$$\frac{R}{K} = 2{,}32; \; \frac{R^2}{K} = 1{,}18; \; \frac{R^3}{K} = 0{,}6$$

Schwerpunktabstände

$$e_x = \frac{M_x}{\Sigma L} = \frac{75{,}03}{18{,}92} = 3{,}96 \text{ m}$$

und

$$e_y = \frac{M_y}{\Sigma L} = \frac{32{,}53}{18{,}92} = 1{,}72 \text{ m}$$

Auf die Schwerachsen bezogene Trägheitsmomente

$$I_{x,s} = \Sigma I_x - \Sigma L \cdot e_x^2$$
$$= 364{,}06 - 18{,}92 \cdot 3{,}96^2 = 67{,}36 \text{ m}^3$$

und

$$I_{y,s} = \Sigma I_y - \Sigma L \cdot e_y^2$$
$$= 86{,}43 - 18{,}92 \cdot 1{,}72^2 = 30{,}46 \text{ m}^3$$

Auf die Schwerachsen bezogene Zentrifugalmoment

$$I_{xy,s} = \Sigma I_{xy} - \Sigma L \cdot e_x \cdot e_y$$
$$= 164{,}12 - 18{,}92 \cdot 3{,}96 \cdot 1{,}72 = 35{,}25 \text{ m}^3$$

Die Dehnungskomponenten betragen

$$\Delta L_x = \overline{\beta}_L \cdot x_1 \cdot \Delta\vartheta$$

mit: $\overline{\beta}_L = 14{,}05 \cdot 10^{-6}$ 1/K
und $\Delta\vartheta = 430$ K
wird:

$$\Delta L_x = \frac{14{,}05}{10^6} \cdot 1{,}51 \cdot 430 = 9{,}1 \cdot 10^{-3} \text{ m}$$

$\Delta L_x = 9{,}1$ mm

$$\Delta L_y = \overline{\beta}_L \cdot y_1 \cdot \Delta\vartheta = \frac{14{,}05}{10^6} \cdot 6{,}53 \cdot 430$$
$$= 3{,}94 \cdot 10^{-2} \text{ m}$$

$\Delta L_y = 39{,}4$ mm

Kraftkomponenten
in **x-Richtung**

$$F_x = E \cdot I \cdot \frac{\Delta L_x \cdot I_{y,s} + \Delta L_y \cdot I_{xy,s}}{I_{x,s} \cdot I_{y,s} - I_{xy,s}^2}$$

mit: $E = 1{,}785 \cdot 10^5$ N/mm²
$I = 2{,}96 \cdot 10^7$ mm⁴

$$F_x = 1{,}785 \cdot 10^5 \cdot 2{,}96 \cdot 10^7 \cdot \frac{(-9{,}1) \cdot 30{,}46 \cdot 10^9 + (-39{,}4) \cdot 35{,}25 \cdot 10^9}{67{,}36 \cdot 10^9 \cdot 30{,}46 \cdot 10^9 - (35{,}25)^2 \cdot 10^{18}}$$

$F_x = -10\,878$ N

In **y-Richtung**

$$F_y = E \cdot I \cdot \frac{\Delta L_y \cdot I_{x,s} + \Delta L_x \cdot I_{xy,s}}{I_{x,s} \cdot I_{y,s} - I_{xy,s}^2}$$

$$F_y = 1{,}785 \cdot 10^5 \cdot 2{,}96 \cdot 10^7 \cdot \frac{(-39{,}4) \cdot 64{,}36 \cdot 10^9 + (-9{,}1) \cdot 35{,}25 \cdot 10^9}{67{,}36 \cdot 10^9 \cdot 30{,}46 \cdot 10^9 - (35{,}25)^2 \cdot 10^{18}}$$

$F_y = -18\,652$ N

Die resultierende Kraft beträgt:

$$F = \sqrt{F_x^2 + F_y^2} = \sqrt{(-10878)^2 + (-18652)^2}$$

$F = 21\,592$ N

Bestimmung der Spannungen an den kritischen Stellen:

Längsspannungen

Die max. Biegemomente betragen:

a) im Rohr am Einspannpunkt:

$$\hat{M}_b = F \cdot \hat{h} = 18652 \cdot 1450 = 2{,}7 \cdot 10^7 \text{ N} \cdot \text{mm}$$

b) im weitest entfernten Bogen:

$$\hat{M}_{b,B} = F \cdot \hat{h}_B = 18652 \cdot 1200 = 2{,}24 \cdot 10^7 \text{ N} \cdot \text{mm}$$

Die Biegespannung im Rohr:

$$\hat{\sigma}_b = \frac{\hat{M}_b}{W} = \frac{\hat{M}_b \cdot d_a}{2 \cdot I} = \frac{2{,}7 \cdot 10^7 \cdot 219{,}1}{2 \cdot 2{,}96 \cdot 10^7} = 99{,}9 \text{ N/mm}^2$$

Biegespannung im Bogen:

- Längsspannung:

$$\hat{\sigma}_{b,\ell} = \frac{\hat{M}_{b,B} \cdot d_a}{2 \cdot I} \cdot f_\ell$$

mit:

$$f_\ell = \sqrt{\frac{0{,}34}{\lambda_B^2} + 0{,}4} = 1{,}71 \text{ (s.a. Bild 3.21)}$$

ergibt sich die größte Längsspannung zu:

$$\hat{\sigma}_{b,\ell} = \frac{2{,}24 \cdot 10^7 \cdot 219{,}1}{2 \cdot 2{,}96 \cdot 10^7} \cdot 1{,}71 = 83 \cdot 1{,}71 = 142 \text{ N/mm}^2$$

– Längsspannung durch Innendruck s. [3,1]:

$$\sigma_{\ell,p} = \frac{p \cdot \overline{d}}{4 \cdot s} = \frac{4 \cdot 211{,}1}{14 \cdot 8}$$

mit: $p = 4$ N/mm²

$\sigma_{\ell,p} = 26{,}4$ N/mm²

- Max. Längsspannung:

Im Rohr:

$$\hat{\sigma}_\ell = \hat{\sigma}_b + \sigma_{\ell,p} = 99{,}9 + 26{,}4 = 126{,}4 \text{ N/mm}^2$$

im Bogen:

$$\hat{\sigma}_{\ell,B} = \hat{\sigma}_{b,\ell} + \sigma_{\ell,p} = 142 + 26{,}4 = 168{,}4 \text{ N/mm}^2$$

Umfangsspannungen

Im Rohr nur durch Innendruck

$\sigma_{u,p} = 2 \cdot \sigma_{\ell,p} = 52{,}8$ N/mm²

Im Bogen, an der Außenfaser als Zugspannung an den Punkten $\varphi = 0$ und $\varphi = 180°$ (neutrale Faser; s.a. Bild 3.21):

$$\sigma_{u,B} = \frac{\hat{M}_{b,B} \cdot d_a}{2 \cdot I} \cdot f_q = 83 \cdot f_q$$

$$\text{mit: } f_q = \frac{18 \cdot \lambda_B}{1 + 12 \cdot \lambda_B^2} = 2{,}53 \text{ (s.a. Bild 3.21)}$$

$\sigma_{u,B} = 210$ N/mm²

Max. Umfangsspannung

$$\hat{\sigma}_u = \sigma_{u,p} + \sigma_{u,B} = 52{,}8 + 210 = 262{,}8 \text{ N/mm}^2$$

Radialspannung

an der Außenfaser ist: $\sigma_r = 0$

an der Innenfaser ist: $\sigma_r = -p = -4$ N/mm²

Max. Vergleichsspannung an der Außenfaser

Im Rohr

$$\sigma_{V,GE} = \sqrt{\sigma_u^2 + \sigma_\ell^2 - \sigma_\ell \cdot \sigma_u} = \sqrt{52{,}8^2 + 126{,}4^2 - 52{,}8 \cdot 126{,}4}$$

$\sigma_{V,GE} = 110$ N/mm²

Im Bogen

$$\sigma_{V,GE} = \sqrt{\sigma_u^2 + \sigma_\ell^2 - \sigma_\ell \cdot \sigma_u} = \sqrt{262{,}8^2 + 168{,}4^2 - 262{,}8 \cdot 168{,}4}$$

$\sigma_{V,GE} = 230{,}6$ N/mm²

Festigkeitskennwerte

$\sigma_{0,2/450°} = 167$ N/mm²

$\overline{\sigma}_{B/2 \cdot 10^5/450} = 228$ N/mm²

Zulässige Spannung:

$$\sigma_{Zul} = \frac{\sigma_{0,2/450°}}{S} = \frac{167}{1{,}5} = 111{,}3 \text{ N/mm}^2$$

Somit im Bogen:

$\sigma_{V,GE} > \sigma_{zul}$, das System ist zu starr verlegt und muss umgeändert werden.

Anmerkung:

Die gesamte Berechnung müsste auch zusätzlich noch mit der rechnerischen Wanddicke s_v ($s_v = s - c_1 - c_2$) durchgerechnet werden.

Vorspannung und Entspannung (Relaxation)
Das Vorspannen von Leitungssystemen erfolgt durch Verkürzen (oder auch Verlängern) von Rohrleitungsschenkeln, um eine der Längenänderung entgegengesetzte Wirkung zu erzielen.

Als Kaltvorspannung wird die gewollte elastische Verschiebung der Rohrleitung bei der Montage bezeichnet.

In geeigneter Weise angewendet, bewirkt Kaltvorspannung eine verringerte Wahrscheinlichkeit einer bleibenden Verformung im Anfahrbetrieb.

Gemäß Bild 3.22 hat die Vorspannung keinen Einfluss auf die Größe der Spannungsschwingbreite. Für die Schwingbreite spielt es keine Rolle, ob man vorspannt oder nicht.

Die Vorspannung darf jedoch bei der Ermittlung der Festpunkts-, Lagerkräfte und Lagermomente «entlastend» berücksichtigt werden.

Wegen der sich bei der Vorspannung ergebenden Ungenauigkeiten, darf der Nutzen bei der Berechnung der Reaktionen mit maximal 60% des ursprünglichen Wertes angesetzt werden.

Bei Leitungen, die im Kriechtemperaturbereich betrieben werden, ist damit zu rechnen, dass sich die Spannungen aus Systemlängsdehnung im Laufe der Zeit abbauen. Im Extremfall erhält man dann die gleichen Verhältnisse wie bei einer 100%-igen Vorspannung aller Längenänderungen und Anschlussverschiebungen.

3.2.7 Berechnung der Rohrschenkellänge nach der Spannung-Index-Methode

3.2.7.1 Annahmekriterien

Wie bereits in der Anmerkung von Abschnitt 3.2.1 angegeben, stellt das **einseitig** fest eingespannte Rohr nur eine idealisierte Näherung für die Elastizitätsberechnung in Rohrsystemen dar. Die beiden Grenzfälle für die Berechnung ersieht man aus Bild 3.23 durch das beiderseitig und einseitig eingespannte Rohr.

Erforderliche Biegelänge bei einseitig eingespanntem Rohr:

$$L_{A,\text{Gelenk}} = \sqrt{\frac{3}{2} \cdot \frac{E}{\sigma_{zul}} \cdot \Delta L \cdot d_a} \qquad \text{(Gl. 3.133)}$$

Erforderliche Biegelänge bei beiderseitig eingespanntem Rohr:

$$L_{A,\text{Einsp}} = \sqrt{3 \cdot \frac{E}{\sigma_{zul}} \cdot \Delta L \cdot d_a} \qquad \text{(Gl. 3.134)}$$

Wird jedoch eine Einspannstelle z.B. durch einen Rohrbogen oder ein T-Stück ersetzt, muss die Flexibilität und die Spannungserhöhung dieser Teile gegenüber dem geraden Rohr berücksichtigt werden.

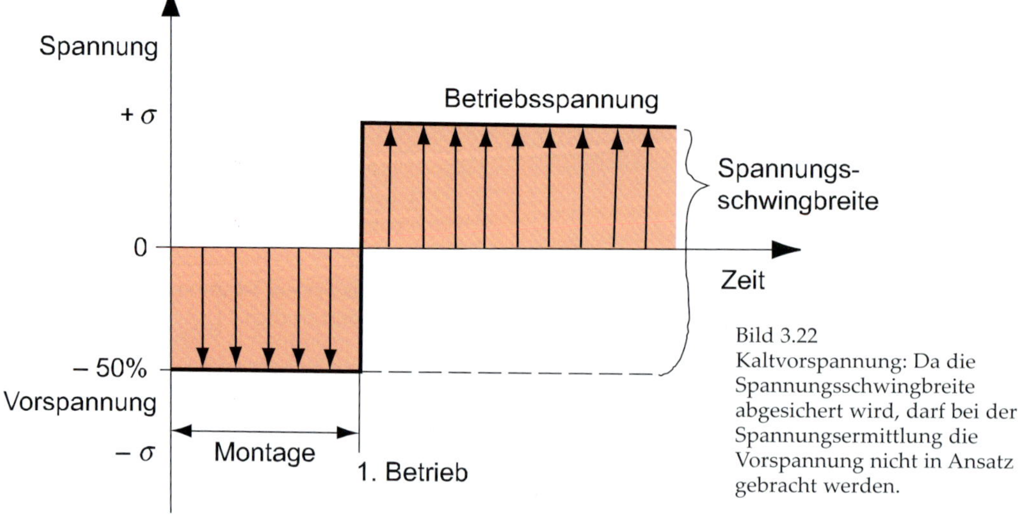

Bild 3.22
Kaltvorspannung: Da die Spannungsschwingbreite abgesichert wird, darf bei der Spannungsermittlung die Vorspannung nicht in Ansatz gebracht werden.

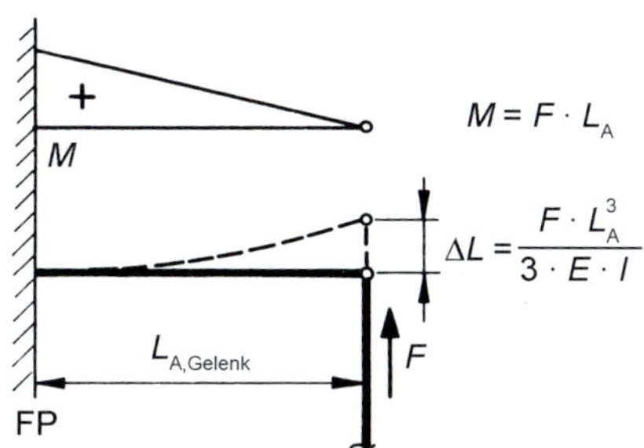

$$L_{A,Gelenk} = \sqrt{\frac{3}{2} \cdot \frac{E}{\sigma_{zul} \cdot v_N} \cdot \Delta L \cdot d_a}$$

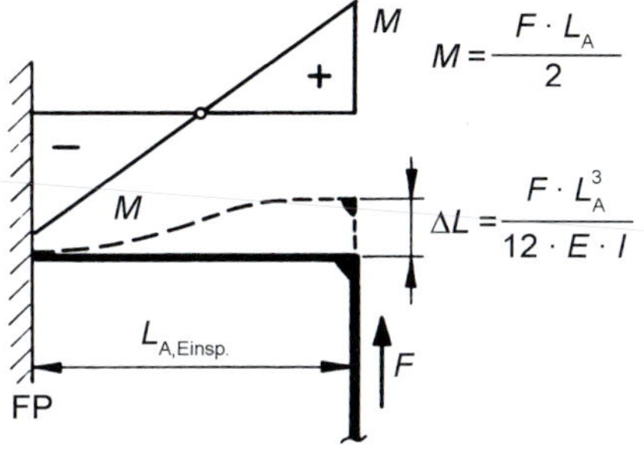

$$L_{A,Einsp.} = \sqrt{3 \cdot \frac{E}{\sigma_{zul} \cdot v_N} \cdot \Delta L \cdot d_a}$$

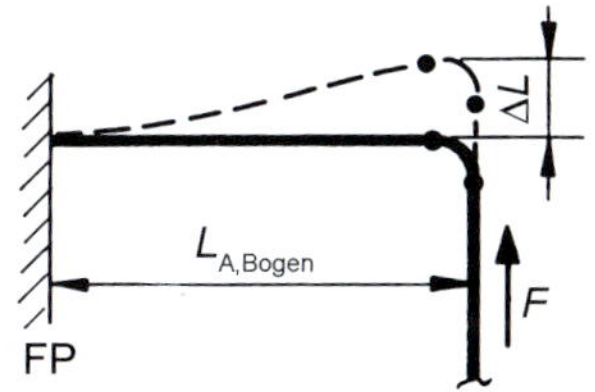

$$L_{A,Bogen} = \sqrt{3 \cdot \frac{i}{k_B{}^*} \cdot \frac{E}{\sigma_{zul} \cdot v_N} \cdot \Delta L \cdot d_a}$$

Bild 3.23 Einspannformen von Dehnungsschenkeln

Erforderliche Biegelänge bei Anschluss mit Rohrbogen: Die Flexibilität wird gemäß Abschnitt 3.2.4.1 mittels des Kármán-Faktors K nach Gl. 3.99 berücksichtigt.

$$K = \frac{\lambda_B}{1{,}65} \leqq 1{,}0$$

Den Spannungserhöhungsfaktor erhält man, wie Abschnitt 3.2.6 zeigt, für die Längsspannung mit f_ℓ. Gl. 3.126 kann für $f_\ell \geq 1{,}0$ auch näherungsweise ermittelt werden (s. auch Bild 3.21):

$$f_\ell = \frac{0{,}9}{\lambda_B^{2/3}} \geqq 1{,}0 \qquad \text{(Gl. 3.135)}$$

Da üblicherweise diese Art der Berechnung nach der USA-Richtlinie ANSI B 31.1 bzw. B 31.3 bzw. DIN EN 1340-3 erfolgt, werden auch die dort festgelegten und eingeführten Kennbuchstaben hier verwendet:

Spannungserhöhungsfaktor: $i \equiv f_\ell \geq 1{,}0$
Flexibilitätsfaktor: $k_B \equiv \frac{1}{K} \geq 1{,}0$
Formfaktor: $h \equiv \lambda_B$

In Tabelle 3.3 sind diese 3 Werte (mit dem zugehörigen Widerstandsmoment) dargestellt. Des Weiteren sind auch andere Formen von Einspannstellen mit den zugehörigen Faktoren i, k_B und h dargestellt, und es lässt sich hiermit nicht nur der Rohrbogenanschluss berechnen.

Grundsätzlich gilt als Grenzwert für die größte Spannung am Formstück:

$$L_{A,Form} \geqq L_{A,Gelenk} \qquad \text{(Gl. 3.136)}$$

Ansonsten tritt die größte Spannung an der Rohreinspannstelle auf und ist somit maßgebend.

Die Bestimmungsgleichung für $L_{A,Form}$ lautet (s.a. Bild 3.23):

$$\sigma = \frac{M \cdot i}{W} \qquad \text{(Gl. 3.137)}$$

Das Moment erhält man auf der Basis des beiderseitig fest eingespannten Rohres:

$$M = \frac{F \cdot L_{A,Form}}{2} \qquad \text{(Gl. 3.138)}$$

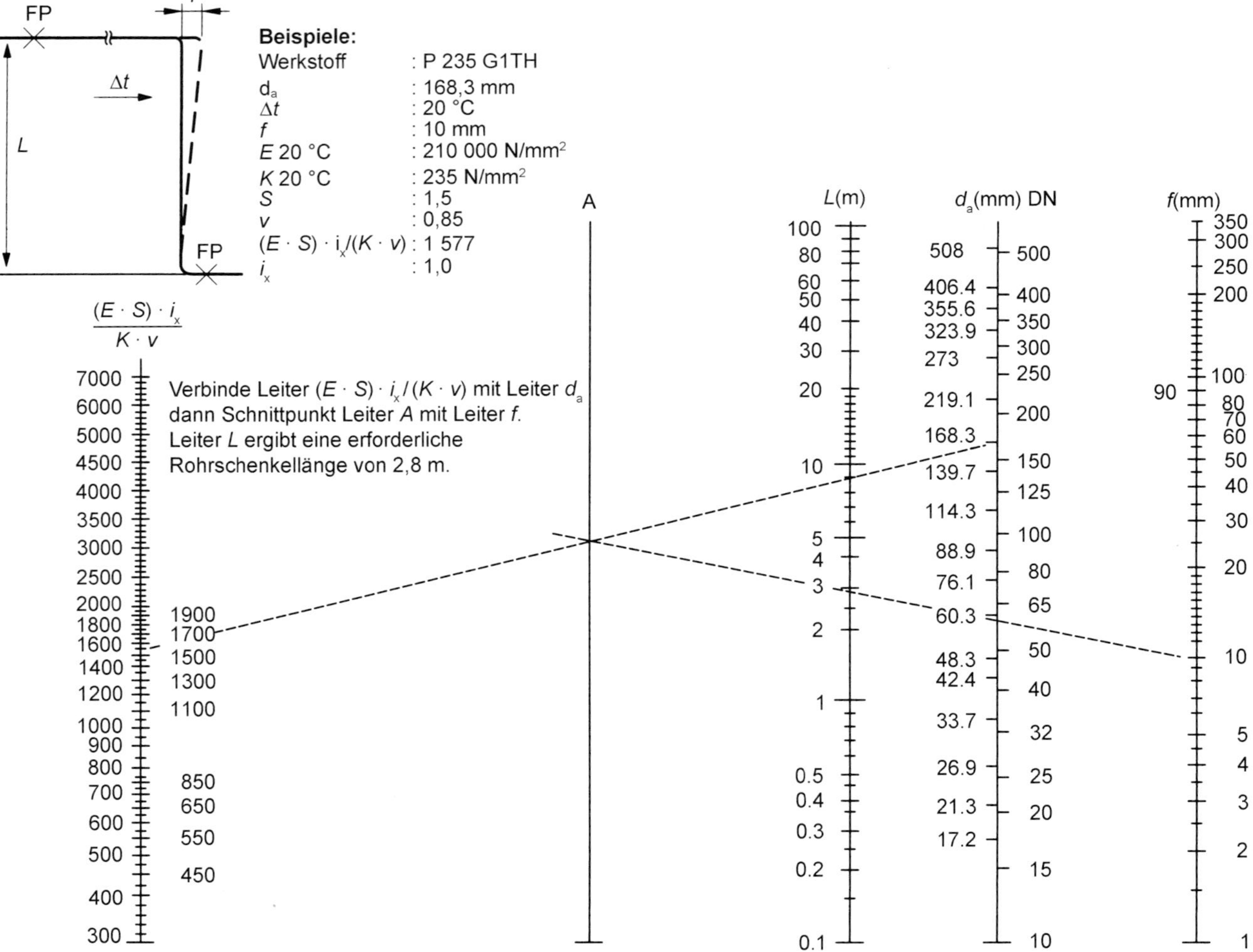

Bild 3.24 Ermittlung der Dehnschenkellänge nach HP 100 R

Tabelle 3.3 Form-, Flexibilitäts- und Spannungsfaktoren n. DIN EN 13480-3 (8.02)

Bezeichnung	Skizze	Formfaktor h	Flexibilitätsfaktor k_B ($\geqq 1!$)	Spannungserhöhungsfaktor i ($\geqq 1!$)	Widerstandsmoment W
gerades Rohr	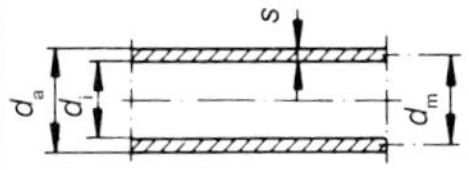	1	1	1	
Glattrohrbogen [1])	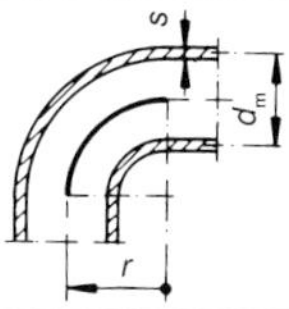	$\frac{4 \cdot r \cdot s}{d_m^2}$ $\triangleq \lambda_B$ n. Gl. 3.101	$\frac{1{,}65}{h}$ *	$\frac{0{,}9}{h^{2/3}}$ **	$\frac{\pi}{32} \cdot \frac{d_a^4 - d_i^4}{d_a}$
Segmentbogen mit [1]) $l \leqq \frac{d_m}{2} \cdot (1 + \tan \alpha)$	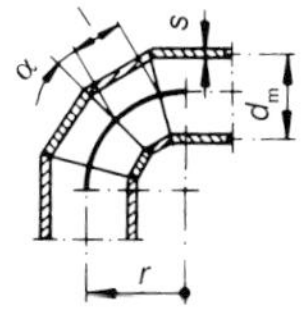	$\frac{4 \cdot r \cdot s}{d_m^2}$ mit: $r = \frac{l \cdot \cot \alpha}{2}$	$\frac{1{,}52}{h^{5/6}}$	$\frac{0{,}9}{h^{2/3}}$	
Segmentbogen mit [1])[2]) $l > \frac{d_m}{2} \cdot (1 + \tan \alpha)$	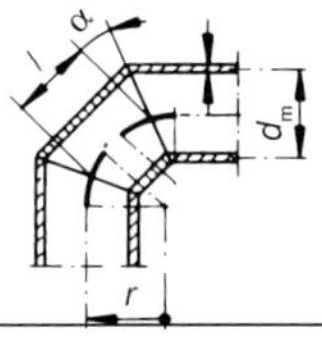	$\frac{4 \cdot r \cdot s}{d_m^2}$ mit: $r = \frac{d_m \cdot (1 + \cot \alpha)}{4}$	$\frac{1{,}52}{h^{5/6}}$	$\frac{0{,}9}{h^{2/3}}$	
T-Stück mit [3]) aufgeschweißtem, eingeschweißtem oder ausgehalstem Stutzen	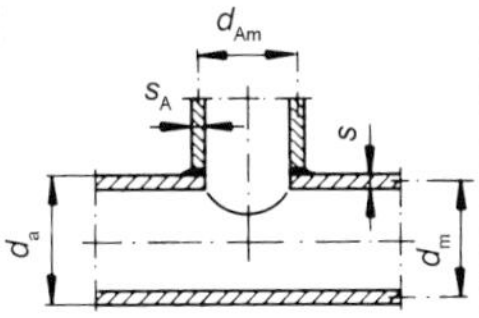	$\frac{2 \cdot s}{d_m}$	1	$\frac{0{,}9}{h^{2/3}}$	Grundrohr: $\frac{\pi}{32} \cdot \frac{d_a^4 - d_i^4}{d_a}$ Stutzen: $\frac{\pi}{4} \cdot d_{AM}^2 \cdot s_x$ mit s_x als kleinerem Wert von $s_{x1} = s$ und $s_{x2} = i \cdot s_A$
wie vor, [3]) jedoch mit zusätzlichem Verstärkungsring	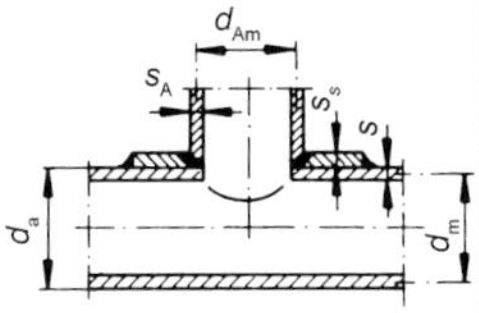	$\frac{2 \cdot (s + 0{,}5 \cdot s_s)^{5/2}}{d_m \cdot s^{3/2}}$ mit: $s_s \leqq s$	1	$\frac{0{,}9}{h^{2/3}}$	
gepresstes [3]) Einschweiß-T-Stück mit s und s_A als Anschlusswanddicken	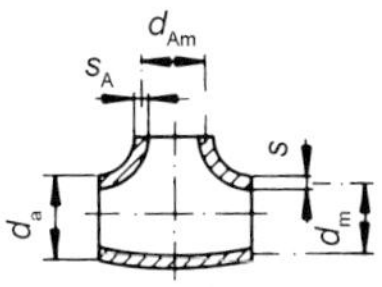	$\frac{8{,}8 \cdot s}{d_m}$	1	$\frac{0{,}9}{h^{2/3}}$	
gepresstes Einschweiß-Reduzierstück	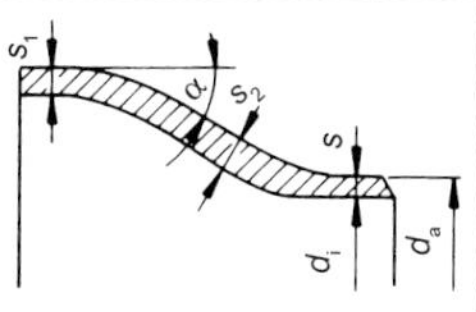	Formbedingungen: $\alpha \leqq 60°$ $s \geqq d_a/100$ $s_2 \geqq s_1$	1	$0{,}5 + \frac{\alpha}{100} \cdot \left(\frac{d_a}{s}\right)^{1/2}$ max. 2,0 (α in grd.)	$\frac{\pi}{32} \cdot \frac{d_a^4 - d_i^4}{d_a}$

* entspricht: K^{-1} nach Gl. 3.99

** entspricht: f_l in Bild 3.21

Ergänzung zur Tabelle 3.3

Beschreibung	Flexibilitätsfaktor k_B	Spannungserhöhungsfaktor i
Stumpfgeschweißte Verbindung, Reduzierstück, oder Vorschweißflansch	1	1,0
Doppelgeschweißter Überschiebflansch	1	1,2
Kehlnahtgeschweißte Verbindung oder Einsteckflansch	1	1,3
Loser Flansch (mit Vorschweißbund nach ANSI B 16.9)	1	1,6
Rohrverschraubung oder Gewindeflansch	1	2,3
Gerades Wellrohr oder Wellrohrbogen oder Faltenkrümmer	5	2,5

Anmerkungen zu Tabelle 3.3

1) Für Rohrbögen, die in einem kleineren Abstand als $d_m/2$ vom Krümmungsbeginn oder -ende durch einen Flansch oder Ähnliches versteift sind, müssen k_B und i durch

$$k_B' = c \cdot k_B$$
$$i' = c \cdot i$$

ersetzt werden. Dabei gilt:

$c = h^{1/6}$ bei einseitiger Versteifung
$c = h^{1/3}$ bei beidseitiger Versteifung

Bei dünnwandigen Winkeln und Rohrbögen mit großem Durchmesser kann der Druck die Größe von k und i stark beeinflussen. Um die Werte aus der Tabelle zu korrigieren dividiere k_B durch:

$$\left(1 + 6\left(\frac{p}{E}\right)\cdot\left(\frac{d_m}{2\cdot s}\right)^{7/3}\cdot\left(\frac{2\cdot r}{d_m}\right)^{1/3}\right)$$

dividiere i durch:

$$\left(1 + 3{,}25\left(\frac{p}{E}\right)\cdot\left(\frac{d_m}{2\cdot s}\right)^{5/2}\cdot\left(\frac{2\cdot r}{d_m}\right)^{2/3}\right)$$

2) Diese Bögen werden in Einzelbögen mit dem Radius r und gerade Zwischenstücke der Länge $l_1 = l - 2 \cdot r \cdot \tan\alpha$ zerlegt. Die Werte für r, k_B und i gelten damit auch für einzelne Segmentnähte.

3) Bei den T-Stücken werden Grundrohr und Stutzen getrennt untersucht. Beim Grundrohr gilt als maßgebendes Moment das größere der beiden resultierenden Momente links und rechts des Achsenschnittpunktes. Für den Stutzen gilt das resultierende Moment seitens des abzweigenden Stranges. Es kann vereinfachend auf den Achsenschnittpunkt oder genauer auf den Punkt im Abstand

$$a = 0{,}5 \cdot \sqrt{d_m^2 \cdot d_{Am}^2}$$

vom Achsenschnittpunkt bezogen werden.

Die für die Verschiebung von ΔL erforderliche Kraft F beträgt:

$$F = \frac{12 \cdot E \cdot I_{Form} \cdot \Delta L}{L_{A,\,Form}^3}$$

Das Trägheitsmoment I_{Form} erhält man aus obigen Ausführungen:

$$I_{Form} = \frac{I_{Rohr}}{k_B} \quad \text{(Gl. 3.139)}$$

Setzt man nun Moment, Kraft und Trägheitsmoment in die Spannungsgleichung 3.137 ein, erhält man:

$$\sigma = \frac{3 \cdot E \cdot d_a \cdot i \cdot \Delta L}{L_{A,\,Form}^2 \cdot k_B^*}$$

und umgeformt für die Ausladelänge mit Formanschluss schließlich:

$$L_{A,Form} = \sqrt{\frac{3 \cdot i \cdot E \cdot \Delta L \cdot d_a}{k_B^* \cdot \sigma_{zul}}} \quad \text{(Gl. 3.140)}$$

Aus der Forderung von Gl. 3.132f ergibt sich, dass:

$$\frac{i}{k_B^*} \geqq 0{,}5 \qquad \text{(Gl. 3.141)}$$

gesetzt werden muss.
Zusätzlich muss noch die Schweißnahtwertigkeit v_N berücksichtigt werden.

Beiderseits feste Einspannung
Aus Tabelle 3.3: $i = 1$ und $k_B = 1$

$$L_{A,Einsp.} = \sqrt{\frac{3 \cdot E \cdot \Delta L \cdot d_a}{\sigma_{zul} \cdot v_N}} \qquad \text{(Gl. 3.142)}$$

Einseitige feste Einspannung, andere Seite mit Bogen
Aus Tabelle 3.3: $i = \frac{0{,}9}{h^{2/3}}$ und $k_B = \frac{1{,}65}{h}$

Damit erhält man:

$$\frac{i}{k_B} = \frac{0{,}9 \cdot h}{h^{2/3} \cdot 1{,}65} = \frac{h^{1/3}}{1{,}83} \geqq 0{,}5$$

Der Formfaktor beträgt:

$$h = \frac{4 \cdot R \cdot s}{d_m^2}$$

Mit dem gebräuchlichsten Rohrbogen $R \approx 1{,}5 \cdot d_m$ wird:

$$h_{Bogen} = \frac{6 \cdot s}{d_m}$$

Der Flexibilitätsfaktor k_B^* stellt eine Abminderung der Ausladelänge L_A dar. Da die Ausladungslänge aus Rohrbogen und Rohr besteht, ergibt sich für k_B^*:

$$k_B^* = \frac{\text{äquivalente Schenkellänge mit Bogen}}{\text{Schenkellänge ohne Bogen}}$$

$$k_B^* = \frac{k_B \cdot \left(\frac{1}{8} \cdot \pi \cdot 2 \cdot R\right) + \left(L_{A,Bogen} - R\right)}{L_{A,Bogen}} \qquad \text{(Gl. 3.143)}$$

Anmerkungen:
Wird eine Dehnung ΔL von mehr als einem Rohrschenkel aufgenommen, sind die vorhandenen Rohrschenkellängen L_1, L_2, ... L_i zu einer äquivalenten Rohrschenkellänge $L_{äq}$ zusammenzufassen:

$$L_{aq} = \sqrt{L_1^2 + L_2^2 + ... + L_i^2} \qquad \text{(Gl. 3.144)}$$

Ist in der Rohrleitung ein Abzweig-T-Stück gemäß Tabelle 3.3 mit aufgeschweißtem Stutzen und einem Wanddicken-Durchmesser-Verhältnis wie das Grundrohr, dann ergibt sich ein Spannungserhöhungsfaktor i_x gegenüber dem Rohrbogen (Bauart 3) von:

$$i_x = \frac{i_{T\text{-}Stück}}{i_{Bogen}} \qquad \text{(Gl. 3.145)}$$

Mit:

$$h_{Bogen} = \frac{6 \cdot s}{d_m}$$

und:

$$h_{T\text{-}Stück} = \frac{2 \cdot s}{d_m}$$

wird:

$$i_x = \left(\frac{h_{Bogen}}{h_{Stück}}\right)^{2/3} = 3^{2/3} \approx 2{,}1$$

Üblicherweise wählt man:

Schweißnahtwertigkeit $v_N = 0{,}85$ (bei HP 100 R)
Sicherheit $S = 1{,}5$

Die Ermittlung der Dehnschenkellänge kann nach HP 100 R, gemäß Bild 3.24, erfolgen.

Der Einfluss von Rohrbögen ist bereits in das Nomogramm eingearbeitet.

Beispiel 3.7
In einer Rohrleitungsanlage aus P235 TR2 und DN 150 sollen die kritischen Anlageschenkel überprüft werden. Die Temperaturdifferenz beträgt maximal 200 K.

Somit liegt fest:

$d_a = 168{,}3$ mm
$\Delta\vartheta = 200$ K

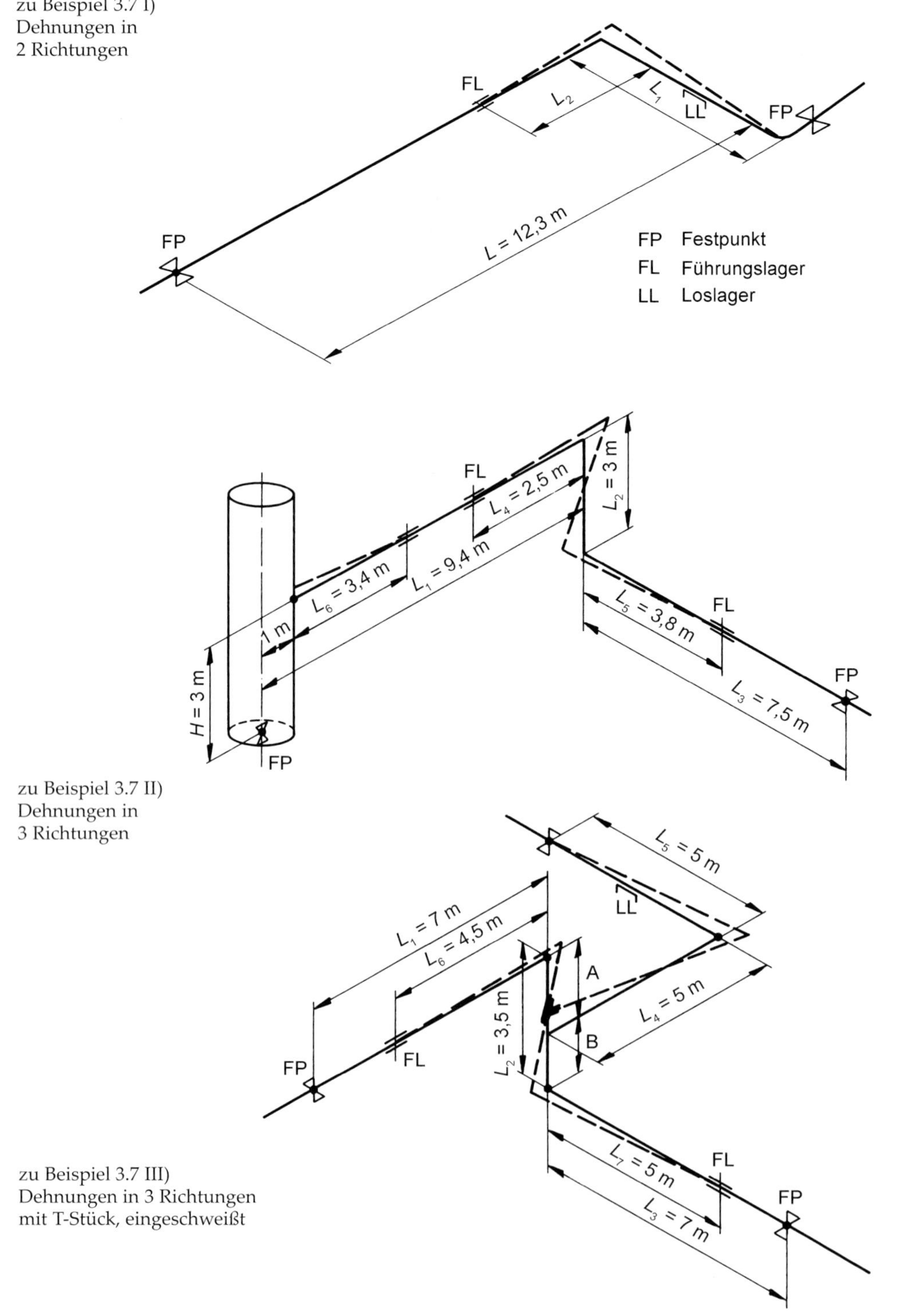

zu Beispiel 3.7 I)
Dehnungen in
2 Richtungen

zu Beispiel 3.7 II)
Dehnungen in
3 Richtungen

zu Beispiel 3.7 III)
Dehnungen in 3 Richtungen
mit T-Stück, eingeschweißt

Werkstoff: P235
E-Modul = $1{,}91 \cdot 10^5$ N/mm²
Werkstoffkennwert: $K = \sigma_{0{,}2}/220° = 185$ N/mm²
Sicherheitsbeiwert: S = 1,5
Schweißnahtwertigkeit: $v_N = 0{,}85$
Rohrbogen: $R \approx 1{,}5 \cdot d_m$
Rohre mit Normalwanddicke

Lösung
Grundsätzlich gilt für das System (s. Bild zum Beispiel) n. HP 100 R:

$$f_L = \sqrt{\frac{3 \cdot E \cdot i_x}{\sigma_{zul}}}$$

mit $\sigma_{zul} = \dfrac{K}{S}$

wird:

$$f_L = \sqrt{\frac{3 \cdot E \cdot S \cdot i_x}{K \cdot v_N}} = \sqrt{\frac{3 \cdot 1{,}91 \cdot 10^5 \cdot 1{,}5 \cdot i_x}{185 \cdot 0{,}85}} = 74 \cdot \sqrt{i_x}$$

Die Schenkellänge erhält man aus:

a) Für Systeme mit Rohrbögen ($i_x = 1{,}0$)

$$L_A = 74 \cdot \sqrt{\Delta L \cdot d_a}$$
$$= 74 \cdot \sqrt{L_x \cdot \beta \cdot \Delta\vartheta \cdot d_a}$$
$$= 74 \cdot \sqrt{L_x \cdot \frac{12{,}8}{10^6} \cdot 200 \cdot 0{,}1683}$$

L_x ist hierin die schiebende Länge!

$$L_{A,Bog} = 1{,}5 \cdot \sqrt{L_x} \qquad \text{(m)}$$

b) Für Systeme mit Einschweiß-T-Stück $i_x = 2{,}1$

$$L_{A,Abzw} = L_{A,Abzw} \cdot \sqrt{2{,}1}$$
$$L_{A,Abzw} = 2{,}2 \cdot \sqrt{L_x} \qquad \text{(m)}$$

c) Für querliegende Rohre mit Parallelverschiebung

$$L_{A,Einsp.} = 1{,}5 \cdot \sqrt{L_x} \qquad \text{(m)}$$
$$L_{A,Einsp.} = L_{A,Bog}$$

zu Beispiel 3.7 I
Erforderliche Rohrschenkellänge L_1 für die Dehnung von L:

$$L_1 = L_{A,Bog} = 1{,}5 \cdot \sqrt{L} = 1{,}5 \cdot \sqrt{12{,}3} = 5{,}3 \text{ m}$$

Erforderliche Rohrschenkellänge L_2 für die Dehnung von L_1:

$$L_2 = L_{A,Bog} = 1{,}5 \cdot \sqrt{L_1} = 1{,}5 \cdot \sqrt{5{,}3} = 3{,}5 \text{ m}$$

zu Beispiel 3.7 II
Erforderliche Rohrschenkellänge $L_2 + L_5$ für die Dehnung von L_1:

$$L_{2+5,erf} = L_{A,Bog} = 1{,}5 \cdot \sqrt{L_1} \begin{pmatrix} 1 & 0 \\ 0 & 1 \end{pmatrix}$$

$$L_{vorh} = \sqrt{L_2^2 + L_5^2} = \sqrt{2{,}5^2 + 3{,}8^2} = 4{,}8 \text{ m}$$

Erforderliche Rohrschenkellänge $L_4 + L_5$ für die Dehnung von L_2:

$$L_{4+5,erf} = L_{A,Bog} = 1{,}5 \cdot \sqrt{L_2}$$
$$= 1{,}5 \cdot \sqrt{3} = 2{,}6 \text{ m}$$

$$L_{vorh} = \sqrt{L_4^2 + L_5^2} = \sqrt{2{,}5^2 + 3{,}8^2} = 4{,}5 \text{ m}$$

Erforderliche Rohrschenkellänge $L_2 + L_4$ für die Dehnung von L_3:

$$L_{2+4,erf} = L_{A,Bog} = 1{,}5 \cdot \sqrt{L_3}$$
$$= 1{,}5 \cdot \sqrt{7{,}5} = 4{,}1 \text{ m}$$

$$L_{vorh} = \sqrt{L_2^2 + L_4^2} = \sqrt{3^2 + 2{,}5^2} = 3{,}9 \text{ m}$$

Erforderliche Rohrschenkellänge L_6 für die Dehnung von H:

$$L_6 = L_{A,Einsp.} = 1{,}5 \cdot \sqrt{H}$$
$$= 1{,}5 \cdot \sqrt{3} = 2{,}6 \text{ m} < L_{vorh} = 3{,}4 \text{ m}$$

zu Beispiel 3.7 III
Erforderliche Rohrschenkellänge $L_2 + L_7$ für die Dehnung von L_1:

$$L_{2+7} = L_{A,Abzw} = 2{,}2 \cdot \sqrt{L_1}$$
$$= 2{,}2 \cdot \sqrt{7} = 5{,}8 \text{ m}$$

$$L_{vorh} = \sqrt{L_2^2 + L_7^2} = \sqrt{3{,}5^2 + 5^2} = 6{,}1 \text{ m}$$

Damit L_2 über die gesamte Länge wirksam wird, gilt die Bedingung einer möglichst großen Biegeweichheit von L_5 gegenüber L_2. Die Biegeweichheit hängt mit der 3. Potenz von der Rohrlänge ab. Im vorliegenden Fall ist damit der Schenkel L_5 um $(5/3{,}5)^3$ = 3-fache weicher als der Schenkel L_2. Damit kann die Bedingung als erfüllt gelten.

Erforderliche Rohrschenkellänge $L_6 + L_7$ für die Dehnung von L_2:

$$L_{6+7} = L_{A,Bog} = 1{,}5 \cdot \sqrt{L_2}$$
$$= 1{,}5 \cdot \sqrt{3{,}5} = 2{,}8 \text{ m}$$

$$L_{vorh} = \sqrt{L_6^2 + L_7^2} = \sqrt{4{,}5^2 + 5^2} = 6{,}7 \text{ m}$$

Erforderliche Rohrschenkellänge $L_2 + L_6$ für die Dehnung von L_3:

$$L_{2+6} = L_{\mathrm{A,Abzw}} = 2{,}2 \cdot \sqrt{L_3}$$
$$= 2{,}2 \cdot \sqrt{7} = 3{,}0\ \mathrm{m}$$

$$L_{\mathrm{vorh}} = \sqrt{L_2^2 + L_6^2} = \sqrt{3{,}5^2 + 4{,}5^2} = 5{,}7\ \mathrm{m}$$

Erforderliche Rohrschenkellänge L_4 für die Dehnung von L_5:

$$L_4 = L_{\mathrm{A,Abzw}} = 2{,}2 \cdot \sqrt{L_5}$$
$$= 2{,}2 \cdot \sqrt{5} = 5\ \mathrm{m} = L_{\mathrm{vorh}} = 5\ \mathrm{m}$$

Erforderliche Rohrschenkellänge L_5 für die Dehnung von L_4:

$$L_5 = L_{\mathrm{A,Bog}} = 1{,}5 \cdot \sqrt{L_4}$$
$$= 1{,}5 \cdot \sqrt{5} = 3{,}4\ \mathrm{m}\ L_{\mathrm{vorh}} = 5\ \mathrm{m}$$

3.2.7.2 Zulässige Spannungen

Durch Wärmedehnung verursachte Spannungen werden bei ausreichender Anfangshöhe im warmen Zustand durch örtliches Fließen begrenzt. Es folgt eine Spannungsbegrenzung auf die Streckgrenze, die nach dem Abkühlen als Spannung mit umgekehrten Vorzeichen auftritt.

Bei dieser Wirkungsweise ist ein Einspielvorgang (shake down) gegeben wie Bild 3.25 zeigt, dass nach einem 1. Lastwechsel im ideal elastisch/plastischen Spannungs-Dehnungs-Diagramm (und damit nach einem 1. Fließen des Werkstoffes) alle weiteren Lastzyklen im elastischen Werkstoffbereich liegen.

Die zulässige Spannungsschwingbreite beträgt nach DIN EN 13 480-3 (2002):

$$\sigma_{\mathrm{zul}} = f_{\mathrm{a}} = u \cdot (1{,}25 \cdot f_{\mathrm{c}} + 0{,}25 \cdot f_{\mathrm{h}}) \cdot \frac{E_{\mathrm{h}}}{E_{\mathrm{c}}} \qquad \text{(Gl. 3.146)}$$

mit:

u Minderungsfaktor für die Spannungsschwingbreite nach Tabelle 3.4

---

f_{c} zulässige Spannung bei niedrigster Temperatur

$$f_{\mathrm{c}} = \min\left(\frac{R_{\mathrm{m}}}{3}, f\right)$$

üblich:

$$f = \frac{R_{\mathrm{p}\,0{,}2{,}20°}}{1{,}5}$$

---

f_{h} zulässige Spannung bei höchster Temperatur

$f_{\mathrm{h}} = \min\ (f_c; f; f_{\mathrm{CR}})$

$$f = \frac{R_m}{2{,}4}$$

$$f = \frac{R_{\mathrm{p}\,0{,}2{,}\mathrm{t}}}{1{,}5} \text{ bzw. bei Austenit } (A > 35\%)$$

$$f = \frac{R_{\mathrm{p}1{,}0{,}\mathrm{t}}}{1{,}5}$$

üblich:

f_{CR} zulässige Spannung im Zeitstandsbereich

E_{h} E-Modul bei höchster Temperatur

E_{c} E-Modul bei niedrigster Temperatur

Tabelle 3.4
Minderungsfaktor für Spannungsschwingbreite

Anzahl der Zyklen über die volle Temperatur-schwankungsbreite N	Faktor u
$N <$ 7 000	1,0
7 000 $< N <$ 14 000	0,9
14 000 $< N <$ 22 000	0,8
22 000 $< N <$ 45 000	0,7
45 000 $< N <$ 100 000	0,6
$N >$ 100 000	0,5

3.2.8 Elastizitätskriterium von Rohrsystemen

Bei der Planung von warmgehenden Rohrleitungsanlagen ist es zweckmäßig mit einfachen Kriterien zu erkennen, ob die auftretenden Spannungen sicher unter dem zulässigen Wert liegen. Man benötigt hierbei nicht die zahlenmäßige Größe der Kräfte, Momente oder Spannungen, sondern will ermitteln, ob das System «weich» ist. Als Kriterium soll hierbei das Verhältnis der Verbindungsstrecke a von Punkt A und B in Bild 3.26 zur möglichst kurzen Gesamtrohrlänge L ermittelt werden.

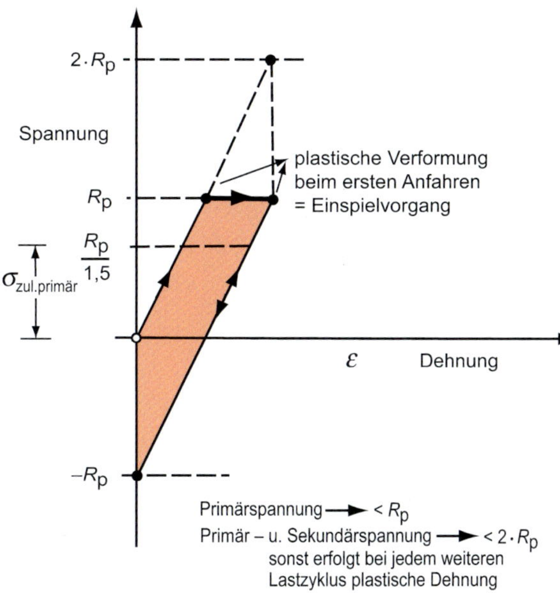

Bild 3.25
Spannungsschwingbreite bei Wärmedehnungen

Zum Herleiten der Kriterien wird wieder vom Hauptsatz der Elastizitätsrechnung n. Gl. 3.17 ausgegangen:

$$\Delta L \cdot E \cdot I = F \cdot \frac{L_A^3}{3}$$

und durch Umformen erhält man gemäß Gl. 3.23 die Ausladelänge L_A bei Zusammenfassung der Konstanten zum Faktor f:

$$L_A = \sqrt{\frac{f \cdot E \cdot \Delta L \cdot d_a}{\sigma_{zul}}} \qquad \text{(Gl. 3.147)}$$

Die Gesamtrohrlänge L entsprechend Bild 3.7 erhält man zu:

$$L = L_A + L_2 \qquad \text{(Gl. 3.147a)}$$

und diese wird mit Gl. 3.147:

$$L = \sqrt{\frac{f \cdot E \cdot \Delta L \cdot d_a}{\sigma_{zul}}} + L_2 \qquad \text{(Gl. 3.148)}$$

oder umgeformt:

$$\frac{L}{L_2} = \sqrt{\frac{f \cdot E \cdot \Delta L \cdot d_a}{\sigma_{zul} \cdot L_2 \cdot L_2}} + 1 \qquad \text{(Gl. 3.149)}$$

Hierin ist das Verhältnis:

$$\frac{\Delta L}{L_2} = \varepsilon_L = \overline{\beta}_L \cdot \Delta\vartheta \qquad \text{(Gl. 3.150)}$$

Setzt man diese in Gl. 3.149 ein, ergibt sich:

$$\frac{L}{L_2} = \sqrt{\frac{f \cdot E \cdot \overline{\beta}_L \cdot \Delta\vartheta \cdot d_a}{\sigma_{zul} \cdot L_2}} + 1 \qquad \text{(Gl. 3.151)}$$

Das gesuchte Kriterium, das aussagt, ob ein System ausreichend elastisch ist, ergibt sich nun, indem man für $L_2 = a$ (s. Bild 3.26) einsetzt und die verbleibende Konstante aus der genauen Elastizitätsrechnung für die verschiedenen Systeme ermittelt. Als Hüllwert für alle praktisch vorkommenden Fälle kann $f = 6$ eingesetzt [s. 3.5] werden

$$f = \frac{3}{2} \cdot i$$

mit 3er-Bogen wird $i \approx 4$ und damit: $\boldsymbol{f = 6}$.

Damit wird:

$$\frac{L}{a} \geqq 1 + \sqrt{\frac{6 \cdot E \cdot \overline{\beta}_L \cdot \Delta\vartheta}{\sigma_{zul}}} \cdot \sqrt{\frac{d_a}{a}} \qquad \text{(Gl. 3.152)}$$

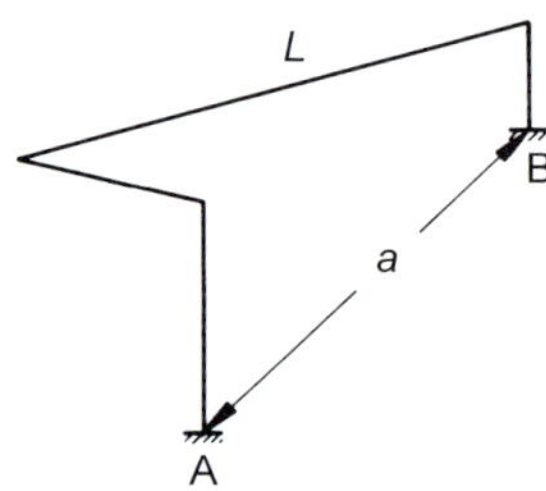

Bild 3.26 Bezeichnungen der Kriterien L und a an einem Rohrsystem

Durch Zusammenfassen der werkstoffabhängigen Größen erhält man:

$$\frac{L}{a} \geqq 1 + f_w \cdot \sqrt{\frac{d_a}{a}} \qquad \text{(Gl. 3.153)}$$

mit:

$$f_w = \sqrt{\frac{6 \cdot E \cdot \overline{\beta}_L \cdot \Delta\vartheta}{\sigma_{zul}}} \qquad \text{(Gl. 3.154)}$$

Der Werkstofffaktor f_w kann hierbei aus Bild 3.27 entnommen werden, wobei als Mittelwert für alle Stähle angesetzt werden kann:

$$f_w \approx \frac{\vartheta}{45} (-) \quad \vartheta \text{ in } (°C) \ ^{**} \qquad \text{(Gl. 3.155)}$$

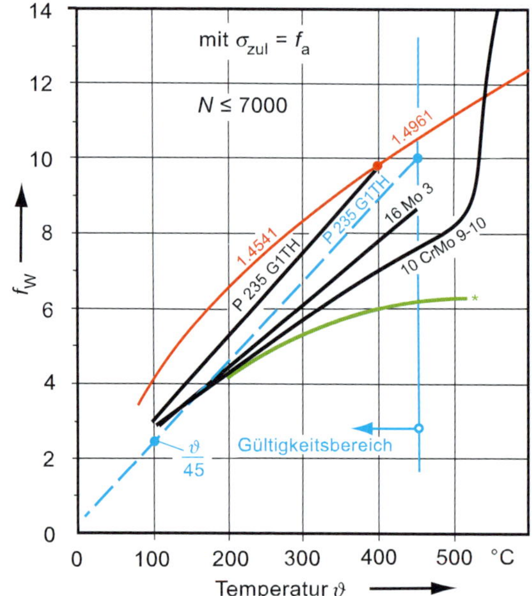

Bild 3.27 Stoffwertfunktion für das Kriterium des elastischen Verhaltens eines Rohrsystems

Durch den als Hüllwert angenommenen Faktor $f = 6$, sind die sich ergebenden Werte selbst für extreme Fälle wie z.B. sägezahnförmige Rohrstrecken und U-Bogen-Dehnungsausgleicher auf der sicheren Seite.

Dieses Verfahren gilt für beliebige Systeme (auch für räumliche), wobei als wesentliche Kriterien für die erforderliche Gesamtleitungslänge, der Abstand a, der Rohraußendurchmesser und die Betriebstemperatur (°C) übrig bleiben.

Die Rohrleitung hat dabei einen gleichbleibenden Durchmesser, 2 Festpunkte, keine dazwischenliegende Behinderung und Lastwechselzahlen von unter 7000 Lastspielen (bei Gasleitungen 1000).

Der Faktor $f = 6$ wird bei ANSI B 31.1 mit 3 angenommen, und es ergibt sich hierbei ein geringeres Verhältnis von L/a.

$$\frac{L}{a} \gtrapprox 1 + \frac{\vartheta}{45} \cdot \sqrt{\frac{d_a}{a}} \qquad \text{(Gl. 3.156)}$$

Diese Gleichung ist in Bild 3.28 dargestellt.

Bei gegebener Betriebstemperatur vereinfacht sich die Abhängigkeit gemäß Bild 3.29 auf eine für die praktische Anwendung sehr einprägsame Form.

* gemäß DIN EN 13480-3 (gültig für ferritische Stähle)

** Für austenitische Stähle ist: $f_w \approx 0,5 \cdot \sqrt{\vartheta}$

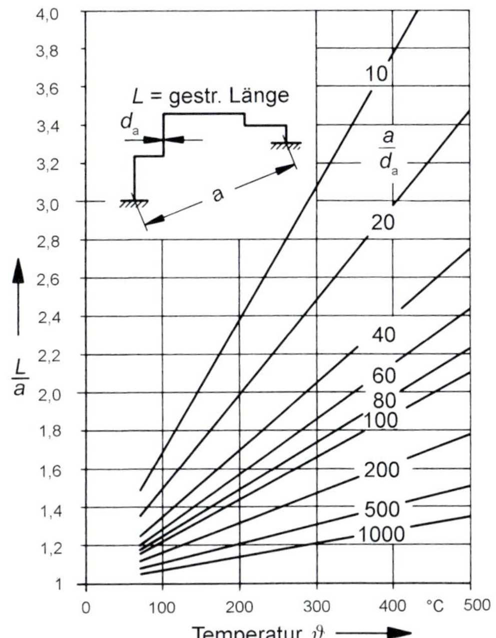

Bild 3.28 Verhältnis der gestreckten Länge L zur Verbindungslänge a als Kriterium für das elastische Verhalten eines Rohrsystems in Abhängigkeit von der Temperatur und dem Geometrieparameter a/d_a

Eine formelle Elastizitätsanalyse ist nicht erforderlich nach DIN EN 13 480 (2002), wenn folgende Bedingung erfüllt ist:

$$\frac{d_a \cdot \Delta L}{(L-a)^2} \leq 208{,}3 \qquad \text{(Gl. 3.157)}$$

mit:

d_a und ΔL in mm
L und a in m

Formt man diese Gleichung um auf die Schreibweise von Gl. 3.152, erhält man die Einheiten konforme Gleichung:

$$\frac{L}{a} \geqq 1 + 69{,}3 \cdot \sqrt{\beta_L \cdot \Delta\vartheta} \cdot \sqrt{\frac{d_a}{a}} \qquad \text{(Gl. 3.157a)}$$

In dem Konstantfaktor ist somit im Vergleich der beiden Formeln enthalten:

$$69{,}3 = \sqrt{\frac{f \cdot E}{\sigma_{zul}}}$$

Um die Stoffwertfunktion $f_{W,EN}$ zu erhalten, ergibt aus Gl. 3.157a analog zu Gl. 3.155:

$$f_{W,EN} \approx 0{,}3 \cdot \sqrt{\vartheta} \qquad \vartheta \text{ in (°C)} \qquad \text{(Gl. 3.157b)}$$

Beispiel 3.8 Aufgabenstellung

Für das Rohrsystem von Beispiel 3.6 ist das Elastizitätskriterium zu ermitteln. Hierbei soll bestimmt werden, ob das System ausreichend elastisch, ohne Vorspannung und bei 50%-Vorspannung, verlegt ist.

Aufgabenlösung

Das Elastizitätskriterium beträgt nach Gl. 3.153:

$$\frac{L}{a} \geqq 1 + f_w \cdot \sqrt{\frac{d_a}{a}}$$

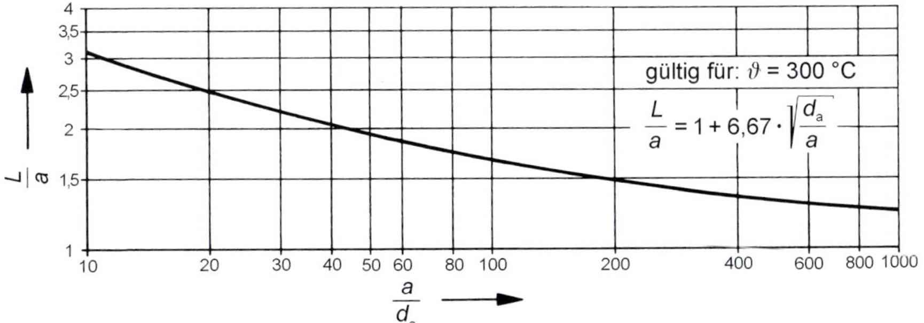

Bild 3.29 Verhältnis der gestreckten Länge L zur Verbindungslänge a als Kriterium für das elastische Verhalten eines Rohrsystems in Abhängigkeit von dem Verhältnis a/d_a (gültig für ϑ = 300 °C)

Anmerkung: Mit dem Vorfaktor n. DIN EN 13 480 würde sich ergeben: $f_{W,EN}$ = 5,2 statt 6,67.

Der Abstand a ergibt sich aus Bild 1 zu Beispiel 3.6 zu:

$$a = 6{,}7 \text{ m}$$

Die gestreckte Rohrlänge L beträgt:

$$L \approx 11 \text{ m}$$

Den Werkstofffaktor f_w erhält man aus Bild 3.27 bei 450 °C und 16 Mo3 zu:

$$f_w = 8{,}5$$

Somit gilt die Bedingung:

$$\check{L} \geqq a \cdot \left(1 + f_w \cdot \sqrt{\frac{d_a}{a}}\right)$$

und die minimale Rohrlänge beträgt:

$$\check{L} = 6{,}7 \cdot \left(1 + 8{,}5 \cdot \sqrt{\frac{0{,}2191}{6{,}65}}\right)$$

$$\check{L} = 17\, m > L$$

Wie man aus dieser Lösung erkennt, ist die Leitung zu starr verlegt.

Bei 50%-Vorspannung reduziert sich der Werkstofffaktor f_w auf:

$$f_{w,50\%}\ f_w \cdot \sqrt{0{,}5} = 8{,}5 \cdot 0{,}71 = 6$$

und die minimale Rohrlänge ergibt sich zu:

$$\check{L}_{50\%} = 6{,}7 \left(1 + 6 \cdot \sqrt{\frac{0{,}2191}{6{,}7}}\right)$$

$$L_{50\%} = 14 \text{ m} > L$$

Somit ist auch bei 50%-Vorspannung die Leitung nicht ausreichend elastisch verlegt.

Beispiel 3.9

Aufgabenstellung

Für das in dem Bild zu dieser Aufgabe dargestellte räumlich angeordnete Rohrleitungssystem ist überschlägig das Elastizitätskriterium zu bestimmen.

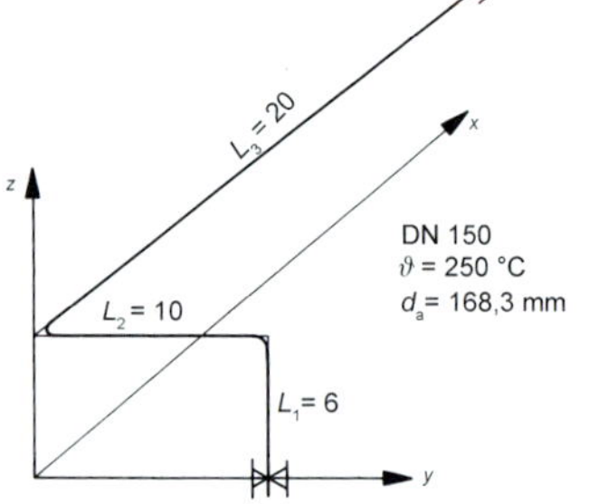

Aufgabenlösung

Der Abstand a beträgt:

$$a = \sqrt{L_1^2 + L_2^2 + L_3^2} = \sqrt{6^2 + 10^2 + 20^2} = 23{,}1 \text{ m}$$

mit

$$\frac{a}{d_a} = \frac{23{,}1}{0{,}1683} = 137$$

und der Betriebstemperatur von 250 °C erhält man aus Bild 3.28 das erforderliche Rohrlängen-Abstand-Verhältnis zu:

$$\frac{L}{a} = 1{,}5$$

Somit:

$$L = a \cdot 1{,}5 \approx 35 \text{ m}$$

ausgeführt:

$$L = 36 \text{ m}$$

somit ausreichend.

Beispiel 3.10

Aufgabenstellung

Der Abstand zwischen 2 Festpunkten beträgt $a = 10$ m. Die Betriebstemperatur sei $\vartheta = 300$ °C und die Rohrleitung habe einen Außendurchmesser von $d_a = 114{,}3$ mm. Wie lange muss die beliebig verlegte Rohrleitung mindestens sein?

Aufgabenlösung

Gemäß Bild 3.29 ergibt sich das gesuchte Verhältnis L/a mit:

$$\frac{a}{d_a} = \frac{10}{0{,}1143} = 87{,}5$$

zu:

$$\frac{L}{a} = 1{,}7$$

Somit:

$$L \geqq 1{,}7 \cdot a = 17 \text{ m}$$

Hinweis: Eine entsprechende Mathcad-Berechnung finden Sie hierzu im buchbegleitenden Onlineservice InfoClick.

3.3 Künstlicher Dehnungsausgleich

Von künstlichem Dehnungsausgleich spricht man dann, wenn zur Aufnahme der Längenänderungen besondere Elemente (genannt: Dehnungsausgleicher oder Kompensatoren) verwendet werden (Bild 3.30).

3.3.1 Kompensatoren

Oft ist es nicht möglich, z.B. in Rohrkanälen, elastische Rohrschenkel einzubauen bzw. die Festpunktkräfte abzufangen. Dann muss ein Dehnungsausgleichselement in Form von Kompensatoren eingebaut werden.

Metallbälge sind dünnwandige Rohrkörper, die durch Eindrücken ringförmiger verlaufender Wellen (Bild 3.30c) schlauchartige Biegsamkeit und axiales Federungsvermögen erhalten. Die federnden Wellen des Balges nehmen die Bewegung reibungslos und wartungsfrei auf. Diese Formgebung macht das zunächst starre Ausgangsrohr in hohem Grade flexibel und erhöht die Dauerfestigkeit.

Je nach Bewegungsaufnahme des Kompensators aus dem Rohrleitungssystem unterscheidet man zwischen Axial-, Lateral- und Angular-Kompensator (Bild 3.31).

3.3.1.1 Axial-Kompensatoren

Axial-Kompensatoren eignen sich zur Kompensation axial wirkender Rohrdehnungen in geraden Rohrleitungsstrecken. Die Rohrleitungen müssen durch Festpunkte begrenzt und durch entsprechende Führungslager axial geführt werden.

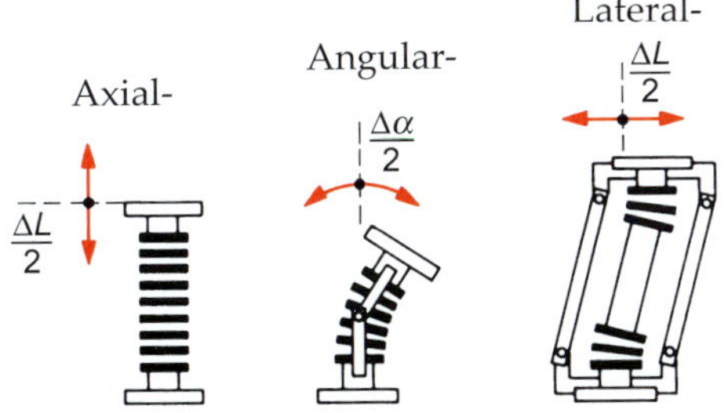

Bild 3.31 Schematische Darstellung der Grundbewegungsarten von Kompensatoren

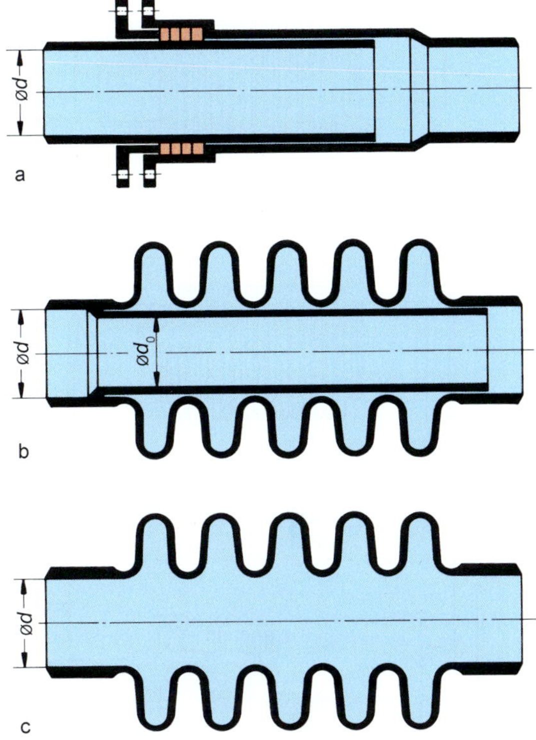

Bild 3.30 Künstliche Dehnungsaufnehmer
a) Stopfbuchsendehnungsausgleicher
b) Wellrohr-Kompensator mit Innenrohr
c) Wellrohr-Kompensator

Sie werden in Flussrichtung eingebaut und arbeiten ohne Umlenkung des Mediums, indem sie die Wärmedehnungen durch Zusammendrücken des Balgs in Achsrichtung aufnehmen. Einzelne Ausführungsformen zeigt Bild 3.32; sie unterscheiden sich im Wesentlichen durch den Anschluss (Flansch und/oder Anschweißende), sowie durch die Ummantelung des Balgs.

Ein **inneres Führungsrohr** (Bild 3.30b) verringert den Strömungswiderstand sowie einen möglichen Abrieb durch Fremdstoffe im Medium. Es verhindert auch Ablagerungen in den Wellen, die eine Behinderung der Arbeitsfähigkeit bewirken und die Lebensdauer dadurch verkürzen. Ab etwa 6 Wellen wird durch die Innendruckbelastung der Kompensator instabil und würde ohne Führungsrohr ausknicken.

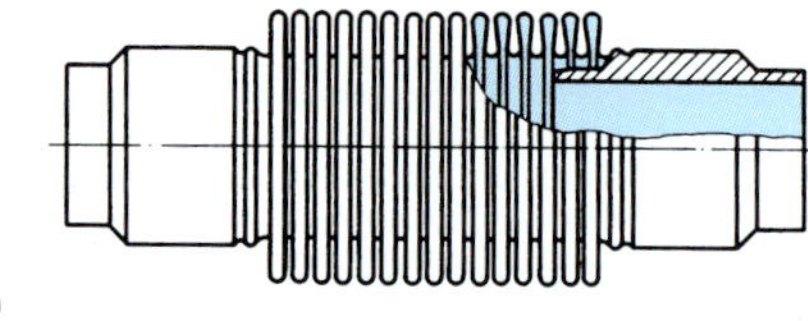
a)

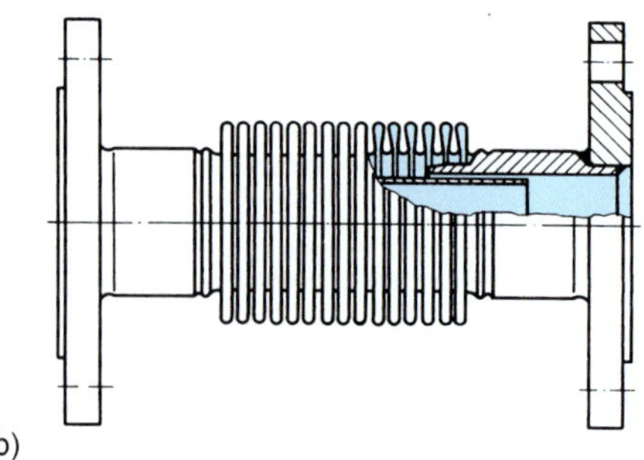
b)

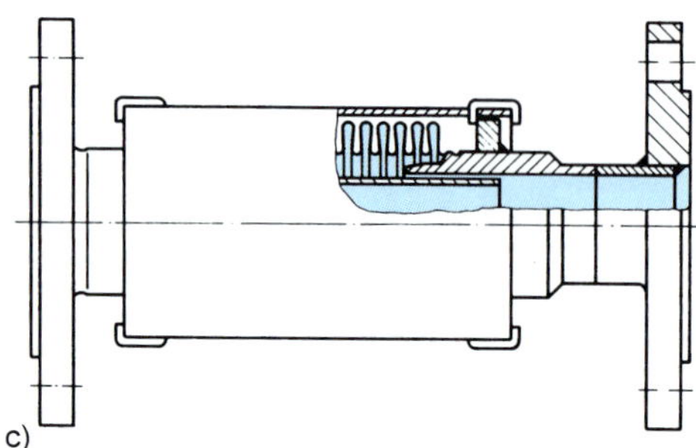
c)

Bild3.32 Verschiedene Bauarten von innendruckbeaufschlagten Axial-Kompensatoren
a) mit Anschweißenden
b) mit Flanschen und innerem Führungsrohr
c) mit Flanschen, innerem Führungsrohr und äußerem Schutzrohr

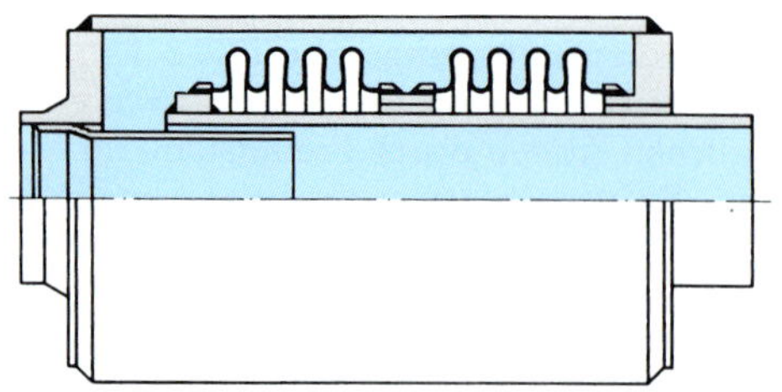

Bild 3.33 Außendruckbelasteter Axial-Kompensator

Das **äußere Schutzrohr** dient als mechanischer Schutz, um die empfindlichen Metallbälge z.B. vor Schweißspritzer und mechanischer Beschädigung bei der Montage zu schützen. Bei isolierten Kompensatoren ist dieses Schutzrohr immer zu verwenden, falls kein besonderer Schutzmantel um den Kompensator gelegt wird, damit keine Behinderung der Funktion auftreten kann.

Das äußere Schutzrohr kann auch so ausgebildet werden, dass es innen vom Medium umspült ist (Bild 3.33) und der Kompensator somit außendruckbelastet ist. Hierdurch wird der Nachteil der Instabilität des innendruckbelasteten Kompensators aufgehoben. Bei sehr langen Kompensatoren und hohen Betriebsdrücken ist das innere Führungsrohr nicht ausreichend.

Entlasteter Axial-Kompensator

Wird die Größe der Entlastungskammer (Bild 3.34) aus der Beziehung

$$\bar{d}_1^2 = \bar{d}_3^2 - \bar{d}_2^2 \qquad \text{(Gl. 3.158)}$$

ermittelt, dann übt der Innendruck auf die Festpunkte keinerlei Wirkung mehr aus.

Kräfte

Eigenwiderstand

Bei der Dehnungsaufnahme entsteht im Kompensator eine Gegenkraft durch die axiale Federkonstante c_f in N/mm einer Welle. Auf den Festpunkt wirkt dann eine Kraft F_F durch die Längenänderung des Rohres von ΔL bei einem n-welligen Kompensator von:

$$F_F = \frac{c_{f,n} \cdot \Delta L}{n} = c_f \cdot \Delta L \qquad \text{(Gl. 3.159)}$$

Beim entlasteten Axial-Kompensator ergibt sich durch die 3 Kompensatoren eine Festpunktbelastung von:

$$F_F = \left(\frac{c_{f,1}}{n_1} + \frac{c_{f,2}}{n_2} + \frac{c_{f,3}}{n_3} \right) \cdot \Delta L \qquad \text{(Gl. 3.160)}$$

Um das Dehnungsaufnahmevermögen des Kompensators optimal auszunützen, ist dieser beim Einbau um 50% vorzuspannen (Bild 3.35), wo-

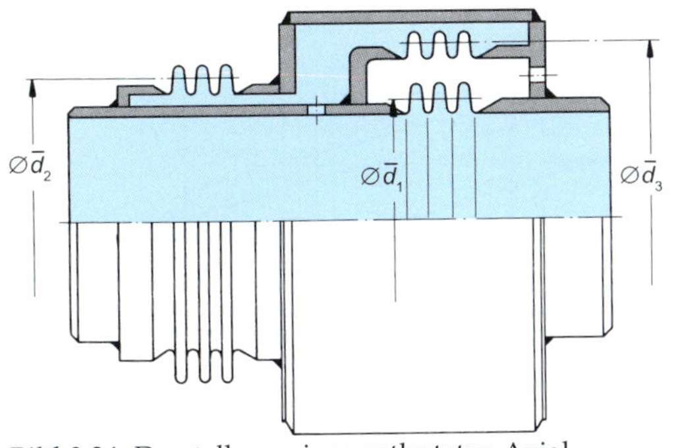

Bild 3.34 Darstellung eines entlasteten Axial-Kompensators

Bild 3.35
Einbauhinweis für einen Axial-Kompensator bei 50% Vorspannung; auf dem Foto rechts oben fehlt das Führungslager.

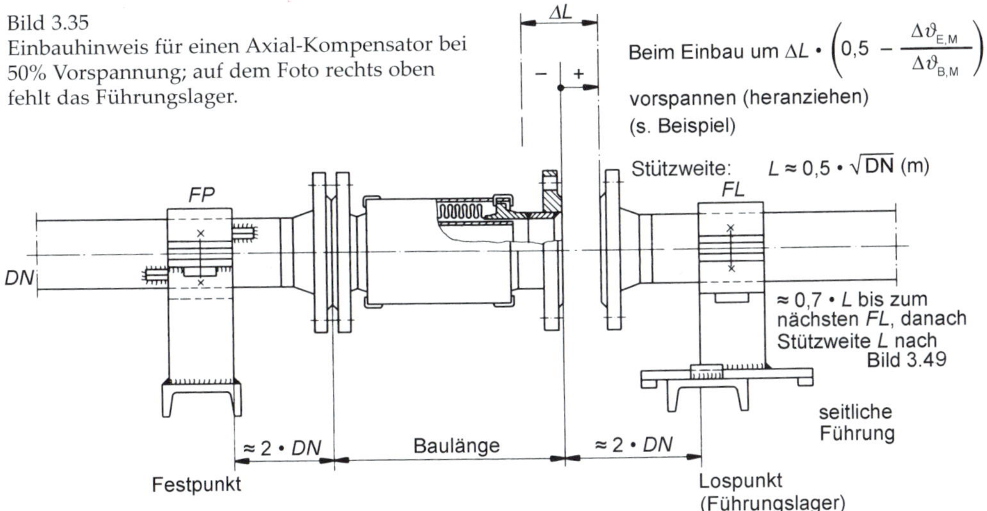

Beachtungsmerkmale

1. Werden beim Bau eines Rohrleitungssystems abschnittsweise Druckprüfungen durchgeführt und die Endfestpunkte nicht arretiert, müssen Axial-Kompensatoren durch Hub-begrenzer geschützt werden.
2. Auf die Festpunkte wirkt jeweils die Reibungskraft der Rohrstrecke zwischen Kompensator und Festpunkt, d.h., es wirkt die Summe der Reibungskräfte aller Lager. Es ist zu beachten, dass die Reibungskraft den Festpunkt in wechselnder Richtung beansprucht (beim Aufheizen und beim Abkühlen).

Durch Änderung der Anordnung des Kompensators im Leitungssystem zwischen den Festpunkten kann eine andere Verteilung der Reibungskräfte auf die beiden Festpunkte erreicht werden.

Wird z.B. der Kompensator direkt an einem Festpunkt platziert (s. Bild 3.31), hat dieser Festpunkt keine Reibungskraft aufzunehmen. Dagegen muss der andere Festpunkt die gesamte Reibkraft der Rohrstrecke absorbieren. Wird der Kompensator mittig zwischen den Festpunkten angeordnet, muss jeder Festpunkt nur die halbe Reibkraft der Gesamtrohrstrecke aufnehmen.

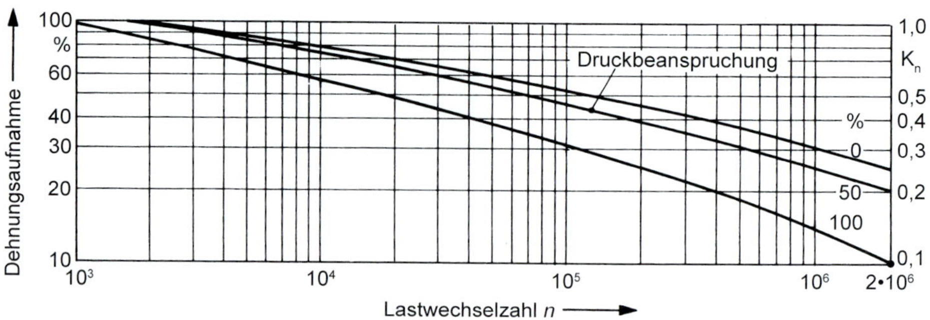

Bild 3.36 Zulässige Lastwechselzahl von Axial-Kompensatoren in Abhängigkeit der Ausnutzung von Druck und Dehnung, K_n = Lastspielzahl-Faktor

Tabelle 3.5 Temperaturabminderungsfaktoren (Fa. Berghöfer)

C°	Betriebsdruck-korrekturfaktor – K_p			Dehnungsaufnahme* Korrekturfaktor – K_ϑ		
	P235 GH	Chrom-nickelstahl		P235 GH	Chrom-nickelstahl	
	1.0345	1.4541 1.4571	1.4828	1.0345	1.4541 1.4571	1.4828
20	1	1		1	1	
100	0,9	0,9		1	1	
150	0,85	0,85		0,95	0,95	
200	0,8	0,8		0,9	0,9	
250	0,75	0,75		0,84	0,87	
300	0,6	0,67		0,8	0,85	
350	0,52	0,64		0,74	0,83	
400	0,42	0,61		0,7	0,8	
450		0,59			0,77	
500		0,57			0,75	
550		0,55			0,72	
600		0,5	0,33		0,7	
700			0,15			0,68
800			0,07			0,67
900			0,03			0,65
1000			0,015			0,6

* Der angegebene Zahlenwert der axialen Bewegungsaufnahme (ΔL) ist gleich dem der maximal zulässigen Bewegungsaufnahme (ΔL_{zul}) für 1000 Lastwechsel bei der Bezugstemperatur 20 °C. Bei höheren Temperaturen reduziert der Faktor (K_ϑ) die zulässige Bewegungsaufnahme entsprechend den Materialkennwerten und bei anderen Lastwechselzahlen um den Faktor K_n.
Zusätzlich müssen teilweise Druckwechselfaktoren sowie Vorspannfaktoren noch berücksichtigt werden.

bei die Einbautemperatur der Rohrleitung zu berücksichtigen ist. Dadurch reduziert sich F_F um ebenfalls 50% und die Lebensdauer wird gemäß Bild 3.33 wesentlich erhöht. Die Kompensatoren-Hersteller garantieren bei voller Ausnützung der Längendehnung und des Betriebsdruckes nur 1000 Voll-Lastwechsel.

Kompensatoren sollten, bedingt durch die Abhängigkeit der Lebensdauer von der Lastwechselzahl, möglichst nur in Flanschanschlussausführung eingesetzt werden, wenn eine genaue Lastwechselzahl nicht im Voraus bestimmt werden kann. Damit wird eine wirtschaftliche Austauschmöglichkeit geschaffen.

Reaktionskraft

Bei hydraulisch nicht entlastetem Kompensator (Bild 3.37) versuchen die äußeren Wellenflächen, den Kompensator auseinander- bzw. zusammenzuziehen. Da diese Reaktionskraft meistens größer ist als der Eigenwiderstand, stellt sich kein Gleichgewichtszustand ein. Dies würde ohne Festpunkte zur Überdehnung und damit Zerstörung des Balges führen. Die hydraulische Reaktionskraft errechnet sich aus dem Produkt von wirksamer Balgquerschnittsfläche A_o multipliziert mit dem inneren Überdruck p ($p = p_i - p_u$)

Gemäß Bild 3.38 herrscht ein Gleichgewicht der Momente:

$$F_K \cdot a = p \cdot \int_0^A dA \cdot x \qquad \text{(Gl. 3.161)}$$

Bild 3.37
Kräftewirkungen in innendruck- und außendruckbelasteten Axial-Kompensatoren

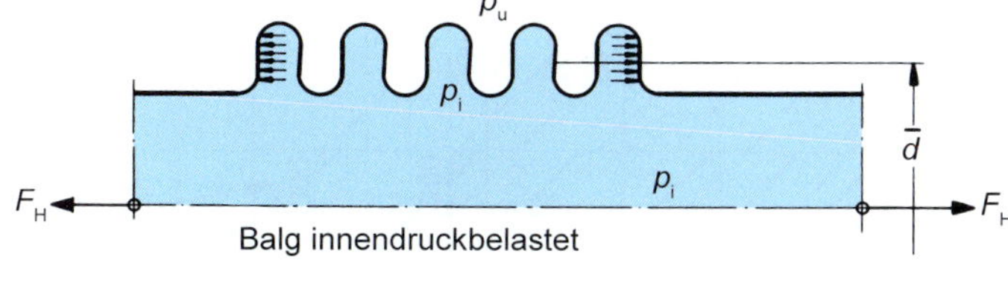

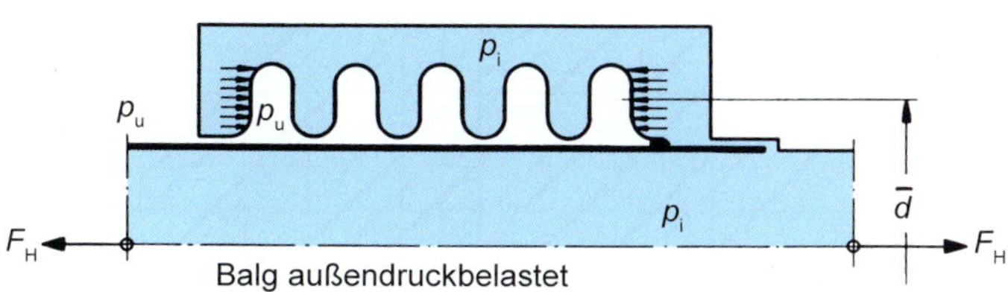

Die Druckfläche $\mathrm{d}A$ beträgt hierbei:

$$\mathrm{d}A = \pi \cdot \int_0^A (D - 2 \cdot x) \cdot \mathrm{d}x \qquad \text{(Gl. 3.162)}$$

und eingesetzt in die Gl. 3.161 folgt:

$$F_K = \frac{p \cdot \pi}{a} \cdot \int_0^a (D - 2 \cdot x) \cdot x \cdot \mathrm{d}x$$

Durch Integration erhält man:

$$F_K = \frac{p \cdot \pi}{a} \cdot \left(\frac{D \cdot a}{2} - \frac{2}{3} a^2 \right)$$

mit:

$a = \frac{1}{2}(D - d_i)$ wird

$$F_K = \frac{p \cdot \pi}{12} \cdot (D^2 + D \cdot d_i - 2 \cdot d_i^2) \qquad \text{(Gl. 3.163)}$$

Bei geschlossenen Rohrleitungssystemen bewirkt der innere Überdruck eine zusätzliche Zugbelastung F_z auf die Endfestpunkte, und es addieren sich die Kräfte $F_K + F_z$, da diese in gleicher Richtung wirken. Die Zugkraft beträgt:

$$F_Z = \frac{d_i^2 \cdot \pi}{4} \cdot p \qquad \text{(Gl. 3.164)}$$

Durch Umformung erhält man auch:

$$F_Z = \frac{p \cdot \pi}{12} \cdot (3 \cdot d_i^2) \qquad \text{(Gl. 3.165)}$$

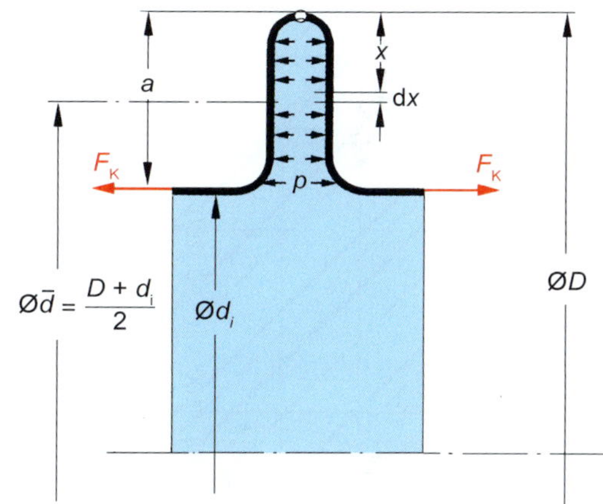

Bild 3.38 Bezeichnungen zur Ermittlung des wirksamen Balgquerschnitts

Die Gesamtfestpunktbelastung aus dem Innendruck ergibt sich somit zu:

$$F_H = F_K + F_Z = \frac{p \cdot \pi}{12} \cdot (D^2 + D \cdot d_i - 2 \cdot d_i^2) + \frac{p \cdot \pi}{12} \cdot (3 \cdot d_i^2) \qquad \text{(Gl. 3.166)}$$

und schließlich:

$$F_H = \frac{p \cdot \pi}{12} \cdot (D^2 + D \cdot d_i + d_i^2) \qquad \text{(Gl. 3.167)}$$

oder aber:

$$F_H = p \cdot A_0 \qquad \text{(Gl. 3.168)}$$

mit:

$$A_0 = \frac{\pi}{12} \cdot (D^2 + D \cdot d_i + d_i^2) \approx \frac{\bar{d}^2 \cdot \pi}{4} \qquad \text{(Gl. 3.169)}$$

(siehe Bild 3.39).

Autor: bitte bessere Vorlage liefern, diese Abb kann leider nicht verbessert werden

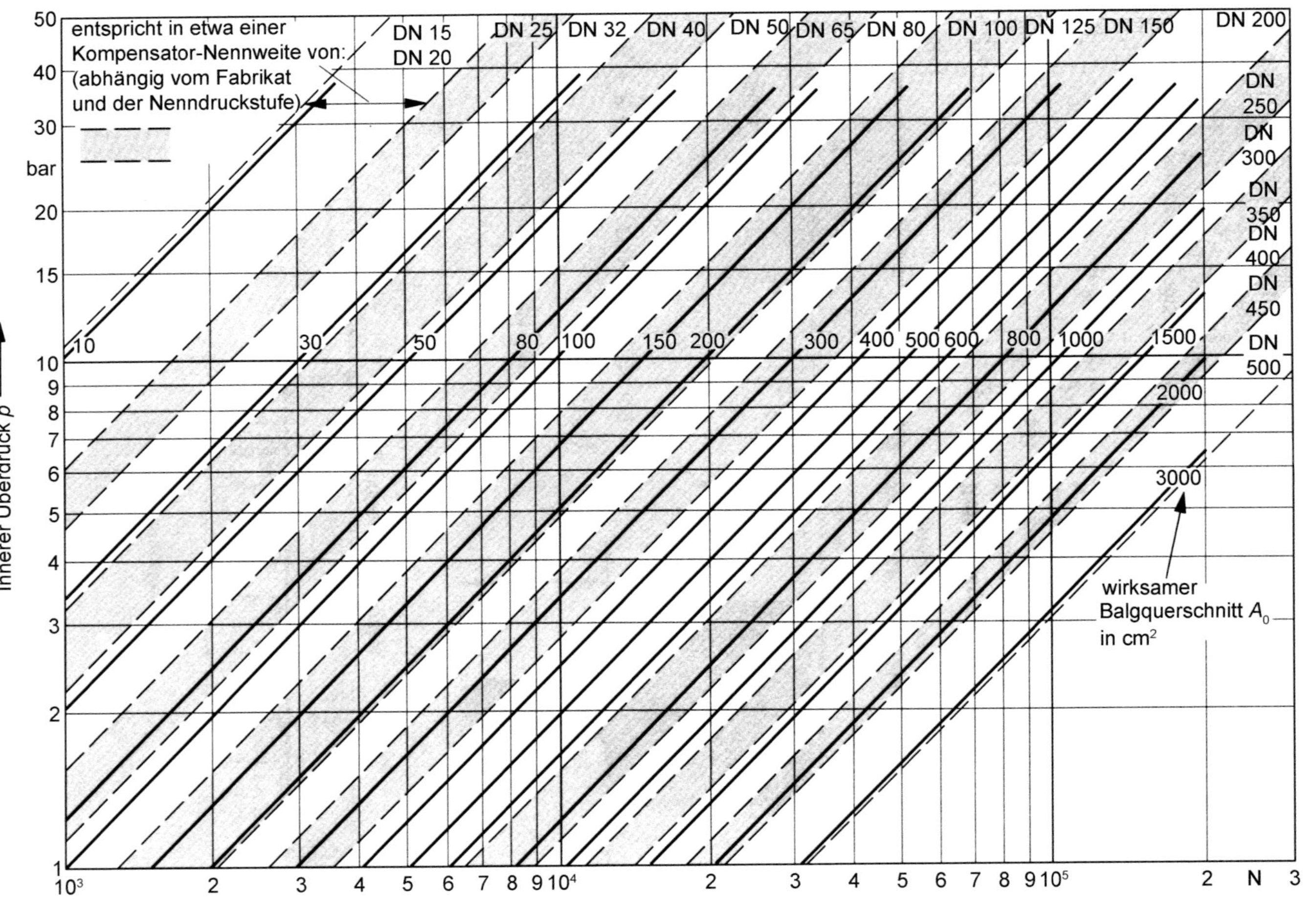

Bild 3.39 Reaktionskräfte von Axial-Kompensatoren in Abhängigkeit vom wirksamen Balgquerschnitt und dem Innendruck

a)

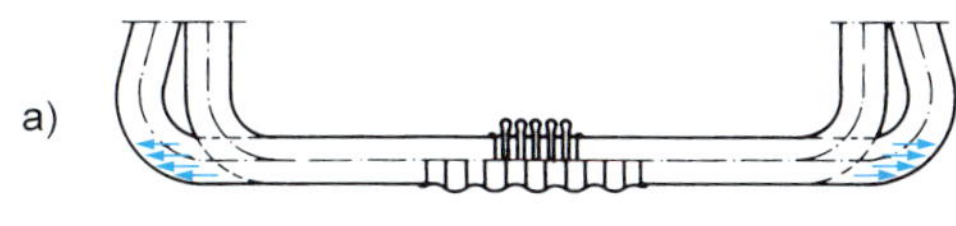

b)

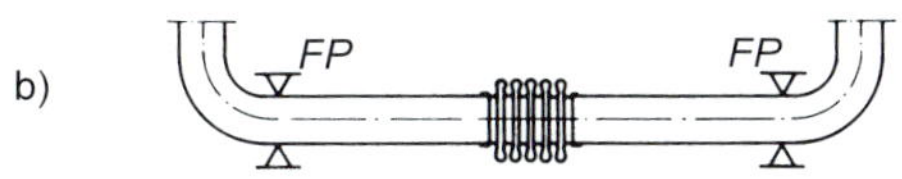

c)

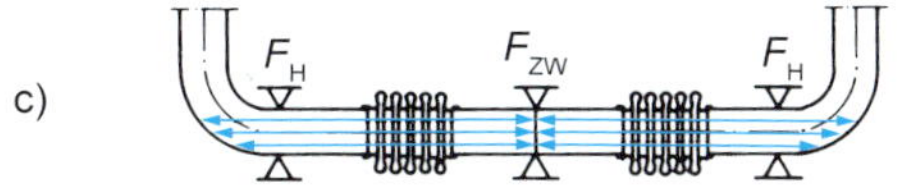

d)

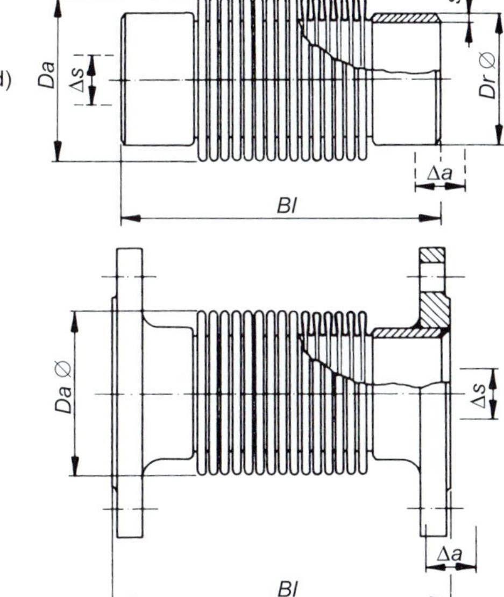

Bild 3.40 Wirkungsweise von Festpunkt und Zwischenfestpunkt

a) Anordnung ohne Festpunkt; Axial-Kompensator wird überdehnt
b) Kompensator mit Festpunkten
c) 2 Kompensatoren mit Zwischenfestpunkt in der Mitte sowie 2 Außenfestpunkten
d) Maße s. Tabelle 3.6

Bevor das Rohrleitungssystem mit dem Medium gefüllt bzw. der Probedruck aufgebracht wird, muss die Rohrleitung durch Führungslager und Festpunkte gesichert sein, die außer den von dem Kompensator hervorgerufenen Reaktionskräften, noch die durch den Gleitwiderstand der Rohrlagerung entstehenden Reibungskräfte aufzunehmen haben.

Reibungskraft

Das Eigengewicht der Rohrleitung und Rohrleitungsorgane einschließlich Isolierung und Innenmedium bewirkt auf den Auflagestellen zwischen 2 Festpunkten durch die Reibungszahl μ eine axiale gerichtete Reibungswiderstandskraft.

$$F_R = \mu \cdot G_L \cdot L \qquad \text{(Gl. 3.170)}$$

μ Reibungszahl ≈ 0,1...0,3*
G_L mittlere Gesamtgewichtskraft je m Rohr (N/m)
L Rohrlänge

Festpunktbelastung

In einer Rohrleitung haben die Festpunkte die Aufgabe, der Leitung einen entsprechenden Halt zu geben und die Dehnungsrichtung zu bestimmen. Allgemein werden die Festpunkte durch folgende Kräfte belastet:

1. Reibungskräfte F_R
2. Balgwiderstand F_F
3. Druckreaktionskräfte F_H

* siehe auch DIN EN 13480-3

Beispiel 3.11

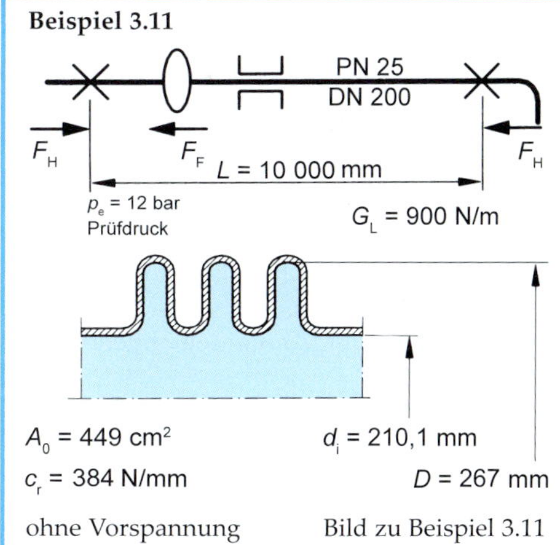

Bild zu Beispiel 3.11

Lösung

Reaktionskraft auf die Endfestpunkte:

$F_H = p_e \cdot A_0 = 1{,}2 \cdot 44\,900 = 53\,880$ N

Anteil des Innendurchmessers:

$$F_Z = p_e \cdot \frac{d_i^2 \cdot \pi}{4}$$

$$F_Z = 1{,}2 \cdot \frac{210{,}1^2 \cdot \pi}{4} = 41\,582 \text{ N}$$

Kompensatoranteil:
$F_K = F_H - F_Z$
$F_K = 12\,298$ N

Balgwiderstand:

$F_F = c_f \cdot \Delta L$

$$\Delta L = L \cdot \overline{\beta} \cdot \Delta\vartheta = 37 \text{ mm}$$

$F_F = 384$ N/mm · 37 mm ≈ 14 208 N

Reibungskraft:
$F_R = \mu \cdot G_L \cdot L$
$F_R = 0{,}2 \cdot 900$ N/m · 10 m = 1800 N

Gesamtkraft auf die Endfestpunkte:

$F_{FP} = F_H + F_F + F_R$

$F_{FP} \approx 70$ kN

Wie Bild 3.40 veranschaulicht, stellen Axial-Stahl-Kompensatoren eine elastische Unterbrechung der starren Rohrleitung dar, wobei infolge des in der Leitung herrschenden Betriebsdruckes Kräfte wirksam werden, die durch geeignete Festpunkte aufgefangen werden müssen.

Man unterscheidet grundsätzlich Hauptfestpunkte und Zwischenfestpunkte. Hauptfestpunkte befinden sich immer am Anfang und am Ende der Rohrleitung sowie an Knickpunkten und an Abzweigungen, also dort, wo die vollen Reaktionskräfte auftreten (Bild 3.40 b).

Zwischenfestpunkte in der geraden Rohrstrecke sind praktisch druckentlastet und nehmen nur den max. Eigenwiderstand des Kompensators sowie die Reibungswiderstände der Rohrführungen auf (Bild 3.40 c).

Zu Bild 3.40 d ist als typisches Beispiel die Tabelle 3.6 angefügt für handelsübliche Axial-Kompensatoren.

Beispiel 3.12
Aufgabenstellung
Eine $L = 24$ m lange Dampfleitung DN 150 aus P235 TR2 hat folgende Betriebsdaten:

Betriebstemperatur: $\vartheta_B = 190$ °C
Betriebsüberdruck: $p = 11{,}5$ bar
Mindesttemperatur: $\vartheta_M = -10$ °C
Einbautemperatur: $\vartheta_E = +20$ °C
Lastwechselzahl: $n = 4000$

Die spezifische Rohrleitungsgewichtskraft sei:

$G_L = 370$ N/m.

Es soll der entsprechende Axial-Kompensator bestimmt werden.

Aufgabenlösung

Gemäß DIN EN 1092-1 (Tabelle 2.31) bzw. aus Tabelle 3.5 ergibt sich als notwendiger Nenndruck: PN 16.

Rohrdehnung:

$$\Delta L = L \cdot \overline{\beta} \cdot \Delta\vartheta_{M;B} = 24\,000 \cdot \frac{18{,}8}{10^6} \cdot 200$$

$\Delta L = 61{,}4$ mm

Die erforderliche Kompensatordehnung beträgt:

$$\Delta L_{erf} = \frac{\Delta L}{K_\vartheta \cdot K_n} = \frac{61{,}4}{0{,}9 \cdot 0{,}7} = 97{,}5 \text{ mm}$$

Gewählt wird ein Kompensator:

DN 150/PN 16 mit $\Delta L = \pm 50$ mm

Aus Katalogangaben:

Baulänge: $L_0 = 360$ mm
Wirksamer Balgquerschnitt: $A_0 = 285$ cm²
Eigenwiderstand: $c_f = 232$ N/mm
(für ±1 mm Federweg)

Festpunktbelastung:
Druckkraft:
$F_H = p \cdot A_0 = 1{,}15 \cdot 28\,500 = 3{,}28 \cdot 10^4$ N

Eigenwiderstand:

$$F_F = c_E \cdot \frac{\Delta L}{2} = 232 \cdot \frac{61{,}4}{2} = 0{,}71 \cdot 10^4 \text{ N}$$

Reibungskraft:
$F_R = \mu \cdot G_L \cdot L = 0{,}2 \cdot 370 \cdot 24 = 0{,}18 \cdot 10^4$ N

Belastung der Festpunkte:
$F_{FP} = F_H + F_F + F_R = 4{,}17 \cdot 10^4$ N

Vorspannlänge und Einbaulänge:

$\Delta\vartheta_{B,M} = \vartheta_B - \vartheta_M = 190 - (-10) = 200$ K

$\Delta\vartheta_{E,M} = \vartheta_E - \vartheta_M = 20 - (-10) = 30$ K

Vorspannlänge:

$$\Delta L_{Vorsp.} = \Delta L \cdot \left(0{,}5 - \frac{\Delta\vartheta_{E,M}}{\Delta\vartheta_{B,M}}\right)$$

$$= 61{,}4 \cdot \left(0{,}5 - \frac{30}{200}\right)$$

(bei 50%-Vorspannung)

$\Delta L_{Vorsp.} = 21{,}5$ mm

Einbaulänge

$L_E = L_0 + \Delta L_{Vorsp.} = 360 + 21{,}5 = 381{,}5$ mm

Tabelle 3.6 Axial-Kompensatoren mit Anschweißende (Fa. Witzenmann)

Nennweite	Axiale Bewegungsaufnahme nominal	Baulänge ungespannt	Gewicht ca.	Schweißenden Anschlussmaße		Balg			Verstellkraftrate axial
				Außendurchm.	Wanddicke	Außendurchmesser	gewellte Länge	wirksamer Querschnitt	
DN	$2\delta_N$	L_0	G	d	s	D	ℓ	A	c_δ
–	mm	mm	kg	mm	mm	mm	mm	cm²	N/mm
125	25	235	3	139,7	3,6	181	60	202	519
125	50	280	4	139,7	3,6	181	105	202	301
125	75	420	11	139,7	3,6	184	243	201	341
150	25	235	4	168,3	4,0	207	62	274	564
150	55	285	7	168,3	4,0	216	107	285	487
150	80	395	13	168,3	4,0	215	220	281	372
200	50	290	9	219,1	4,5	262	112	442	513
200	70	330	11	219,1	4,5	263	149	444	376
200	90	400	18	219,1	4,5	267	218	449	384
250	50	285	13	273,0	5,0	328	102	694	635
250	70	325	15	273,0	5,0	328	141	694	453
250	105	405	43	273,0	5,0	327	220	684	425
300	50	290	16	323,9	5,6	380	105	958	697
300	70	330	19	323,9	5,6	380	148	958	481
300	120	530	50	323,9	5,6	384	343	959	477
350	50	285	21	355,6	6,3	415	97	1128	1020
350	100	400	33	355,6	6,3	413	214	1122	475
350	130	520	55	355,6	6,3	413	332	1116	479
400	40	280	25	406,4	7,1	462	91	1434	936
400	100	385	46	406,4	7,1	470	197	1456	537
400	140	535	80	406,4	7,1	469	343	1446	489
450	40	280	30	457,0	8,0	514	94	1801	985
450	100	390	47	457,0	8,0	514	200	1801	569
450	140	520	77	457,0	8,0	517	330	1805	499
500	40	315	45	508,0	8,0	580	84	2252	1619
500	100	425	71	508,0	8,0	580	193	2252	679
500	150	575	105	508,0	8,0	574	340	2227	506
600	40	330	60	610,0	10,0	680	92	3179	2082
600	100	445	92	610,0	10,0	680	209	3176	866
600	160	565	132	610,0	10,0	680	331	3176	528

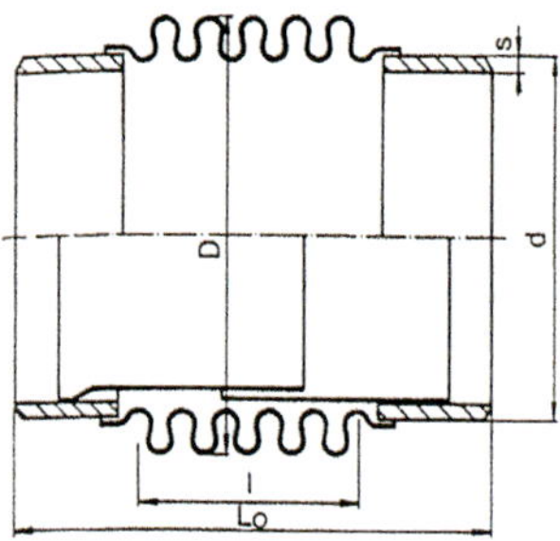

Axial-Kompensatoren für schwingende Belastungen

Axial-Kompensatoren mit innerem und/oder äußerem Führungsrohr gestatten keine seitliche Bewegungsaufnahme. Für geringere seitliche (laterale) Bewegungen, z.B. an Pumpen, können sie ohne Führungsrohr eingesetzt werden. Der zulässige Innendruck und die zulässige Dehnungsaufnahme verringert sich dabei aber gemäß Bild 3.36. Auch hier ist bei jedem Kompensator ein Festpunkt vorzusehen. Eingebaut wird grundsätzlich ohne Vorspannung. Dabei ist zu beachten, dass bei dem Einbau zur Schwingungskompensation die Reaktionskräfte durch den Innendruck erhebliche Belastungen auf z. B. die Pumpensockel bringen können; ein spannungsfreier Anschluss der Pumpen an das Rohrleitungssystem ist damit nicht möglich.

3.3.1.2 Gelenk-Kompensatoren

Rohrgelenke (Angular-Kompensatoren)

Mindestens 2 und höchstens 3 Rohrgelenkstücke (Bild 3.41a), durch Zwischenrohre verbunden, bilden ein statisch bestimmtes System. Im Gegensatz zum Axial-Kompensator führt das Einzelelement nur Winkelbewegungen aus. Die Druckreaktionskräfte durch den Innendruck werden durch die Gelenkanker aufgenommen.

Die Größe der möglichen Dehnungsaufnahme eines Gelenksystems ist bei gegebenem zulässigen Winkelausschlag der Rohrgelenke vom Einbauabstand der einzelnen Rohrgelenke abhängig. Je größer die Einbauabstände sind, umso größer wird die mögliche Dehnungsaufnahme und umso kleiner werden die Verstellkräfte eines Systems. Rohrgelenkstücke werden i.Allg. mit einer Vorspannung von 50% eingebaut. Es wird nicht das einzelne Rohrgelenkstück, sondern das ganze System vorgespannt.

Bei langen Leitungen, in denen ein Gelenksystem einen sehr elastischen Leitungsabschnitt

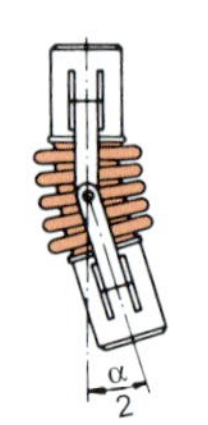

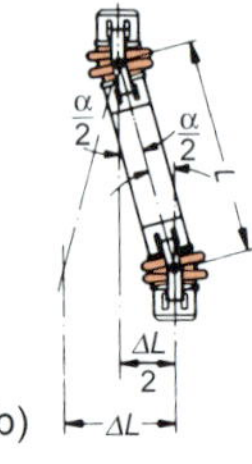

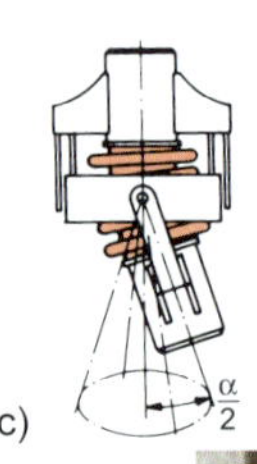

Bild 3.41a Rohrgelenkstücke (praktische Ausführung s. Bild 3.41b)
a) Gelenkstück
b) 2 Gelenkstücke mit Zwischenrohr
c) Kardan-Rohrgelenkstück

Bild 3.41b Rohrgelenkstücke in Heißwasserleitungen (Fa. IWK)

darstellt, ist vor und hinter jedem Gelenksystem ein Führungslager vorzusehen. Diese müssen eine freie Dehnung der Rohrleitung gestatten. Der Abstand der Führungslager vom Gelenksystem sollte daher nicht größer sein als:

$$2 \cdot \mathrm{DN} + \frac{\Delta L}{2}$$

Festpunktbelastung

Bei Verwendung von Rohrgelenkstücken werden die Festpunkte nur durch die Verstellkraft des Gelenksystems und durch die Summe der Reibungswiderstände der Führungslager beansprucht. Die Verstellkräfte F_{Ge} eines 2-Gelenk-Systems, Bild 3.42, errechnen sich bei 50% Vorspannung zu:

$$F_{Ge} = \frac{2 \cdot \left(M_r + f_{\vartheta,Ge} \cdot M_\alpha \cdot \frac{n_e}{n_g} \right)}{L_{Ge}} \quad \text{(Gl. 3.171)}$$

M_r Verstellmoment eines Rohrgelenkstückes aus der Bolzenreibung bei Betriebsdruck
M_α Verstellmoment eines Rohrgelenkstückes aus dem Eigenwiderstand des Balges

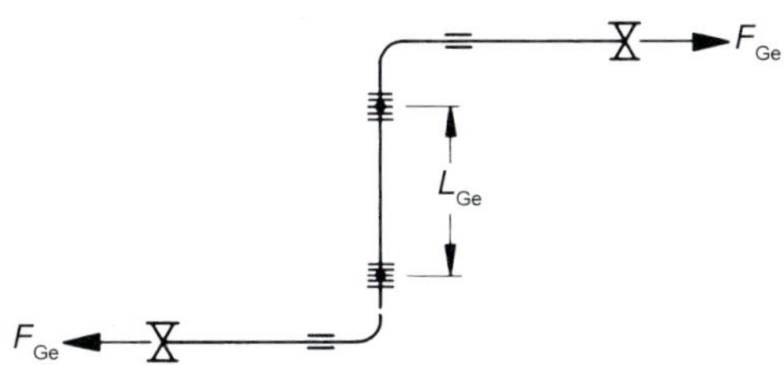

Bild 3.42 2-Gelenk-Z-Bogensysteme

$f_{\vartheta,Ge}$ Temperatur-Faktor
n_e errechnete Wellenzahl
n_g gewählte Wellenzahl
L_{Ge} Mittenabstand der Rohrgelenkstücke

3.3.1.3 Gelenk-Kompensatoren (Lateral-Kompensatoren)

Die Wirkungsweise der Gelenk-Kompensatoren beruht, wie die der Rohrgelenkstücke, auf Winkelbewegungen der Stahlbälge. Die Dehnungsaufnahme ist abhängig von der Baulänge bzw. dem Balgmittenabstand; je größer Baulänge bzw. Balgmittenabstand, desto größer die seitliche Dehnungsaufnahme.

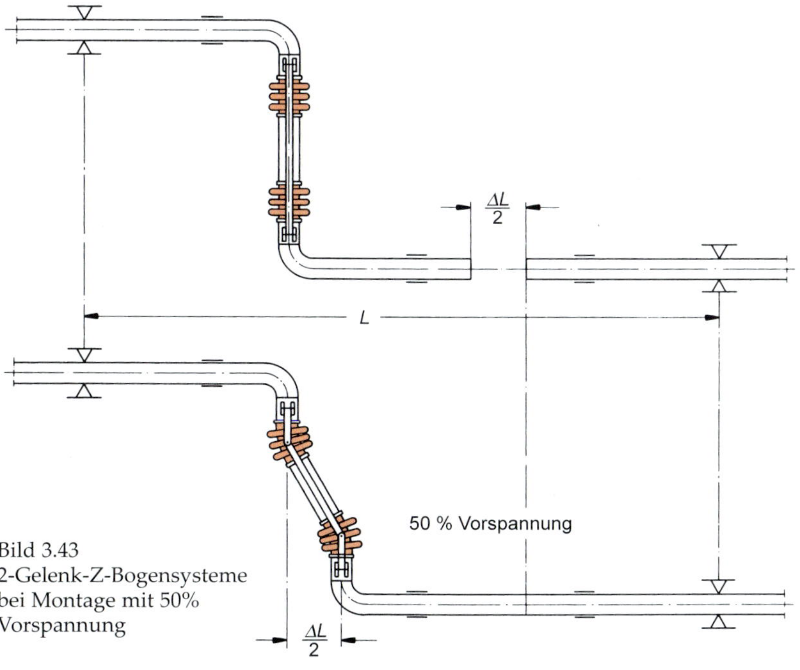

Bild 3.43
2-Gelenk-Z-Bogensysteme bei Montage mit 50% Vorspannung

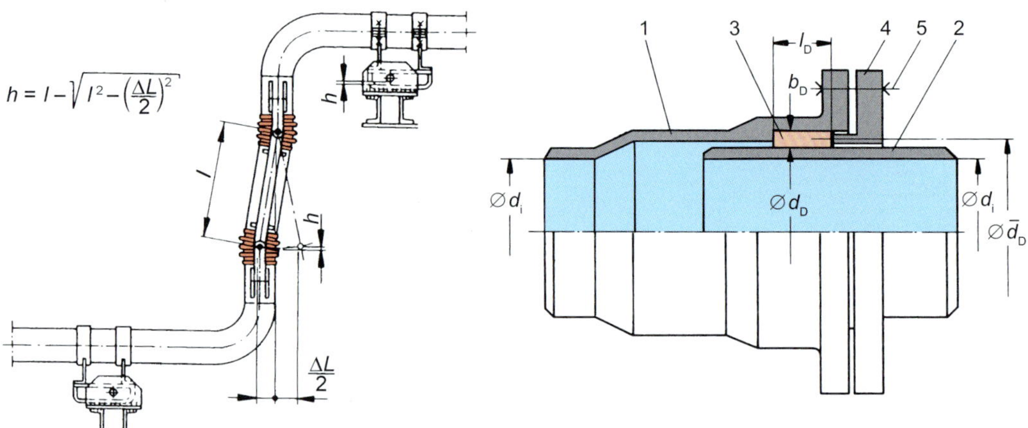

Bild 3.44 Berücksichtigung der Ausschwenkbogenhöhe h am 2-Gelenk-System in den Führungslagern

Bild 3.45
Nicht entlasteter Stopfbuchsenkompensator

Der Gelenk-Kompensator ist im Gegensatz zum Rohrgelenkstück eine selbstständige Dehnungseinheit, die ein komplettes 2-Gelenk-System darstellt. In der Regel werden auch die Gelenk-Kompensatoren um 50% ihrer Dehnungsaufnahme vorgespannt (Bild 3.43).

Wegen ihrer geringen Ausladung werden sie vor allem dort eingesetzt, wo große Dehnungen auf engem Raum aufzunehmen sind. Nach Bild 3.44 beschreibt der Gelenk-Kompensator infolge seiner seitlichen Auswinkelung einen Kreisbogen, aus dem je nach Dehnungsaufnahme und Baulänge die Bogenhöhe «h» resultiert: Das Maß «h» muss als entsprechendes Spiel in den Führungslagern berücksichtigt werden. Für die Bestimmung der Festpunktbelastung gelten die gleichen Anmerkungen wie bei dem 2-Gelenk-System bei den Rohrgelenken.

3.3.2 Stopfbuchsen-Dehnungsausgleicher

3.3.2.1 Nicht entlasteter Stopfbuchsen-Dehnungsausgleicher

Die Bezeichnung «nicht entlastet» bezieht sich auf die Festpunktbelastung hinsichtlich Innendruck und sagt aus, dass der Kompensator keine Rohrlängskräfte übertragen kann (Bild 3.45).

Die Abdichtung zwischen dem im Muffenrohr 1 beweglichen Degenrohr 2 erfolgt durch die Dichtungspackung 3. Diese wird über die Brille 4 durch die Schraube 5 mit der Gesamtschraubenkraft F_S axial zusammengedrückt und erzeugt somit den radialen Dichtungsdruck

$$p_D = \frac{F_s \cdot \nu_D}{\pi \cdot \bar{d}_D \cdot b_D} \qquad \text{(Gl. 3.172)}$$

ν_D Querdehnzahl des Packungsmaterials
$\nu_D \approx 0{,}5$

Soll das unter dem Druck p stehende Medium nicht durch den Dichtungsspalt gepresst werden, dann muss $p_D > p$ sein.

Wählt man als Sicherheitsfaktor $S_D = 1{,}5$ ergibt sich:

$$p_D = S_D \cdot p = 1{,}5 \cdot p \qquad \text{(Gl. 3.173)}$$

Die erforderliche Gesamtschraubenkraft F_{SB} zum Dichthalten im Betrieb beträgt:

$$F_{SB} = \frac{p \cdot S_D \cdot \pi \cdot \bar{d}_D \cdot b_D}{\nu_D} \approx 3 \cdot p \cdot \pi \cdot \bar{d}_D \cdot b_D \qquad \text{(Gl. 3.174)}$$

Bei niedrigen Innendrücken kann die zum Einleiten der plastischen Verformung erforderliche Gesamtschraubenkraft:

$$F_{DV} = K_D \cdot \pi \cdot \bar{d}_D \cdot b_D \qquad \text{(Gl. 3.175)}$$

größer als F_{SB} werden. K_D bezeichnet dabei die Formänderungsfestigkeit des Dichtungswerkstoffes ($K_D \approx 1000\ \text{N/cm}^2$), [s.a. 3.1].

Wird das Degenrohr im Muffenrohr bewegt, dann muss die durch den radialen Dichtungsdruck hervorgerufenen Reibungskraft

$$F_R = \mu \cdot p_D \cdot \pi \cdot d_D \cdot \ell_D \qquad \text{(Gl. 3.176)}$$

μ = Reibungsfaktor = 0,1...0,25
- 0,1 für Ölleitungen
- 0,25 für Wasserleitungen
- 0,2 für Dampfleitung

überwunden werden.

Ist $S_D \cdot p > v_D \cdot K_D$ dann gilt, bedingt durch $p_D = S_D \cdot p$

$$F_{RB} = \pm\mu \cdot S_D \cdot p \cdot \pi \cdot d_D \cdot \ell_D \qquad \text{(Gl. 3.177)}$$

Ist dagegen $v_D \cdot K_D > S_D \cdot p$, dann ergibt sich eine Reibungskraft wegen $p_D = v_D \cdot K_D$ zu:

$$F_{RV} = \pm\mu \cdot v_D \cdot K_D \cdot \pi \cdot d_D \cdot \ell_D = \pm\mu \cdot K_D \cdot \frac{\pi}{2} \cdot d_D \cdot \ell_D \qquad \text{(Gl. 3.178)}$$

Wird die Stopfbuchse in einem geschlossenen Strang eingebaut, dann wirkt außer der Reibungskraft F_R noch die Innendruckkraft:

$$F_{p,1} = p \cdot \frac{\pi}{2} \cdot d_D^2 \qquad \text{(Gl. 3.179)}$$

auf die Festpunkte.

Bei Einbau der Stopfbuchse in einem offenen Strang wirkt durch den Innendruck auf die Festpunkte in der Wand nur die Ringflächenkraft

$$F_{p,2} = p \cdot \frac{\pi}{4} \cdot (d_D^2 - d_i^2) \qquad \text{(Gl. 3.180)}$$

Auf die gesamte Anlage wirkt jedoch wieder die Innendruckkraft n. Gl. 3.79.

3.3.2.2 Entlasteter Stopfbuchsen-Dehnungsausgleicher

Die Wirkungsweise (Bild 3.46) ist identisch mit einem entlasteten Axial-Kompensator n. Bild 3.34. Analog den dort auftretenden 3 Verformungskräften sind hier 3 Reibungskräfte zu überwinden. Die Bedingung für den Ausgleich der Innendrucklängskraft durch die in der Entlastungskammer erzeugten Gegenkraft lautet dann:

$$d_{D,1}^{\,2} = d_{D,3}^{\,2} - d_{D,2}^{\,2} \qquad \text{(Gl. 3.181)}$$

Der Einbau eines entlasteten Stopfbuchsen-Dehners bringt erst dann einen Gewinn, wenn der Innendruck p so groß ist, dass die Bedingung:

$$F_p > F_{R2} - F_{R3} \qquad \text{(Gl. 3.182)}$$

erfüllt ist.

Die Festpunktbelastung durch einen entlaste-

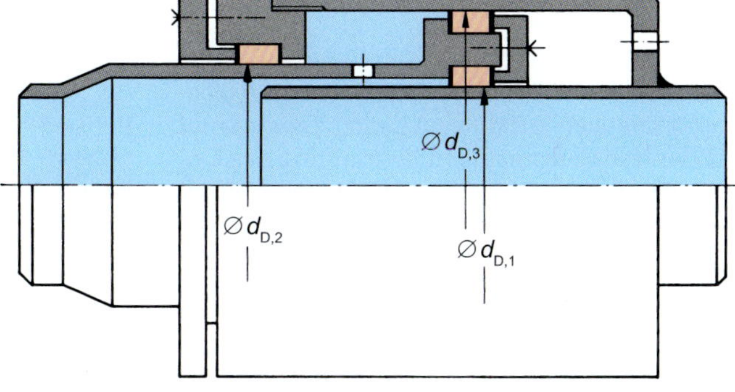

Bild 3.46
Entlasteter Stopfbuchsen-Kompensator

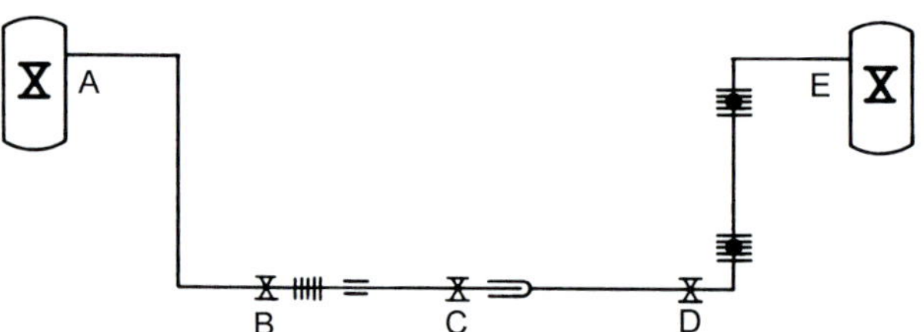

Bild 3.47a
Leitungssystemarten
A–B und D–E = geschlossen verlegter Leitungsstrang
B–C und C–D = aufgelöster verlegter Leitungsstrang

ten Stopfbuchskompensator ergibt sich zu:

$$F = F_{R1} + F_{R2} + F_{R3} \qquad \text{(Gl. 3.183)}$$

3.4 Rohrabstützungen und Befestigungen

Um die durch den Innendruck hervorgerufenen Kräfte in einer Leitung bestimmen zu können, muss man zunächst klären, um welche Verlegungsart es sich handelt. Man hat grundsätzlich zwischen einer geschlossenen und einer aufgelösten Leitung zu unterscheiden. Eine geschlossene Verlegung liegt vor, wenn die Innendrucklängskraft in der Rohrwand Längsspannungen hervorruft. Weist ein Leitungsstrang Trennstellen, wie Axial-Kompensatoren, Stopfbuchsen usw. auf, die die Innendrucklängskraft nicht übertragen können, dann liegt eine aufgelöste Leitung vor. In diesem Falle muss man durch die Festpunkte oder Einerdung dafür Sorge tragen, dass der Innendruck die Leitung nicht in axialer Richtung auseinanderdrücken kann (Bild 3.47a)

3.4.1 Stützweiten

Da bei der Festlegung von Rohrleitungsunterstützungen bereits aus verfahrenstechnischen Gründen der Durchbiegung enge Grenzen gesetzt werden, sind die aus den Eigengewichtskraftmomenten resultierenden Rohrleitungsbeanspruchungen in der Regel gering. Dies erlaubt bei der festigkeitsmäßigen Beurteilung des Unterstützungskonzeptes ein vereinfachtes Nachweisverfahren, das als Stützweitenkontrolle be-

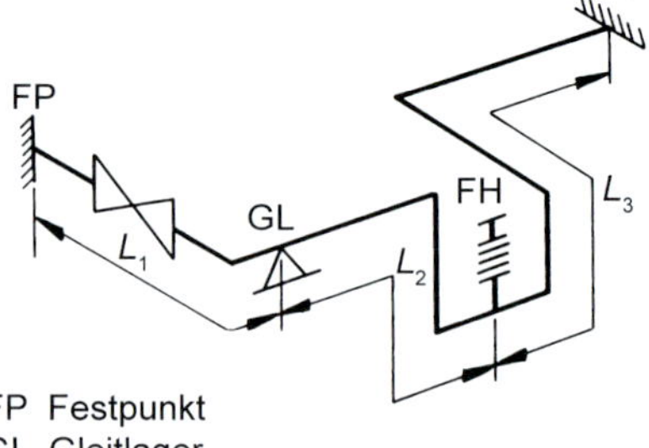

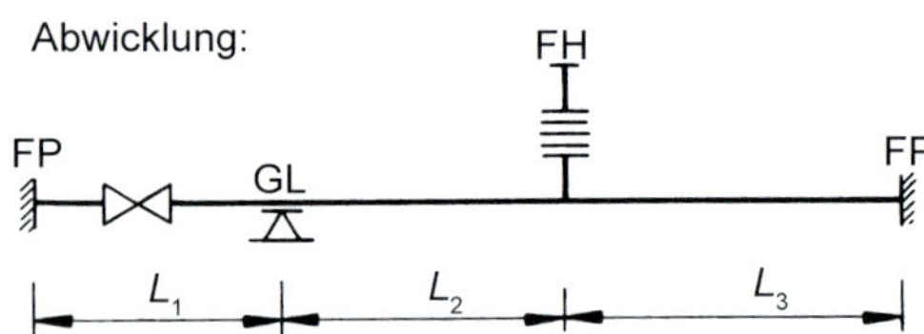

Bild 3.47b Stützweitenberechnung durch Abwicklung der Rohrleitung (konservativ).

zeichnet wird. Hierbei wird die zu untersuchende Rohrleitung von dem vorhandenen räumlichen System in ein eindimensionales Durchlaufträgersystem überführt (Bild 3.47b). Die gewichtskraftbedingten Rohrleitungsmomente lassen sich dann in einfacher Weise nach den bekannten Trägerformeln der Stabstatik berechnen.

Bei genauer Definition der Einspannstelle können die Stützweiten mittels der elementaren Festigkeitslehre bestimmt werden. Setzt man bestimmte Randbedingungen voraus, ergeben sich einfache Gleichungen, die oftmals für die Praxis ausreichen.

Die Durchbiegung h gemäß Bild 3.48 er-

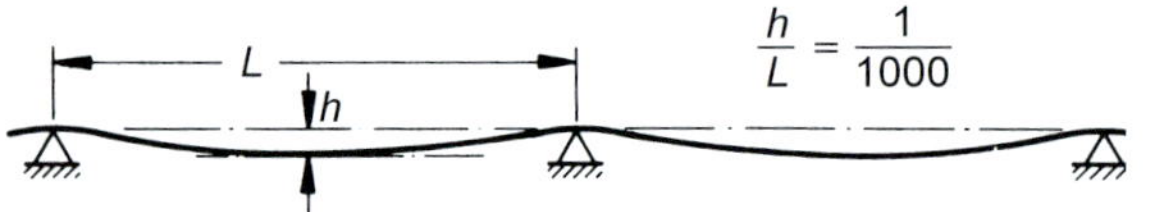

Bild 3.48
Durchbiegung eines Rohres auf mehrere Stutzen durch das Eigengewicht

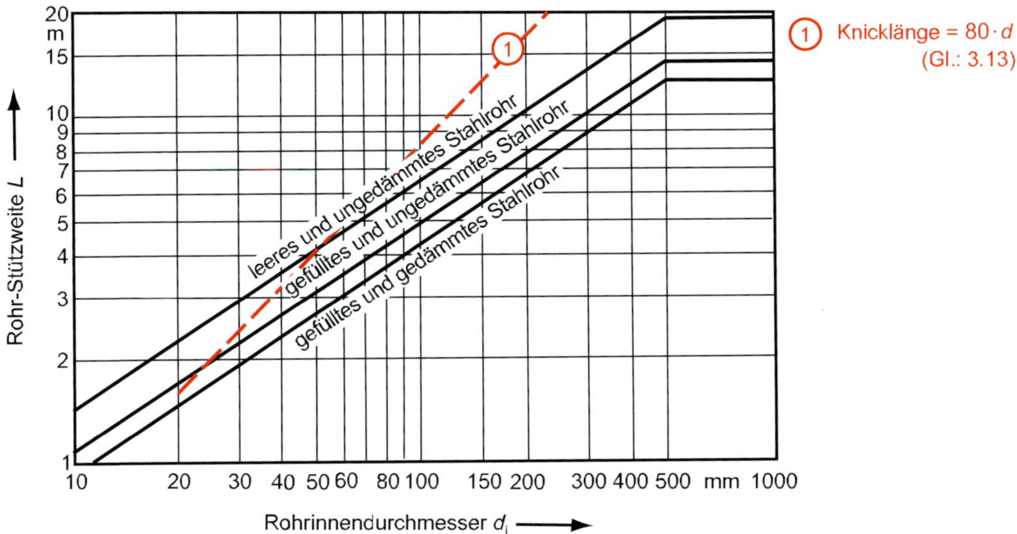

Bild 3.49 Richtwerte für die max. zulässige Rohr-Stützweite L in Abhängigkeit von der Leitungsausführungsform und dem Stahlrohrinnendurchmesser d_i (Rohrleitungen im Gebäude)

rechnet sich aus:

G_L Rohrleitungsgewichtskraft je m Rohrlänge

$$h = \frac{G_L \cdot L^4}{f_e \cdot E \cdot I} \qquad \text{(Gl. 3.184)}$$

f_e Einspannfaktor

Bei fester Einspannung beträgt $f_e = 384$ und bei freier Auflage des Rohres nur $^1/_5$ dieses Wertes. Nimmt man für die Rohrlagerung den unteren Grenzwert an und wählt für die Durchbiegung $h = {}^1/_{1000}$ (1 mm/m), dann ergibt sich eine Stützweite von:

(mm) mit: E in (N/mm²)

$$L \approx 0{,}4 \cdot \sqrt[3]{\frac{E \cdot I}{G_L}} \qquad \text{(Gl. 3.185)}$$

I in (mm⁴)

G_L in (N/mm)

Durch Umformen dieser Gleichung für Stahlrohre im Durchmesserbereich von 50...500 mm mit einem etwa konstanten Wanddickenverhältnis von $d_i/s \approx 30$ und einem Durchflussmedium mit einer Dichte ϱ = 1000 kg/m³, ergibt sich eine Stützweite zu:

(m) mit: d_i in (mm)

$$L \approx f \cdot d_i^{2/3} \qquad \text{(Gl. 3.186)}$$

$f \approx$ 0,3 für leeres und ungedämmtes Rohr
$f \approx$ 0,23 für gefülltes und ungedämmtes Rohr
$f \approx$ 0,20 für gefülltes und etwas gedämmtes Rohr nach Tabelle 3.11

Diese Gleichung ist in Bild 3.49 ausgewertet dargestellt und ist für die Projektierung ausreichend genau. Ab DN 500 bleibt die Stützweite konstant zur Begrenzung der Spannung an der Auflagestelle.

Um auch die Stützweiten-Berechnung von anderen Formen und Randbedingungen durchführen zu können, soll dies am Beispiel des Durchlaufträgers mit Einzellast in jedem Feld aufgezeigt werden.

Will man die Berechnungsgleichungen des Durchlaufträgers mit Einzelmasse in jedem Feld ermitteln, greift man aufgrund der Tatsache, dass alle Felder gleich lang und gleich belastet sind, ein Feld heraus und betrachtet dies als beidseitig eingespannt.

Berechnung der zulässigen Stützweite für den Durchlaufträger (Einzellast in jedem Feld) unter dem Kriterium der **Spannungsbegrenzung** (Bild 3.50):

$$M_{\mathrm{bmax}} = M_{\mathrm{F}} + M_{\mathrm{q}} \qquad \text{(Gl. 3.191)}$$

Gl. 3.187 und Gl. 3.188 in Gl. 3.191 eingesetzt:

$$M_{\mathrm{b\,max}} = -\frac{F \cdot l}{8} - \frac{q - l^2}{12}$$

$$M_{\mathrm{bmax}} = -\frac{3 \cdot F \cdot l + 2 \cdot q \cdot l^2}{24} \qquad \text{(Gl. 3.192)}$$

Der negative Wert für das Gesamtdrehmoment ergibt sich aus der Vereinbarung, dass Momente, die im Uhrzeigersinn drehen, negativ, und Momente, die im Gegenuhrzeigersinn drehen, positiv gewertet werden.

Da für die Berechnung der zulässigen Stützweite der Betrag des Gesamtdrehmoments entscheidend ist, erhält man aus Gl. 3.192:

$$M_{\mathrm{bmax}} = \frac{3 \cdot F \cdot l + 2 \cdot q \cdot l^2}{24} \qquad \text{(Gl. 3.193)}$$

die Biegespannung aus der Festigkeitslehre ergibt sich zu:

$$\sigma_{\mathrm{max}} = \frac{M_{\mathrm{bmax}}}{W} \qquad \text{(Gl. 3.194)}$$

Gl. 3.193 in Gl. 3.194 eingesetzt:

$$\sigma_{\mathrm{max}} = \frac{3 \cdot F \cdot l + 2 \cdot q \cdot l^2}{24 \cdot W}$$

$$3 \cdot F \cdot l + 2 \cdot q \cdot l^2 = 24 \cdot W \cdot \sigma_{\mathrm{max}}$$

ergibt nach Umformung:

$$2 \cdot q \cdot l^2 + 3 \cdot F \cdot l - 24 \cdot W \cdot \sigma_{\mathrm{max}} = 0 \qquad \text{(Gl. 3.195)}$$

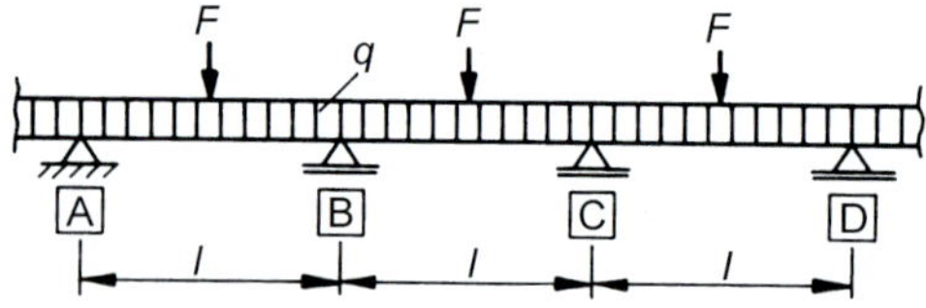

Belastungsfall 1:

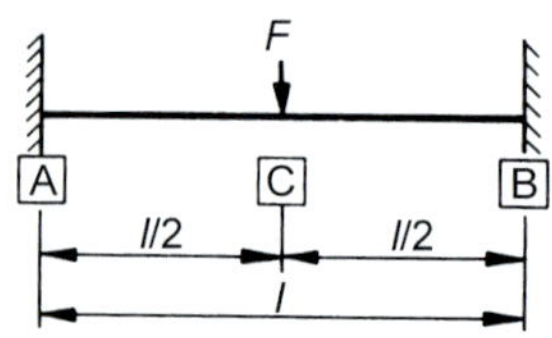

Belastungsfall 4:

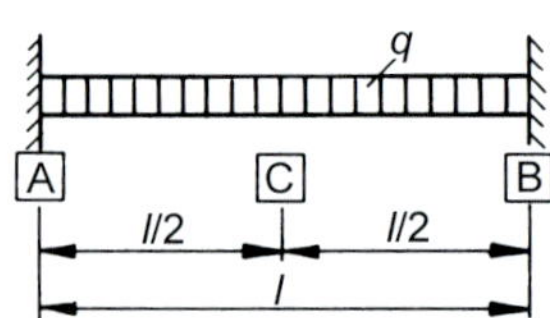

max. Biegemomente aufgrund

Einzellast F:

$$M_{\mathrm{F}} = -\frac{F \cdot l}{8} \qquad \textbf{(Gl. 3.187)}$$

Streckenlast q:

$$M_{\mathrm{q}} = -\frac{q \cdot l^2}{12} \qquad \textbf{(Gl. 3.188)}$$

max. Durchbiegung aufgrund

Einzellast F:

$$f_{\mathrm{F}} = \frac{F \cdot l^3}{192 \cdot E \cdot I} \qquad \textbf{(Gl. 3.189)}$$

Streckenlast q:

$$f_{\mathrm{q}} = \frac{q \cdot l^4}{384 \cdot E \cdot I} \qquad \textbf{(Gl. 3.190)}$$

Bild 3.50 Durchlaufträger mit Einzellast in jedem Feld

Die Gl. 3.195 kann nun wie eine quadratische Gleichung der Form:

$$ax^2 + bx + c = 0$$

mit den Lösungen:

$$x_1 = \frac{-b + \sqrt{b^2 - (4 \cdot a \cdot c)}}{2 \cdot a}$$

$$x_2 = \frac{-b - \sqrt{b^2 - (4 \cdot a \cdot c)}}{2 \cdot a}$$

behandelt werden. Es fällt jedoch die 2. Lösung aufgrund der Tatsache, dass die zu errechnende Stützlänge nicht negativ sein kann, weg. Somit erhält man aus Gl. 3.195 die Lösung zu:

$$l = \frac{-3 \cdot F + \sqrt{(3 \cdot F)^2 + (192 \cdot q \cdot W \cdot \sigma_{max})}}{4 \cdot q}$$

$$l = \frac{-3 \cdot F}{4 \cdot q} + \sqrt{\frac{(3 \cdot F)^2}{(4 \cdot q)^2} + \frac{(192 \cdot q \cdot W \cdot \sigma_{max})}{(4 \cdot q)^2}}$$

$$l = -\frac{3 \cdot F}{4 \cdot q} + \sqrt{\frac{(3 \cdot F)^2}{(4 \cdot q)^2} + \frac{(192 \cdot q \cdot W \cdot \sigma_{max})}{16 \cdot q^2}}$$

$$l = -\frac{3 \cdot F}{4 \cdot q} + \sqrt{\frac{(3 \cdot F)^2}{(4 \cdot q)^2} + \frac{(12 \cdot W \cdot \sigma_{max})}{q}} \quad \text{(Gl. 3.196)}$$

wenn man nun l durch l_{cs} (Index C für den Fall des Durchlaufträgers mit Einzellast in jedem Feld und Index S für die Berechnung nach dem Kriterium der Spannungsbegrenzung) und σ_{max} durch σ ersetzt, erhält man für die zulässige Stützweite aus Gl. 3.196:

$$l_{CS} = -\frac{3 \cdot F}{4 \cdot q} + \sqrt{\frac{(3 \cdot F)^2}{(4 \cdot q)^2} + \frac{(12 \cdot W \cdot \sigma)}{q}} \quad \text{(Gl. 3.197)}$$

Einzelkraft	F [N]
Streckenlast	q [N/mm]
Widerstandsmoment	W [mm³]
Spannung	σ [N/mm²]
zul. Stützweite	l_{CS} [mm]

Da die Gl. 3.197 in dieser Form nur für die Berechnung der zulässigen Stützweite für ein gerades Rohr ohne Einbauteile (T-Stück, Glattrohrbogen usw.) gilt, wird ein zusätzlicher Spannungserhöhungsfaktor i eingeführt (s. Abschnitt 3.2.7), der es ermöglicht, die zulässigen Stützweiten auch für Rohrleitungen mit spannungserhöhenden Einbauteilen sicher berechnen zu können. Damit erhält man schließlich aus Gl. 3.197:

$$l_{CS} = -\frac{3 \cdot F}{4 \cdot q} + \sqrt{\frac{(3 \cdot F)^2}{(4 \cdot q)^2} + \frac{(12 \cdot W \cdot \sigma)}{q \cdot i}} \quad \text{(Gl. 3.198)}$$

Einzelkraft	F [N]
Streckenlast	q [N/mm]
Widerstandsmoment	W [mm³]
Spannung	σ [N/mm²]
Spannungserhöhungsfaktor	i [–]
zul. Stützweite	l_{CS} [mm]

oder:

$$l_{CS} = -\frac{3 \cdot m}{4 \cdot q} + \sqrt{\frac{(3 \cdot m)^2}{(4 \cdot q)^2} + \frac{(12 \cdot W \cdot \sigma)}{(9{,}81 \cdot 10^{3} \cdot q \cdot i)}} \quad \text{(Gl. 3.199)}$$

Einzelmasse	m [kg]
Streckenlast	q [kg/m]
Widerstandsmoment	W [mm³]
Spannung	σ [N/mm²]
Spannungserhöhungsfaktor	i [–]
zul. Stützweite	l_{CS} [m]

Berechnung der zulässigen Stützweite für den Durchlaufträger (Einzellast in jedem Feld) unter dem Kriterium der **Durchbiegungsbegrenzung**:

$$f_{max} = f_F + f_q \quad \text{(Gl. 3.200)}$$

Gl. 3.189 und Gl. 3.190 in Gl. 3.200 eingesetzt:

$$f_{max} = \frac{F \cdot l^3}{192 \cdot E \cdot I} + \frac{q \cdot l^4}{384 \cdot E \cdot I}$$

$$f_{max} = \frac{F \cdot l^3 \cdot 2 + q \cdot l^4}{384 \cdot E \cdot I}$$

$$f_{max} = \frac{l^3}{E \cdot I \cdot 384} \cdot (F \cdot 2 + q \cdot l)$$

$$f_{max} = \frac{l^3}{E \cdot I \cdot 384} \cdot (q \cdot l + F \cdot 2) \quad \text{(Gl. 3.201)}$$

Wenn man nun l durch l_{CF} (Index C für den Fall des Durchlaufträgers mit Einzellast in jedem Feld und Index F für die Berechnung nach dem Kriterium der Durchbiegungsbegrenzung) ersetzt, erhält man aus Gl. 3.201:

$$f_{max} = \frac{l_{CF}^3}{E \cdot I \cdot 384} \cdot (q \cdot l_{CF} + 2 \cdot F) \qquad \text{(Gl. 3.202)}$$

zul. Stützweite	l_{CF} [mm]
Elastizitätsmodul	E [N/mm²]
Flächenträgheitsmoment	I [mm⁴]
Streckenlast	q [N/mm]
Einzelkraft	F [N]
max. Durchbiegung	f_{max} [mm]

oder:

$$f_{max} = \frac{l_{CF}^3 \cdot 9{,}81 \cdot 10^6}{E \cdot I \cdot 384} \cdot (q \cdot l_{CF} + 2 \cdot m) \qquad \text{(Gl. 3.203)}$$

zul. Stützweite	l_{CF} [m]
Elastizitätsmodul	E [N/mm²]
Flächenträgheitsmoment	I [mm⁴]
Streckenlast	q [kg/m]
Einzelmasse	m [kg]
max. Durchbiegung	f_{max} [m]

Bemerkung:
Die Berechnung der zulässigen Stützweite (Gl. 3.202 bzw. Gl. 3.203) nach dem Kriterium der Durchbiegungsbegrenzung erfolgt iterativ.

In Tabelle 3.7 sind nun für verschiedene Systeme die entsprechenden Gleichungen aufgeführt (n. HP 100 R). Für einfache Systeme können die Stützweiten unmittelbar aus Tabelle 3.8 entnommen werden. Die Stützweitentabelle gibt die zulässigen Stützweiten für unterschiedliche Lagerungsbedingungen und spannungserhöhende Einbauteile, hier T-Stücke (mit waagerechtem Abzweig), an, wobei eine **pauschale Spannungsbegrenzung auf 40 N/mm² infolge** der **gewichtsbedingten Biegemomente** (hervorgerufen durch Einzel- und Streckenlast) vorgegeben worden ist (Bild 3.51). Die Spannung aus dem **Innendruck bleibt unberücksichtigt**. Ebenso bleiben Fertigungstoleranzen durch den entsprechenden Zuschlag c_1 und die Korrosion bzw. Abnutzung durch den Zuschlag c_2 unberücksichtigt.

Allgemeines
Zur Berechnung der Streckenlast q wurden folgende Daten zugrundegelegt:

Medium	ϱ_M	= 1000 kg/m³
Rohrwerkstoff	ϱ_R	= 7900 kg/m³
Wärmedämmung	ϱ_D	= 120 kg/m³
Blechmantel	$\varrho_B \cdot s_B$	= 10 kg/m²

Zusatzbelastungen $F = m \cdot g$ sind in der Stützweitentabelle (3.8) **nicht berücksichtigt**. Für den Elastizitätsmodul wurde jeweils ein mittlerer Wert von $E = 200\,000$ N/mm² angenommen.

Berechnung der Stützweiten «L_1» über Begrenzung der Durchbiegung:

Die Stützweiten L_1 wurden nach dem Kriterium der Durchbiegungsbegrenzung festgelegt.

Die Grenzdurchbiegung f_{max} wurde dabei im Hinblick auf die Vermeidung möglicher «Pfützenbildung» wie folgt angenommen:

$f_{max} = 3$ mm für $DN \leq 50$
$f_{max} = 5$ mm für $DN > 50$

Berechnungsmodell für L_1 ist der statisch bestimmt gelagerte Einfeldträger, der nach dem Kriterium der Durchbiegungsbegrenzung berechnet wird, ohne Berücksichtigung der Zusatzbelastung durch die Einzelmasse m. Dadurch reduziert sich die Bestimmungsgleichung:

$$f_{max} = \frac{l_{AF}^3 \cdot 5 \cdot 9{,}81 \cdot 10^6}{E \cdot I \cdot 384} \cdot (q \cdot l_{AF})$$

$$f_{max} = \frac{l_{AF}^4 \cdot q \cdot 5 \cdot 9{,}81 \cdot 10^6}{E \cdot I \cdot 384}$$

$$l_{AF}^4 = \frac{f_{max} \cdot E \cdot I \cdot 384}{q \cdot 5 \cdot 9{,}81 \cdot 10^6}$$

$$L_1 = l_{AF} = \sqrt[4]{\frac{f_{max} \cdot E \cdot I \cdot 384}{q \cdot 5 \cdot 9{,}81 \cdot 10^6}}$$

max. Durchbiegung f_{max} [m]
$f_{max} = 3$ mm = 0,003 m für $DN \leq 50$
$f_{max} = 5$ mm = 0,005 m für $DN > 50$

Streckenlast	q [kg/m]
Elastizitätsmodul	E [N/mm²]
Elächenträgheitsmoment	I [mm⁴]
zul. Stützweite	L, bzw. l_{AF} [m]

Berechnung der Stützweiten «L_2...L_6» über Begrenzung der Spannung:

Die Stützweiten L_2...L_6 wurden nach dem Kriterium der Spannungsbegrenzung festgelegt.

Tabelle 3.7 Stützweitengleichungen für verschiedene Systeme und Randbedingungen (n. HP 100 R)

	System	Belastung	Kriterium		Bemerkung
			Durchbiegung	Spannung	
A		q [kg/m] m [kg]	Bestimmung von l iterativ: $f = \frac{l_{AF}^3 \cdot 9{,}81 \cdot 5 \cdot 10^6}{384\,E \cdot I} \cdot \left(q \cdot l_{AF} + 1{,}6m \right)$	$l_{AS} = -\frac{m}{q} + \sqrt{\left(\frac{m}{q}\right)^2 + \frac{8 \cdot W \cdot \sigma}{9{,}81 \cdot 10^3 \cdot q \cdot i}}$	
B		q [kg/m] m [kg]	$f = \frac{l_{BF}^3 \cdot 9{,}81 \cdot 10^6}{24\,E \cdot I} \cdot \left(3q \cdot l_{BF} + 8m \right)$	$l_{BS} = -\frac{m}{q} + \sqrt{\left(\frac{m}{q}\right)^2 + \frac{2 \cdot W \cdot \sigma}{9{,}81 \cdot 10^3 \cdot q \cdot i}}$	
C		q + Einzellast in allen Feldern	$f = \frac{l_{CF}^3 \cdot 9{,}81 \cdot 10^6}{384\,E \cdot I} \cdot \left(q \cdot l_{CF} + 2m \right)$	$l_{CS} = -\frac{3m}{4q} + \sqrt{\left(\frac{3m}{4q}\right)^2 + \frac{12 \cdot W \cdot \sigma}{9{,}81 \cdot 10^3 \cdot q \cdot i}}$	Durchlaufträger mit gleichen Feldlängen (Einzelmasse in jedem Feld)
D		q + Einzellast nur im jeweiligen Feld	$f = \frac{l_{DF}^3 \cdot 9{,}81 \cdot 10^6}{384\,E \cdot I} \cdot \left(q \cdot l_{DF} + 6{,}1 \cdot m \right)$	$l_{DS} = -\frac{126m}{265q} + \sqrt{\left(\frac{126m}{265q}\right)^2 + \frac{12 \cdot W \cdot \sigma}{9{,}81 \cdot 10^3 \cdot q \cdot i}}$	$\frac{m}{q} < 0{,}38\,l^*$ $l^* = \sqrt{\frac{12 \cdot W \cdot \sigma}{9{,}81 \cdot 10^3 \cdot q \cdot i}}$
E		q + Einzellast nur im jeweiligen Feld	$f = \frac{l_{EF}^3 \cdot 9{,}81 \cdot 10^6}{384\,E \cdot I} \cdot \left(q \cdot l_{EF} + 6{,}1 \cdot m \right)$	$l_{ES} = -\frac{543m}{265q} + \sqrt{\left(\frac{543m}{265q}\right)^2 + \frac{24 \cdot W \cdot \sigma}{9{,}81 \cdot 10^3 \cdot q \cdot i}}$	$\frac{m}{q} > 0{,}38\,l^*$ $l^* = \sqrt{\frac{12 \cdot W \cdot \sigma}{9{,}81 \cdot 10^3 \cdot q \cdot i}}$

Tabelle 3.8 Stützweitentabelle für Stahlrohre und Systeme gemäß Bild 3.51 (nach HP 100 R)

			leeres Rohr, ohne Dämmung							wassergefülltes Rohr, ohne Dämmung							wassergefülltes Rohr, DD 40*							wassergefülltes Rohr, DD 80*						
DN	Da	s	q	L1	L2	L3	L4	L5	L6	q	L1	L2	L3	L4	L5	L6	q	L1	L2	L3	L4	L5	L6	q	L1	L2	L3	L4	L5	L6
	mm		kg/m			m				kg/m			m				kg/m			m				kg/m			m			
25	33,7	2,0	1,6	2,9	5,5	4,8	2,9	2,8	1,5	2,3	2,7	4,6	4,0	2,4	2,3	1,2	7,0	2,0	2,6	2,3	1,4	1,3	0,7	11,8	1,8	2,0	1,8	1,1	1,0	0,5
25	33,7	4,0	2,9	2,9	5,3	5,3	3,6	2,6	1,8	3,5	2,8	4,9	4,9	3,3	2,4	1,7	8,1	2,2	3,2	3,2	2,2	1,6	1,1	13,0	2,0	2,5	2,5	1,7	1,3	0,9
40	48,3	2,0	2,3	3,5	6,8	5,2	3,1	3,4	1,6	3,9	3,1	5,2	4,0	2,4	2,6	1,2	9,2	2,5	3,4	2,6	1,6	1,7	0,8	14,3	2,3	2,7	2,1	1,3	1,4	0,6
40	48,3	4,0	4,4	3,5	6,5	6,4	3,9	3,3	1,9	5,7	3,3	5,7	5,6	3,4	2,9	1,7	11,0	2,8	4,1	4,0	2,4	2,1	1,2	16,1	2,5	3,4	3,3	2,0	1,7	1,0
50	60,3	2,0	2,9	4,5	7,6	5,4	3,3	3,8	1,6	5,4	3,9	5,6	4,0	2,4	2,8	1,2	11,3	3,2	3,9	2,7	1,7	1,9	0,8	16,6	2,9	3,2	2,3	1,4	1,6	0,7
50	60,3	4,5	6,2	4,4	7,3	6,9	4,2	3,7	2,1	8,3	4,1	6,4	6,0	3,7	3,2	1,8	14,2	3,6	4,9	4,6	2,8	2,4	1,4	19,4	3,3	4,2	3,9	2,4	2,1	1,2
80	88,9	2,3	5,0	5,5	9,3	6,0	3,7	4,7	1,8	10,6	4,6	6,4	4,1	2,5	3,2	1,3	17,8	4,0	4,9	3,2	1,9	2,5	1,0	23,5	3,7	4,3	2,8	1,7	2,1	0,8
80	88,9	5,6	11,5	5,4	9,0	8,0	4,9	4,5	2,4	16,3	5,0	7,6	6,7	4,1	3,8	2,1	23,5	4,5	6,3	5,6	3,4	3,2	1,7	29,2	4,3	5,7	5,0	3,1	2,8	1,5
100	114,3	2,6	7,3	6,3	10,6	6,6	4,0	5,3	2,0	16,6	5,1	7,0	4,3	2,7	3,5	1,3	25,0	4,6	5,7	3,5	2,2	2,8	1,1	31,1	4,4	5,1	3,2	1,9	2,6	1,0
100	114,3	6,3	16,8	6,2	10,3	8,7	5,3	5,2	2,7	24,9	5,6	8,5	7,1	4,4	4,2	2,2	33,3	5,2	7,3	6,2	3,8	3,7	1,9	39,4	5,0	6,7	5,7	3,5	3,4	1,7
150	168,3	2,6	10,8	7,6	12,9	7,0	4,3	6,5	2,2	31,7	5,8	7,5	4,1	2,5	3,8	1,3	42,6	5,4	6,5	3,5	2,2	3,3	1,1	49,5	5,2	6,0	3,3	2,0	3,0	1,0
150	168,3	7,1	28,2	7,5	12,7	9,7	5,9	6,3	3,0	46,9	6,6	9,8	7,6	4,6	4,9	2,3	57,8	6,3	8,9	6,8	4,2	4,4	2,1	64,7	6,1	8,4	6,4	3,9	4,2	2,0
200	219,1	2,9	15,7	8,7	14,8	7,7	4,7	7,4	2,3	51,4	6,5	8,2	4,2	2,6	4,1	1,3	64,7	6,1	7,3	3,8	2,3	3,6	1,1	72,3	5,9	6,9	3,6	2,2	3,4	1,1
200	219,1	7.1	37,1	8,7	14,6	10,2	6,3	7,3	3,1	70,1	7,4	10,6	7,5	4,6	5,3	2,3	83,4	7,1	9,7	6,8	4,2	4,9	2,1	91,0	6,9	9,3	6,5	4,0	4,7	2,0
250	273	2,9	19,6	9,7	16,6	7,9	4,9	8,3	2,4	75,6	6,9	8,4	4,0	2,5	4,2	1,2	91,5	6,6	7,7	3,7	2,2	3,8	1,1	99,9	6,5	7,3	3,5	2,1	3,7	1,1
250	273	7,1	46,6	9,7	16,4	10,7	6,5	8,2	3,3	99,2	8,0	11,2	7,3	4,5	5,6	2,2	115,0	7,7	10,4	6,8	4,1	5,2	2,1	123,4	7,6	10,1	6,6	4,0	5,0	2,0
300	323,9	2,9	23,3	10,6	18,1	8,2	5,0	9,0	2,5	102,7	7,3	8,6	3,9	2,4	4,3	1,2	120,9	7,0	7,9	3,6	2,2	4,0	1,1	130,1	6,9	7,6	3,5	2,1	3,8	1,1
300	323,9	8,0	62,3	10,6	17,9	11,4	7,0	8,9	3,5	136,8	8,7	12,1	7,7	4,7	6,0	2,4	155,0	8,4	11,4	7,3	4,4	5,7	2,2	164,2	8,3	11,0	7,0	4,3	5,5	2,2
350	355,6	3,2	28,2	11,1	18,9	8,6	5,2	9,5	2,6	123,9	7,7	9,0	4,1	2,5	4,5	1,3	143,6	7,4	8,4	3,8	2,3	4,2	1,2	153,3	7,3	8,1	3,7	2,2	4,1	1,1
350	355,6	8,8	75,3	11,1	18,8	12,0	7,3	9,4	3,7	165,0	9,1	12,7	8,1	4,9	6,3	2,5	184,7	8,8	12,0	7,7	4,7	6,0	2,3	194,3	8,7	11,7	7,5	4,6	5,8	2,3
400	406,4	3,2	32,2	11,9	20,3	8,8	5,4	10,1	2,7	157,9	8,0	9,2	4,0	2,4	4,6	1,2	179,9	7,7	8,6	3,7	2,3	4,3	1,1	190,4	7,6	8,3	3,6	2,2	4,2	1,1
400	406,4	10,0	97,8	11,8	20,0	12,8	7,8	10,0	3,9	215,0	9,7	13,5	8,6	5,3	6,8	2,6	237,0	9,5	12,9	8,2	5,0	6,4	2,5	247,5	9,4	12,6	8,0	4,9	6,3	2,5
500	508	4,0	50,4	13,3	22,6	9,8	6,0	11,3	3,0	246,7	8,9	10,2	4,4	2,7	5,1	1,4	273,4	8,7	9,7	4,2	2,6	4,9	1,3	285,4	8,6	9,5	4,1	2,5	4,8	1,3
500	508	11,0	134,8	13,2	22,5	13,7	8,4	11,2	4,7	320,3	10,7	14,6	8,9	5,4	7,3	2,7	347,1	10,5	14,0	8,6	5,2	7,0	2,6	359,1	10,4	13,8	8,4	5,1	6,9	2,6

* Dämmdicke (mm)

Randbedigungen:

a) Spannungen aus Innendruck unberücksichtigt

b) Toleranzen und Zuschläge ($c_1 + c_2$) unberücksichtigt

c) ohne Einzellast

System	Kriterium
L1 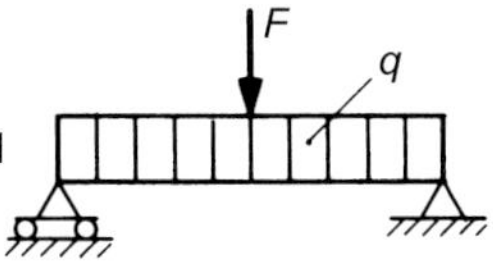	$f_{zul} = 3$ mm für $DN \leq 50$ $f_{zul} = 5$ mm für $DN > 50$
L2 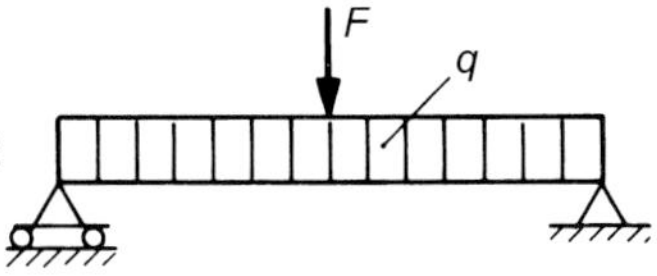	σ_{max} = min (40 N/mm²; $0{,}4 \cdot \sigma_{0,2/\delta}$)
L3 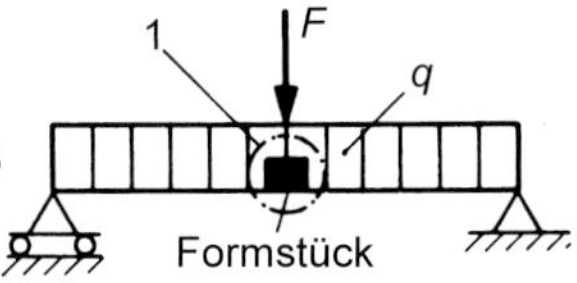 (1, Formstück)	σ_{max} = min (40 N/mm²; $0{,}4 \cdot \sigma_{0,2/\delta}$) Spannungserhöhungsfaktor i nach Tabelle 3.3
L4 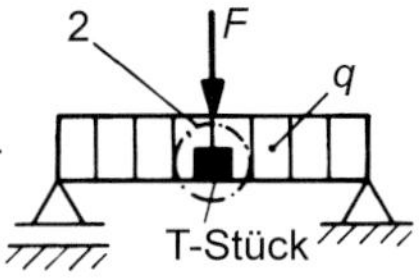 (2, T-Stück)	σ_{max} = min (40 N/mm²; $0{,}4 \cdot \sigma_{0,2/\delta}$) Spannungserhöhungsfaktor i nach Tabelle 3.3
L5 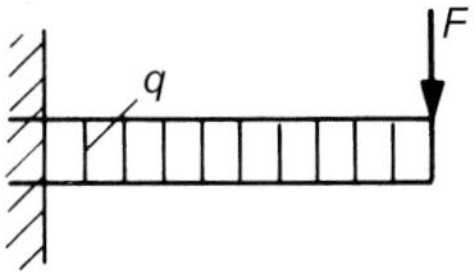	σ_{max} = min (40 N/mm²; $0{,}4 \cdot \sigma_{0,2/\delta}$)
L6 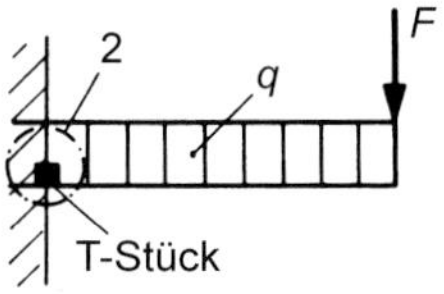 (2, T-Stück)	σ_{max} = min (40 N/mm²; $0{,}4 \cdot \sigma_{0,2/\delta}$) Spannungserhöhungsfaktor i nach Tabelle 3.3

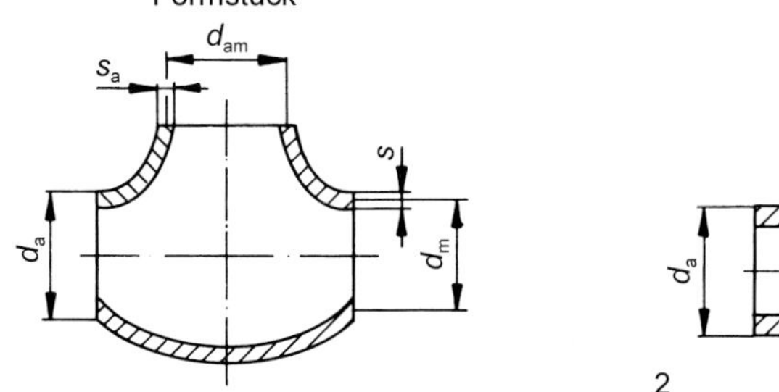

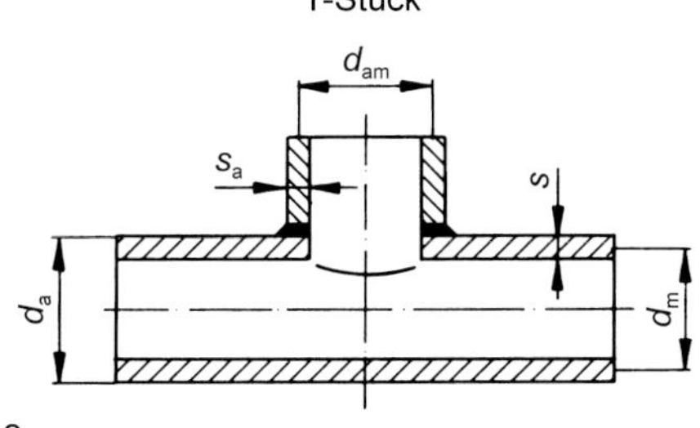

Bild 3.51 Stützweitensysteme für die Daten in Tabelle 3.8

Es ist eine, für unterschiedliche Lagerungsbedingungen und spannungserhöhende Einbauteile, hier T-Stücke mit waagerechtem Abzweig, pauschale Spannungsbegrenzung auf maximal 40 N/mm² infolge der gewichtsbedingten Biegemomente vorgegeben.

Statisch bestimmt gelagerter 1-Feld-Träger: «L_2...L_4»

Berechnungsmodell für die zulässigen Stützweiten von L_2...L_4 ist der statisch bestimmt gelagerte 1-Feld-Träger, der nach dem Kriterium der Spannungsbegrenzung berechnet wird, ohne Berücksichtigung der Zusatzbelastung durch die Einzelmasse m.

Dadurch reduziert sich die Bestimmungsgleichung:

$$L_{[2...4]} = l_{\mathrm{AS}} = \sqrt{\frac{(8 \cdot W \cdot \sigma)}{(9{,}81 \cdot 10^3 \cdot q \cdot i_{[2...4]})}}$$

Widerstandsmoment	W [mm³]
Spannung	σ [N/mm²]
Streckenlast	q [kg/m]
Spannungserhöhungsfaktor	i [–]
zul. Stützweite	l_{AS} [m]

Die nachfolgenden Berechnungsgleichungen, zur Ermittlung der Spannungserhöhungsfaktoren, wurden aus Tabelle 3.3 entnommen. Dabei wurde für L_2 eine ungestörte Rohrleitung mit einem Spannungserhöhungsfaktor i_2 = 1 angenommen.

Für L_3, wurde in Feldmitte ein Einschweiß-T-Stück, geschmiedet mit einem Spannungserhöhungsfaktor

$$i_3 = \frac{0{,}9}{\left(\frac{(8{,}8 \cdot s)}{d_{\mathrm{m}}}\right)^{2/3}}$$

angenommen.

Für L_4 wurde in Feldmitte ein T-Stück, geschweißt und unverstärkt mit einem Spannungserhöhungsfaktor

$$i_4 = \frac{0{,}9}{\left(\frac{(2 \cdot s)}{d_{\mathrm{m}}}\right)^{2/3}}$$

angenommen.

Kragträger: «L_5 und L_6»

Berechnungsmodell für die zulässigen Stützweiten von L_5 und L_6 ist der Kragträger, der nach dem Kriterium der Spannungsbegrenzung berechnet wird, ohne Berücksichtigung der Zusatzbelastung durch die Einzelmasse m. Dadurch reduziert sich wiederum die Bestimmungsgleichung:

$$L_{[5,6]} = l_{\mathrm{BS}} = \sqrt{\frac{(2 \cdot W \cdot \sigma)}{(9{,}81 \cdot 10^3 \cdot q \cdot i_{[5,6]})}}$$

Widerstandsmoment	W [mm³]
Spannung	σ [N/mm²]
Streckenlast	q [kg/m]
Spannungserhöhungsfaktor	i [–]
zul. Stützweite	l_{BS} [m]

Dabei wurde für L_5 eine ungestörte Rohrleitung mit einem Spannungserhöhungsfaktor i_5 = 1 angenommen.

Für L_6 wurde an der Einspannstelle ein T-Stück, geschweißt und unverstärkt mit einem Spannungserhöhungsfaktor

$$i_6 = \frac{0{,}9}{\left(\frac{(2 \cdot s)}{d_{\mathrm{m}}}\right)^{2/3}}$$

angenommen.

Umrechnung der zulässigen Längen aus der Stützweitentabelle (Tabelle 3.8)

Andere Lagerungsbedingungen

Die Stützweiten L_1...L_4 gehen vom Fall des gelenkig gelagerten 1-Feld-Trägers aus. Häufig wird die Annahme eines Mittelfeldes eines Durchlaufträgers realistischer sein.

Für diese Lagerungsbedingungen können die zulässigen Stützweiten L_1...L_4 für den Durchlaufträger wie folgt aus den zulässigen Stützweiten des statisch bestimmt gelagerten 1-Feld-Trägers abgeleitet werden:

$L_1 = 1{,}5 \cdot L_1$

d.h., die zulässige Stützweite L, für den Durchlaufträger ist um den Faktor 1,5 größer als die des 1-Feld-Trägers.

$L_{2...4} = 1{,}225 \cdot L_{2...4}$

d.h., die zulässigen Stützweiten $L_2...L_4$ für den Durchlaufträger sind um den Faktor 1,225 größer als die des 1-Feld-Trägers.

Andere Parameter

Wenn das Trägheitsmoment I^* und das Widerstandsmoment W^* die Streckenlast q^*, der Elastizitätsmodul E^*, die Vorgabewerte f^* (Durchbiegung) und σ^* (Spannung) oder der Spannungserhöhungsfaktor i^* von den Werten der Stützweitentabelle wesentlich abweichen, können die zulässigen Stützweiten aus den Längen der Stützweitentabelle abgeleitet werden.

$$L_1{}^* = \sqrt[4]{\frac{I^*}{I} \cdot \frac{E^*}{E} \cdot \frac{q}{q^*} \cdot \frac{f^*}{f}} \cdot L_1$$

Bei Begrenzung der Durchbiegung gilt:

$$L_{2...6}{}^* = \sqrt{\frac{W^*}{W} \cdot \frac{q}{q^*} \cdot \frac{\sigma^*}{\sigma} \cdot \frac{i}{i^*}} \cdot L_{2...6}$$

Bei Begrenzung der Spannung gilt:

Anstelle der **mit** *) gekennzeichneten Parameter sind die jeweils für den zu berechnenden Lastfall geltenden Voraussetzungen bzw. Festigkeiten einzusetzen.

Anstelle der **ohne** *) gekennzeichneten Parameter sind die jeweils für die Erstellung der Stützweitentabelle vereinbarten Daten einzusetzen.

Zusätzliche Einzellasten

Einzellasten, die zusätzlich zu den in der Stützweitentabelle (Tabelle 3.8) angegebenen Streckenlasten in Ansatz zu bringen sind, können über die in Tabelle 3.7 angegebenen Berechnungsgleichungen berücksichtigt werden:

Die Stützweiten bzw. Kragträgerlängen können für den Fall «**Spannungsbegrenzung**» auch wie folgt ermittelt werden:

$$l^* = \frac{m}{q^*}$$

Die Einzellast wird mit

in eine äquivalente Länge l^* umgerechnet.

Dann wird die für den jeweiligen Berechnungsfall ($L_1...L_6$) zutreffende Stützweite bzw. Kragträgerlänge ohne Einzellast aus der Stützweitentabelle ermittelt.

Abhängig vom Wert $y = l^*/L$, der auf der Ordinate des Bildes 3.52 aufgetragen ist, wird der dazugehörige Wert $x = l/L$ auf der Abszisse unter Berücksichtigung des zutreffenden Kurvenbereiches 1...4 abgelesen. Die zulässige Stützweite bei zusätzlicher Berücksichtigung der Einzellast $F = m \cdot g$ wird errechnet:

$$l = x \cdot L$$

Beispiel 3.13

Aufgabestellung

Eine Rohrleitung DN 150 mit Wanddicke s = 7,1 mm ist als Durchlaufträger über mehrere Stützen ausgeführt. Die Betriebstemperatur sei 20 °C.

Die Dichte des Stahlrohres sei 7850 kg/m³; die Dichte des Mediums (kaltes Wasser) betrage 1000 kg/m³ und die Streckengewichtskraft der Dämmung betrage 100 N/m.

Daraus ergibt sich für die Rohrleitung DN 150 (Außendurchmesser d_a = 168,3 mm, Wanddicke s = 7,1 mm) eine Streckenlast q^* = 57,1 kg/m (Rohr + Füllung + Dämmung).

In einem Mittelfeld zweigt eine Rohrleitung ab, so dass eine Zusatzmasse m = 250 kg auf dieses Feld wirkt. Der Elastizitätsmodul sei E = 210 000 N/mm².

Die übrigen Parameter bleiben unverändert:

Spannung $\sigma = \sigma^*$ = 40 N/mm²
Trägheitsmoment $I = I^*$ = 11 701 863,6 mm⁴ (für DN 150, s = 7,1)
Widerstandsmoment $W = W^*$ = 139 059,6 mm³ (für DN 150, s = 7,1)
max. Durchbiegung $f = f^*$ = 5 mm = 0,005 m (DN > 50)
Spannungserhöhungsfaktor $i = i^*$

a) Die zulässige Stützweite soll nach dem Kriterium der zulässigen Durchbiegung berechnet werden.
b) Die zulässige Stützweite soll nach dem Kriterium der Spannungsbegrenzung für ein gerades Rohr ohne Schweißnaht berechnet werden.
c) Die zulässige Stützweite soll nach dem Kriterium der Spannungsbegrenzung für ein gerades Rohr mit Formstück berechnet werden.
d) Die zulässige Stützweite soll nach dem Kriterium der Spannungsbegrenzung für ein gerades Rohr mit T-Stück berechnet werden.

Aufgabenlösungen

1. Man entscheidet, welcher Belastungsfall ($L_1...L_4$) geeignet ist (siehe Bild 3.51). Es ist unerheblich, bei welcher Streckenlast q man die zul. Stützweite für den zu berechnenden Fall ($L_1 - L_4$) wählt, da eine Umrechnung aufgrund «anderer Parameter» erfolgen muss.

2. Umrechnung der zul. Stützweite von 1-Feld-Träger in Durchlaufträger:
   $L_{1D} = 1{,}5 \cdot L_{1E}$ mit E 1-Feld-Träger
   D Durchlaufträger
   $L_{2...4D} = 1{,}225 \cdot L_{2...4E}$
3. Umrechnung der zul. Stützweite aufgrund «anderer Parameter»:

$$L_1^* = \sqrt[4]{\frac{I^*}{I} \cdot \frac{E^*}{E} \cdot \frac{q}{q^*} \cdot \frac{f^*}{f}} \cdot L_1$$

$$L_{2...6}{}^* = \sqrt{\frac{W^*}{W} \cdot \frac{q}{q^*} \cdot \frac{\sigma^*}{\sigma} \cdot \frac{i}{i^*}} \cdot L_{2...6}$$

4. Umrechnung der Einzellast in eine äquivalente Länge:

$$l^* = \frac{m}{q^*}$$

$$y = \frac{l^*}{L}$$

Aus Bild 3.52 wird der dazugehörige x-Wert entnommen. Die zulässige Stützweite beträgt somit:

$l = x \cdot L$

Lösungen:

Fall a)

Die Ermittlung der zulässigen Stützweite nach dem Kriterium der Durchbiegungsbegrenzung für diesen Fall (Durchlaufträger mit Einzellast nur im mittleren Feld) kann mit nachfolgender Gleichung ermittelt werden. **Eine Umrechnung der Einzellast in eine äquivalente Länge ist für den Fall der Durchbiegungsbegrenzung nicht vorgesehen.**

Durchlaufträger (Einzellast nur im mittleren Feld)

$$f_{\max} = \frac{l_{DF}^3 \cdot 9{,}81 \cdot 10^6}{E \cdot I \cdot 384} \cdot (q \cdot l_{DF} + 6{,}1 \cdot m)$$

zul. Stützweite	l_{DF} [m]
Elastizitätsmodul	$E = 210\,000$ N/mm² angenommen
Flächenträgheitsmoment	$I = 11\,701\,863{,}6$ mm⁴
Streckenlast	$q = 57{,}1$ kg/m
Einzelmasse	$m = 250$ kg
max. Durchbiegung da $DN > 50$	$f_{\max}$ [m] = 0,005 m

Die zulässige Stützweite infolge Durchbiegungsbegrenzung für den Durchlaufträger mit Einzellast nur im mittleren Feld beträgt somit (nach iterativer Berechnung):

$l = l_{DF} = 6{,}35$ m

Fall b)

1. Wahl des zutreffenden Belastungsfalles ($L_1...L_4$): siehe Bild 3.51

gewählt:

$L_2(= L_{2E}) = 8{,}9$ m bei $q = 57{,}8$ kg/m

2. Umrechnung der zul. Stützweite von 1-Feld-Träger in Durchlaufträger:

$L_2' = L_{2D} = 1{,}225 \cdot L_{2E}$
$L_2' = 1{,}225 \cdot 8{,}9$ m
$L_2' = 10{,}90$ m

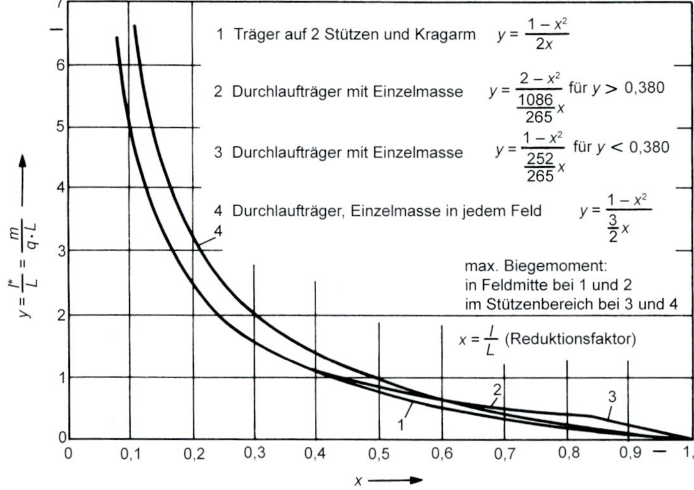

Bild 3.52 Diagramm zur Berücksichtigung von Einzellasten, ausgehend von der zulässigen Spannung

3. Umrechnung der zul. Stützweite aufgrund «anderer Parameter»:

$$L = L_2^* = \sqrt{\frac{W^*}{W} \cdot \frac{q}{q^*} \cdot \frac{\sigma^*}{\sigma} \cdot \frac{i}{i^*}} \cdot L_2'$$

$$L = L_2^* = \sqrt{1 \cdot \frac{57,8}{57,1} \cdot 1 \cdot 1} \cdot 10,90 \text{ m}$$

$$L = L_2^* = 10,96 \text{ m}$$

4. Umrechnung der Einzellast in eine äquivalente Länge:

$$l^* = \frac{m}{q^*} = \frac{250 \text{ kg}}{57,1 \text{ kg/m}} = 4,37 \text{ m}$$

$$y = \frac{l^*}{L} = \frac{4,37 \text{ m}}{10,96 \text{ m}} \quad = 0,40 > 0,38 \text{ d.h. Kurve 2}$$

Aus dem Bild 3.52 / Kurve 2 wird der dazugehörige x-Wert entnommen.

$x = 0,83$

Die zulässige Stützweite für das gerade Rohr ohne Schweißnaht infolge Spannungsbegrenzung beträgt somit:

$l = x \cdot L = 0,83 \cdot 10,96$ m

$l = 9,09$ m

Fall c)

1. Wahl des zutreffenden Belastungsfalles ($L_1 ... L_4$): siehe Bild 3.51 gewählt:

   $L_3 (= L_{3E}) = 6,8$ m bei $q = 57,8$ kg/m

2. Umrechnung der zul. Stützweite von 1-Feld-Träger in Durchlaufträger:

   $L_3' = L_{3D} = 1,225 \cdot L_{3E}$
   $L_3' = 1,225 \cdot 6,8$ m
   $L_3' = 8,33$ m

3. Umrechnung der zul. Stützweite aufgrund «anderer Parameter»:

$$L = L_3^* = \sqrt{\frac{W^*}{W} \cdot \frac{q}{q^*} \cdot \frac{\sigma^*}{\sigma} \cdot \frac{i}{i^*}} \cdot L_3'$$

$$L = L_3^* = \sqrt{1 \cdot \frac{57,8}{57,1} \cdot 1 \cdot 1} \cdot 8,33 \text{ m}$$

$$L = L_3^* = 8,38 \text{ m}$$

4. Umrechnung der Einzellast in eine äquivalente Länge:

$$l^* = \frac{m}{q^*} = \frac{250 \text{ kg}}{57,1 \text{ kg/m}} = 4,37 \text{ m}$$

$$y = \frac{l^*}{L} = \frac{4,37 \text{ m}}{8,38 \text{ m}} \quad = 0,52 > 0,38 \text{ d.h. Kurve 2}$$

Aus dem Bild 3.52 / Kurve 2 wird der dazugehörige x-Wert entnommen.

$x = 0,7$

Die zulässige Stützweite für das gerade Rohr mit Formstück infolge Spannungsbegrenzung beträgt somit:

$l = x \cdot L = 0,7 \cdot 8,38$ m

$l = 5,86$ m

Fall d)

1. Wahl des zutreffenden Belastungsfalles ($L_1 ... L_4$): siehe Bild 3.51 gewählt:

   $L_4 (= L_{4E}) = 4,2$ m bei $q = 57,8$ kg/m

2. Umrechnung der zul. Stützweite von 1-Feld-Träger in Durchlaufträger:

   $L_4' = L_{4D} = 1,225 \cdot L_{4E}$
   $L_4' = 1,225 \cdot 4,2$ m
   $L_4' = 5,14$ m

3. Umrechnung der zul. Stützweite aufgrund «anderer Parameter»:

$$L = L_4^* = \sqrt{\frac{W^*}{W} \cdot \frac{q}{q^*} \cdot \frac{\sigma^*}{\sigma} \cdot \frac{i}{i^*}} \cdot L_4'$$

$$L = L_4^* = \sqrt{1 \cdot \frac{57,8}{57,1} \cdot 1 \cdot 1} \cdot 5,14 \text{ m}$$

$$L = L_4^* = 5,17 \text{ m}$$

4. Umrechnung der Einzellast in eine äquivalente Länge:

$$l^* = \frac{m}{q^*} = \frac{250 \text{ kg}}{57,1 \text{ kg/m}} = 4,37 \text{ m}$$

$$y = \frac{l^*}{L} = \frac{4,37 \text{ m}}{5,17 \text{ m}} \quad = 0,84 > 0,38 \text{ d.h. Kurve 2}$$

Aus Bild 3.52/Kurve 2 wird der dazugehörige x-Wert entnommen:

$x = 0,5$

Die zulässige Stützweite für das gerade Rohr mit Formstück infolge Spannungsbegrenzung beträgt somit:

$l = x \cdot L = 0,5 \cdot 5,17$ m

$l = 2,58$ m

Beispiel 3.14

Aufgabenstellung

Eine Rohrleitung DN 150 mit Wanddicke $s = 7{,}1$ mm ist als Kragträger ausgeführt. Die Betriebstemperatur sei 20 °C.

Die Dichte des Rohres sei 7850 kg/m³; die Dichte des Mediums (kaltes Wasser) betrage 1000 kg/ m³ und die Streckengewichtskraft der Dämmung betrage 100 N/m.

Daraus ergibt sich für die Rohrleitung DN 150 (Außendurchmesser $d_a = 168{,}3$ mm, Wanddicke $s = 7{,}1$ mm) eine Streckenlast $q = 57{,}1$ kg/m (Rohr + Füllung + Isolierung).

Es wird eine Zusatzmasse $m = 250$ kg am freien Ende (ungünstigster Fall) berücksichtigt.

Die übrigen Parameter bleiben unverändert:

Spannung	$\sigma = \sigma^* = 40$ N/mm²
Trägheitsmoment	$I = I^* = 11\,701\,863{,}6$ mm⁴ (für DN 150, $s = 7{,}1$)
Widerstandsmoment	$W = W^* = 139\,059{,}6$ mm³ (für DN 150, $s = 7{,}1$)
Elastizitätsmodul	$E = E^* = 210\,000$ N/mm²
max. Durchbiegung	$f = f^* = 5$ mm ($DN > 50$)
Spannungserhöhungsfaktor	$i = i^*$

a) Die zulässige Stützweite soll nach dem Kriterium der zulässigen Durchbiegung berechnet werden.

b) Die zulässige Stützweite soll nach dem Kriterium der Spannungsbegrenzung für eine ungestörte Rohrleitung berechnet werden.

c) Die zulässige Stützweite soll nach dem Kriterium der Spannungsbegrenzung für ein Rohr, das an der Einspannstelle mit einem T-Stück verschwächt ist, berechnet werden.

1. Man entscheidet, welcher Belastungsfall (L_5 oder L_6) geeignet ist (siehe Bild 3.51).
   Es ist unerheblich, bei welcher Streckenlast q man die zul. Stützweite für den zu berechnenden Fall (L_5 oder L_6) wählt, da eine Umrechnung aufgrund «anderer Parameter» erfolgen muss.
2. Umrechnung der zul. Stützweite aufgrund «anderer Parameter»:

$$L_{2...6}^* = \sqrt{\frac{W^*}{W} \cdot \frac{q}{q^*} \cdot \frac{\sigma^*}{\sigma} \cdot \frac{i}{i^*}} \cdot L_{2...6}$$

3. Umrechnung der Einzellast in eine äquivalente Länge:

$$l^* = \frac{m}{q^*}$$

$$y = \frac{l^*}{L}$$

Aus dem Bild 3.52 wird der dazugehörige x-Wert entnommen:

$$l = x \cdot L$$

Aufgabenlösungen

Fall a)

1. Wahl des zutreffenden Belastungsfalles (L_5 oder L_6): siehe Bild 3.51.
   Da auf Bild 3.51 kein Belastungsfall für den Kragträger, der nach dem Kriterium der Durchbiegungsbegrenzung berechnet wird, vorgesehen ist, muss dieser Fall a) mit der nachfolgenden Gleichung (Berechnung des Kragträgers nach dem Kriterium der Durchbiegungsbegrenzung) iterativ gelöst werden.

$$f_{\max} = \frac{l_{\mathrm{BF}}^3 \cdot 9{,}81 \cdot 10^6}{E^* \cdot I^* \cdot 24} \cdot (3 \cdot q^* \cdot l_{\mathrm{BF}} + 8 \cdot m)$$

zul. Stützweite	l_{BF} [m]
Elastizitätsmodul	$E = 210\,000$ N/mm² angenommen
Flächenträgheitsmoment	$I = 11\,701\,863{,}6$ mm⁴
Streckenlast	$q = 57{,}1$ kg/m
Einzelmasse	$m = 250$ kg
max. Durchbiegung da DN > 50	$f_{\max}$ [m] = 0,005 m

Die zulässige Stützweite für den Kragarm infolge Durchbiegungsbegrenzung beträgt somit:

$$l = l_{\mathrm{BF}} = 2{,}33 \text{ m}$$

Fall b)

1. Wahl des zutreffenden Belastungsfalles (L_5 oder L_6): siehe Bild 3.51 gewählt:

   $L_5 = 4{,}4$ m bei $q = 57{,}8$ kg/m

2. Umrechnung der zul. Stützweite aufgrund «anderer Parameter»:

$$L = L_5^* = \sqrt{\frac{W^*}{W} \cdot \frac{q}{q^*} \cdot \frac{\sigma^*}{\sigma} \cdot \frac{i}{i^*}} \cdot L_5$$

$$L = L_5^* = \sqrt{1 \cdot \frac{57{,}8}{57{,}1} \cdot 1 \cdot 1} \cdot 4{,}4 \text{ m}$$

$$L = L_5^* = 4{,}42 \text{ m}$$

3. Umrechnung der Einzellast in eine äquivalente Länge:

$$l^* = \frac{m}{q^*} = \frac{250 \text{ kg}}{57{,}1 \text{ kg/m}} = 4{,}37 \text{ m}$$

$$y = \frac{l^*}{L} = \frac{4{,}37 \text{ m}}{4{,}42 \text{ m}} = 0{,}99$$

Aus dem Bild 3.52 / Kurve 1 (Kragarm) wird der dazugehörige x-Wert entnommen:

$x = 0{,}42$

Die zulässige Stützweite für eine ungestörte Rohrleitung (Kragarm) infolge Spannungsbegrenzung beträgt somit:

$l = x \cdot L = 0{,}42 \cdot 4{,}42$ m

$l = 1{,}85$ m

Fall c)

1. Wahl des zutreffenden Belastungsfalles (L_5 oder L_6): siehe Bild 3.51 gewählt:

   $L_6 = 2{,}1$ m bei $q = 57{,}8$ kg/m

2. Umrechnung der zul. Stützweite aufgrund «anderer Parameter»:

$$L = L_6^* = \sqrt{\frac{W^*}{W} \cdot \frac{q}{q^*} \cdot \frac{\sigma^*}{\sigma} \cdot \frac{i}{i^*}} \cdot L_6$$

$$L = L_6^* = \sqrt{1 \cdot \frac{57{,}8}{57{,}1} \cdot 1 \cdot 1} \cdot 2{,}1\,\text{m}$$

$$L = L_6^* = 2{,}11\,\text{m}$$

3. Umrechnung der Einzellast in eine äquivalente Länge:

$$l^* = \frac{m}{q^*} = \frac{250\,\text{kg}}{57{,}1\,\text{kg/m}} = 4{,}37\,\text{m}$$

$$y = \frac{l^*}{L} = \frac{4{,}37\,m}{2{,}11\,m} = 2{,}07$$

Aus dem Bild 3.52 / Kurve 1 (Kragarm) wird der dazugehörige x-Wert entnommen:

$x = 0{,}24$

Die zulässige Stützweite für eine ungestörte Rohrleitung (Kragarm) infolge Spannungsbegrenzung beträgt somit:

$l = x \cdot L = 0{,}24 \cdot 2{,}11$ m

$l = 0{,}50$ m

Allgemeine Anmerkungen:

- Bei Rohrleitungssystemen mit großen Vertikallängen führt die Abwicklung der Rohrleitung häufig zu einem unnötig engen Stützraster, weil Vertikallängen im Wesentlichen nur durch ihre Gewichtskraft zur Momentenerhöhung beitragen. Bei der Abwicklung geht die Rohrleitungslänge jedoch quadratisch in die Bildung der Gewichtskraftmomente ein. Es hat sich hier als sinnvoll erwiesen, Vertikallängen nach dem in Bild 3.53 dargestellten Prinzip als äquivalente Einzelmassen zu berücksichtigen.
- Bei verzweigtem Rohrleitungssystem muss die anteilmäßige Masse der abzweigenden Leitung als Einzelmasse beim Nachweis der Hauptleitung berücksichtigt werden (Bild 3.54).
- Die Beurteilung von Rohrleitungen mit Querschnittreduzierungen ist mit Tabelle 3.8 ohne Zusatzbetrachtungen nicht möglich. Eine sinngemäße Anwendung der Tabelle kann erfolgen, wenn die Tabellenwerte mit der Wurzel des Verhältnisses der Rohrwiderstandsmomente des reduzierten und vollen Querschnittes abgemindert werden. Alternativ hierzu kann eine Stützweitenermittlung unter Zugrundelegung des reduzierten Querschnittes bei gleichzeitiger Berücksichtigung der Streckenlast des Vollquerschnittes erfolgen (Bild 3.55). Beide Verfahren führen zu Ergebnissen, die auf der sicheren Seite liegen.
- In Bild 3.55a sind für die Auslegung Anhaltswerte für Stützweite und Massenbelegung dargestellt.

Ein Tool zur Stützweitenberechnung nach DIN EN 13480-3:2014 finden Sie zu diesem Buch im Onlineservice InfoClick.

3.4.2 Rohrbefestigungen

Die Rohrhalterungen sind das Bindeglied zwischen der Rohrleitung und dem umgebenden Gebäude (i.Allg. Stahlbau). Rohrhalterungen müssen Kräfte übertragen und Bewegungen der Rohrleitung ermöglichen bzw. verhindern.

Rohrhalterungen werden ihrer Funktion entsprechend eingeteilt (s. Bild 3.56).

Für die Berechnung von Rohrhalterungen gibt es Richtlinien (s. z.B. DIN EN 13 480-3; VGB-Richtlinie R 510 L), wobei die Lastfälle wie folgt definiert sind:

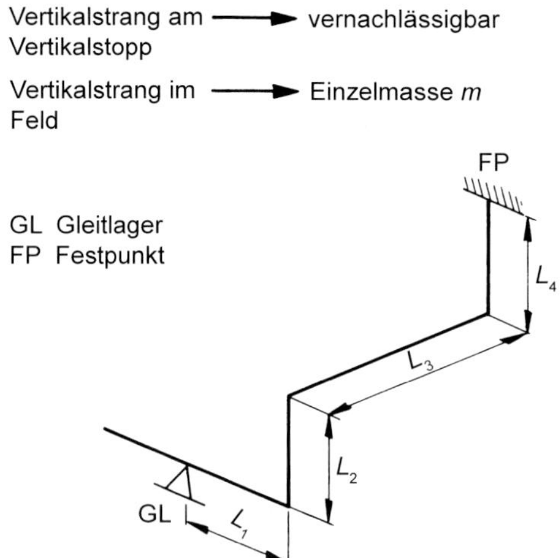

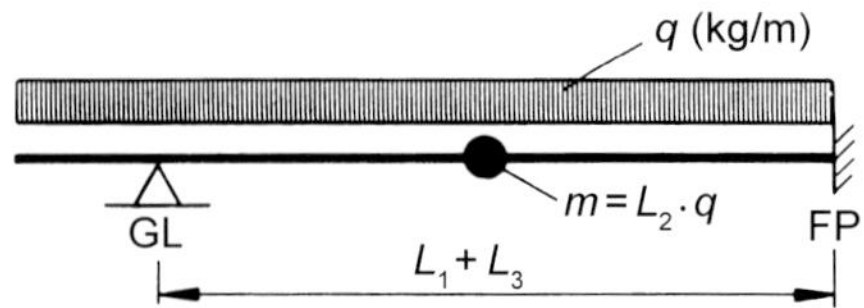

Bild 3.53 Ersatzmodell für Vertikalstränge

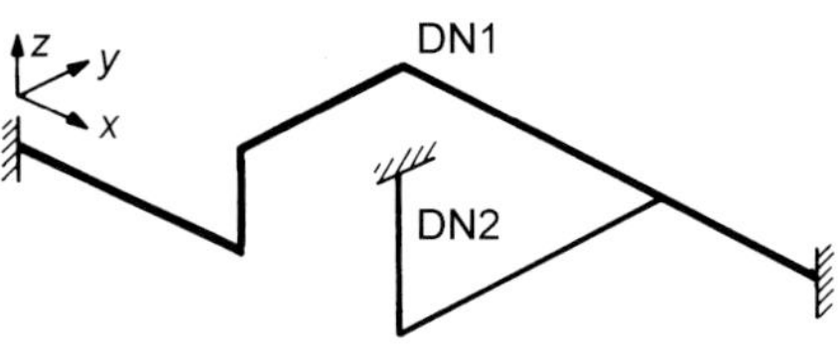

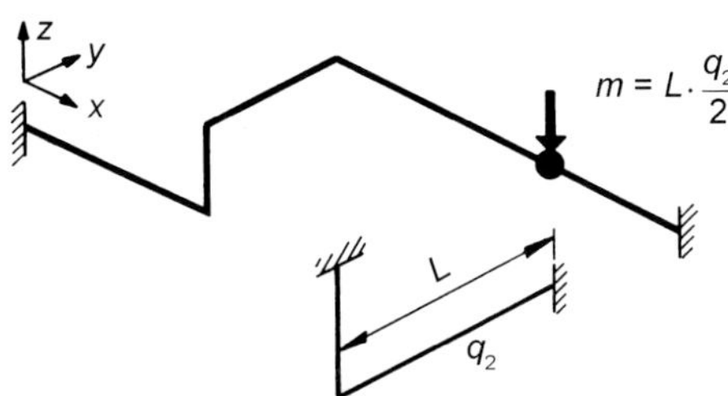

Voraussetzungen für Entkopplung:

- keine Einschränkung des Verhältnisses $W_{DN\,1} : W_{DN\,2}$
- Modell Hauptleitung DN1: Berücksichtigung der anteilmäßigen Gewichtslast der abzweigenden Leitung DN2 als Einzelmasse *m* für Hauptleitung DN1

Bild 3.54
Entkopplung von abzweigenden Rohrleitungen

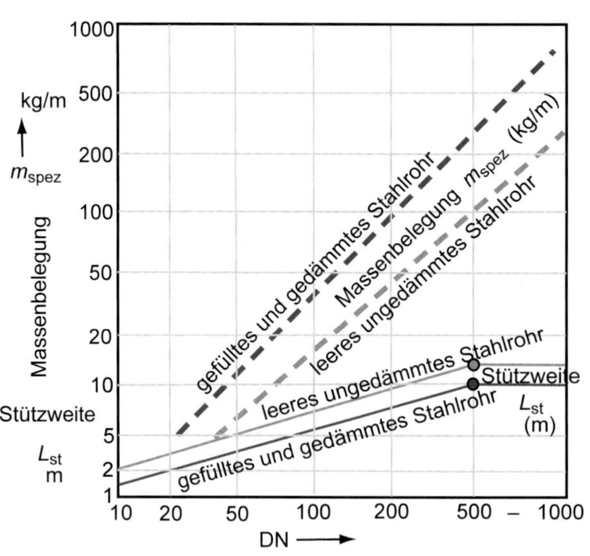

$$L_{st} \approx f_{st} \cdot \sqrt{DN} \ \text{(m)}$$

$$m_{spez} \approx f_m \cdot DN^{1,4} \ \text{(kg/m)}$$

Dämmdicke: gleich DN, ab DN100 → 100 mm konstant.

$f_{st} = 0{,}60$, $f_m = 0{,}02$ für leeres ungedämmtes Stahlrohr

$f_{st} = 0{,}45$, $f_m = 0{,}05$ für gefülltes und gedämmtes Stahlrohr

Bild 3.55a Anhaltswerte für die Stützweite und die Massenbelegung

Lastfall	Lastfalldefinition
H	**H**auptlasten: alle planmäßig auftretenden äußeren Lasten, die nicht nur kurzzeitig auftreten.
HZ	**H**aupt- und **Z**usatzlasten: alle bei planmäßiger Nutzung auftretenden Lasten und Einwirkungen.
HS	Eine über **H**aupt- und Zusatzlasten hinausgehende **S**onderlast (Schadensfalllast): bei dieser Belastung kann örtlich die Fließgrenze des Materials erreicht bzw. überschritten werden. In jedem Fall wird ein Austausch empfohlen.

Die zulässige Spannung beträgt:

$$\sigma_{\text{zul}} = \left\{ \frac{\check{R}_{\text{eH},\vartheta}}{1{,}5}; \frac{\check{R}_{\text{m,RT}}}{2{,}4}; \check{R}_{\text{m}/2\cdot 10^5/\vartheta} \right\}_{\min}$$

Für die verschiedenen Lastfälle werden in der genannten VGB-Richtlinie die in Tabelle 3.9 aufgeführten Sicherheiten zugrunde gelegt. Für hochfeste Verschraubverbindungen

$$\left(R_{\text{eh,RT}} > 450 \frac{\text{N}}{\text{mm}^2} \right)$$

werden höhere Sicherheiten gefordert.

Tabelle 3.9 Zulässige Spannungen in Bauteilen

Beanspruchungsart	Zulässige Spannungen		
	H	HZ	HS
Biegezug und Biegedruck, wenn kein Stabilitätsnachweis erforderlich ist	$1{,}00 \cdot \sigma_{\text{zul}}$	$1{,}15 \cdot \sigma_{\text{zul}}$	$1{,}50 \cdot \sigma_{\text{zul}}$
Zug	$1{,}00 \cdot \sigma_{\text{zul}}$	$1{,}15 \cdot \sigma_{\text{zul}}$	$1{,}50 \cdot \sigma_{\text{zul}}$
Druck und Biegedruck (Stabilitätsnachweis)	$0{,}90 \cdot \sigma_{\text{zul}}$	$1{,}00 \cdot \sigma_{\text{zul}}$	$1{,}20 \cdot \sigma_{\text{zul}}$
Schub	$0{,}55 \cdot \sigma_{\text{zul}}$	$0{,}65 \cdot \sigma_{\text{zul}}$	$0{,}85 \cdot \sigma_{\text{zul}}$
Vergleichsspannung	$1{,}15 \cdot \sigma_{\text{zul}}$	$1{,}20 \cdot \sigma_{\text{zul}}$	$1{,}50 \cdot \sigma_{\text{zul}}$

Als Rohrbefestigungen werden überwiegend Rohrschellen (Bild 3.57) und Rundstahlbügel (Bild 3.58) verwendet. Tabelle 3.10 gibt die Hauptmaße von Rohrschellen gemäß DIN 3567 an.

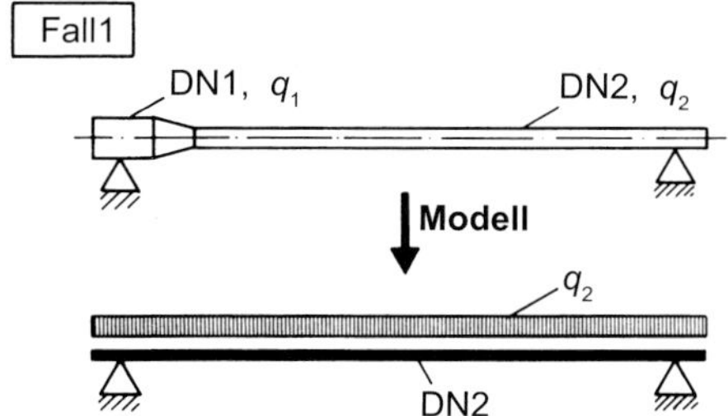

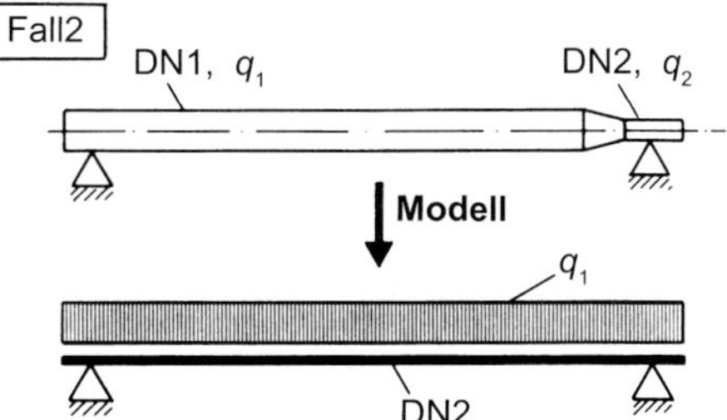

Bild 3.55 Modellabbildungen bei Querschnittsreduzierung

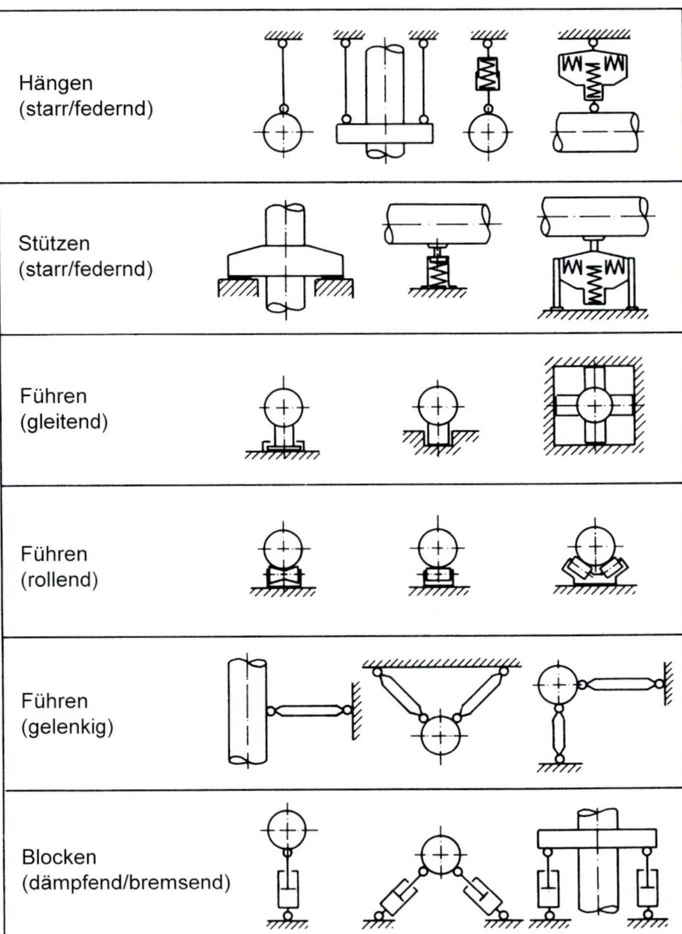

Bild 3.56
Die wesentlichen Halterungen nach Funktionen

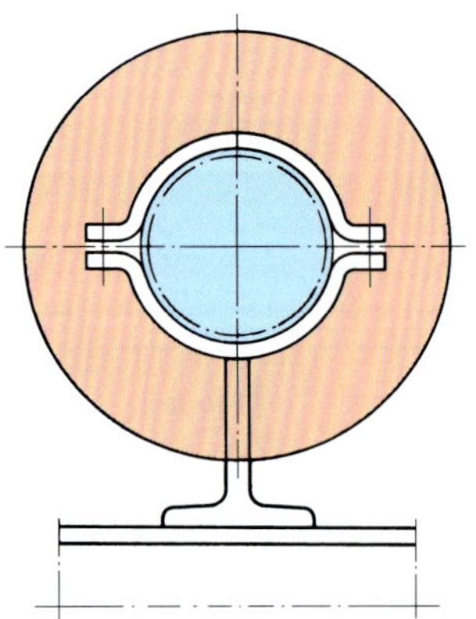

Bild 3.57 Rohrunterstützung mit Rohrschelle (n. DIN 3567) und T-Eisen

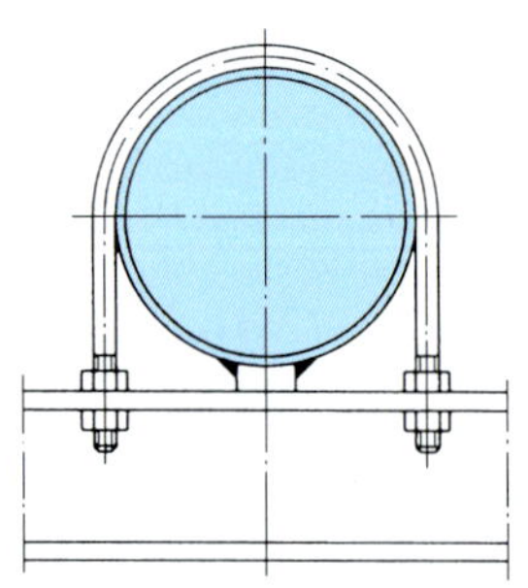

Bild 3.58 Rohrhalterung mit Rundstahlbügel (n. DIN 3570)

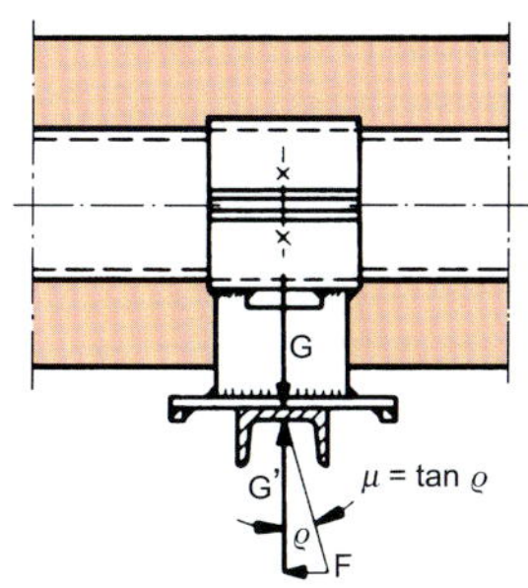

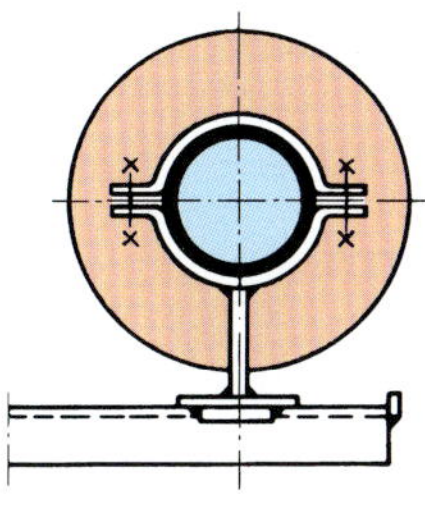

Bild 3.59
Rohrunterstützung mit den Gleitflächendaten

3.4.3 Rohrunterstützungen

Bei gedämmten Rohren wird an die Rohrschelle nach unten eine Stütze befestigt, die etwas länger als die Dämmungsdicke ist und an der ein Gleitelement angebracht wird (Bild 3.58). Zur Verringerung der Wärmeableitung sollte der Stützquerschnitt gering sein, bzw. gemäß Bild 3.59 ausgespart werden. Die Bauformen (Bild 3.60) unterscheiden sich meist nur in der Gestaltung der Gleitpaarung. Damit die Wärmedehnung nicht behindert wird, oder aber die Rohrleitung seitlich nicht ausknickt, sollte der Reibungswiderstand (Bild 3.61) gering sein. Auch ist zu berücksichtigen, dass die Gleitlager in ihren Unterstützungen üblicherweise nicht so verankert sind, als dass sie große Reaktionskräfte aufnehmen könnten. Für die Ermittlung dieser Kräfte sind die senkrechten Belastungen der zum Gleitlager gehörenden anteiligen Gesamtmasse (Eigenmasse des Rohres, Durchflussmedium s. Tabelle 3.11 und Dämmmasse s. Bild 5.3) mit dem Reibungsbeiwert zu ermitteln:

$$F = \mu_0 \cdot G \qquad \text{(Gl. 3.204)}$$

μ_0 Haftreibungszahl
$\mu_0 \approx 0{,}3$ für Stahl auf Stahl
$\mu_0 \approx 0{,}2$ für Stahl auf Gußeisen
$\mu_0 \approx 0{,}1$ für Kunststoff auf Kunststoff

Bei der Rollreibung gemäß Bild 3.63 ergeben sich folgende Verhältnisse:

$$F = \frac{f_r}{R} \cdot G \qquad \text{(Gl. 3.205)}$$

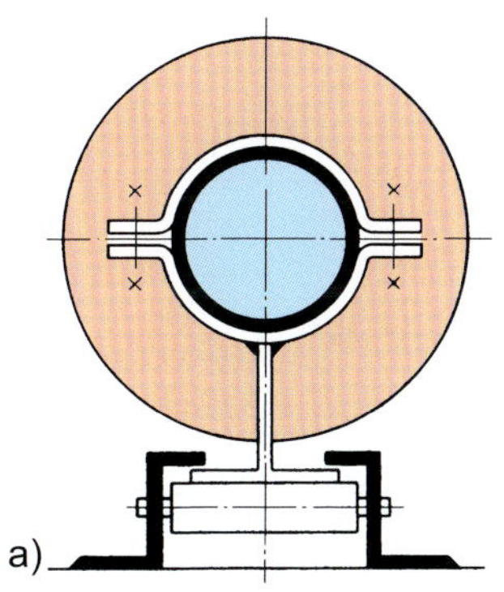

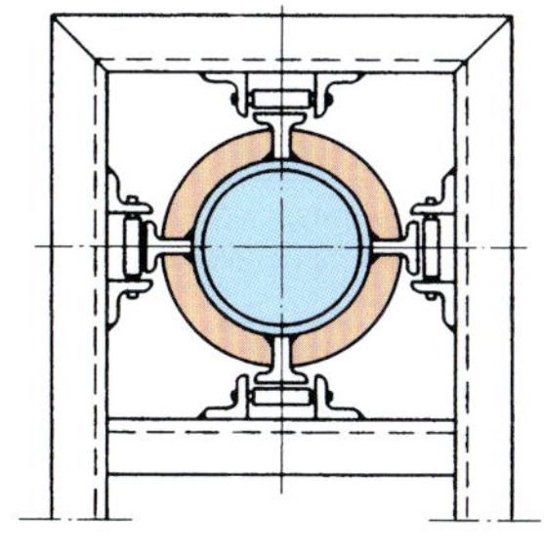

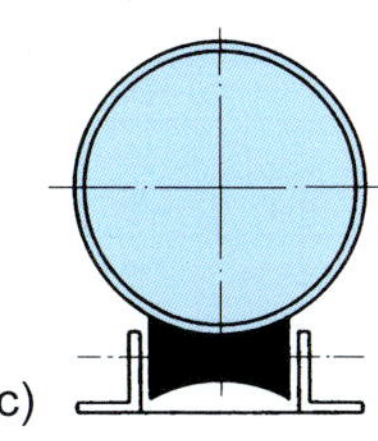

Bild 3.60 Rohrunterstützungen
a) mit Walzenlagerung
b) mit Walzenlagerung (allseitig)
c) mit Rollenlager

Tabelle 3.10 Rohrschellendaten für DN 20 bis DN 500 (n. DIN 3567)

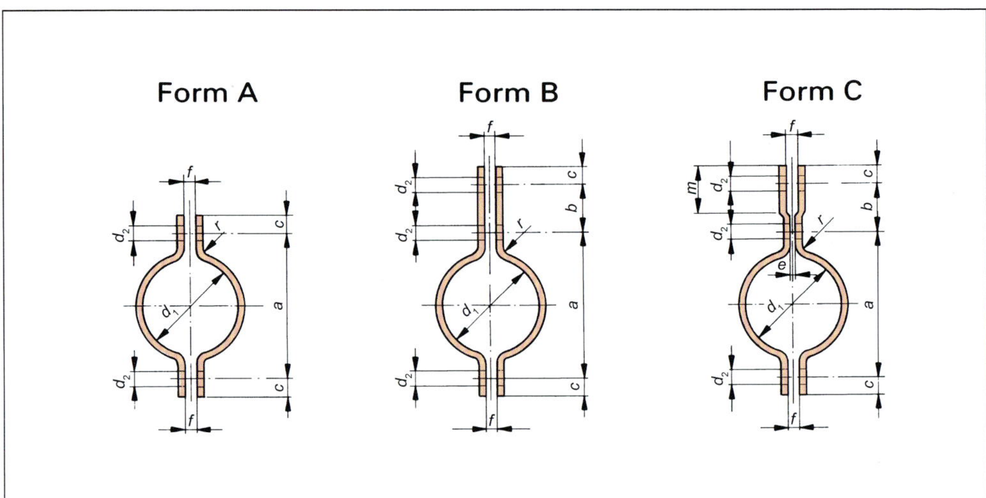

<table>
<tr><td colspan="3">Anzuwenden bei Nennweite</td><td colspan="8">Rohrschelle</td><td rowspan="2">Flachstahl nach DIN 1017</td><td rowspan="2">Zugehörige 6-Kant-Schrauben nach DIN 601</td><td>Zulässige Belastung</td></tr>
<tr><td colspan="3">d_1</td><td>a</td><td>h</td><td>c</td><td>d_2</td><td>e</td><td>f</td><td>m</td><td>r</td><td>kN</td></tr>
<tr><td>25</td><td rowspan="2">20</td><td></td><td>62</td><td rowspan="8">46</td><td rowspan="8">15</td><td rowspan="8">11,5</td><td rowspan="8">4</td><td rowspan="8">7</td><td rowspan="8">44</td><td rowspan="8">4</td><td rowspan="8">30 × 5</td><td rowspan="8">M 10 × 30 Mu</td><td rowspan="2"></td></tr>
<tr><td>27</td><td>$^3/_4$"</td><td>66</td></tr>
<tr><td>30</td><td rowspan="2">25</td><td></td><td>68</td><td rowspan="10">3,5</td></tr>
<tr><td>34</td><td>1"</td><td>72</td></tr>
<tr><td>38</td><td rowspan="2">32</td><td></td><td>76</td></tr>
<tr><td>43</td><td>1 $^1/_4$"</td><td>82</td></tr>
<tr><td>45</td><td rowspan="2">40</td><td></td><td>84</td></tr>
<tr><td>49</td><td>1 $^1/_2$"</td><td>88</td></tr>
<tr><td>57</td><td rowspan="2">50</td><td></td><td>104</td><td rowspan="4">54</td><td rowspan="4">18</td><td rowspan="4">14</td><td rowspan="4">4</td><td rowspan="4">9</td><td rowspan="4">52</td><td rowspan="4">6</td><td rowspan="4">40 × 6</td><td rowspan="4">M 12 × 35 Mu</td></tr>
<tr><td>61</td><td>2"</td><td>108</td></tr>
<tr><td>77</td><td>65</td><td>2 $^1/_2$"</td><td>122</td></tr>
<tr><td>89</td><td>80</td><td>3"</td><td>136</td></tr>
<tr><td>108</td><td rowspan="2">100</td><td></td><td>172</td><td rowspan="7">70</td><td rowspan="7">24</td><td rowspan="7">18</td><td rowspan="7">5</td><td rowspan="7">11</td><td rowspan="7">68</td><td rowspan="7">6</td><td rowspan="7">50 × 8</td><td rowspan="7">M 16 × 45 Mu</td><td rowspan="2">9,5</td></tr>
<tr><td>115</td><td>4"</td><td>178</td></tr>
<tr><td>133</td><td rowspan="2">125</td><td rowspan="2"></td><td>196</td><td rowspan="2"></td></tr>
<tr><td>140</td><td>204</td></tr>
<tr><td>159</td><td rowspan="2">150</td><td rowspan="2"></td><td>222</td><td rowspan="2">8,5</td></tr>
<tr><td>169</td><td>232</td></tr>
<tr><td>220</td><td>200</td><td></td><td>284</td><td>7,0</td></tr>
<tr><td>267</td><td rowspan="2">250</td><td rowspan="2"></td><td>342</td><td rowspan="5">86</td><td rowspan="5">30</td><td rowspan="5">23</td><td rowspan="5">6</td><td rowspan="5">14</td><td rowspan="5">84</td><td rowspan="5">8</td><td rowspan="5">60 × 8</td><td rowspan="5">M 20 × 50 Mu</td><td rowspan="2">5,8</td></tr>
<tr><td>273</td><td>348</td></tr>
<tr><td>324</td><td>300</td><td></td><td>398</td><td>5,7</td></tr>
<tr><td>356</td><td rowspan="2">350</td><td rowspan="2"></td><td>432</td><td rowspan="2">5,3</td></tr>
<tr><td>368</td><td>444</td></tr>
<tr><td>407</td><td rowspan="2">400</td><td rowspan="2"></td><td>498</td><td rowspan="3">104</td><td rowspan="3">36</td><td rowspan="3">27</td><td rowspan="3">7</td><td rowspan="3">18</td><td rowspan="3">98</td><td rowspan="3">8</td><td rowspan="3">70 × 10</td><td rowspan="3">M 24 × 60 Mu</td><td rowspan="2">8,0</td></tr>
<tr><td>419</td><td>510</td></tr>
<tr><td>508</td><td>500</td><td></td><td>600</td><td>7,2</td></tr>
</table>

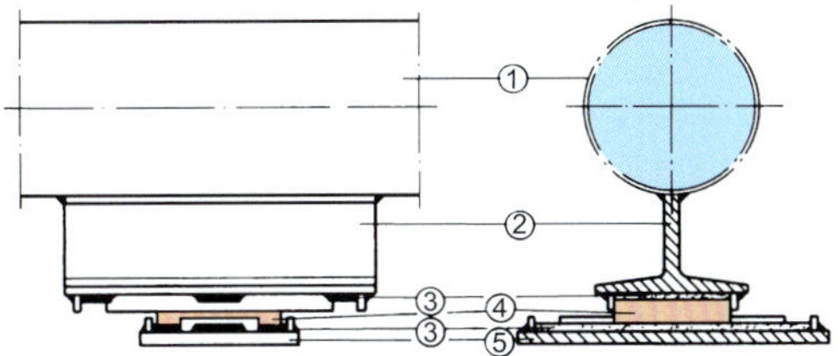

Bild 3.61 Gleitlager, längs und quer beweglich
1 Rohr
2 Stütze
3 Gleitplatte, nicht rostender Stahl
4 Platte, beidseitig mit PTFE: Polytetrafluorethylen, spez. Druck $p \leqq 10\ \text{N/mm}^2$
5 Basisplatte

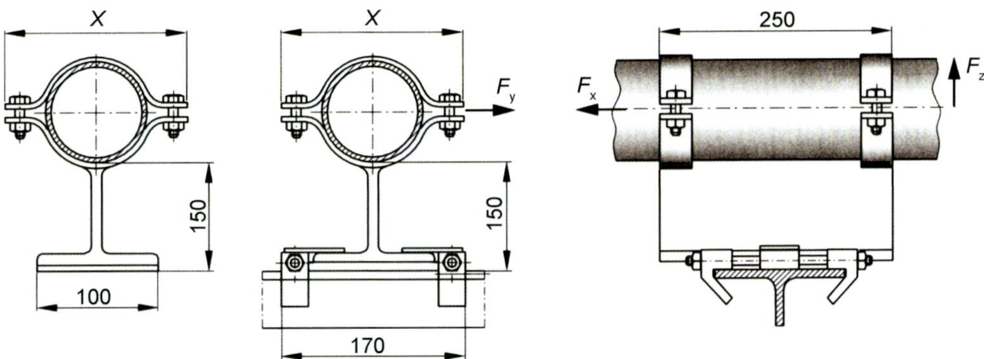

Maß (*X*) s. Tabelle 3.10

Für Rohrhalterungen DN ≥ 80 gilt: $F_x = 8{,}0$ **kN**, $F_y = 1{,}6$ **kN**, $F_z = 2{,}0$ **kN**

Bild 3.62 Übliche mittelschwere Standardrohrhalterungen für wärmegedämmte Rohrleitungen

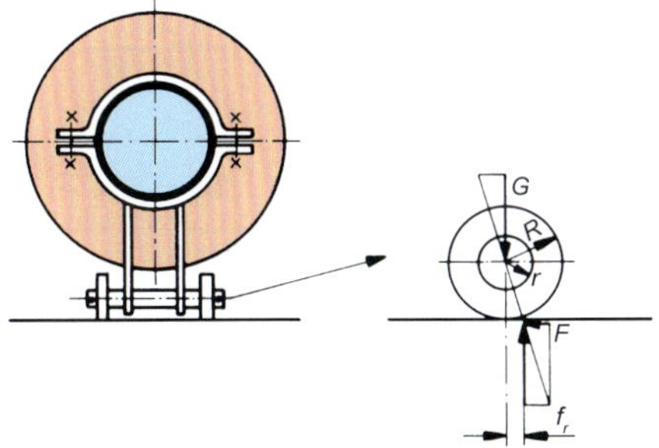

Bild 3.63 Rohrunterstützung und Radlagerung

Der Hebelarm f_r ist abhängig von der elastischen oder plastischen Verformung der Rollkörper und der Rollbahn und ist ein reiner Erfahrungswert.

Für Stahl auf Stahl, bzw. GG auf GG beträgt:

$f_r = 0{,}05$ (cm)

Der Faktor $\frac{f_r}{R}$ stellt einen äquivalenten Reibungsbeiwert μ dar und muss kleiner sein als die Haftreibung der Werkstoffpaarung μ_0, andernfalls tritt Gleiten ein.

Da bei der Rollreibung normalerweise eine Lagerreibung μ_L mit vorhanden ist, muss dieses mitberücksichtigt werden, und es erweitert sich Gl. 3.205 zu:

$$F = \frac{(f_r + \mu_L \cdot r)}{R} \cdot G \qquad \text{(Gl. 3.206)}$$

$$\frac{f_r + \mu_L \cdot r}{R} = \text{Rollwiderstandszahl} \qquad \text{(Gl. 3.207)}$$

Tabelle 3.11 Hauptdaten für Rohrsysteme

Benennung			DN																	
			10	15	20	25	32	40	50	65	80	100	125	150	200	250	300	350	400	500
Außendurchmesser	d_a	mm	17,2	21,3	26,9	33,7	42,4	48,3	60,3	76,1	88,9	114,3	139,7	168,3	219,1	273	323,9	355,6	406,4	508
geeignet für Rohrgewinde nach DIN EN 10226-1	Wanddicken s. Tab. 2.5		R $^{3}/_{8}$"	R $^{1}/_{2}$"	R $^{3}/_{4}$"	R 1"	R 1 $^{1}/_{4}$"	R 1 $^{1}/_{2}$"	R 2"	R 2 $^{1}/_{2}$"	R 3"	R 4"	R 5"							
Wanddicke*	s	mm	1,8	2	2,0	2,3	2,6	2,6	2,9	2,9	3,2	3,6	4	4,5	6,3	6,3	7,1	8	8,8	11
Innendurchmesser	d_i	mm	13,6	17,3	22,9	29,1	37,2	43,1	54,5	70,3	82,5	107,1	131,7	159,3	206,5	260,4	309,7	339,6	388,8	486
spez. Masse	G	kg/m	0,89	0,962	1,24	1,79	2,57	2,95	4,14	5,28	6,81	9,90	13,5	18,1	33,2	41,6	55,6	68,3	85,9	135
Inhalt	V	Ltr./m	0,201	0,235	0,391	0,638	1,087	1,459	2,333	3,882	5,346	9,009	13,62	19,93	33,75	53,26	75,33	90,5	118,5	186
Oberfläche	A_O	m²/m	0,054	0,067	0,084	0,106	0,133	0,152	0,189	0,239	0,279	0,36	0,438	0,529	0,688	0,856	1,017	1,12	1,28	1,59
Stahlquerschnitt	A_Q	cm²	0,87	1,21	1,56	2,27	3,25	3,73	5,23	6,67	8,62	12,5	17,1	23,2	42,1	52,8	70,7	87,4	110	172
Trägheitsmoment	J	cm⁴	0,26	0,57	1,22	2,81	6,46	9,78	21,6	44,7	79,2	192	393	777	2386	4696	8869	$1,3 \cdot 10^4$	$2,2 \cdot 10^4$	$5,3 \cdot 10^4$
Widerstandsmoment	W	cm³	0,30	0,53	0,907	1,67	3,05	4,05	7,16	11,8	17,8	33,6	56,2	92,4	218	344	548	742	1070	2090
Trägheitsradius	i	cm	0,55	0,69	0,833	1,11	1,41	1,62	2,03	2,59	3,03	3,92	4,8	5,79	7,53	9,43	11,2	12,3	14,1	17,6
Radius für Bogen 3	$R \approx 1{,}5 \cdot d_i$ mm		–	38	38	38	48	57	76	95	114	152	190	229	305	381	457	533	610	762
Faktor i [1]) für Bogen 3		–	–	1,03	1,45	1,78	1,94	2,08	2,17	2,58	2,64	2,31	2,99	3,14	2,94	3,42	3,52	3,32	3,41	3,41
Kármán-Faktor	K für Bogen 3		–	0,5	0,3	0,22	0,19	0,17	0,16	0,13	0,12	0,15	0,10	0,09	0,10	0,08	0,08	0,09	0,08	0,08
Radius für Bogen 5	$R = 2{,}5 \cdot d_i$ mm		–	42,5	57,5	72,5	92,5	109	137,5	175	207,5	270	330	390	515	650	770	850	970	1245
Faktor i [1]) für Bogen 5		–	–	1,0	1,1	1,06	1,25	1,35	1,46	1,72	1,77	1,93	2,07	2,20	2,07	2,40	2,49	2,43	2,50	2,46
Kármán-Faktor	K für Bogen 5		–	0,55	0,45	0,41	0,37	0,33	0,29	0,23	0,22	0,19	0,17	0,16	0,17	0,14	0,13	0,14	0,13	0,13
Bei Flüssigkeiten	$\dot{V}$ [2])	m³/h	0,2	0,5	1	2	4	6	10	20	30	60	100	150	300	500	750	950	1250	2000
Geschwindigkeit	w zu $\dot{V}$	m/s	0,4	0,6	0,7	0,87	1,0	1,14	1,20	1,43	1,56	1,85	2,04	2,09	2,47	2,61	2,76	2,91	2,92	3,0
Dämmdicke	s_D min. [3])	mm	20			30		40	50	65	80	100								
Größte Stützweite (Leitung ist gedämmt u. gefüllt)	$\approx L$	m	1,0	1,2	1,4	1,8	2,2	2,4	3,1	3,3	4,2	4,5	5,1	5,8	7,2	7,8	8,6	9,3	10,2	12
Ventilbaulänge [4])	L_M	mm	120	130	150	160	180	200	230	290	310	350	400	480	600	730	850	980	1100	
Schieberbaulänge [4])		mm	–	–	–	–	–	240	250	270	280	300	325	350	400	450	500	550	600	700
Flanschdaten für PN 25 n. DIN EN 1092-1 Flanschtyp 11	D_{FL}	mm	90	95	105	115	140	150	165	185	200	235	270	300	360	425	485	555	620	730
	h	mm	35	38	40	40	42	45	48	52	58	65	68	75	80	88	92	100	110	125
	Schrauben	Anzahl	4	4	4	4	4	4	4	8	8	8	8	8	12	12	16	16	16	20
	Schrauben	Abmess.	M 12 × 50	M 12 × 50	M 12 × 55	M 12 × 55	M 16 × 60	M 16 × 60	M 16 × 65	M 16 × 70	M 16 × 70	M 20 × 75	M 24 × 80	M 24 × 90	M 24 × 90	M 27 × 100	M 27 × 100	M 30 × 110	M 33 × 120	M 33 × 130
	b	mm	16	16	18	18	18	18	20	22	24	24	26	28	30	32	34	38	40	48

Flanschdaten für PN 16 n. DIN EN 1092-1 Flanschtyp 11																				
	$D_{Fl.}$		mm	90	95	105	115	140	150	165	185	200	220	250	285	340	405	460	520	580	715
	h		mm	35	38	40	40	42	45	45	45	50	52	55	55	62	70	78	82	85	84
	Schrauben	Anzahl		4	4	4	4	4	4	4	4	8	8	8	8	12	12	12	16	16	20
		Abmess.		M 12 × 50	M 12 × 50	M 12 × 55	M 12 × 55	M 16 × 60	M 16 × 60	M 16 × 60	M 16 × 60	M 16 × 65	M 16 × 65	M 16 × 70	M 20 × 70	M 20 × 75	M 24 × 80	M 24 × 90	M 24 × 90	M 27 × 100	M 30 × 100
	b		mm	16	16	18	18	18	18	18	18	20	20	22	22	24	26	28	30	32	36

Längenänderung der Stahlrohre bei Erwärmung von:

20°C auf °C	Ferrit mm/m	Austenit mm/m
100	0,98	1,38
200	2,30	3,20
300	3,72	5,11
400	5,24	7,10
500	6,86	9,12

$R \approx 1{,}5 \cdot d_i$ n. DIN EN 10 253-2

$R \approx 2{,}5 \cdot d_i$

1) Spannungserhöhungsfaktor im Bogen n. Abschnitt 3.2.7.

2) Anhaltswerte für den Volumenstrom (bei Gasen und Dämpfen das 10-fache wie bei Flüssigkeiten!)

3) Mindestdicke der Dämmung (bezogen auf λ_0 = 0.035 W (m · K) nach der Energieeinsparungsverordnung (EnEv)

4) Baulänge L für Absperrventile und Schmutzfänger nach DIN 3202 Bl. 1 Reihe F1 und für Schieber Reihe F5

*) Mindestwanddicke n. DIN EN 10 216-4 (Nahtlose Stahlrohre)

Die reibenden Flächen bedürfen einer Wartung, um ein Festrosten der Gleitflächen oder der Rollen zu verhindern. Die Gleitschiene muss ausreichend lang sein, da sich sonst die Rohrunterstützung über die Auflagestelle hinausschiebt.

3.4.4 Rohraufhängungen

Das Grundelement, die Rohrschelle, wird über ein Gestänge an einer Decke oder einem Stahlträger befestigt. Diese Art bevorzugt man bei kleineren Nennweiten und bei Rohrleitungen, die nach unten oder seitlich nicht abgefangen werden können. Spannschlösser in dem Gestänge oder aber Lochbänder ermöglichen eine genaue Einstellung der Höhenlage, so dass die Leitungen mit vorgegebenem Gefälle genau nivelliert werden können (Bild 3.64). Sind größere Längenänderungen in Richtung der Rohrachse aufzunehmen, muss eine Verschiebung am Aufhängepunkt möglich sein.
Die Nennlasten von Gewindestangen können aus Bild 3.65 entnommen werden.

3.4.4.1 Federnde Aufhängungen

Hebt oder senkt sich eine Rohrleitung unter z.B. Temperatureinfluss, so muss die Rohrhalterung das berücksichtigen. Die Höhenverschiebung wird bevorzugt durch eine Feder zwischen Rohrlagerstelle und Aufhängung ausgeglichen (Bild 3.66). Entsprechend der Federkonstante stimmt Federkraft und Rohrlast nur in einem Punkt des Federweges überein. Bewegt sich z.B. das Rohr nach oben (der Feder entgegen), so nimmt die Federkraft ab. In dieser Stellung soll, der Federhänger seinen errechneten Rohrlastanteil aufnehmen. In der unteren Stellung ist die Federkraft größer und das Rohrleitungssystem wird durch diese Kräfte zusätzlich beansprucht. Werden die erforderlichen Federwege und damit die ansteigenden Federkräfte zu groß, so kommt der Konstant-Federhänger zur Anwendung.

Bei allen federnden Rohrhalterungen treten aufgrund der Federrelaxation im Laufe der Betriebsdauer Verluste der Federkraft auf. Die Federrelaxation ist ein langsamer Prozess und von Federspannung und Temperatur abhängig. Auch bei Federn, die nach DIN 2089 ausgelegt sind, tritt diese Relaxation auf. Durch eine besondere Behandlung bei der Herstellung kann dieser Effekt deutlich minimiert werden. Diese Federn werden als «warmgesetzte» oder «relaxationsarme Federn» bezeichnet.

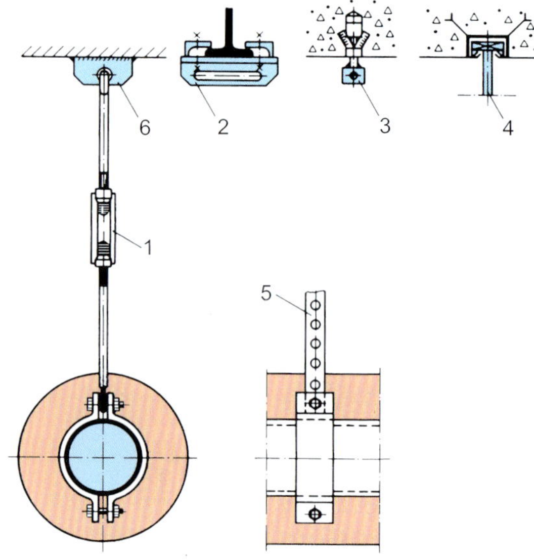

Bild 3.64 Rohraufhängungen
1 Spannschloss
2 Klemmplatte mit Schiebemöglichkeit
3 Spreizdübel mit eingeschraubter Aufhängeöse
4 Deckenschiene mit Hakenkopfschraube
5 Aufhänge-Lochband
6 Einhänge-Anschweißöse

∅ *d* (mm)	(inch)	**Nennlast** bei 80 °C (kN)
M 12	$^1/_2$	9
M 16	$^5/_8$	16
M 20	$^3/_4$	24
M 24	1	36
M 30	$1^1/_8$	57
M 36	$1^1/_2$	76
M 42	$1^3/_4$	105
M 48	2	150
M 56	$2^1/_4$	200
M 64	$2^1/_2$	270
M 72	$2^3/_4$	350
M 80	3	440
M 90	$3^1/_2$	565

Bild 3.65 Nennlast von Gewindestangen: statische Belastung, Werkstoff: 4.6

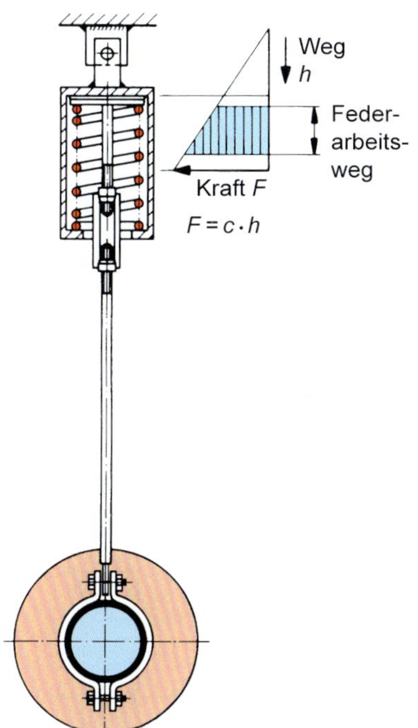

Bild 3.66 Federhänger mit Laschenaufhängung

Weicht bei **Federanhängern** die Federrate von der in der Rohrleitungsberechnung benutzten Federrate ab, ergeben sich bei der Bewegung der Rohrleitung (vom kalten Zustand zum warmen Zustand) andere Kräfte als die, die in der Rohrleitungsberechnung berücksichtigt wurden. In diesem Fall können die Federanhänger die Ursache für einen ungewollten Spannungszustand der Rohrleitung sein. Aus diesem Grund werden die Toleranzen des Kraft-Weg-Verhaltens von Federhängern vorgegeben mit ±5%.

3.4.4.2 Konstant-Federhänger

Bei großen Höhenbewegungen des Rohrleitungssystems und möglichst geringer zusätzlich auf die Rohrleitung wirkenden Kräfte und Momente wird ein Federhänger mit vorzugsweise konstanter Kraft bei großem Federweg verwendet. Der Konstant-Federhänger (Bild 3.67) besitzt eine Druckfeder und arbeitet über einen Kniehebel (Ausgleichshebelgetriebe). Die Tragkräfte können konstant gehalten werden, wenn an den Hängern in jeder Höhenstellung Lastmoment und Kraftmoment gleich groß bleiben.

$$F_F \cdot L_F = F_G \cdot L_G \qquad \text{(Gl. 3.208)}$$

Entsprechend Bild 3.68 wird die ansteigende Federkraft F_F bei Absenken der Last durch den geringer werdenden Hebelarm L_F ausgeglichen. Der Lasthebelarm L_G ändert sich dagegen nur sehr wenig.

Konstanthänger halten die Last längs der Rohrbewegung ± 5% konstant.

Schrägstellung von Hängestangen

Wegen der betriebsbedingten Horizontalbewegungen der Rohrleitungen sind die Hängerlastketten an den Anschlüssen als Pendel ausgeführt. Nach den üblichen Spezifikationen und

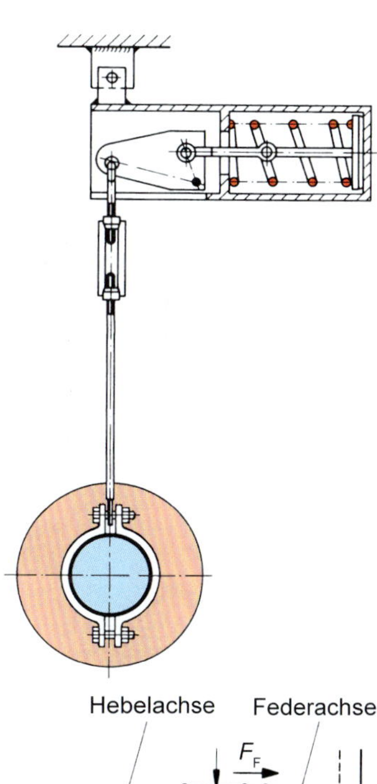

Bild 3.68 Konstant-Federhänger

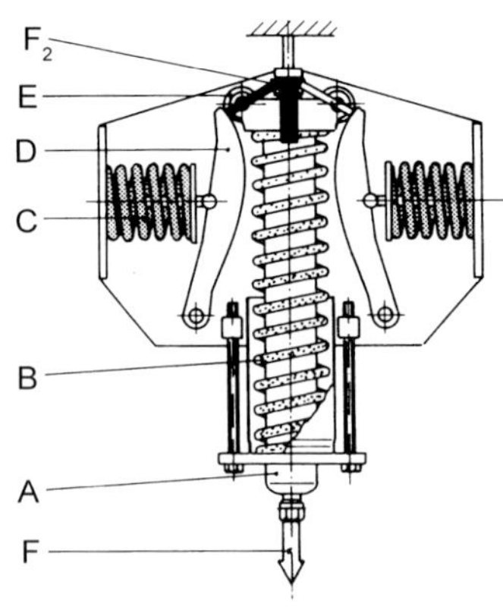

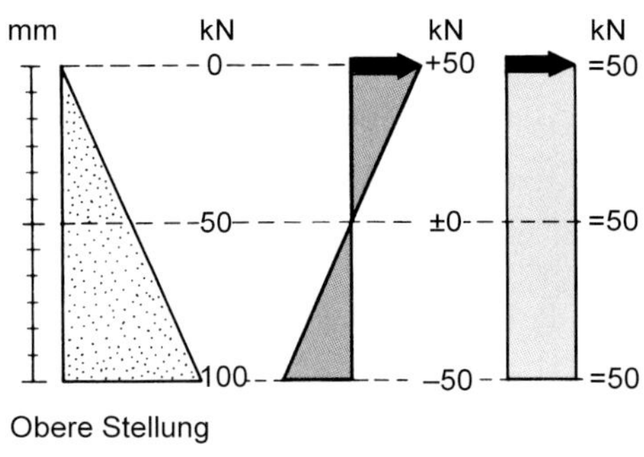

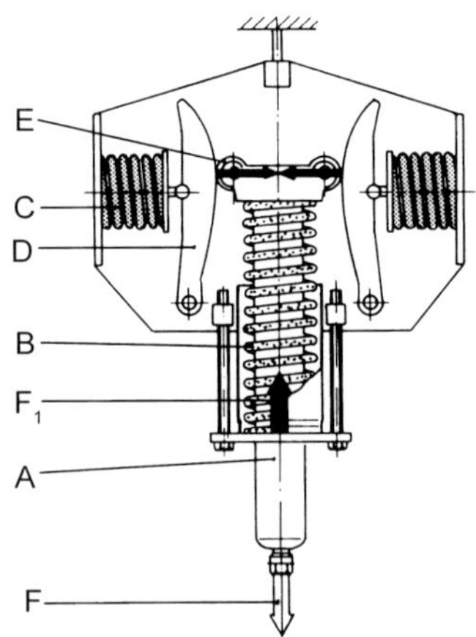

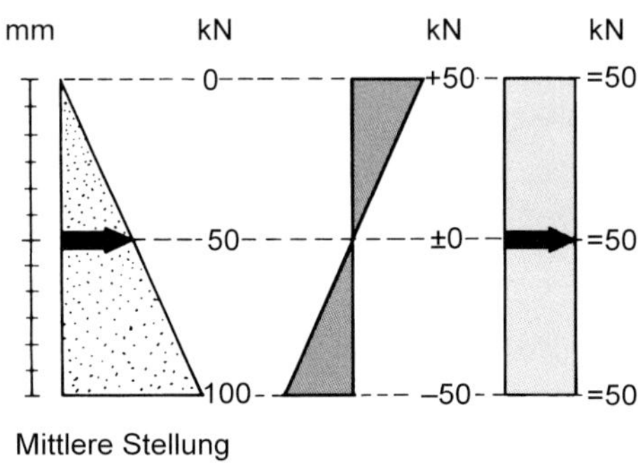

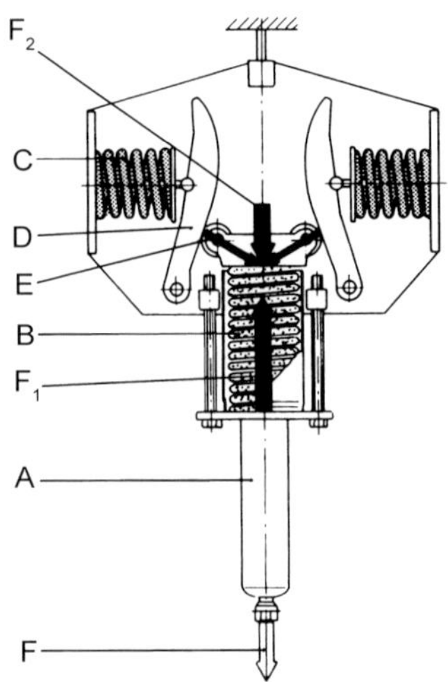

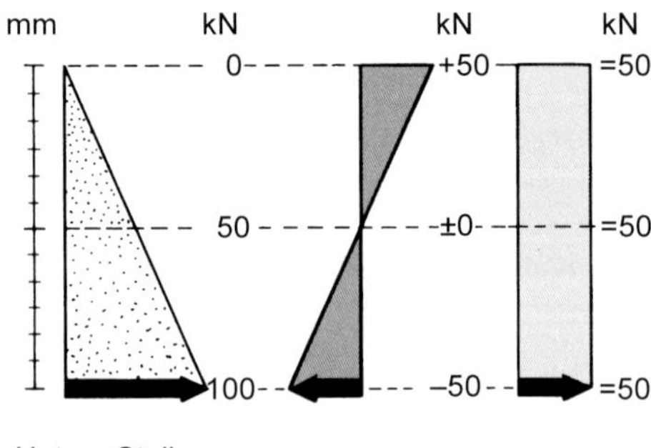

Bild 3.67
Konstant-Federhänger (Fa. Lisega)

Regeln ist die maximale Auslenkung hierbei auf 4° begrenzt (Bild 3.69). In Abhängigkeit von der Pendellänge treten dann Horizontalkräfte auf.

3.4.5 Festpunkte

Festpunkte sind zur Begrenzung eines Rohrleitungsabschnittes erforderlich. Sie sollen die aus dem Rohrleitungssystem kommenden Kräfte aufnehmen und das System am Festpunkt fixieren.

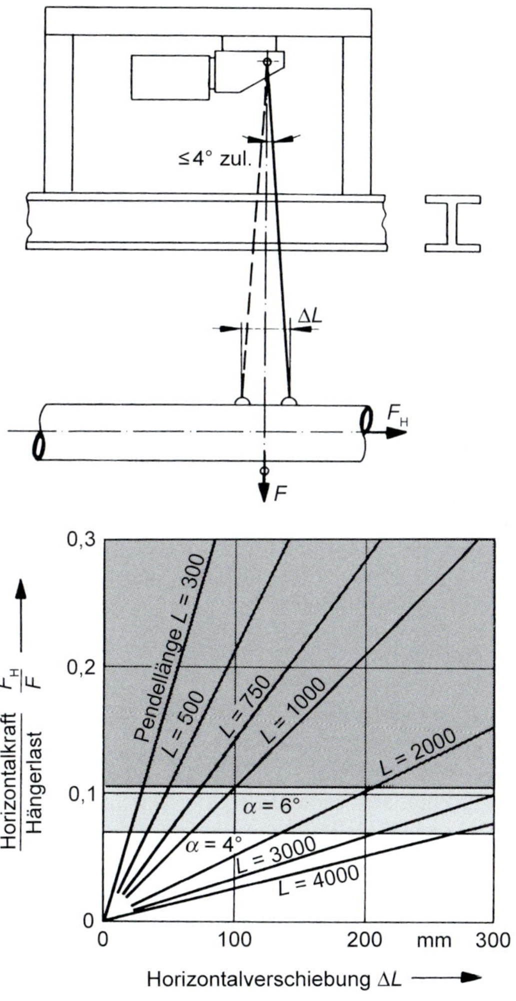

Bild 3.69 Zulässige Auslenkung und Horizontalkräfte von Hängestangen

Die Abstützung ist, im Gegensatz zum Führungslager, kraftschlüssig mit der Konsole verbunden, die ihrerseits die Kräfte an das Abstützsystem weiterzuleiten hat. Um ein Durchgleiten des Rohres durch die Rohrschelle zu verhindern, ist es zweckmäßig, Nocken (s. Bild 3.70) an das Rohr anzuschweißen. Eine starre Einspannung des Rohres ist zu vermeiden, da durch die Betriebstemperatur und geringen Rohrverformungen zusätzliche Spannungen auftreten.

Bei der Ableitung der Kräfte z. B. in Beton ist auf die dort zulässige Beanspruchung zu achten.

Durch Verwendung von Zug- und Druckstäben können diese Kräfte wirtschaftlich abgeleitet werden.

Zur überschlägigen Temperaturermittlung an Rohrhalterungen sind in Bild 3.71 Näherungsgleichungen angegeben.

3.4.6 Dimensionierung von Haltetraversen

Die zulässige Belastbarkeit in Abhängigkeit von der zulässigen Biegespannung berechnet sich für eine Traverse ohne versteifte Wandlager nach

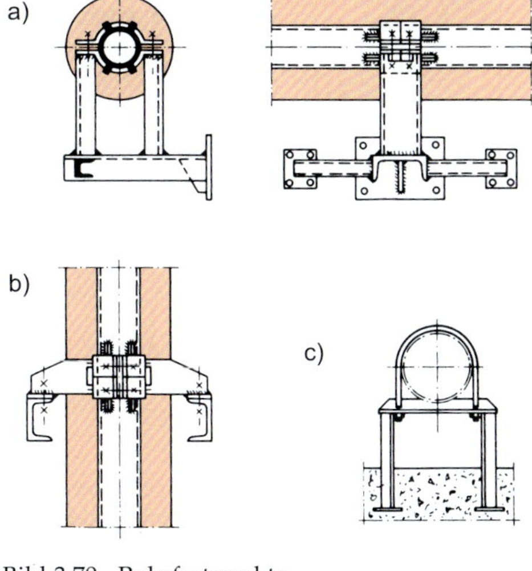

Bild 3.70 Rohrfestpunkte
a) für horizontale Leitungen zur Befestigung an einer Wand
b) für vertikale Leitungen
c) für horizontale Leitungen zur Befestigung im Betonboden

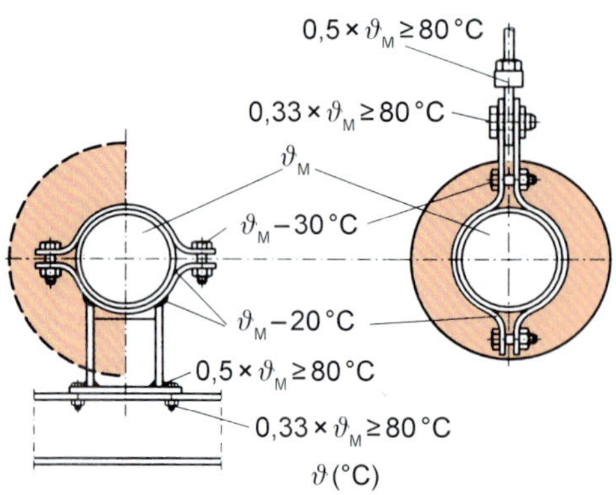

Bild 3.71 Überschlägige Temperaturwerte an Rohrhalterungen

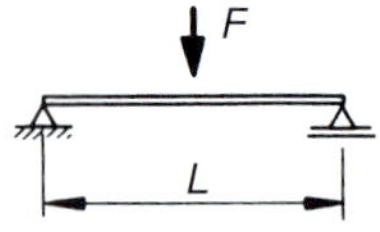

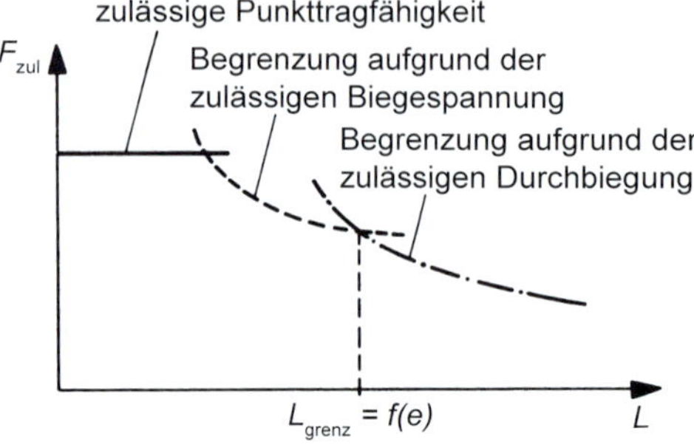

Bild 3.72 Begrenzung für die zulässige Belastung einer Traverse

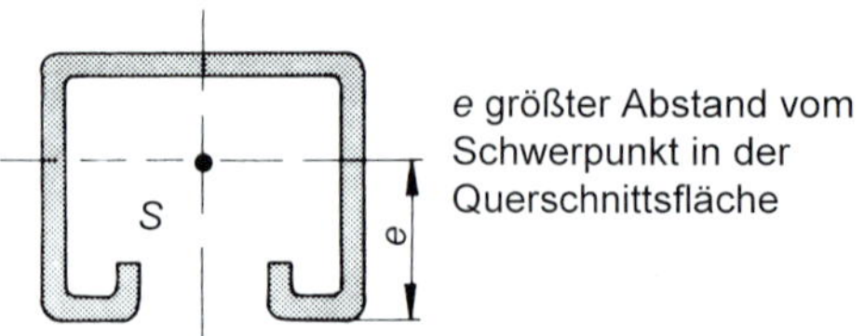

Bild 3.73 Kenngröße e im Profilquerschnitt

den Grundgesetzen der Statik, deren Funktion in Bild 3.72 schematisch dargestellt ist:

$$F_{zul} = \frac{4 \cdot W_b \cdot \sigma_{zul}}{L} \qquad \text{(Gl. 3.209)}$$

Betrachtet man dagegen die Durchbiegung dieser Traverse, indem ein zulässiger Grenzwert der Durchbiegung f festgelegt wird, so ergibt sich die zulässige Belastung in Abhängigkeit von der erlaubten Durchbiegung nach folgender Beziehung:

$$F_{zul} = \frac{48 \cdot E \cdot I \cdot f}{L^3} \qquad \text{(Gl. 3.209a)}$$

Bei größerer Länge L ergibt sich ein zu beachtender Zusammenhang, denn bis zu einer gewissen Länge wird die Tragfähigkeit durch die zulässige Biegespannung und ab diesem Punkt (L_{grenz}) durch die zulässige Durchbiegung definiert.

Um diesen Punkt genauer zu bestimmen, ist die zulässige Durchbiegung festzulegen. In der Praxis geschieht dies durch die Vorgabe eines bestimmten Verhältnisses, bezogen auf die Länge L der Traverse, zum Beispiel in der Form $f \leq L/300$.

Mit dieser Beziehung lässt sich eine Verbindung zwischen beiden Formeln herstellen. Nach Auflösung ergibt sich $L_{grenz} = f(e)$.

Entsprechend Bild 3.73 handelt es sich bei e um eine statische Profilkenngröße.

Das konkrete Ergebnis liegt in Abhängigkeit von der zugelassenen Durchbiegung beispielsweise für $f_{zul} \leq L/300$ dann bei $L_{grenz} = 52{,}5 \cdot e \approx 50 \cdot e$ ($L_{grenz} \sim f_{zul}$). Da e als Profilkenngröße bekannt ist, kann man nun diese Grenze innerhalb des Lösungsfeldes exakt berechnen; für ($e = 42$ mm) ergibt sich in diesem Fall beispielsweise: $L_{grenz} \approx 50 \cdot 42$ mm = 2100 mm.

Eine zusammenfassende Darstellung von typischen Halterungen im Kraftwerksbau zeigt Bild 3.74.

3.5 Rohrleitungsschwingungen

Die Eigenfrequenz eines gelagerten Rohres ist nach [3.7]:

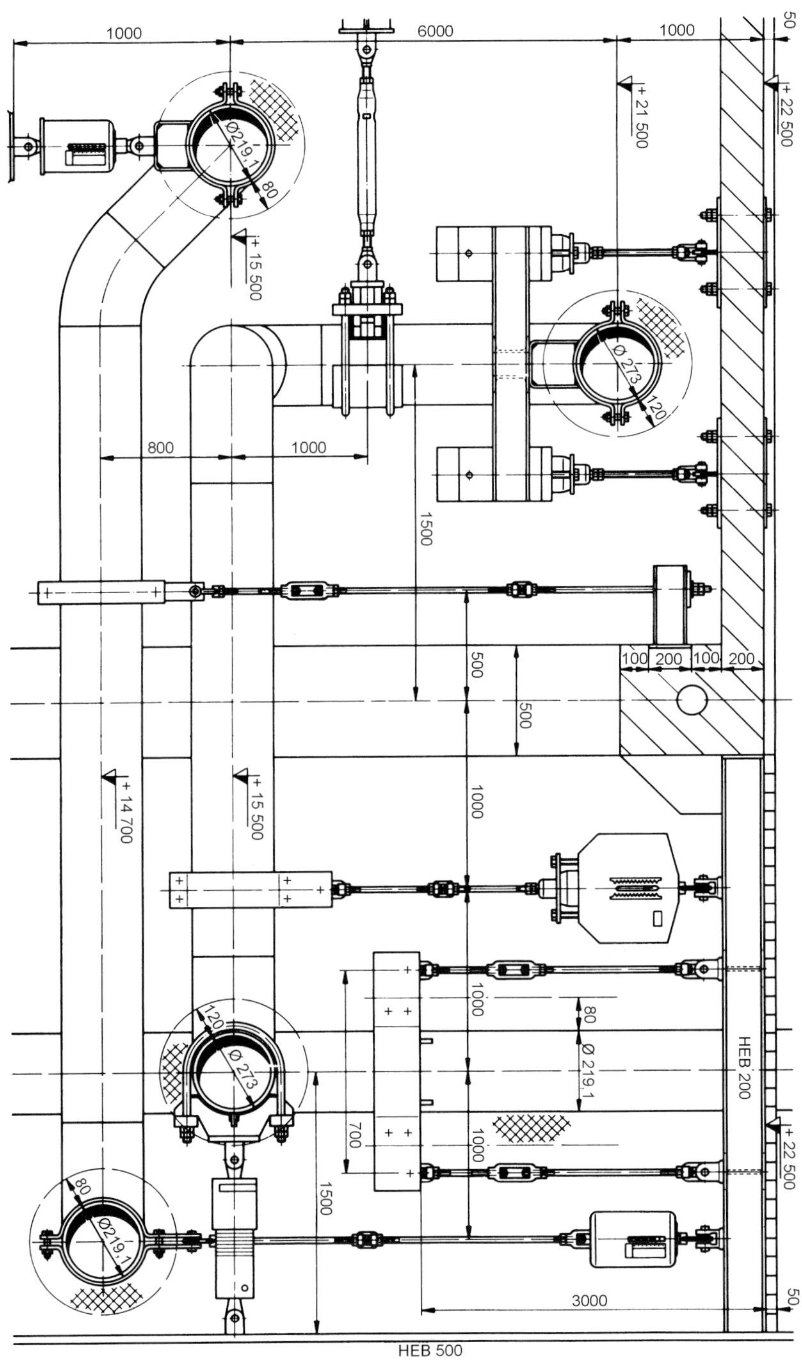

Bild 3.74 Typische Rohrhalterungen im Kraftwerksbau

$$f_{\text{i,Rohr}} = \frac{\beta_i^2}{2 \cdot \pi \cdot L^2} \cdot \sqrt{\frac{E \cdot I}{M_{\text{ges,spez}}}} \qquad \text{(Gl. 3.210)}$$

$M_{\text{ges,spez}}$ = Gesamte Rohrmasse pro Meter mit Innenmedium und Dämmung (kg/m) (s.a. Tabelle 3.11).

$$I = \frac{\pi}{64} \cdot (d_a^4 - d_i^4)$$

Der Einspannfaktor β_i beträgt für die Grundschwingung (i = 1) bei beiderseitiger Einspannung: β_1 = 4,73.

Für mehrfachgelagerte Rohrleitungen erniedrigt sich der Einspannfaktor und nimmt den Grenzwert (bei 10 und mehr Lagerstellen) ein von $\beta_1 = \pi$.

Die Erfassung der Beanspruchungen aus Schwingungen geschieht i.d.R. durch Messungen bei der Inbetriebnahme. Treten größere Amplituden auf, so wird durch konstruktive Maßnahmen das System so verstimmt, dass die Beanspruchungen auf ein zulässiges Maß heruntergesetzt werden.

Bei Schwingungsbeanspruchungen durch Erdbeben bleibt jedoch praktisch nur die rechnerische Methode übrig, bei der das Schwingungsverhalten des Rohrleitungssystems, ausgehend von den zuvor berechneten Responsespektren des Gebäudes, analytisch ermittelt wird. Die Frequenzen von Erdbeben liegen im Bereich von: f_1 = 1...30 Hz.

3.5.1 Stoßbremsen und Gelenkstreben

Stoßbremsen bzw. Gelenkstreben haben die Aufgabe, Rohrleitungen und Komponenten gegen unerwünschte Auslenkungen abzusichern. Diese können hervorgerufen werden durch:

- innere Anregungen, wie z.B.:
  - Druckstöße aus Schaltvorgängen,
  - Wasserschläge,
  - Kesselverpuffungen,
  - Rohrbruch;
- äußere Anregungen, wie z.B.:
  - Windbelastung,
  - Erdbeben,
  - Flugzeugabsturz,
  - Explosionen.

Planmäßigen betriebsbedingten Verschiebungen aus Temperaturdehnung oder -zusammenziehung darf dabei kein nennenswerter Widerstand entgegengesetzt werden. Bei geringen Bewegungen in der Rohrachse können hierfür Gelenkstreben eingesetzt werden. Bei mehraxialen Bewegungen sind Stoßbremsen vorzusehen.

Gelenkstreben werden darüber hinaus bevorzugt auch zur Zwangsführung komplexer Rohrleitungssysteme eingesetzt.

Die Wirkungsweise der hydraulischen Stoßbremse beruht darauf, dass einer langsamen Verschiebung der angeschlossenen Komponente, z.B. einer Rohrleitung bei Temperaturveränderung, außer einer unbedeutenden Verstellkraft kein Widerstand entgegengesetzt wird. Bei unerwünschten, ruckartigen Bewegungen jedoch (>2 mm/s), blockiert die Stoßbremse und wird augenblicklich zur annähernd starren Verbindung. Dabei auftretende dynamische Kräfte werden aufgenommen und unschädlich in die Anschlusskonstruktion eingeleitet. Bei Abschwellen der Druckwelle auf annähernd 0 wird die Blockierung aufgehoben, und eventuell gleichzeitig stattfindender Bewegung aus Temperaturverschiebung kann wieder ungehindert Raum gegeben werden.

Die Wirkungsrichtung kann im Rahmen komplexer Schwingungsspektren beliebig oft wechseln. Die Ansprechreaktion der Stoßbremsen liegt in einem Frequenzband von: 0,5...100 Hz.

3.5.2 Beurteilung von Rohrleitungsschwingungen

Dynamische Belastungen können, in Überlagerung mit den gleichzeitig auftretenden Betriebslasten, je nach Art des Lastfalles zu

- Gewaltbruch (Festigkeitsversagen),
- Versagen durch Erreichen der plastischen Wechselfestigkeitsgrenze,
- Versagen durch Erreichen der zeit- oder Dauerfestigkeitsgrenze (Ermüdung)

führen.

3.5.2.1 Schwingungsentstehung infolge stationärer Strömung

Strömende Fluide induzieren in Rohrleitungsanlagen Schwingungen, deren Intensität mit steigender Strömungsgeschwindigkeit zunimmt.

In Formstücken (Abzweigen, Reduzierungen, Erweiterungen) verzweigen sich Stoffströme oder werden umgelenkt, beschleunigt oder verzögert. Jedes Formstück ist insofern ein latenter Schwingungserreger.

3.5.2.2 Wirbelablösungen an Rohreinbauten

Angeströmte Einbauten können durch periodische Wirbelablösungen zu Schwingungen angeregt werden, z.B. Messfühler.

3.5.2.3 Druckstöße

Schnelle Strömungsgeschwindigkeitsänderungen in Strömungen durch z.B. Regelarmaturen, Pumpen, An- und Abfahrvorgängen (siehe auch [3.8]).

3.5.2.4 Druckpulsationen

Druck- oder Volumenstrompulsationen im strömungsfluid können zu periodischen Rohrleitungsschwingungen führen. Beispielweise ergibt sich bei einer Kolbenmaschine die Grundfrequenz der Anregung zu:

$$f_g = \frac{n}{60} \cdot N \quad \text{(Hz)} \qquad \text{(Gl. 3.211)}$$

n Drehzahl min^{-1}
N Anzahl der Arbeitshübe pro Umdrehung

Bei einer Kreiselpumpe:

$$f_g = \frac{n}{60} \cdot n_{sch} \quad \text{(Hz)} \qquad \text{(Gl. 3.211a)}$$

n_{sch} Anzahl der Laufradschaufeln

3.5.2.5 Fremdanregung

Fremdanregungen wirken auf die Rohrleitung als Fußpunktanregung an allen oder einzelnen Halterungen bzw. Komponentenanschlusspunkten.

3.5.2.6 Berechnung der Wechselspannung

Die Schwinggeschwindigkeit υ kann in 1. Näherung zur Beurteilung der Beanspruchung eines Rohrleitungssystems dienen, da zwischen υ und der Spannung Proportionalität besteht.

Am einfachen Beispiel eines fest eingespannten Rohres soll die Spannung ermittelt werden:

Die Durchbiegung des Rohres ist:

$$h = \frac{F \cdot L^3}{384 \cdot E \cdot I}$$

Das Biegemoment beträgt:

$$M_b = \frac{F \cdot L}{12} = \frac{32 \cdot h \cdot E \cdot I}{L^2}$$

Die Biegewechselspannung wird somit:

$$\sigma_b = \pm \frac{M_b}{W} = \frac{32 \cdot h \cdot E \cdot I}{W \cdot L^2}$$

mit:

$$W = \frac{I}{r_a}$$

wird:

$$\sigma_b = \pm \frac{32 \cdot h \cdot E \cdot r_a}{L^2}$$

Die Durchbiegungs-Wegstrecke h ermittelt man aus der Schwinggeschwindigkeit υ und der Schwingungszeit t:

$$h = \upsilon \cdot t$$

mit:

$$t = \frac{1}{4 \cdot f_{i,Rohr}}$$

wird:

$$h = \frac{\upsilon}{4 \cdot f_{i,Rohr}}$$

Mit der Eigenfrequenz $f_{i,Rohr}$ des Rohres nach Gl. 3.210 ergibt sich schließlich:

$$\sigma_b = \pm K \cdot \frac{\upsilon \cdot E \cdot r_a}{\sqrt{\dfrac{E \cdot I}{M_{ges,spez}}}} = \pm K \cdot \upsilon \cdot \frac{d_a}{2} \cdot \sqrt{\frac{E \cdot M_{ges,spez}}{I}}$$

Im Faktor K sind die wesentlichen Einflussfaktoren zusammengefasst wie:

- Eigenformkennwert,
- Spannungsspitzen und
- zusätzliche Einzelmassen (z.B. Armaturen, dünne Rohrleitungsabzweige).

Gemäß VDI 3842 errechnet sich die Spannung zu:

$$\sigma_{\max} = f_{\mathrm{M}} \cdot f_{\mathrm{i}} \cdot f_{\Phi} \cdot \upsilon_{\max} \cdot \frac{d_{\mathrm{a}}}{2} \cdot \sqrt{\frac{E \cdot M_{\mathrm{ges,spez}}}{I}} \qquad \text{(Gl. 3.212)}$$

f_{M} Faktor für beteiligte Einzelmassen (Bild 3.75)
f_{i} Spannungserhöhungsfaktor i nach Tabelle 3.3
f_{Φ} Eigenformkennwert (Bild 3.76)
$\upsilon_{\max}$ maximale Geschwindigkeit (z.B. in mm/s)

Die Gleichung kann bei Kenntnis der zulässigen Beanspruchungen zur Ermittlung von zulässigen Schwinggeschwindigkeiten umgestellt werden. Aus Messungen ergaben sich Orientierungswerte der Schwinggeschwindigkeit nach VDI 3842 gemäß Bild 3.77.

Bei der Ermittlung der Eigenfrequenz von Rohrleitungssystemen kann man überschlägig mit Teilabschnitten der «abgewickelten» Rohrleitung rechnen, wobei bereits an Lagerstellen (Festpunkte, Führungslager und aus Loslager) die Abschnitte enden.

Eine Rohrleitung schwingt jedoch immer über die Gesamtlänge von Festpunkt zu Festpunkt.

Fall	System		$f_{\Phi} = \Phi''/\Phi$
1			1
2			1
3			1,33
4			1,33
5		$L_1 = L_2$	1,1* 1,14**
6		$L_1/L_2 = 1/2$	1,06* 1,47**
7		$L_1 = L_2 = L_3$	1,55* 1,45**
8		$L_1/L_2 = 2/3$ $L_1/L_3 = 1/2$	2,55* 1,47**
9		$L_1 = L_2 = L_3$	1,5
10		$L_1/L_2 = 2/3$ $L_1/L_3 = 1/2$	2,3

* Schwingung in der Ebene
** Schwingung senkrecht zur Ebene

Bild 3.76 Eigenformkennwert f_{Φ}

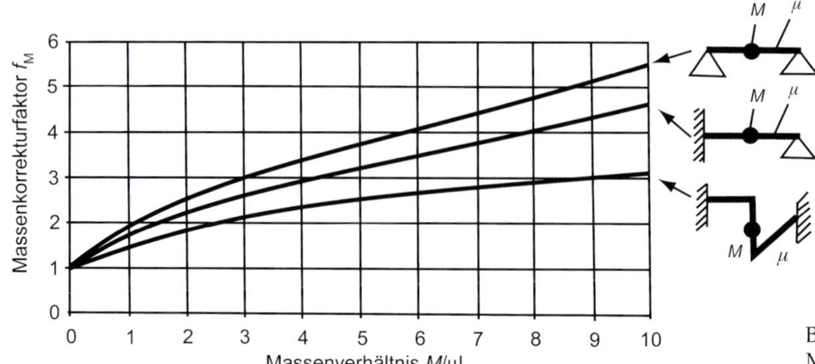

Bild 3.75 Massenkorrekturfaktor f_{M}

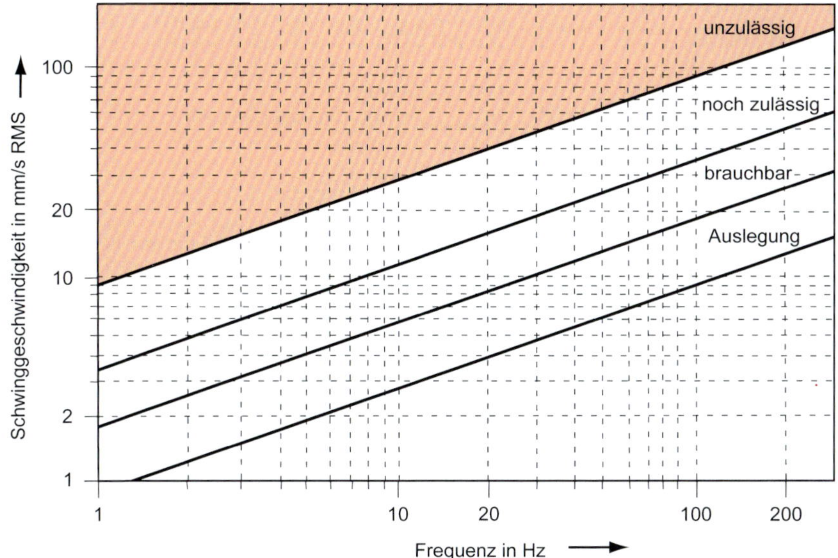

Bild 3.77 Orientierungswerte zulässiger Rohrleitungsschwingungen

Bei einem Frequenzspektrum der Anregung kann jedoch dann die Rohrleitung zeitversetzt mit den unterschiedlichen Frequenzen schwingen.

3.5.2.7 Zulässige Spannung

Da bei Rohrleitungsschwingungen die Größe der Schwingungsbelastung auch bei plastischer Verformung voll erhalten bleibt, werden diese Belastungen als **Zusatzprimärlasten** bezeichnet. Da nach der Schubspannungshypothese [siehe 3.1] eine druckbeaufschlagte Rohrleitung nach der größten Hauptspannungsdifferenz berechnet wird $(\sigma_\text{v} = \bar{\sigma}_\text{u} - (-\bar{\sigma}_\text{r}))$, muss somit die 3. Hauptspannung (Längsspannung σ_l) kleiner als diese Vergleichsspannungsdifferenz sein:

$$\sigma_\text{l} = \sigma_{\text{l,p}} + \sigma_\text{schwing} \leq f$$

Und somit schließlich:

$$\sigma_\text{l} = \frac{p \cdot d_\text{a}}{4 \cdot s} + \sigma_\text{schwing} \leq f \qquad \text{(Gl. 3.213)}$$

mit:

$$f = \min\left(\frac{R_\text{m}}{2,4}; \frac{R_{\text{p0,2,}\vartheta}}{1,5}\right)$$

Beispiel 3.15

Die in Bild 1 zu dem Beispiel dargestellte Saugrohrleitung einer Pumpanlage soll auf Anregefrequenz, Eigenfrequenz und zulässige Schwinggeschwindigkeit hin untersucht werden.

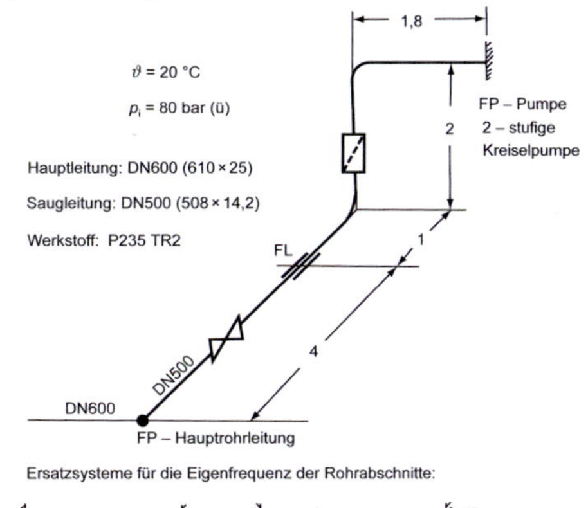

Bild 1 zu Beispiel 3.15

a) Anregefrequenzen

Die 2-stufige Kreiselpumpe wird mit einer Drehzahl von $n = 1450\ \text{min}^{-1}$ betrieben. Die Schaufelzahl der 1. Stufe ist $z_1 = 4$ und die der 2. Stufe $z_2 = 6$ Erregerfrequenzen durch die Pumpe:

$$f_{1,1} = \frac{n}{60} \cdot z_1 = \frac{1450}{60} \cdot 4 = 96{,}7 \text{ Hz}$$

$$f_{1,2} = \frac{n}{60} \cdot z_2 = \frac{1450}{60} \cdot 6 = 145 \text{ Hz}$$

b) Rohreigenfrequenzen n. Gl. 3.210:

$$f_{1,\text{Rohr}} = \frac{\beta_1^2}{2 \cdot \pi \cdot L^2} \cdot \sqrt{\frac{E \cdot I}{M_{\text{ges, spez}}}}$$

E-Modul: $E = 2{,}1 \cdot 105$ (N/mm²)
Trägheitsmoment:

$$I = \frac{\pi}{64} \cdot (d_a^4 - d_i^4) = 6{,}72 \cdot 10^{-4} \text{ (m}^4\text{)}$$

Fluiddichte: $\varrho_i = 860$ (kg/m³)
Stahlrohrdichte: $\varrho_{\text{Rohr}} = 7850$ (kg/m³)
Spez. Massenbelegung pro m:

$$M_{\text{ges, spez}} = \frac{\pi}{4} \cdot (d_a^2 - d_i^2) \cdot \varrho_{\text{Rohr}} + d_i^2 \cdot \frac{\pi}{4} \cdot \varrho_i$$
$$= 328{,}3 \text{ (kg/m)}$$

Einspannfaktor: $\beta_1 = 4{,}73$
Damit ergibt sich mit den variablen Rohrabschnittlängen:

$L_I = 4{,}8$ m:
$f_{1,\text{ I Rohr}} = 99$ Hz
$L_{II} = 4$ m:
$f_{1,\text{ II Rohr}} = 146$ Hz

Bei dieser Rohrleitung muss mit Rohrschwingungen gerechnet werden.

c) Zulässige Schwinggeschwindigkeit:

$$v_{\text{zul}} = \frac{\sigma_{\text{schwing, zul}}}{f_M \cdot f_i \cdot f_\Phi \cdot \frac{d_a}{2} \cdot \sqrt{\frac{E \cdot M_{\text{ges, spez}}}{I}}}$$

Die zulässige Spannung beträgt bei den Betriebsbedingungen:

$\sigma_{\text{schwing,zul}} = f - \sigma_{l,p}$

Längsspannung durch Innendruck:

$s_v = s - c_1 - c_2 = 14{,}2 - 0{,}5 - 1 = 12{,}7$ mm

$$\sigma_{l,p} = \frac{p \cdot d_a}{4 \cdot s_v} = \frac{8 \cdot 508}{4 \cdot 12{,}7} = 80 \frac{\text{N}}{\text{mm}^2}$$

$$f = \min\left(\frac{R_m}{2{,}4}, \frac{R_{p\,0{,}2,\vartheta}}{1{,}5}\right) = \min\left(\frac{350}{2{,}4}; \frac{225}{1{,}5}\right)$$

$f = 145$ (N/mm²)
$\sigma_{\text{schwing, zul}} = 145 - 80 = 65$ (N/mm²)

Faktoren:
Einzelmassenfaktor (Bild 3.75) $f_M = 1{,}3$
Eigenformfaktor (Bild 3.76) $f_\Phi = 2{,}0$
Größter Spannungserhöhungsfaktor am T-Stück – DN 600/DN 500 (nach Tabelle 3.3):

$$f_i = \frac{0{,}9}{\left(\frac{2 \cdot s}{d_m}\right)^{2/3}} = \frac{0{,}9}{\left(\frac{2 \cdot 25}{585}\right)^{2/3}} = 4{,}64$$

Damit ergibt sich die zulässige Schwinggeschwindigkeit zu:

$$v_{\text{zul}} = \frac{65}{1{,}3 \cdot 4{,}64 \cdot 2{,}0 \cdot \frac{508}{2} \cdot \sqrt{\frac{2{,}1 \cdot 10^5 \cdot 328{,}3}{6{,}72 \cdot 10^{-4}}}}$$
$$= 66 \text{ (mm/s)}$$

Bei der Inbetriebnahme muss dieser Wert mittels Schwinggeschwindigkeitsmessung überprüft werden (s. Bild 2 zu dieser Aufgabe).

Wird dieser Wert überschritten, muss z.B. das Rohrsystem «verstimmt» werden durch Veränderung der Stützweiten.

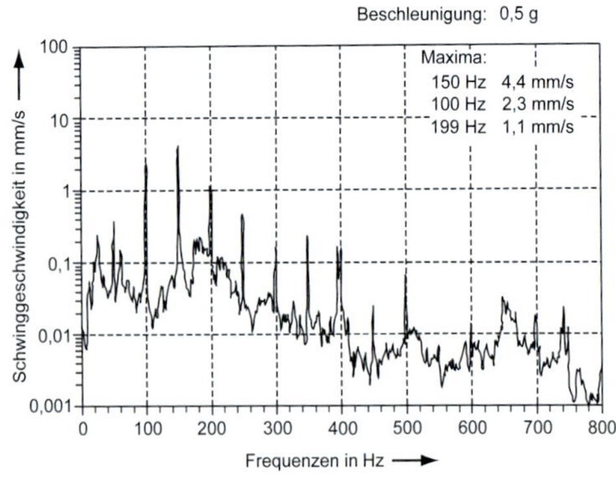

Bild 2 zu Beispiel 3.15

3.6 Rohrleitungen aus Kunststoff

Der Bau von Rohrleitungen aus Kunststoffen erfordert, ebenso wie dies bei Rohrleitungen aus metallischen Werkstoffen der Fall ist, gründliche Vorarbeit. Insbesondere die mechanischen und thermischen Eigenschaften hochmolekularer Werkstoffe bedingen die Anwendung spezieller Berechnungs- und Verlegemethoden. Sie sind zwar durchweg von metallischen Werkstof-

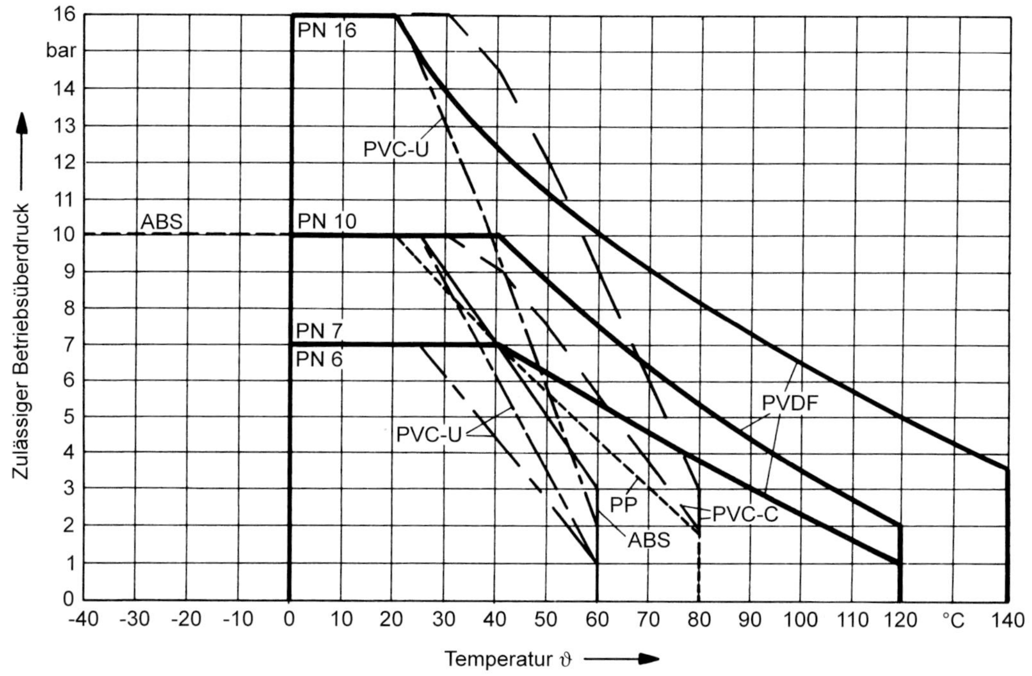

Bild 3.78 Anwendungsgrenzwerte von Rohren und Fittings aus thermoplastischen Werkstoffen (Beanspruchungsdauer: 25 Jahre)

fen abzuleiten, jedoch differieren die Nominalwerte oftmals um 10er-Potenzen.

Zunächst sind die für den vorgesehenen Betriebsablauf zu erwartenden Einflussgrößen zu erfassen. Im Vordergrund stehen hierbei: der max. Betriebsdruck, die höchste zu erwartende Rohrwandtemperatur (im Regelfall entspricht dies der Temperatur des Fördermediums), Art und Zusammensetzung des Transportmediums.

Ferner sind von Bedeutung: die Dauer der Beanspruchung pro 24 Stunden, die erwartete Mindestnutzungsdauer; wird das zu installierende Rohrleitungssystem der Sonne ausgesetzt sein, sind besondere hygienische und toxikologische Anforderungen zu beachten.

Werkstoffauswahl und Wanddickenberechnung s. [3.1]. In Bild 3.78 sind für 4 gebräuchliche Thermoplaste die Druck-/Temperaturbedingungen dargestellt. Als Nutzungsdauer wurden 25 Jahre gewählt.

Zusammenfassend ergibt sich für die 1. Planungsphase folgender empfehlenswerter Ablauf:

a) Überprüfung der Eignung im Hinblick auf das Durchflussmedium

- bei Thermoplasten:
  Anhand der Beiblätter der Grundnormen für PVC-U, PP sowie PE-HD oder nach Listen der Lieferanten bzw. nach Herstellerauskünften. Eventuelle Angaben über Resistenzfaktoren sind zu beachten (siehe hierzu DVS 2205 Teil 1 sowie Medienlisten des IfBt).
- bei Duroplasten:
  Nach Listen bzw. Angaben der Hersteller sowie bezüglich Resistenzfaktoren Medienlisten des IfBt beachten.

b) Auswahl der Druckstufe für den ausgewählten Werkstoff: Hierbei gilt

- bei Thermoplasten:
  Druck-/Temperaturlimits nach Angaben der Maßnormen für Rohre sowie Fittings bzw. nach Herstellerangaben.
- bei Duroplasten:
  Druck-/Temperaturlimits gemäß Angaben der Norm, sonst nach Herstellerangaben.

Es ist ferner empfehlenswert, auch folgendes noch zu prüfen:

c) Stehen für den ausgewählten Werkstoff, für die erforderliche Druckstufe und den voraussichtlich in Betracht kommenden größten Rohrdurchmesser die für den Bau der Leitung notwendigen Rohre, Fittings und Armaturen lagermäßig zur Verfügung?

d) Fragen der Wirtschaftlichkeit: Für den Fall, dass zur Lösung der vorgesehenen Aufgabe mehrere Werkstoffe, z.B. PVC-U, PVDF und PP geeignet sind, können als Auswahlhilfe die Angaben von Tabelle 3.12 dienen.

e) Überprüfung der äußeren Randbedingungen für die Rohrleitung. Dazu zählen z.B. UV-Lichteinwirkung (bei PP-Druckleitungen Abdeckung notwendig), Einfluss aggressiver Medien von außen, Verschleißverhalten; ist der Werkstoff für die Beförderung von Lebensmitteln zulässig, werden sehr hohe Anforderungen an die Reinheit des Fördermediums gestellt (PVDF-HP) usw.

3.6.1 Rohrverlegung

Temperaturbedingte Längenänderungen des Leitungssystems sind deutlich ausgeprägter als vergleichsweise bei Rohren aus metallischen Werkstoffen. In Tabelle 3.13 sind die Längenänderungskoeffizienten der für den Rohrleitungsbau wichtigsten Kunststoffe und im Vergleich dazu auch die von einigen metallischen Werkstoffen genannt.

Längenänderungen entstehen durch Änderungen der Rohrwandtemperatur. Diese können sowohl durch das Fördermedium als auch durch äußere Einwirkung initiiert sein. Um die zu erwartende Längenänderung möglichst annähernd genau vor der Verlegung ermitteln zu können, sind entsprechende Kenntnisse über die maximale und die minimale Rohrwandtemperatur während des Betriebs notwendig. Ferner muss die ungefähre Temperatur während der Verlegung bekannt sein oder mindestens angenommen werden. Bei außerhalb von Gebäuden oder in Kanälen zu verlegende Leitungen sind die zu erwartenden Außentemperaturen möglichst genau abzuschätzen. Sind Betriebsunterbrechungen z.B. durch Betriebsferien oder Feiertage zu erwarten, können die während dieser Zeit einwirkenden Außentemperaturen ebenfalls Bedeutung erlangen.

Tabelle 3.12 Auswahlhilfen für den Werkstoffs

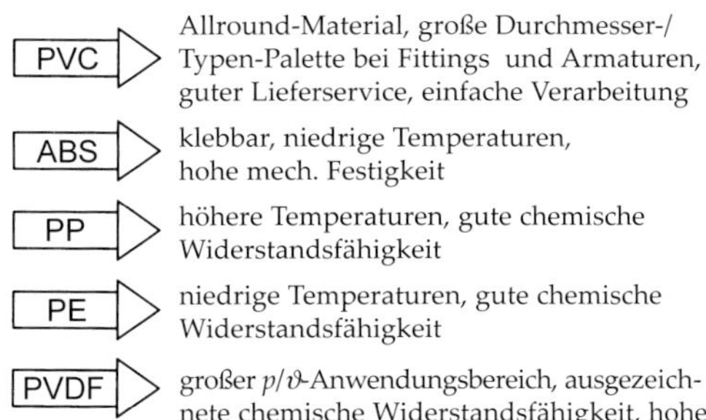

Richtwerte zum Preis der fertig verlegten Rohrleitung:

PVC : PE/PP : PVDF ≈ 1 : 1,2 : 3,3

Zur Berechnung der Längenänderung ist die Rohrleitungsanlage vorteilhafterweise in Leitungsabschnitte zu unterteilen, und zwar solchen Leitungsabschnitten, innerhalb derer vorgesehen wird, die Längenänderung durch geeignete Maßnahmen aufzunehmen. Solche Leitungsabschnitte können beispielsweise begrenzt werden durch Armaturen, durch T-Stücke, durch Winkel bzw. Bogen oder auch durch Flanschanschlüsse.

Analog zu den Stahlrohrleitungen kann die Aufnahme der Längenänderung durch Biegeschenkel bzw. Dehnungsbogen, aber auch durch Einbau von Kompensatoren sowie durch Spannungsüberlagerung in der Rohrwand

Tabelle 3.13 Längenänderungskoeffizienten verschiedener Werkstoffe (mm/m bei $\Delta\vartheta = 100$ K)

Werkstoff		Wert	Werkstoff		Wert
PVC-C	:	7,0	GFK (60%)	:	2,5
PVC-U	:	8,0	GFK (30%)	:	4,5...5,8
PVDF	:	12,0	Stahl	:	1,2
PP	:	15,0	Gusseisen	:	0,9
PE-HD	:	20,0	Kupfer + Austenit	:	1,7

erfolgen. Welches Verfahren im Einzelfall angewendet wird, hängt von den örtlichen Gegebenheiten, von der Größe der Längenänderung, aber auch vom Betriebsdruck sowie der max. Betriebstemperatur ab.

3.6.2 Biegeschenkellänge L_A

Die Berechnung erfolgt gemäß Abschnitt 3.2.1 zu (s.a. Bild 3.79):

$$L_A = f_L \cdot \sqrt{\Delta L \cdot d_a} \qquad \text{(Gl. 3.214)}$$

Für f_L gelten folgende Werte:

PVC-U = 33,5
PVC-C = 33,5
PVDF = 21,6
PP = 30,0
PE-HD = 26,0

ΔL und d_a in mm einsetzen. L_A ergibt sich dann ebenfalls in mm.

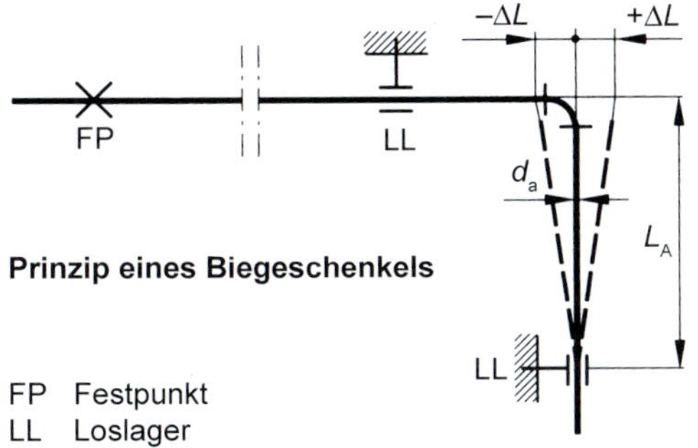

Wichtig: Ist die Betriebstemperatur höher als die Verlegetemperatur, ergibt sich eine Verlängerung der Leitung. Ist sie hingegen niedriger als die Verlegetemperatur, verkürzt sich das Rohr.

Daher: Verlegetemperatur sowie **maximale** und **minimale** Betriebstemperatur berücksichtigen.

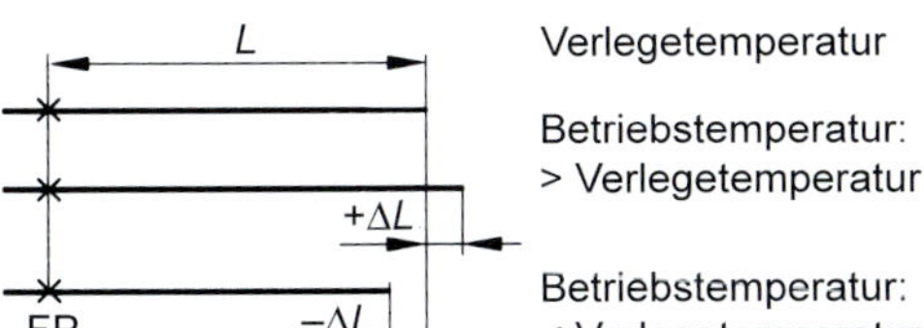

Bild 3.79 Biegelschenkel bei Kunststoffrohren

3.6.3 Aufnahme der Längenänderung durch Kompensatoren

Der Einbau von Kompensatoren in eine Rohrleitungsanlage bedingt einen höheren Kostenaufwand für Beschaffung und Wartung. Andererseits gibt es Situationen, in denen die räumlichen Verhältnisse die Anordnung von Biegeschenkeln nicht oder nur beschränkt zulassen.

Bei der Auswahl des Kompensators ist insbesondere auf den niedrigen Elastizitätsmodul der Kunststoffe zu achten. Das gilt in besonderem Maße für Rohre aus Thermoplasten, wobei in diesem Fall noch die deutliche Temperaturabhängigkeit des Elastizitätsmoduls zu berücksichtigen ist. Liegt der Eigenwiderstand eines Kompensators zu hoch, ist das Rohr nicht in der Lage, die Axialkraft in vollem erforderlichen Maß aufzubringen. Sofern die Rohre in einem solchen Fall ausreichend durch Rohrhalter geführt sind und ein Ausknicken damit nicht möglich ist, kann dies zu nicht mehr reversiblen Stauchungen der Rohrwand führen. Die im Betriebszustand zur Zusammendrückung des Kompensators aufzubringende Kraft muss innerhalb des vorgesehenen Arbeitsbereiches unter den durch die Temperaturänderung hervorgerufenen Axialkräften des Rohres liegen.

Die beiden Festpunkte müssen so ausgebildet werden, dass sie in der Lage sind, die entstehenden Axialkräfte sicher aufzunehmen. Hierbei sind zu berücksichtigen:

a) die aus wirksamen Balgquerschnitt und aus Betriebsüberdruck sich ergebende Reaktionskraft,
b) der Eigenwiderstand des Kompensators,
c) die Rohrreibung in den Rohrhalterungen.

Die Summe dieser Kräfte darf nicht größer sein als die aus der Temperaturänderung sich ergebende Axialkraft des Rohres. Diese ergibt sich aus:

$$F = \frac{\pi}{4} \cdot (d_a^2 - d_i^2) \cdot \Delta\vartheta \cdot E \cdot \sigma \qquad \text{(Gl. 3.215)}$$

3.7 Spannungsanalyse

Zusätzlich zur Auslegung auf Druckbeanspruchung (primär Umfangsspannung), müssen Rohrleitungen so ausgelegt sein, dass Wärmedehnung und Wärmekontraktion sowie Auswirkungen von Gewichts- und anderen Belastungen zulässig aufgenommen werden (Längsspannungen).

Das Produkt aus Spannungserhöhungsfaktoren i und dem festgelegten Abminderungsfaktor 0,75 muss mindestens 1,0 sein ($0{,}75\, i \geq 1{,}0$). Gemäß DIN EN 13 480-3 (2012) gilt:

3.7.1 Spannungen aufgrund ständig wirkender Lasten

$$\sigma_1 = \frac{p_c \cdot d_0}{4 \cdot e_n} + \frac{0{,}75 \cdot i \cdot M_A}{Z} \leq f_h \qquad \text{(Gl. 3.216)}$$

3.7.2 Spannungen aufgrund gelegentlich oder außergewöhnlich wirkender Lasten

$$\sigma_2 = \sigma_1 + \frac{0{,}75 \cdot i \cdot M_B}{Z} \leq k \cdot f_h \qquad \text{(Gl. 3.217)}$$

3.7.3 Spannungsschwingbreite aufgrund Wärmedehnung und wechselnder Sekundärlasten

$$\sigma_3 = \frac{i \cdot M_C}{Z} \leq f_a \qquad \text{(Gl. 3.218)}$$

Wird diese Bedingung nicht erfüllt, so muss die Summe der durch den Berechnungsdruck p_c verursachten Spannungen (Längsspannung durch Innendruck) und der Momente M_A aufgrund ständig wirkender mechanischer Lasten und der Momente M_C aufgrund von Wärmedehnung und Wechselbeanspruchung, die nachstehende Gleichung erfüllen:

$$\sigma_4 = \sigma_1 + \sigma_3 \leq f_h + f_a \qquad \text{(Gl. 3.219)}$$

3.7.4 Zusätzliche Bedingungen für den Zeitstandsbereich

$$\sigma_5 = \sigma_1 + \frac{0{,}75 \cdot i \cdot M_C}{Z} \leq f_{CR} \qquad \text{(Gl. 3.220)}$$

3.7.5 Spannungen aufgrund einmaliger Verschiebung von Rohrhalterungen

$$\sigma_6 = \frac{i \cdot M_D}{Z} \leq \min\,(3 \cdot f;\; 2 \cdot R_{p0,2,t}) \qquad \text{(Gl. 3.221)}$$

Bei erforderlicher zeitabhängiger Berechnung gilt:

$\sigma_6 \leq 0{,}3\, R_{p\,0{,}2,\,t}$ bei ferritischen Stählen
$\sigma_6 \leq 0{,}3\, R_{p\,1{,}0,\,t}$ bei austenitischen Stählen

Für die Formelzeichen gilt:

M_A das aus den ständig wirkenden mechanischen Lasten resultierende Moment, das aus der ungünstigsten Kombination der folgenden Lasten ermittelt wird:

- Eigengewicht der Rohrleitung, einschließlich Isolierung, Ein- und Anbauteilen;
- Masse des Fluids;
- Innendruckkräfte aufgrund nicht entlasteter Axial-Kompensatoren usw.

M_B das aus den gelegentlich wirkenden oder außergewöhnlichen Lasten resultierende Moment, das aus der ungünstigsten Kombination der folgenden Lasten ermittelt wird:

- Windlasten ($T \leq T_B/10$);
- Schneelasten;
- dynamische Lasten durch Schaltvorgänge ($T \leq T_B/100$);
- seismische Lasten ($T \leq T_B/100$);

M_C die Schwankungsbreite des resultierenden Moments aufgrund von Wärmeausdehnung und Wechselbeanspruchung, die aus der größten Differenz der Momente unter Verwendung der bei den betrachteten Temperaturen geltenden Elastizitätsmodul zu ermitteln ist.

Dabei sind die folgenden Faktoren besonders zu beachten:

- ❑ Dehnung in Längsrichtung, einschließlich Verschiebungen an Anschlusspunkten durch Wärmeausdehnung und Innendruck;
- ❑ Verschiebungen an Anschlusspunkten durch Erdbeben, wenn die Auswirkungen von Verschiebungen von Verankerungen gestrichen wurden;

- windbedingte Bewegungen an Anschlussstellen;
- Reibungskräfte.

Darüber hinaus ist der Beanspruchungszustand der Rohrleitung beim Abfahren zu betrachten. Eine gegebenenfalls beim Einbau vorgenommene Kaltvorspannung bleibt unberücksichtigt, d.h., der für M_C zugrunde gelegte Betriebsfall ist so auszulegen, als wäre keine Kaltvorspannung vorhanden.

M_D das resultierende Moment aufgrund einer einmaligen Verschiebung von Rohrhalterungen, z.B. Bewegungen an Anschlusspunkten durch Setzen von Fundamenten oder Erdbewegungen durch Bergbauarbeiten.

Sofern nicht anders festgelegt, gelten folgende Vereinbarungen für die Wirkzeit T und den Faktor k.

a) Die Wirkzeit T entspricht den in Klammern angegebenen Werten bezogen auf die Gesamtbetriebszeit T_B;
b) Schnee- und Windlasten wirken nicht gleichzeitig;
c) Lasten mit $T \leq T_B/100$ wirken nicht gleichzeitig.

$k = 1$ wenn eine gelegentlich wirkende Last über mehr als 10% eines beliebigen Betriebszeitraums von 24 h wirkt, z.B. ortsüblicher Schneefall, ortsüblicher Wind.

$k = 1{,}15$ wenn eine gelegentlich wirkende Last über weniger als 10% eines beliebigen Betriebszeitraums von 24 h wirkt.

$k = 1{,}2$ wenn eine gelegentlich wirkende Last über weniger als 1% eines beliebigen Betriebszeitraums von 24 h wirkt, z.B. dynamische Lasten durch Schließen/Öffnen von Ventilen, bei der Auslegung berücksichtigte Erdbeben.

$k = 1{,}3$ bei außergewöhnlichen Lasten mit sehr geringer Eintrittswahrscheinlichkeit, z.B. sehr schwerer Schneefall/Wind (d.h. mit dem 1,75-fachen der üblichen Stärke).

$k = 1{,}8$ bei Sicherheitsabschaltung wegen Erdbeben.

Der Parameter p_c ist der beim betrachteten Lastzustand auftretende maximale Berechnungsdruck, wobei der Berechnungsdruck als Mindestwert zu verwenden ist.

p_c Berechnungsdruck (N/mm^2)
d_0 Rohraußendurchmesser (mm)
e_n Nennwanddicke (mm)
Z Widerstandsmoment eines Rohres (mm^3)
i Spannungserhöhungsfaktor
f_h zulässige Auslegungsspannung (N/mm^2)
f_a zulässige Spannungsschwingbreite (N/mm^2)
f_{CR} zulässige Auslegungsspannung im Zeitbereich (N/mm^2)

Die Bestimmung der zulässigen Spannungen s. Abschnitt 3.2.7.2.

3.8 CAE in der Rohrleitungstechnik

3.8.1 CAD-unterstützte Rohrleitungsplanung (Fa. Autodesk, München)

Die CAD-unterstützte Rohrleitungsplanung bietet eine komplette Umgebung für die Planung von Rohrleitungen, die Erstellung von Apparaten und Stahlbaukonstruktionen. Anhand des 3-D-Modells werden orthogonale Zeichnungen abgeleitet, Rohrisometrien erzeugt und Auswertungen erstellt.

3.8.1.1 Rohrklassenbezogene Verrohrung

Beim Erstellen der Rohrleitungen wird der Anwender durch eine Rohrklassenbezogene Verrohrung unterstützt. Die Rohrleitung selbst wird anhand einer intelligenten Mittellinie im 3-dimensionalen Raum erstellt. Dies geschieht entweder semi-automatisch oder manuell. Das bedeutet, dass das 3-D-CAD-System für die Verbindung zweier Punkte im Raum dem Anwender mögliche Routen anbietet und der Reihe nach anzeigt. Der Anwender kann nun die am ehesten passende Route bestätigen und den Verlauf damit vorerst festlegen.

Bei der manuellen Konstruktion wird der Rohrleitungsverlauf Stück für Stück im 3-dimensionalen Raum definiert. Um eine optimale Orientierung im Raum zu ermöglichen wird der Anwender durch die Einblendung von einem sog. «Kompass» unterstützt. Der Kompass zeigt dem Konstrukteur die Ausgangsposition und die Richtung an, in die die Rohrleitung konstruiert werden soll. Dabei gibt es 3 Möglichkeiten der Ausrichtung: in *X-Y-*, *X-Z-* und *Y-Z*-Ebene. Selbstverständlich kann das Koordinatensystem auch gedreht werden, so dass sämtliche Richtungen möglich sind. Nach jedem Teilstück der Rohrleitung springt der Kompass auf den neuen Ausgangspunkt für das nächste Teilstück.

Sowohl bei der semi-automatischen und bei der manuellen Konstruktionsmethode kann die Rohrleitung, nachdem sie einmal definiert wurde, entweder so behalten, ergänzt oder abgeändert werden. Die bei der Konstruktion eingestellte Rohrklasse ist dabei für den Aufbau der Rohrleitung zuständig, d.h., dass nach dem Erstellen der intelligenten Mittellinie sich automatisch die entsprechenden Rohre und Formstücke nach den Vorgaben aus der Rohrklasse aufbauen.

Um eine semi-automatisch oder manuell gesetzte Rohrleitung abzuändern, stehen eine Reihe von Bearbeitungsgriffen zur Verfügung, die temporär eingeblendet werden, sobald eine Rohrleitung oder ein Element selektiert wird. Z.B. kann auf diese Weise die Auswahl der konkreten Rohrbögen vorgenommen werden. Dazu wird ein Rohrbogen selektiert und mit Hilfe eines kleinen Auswahlsymbols der passende Rohrbogen aus den in der Rohrklasse verfügbaren Rohrbogenradien ausgewählt.

Ebenso können sämtliche Rohre und Rohrformstücke noch weiter bestimmt oder zusätzliche Komponenten hinzugefügt werden. Um z.B. einen Abzweig zu definieren, wird wiederum lediglich auf ein Abzweigsymbol geklickt und somit ein T-Stück in die Rohrleitung eingesetzt und von dem aus der weitere Strang definiert. Beim Erstellen einer Reduzierung wird dagegen lediglich die Nennweite des Rohrs abgeändert und danach die notwendige Reduzierung automatisch nach den Regeln der Rohrklasse eingesetzt.

3.8.1.2 Armaturen

Eine ähnliche Methode findet bei der Platzierung von Armaturen Anwendung. Hierzu wählt der Anwender aus der Rohrklasse die passende Armatur, sucht mit dem Cursor die Mittellinie und das passende Segment seiner Rohrleitung. Sobald eine Rohrleitung gefunden ist, wird eine temporäre Vorschau der Armatur zusammen mit einer temporären Maßkette angezeigt. Diese Maßkette bietet dem Anwender eine einfache Möglichkeit, die Position der Armatur innerhalb der Rohrleitung exakt zu bestimmen. Sobald die richtige Position definiert wurde, wird die Armatur in die Rohrleitung eingesetzt. Dazu wird die Rohrleitung aufgebrochen, ein Armatursymbol eingesetzt und mit den korrekten Flanschen ergänzt.

3.8.1.3 Rohrhalterungen

Die gleiche Methodik gilt auch bei der Positionierung von Rohrhalterungen. Wie bereits bekannt, wird die passende Rohrhalterung ausgewählt und einer Rohrleitung zugeordnet, indem der Cursor entlang der passenden Mittellinie geführt wird. Die temporär eingeblendete Rohrhalterung zusammen mit den Abstandsmaßen ermöglicht eine exakte Positionierung der Rohrhalterung.

3.8.1.4 Zeichnungsableitungen und Auswertungen

Zusammen mit den Apparaten und der Stahlbaukonstruktion, dient das so erstellte 3-dimensionale Modell einer Anlage nun als Basis für eine Vielzahl von weiteren Zwecken (Bild 3.80). So sind z.B. anhand der Rohrleitungen automatisch einzelne Rohrisometrien erstellbar. Ansichts- und Schnittzeichnungen können abgeleitet werden, indem man durch das gesamte bzw. teilweise Modell vertikale oder horizontale Schnittebenen legt.

3.8.2 Rechnergestützte Analyse (Fa. Sigma, Unna)

Abschnitt 3.2.5 zeigt, wie aufwendig schon die Untersuchung eines einfachen ebenen

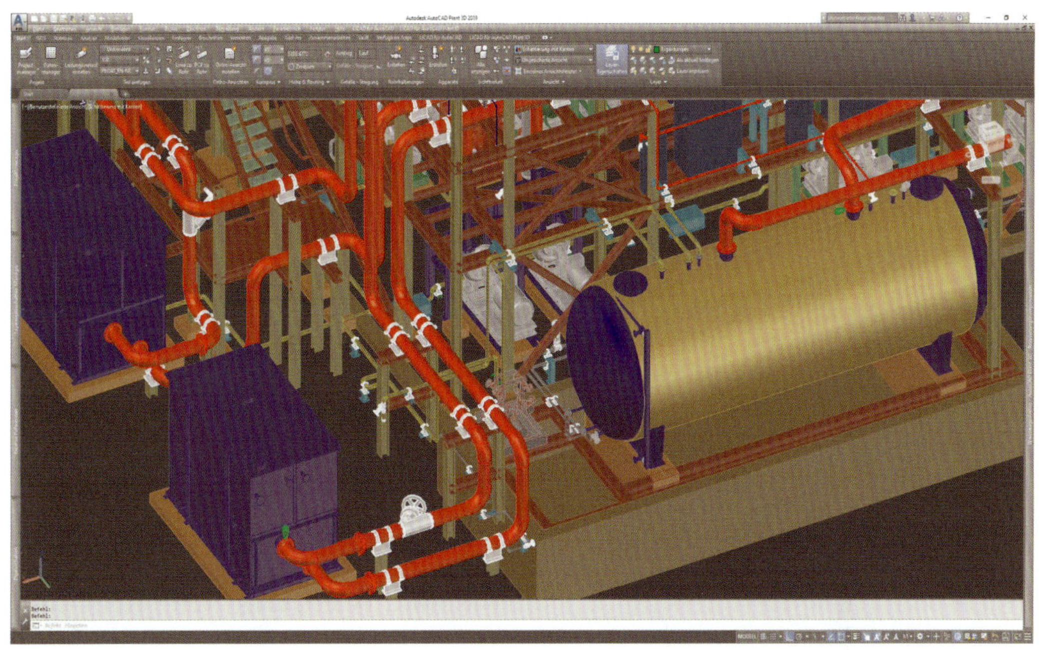

Bild 3.80 Teilansicht einer mit einem «3D-CAD-System» erstellten Rohrleitungsanlage [Quelle: NESS]

Systems mit wenigen Berechnungspunkten ist. Dabei wird in diesem Beispiel vereinfachend als Belastung allein die Temperaturdehnung berücksichtigt, und es werden nur Belastungen / Verformungen am Endpunkt ermittelt.

In der Praxis stellt sich die Aufgabe, deutlich komplexere Systeme unter Berücksichtigung unterschiedlicher Belastungen und Lastfälle zu untersuchen und dabei verschiedenste Kriterien zur Überprüfung der ermittelten Spannungen und Belastungen auf ihre Zulässigkeit zu beachten.

Diese ständig steigenden Anforderungen, u.a. hinsichtlich Umfang, Genauigkeit, Reproduzierbarkeit und Dokumentation, aber auch steigender Kosten- und Termindruck erfordern in zunehmendem Maße die rechnergestützte Analyse von Rohrleitungen.

Nachfolgend wird vorgestellt, zu welchem Zeitpunkt und in welchem Umfang im Rahmen der Planung die rechnergestützte Analyse eingesetzt wird (Kapitel 1, Bild 1.2).

3.8.2.1 Nennweiten und Wanddicken

Erstmalig kann die rechnergestützte Analyse eingesetzt werden, unter Berücksichtigung eines vorgegebenen Werkstoffs und anlagen- bzw. leitungsspezifischer Auslegungsdaten, eine Rohrklasse zu berechnen oder eine Innendruckauslegung für einzelne Bauteile durchzuführen. Zu den nachzuweisenden Bauteilen gehören Rohre, Bögen, Reduzierungen, T-Stücke und Flansche.

Die rechnergestützte Analyse bietet, neben der Möglichkeit, auf Datenbanken und Standardabmessungen zurückzugreifen, den Vorteil, bei komplexeren Bauteilen gleich Fertigungszeichnungen und eine Massenermittlung mitzuliefern. Dieser Schritt ist in der Regel nicht erforderlich, wenn bereits Rohrklassen existieren, auf die im Projekt zurückgegriffen werden kann.

3.8.2.2 Druckverlustberechnung

Die Druckverlustberechnung wird im Projekt mehrfach genutzt. In einem ersten Schritt wird, unter Berücksichtigung der erforderlichen Förderströme und der wirtschaftlichen Fließgeschwindigkeiten, anhand eines einfachen Modells in Anlehnung an ein Fließbild die Ermittlung der erforderlichen Rohrleitungsquerschnitte durchgeführt. Nach Abschluss der Verlegungsplanung werden in einem zweiten Schritt Druckverluste und Mengenverteilungen unter Berücksichtigung dieser Planung ermittelt.

Aufgrund der Ergebnisse erfolgt ggf. eine Anpassung der Nennweiten bzw. der Verlegung. Dieser Vorgang ist iterativ und muss später aufgrund der Ergebnisse einer Elastizitätsberechnung ggf. erneut wiederholt werden. Bei der Nachrechnung existierender und «gewachsener» Altanlagen dient die Berechnung dazu, Engpässe zu erkennen oder Störfallsze-narien rechnerisch nachzuweisen.

3.8.2.3 Modellierung

Die Modellierung für die Erstberechnung erfolgt i.d.R. im 2D-Modus und lehnt sich an die Darstellung eines Fließbildes an. Armaturen und Einbauten werden zunächst nur näherungsweise über Zuschläge oder angenäherte Widerstandsbeiwerte berücksichtigt. Diese erste Berechnung dient zunächst zur Ermittlung der erforderlichen bzw. Absicherung der gewählten Nennweiten.

Nach Abschluss der Rohrleitungsplanung erfolgt im Rahmen einer weiteren Untersuchung die eigentliche Druckverlustberechnung. Hierzu erfolgt die Modellierung im 3D-Modus, um eine größere Genauigkeit bei der Berechnung zu gewährleisten. Modellinformationen können zu diesem Zeitpunkt der Planung ggf. aus einem Planungssystem übernommen werden.

Datenübernahme aus Planungssystemen

Die Datenübertragung begrenzt sich in der Hauptsache auf Modelldaten. Berechnungsspezifische Informationen, wie z.B. Widerstandsbeiwerte von Armaturen und Einbauten oder Pumpenkennlinien, sind genauso wie Informationen zu Lastfällen und Belastungen i.d.R. vom Rechnenden im Berechnungstool zu ergänzen. CAD-Schnittstellen helfen, die Fehleranfälligkeit bei der Übertragung in die Berechnungs-Software zu reduzieren.

3.8.2.4 Lastfalldefinition

Unabhängig von den beiden Varianten der Nutzung sind zur Berechnung Lastfälle und lastfallspezifische Informationen vorzugeben. Zunächst ist festzulegen bzw. abzustimmen, welche grundsätzlichen Lastzustände durch die Berechnung abzusichern sind. Zum üblichen Umfang gehört sicherlich die Berechnung des Lastfalls «Normalbetrieb» genauso wie die Berechnung unter Berücksichtigung maximal und minimal möglicher Masseströme oder Einspeisungen bzw. Entnahmen.

Darüber hinaus kann die Berücksichtigung erwarteter Störfälle oder Schieflagen genauso wie die Berechnung von Worst-Case-Szenarien (z.B. Pumpenausfall) zum Berechnungsumfang gehören. Je Lastfall sind dabei die zugehörigen Randbedingungen zu definieren. Es ist vorzugeben, welche Masseströme in das betrachtete System eingespeist und gleichzeitig an welchem Knoten wieder entnommen werden. Dabei können auch im Berechnungssystem selbst, durch lastfallabhängiges Ein- und Ausschalten von Pumpen, durch Öffnen und Schließen von Armaturen oder durch Regelung des Massestroms in beliebigen Abschnitten, verschiedene Szenarien berücksichtigt werden.

3.8.2.5 Berechnung

Generell kann die Berechnung unter Berücksichtigung verschiedenster Randbedingungen erfolgen. Für vorgegebene Mengen können Druckverluste ermittelt werden, für vorgegebene Druckverluste die daraus resultierenden Masseströme. Bei vernetzten Systemen ist, abhängig von den bekannten Parametern, auch eine Kombination dieser Varianten möglich. Die Berechnung der Druckverluste und Mengenverteilungen erfolgt iterativ (Bild 3.81)

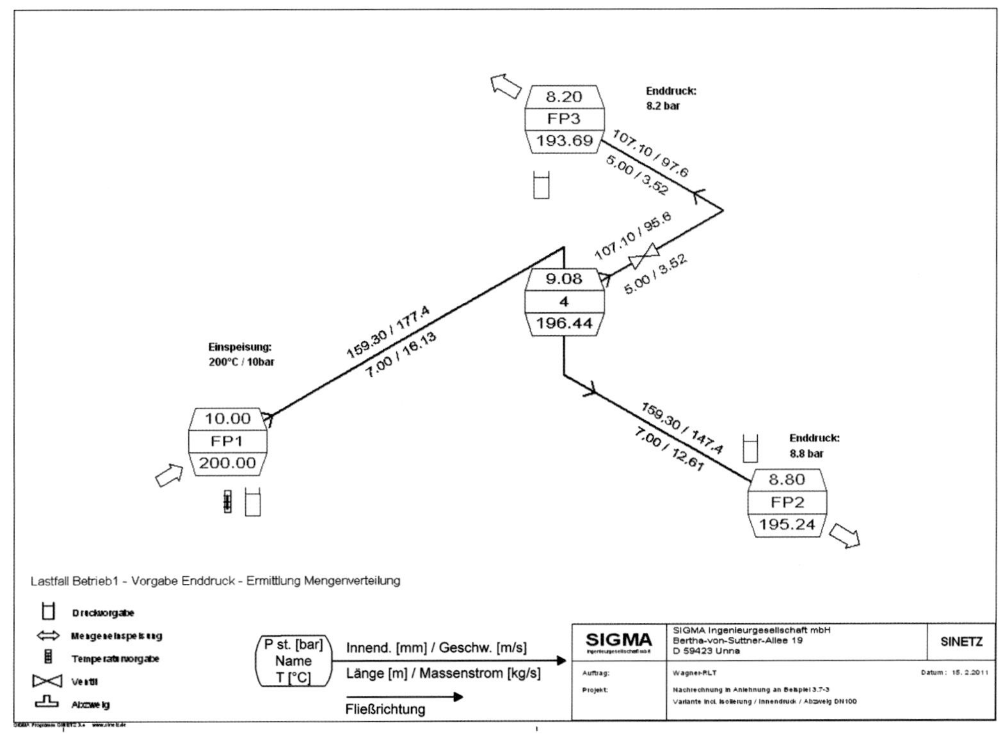

Bild 3.81 Berechnung der Mengenverteilung bei vorggebenem Enddruck (Fluid: Wasser/Dampf) Ausführung gemäß Beispiel 3.7.III

Widerstandsbeiwerte für Bauteile wie Rohr, Bogen, Reduzierung oder Abzweig werden dabei automatisch berücksichtigt. An Abzweigen wird unterschieden, ob eine Stromvereinigung oder Stromtrennung vorliegt. Stoffkennwerte werden aufgrund der errechneten Druck- und Wärmeverluste im Leitungsverlauf angepasst. Dazu sind entsprechende Stoffkennwerte hinterlegt. Für Wasser- bzw. Dampfleitungen wäre hier z.B. die Wasser-Dampf-Tafel zu nennen.

Für Pumpen, die mit ihrer Kennlinie definiert sind, wird der Arbeitspunkt ermittelt. Nichtlineare Bauteile bieten die Möglichkeit, Masseströme fest einzustellen und für einen definierten Arbeitspunkt durch Blenden zu ersetzen. Berechnungsrandbedingungen können in Anlehnung an vorliegenden Messwerten an fast beliebigen Punkten definiert werden, da einige Berechnungsprogramme in der Lage sind, anhand dieser Vorgabe Druckverluste und Mengenverteilungen im System «vorwärts» und «rückwärts» zu berechnen.

3.8.2.6 Ergebnisse und Dokumentation der Druckverlustberechnung

Die Druckverlustberechnung liefert dem Rechnenden eine Vielzahl an Ergebnissen zur Beurteilung der Gebrauchsfähigkeit des Systems. So können an jedem Knoten des Systems nicht nur Informationen zu Druck, Temperatur und Zufluss, sondern auch mediumspezifische Daten wie Dichte oder Viskosität dokumentiert und abgefragt werden. Für jeden Abschnitt zwischen 2 Knoten werden Durchflussmenge und -Geschwindigkeit genauso ermittelt wie Temperaturänderung, Wärmeverlust oder die Oberflächentemperatur der Isolierung.

Die Ergebnisse einer solchen Berechnung können klassisch in Tabellenform aufgelistet, alternativ zentrale Ergebnisse zur besseren Übersicht aber auch in grafischer Form zusammengefasst werden. Die grafische Präsentation bietet z.B. die Möglichkeit, Ergebnisse als Druck- oder Temperaturverlauf oder den Arbeitspunkt einer Pumpe auf der Kennlinie darzustellen.

3.8.2.7 Optimierung und Anpassung der Berechnung

Anhand der Ergebnisse der Berechnung kann das System mittels weniger Eingaben optimiert werden. Mögliche Maßnahmen:

- Änderung der Nennweite bei Über- oder Unterschreiten kritischer Geschwindigkeiten in einzelnen Abschnitten,
- Anpassen der Isolierung zur Reduzierung des Temperaturverlustes,
- Einregeln der Masseströme durch Regelventile oder Blenden (Bild 3.82),
- Dimensionierung und optimale Auslegung von Pumpen.

3.8.3 Elastizitätsberechnung

Sobald mittels CAD-System der Rohrleitungsverlauf geplant und Lagerpositionen festgelegt sind, kann im Rahmen einer Rohrleitungsstatik geprüft werden, ob das System ausreichend elastisch verlegt ist. Abhängig von der Größe des Projektes können auch hier zunächst planungsbegleitende, überschlägige Analysen durchgeführt werden, um die generelle Machbarkeit zu prüfen und Fehlplanungen zu vermeiden.

Die eigentliche Berechnung sollte im Rahmen der Detailplanung stattfinden, um eine möglichst genaue Modellierung des Leitungssystems und damit möglichst realistische Ergebnisse zu erhalten. Unter Umständen ist nach Abschluss der Planung im Rahmen einer As-built-Statik die Berechnung zu aktualisieren, um Details wie geänderte Armaturenmassen, Wanddicken, Isoliergewichte oder auch geänderte Randbedingungen und Lastfallvorgaben in der Berechnung berücksichtigen zu können.

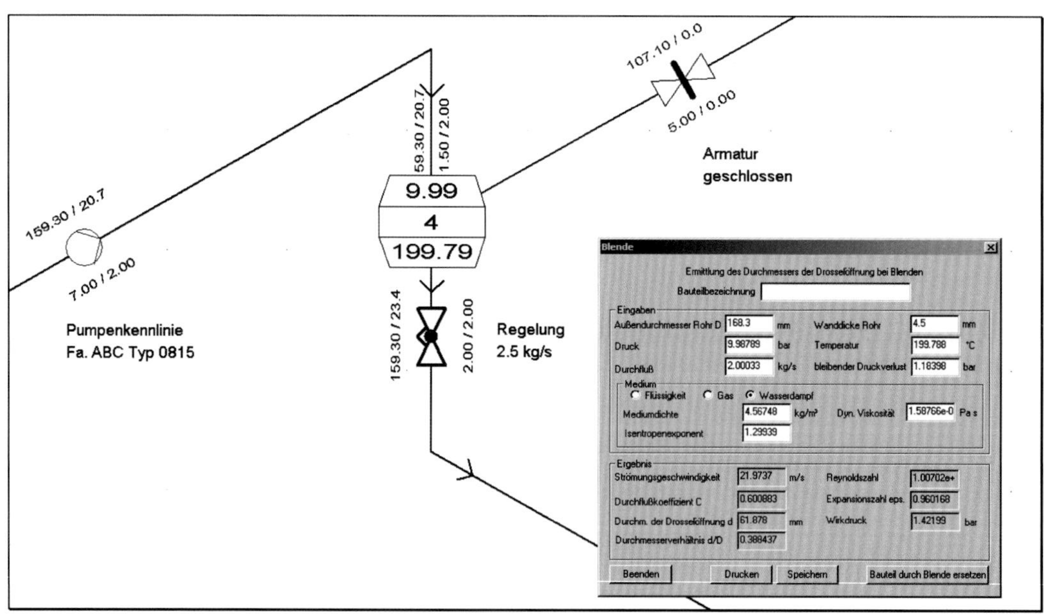

Bild 3.82 Berechnung einer Drosselklappe

3.8.3.1 Modellierung

Die berechnungsrelevanten Daten werden i.d.R. über eine grafische Benutzeroberfläche (GUI) definiert. Alternativ können Daten auch über Schnittstellen zu CAD-Systemen zur Verfügung gestellt werden. Bei der klassischen Modellierung über die grafische Oberfläche kann der Anwender auf umfangreiche Datenbankdateien zurückgreifen, um das Berechnungssystem abzubilden. Datenbankdateien enthalten Normabmessungen von Rohrleitungsbauteilen, temperaturabhängige Werkstoffkennwerte, aber auch Daten aus Herstellerkatalogen wie z.B. für Federlager oder Kompensatoren. Es handelt sich i.d.R. um Datenbanksysteme, die vom Benutzer spezifisch anzupassen oder zu ergänzen sind.

Die Datenübernahme aus CAD-Systemen automatisiert im Idealfall den Großteil dieser Arbeit und ist vergleichbar mit der bereits angesprochenen Datenübernahme für die Berechnung der Druckverluste und Mengenverteilungen. Aufgrund der für die Elastizitätsberechnung benötigten Informationen, z.B. zum Unterstützungskonzept der Leitungen, ist die hier angesprochene Datenübernahme jedoch deutlich komplexer und hilft die Fehleranfälligkeit bei der Übertragung des Modells in die Berechnungs-Software zu reduzieren.

Darüber hinaus führen per Schnittstelle übergebene Kommentare und Zusatzinformationen für Leitungs-, Komponenten- und Unterstützungsbezeichnungen zu einer deutlich verbesserten Verständlichkeit und «Lesbarkeit» der Berechnung. Generell ist unabhängig von der Nutzung von CAD-Schnittstellen zu beachten, dass Liefergrenzen (des CAD-Modells) nicht gleichzeitig auch Berechnungsgrenzen darstellen.

Die Modellierung für die Elastizitätsberechnung erfolgt von Festpunkt zu Festpunkt, um äußere Einflüsse auf die Berechnung auszuschließen und belastbare Ergebnisse zu erhalten. Je nach gefordertem Detaillierungsgrad und Aufgabenstellung kann die Modellierung auch Unterstützungskonstruktionen und anschließende Komponenten enthalten, um deren Steifigkeit für die Elastizitätsberechnung der Rohrleitung zu berücksichtigen.

Datenübernahme aus Planungssystemen
Die Datenübertragung aus Planungssystemen begrenzt sich in der Hauptsache auf Modelldaten. CAD-Schnittstellen übergeben in der Regel die Leitungsgeometrie, Lagerpositionen, Werkstoffe, Abmessungen und Basisinformationen zu Einbauten wie Armaturen oder Flanschen. Sie greifen dazu für eine möglichst komplette Datenübertragung vorzugsweise nicht auf Grafikinformationen, sondern auf zugehörige Datenbankdaten zurück. Die Datenübernahme aus CAD ist abhängig vom Detaillierungsgrad des CAD-Modells und kann daher mehr oder minder vollständig sein.

Zur Komplettierung des Modells hat der Rechnende in jedem Fall berechnungsspezifische Informationen zu ergänzen. Dazu gehören Details zu Unterstützungen wie die statische Funktion des Lagers, das Lagerspiel oder der Reibwert, Federraten für Federlager und Kompensatoren, Isolierung mit Dicke und Metergewicht und Angaben zu Massen der Einbauten wie Armaturen, Flansche oder Kompensatoren.

Die Definition der zu betrachtenden Lastfälle ist i.d.R. alleinige Aufgabe des Rechnenden. Die für die Berechnung entscheidenden Lastfalldaten sind nicht relevant für die Fertigung und werden daher in Planungssystemen üblicherweise nicht hinterlegt. Hier sollte die direkte Absprache mit der Verfahrenstechnik erfolgen, falls Lastfälle und Belastungen nicht in einer Berechnungsspezifikation festgelegt sind.

3.8.3.2 Lastfalldefinition

Der Rechnende hat zunächst festzulegen bzw. abzustimmen, welche grundsätzlichen Lastzustände als einhüllend zu bewerten und durch die Berechnung abzusichern sind. Dabei sind nicht zwingend die Zustände zu betrachten, die im Rahmen der Druckverlustberechnung untersucht wurden. Zum üblichen Umfang der Elastizitätsbe-rechnung gehören zunächst die vom Regelwerk geforderten Standard-Lastfälle: Eigengewicht,

Wärmedehnung (ggf. verschiedene Betriebszustände/Störfälle) und Druckprobe. Darüber hinaus sind aber verschiedenste äußere Einwirkungen in der Berechnung zu berücksichtigen und hinsichtlich der auftretenden Spannungen und Belastungen zu bewerten. Dazu können Wind, Erdbeben, Vorspannungen aber auch Fundamentsetzung, Ausblasen oder ein Druckstoß gehören. Äußere Lasten wie Wind oder Erdbeben können anhand vorgegebener Datenbankeinträge und Normen zugeordnet werden. Je Lastfall sind dabei die zugehörigen Randbedingungen zu definieren. Für die Elastizitätsberechnung gehören dazu z.B. Fremddehnungen aus anschließenden Leitungen oder Komponenten.

Im Berechnungssystem selbst können Parameter wie Druck und Temperatur oder die Dichte des Mediums variiert werden. Dazu kann die Wirkungsweise einzelner Komponenten lastfallabhängig gesteuert werden. Beispielsweise können Federn oder Konstanthänger zur Simulation eines Druckprobe-Lastfalls als blockiert betrachtet werden. Zur Simulation eines Montage- oder Einschwimm-Lastfalls können Leitungen an einzelnen Stutzen entkoppelt werden.

3.8.3.3 Berechnung

Zunächst erfolgt die Berechnung der definierten Belastungen und Lastfälle. Dabei können neben den individuell definierten Lasten auch globale Effekte wie Innendruckdehnung, Bogenaufbiegung, Reibung und Lagerspiel, Hängerschrägstellungen und Effekte 2. Ordnung berücksichtigt werden. Zur Berücksichtigung nichtlinearer Effekte wie Reibung und Lagerspiel erfolgt die Berechnung iterativ.

Anschließend erfolgt die Bewertung der im Berechnungssystem ermittelten Spannungen in Anlehnung an ein vorgegebenes Berechnungsregelwerk. Für industrielle Stahlrohrleitungen findet als harmonisierte europäische Norm i.d.R. die EN 13 480 Anwendung. Im außereuropäischen Raum werden Berechnungen häufig nach ASME-Regelwerk durchgeführt. Daneben gibt es weitere «spezialisierte» Regelwerke z.B. im Bereich kerntechnischer Anlagen, im Bereich erdverlegter Rohrleitungen oder für GFK-Rohre.

Die berechneten Lastfälle werden in Anlehnung an das vorgegebene Berechnungsregelwerk überlagert, um eine regelwerkkonforme Spannungsabsicherung und Ermittlung von Bauanschlusslasten zu erhalten. Abhängig vom gewählten Regelwerk erfolgt neben der Festlegung der Verschwächungsbeiwerte (Spannungserhöhungsfaktoren) der im Modell definierten Bauteile auch die Ermittlung der Spannungen und der zulässigen Spannungen.

3.8.3.4 Ergebnisse und Dokumentation

Als wesentlichste Ergebnisse der Elastizitätsberechnung sind zunächst die Spannungsausnutzung in der Rohrleitung und die max. Belastungen an Komponentenstutzen, Lagerpunkten und anderen kritischen Punkten des Berechnungssystems zu nennen. Zur Analyse und Bewertung der Berechnungsergebnisse werden errechnete Spannungen direkt mit zulässigen Spannungen verglichen und ermöglichen die Dokumentation der Spannungsausnutzung als eindeutiges Kriterium für den Nachweis der Leitung.

An Komponentenanschlüssen lassen sich parallel zu berechneten Lasten auch die zulässigen Belastungen dokumentieren, um einen direkten Abgleich mit diesen Werten zu bekommen. Für Flansche lassen sich Schnittlasten ermitteln, um diese im Anschluss für den Flanschnachweis nach EN 1591 zu verwenden. Die individuelle Festlegung des Dokumentationsumfangs ermöglicht darüber hinaus für beliebige Knoten eine effiziente Überprüfung weiterer zu betrachtende Kriterien.

Alle Ergebnisse einer Berechnung können klassisch in Tabellenform aufgelistet, alternativ zentrale Ergebnisse zur besseren Übersicht aber auch in grafischer Form zusammengefasst werden. Die grafische Präsentation bietet z.B. die Möglichkeit, die verformte Struktur, die Spannungsausnutzung als Farbdarstellung oder einen Belastungsplan darzustellen. Der einmal definierte Dokumentationsumfang lässt sich auch ggf. nach erforderlicher

Änderung des Berechnungssystems für die überarbeitete Berechnung reproduzieren und bietet damit einen weiteren Kosten- und Zeitvorteil gegenüber der Handrechnung.

Unabhängig von der individuell gestalteten Dokumentation der Ergebnisse generiert die Berechnungssoftware einen prüffähigen Output, der eine komplette Nachvollziehbarkeit der Eingaben zur Prüfung der Berechnung ermöglicht. Text- und Grafikdokumente lassen sich in Office-Produkten weiterbearbeiten. Außerdem sind Berechnungstools über Interfaces mit anderen Softwareprodukten verknüpft, um z.B. Ergebnisse für die Auslegung von Hängerketten weiterzugeben.

3.8.3.5 Optimierung und Systemanpassung

Sobald die Berechnung Spannungsüberschreitungen ergibt oder andere Kriterien nicht eingehalten sind ist eine Optimierung bzw. Anpassung des Systems erforderlich. Auch Änderungen der Planung können eine nachträgliche Änderung der Berechnung erforderlich machen. Prinzipiell bestehen viele Möglichkeiten zur Optimierung eines Rohrleitungssystems. Dabei sind nicht nur technische Aspekte, sondern auch Kosten, Probleme der Beschaffung und die Realisierbarkeit des geänderten Konzeptes zu beachten. Hier bietet die rechnergestützte Analyse die Möglichkeit, mit überschaubarem Aufwand zunächst die Machbarkeit verschiedener Varianten zu prüfen.

Übliche Ansätze zur Optimierung könnten sein:

- Anpassung des Unterstützungskonzepts,
- weichere Verlegung durch Dehnungsbögen oder Kompensatoren,
- Austausch einzelner Bauteile.

Nur für den Fall, dass die genannten punktuellen Änderungen nicht das gewünschte Ergebnis liefern, wären auch folgende Maßnahmen denkbar:

- Änderung des Werkstoffs,
- Änderung der Wanddicke der Rohrleitungen.

Die genannten Änderungen lassen sich in der Regel mittels weniger Mausklicks realisieren, und der Anwender wird dabei durch Auswahl- und Filterfunktionen unterstützt.

3.8.3.6 Geltungsbereich und Berechnungsgrenzen

Da die EN 13 480 wie auch die entsprechenden ASME-Regelwerke nur Vorgaben zur Berechnung von Rohrleitungen machen, lassen sich z.B. Stutzen anschließender Behälter unter Berücksichtigung der Rohrleitungslast nicht nach diesen Regelwerken berechnen. Gleiches gilt für Sonderbauteile wie Stutzen bzw. Abzweige im Bogen, schräge oder sich gegenseitig beeinflussende Abzweige in Rohrleitungen, für die das Regelwerk keine Spannungserhöhungsfaktoren zur Spannungsbewertung vorsieht.

An dieser Stelle lassen sich in entsprechenden Berechnungstools Teile der Struktur mittels Finite-Elemente-Methode berechnen (Bild 3.83).

Dabei werden Lastfall-Vorgaben und angreifende Lasten aus der anschließenden Rohrleitung direkt an die integrierte FE-Berechnung übergeben und berücksichtigt.

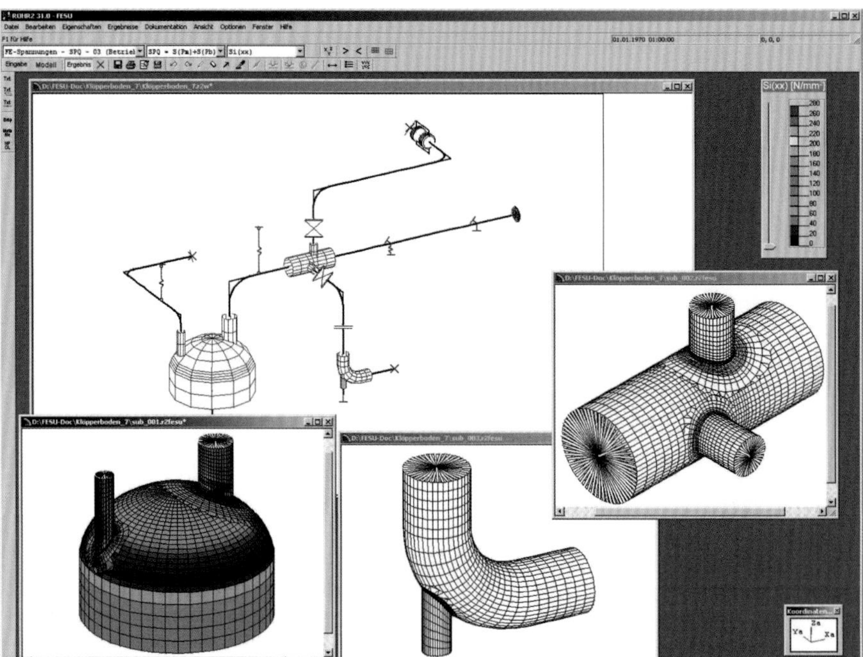

Bild 3.83 Finite-Elemente-Berechnung

4 Strömungstechnik

4.1 Wahl der Strömungsgeschwindigkeit und des Rohrinnendurchmessers

Die wirtschaftliche Strömungsgeschwindigkeit lässt sich aus dem Kostenminimum von Investitionskosten und Betriebskosten ermitteln.

Die jährlichen Kapitalkosten (Tilgung, Verzinsung usw.) K_1 errechnen sich zu:

$$K_1 = C_1 \cdot d_i^2 \qquad \text{(Gl. 4.1)}$$

und die Betriebskosten K_2 infolge Reibungsverluste zu:

$$K_2 = \frac{C_2}{d_i^5} \qquad \text{(Gl. 4.2)}$$

Den wirtschaftlichen Innendurchmesser erhält man aus der Minimalisierung durch Ableiten der beiden Gleichungen zu:

$$d_{i,w} = \sqrt[7]{\frac{5 \cdot C_2}{2 \cdot C_1}} \qquad \text{(Gl. 4.3)}$$

Hierin enthalten die Konstanten C_1 und C_2 sämtliche für die Anlage geltenden Parameter.

Bedingt jedoch durch die strömungstechnischen Grenzdaten, die sich bei zu hoher Strömungsgeschwindigkeit einstellen, wie:

- Geräuschemission,
- Schwingungen des Rohrleitungssystems,
- Erosion in den Umlenkstellen,

ergeben sich die in Bild 4.1 dargestellten Abhängigkeiten, wobei sich durch die große Abhängigkeit des Druckverlustes vom Rohrdurchmesser ($\Delta p_v \sim 1/d^5$) keine konstante Strömungsgeschwindigkeit für die verschiedenen Medien ergibt, sondern diese noch vom Rohrinnendurchmesser abhängig sind!

Auch sollte man in Rohrleitungen die Geschwindigkeit möglichst konstant halten, damit Beschleunigungs- und Verzögerungsverluste vermieden werden. Ebenfalls ergibt sich bei hohen örtlichen Geschwindigkeiten die Gefahr, dass bei Flüssigkeiten eine Unterschreitung des Dampfdruckes auftreten kann und somit Ausdampfungen gegeben sind sowie bei Gasen und Dämpfen die Schallgeschwindigkeit erreicht wird und Verdichtungsstöße die Folge sind.

Die in Bild 4.1 dargestellten Strömungsgeschwindigkeiten gelten für die genannten Randparameter, wie die Abhängigkeit von der Viskosität bei Flüssigkeiten und die Abhängigkeit vom Betriebsdruck bei Gasen und Dämpfen sowie für Reynolds-Zahlen über $Re \geqq 1000$.

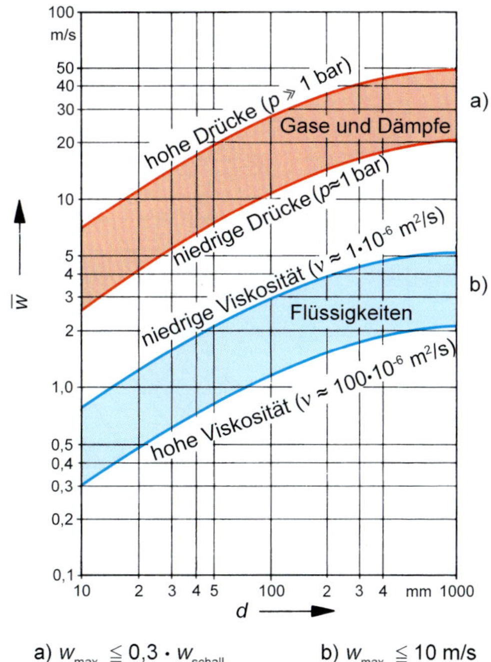

Bild 4.1 In der Praxis bewährte, wirtschaftliche Geschwindigkeiten für Gase und Flüssigkeiten in Abhängigkeit vom Rohrinnendurchmesser

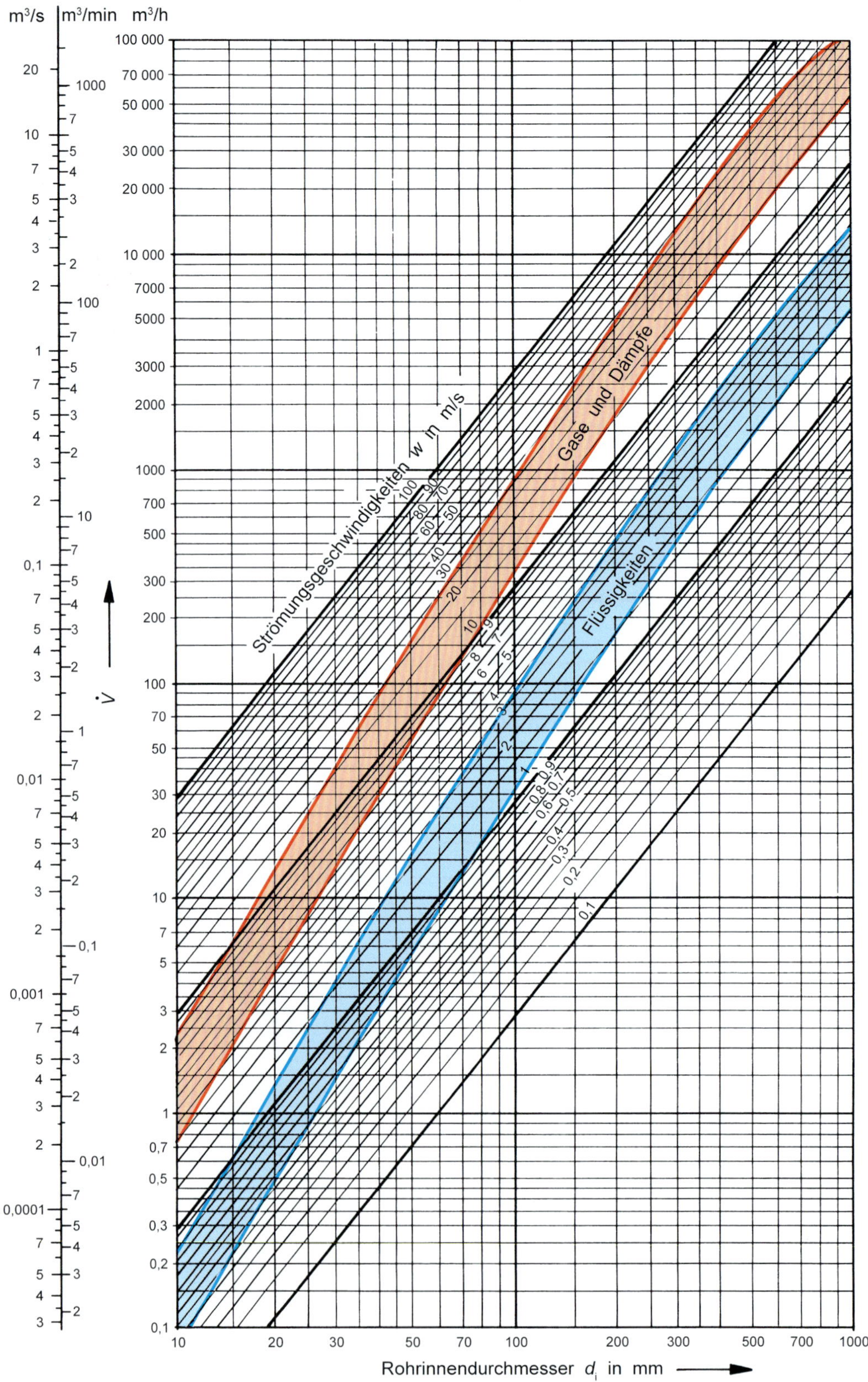

m³/s
m³/min
m³/h
Strömungsgeschwindigkeiten w in m/s
Gase und Dämpfe
Flüssigkeiten
V̇
Rohrinnendurchmesser d_i in mm

> **!** Bei Flüssigkeiten werden für **Saugleitungen** zur Verhinderung von *Kavitation etwas geringere* und bei speziellen **Pressleitungen** etwas *höhere Geschwindigkeiten* gewählt.

Werden allgemein Flüssigkeiten in der Nähe ihres Siedebeginns in Rohrleitungen fortgeleitet, dann sollte die Geschwindigkeit ebenfalls etwas reduziert werden. Die mittlere Strömungsgeschwindigkeit ermittelt sich aus:

$$\bar{w} = \frac{\dot{V}}{A} = \frac{\dot{V} \cdot 4}{d_i^2 \cdot \pi} \qquad \text{(Gl. 4.4)}$$

oder aber daraus der Rohrinnendurchmesser bei gewählter Strömungsgeschwindigkeit zu:

$$d_i = \sqrt{\frac{\dot{V} \cdot 4}{\bar{w} \cdot \pi}} \qquad \text{(Gl. 4.5)}$$

In Bild 4.2 ist diese Abhängigkeit dargestellt mit den eingetragenen wirtschaftlichen Geschwindigkeiten für Flüssigkeiten und Gase.

4.2 Druckabfallberechnung

4.2.1 Inkompressible Medien (Flüssigkeiten)

Druckverlust durch Rohrreibung:

$$\Delta p_\lambda = \lambda \cdot \frac{L}{d_i} \cdot \varrho \cdot \frac{\bar{w}^2}{2} \qquad \text{(Gl. 4.6)}$$

Hierin ist λ die Rohrreibungszahl, die von der *Re*-Zahl und der Rauigkeit des Rohres abhängt.

Die Reynolds-Zahl ist definiert:

$$Re = \frac{\bar{w} \cdot d_i}{\nu} \qquad \text{(Gl. 4.7)}$$

ν kinematische Viskosität in m^2/s

◀ Bild 4.2 Strömungsgeschwindigkeit in Abhängigkeit vom Volumenstrom $\dot{V}$ und Rohrinnendurchmesser d_i mit den wirtschaftlichen Geschwindigkeitsbereichen für Flüssigkeiten und Gase

Die Rauigkeit k für Rohre ist aus Tabelle 4.1 zu entnehmen.

Mit *Re* und d_i/k kann aus Bild 4.3 die Rohrreibungszahl ermittelt werden, wobei in diesem Bild noch die wichtigsten Bestimmungsgleichungen angegeben sind; s.a. [4.1 und 4.2].

Bei Rohrleitungsteilen in denen keine Längenabhängigkeit des Widerstandes definiert werden kann (Einzelwiderstände), wie z.B. bei Formstücken, Armaturen usw. wird zweckmäßigerweise der Druckverlust aus der Gesamtwiderstandszahl ζ ermittelt.

$$\Delta p_\zeta = \zeta \cdot \varrho \cdot \frac{\bar{w}^2}{2} \qquad \text{(Gl. 4.8)}$$

Die Widerstandszahl ζ kann hierbei aus [4.1 und 4.2] entnommen werden, wobei zu beachten ist, dass ζ ebenfalls wie die Rohrreibungszahl *von Re* und *k abhängig* ist, bzw. abhängig sein kann.

Für Rohre kann die Rohrreibungszahl λ auch, wie dies bei praktischen Rechnungen oftmals sehr vorteilhaft ist, auf eine Widerstandszahl ζ_A umgerechnet werden:

$$\zeta_\lambda = \lambda \cdot \frac{L}{d_i} \qquad \text{(Gl. 4.9)}$$

Der Gesamtdruckverlust ermittelt sich damit zu:

$$\Delta p_v = \Delta p_\lambda + \Delta p_\zeta \qquad \text{(Gl. 4.10)}$$

und Gl. 4.6 sowie 4.8 eingesetzt:

$$\Delta p_v = \left(\lambda \cdot \frac{L}{d_i} + \zeta \right) \cdot \varrho \cdot \frac{\bar{w}^2}{2} \qquad \text{(Gl. 4.11)}$$

Mit der umgerechneten Rohrreibungszahl ζ_λ ergibt sich weiter:

$$\Delta p_v = (\zeta_\lambda + \zeta) \cdot \varrho \cdot \frac{\bar{w}^2}{2} \qquad \text{(Gl. 4.12)}$$

oder ganz allgemein:

$$\Delta p_v = \Sigma \zeta \cdot \varrho \cdot \frac{\bar{w}^2}{2} \qquad \text{(Gl. 4.13)}$$

Tabelle 4.1 Rohrinnenrauigkeit k in mm für verschiedene Rohre und Rohrwerkstoffe

	Rohre		
Werkstoff	**Art**	**Zustand**	**absolute Rauigkeit k in mm**
Kupfer Messing Bronze Leichtmetall Glas	gezogen oder gepresst	neu (auch Stahlrohre mit angegebenem Werkstoffüberzug)	0,0013...0,0015
Gummi	Druckschlauch	neu nicht versprödet	0,0016
Kunststoff		neu	0,0015...0,0070
Stahl	nahtlos (handelsüblich)	neu · Walzhaut · gebeizt · verzinkt	 0,02...0,06 0,03...0,04 0,07...0,10
	längsnahtgeschweißt	neu · Walzhaut · bitumiert · galvanisiert	 0,04...0,10 0,01...0,05 0,008
	nahtlos und längsnahtgeschweißt	gebraucht · mäßig verrostet bzw. leicht verkrustet	 0,1...0,2
Gusseisen		neu · mit Gusshaut · bitumiert	 0,2...0,6 0,1...0,2
		gebraucht	0,5...1,5
Faser-Zement		neu	0,03...0,1
Beton		neu · sorgfältig geglättet · Glattstrich · mittelrau · rau	 0,1...0,2 0,3...0,8 1...2 2...3

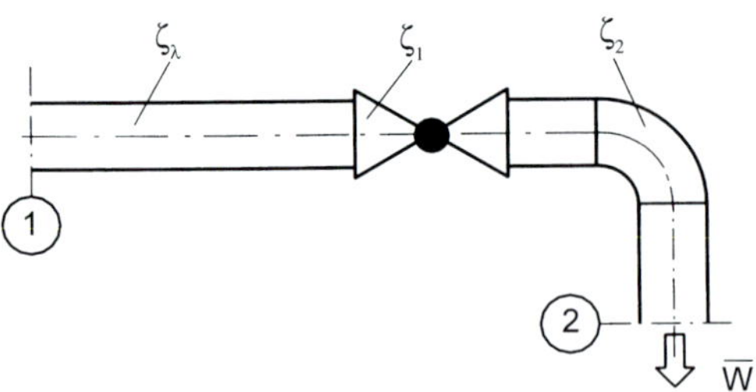

◀ Bild 4.2a Druckverlustberechnung

Bild 4.3
Rohrreibungszahl λ in Abhängigkeit von Re und relativer Rauigkeit d_i/k ▶

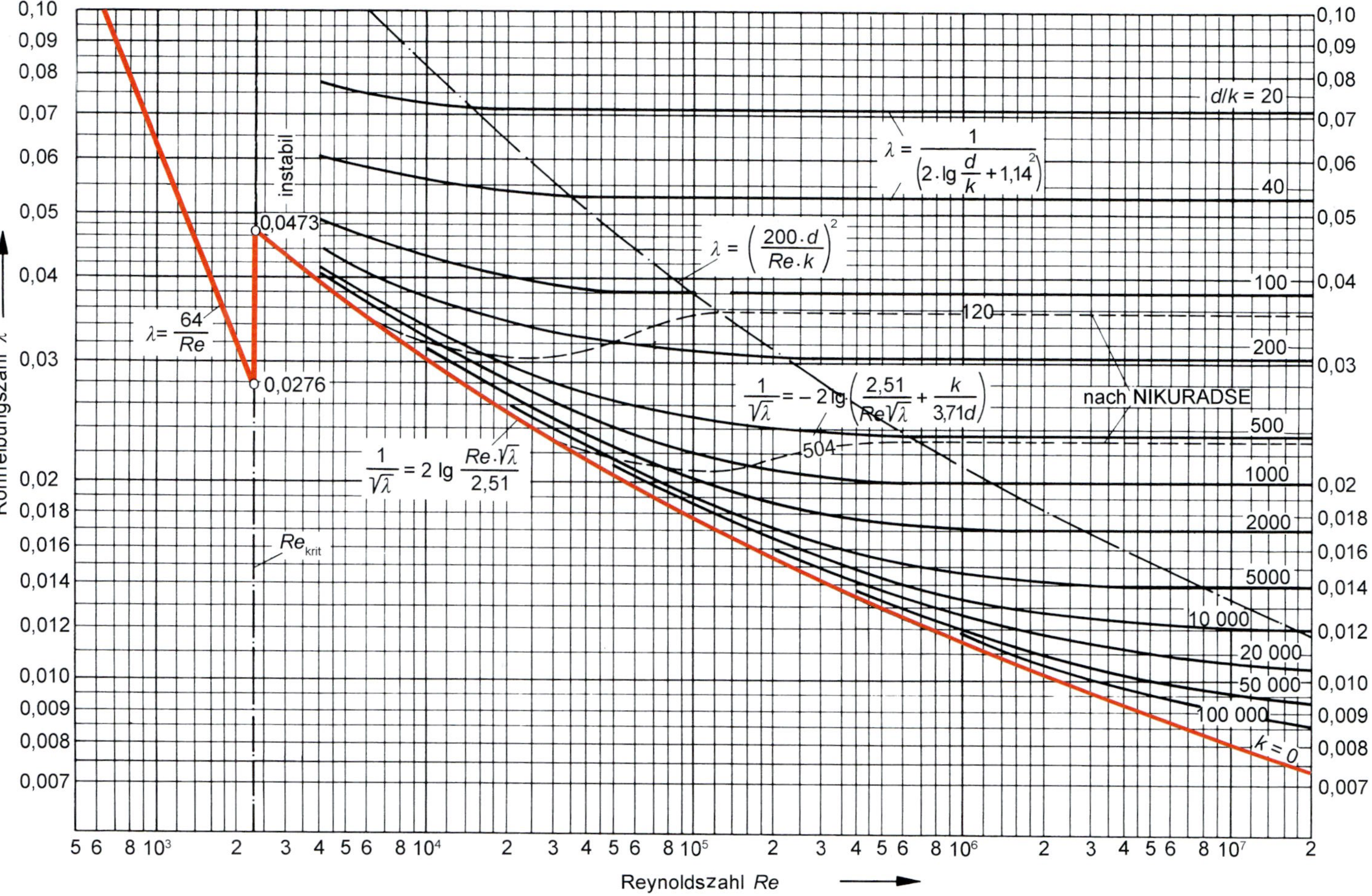
Rohrreibungszahl λ
Reynoldszahl Re
0,10 0,09 0,08 0,07 0,06 0,05 0,04 0,03 0,02 0,018 0,016 0,014 0,012 0,010 0,009 0,008 0,007
5 6 8 10³ 2 3 4 5 6 8 10⁴ 2 3 4 5 6 8 10⁵ 2 3 4 5 6 8 10⁶ 2 3 4 5 6 8 10⁷ 2
d/k = 20
40
100
120
200
500
504
1000
2000
5000
10 000
20 000
50 000
100 000
k = 0
nach NIKURADSE
$\lambda = \frac{1}{\left(2 \cdot \lg \frac{d}{k} + 1{,}14\right)^2}$
$\lambda = \left(\frac{200 \cdot d}{Re \cdot k}\right)^2$
$\frac{1}{\sqrt{\lambda}} = -2 \lg \left(\frac{2{,}51}{Re \sqrt{\lambda}} + \frac{k}{3{,}71 d}\right)$
$\frac{1}{\sqrt{\lambda}} = 2 \lg \frac{Re \cdot \sqrt{\lambda}}{2{,}51}$
$\lambda = \frac{64}{Re}$
instabil
0,0473
0,0276
Re_{krit}

4.2.2 Kompressible Medien (Gase und Dämpfe)

Bei kompressiblen Medien ergibt sich durch die Reibungsverluste eine Expansion des Fluids, wobei bei konstantem Durchmesser die Geschwindigkeit ständig ansteigt. Im Gegensatz zur Druckverlustberechnung bei inkompressiblen Medien ist der Druckabfall längs der Rohrleitung somit nicht konstant.

Die Basisgleichung für den Druckverlust von kompressiblen Medien lautet [4.1]:

$$\frac{p_1^2 - p_2^2}{2 \cdot p_1} = \lambda \cdot \frac{L}{d_i} \cdot \varrho_1 \cdot \frac{\overline{w}_1^2}{2} \cdot \frac{\overline{T}}{T_1} \qquad \text{(Gl. 4.14)}$$

Durch Umformung kann diese Gleichung auch auf den Druckverlust bei inkompressibler Strömung zurückgeführt werden. Mit:

$p_1 - p_2 = \Delta p$ und

$p_1{}^2 - p_2{}^2 = (p_1 - p_2) \cdot (p_1 + p_2) = \Delta p \cdot (p_1 + p_2)$

$= \Delta p \cdot (p_1 + p_1 - \Delta p)$

$= \Delta p \cdot (2 \cdot p_1 - \Delta p)$

wird:

$$2 \cdot \Delta p \cdot p_1 - \Delta p^2 = 2 \cdot p_1 \cdot \lambda \cdot \frac{L}{d_i} \cdot \varrho_1 \cdot \frac{\overline{w}_1^2}{2} \cdot \frac{\overline{T}}{T_1} \qquad \text{(Gl. 4.15)}$$

Formt man diese Gleichung auf die Normalform der quadratischen Gleichung um, ergibt sich:

$$\Delta p^2 - 2 \cdot p_1^2 \cdot \Delta p + 2 \cdot p_1 \cdot \lambda \cdot \frac{L}{d_i} \cdot \varrho_1 \cdot \frac{\overline{w}_1^2}{2} \cdot \frac{\overline{T}}{T_1} = 0 \qquad \text{(Gl. 4.16)}$$

Mit der Lösung für die quadratische Gleichung folgt:

$$\Delta p = p_1 \pm \sqrt{p_1^2 - 2 \cdot p_1 \cdot \lambda \cdot \frac{L}{d_i} \cdot \varrho_1 \cdot \frac{\overline{w}_1^2}{2} \cdot \frac{\overline{T}}{T_1}} \qquad \text{(Gl. 4.17)}$$

Da der Druckverlust nur geringer sein kann als p_1, entfällt das Plus-Zeichen und man erhält mit weiterer Umformung schließlich die Gleichung für den Druckverlust bei kompressibler Strömung:

$$\Delta p = p_1 \cdot \left(1 - \sqrt{1 - \frac{2}{p_1} \cdot \lambda \cdot \frac{L}{d_i} \cdot \varrho_1 \cdot \frac{\overline{w}_1^2}{2} \cdot \frac{\overline{T}}{T_1}}\right) \qquad \text{(Gl. 4.18)}$$

Der Druckverlust für die inkompressible Strömung lautet:

$$\Delta p_i = \lambda \cdot \frac{L}{d_i} \cdot \varrho_1 \cdot \frac{\overline{w}_1^2}{2} \qquad \text{(Gl. 4.19)}$$

Setzt man diesen Druckverlust in die Gleichung der kompressiblen Strömung ein, wird:

$$\Delta p = p_1 \cdot \left(1 - \sqrt{1 - 2 \cdot \frac{\Delta p_i}{p_1} \cdot \frac{\overline{T}}{T_1}}\right) \qquad \text{(Gl. 4.20)}$$

und das gesuchte Verhältnis von inkompressiblem zu kompressiblem Druckverlust folgt schließlich:

$$\frac{\Delta p}{p_1} = 1 - \sqrt{1 - \frac{2 \cdot \overline{T}}{T_1} \cdot \frac{\Delta p_i}{p_1}} \qquad \text{(Gl. 4.21)}$$

> **!** In Bild 4.4 ist dieses Verhältnis aufgetragen. Hiermit lässt sich eine kompressible Strömung wie eine inkompressible berechnen und mit Hilfe von Bild 4.4 sehr einfach und schnell umrechnen.

Die Rohrreibungszahl λ wird hierbei als konstant angenommen und aus $Re_1 = \overline{w}_1 \cdot d_i / \nu_1$ *mit den Eintrittdaten* berechnet. Die mittlere Temperatur $\overline{T}$ wird aus dem arithmetischen Mittelwert zwischen Ein- und Austritt $\overline{T} = (T_1 + T_2)/2$ bestimmt.

> **Beispiel 4.1**
> Beispiele zu Abschnitt 4.2 können aus dem Buch «Strömung und Druckverlust» [4.1] entnommen werden.

4.3 Feststofftransport

4.3.1 Gemische aus Gas und Feststoff (pneumatische Förderung)

4.3.1.1 Wahl der Transportgasgeschwindigkeit

Die pneumatische Förderung beruht darauf, dass bei entsprechender Geschwindigkeit feste Stoffteilchen von einem Gasstrom getragen

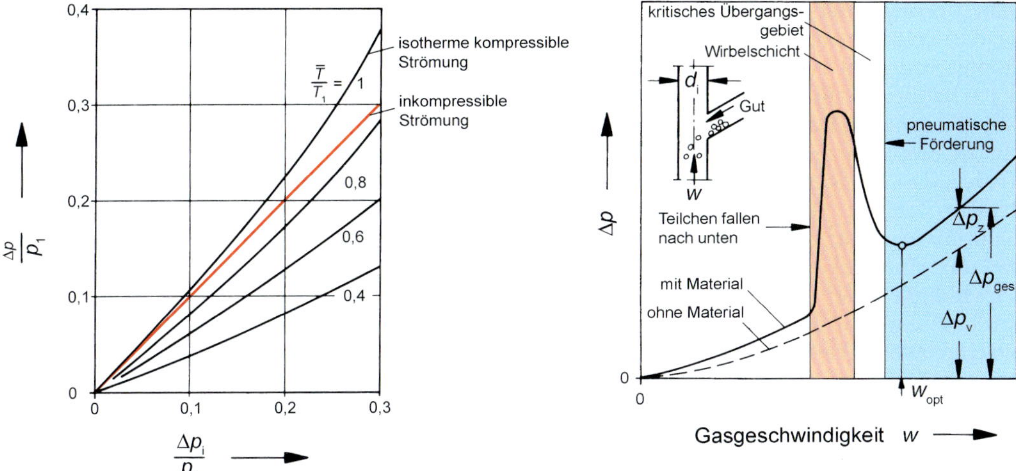

Bild 4.4 Bestimmungskurven für den Druckverlust Δp bei kompressibler Strömung in Abhängigkeit vom Druckverlust bei inkompressibler Strömung Δp_v dem Eingangsdruck p_1 und dem Temperaturverhältnis $\bar{T}/T$

Bild 4.5 Druckverlust bei verschiedenen Formen der pneumatischen Förderung [4.3]

und in beliebiger Richtung bewegt werden können. Das Schweben und der pneumatische Transport werden durch die Trägheitskräfte und Schwerekräfte beeinflusst. Das Verhältnis beider Kräfte stellt eines der wichtigsten Ähnlichkeits-Kenngrößen der pneumatischen Förderung dar, die sog. **Froude-Zahl *Fr*.**

$$Fr = \frac{\bar{w}}{\sqrt{d_i \cdot g}} \qquad \text{(Gl. 4.22)}$$

Feststoff-Förderung im senkrechten Rohr

Der Gleichgewichtszustand ist hier bei einem einzelnen Teilchen dadurch gekennzeichnet, dass die Gewichtskraft gleich dem Widerstand des Teilchens ist. Die Relativgeschwindigkeit gegenüber dem Luftstrom ist somit immer gleich der *Schwebegeschwindigkeit* w_s. Die Schwebe- bzw. Sinkgeschwindigkeit w_s des einzelnen Teilchens ist jedoch **nicht** identisch mit den Werten bei einem Gemisch. Es findet eine gegenseitige Beeinflussung statt, und zwar so, dass der Widerstand des einzelnen Teilchens mit der Gutdichte abnimmt. Das bedeutet eine Zunahme der Sinkgeschwindigkeit und somit eine Vergrößerung der Relativgeschwindigkeit zwischen Luft- und Teilchengeschwindigkeit.

Physikalische Vorgänge

In einem senkrechten Steigrohr mit nach oben strömender Luft, in welches die Teilchen gemäß Bild 4.5 eintreten, fallen die Teilchen bei kleiner Luftgeschwindigkeit nach unten und werden bei höherer Geschwindigkeit der Luft mitgerissen. Zum Vergleich ist auch der Druckverlust eingetragen. In dem Bereich des «Durchfallens» der Teilchen ist der Widerstand nur wenig höher als bei reiner Luftförderung. Dann steigt der Widerstand sprunghaft an, wenn das Material mitgerissen wird. Es folgt ein kritisches Übergangsgebiet mit starkem Zurückgehen des Widerstandes, das ausgesprochen instabil ist. Dann folgt das typische Gebiet der pneumatischen Förderung.

Wird nun die Zugabe von Material immer mehr gesteigert, so stellt sich schließlich ein Zustand ein, bei dem die Leitung verstopft wird.

Man spricht von der «**Stopfgrenze**». Es ist wichtig, dass bei einer pneumatischen Förderung die Stopfgrenze nicht erreicht wird, während der wirtschaftlichste Punkt in der Nähe dieser Stopfgrenze liegt. Daher ist eine genaue Kenntnis der Stopfgrenze notwendig. Es wurde gefunden, dass die Stopfgrenze eine ziemlich eindeutige Funktion der Froude'schen Zahl ist. Ganz im Gegensatz zu früheren Anschauungen, die nur eine Abhängigkeit von der Sinkgeschwindigkeit der Teilchen annahmen. Beispielsweise musste danach ein Gut mit geringer Sinkgeschwindigkeit sehr leicht zu fördern sein, was mit der Praxis nicht übereinstimmte.

Aus der Praxis werden die in Tabelle 4.2 genannten Luftgeschwindigkeiten empfohlen. Diese Werte ergeben somit bei einem max. Sinkgeschwindigkeits-Verhältnis von **1 : 2 · 10⁵** ein Transportluft-Geschwindigkeits-Verhältnis von **1 : 1,6**.

Wenn man nun die Froude'sche Zahl als Hauptparameter annimmt, ergibt sich in Übereinstimmung mit der Wirklichkeit, dass man bei großen Rohrleitungen mit größeren Geschwindigkeiten als bei kleineren arbeiten muss. Daraus kann man folgern, dass der Rohrdurchmesser so klein wie möglich gewählt werden sollte.

Feststoff-Förderung im waagerechten Rohr
Ein Feststofftransport in einer waagrechten Rohrleitung ist nur möglich, wenn neben der horizontalen Kraft noch zusätzlich ein Auftrieb vorhanden ist. Der *Auftrieb* ergibt sich hierbei durch die Zirkulation und die parallele Anströmung (*Magnus-Effekt*).

Die Rotation setzt sich mit der Parallelströmung zu einer resultierenden Bewegung zusammen, so dass auf der oberen Seite die Geschwindigkeit vergrößert und auf der unteren diese verkleinert wird. Nach dem Bernoullischen Gesetz ergeben sich dabei entsprechende Unterdrücke auf der oberen und Überdrücke auf der unteren Seite.

Stopfgrenze
Da der Förderungswirkungsgrad mit fallender Fördergeschwindigkeit steigt, ist der Betriebspunkt in die Nähe der Stopfgrenze zu legen. Die Abhängigkeit der Stopfgrenze von der Materialaufladung μ_{pn} und der *Fr*-Zahl ergibt sich aus [4.3]:

$$\mu_{pn} = \frac{2,58}{10^5} \cdot Fr^4 \qquad \text{(Gl. 4.23)}$$

Mit der Definition:

$$\mu_{pn} = \frac{\dot{m}_{Fest}}{\dot{m}_{Gas}}$$

als das Verhältnis der pro Zeiteinheit (kg/h) aufgegebene Masse an Feststoff $\dot{m}_{Fest}$ und Trägergas $\dot{m}_{Gas}$

Aus Gl. 4.23 erhält man somit die Mindest-Transportgasgeschwindigkeit zu:

$$\overline{w} > 1,4 \cdot \sqrt{d_i} \cdot \sqrt[4]{\mu_{pn}} \quad \text{(m/s)} \qquad \text{(Gl. 4.24)}$$

mit: d_i in (mm)

Diese Gleichung ist in Bild 4.6 dargestellt.

4.3.1.2 Druckabfall

Bei der Berechnung des zusätzlichen Druckverlustes in der geraden Rohrleitung von pneumatischen Förderanlagen geht man zweckmäßigerweise von einem Ansatz wie bei der Berechnung des Rohrwiderstandes aus (Gl. 4.6).

Material	Korngröße	Sinkgeschw.	Luftgeschw. im Rohr
	µm	m/s	m/s
Feinster Holzstaub	1...10	$5 \cdot 10^{-5}...5 \cdot 10^{-2}$	ca. 15
Mehlstaub	5...100	$10^{-3}...0,3$	ca. 18
Sägemehl, Grieß	100...1000	0,3...5	ca. 20
Getreidekörner	bis 8000	≈ 10	ca. 24

Tabelle 4.2
Kenngrößen von einigen Materialen für die pneumatische Förderung

Bild 4.6
Mindesttransport-Gasgeschwindigkeit w für die pneumatische Förderung

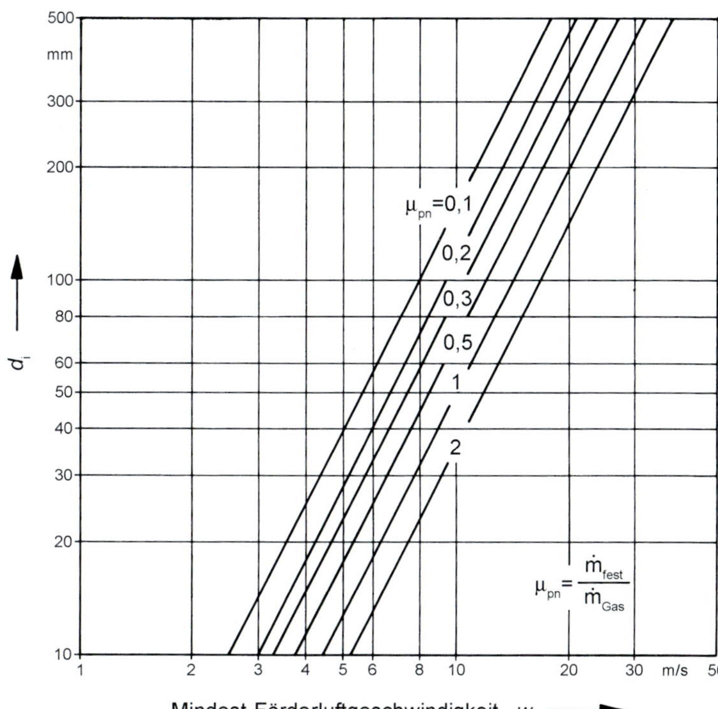

Der Geamtdruckverlust in der Rohrleitung einer pneumatischen Förderanlage errechnet sich aus dem Druckverlust bei Förderung von reiner Luft zuzüglich des zusätzlichen Druckverlustes Δp_z. Der Druckverlustbeiwert λ_z ist im Gegensatz zu den Strömungen von Flüssigkeiten und Gasen in Rohrleitungen vor allem eine Funktion der Froude'schen Kennzahl Fr und der Materialbeladung μ_{pn}. Der Einfluss der Reynolds'schen Kennzahl ist dabei nur von untergeordneter Bedeutung.

Der zusätzliche Druckabfall Δp_z durch Feststoffaufgabe beträgt somit:

$$\Delta p_z = \lambda_z \cdot \frac{L}{d_i} \cdot \varrho_G \cdot \frac{\overline{w}^2}{2} \cdot \mu_{pn} \qquad \text{(Gl. 4.25)}$$

und der Gesamtdruckverlust ergibt sich damit zu:

$$\Delta p_{ges} = \Delta p_v + \Delta p_z = (\lambda + \lambda_z \cdot \mu_{pn}) \cdot \frac{L}{d_i} \cdot \varrho_G \cdot \frac{\overline{w}^2}{2} \qquad \text{(Gl. 4.26)}$$

Der Druckverlustbeiwert λ_z kann aus Bild 4.7 entnommen werden. Diese Kurven wurden für horizontale Leitungen bei Förderung von Weizen ermittelt [4.3].

Beispiel 4.2
Aufgabenstellung
In einer horizontalen Leitung DN 125 (139,7 × 4) wird Holzstaub bei 20 °C pneumatisch gefördert. Die Materialaufladung sei $\mu_{pn} = 1$.

Wie groß ist der Druckabfall einer 30 m langen Leitung?

Aufgabenlösung
Mindest-Transportgasgeschwindigkeit

$$\overline{w} > 1{,}4 \cdot \sqrt{d_i} \cdot \sqrt[4]{\mu_{pn}}$$
$$= 1{,}4 \cdot \sqrt{131{,}7} \cdot \sqrt[4]{1}$$
$$= 16 \text{ m/s}$$

gewählt wird:

$$\overline{w} = 20 \text{ m/s}$$

Gasvolumenstrom

$$\dot{V}_G = \overline{w} \cdot \frac{d_i^2 \cdot \pi}{4} \cdot 3600$$

$$= 20 \cdot \frac{0{,}1317^2 \cdot \pi}{4} \cdot 3600 =$$

$$\dot{V}_G = 981 \text{ m}^3/\text{h}$$

Re-Zahl

$$Re = \frac{\overline{w} \cdot d_i}{\nu}$$

mit: kinematische Viskosität der Luft bei 20 °C:
$\nu = 15 \cdot 10^{-6}$ m²/s

$$Re = \frac{20 \cdot 0{,}1317}{15 \cdot 10^{-6}} = 1{,}76 \cdot 10^5$$

Froude-Zahl

$$Fr = \frac{\overline{w}}{\sqrt{g \cdot d_i}} = \frac{20}{\sqrt{9{,}81 \cdot 0{,}1317}} = 17{,}6$$

Rohrreibungszahlen

- Für reine Luft $d/k = 131{,}7/0{,}1 = 1317$ aus Bild 4.3: $\lambda = 0{,}02$
- Für Staubförderung aus Bild 4.7: $\lambda_z = 0{,}005$

Druckabfall

$$\Delta p_{ges} = (\lambda + \lambda_z \cdot \mu_{pn}) \cdot \frac{L}{d_i} \cdot \varrho_G \cdot \frac{\overline{w}^2}{2}$$

$$\Delta p_{ges} = (0{,}02 + 0{,}005 \cdot 1) \cdot \frac{30}{0{,}1317} \cdot 1{,}2 \cdot \frac{20^2}{2}$$

$$\Delta p_{ges} = 1{,}37 \cdot 10^3 \text{ Pa}$$

$$\Delta p_{ges} = 1{,}37 \text{ mbar}$$

4.3.2 Gemisch aus Flüssigkeit und Feststoff (hydraulische Förderung)

Beim hydraulischen Transport von Feststoffen sind 2 Mischungsformen zu beachten:

Homogene, nicht absetzbare Mischungen
Hierunter fallen Schlämme oder Trüben mit Sinkgeschwindigkeiten der Feststoffe $w_s \leqq 1{,}5 \cdot 10^{-3}$ m/s. Dies trifft überwiegend zu für Teilchen mit einem Durchmesser *bis ca. 30* µm.

Das Strömungsverhalten dieser Schlämme entspricht nicht mehr dem einer Newton'schen Flüssigkeit. Die Zähigkeitswerte sind hierbei die bestimmenden Parameter.

Für Überschlagsrechnungen benutzt man die Basisgleichung für den Druckverlust (Gl. 4.6), wobei der Druckverlustanteil durch Feststoffe mit einem prozentualen Zuschlag von ca. 50% berücksichtigt wird.

Feststoff-Flüssigkeits-Mischung
Bei dieser Mischung können sich die Feststoffe infolge des Schwerkrafteinflusses absetzen, so dass ein 2-Stoff-System mit heterogenem Strömungsbild entsteht. Die Zähigkeit dient hierbei nicht wie bei der homogenen Mischung als

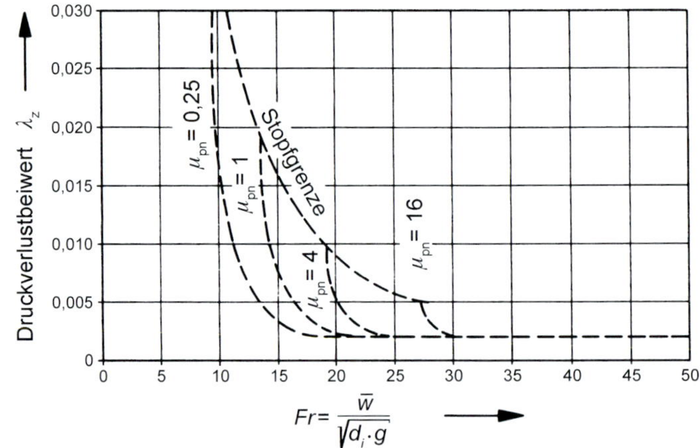

Bild 4.7
Zusatz-Druckverlustbeiwert $\lambda_{z,pn}$ für die pneumatische Förderung in Abhängigkeit von der Froude-Zahl (gültig für waagerechte Leitungen)

Maßstab. Die Sinkgeschwindigkeit der Teilchen ist hierbei $w_s \geqslant 1{,}5 \cdot 10^{-3}$ m/s, was für Feststoff mit einem Durchmesser von *über ca. 30 µm* gilt.

Der Druckverlust Δp errechnet sich wie bei der pneumatischen Förderung aus dem Verlustanteil der reinen Förderflüssigkeit Δp_v (n. Gl. 4.13) und dem zusätzlichen Druckverlust Δp_z.

$$\Delta p_Z = \lambda_{z,h} \cdot \frac{L}{d_i} \cdot \mu_h \cdot (\varrho_{Fest} - \varrho_{Fl}) \cdot \frac{\overline{w}^2}{2} \quad \text{(Gl. 4.27)}$$

Hierin bedeuten:

ρ_{Fest} Dichte des Feststoffes

ρ_{Fl} Dichte der Förderflüssigkeit

und μ_h das Verhältnis von Feststoffvolumen zum gesamten Gemischvolumen:

$$\mu_h = \frac{\dot{V}_{Fest}}{\dot{V}_{Fest} + \dot{V}_{Fl}} = \frac{\dot{V}_{Fest}}{\dot{V}_{Misch}} \quad \text{(Gl. 4.28)}$$

Die Widerstandszahl $\lambda_{z,h}$ kann aus Bild 4.8 entnommen werden [4.4].

Der Gesamtdruckverlust errechnet sich damit zu:

$$\Delta p_{ges} = \Delta p_v + \Delta p_{z,h} \quad \text{(Gl. 4.29)}$$

und eingesetzt ergibt sich:

$$\Delta p_{ges} = \lambda \cdot \frac{L}{d_i} \cdot \varrho_{Fl} \cdot \frac{\overline{w}^2}{2} + \lambda_{z,h} \cdot \frac{L}{d_i} \cdot \mu_h \cdot (\varrho_{Fest} - \varrho_{FL}) \cdot \frac{\overline{w}^2}{2} \quad \text{(Gl. 4.30)}$$

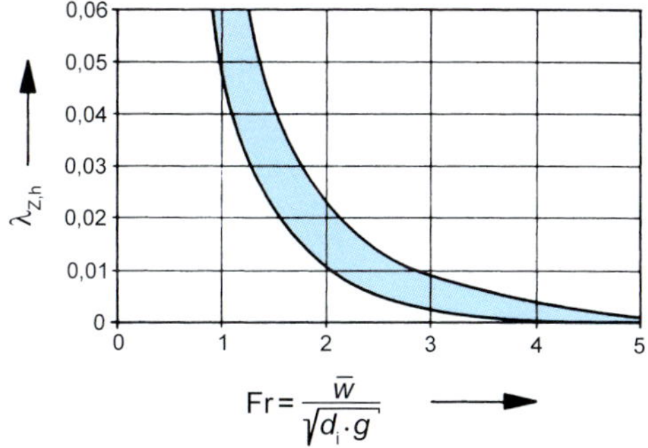

Bild 4.8 Zusatz-Druckverlustbeiwert $\lambda_{z,h}$ für die hydraulische Förderung in Abhängigkeit von der Froude-Zahl (gültig für waagerechte Leitungen)

oder:

$$\Delta p_{ges} = (\lambda \cdot \varrho_{FL} + \lambda_{z,h} \cdot \mu_h \cdot (\varrho_{Fest} - \varrho_{FL})) \cdot \frac{L}{d_i} \cdot \frac{\overline{w}^2}{2} \quad \text{(Gl. 4.31)}$$

Beispiel 4.3

Aufgabenstellung

Durch eine 1000 m lange Rohrleitung DN 150 (168,3 × 4,5) soll einen Kohlenmassenstrom von $m_K = 10^5$ kg/h hydraulisch mit Wasser gefördert werden. Wie groß ist der Druckabfall?

Betriebsdaten

Mischungsverhältnis $\mu_h = 0{,}5$

Dichte der Kohle: $\varrho_k = 1500$ kg/m³

Temperatur: $\vartheta = 20$ °C

Aufgabenlösung

Der **Gemischvolumenstrom** beträgt:

$$\dot{V}_{Misch} = \frac{\dot{V}_K}{\mu_h} = \frac{\dot{m}_K}{\varrho_K \cdot \mu_h} = \frac{10^5}{1500 \cdot 0{,}5} = 133 \text{ m}^3/\text{h}$$

Gemischgeschwindigkeit

$$\overline{w} = \frac{\dot{V}_{Misch} \cdot 4}{3600 \cdot d_i^2 \cdot \pi} = \frac{133 \cdot 4}{3600 \cdot 0{,}1593^2 \cdot \pi} = 1{,}85 \text{ m/s}$$

Re-Zahl

$$Re = \frac{\overline{w} \cdot d_i}{\nu} = \frac{1{,}85 \cdot 0{,}1593}{1 \cdot 10^{-6}} \approx 3 \cdot 10^5$$

Relative Rauigkeit ($k = 0{,}2$ mm)

$d/k = 159{,}3/0{,}2 = 796$

Rohrreibungszahl (aus Bild 4.3)

$\lambda = 0{,}021$

Froude-Zahl

$$Fr = \frac{\overline{w}}{\sqrt{g \cdot d_i}} = \frac{1{,}85}{\sqrt{9{,}81 \cdot 0{,}1593}} = 1{,}48$$

Rohrreibungs-Zusatzzahl (aus Bild 4.8)

$\lambda_{z,h} \approx 0{,}03$

Druckabfall

$$\Delta p_{ges} = (\lambda \cdot \varrho_{FL} + \lambda_{z,h} \cdot \mu_h \cdot (\varrho_{Fest} - \varrho_{FL})) \cdot \frac{L}{d_i} \cdot \frac{\overline{w}^2}{2}$$

$$\Delta p_{ges} = (0{,}021 \cdot 1000 + 0{,}03 \cdot 0{,}5 \cdot (1500 - 1000)) \cdot \frac{1000}{0{,}1593} \cdot \frac{1{,}85^2}{2}$$

$\Delta p_{ges} = (21 + 75) \cdot 1{,}07 \cdot 10^4 = 3 \cdot 10^5$ Pa

$\Delta p_{ges} = 3$ bar

4.4 Rohrkennlinie (Anlagenkennlinie)

Die Anlagenkennlinie ist die Kurve, die den Zusammenhang zwischen der Förderhöhe H_A der Anlage und dem Förderstrom $\dot{V}$ wiedergibt.

Sie ergibt sich aus dem Energieerhaltungssatz von Bernoulli. Dieser so wichtige Zusammenhang soll hier für stationäre Bewegung dargestellt werden:

Kinetische Energie
In einer mit der Geschwindigkeit $\bar{w}$ bewegten Masse m ist an kinetischer Energie gespeichert:

$$E_{kin} = m \cdot \frac{\bar{w}^2}{2} \qquad \text{(Gl. 4.32)}$$

Potentielle Energie
Befindet sich eine Masse m auf einem Niveau H über dem Bezugsniveau BN, ist in ihr an Lageenergie gespeichert:

$$E_{pot} = m \cdot g \cdot H \qquad \text{(Gl. 4.33)}$$

Druckenergie
In einem mit dem Druck p beaufschlagten Volumen V ist an Verschiebearbeit gespeichert:

$$E_p = p \cdot V = p \cdot \frac{m}{\varrho} \qquad \text{(Gl. 4.34)}$$

Für die reibungsfreie Strömung ergibt sich daraus für jeden Punkt des Anlagensystems, bezogen auf das Bezugsniveau BN mit $\varrho_1 = \varrho_2$:

$$m \cdot \frac{\bar{w}_1^2}{2} + m \cdot g \cdot H_1 + p_1 \cdot \frac{m}{\varrho} = m \cdot \frac{\bar{w}_2^2}{2} + m \cdot g \cdot H_2 + p_2 \cdot \frac{m}{\varrho} \qquad \text{(Gl. 4.35)}$$

Bezieht man die Energien auf die Masse $m = 1$ kg, ergibt sich als spezifische Energie:

$$Y = \frac{\bar{w}_1^2}{2} + g \cdot H_1 + \frac{p_1}{\varrho} = \frac{\bar{w}_2^2}{2} + g \cdot H_2 + \frac{p_2}{\varrho} \qquad \text{(Gl. 4.36)}$$

Bezieht man jedoch die Energien auf die Gewichtskraft $G = m \cdot g = 1$ N, wie dies für die Berechnung sehr vorteilhaft ist, folgt daraus die sehr «anschauliche» Energiehöhe:

$$H = \frac{\bar{w}_1^2}{2 \cdot g} + H_1 + \frac{p_1}{\varrho \cdot g} = \frac{\bar{w}_2^2}{2 \cdot g} + H_2 + \frac{p_2}{\varrho \cdot g} \qquad \text{(Gl. 4.37)}$$

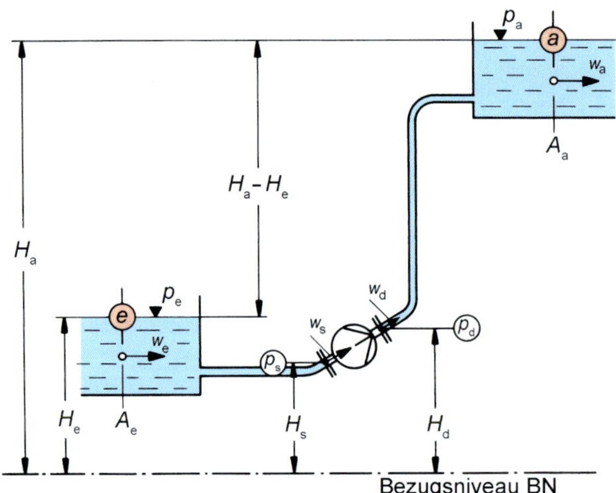

Bild 4.9
Anlagekenndaten für die Anwendung der Energiegleichung

Wendet man diese Energiegleichung auf die Anlage gemäß Bild 4.9 an und ergänzt sie noch um die Verlusthöhe H_v, ergibt sich:

$$\frac{w_e^2}{2 \cdot g} + H_e + \frac{p_e}{\varrho \cdot g} = \frac{w_a^2}{2 \cdot g} + H_a + \frac{p_a}{\varrho \cdot g} + H_v \quad \text{(Gl. 4.38)}$$

Die Förderhöhe H_A der Anlage ergibt sich dann aus der Differenz der beiden Energiehöhen:

$$H_A = \frac{w_a^2 - w_e^2}{2 \cdot g} + \frac{p_a - p_e}{\varrho \cdot g} + (H_a - H_e) + H_v \quad \text{(Gl. 4.39)}$$

und ist zugleich die von der Arbeitsmaschine (Pumpe) auf das Fördermedium zu übertragende nutzbare mechanische Arbeit. Diese ist bezogen auf die Gewichtskraft der geförderten Flüssigkeit! Sie dient zur Aufrechterhaltung der Förderung von $\dot{V}$ vom Eintrittsquerschnitt A_e zum Austrittsquerschnitt A_a der Anlage.

Somit ist die Förderhöhe der Anlage H_A im Betriebspunkt identisch mit der Pumpenförderhöhe H gemäß Bild 4.9.

$$H = H_A = \frac{w_d^2 - w_s^2}{2 \cdot g} + \frac{p_d - p_s}{\varrho \cdot g} + (H_d - H_s) \quad \text{(Gl. 4.40)}$$

Die Anlagenkennlinie setzt sich gemäß Gl. 4.39 aus einem statischen Anteil, der vom Förderstrom unabhängig ist und einem vom Förderstrom abhängigen dynamischen Anteil zusammen. Die Verlusthöhe H_v teilt sich ergänzend noch in die Verlusthöhe der Saugleitung H_{vs} und in die Verlusthöhe der Druckseite H_{vd} auf, einschließlich der Einlauf- und Auslaufverluste.

Zeichnet man die einzelnen Energiehöhenanteile in Abhängigkeit vom Förderstrom auf, ergibt sich ein allgemeiner Verlauf entsprechend Bild 4.10. In diesem Bild sind die 4 möglichen Grenzfälle mit aufgeführt.

Betriebspunkt

Der Betriebpunkt ergibt sich aus dem Schnittpunkt von Anlagen- und Pumpenkennlinie (Bild 4.9a)

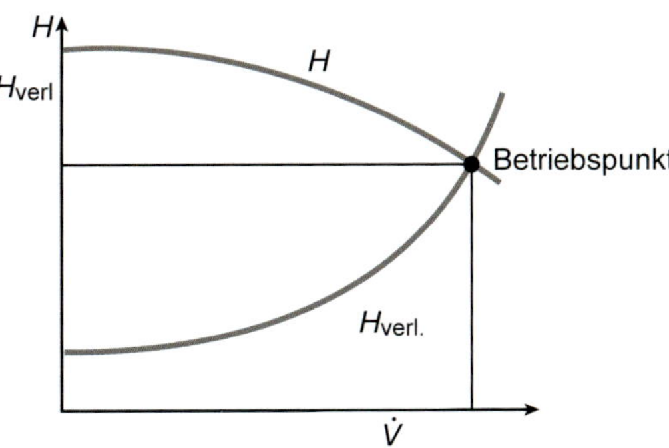

Förderstrom (z.B):

$$\dot{V} = \frac{\dot{Q}}{\varrho \cdot c \cdot \Delta\vartheta}$$

Förderhöhe:
$H = H_{verl}$

Leistungsbedarf:

$$P = \frac{\dot{V} \cdot H \cdot \varrho \cdot g}{\eta_P}$$

Bild 4.9a Betriebspunkt von Pumpen- und Anlagenkennlinie

4.5 Kennlinien von Rohrsystemen

In Rohrleitungsanlagen wird oftmals der Volumenstrom durch Rohre mit unterschiedlichen Durchmessern, bzw. verzweigt angeordnete Rohre geleitet.

4.5.1 Hintereinandergeschaltete Rohrleitungen

Gemäß Bild 4.11 sind in einem System Rohrleitungen mit unterschiedlichem Durchmesser und unterschiedlicher Länge aneinandergesetzt.

Der Druckverlust Δp_v für dieses System in Abhängigkeit vom Volumenstrom $\dot{V}$ ermittelt sich dabei aus der Basisgleichung für den Druckverlust (Gl. 4.6) zu:

$$\Delta p = \lambda \cdot \frac{L}{d_i} \cdot \varrho \cdot \frac{\overline{w}^2}{2} \quad \text{(Gl. 4.41)}$$

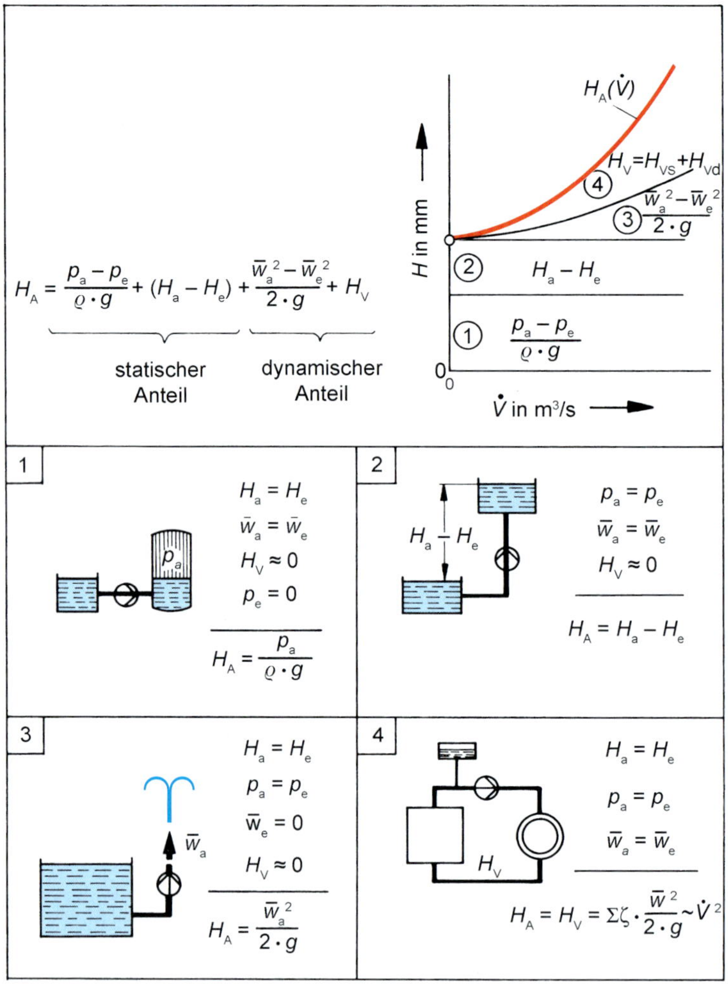

$$H_A = \underbrace{\frac{p_a - p_e}{\varrho \cdot g} + (H_a - H_e)}_{\text{statischer Anteil}} + \underbrace{\frac{\bar{w}_a^2 - \bar{w}_e^2}{2 \cdot g} + H_V}_{\text{dynamischer Anteil}}$$

H in mm; $\dot V$ in m³/s; $H_A(\dot V)$; ④ $H_V = H_{VS} + H_{Vd}$; ③ $\frac{\bar{w}_a^2 - \bar{w}_e^2}{2 \cdot g}$; ② $H_a - H_e$; ① $\frac{p_a - p_e}{\varrho \cdot g}$

1: p_a; $H_a = H_e$, $\bar{w}_a = \bar{w}_e$, $H_V \approx 0$, $p_e = 0$; $H_A = \frac{p_a}{\varrho \cdot g}$

2: $H_a - H_e$; $p_a = p_e$, $\bar{w}_a = \bar{w}_e$, $H_V \approx 0$; $H_A = H_a - H_e$

3: $\bar{w}_a$; $H_a = H_e$, $p_a = p_e$, $\bar{w}_e = 0$, $H_V \approx 0$; $H_A = \frac{\bar{w}_a^2}{2 \cdot g}$

4: H_V; $H_a = H_e$, $p_a = p_e$, $\bar{w}_a = \bar{w}_e$; $H_A = H_V = \Sigma\zeta \cdot \frac{\bar{w}^2}{2 \cdot g} \sim \dot V^2$

Bild 4.10 Die 4 grundsätzlichen Möglichkeiten der Rohrleitungskennlinie, bestehend aus statischem und dynamischem Anteil

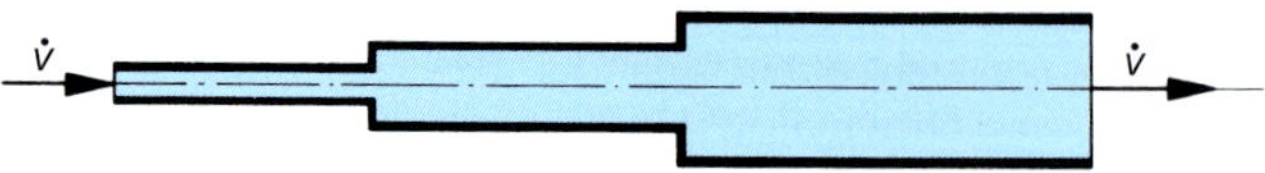

Bild 4.11 Hintereinandergeschaltete Rohrleitungen mit unterschiedlichem Durchmesser und unterschiedlicher Länge

Formt man diese Gleichung auf den gegebenen Volumenstrom $\dot{V}$ um, ergibt sich mit:

$$\bar{w} = \frac{\dot{V}}{A} \quad \text{(Gl. 4.42)}$$

die Gleichung zu:

$$\Delta p = \lambda \cdot \frac{L}{d_i} \cdot \frac{\varrho}{2} \cdot \frac{1}{A^2} \cdot \dot{V}^2 \quad \text{(Gl. 4.43)}$$

oder:

$$\Delta p = R \cdot \dot{V}^2 \quad \text{(Gl. 4.44)}$$

Hierin ist der Widerstand:

$$R = \lambda \cdot \frac{L}{d_i} \cdot \frac{\varrho}{2} \cdot \frac{1}{A^2} \quad \text{(Gl. 4.45)}$$

und für die Rohre mit:

$$A = \frac{d_i^2 \cdot \pi}{4}$$

wird der Widerstand:

$$R = \lambda \cdot \frac{L}{d_i} \cdot \frac{\varrho}{2} \cdot \frac{16}{d_i^4 \cdot \pi^2} = \frac{8 \cdot \varrho}{\pi^2} \cdot \lambda \cdot \frac{L}{d_i^5} \quad \text{(Gl. 4.46)}$$

Den gesamten Druckverlust erhält man aus der Grundüberlegung:

- dass der Volumenstrom gemäß dem Kontinuitätsgesetz konstant sein muss: $\dot{V}$ = konst.
- und die Einzeldruckverluste der Rohre sich addieren:

  $\Delta p = \Delta p_1 + \Delta p_2 + \Delta p_3 + \ldots \Delta p_n$

Es ergibt sich somit analog dem elektrischen Modell (Bild 4.12) für den Gesamtdruckverlust:

$$\Delta p = R_1 \cdot \dot{V}^2 + R_2 \cdot \dot{V}^2 + R_3 \cdot \dot{V}^2 + \ldots R_n \cdot \dot{V}^2 \quad \text{(Gl. 4.47)}$$

$$\Delta p = (R_1 + R_2 + R_3 + \ldots R_n) \cdot \dot{V}^2 \quad \text{(Gl. 4.48)}$$

Der Gesamtwiderstandsbeiwert beträgt damit:

$$R = R_1 + R_2 + R_3 + \ldots R_n \quad \text{(Gl. 4.49)}$$

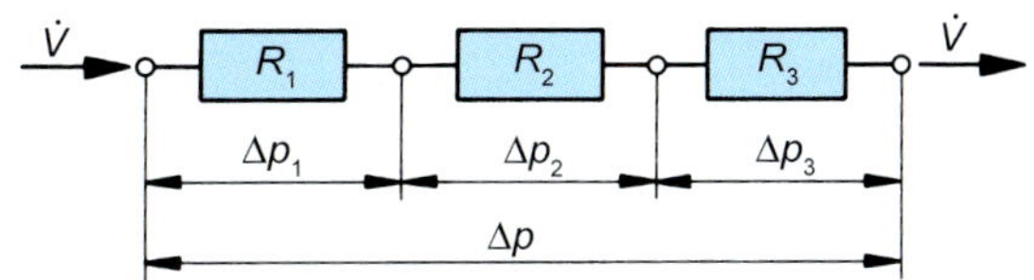

Einzelwiderstände $\Delta p_i = R_i \cdot \dot{V}^2$

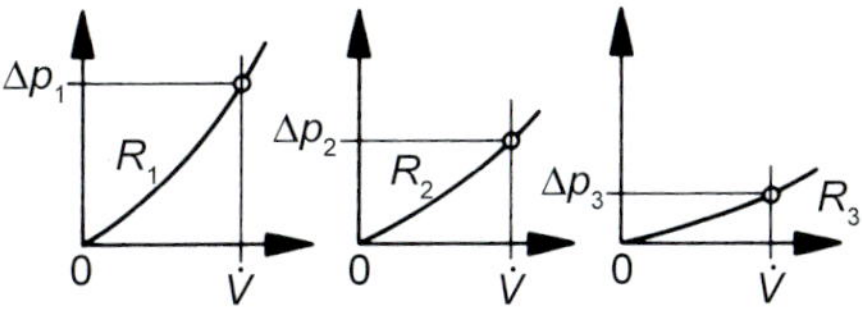

Bild 4.12 Elektrisches Modell für die Druckverlustbestimmung von hintereinandergeschalteten Widerständen

oder auch:

$$R = \sum_{i=1}^{n} R_i \quad \text{(Gl. 4.50)}$$

und der Druckverlust für hintereinandergeschaltete Widerstände folgt daraus zu:

$$\Delta p = \left(\sum_{i=1}^{n} R_i \right) \cdot \dot{V}^2 \quad \text{(Gl. 4.51)}$$

und mit:

$$R_i = \frac{8 \cdot \varrho}{\pi^2} \cdot \lambda_i \cdot \frac{L}{d_{i,i}^5} \quad \text{(Gl. 4.52)}$$

erhält man:

$$\Delta p = \dot{V}^2 \cdot \frac{8 \cdot \varrho}{\pi^2} \cdot \sum_{i=1}^{n} \left(\lambda_i \cdot \frac{L_i}{d_{i,i}^5} \right) \quad \text{(Gl. 4.53)}$$

oder mit $\dot{V} = \dot{M}/\varrho$ wird

$$\Delta p = \frac{8}{\varrho \cdot \pi^2} \cdot \sum_{i=1}^{n} \left(\lambda_i \cdot \frac{L_i}{d_{i,i}^5} \right) \cdot \dot{M}^2 \quad \text{(Gl. 4.53a)}$$

Laminare Strömung

Der Rohrreibungsbeiwert λ_L für laminare Strömung ergibt sich unabhängig der Rauigkeit zu:

$$\lambda_L = \frac{64}{Re} \quad \text{(Gl. 4.54)}$$

mit:

$$Re = \frac{\overline{w} \cdot d_i}{\nu} \quad \text{(Gl. 4.55)}$$

und

$$\overline{w} = \frac{4 \cdot \dot{V}}{d_i^2 \cdot \pi} \quad \text{(Gl. 4.56)}$$

wird:

$$Re = \frac{4 \cdot \dot{V}}{d \cdot \nu \cdot \pi} \quad \text{(Gl. 4.57)}$$

Damit:

$$\lambda_L = \frac{16 \cdot \nu \cdot \pi \cdot d_i}{\dot{V}} \quad \text{(Gl. 4.58)}$$

Setzt man diesen Rohrreibungsbeiwert λ_L in die Widerstandsgleichung ein, erhält man:

$$R_i = \frac{8 \cdot \varrho}{\pi^2} \cdot \frac{16 \cdot \nu \cdot \pi \cdot d_i}{\dot{V}} \cdot \frac{L_i}{d_i^5} = \frac{128 \cdot \varrho \cdot \nu}{\pi \cdot \dot{V}} \cdot \frac{L_i}{d_{i,i}^4} \quad \text{(Gl. 4.59)}$$

und damit den Gesamtdruckverlust zu:

$$\Delta p_L = \dot{V} \cdot \frac{128 \cdot \nu \cdot \varrho}{\pi} \cdot \sum_{i=1}^{n} \left(\frac{L_i}{d_{i,i}^4} \right) \quad \text{(Gl. 4.60)}$$

Turbulente Strömung
Für hydr. glatte Rohre bei turbulenter Strömung bis $Re \leqq 10^5$ beträgt der Rohrreibungsbeiwert:

$$\lambda_T = \frac{0{,}3164}{Re^{0{,}25}} \quad \text{(Gl. 4.61)}$$

Mit:

$$Re = \frac{4 \cdot \dot{V}}{d_i \cdot \nu \cdot \pi}$$

erhält man

$$\lambda_T = 0{,}298 \cdot \frac{\nu^{0{,}25} \cdot d_i^{0{,}25}}{\dot{V}^{0{,}25}} \quad \text{(Gl. 4.62)}$$

und damit den Widerstand R_i des Einzelstranges zu:

$$R_i = \frac{\varrho \cdot \nu^{0{,}25}}{13 \cdot \dot{V}^{0{,}25}} \cdot \frac{L_i}{d_{i,i}^{4{,}75}} \quad \text{(Gl. 4.63)}$$

und den Gesamtdruckverlust:

$$\Delta p_T = \dot{V}^{1{,}75} \cdot \frac{\varrho \cdot \nu^{0{,}25}}{13} \cdot \sum_{i=1}^{n} \left(\frac{L_i}{d_{i,i}^{4{,}74}} \right) \quad \text{(Gl. 4.64)}$$

Grafische Darstellung
Entsprechend der Grundgleichung müssen bei hintereinandergeschalteten Widerständen die Einzelverluste an der Stelle $\dot{V}$ = konst. addiert werden (Bild 4.13).

4.5.2 Parallel geschaltete Rohrleitungen

Gemäß Bild 4.14 sind in einem System, Rohrleitungen mit unterschiedlichem Durchmesser parallel angeordnet. Der Druckverlust Δp für dieses System in Abhängigkeit vom Volumenstrom $\dot{V}$ ermittelt sich dabei aus der Basisgleichung für den Druckverlust, wobei noch Einzelwiderstände berücksichtigt werden sollen (Gl. 4.11), zu:

$$\Delta p = \left(\zeta + \lambda \cdot \frac{L}{d_i} \right) \cdot \varrho \cdot \frac{\overline{w}^2}{2} \quad \text{(Gl. 4.65)}$$

Ersetzt man in dieser Gleichung die mittlere Geschwindigkeit mit: $\overline{w} = \dot{V} / A$, ergibt sich:

$$\Delta p = \left(\zeta + \lambda \cdot \frac{L}{d_i} \right) \cdot \frac{\varrho}{2} \cdot \frac{1}{A^2} \cdot \dot{V}^2 \quad \text{(Gl. 4.66)}$$

oder:

$$\Delta p = R \cdot \dot{V}^2 \quad \text{(Gl. 4.67)}$$

Hierin ist der Widerstand:

$$R = \left(\zeta + \lambda \cdot \frac{L}{d_i} \right) \cdot \frac{\varrho}{2} \cdot \frac{1}{A^2} \quad \text{(Gl. 4.68)}$$

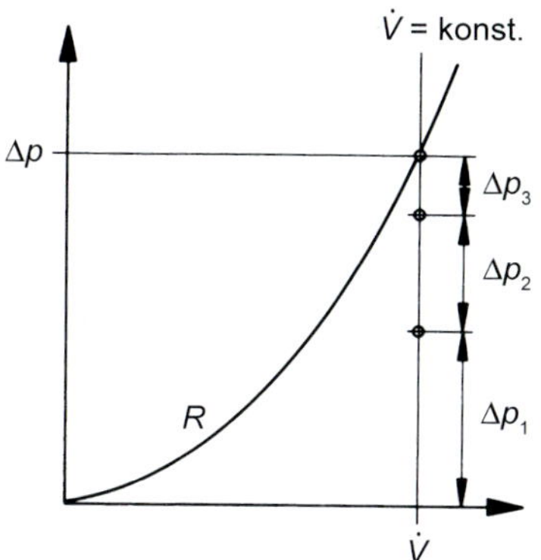

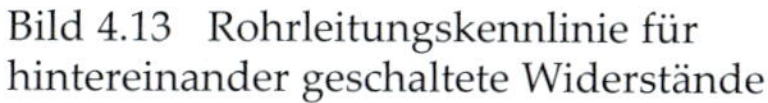

Bild 4.13 Rohrleitungskennlinie für hintereinander geschaltete Widerstände

Mit: $A = d_i^2 \cdot \pi/4$ für Rohre folgt der Widerstand zu:

$$R = \frac{8 \cdot \varrho}{\pi^2 \cdot d_i^4} \cdot \left(\zeta + \lambda \cdot \frac{L}{d_i}\right)$$

bzw. weiter umgeformt:

$$R = \frac{8 \cdot \varrho}{\pi^2} \cdot (\zeta \cdot d_i + \lambda \cdot L) \cdot \frac{1}{d_i^5} \qquad \text{(Gl. 4.69)}$$

Den gesamten Volumenstrom erhält man aus der Grundüberlegung (Bild 4.15):

- dass die Einzeldruckdifferenzen gleich sein müssen:

$$\Delta p = \Delta p_1 = \Delta p_2 = \Delta p_3 = \ldots \Delta p_n \qquad \text{(Gl. 4.70)}$$

- und sich die Einzelvolumenströme zum Gesamtvolumenstrom addieren:

$$\dot{V} = \dot{V}_1 + \dot{V}_2 + \dot{V}_3 + \ldots + \dot{V}_n \qquad \text{(Gl. 4.71)}$$

Aus:

$$\Delta p = R \cdot \dot{V}^2 \qquad \text{(Gl. 4.72)}$$

ergibt sich der Volumenstrom aus dem Gesamtwiderstand zu:

$$\dot{V} = \sqrt{\frac{\Delta p}{R}} \qquad \text{(Gl. 4.73)}$$

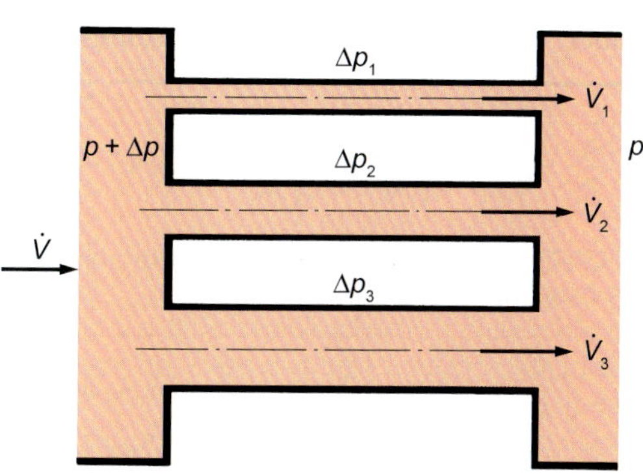

Bild 4.14 Parallel geschaltete Rohrleitungen mit unterschiedlichem Durchmesser

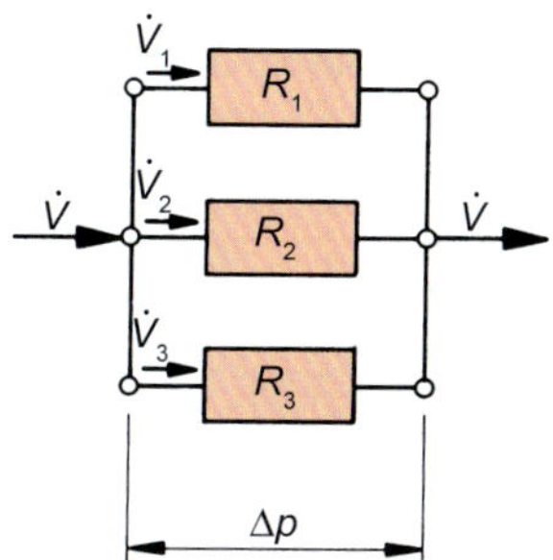

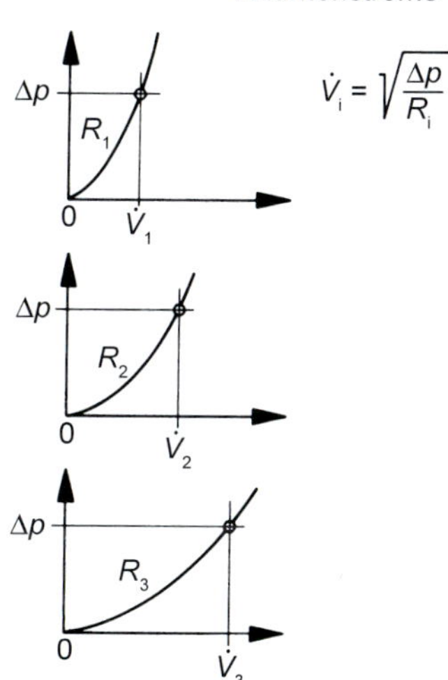

Bild 4.15 Elektrisches Modell für die Druckverlustbestimmung von parallel geschalteten Widerständen

oder aber aus den Einzelvolumenströmen mit:

$$\dot{V} = \sqrt{\frac{\Delta p}{R_1}} + \sqrt{\frac{\Delta p}{R_2}} + \sqrt{\frac{\Delta p}{R_3}} + \ldots \sqrt{\frac{\Delta p}{R_n}} \quad \text{(Gl. 4.74)}$$

Durch Gleichsetzen der beiden Gleichungen für den Gesamtvolumenstrom folgt:

$$\sqrt{\frac{\Delta p}{R}} = \sqrt{\frac{\Delta p}{R_1}} + \sqrt{\frac{\Delta p}{R_2}} + \sqrt{\frac{\Delta p}{R_3}} + \ldots \sqrt{\frac{\Delta p}{R_n}} \quad \text{(Gl. 4.75)}$$

und durch Herauskürzen des Druckverlustes ergibt sich der Gesamtwiderstand bei parallel geschalteten Einzelwiderständen zu:

$$\frac{1}{\sqrt{R}} = \frac{1}{\sqrt{R_1}} + \frac{1}{\sqrt{R_2}} + \frac{1}{\sqrt{R_3}} + \ldots \frac{1}{\sqrt{R_n}} \quad \text{(Gl. 4.76)}$$

oder:

$$\frac{1}{\sqrt{R}} = \sum_{i=1}^{n} \frac{1}{\sqrt{R_i}} \quad \text{(Gl. 4.77)}$$

und umgeformt:

$$R = \frac{1}{\left(\sum_{i=1}^{n} \frac{1}{\sqrt{R_i}}\right)^2} \quad \text{(Gl. 4.78)}$$

Setzt man in diese Gleichung den bereits ermittelten Einzelwiderstand ein, erhält man schließlich:

$$R = \frac{1}{\left(\sum_{i=1}^{n} \frac{1}{\sqrt{\frac{8 \cdot \rho}{\pi^2} \cdot (\zeta \cdot d_{i,i} + \lambda_i \cdot L_i) \frac{1}{d_{i,i}^5}}}\right)^2} \quad \text{(Gl. 4.79)}$$

Der Druckverlust errechnet sich somit aus:

$$\Delta p = \dot{V}^2 \cdot \frac{8 \cdot \varrho}{\pi^2} \cdot \frac{1}{\left(\sum_{i=1}^{n} \sqrt{\frac{d_{i,i}^5}{\zeta \cdot d_{i,i} + \lambda_i \cdot L_i}}\right)^2} \quad \text{(Gl. 4.80)}$$

und die Einzelvolumenströme werden dann bestimmt mit dem Druckverlust zu:

$$\dot{V}_i = \sqrt{\frac{\Delta p}{R_i}} \quad \text{(Gl. 4.81)}$$

Will man die Verlusthöhe ΔH ermitteln, wie dies bei der praktischen Anwendung sehr oft gefordert ist, ergibt sich mit:

$$\Delta H = \frac{\Delta p}{\varrho \cdot g} \quad \text{(Gl. 4.82)}$$

diese zu:

$$\Delta H = \dot{V}^2 \cdot \frac{8}{\pi^2 \cdot g} \cdot \frac{1}{\left(\sum_{i=1}^{n} \sqrt{\frac{d_{i,i}^5}{\zeta \cdot d_{i,i} + \lambda_i \cdot L_i}}\right)^2} \quad \text{(Gl. 4.83)}$$

Grafische Darstellung

Entsprechend der Grundgleichung müssen bei parallel geschalteten Widerständen die Einzelvolumenströme an der Stelle Δp = konst. addiert werden (Bild 4.16).

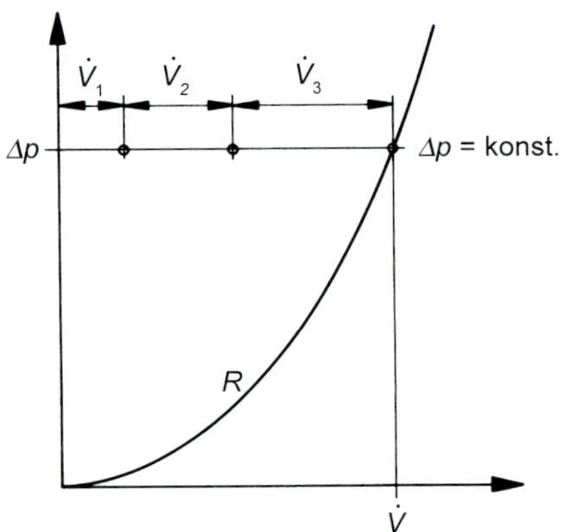

Bild 4.16 Rohrleitungskennlinie für parallel geschaltete Widerstände

Beispiel 4.4
Aufgabenstellung
In einem Rohrleitungssystem wird ein Volumenstrom $\dot{V}$ auf 2 Rohre mit unterschiedlicher Nennweite aufgeteilt. Gemäß dem Bild zu diesem Beispiel sind auch die Rohrleitungslängen unterschiedlich.

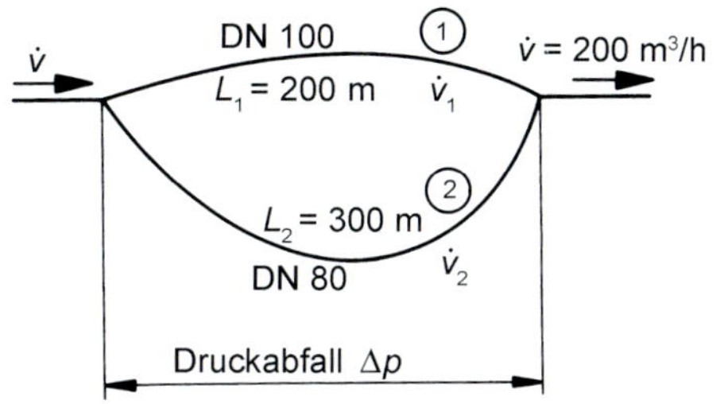

DN 100 (114,3 × 3,6); $d_{1,i}$ = 107,1 mm
DN 80 (88,9 × 3,2); $d_{2,i}$ = 82,5 mm
Betriebstemperatur: 20 °C
Medium: Wasser

Wie teilt sich der Volumenstrom auf die beiden Rohrleitungen auf?

Aufgabenlösung
Die Einzelwiderstände betragen:

$$R = \frac{8 \cdot \varrho}{\pi^2} \cdot \lambda \cdot \frac{L}{d_i^5}$$

Gleichungsdaten:

Dichte von Wasser bei 20 °C: $\varrho = 998{,}4\ \text{kg/m}^3$
Rohrrauigkeit: $k = 0{,}1$ mm

Rohr 1 (DN 100)
Die Rohrreibungszahl λ_1 muss durch Iteration bestimmt werden, wobei jedoch diese bereits relativ genau abgeschätzt werden kann.
Mit:

$d/k = 107{,}1/0{,}1 = 1071$

und

$$Re = \frac{\overline{w}_1 \cdot d_{1,i}}{\nu}$$

Die wirtschaftliche Geschwindigkeit liegt gemäß Bild 4.2 bei etwa 3 m/s.

Hiermit wird:

$$Re = \frac{3 \cdot 0{,}1071}{1 \cdot 10^{-6}} \approx 3 \cdot 10^5$$

und die Rohrreibungszahl ergibt sich n. Bild 4.3 zu:

$\lambda_1 \approx 0{,}02$

Rohr 2 (DN 80)
Hier ergibt sich analog:

$d/k = 82{,}5/0{,}1 = 825$

mit:

$$Re_2 = \frac{\overline{w}_2 \cdot d_{2,i}}{\nu} \approx 2{,}5 \cdot 10^5$$

Damit wird:

$\lambda_2 \approx 0{,}022$

Einzelwiderstände

$$R_1 = \frac{8 \cdot 998{,}4}{\pi^2} \cdot 0{,}02 \cdot \frac{200}{0{,}1071^5} = 2{,}3 \cdot 10^8\ \text{kg/m}^7$$

$$R_2 = \frac{8 \cdot 998{,}4}{\pi^2} \cdot 0{,}022 \cdot \frac{300}{0{,}0825^5} = 14 \cdot 10^8\ \text{kg/m}^7$$

Gesamtwiderstand

$$R = \frac{1}{\left(\frac{1}{\sqrt{R_1}} + \frac{1}{\sqrt{R_2}}\right)^2}$$

$$= \frac{1}{\left(\frac{1}{\sqrt{2{,}3 \cdot 10^8}} + \frac{1}{\sqrt{14 \cdot 10^8}}\right)^2} = 1{,}16 \cdot 10^8\ \text{kg/m}^7$$

Druckabfall

$$\Delta p = R \cdot \dot{V}^2 = 1{,}16 \cdot 10^8 \cdot \left(\frac{200}{3600}\right)^2$$

$\boldsymbol{\Delta p} = 3{,}6 \cdot 10^5$ Pa = **3,6 bar**

Volumenstromverteilung

$$\dot{V}_1 = \sqrt{\frac{\Delta p}{R_1}} = \sqrt{\frac{3{,}6 \cdot 10^5}{2{,}3 \cdot 10^8}} = 3{,}95 \cdot 10^{-2}\ \text{m}^3/\text{s}$$

$\dot{V}_1 = 142\ \text{m}^3/\text{h}$

$$\dot{V}_2 \cdot \sqrt{\frac{\Delta p}{R_2}} = \sqrt{\frac{3{,}6 \cdot 10^5}{14 \cdot 10^8}} = 1{,}6 \cdot 10^{-2}\ \text{m}^3/\text{s}$$

$\dot{V}_2 = 58\ \text{m}^3/\text{h}$

Überprüfung der Randbedingungen:

$$\overline{w}_1 = \frac{\dot{V}_1 \cdot 4}{d_{1,i}^2 \cdot \pi} = \frac{3{,}95 \cdot 4}{10^2 \cdot 0{,}1071^2 \cdot \pi} = 4{,}4\ \text{m/s}$$

und

$$\dot{V} = \dot{V}_1 + \dot{V}_2 = 142 + 58 = 200 \text{ m}^3/\text{h}$$

$$\overline{w}_2 = \frac{\dot{V}_2 \cdot 4}{d_{2,i}^2 \cdot \pi} = \frac{1{,}6 \cdot 4}{0{,}0825^2 \cdot \pi} = 3 \text{ m/s}$$

Annahme für Rohr 2 mit $\overline{w}_2 = 3$ m/s ist richtig.
Für Rohr 1 mit $\overline{w}_1$ 4,4 m/s ergibt sich:

$$Re_1 = \frac{4{,}4 \cdot 0{,}1071}{1 \cdot 10^{-6}} = 4{,}7 \cdot 10^5$$

und $\lambda_1 = 0{,}02$, somit ebenfalls richtig.

4.5.3 Beliebig geschaltete Rohrleitungen

Gemäß Bild 4.17 sind in einem System Rohrleitungen mit unterschiedlichen Widerständen hintereinander und parallel angeordnet. Der Druckverlust Δp für dieses System in Abhängigkeit vom Volumenstrom $\dot{V}$ ermittelt sich dabei aus der Basisgleichung für den hydraulischen Widerstand (Gl. 4.13) zu:

$$\Delta p = \zeta \cdot \frac{\varrho}{2} \cdot \overline{w}^2 \qquad \text{(Gl. 4.84)}$$

Mit: $\overline{w} = \dot{V} / A$ ergibt sich:

$$\Delta p = \zeta \cdot \frac{\varrho}{2 \cdot A^2} \cdot \dot{V}^2 \qquad \text{(Gl. 4.85)}$$

oder aber:

$$\Delta p = R \cdot \dot{V}^2 \qquad \text{(Gl. 4.86)}$$

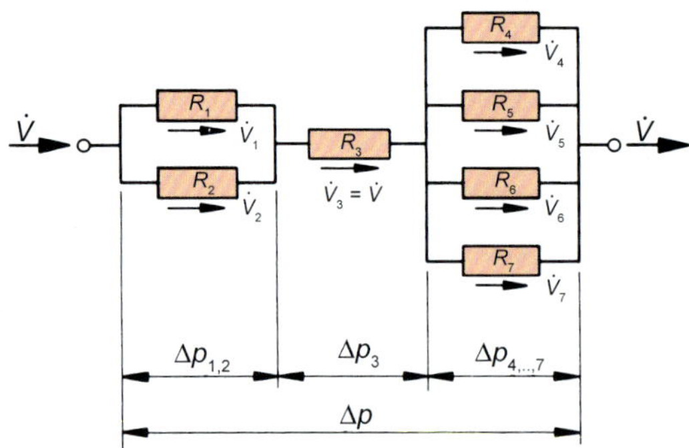

Bild 4.17 Beliebig geschaltete Widerstände im Rohrleitungssystem

worin der Widerstand R allgemein Reibung und Einzelwiderstände sowie beliebige Querschnittsformen enthält.

$$R = \zeta \cdot \frac{\varrho}{2 \cdot A^2} \qquad \text{(Gl. 4.87)}$$

Für **parallel geschaltete Widerstände** erhält man mit:

$$\Delta p = \text{konst.} \qquad \text{(Gl. 4.88)}$$

und:

$$\dot{V} = \dot{V}_1 + \dot{V}_2 + \dot{V}_3 + \ldots \dot{V}_n \qquad \text{(Gl. 4.89)}$$

den Widerstand aus:

$$\dot{V} = \sqrt{\frac{\Delta p}{R}} \qquad \text{(Gl. 4.90)}$$

zu:

$$\frac{1}{\sqrt{R}} = \frac{1}{\sqrt{R_1}} + \frac{1}{\sqrt{R_2}} + \ldots \frac{1}{\sqrt{R_n}} \qquad \text{(Gl. 4.91)}$$

Für **hintereinander geschaltete Widerstände** ergibt sich:

$$\dot{V} = \text{konst.} \qquad \text{(Gl. 4.92)}$$

und

$$\Delta p = \Delta p_1 + \Delta p_2 + \Delta p_3 + \ldots \Delta p_n \qquad \text{(Gl. 4.93)}$$

der Widerstand zu:

$$R = R_1 + R_2 + R_3 + \ldots R_n \qquad \text{(Gl. 4.94)}$$

Wendet man diese Gleichung auf das System gemäß dem Bild an, so folgt:

1. Parallelschaltung von R_1 und R_2 zu $R_{1,2}$:

$$\frac{1}{\sqrt{R_{1,2}}} = \frac{1}{\sqrt{R_1}} + \frac{1}{\sqrt{R_2}} \qquad \text{(Gl. 4.95)}$$

2 Hintereinanderschaltung von $R_{1,2}$ und R_3:

$$R_{1,3} = R_{1,2} + R_3 \qquad \text{(Gl. 4.96)}$$

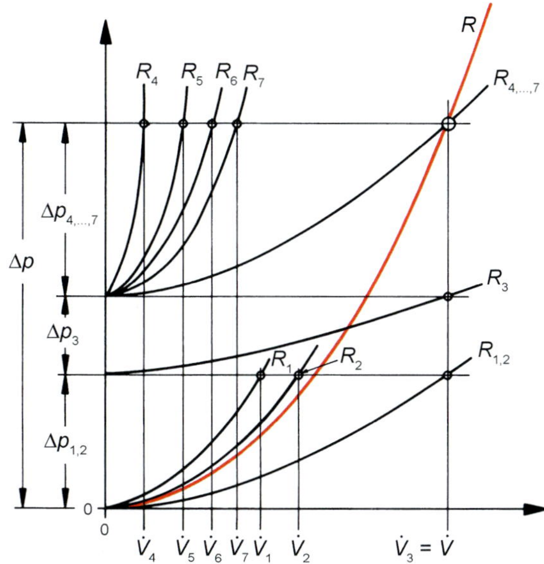

Bild 4.18 Rohrleitungskennlinie aus beliebig geschalteten Widerständen

3. Parallelschaltung von R_4, R_5, R_6 und R_7 zu $R_{4,7}$:

$$\frac{1}{\sqrt{R_{4,7}}} = \frac{1}{\sqrt{R_4}} + \frac{1}{\sqrt{R_5}} + \frac{1}{\sqrt{R_6}} + \frac{1}{\sqrt{R_7}} \quad \text{(Gl. 4.97)}$$

4. Der Gesamtwiderstand für das System beträgt somit:

$$R = R_{1,2} + R_3 + R_{4,7} \quad \text{(Gl. 4.98)}$$

Grafische Darstellung

Entsprechend den Gleichungen müssen parallel geschalteten Widerständen die Einzelverluste bei Δp = konst. und bei hintereinander geschalteten Widerständen bei $\dot{V}$ = konst. addiert werden (Bild 4.18).

4.6 Anwendungsgleichungen und Diagramme für die Druckverlustberechnung

4.6.1 Basisgleichung der Druckverlustberechnung

Druckverlust:

$$\Delta p_v = \left(\Sigma \zeta + \lambda \cdot \frac{L}{d} \right) \cdot \frac{\varrho}{2} \cdot \overline{w}^2 \ \ (\text{N/m}^2 = \text{Pa}) \quad \text{(Gl. 4.99)}$$

Mit dem dynamischen Druck (s. Tabelle 4.3):

$$p_{\text{dyn}} = \frac{\varrho}{2} \overline{w}^2 \ \ (\text{N/m}^2 = \text{Pa}) \quad \text{(Gl. 4.100)}$$

ergibt sich der Druckverlust zu:

$$\Delta p_v = \left(\Sigma \zeta + \lambda \cdot \frac{L}{d} \right) \cdot p_{\text{dyn}} \ \ (\text{Pa}) \quad \text{(Gl. 4.101)}$$

oder als **Verlusthöhe** ausgedrückt:

$$\Delta H_v = \left(\Sigma \zeta + \lambda \cdot \frac{L}{d} \right) \cdot \frac{\overline{w}^2}{2 \cdot g} \ (\text{m}) \quad \text{(Gl. 4.102)}$$

Hierin wird die Geschwindigkeitsgröße als **dynamische Höhe** bezeichnet (s. Tabelle 4.3):

$$H_{\text{dyn}} = \frac{\overline{w}^2}{2 \cdot g} \ (\text{m}) \quad \text{(Gl. 4.103)}$$

Die Verlusthöhe beträgt somit allgemein:

$$\Delta H_v = \left(\Sigma \zeta + \lambda \cdot \frac{L}{d} \right) \cdot H_{\text{dyn}} \ \ (\text{m}) \quad \text{(Gl. 4.104)}$$

Tabelle 4.3 Kenngrößen für die Druckverlustberechnung

DN		10	15	20	25	32	40	50	65	80	100	125	150	200	250	300	350	400	500	600	700	800	900	1000
Flüssigkeiten	$\dot{V}$ (m³/h)	0,15	0,4	1	2	3	6	10	20	30	60	100	150	300	500	700	1000	1500	2500	3000	5000	6000	7000	10 000
	$\overline{w}$ (m/s)	0,3	0,5	0,7	0,9	0,8	1,14	1,19	1,43	1,56	1,85	2,04	2,09	2,47	2,6	2,58	2,85	3,33	3,56	3,07	3,72	3,42	3,13	3,62
Gase	$\dot{V}$ (m³/h)	1,5	4,0	10	20	30	60	100	200	300	600	1000	1500	3000	5000	7000	10 000	15 000	25 000	30 000	50 000	60 000	70 000	100 000
	$\overline{w}$ (m/s)	2,9	4,7	7,1	8,7	7,7	11,4	11,9	14,3	15,6	18,5	20,4	20,9	24,7	26	25,8	28,5	33,3	35,6	30,7	37,2	34,22	31,3	36,2

Druckverlustberechnung: $\Delta p = \sum\zeta \cdot \frac{\varrho}{2} \cdot \overline{w}^2$ oder $\Delta H = \sum\zeta \cdot \frac{\overline{w}^2}{2 \cdot g}$

Geschwindigkeitsermittlung:

Gase

d [1]	$\dot{V}$ bei w = 10 m/s	$\dot{V}$ bei w = 20 m/s	$\dot{V}$ bei w = 30 m/s
mm	m³/h	m³/h	m³/h
100	282,6	565,2	847,8
112	356,4	712,8	1 069,2
125	442,8	885,6	1 328,4
140	554,4	1 108,8	1 663,2
160	720	1 440	2 160
180	914,4	1 828,8	2 743,2
200	1 130	2 260	3 390
224	1 418	2 836	4 254
250	1 764	3 528	5 292
280	2 196	4 392	6 588
315	2 804	5 608	8 412
355	3 564	7 128	10 692
400	4 536	9 072	13 608
450	5 724	11 448	17 172
500	7 056	14 112	21 168
560	8 856	17 712	26 568
630	11 232	22 464	33 696
710	14 256	28 512	42 768
800	18 000	36 000	54 000
900	22 896	45 792	68 688
1000	28 260	56 520	84 780
1120	35 460	70 920	106 380
1250	44 172	88 344	132 516
1400	55 440	110 880	166 320
1600	72 360	144 720	217 060
1800	91 440	182 880	274 320
2000	113 040	226 080	339 120

Flüssigkeiten

DN [2]	d	$\dot{V}$ bei w = 1 m/s	$\dot{V}$ bei w = 2 m/s	$\dot{V}$ bei w = 3 m/s
	mm	m³/h	m³/h	m³/h
10	10 13,6	0,283 0,523	0,565 1,046	0,848 1,569
15	15 17,3	0,636 0,846	1,272 1,692	1,908 2,538
20	20 22,9	1,131 1,416	2,262 2,832	3,393 4,248
25	25 29,1	1,767 2,3	3,534 4,6	5,301 6,9
32	32 37,2	2,895 3,91	5,791 7,82	8,686 11,73
40	40 43,1	4,524 5,25	9,048 10,5	13,57 15,75
50	50 54,5	7,07 8,4	14,14 16,8	21,21 25,2
65	65 70,3	11,95 13,97	23,89 27,94	35,84 41,91
80	80 82,5	18,10 19,24	36,19 38,48	54,29 57,72
100	100 107,1	28,27 32,43	56,55 64,86	84,82 97,29
125	125 131,7	44,18 49,0	88,36 98	132,54 147
150	150 159,3	63,62 71,75	127,23 143,5	190,85 215,25
200	200 207,3	113,1 121,5	226,2 243	339,3 364,5
250	250 260,4	176,7 191,7	353,4 383,4	530,1 575,1
300	300 309,7	254,5 271,2	508,9 542,4	763,4 813,6
350	350 339,6	346,4 326,1	692,7 652,2	1039,1 978,3
400	400 388,8	452,4 427,4	904,8 854,8	1357,2 1282,2
500	500 486	706,9 667,8	1413,7 1335,6	2120,6 2003,4

Geschwindigkeitshöhe:

Gase

w	$p_{dyn} = \frac{\varrho}{2} \cdot w^2$
m/s	N/m² bei ϱ = 1,2 $\frac{kg}{m^3}$
1	0,6
2	2,4
3	5,4
4	9,6
5	15,0
6	21,6
7	29,4
8	38,4
9	48,6
10	60,0
11	72,6
12	86,4
13	101,4
14	117,6
15	135,0
16	153,6
17	173,4
18	194,4
19	216,6
20	240,0
22	290,4
24	345,6
26	405,6
28	470,4
30	540,0
32	614,4
34	693,6
36	777,6
38	866,4
40	960,0
42	1058,4
44	1161,6
46	1269,6
48	1382,4
50	1500,0

Flüssigkeiten

w	$H_{dyn} = \frac{w^2}{2 \cdot g}$
m/s	m
0,1	0,0005
0,2	0,002
0,3	0,004
0,4	0,008
0,5	0,0127
0,6	0,018
0,7	0,025
0,8	0,033
0,9	0,041
1,0	0,051
1,1	0,062
1,2	0,073
1,3	0,086
1,4	0,10
1,5	0,11
1,6	0,13
1,7	0,15
1,8	0,16
1,9	0,18
2,0	0,20
2,2	0,25
2,4	0,29
2,6	0,34
2,8	0,40
3,0	0,46
3,2	0,52
3,4	0,59
3,6	0,66
3,8	0,74
4,0	0,82
4,2	0,90
4,4	0,99
4,6	1,08
4,8	1,17
5,0	1,27

Luftdaten:

Für Luft	ϑ, °C: 0	20	40	60	80	100	120	140	160	180	200	220	240	260	280	300	320	340	360	380	400	500	600	700	800	900	1000	1200
ϱ kg/m³	1,29	1,20	1,12	1,06	1,00	0,94	0,90	0,85	0,81	0,78	0,74	0,71	0,69	0,66	0,64	0,61	0,59	0,57	0,56	0,54	0,52	0,46	0,40	0,36	0,33	0,30	0,28	0,24
f_ϱ ϱ / ϱ_{20}	1,08	1,00	0,93	0,88	0,83	0,78	0,75	0,71	0,68	0,65	0,62	0,59	0,58	0,55	0,53	0,50	0,49	0,48	0,47	0,45	0,43	0,38	0,33	0,30	0,28	0,25	0,23	0,20
f_ϑ $\frac{\vartheta_i + 273}{273}$	1,00	1,07	1,15	1,22	1,29	1,37	1,44	1,51	1,59	1,66	1,73	1,81	1,88	1,95	2,03	2,10	2,17	2,25	2,32	2,39	2,47	2,83	3,20	3,56	3,93	4,30	4,66	5,40

[1] Kanalinnendurchmesser nach Normreihe
[2] Rohre nach DIN EN 10216-4

$Y_{dyn} = g \cdot H_{dyn}$

$p_{dyn} = \varrho \cdot g \cdot H_{dyn}$ (Pa = N/m² = 10⁻⁵ bar)

$w = \sqrt{\frac{2 \cdot p_{dyn}}{\varrho}}$ (m/s) oder $= \sqrt{\frac{2 \cdot \Delta p}{\varrho \cdot \Sigma\zeta}}$ (m/s)

Wirtschaftliche Geschwindigkeit:
Anhaltswert für Flüssigkeiten: [3]
$\overline{w} \approx 0{,}2 \cdot \sqrt{d_i}$ m/s mit d_i in mm
Für Gase gilt die 10-fache Geschwindigkeit.

[3]) Min. Geschwindigkeit für Gas-Mittransport s. Abschnitt 7.1.1

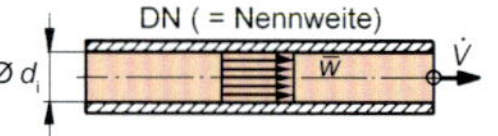

1 Torr = 1 mmHg = 1,33322 mbar = 133,32 Pa

1 mmWS ≙ 1kp/m² ≙ 9,81 Pa ≙ 0,0981 mbar (≈̂ 10 Pa ≙ 0,1 mbar)

1 Pa ≙ 0,102 mmWS ≙ 0,102 kp/m² ≙ 0,01 mbar (≈̂ 0,1 mmWS)

1 mbar ≙ 100 Pa ≙ 10,2 mmWS ≙ 10,2 kp/m² (≈̂ 10 mmWS)

4.6.2 Bezugssysteme

4.6.2.1 Gleichwertige Rohrleitungslängen der ζ-Werte

Man kann die ζ-Werte auf eine äquivalente Rohrleitungslänge $L_{äq}$ umformen (wie dies im Pipelinebau sinnvoll ist), und zwar immer dort, wo die Rohrreibung die bestimmende Druckverlustgröße ist. Mit:

$$\zeta = \lambda \cdot \frac{L_{äq}}{d} \qquad \text{(Gl. 4.105)}$$

ergibt sich:

$$L_{äq} = \zeta \cdot \frac{d}{\lambda} \qquad \text{(Gl. 4.106)}$$

und damit wird die Basisgleichung:

$$\Delta H_v = \lambda \cdot \frac{(L + L_{äq})}{d} \cdot H_{dyn} \quad \text{(m)} \qquad \text{(Gl. 4.107)}$$

4.6.2.2 Rohrleitungen in ζ-Werte umformen

Im Anlagenbau mit nicht zu großen Rohrleitungslängen ist es sinnvoll, die Rohrreibung $\lambda \cdot L/d$ auf einen ζ_λ-Wert umzuformen:

$$\zeta_\lambda = \lambda \cdot \frac{L}{d} \quad \text{(s. Bild 4.19)} \qquad \text{(Gl. 4.108)}$$

Damit:

$$\Delta H_v = (\Sigma\zeta + \zeta_\lambda) \cdot H_{dyn} \quad \text{(m)} \qquad \text{(Gl. 4.109)}$$

4.6.2.3 Druckverluste in ζ-Werte umformen

Ist der Druckverlust eines Aggregats gegeben, kann man den zugehörigen ζ-Wert aus der dem Widerstand zugehörigen Geschwindigkeit ermitteln mit:

$$\Delta p_v = \zeta \cdot \frac{\varrho}{2} \cdot \overline{w}^2$$

ergibt sich:

$$\zeta = \frac{2 \cdot \Delta p_v}{\varrho \cdot \overline{w}^2} = \frac{\Delta p_v}{p_{dyn}} \qquad \text{(Gl. 4.110)}$$

und bei Bezug auf die **Verlusthöhe**:

$$\Delta H_v = \zeta \cdot \frac{\overline{w}^2}{2 \cdot g}$$

ergibt sich:

$$\zeta = \frac{2 \cdot g \cdot \Delta H_v}{\overline{w}^2} = \frac{\Delta H_v}{H_{dyn}} \qquad \text{(Gl. 4.111)}$$

Hierbei ist zu beachten, dass sich der ζ-Wert auf die Bezugsgeschwindigkeit $\overline{w}$ bezieht. Diese ergibt sich aus dem Nennvolumenstrom und dem Anschlussquerschnitt.

4.6.2.4 ζ-Wert-Ermittlung bei k_V-Wert-Vorgabe bei Armaturen

Der k_V-Wert ist definiert als der Volumenstrom (in m³/h) einer Flüssigkeit mit der Dichte $\varrho_0 = 1000$ kg/m³ ($\nu_0 = 1 \cdot 10^{-6}$ m²/s) bei einem Druckverlust von $\Delta p_0 = 1$ bar an der Armatur:

$$k_V = \dot{V} \cdot \sqrt{\frac{\Delta p_0 \cdot \varrho}{\Delta p \cdot \varrho_0}} \quad \text{(m}^3\text{/h)} \qquad \text{(Gl. 4.112)}$$

Mit den Prüfbedingungen ($\Delta p_0 = 1$ bar und $\varrho_0 = 1000$ kg/m³) wird:

$$k_v = \frac{\dot{V}}{31{,}6} \cdot \sqrt{\frac{\varrho}{\Delta p}}$$

ϱ in kg/m³
Δp in bar
$\dot{V}$ in m³/h

Setzt man für: $\Delta p = \varrho \cdot g \cdot \Delta H_v \cdot 10^{-5}$ ein, ergibt sich:

$$k_v = \frac{\dot{V}}{31{,}6} \cdot \sqrt{\frac{10^5}{g \cdot \Delta H_v}}$$

und es wird (Bild 4.20):

$$k_v = \frac{3{,}19 \cdot \dot{V}}{\sqrt{\Delta H_v}} \quad \text{(m}^3\text{/h)} \qquad \text{(Gl. 4.113)}$$

Die Verlusthöhe beträgt:

$$\Delta H_v = \left(\frac{3{,}19 \cdot \dot{V}}{k_v}\right)^2 \quad \text{(m)}$$

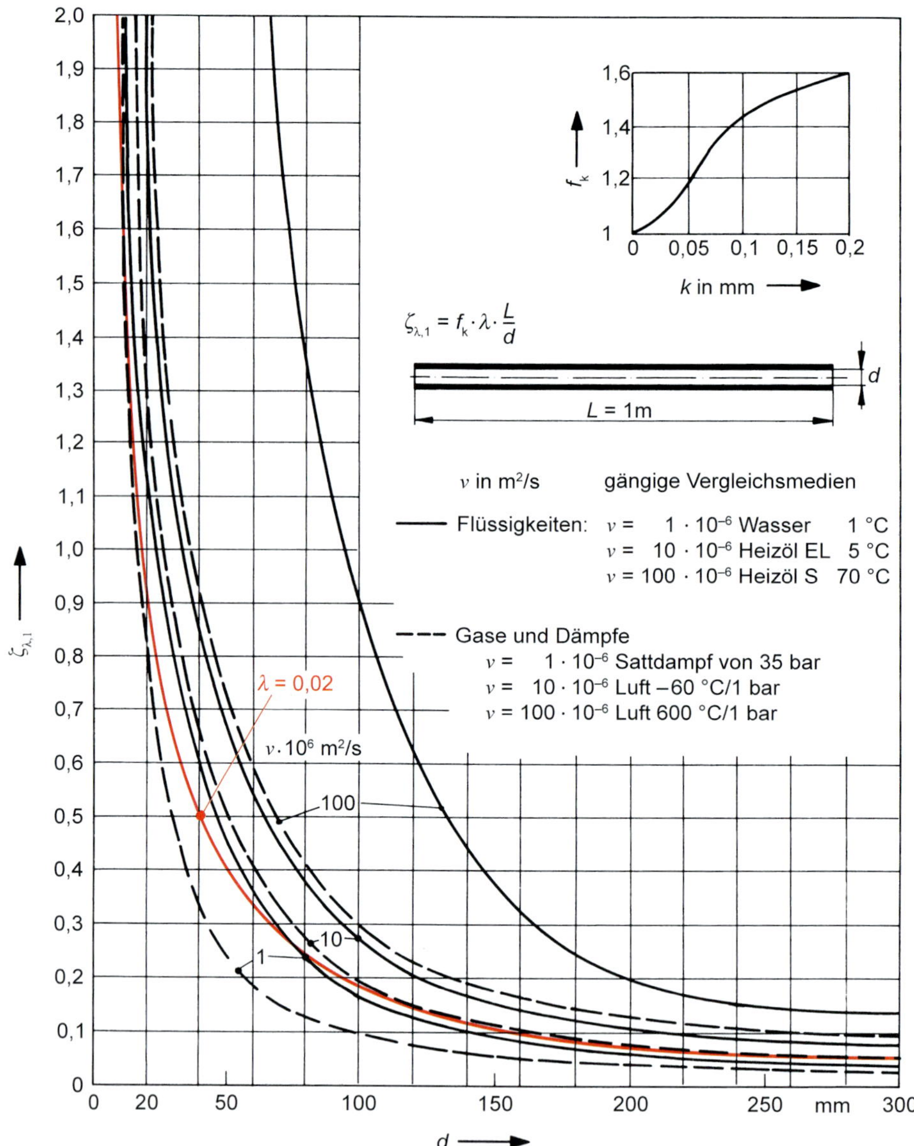

Bild 4.19 Widerstandsbeiwert $\zeta_{\lambda,1}$ von 1 m langen glatten Rohren

$\dot{V}$ in m³/h

ΔH_V in m

Der k_V-Wert kann in einen ζ-Wert umgeformt werden mit:

$$\Delta H_V = \zeta \cdot \frac{\overline{w}^2}{2 \cdot g} \quad \text{ergibt sich:} \quad \zeta = \frac{2 \cdot g \cdot \Delta H_V}{\overline{w}^2}$$

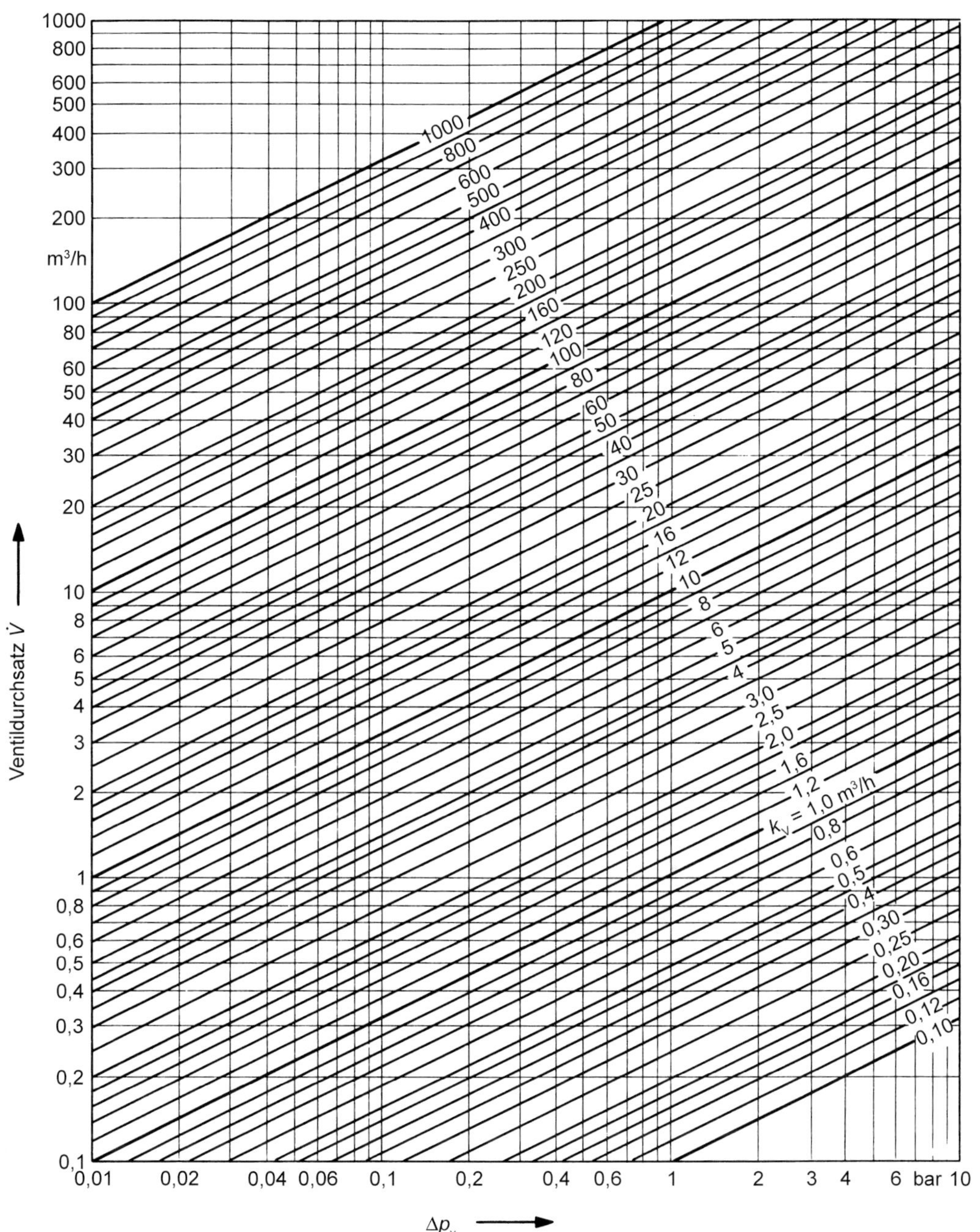

Bild 4.20 k_V-Diagramm zur Bestimmung von Armaturendaten

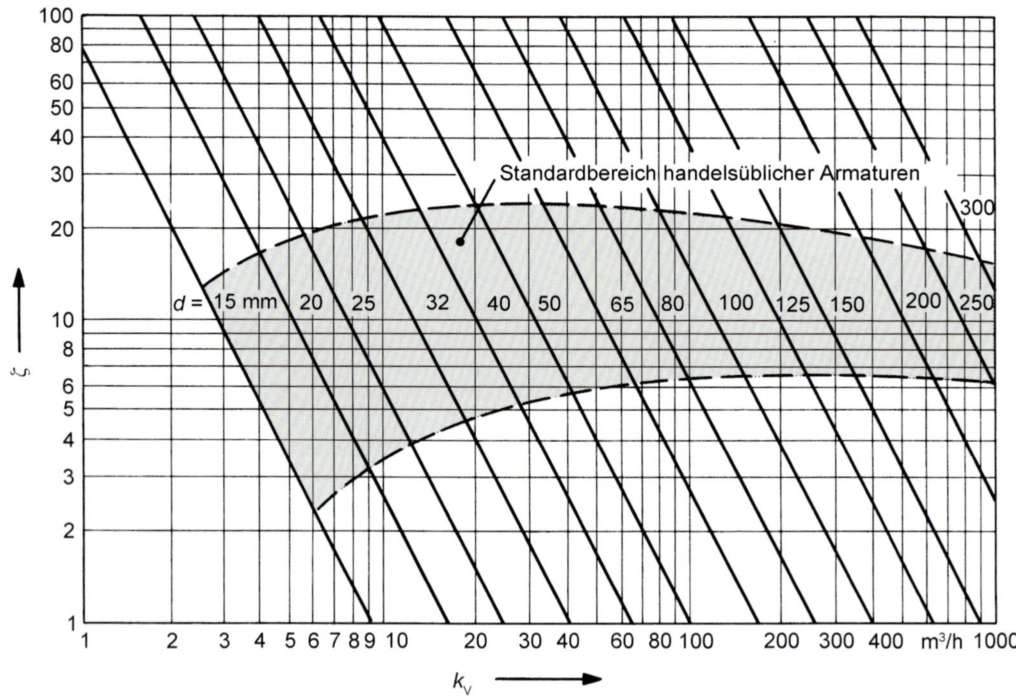

Bild 4.21 Zusammenhang von k_V- und ζ-Wert in Abhängigkeit des Anschlussdurchmessers

und damit der ζ-Wert des Ventils:

$$\zeta = \frac{2 \cdot g \cdot 10{,}18}{\overline{w}^2} \cdot \left(\frac{\dot{V}}{k_v}\right)^2$$

Die Bezugsgeschwindigkeit ist:

$$\overline{w}^2 = \frac{\dot{V}}{A}$$

und eingesetzt:

$$\zeta = \frac{2 \cdot g \cdot 10{,}18 \cdot \dot{V}^2 \cdot \left(\frac{A}{10^6}\right)^2}{\dot{V}^2 \cdot \left(\frac{k_v}{3600}\right)^2}$$

Mit:

A in mm²,
k_V in m³/h

wird:

$$\zeta = 0{,}0059 \cdot \left(\frac{A}{k_v}\right)^2$$

Mit:

$$A = \frac{d^2 \cdot \pi}{4}$$

wird schließlich:

$$\zeta = \frac{1}{626{,}3} \cdot \left(\frac{d^2}{k_v}\right)^2$$

d in mm
k_v in m³/h

Da als Durchmesser d bei Regelarmaturen die Nennweite DN festgelegt wird als Bezugsgröße (Bild 4.21):

$$\zeta_\infty = \frac{1}{626{,}3} \cdot \left(\frac{\mathrm{DN}^2}{k_V}\right)^2 \qquad \text{(Gl. 4.114)}$$

4.6.2.5 Druckverlustberechnung mittels Bezugsquerschnitt

Bei einer Vielzahl von Einzelverlustelementen ist es zweckmäßig, sämtliche Widerstände auf einen Bezugsquerschnitt zu beziehen und zu summieren gemäß:

$$\Delta p_{\mathrm{v}} = \zeta_{0,\mathrm{ges}} \cdot \frac{\varrho_0}{2} \cdot \overline{w}_0^2$$

bzw. bei Berechnung mit der Verlusthöhe:

$$\Delta H_{\mathrm{V}} = \zeta_{0,\mathrm{Ges}} \cdot H_{\mathrm{dyn}}$$

mit:

$$H_{\mathrm{dyn}} = \frac{\overline{w}_0^2}{2 \cdot g}$$

Hierin ist der Gesamtwiderstandsbeiwert:

$$\zeta_{0,\mathrm{ges}} = \sum_{i=1}^{n} \zeta_{0,\mathrm{i}}$$

Aus der Basisgleichung für den Druckverlust:

$$\Delta p_{\mathrm{i}} = \zeta_{\mathrm{i}} \cdot \frac{\rho_{\mathrm{i}}}{2} \cdot \overline{w}_{\mathrm{i}}^2$$

ergibt sich bei Bezug auf den Bezugsquerschnitt A_0 gemäß der Kontinuitätsgleichung die Geschwindigkeit:

$$w_{\mathrm{i}} = \left(\frac{\varrho_0}{\varrho_{\mathrm{i}}}\right) \cdot \left(\frac{A_0}{A_{\mathrm{i}}}\right) \cdot w_0$$

und damit der Widerstandsbeiwert eines beliebigen Querschnitts umgerechnet auf den Bezugsquerschnitt; aus

$$\Delta p_{\mathrm{i}} = \Delta p_{0,\mathrm{i}}$$

wird:

$$\zeta_{\mathrm{i}} \cdot \frac{\varrho_{\mathrm{i}}}{2} \cdot \overline{w}_{\mathrm{i}}^2 = \zeta_{0,\mathrm{i}} \cdot \frac{\varrho_0}{2} \cdot \overline{w}_0^2$$

und mit der Geschwindigkeitsreduktion aus:

$$\zeta_{0,\mathrm{i}} = \zeta_{\mathrm{i}} \cdot \frac{\varrho_{\mathrm{i}}}{\varrho_0} \cdot \left(\frac{A_0}{A_{\mathrm{i}}}\right)^2 \cdot \left(\frac{\varrho_0}{\varrho_{\mathrm{i}}}\right)^2$$

Der Gesamtwiderstand berechnet sich damit:

$$\Delta p_{\mathrm{ges}} = \sum_{i=1}^{n} \zeta_{0,\mathrm{i}} \cdot \frac{\varrho_0}{2} \cdot \overline{w}_0^2$$

$$= \sum_{i=1}^{n} \zeta_{\mathrm{i}} \cdot \frac{\varrho_0}{\varrho_{\mathrm{i}}} \cdot \left(\frac{A_0}{A_{\mathrm{i}}}\right)^2 \cdot \frac{\varrho_0}{2} \cdot \overline{w}_0^2$$

Bei gleicher Temperatur ($\vartheta_{\mathrm{i}} = \vartheta_0$) kann die Dichte als konstant angenommen werden, und man erhält mit $\varrho_{\mathrm{i}} = \varrho_0$:

$$\Delta p_{\mathrm{ges}} = \sum_{i=1}^{n} \zeta_{\mathrm{i}} \cdot \left(\frac{A_0}{A_{\mathrm{i}}}\right)^2 \cdot \frac{\varrho_0}{2} \cdot \overline{w}_0^2 \qquad \text{(Gl. 4.115)}$$

bzw.:

$$\Delta p_{\mathrm{ges}} = \sum_{i=1}^{n} \zeta_{\mathrm{i}} \cdot \frac{\varrho_0}{2} \cdot w_0^2$$

mit:

$$\zeta_{0,\mathrm{i}} = \zeta_{\mathrm{i}} \cdot \left(\frac{A_0}{A_{\mathrm{i}}}\right)^2$$

Durch die Ermittlung von reduzierten Widerstandsbeiwerten hat man eine sehr gute Übersicht über die Prioritäten und Einflusshöhe der Einzelwiderstände zueinander.

4.6.3 Randbedingungen

4.6.3.1 Strömungszustand (Gase und Flüssigkeiten)

Es ist darauf zu achten, dass die meisten angegebenen Widerstandsbeiwerte nur für turbulente Strömungen gelten:

$$Re_{\mathrm{d}} = \frac{\overline{w} \cdot d}{\nu} \geqq 10^4$$

(gültig für durchströmte Systeme).

Im Bereich von: $2300 < Re_{\mathrm{d}} < 10^4$ ist ein Übergangsgebiet vorhanden, und bei: $Re_{\mathrm{d}} < 2300$ ist die Strömung laminar. Hier gelten zum Teil wesentlich andere ζ-Werte.

4.6.3.2 Maximale Strömungsgeschwindigkeit (Gase)

Gase und Dämpfe können wie Flüssigkeiten behandelt werden, wenn die relative Dichteänderung klein ist ($\Delta\varrho/\varrho = 0{,}02$). Dies bedeutet, dass bei Gasen bis über 50 m/s Strömungsgeschwindigkeit die Anwendungsgleichungen gelten [4.5].

Teil	$d_{h,i}$	A_i	$\frac{A_0}{A_i}$	$\left(\frac{A_0}{A_i}\right)^2$	$\bar{w}_i$	Re_i	$\zeta_{u,i}$	$\frac{d_{h,i}}{k}$	λ_i	$\zeta_{\lambda,i}$	ζ_i	$\zeta_{0,i}$
						$= \frac{\bar{w} \cdot d_{h,i}}{\nu}$				$= \lambda_i \cdot \frac{L_i}{d_{h,i}}$	$= \zeta_{u,i} + \lambda_{\lambda,i}$	$= \zeta_i \cdot \left(\frac{A_0}{A_i}\right)^2$
	m	m²	–	–	m/s	–	–	–	–	–	–	–
1												
2												
3												
4												
5												

$\Sigma\zeta_{0,i} =$

Bild 4.22 Tabelle für die Druckverlustberechnung mittels Bezugsquerschnitt A_0

4.6.3.3 Kavitationserscheinungen (Flüssigkeiten)

In Flüssigkeitssystemen darf an keiner Stelle der Verdampfungsdruck der Flüssigkeiten unterschritten werden. Ein Maß hierfür ist die Kavitationszahl [4.5].

Insbesondere bei Pumpen kann auf der Saugseite Kavitation auftreten. Am Eintritt der Pumpe muss der Haltedruck der Anlage höher sein als der *NPSH*-Wert der Pumpe! Aus diesem Grund sind bei Flüssigkeitsanlagen die Verlusthöhenberechnungen immer auf saugseitige und druckseitige Verlustberechnungen aufzuteilen.

4.6.4 Anwendungsgleichungen

4.6.4.1 Wasserleitungen

Man geht von einem konstanten Verhältnis $d/k = 1000$ aus; dies bedeutet, bei:

$d = 100$ mm, $k = 0{,}1$ mm
$d = 1000$ mm, $k = 1$ mm

kann man gemäß Bild 4.3 ersehen, dass bei $Re_d \geqq 10^5$ die Rohrreibungszahl konstant

$$\lambda = 0{,}02$$

ist. Für Rauigkeit $k = 1\,^0/_{00}$. Damit ergibt sich die Verlusthöhe für die Rohrreibung zu:

$$\Delta H_v = \lambda \cdot \frac{L}{d} \cdot \frac{\overline{w}^2}{2 \cdot g}$$

mit:

$$\overline{w} = \frac{\dot{V}}{A} = \frac{\dot{V} \cdot 4}{d^4 \cdot \pi}$$

$$\Delta H_v = \lambda \cdot \frac{L}{d} \cdot \frac{\dot{V}^2 \cdot 16}{2 \cdot g \cdot d^4 \cdot \pi^2}$$

$$\Delta H_v = \lambda \cdot \frac{16}{2 \cdot g \cdot \pi^2} \cdot \frac{L}{d^5} \cdot \dot{V}^2$$

Setzt man in diese Gleichung die praxisübliche Einheit ein, erhält man für **L = 100 m**:

$$\Delta H_{v,100} = 0{,}02 \cdot \frac{16}{2 \cdot g \cdot \pi^2} \cdot \frac{100}{3600^2 \cdot (10^{-3})^5} \cdot \frac{\dot{V}^2}{d^5}$$

$$\Delta H_{v,100} = 1{,}28 \cdot 10^7 \cdot \frac{\dot{V}^2}{d^5} \quad \text{(m)}$$

mit: $\dot{V}$ (m^3/h), d (mm).

Um diese Gleichung (s. Bild 4.23) allgemein gültig zu machen für den hydraulisch rauen Bereich, ergänzt man sie um den Faktor $f_{d/k}$, der aus Bild 4.3 ermittelt wird mit $f_{d/k} = \lambda/0{,}02$:

$$\Delta H_{v,100} = f_{d/k} \cdot 1{,}28 \cdot 10^7 \cdot \frac{\dot{V}^2}{d^5} \quad \text{(m)}$$

mit: $\dot{V}$ (m^3/h)
d (mm)
L = 100 m
hydr. raues Rohr

Der Faktor für die relative Rauigkeit $f_{d/k}$ ist aus Tabelle 4.4 zu entnehmen.

4.6.4.2 Luftleitungen

Für übliche Lüftungsanlagen lassen sich die Reibungswiderstände aus Bild 4.24 ermitteln. Bei Kanälen mit rundem oder quadratischem Querschnitt kann der Reibungswiderstand unmittelbar aus der bekannten Luftmenge und Querschnittsfläche des Kanals bestimmt werden: Der Reibungswiderstand je m Kanallänge wird auf der Skala für p_r als Schnittpunkt mit der zwischen den Skalen $\dot{V}$ und A gelegten geraden Verbindungslinie abgelesen.

Handelt es sich jedoch um einen Kanal mit rechteckigem Querschnitt, muss zunächst die Luftgeschwindigkeit auf der Skala für $\overline{w}$ als Schnittpunkt mit der oben genannten Geraden bestimmt werden. Dann kann der Reibungswiderstand auf der Skala für p_r als Schnittpunkt mit der zwischen den Skalen w und D gelegten geraden Verbindungslinie abgelesen werden, wobei für D der gleichwertige Durchmesser D_g gewählt wird:

$$D_g = \frac{2 \cdot a \cdot b}{a + b}$$

a, *b* Seitenlänge der Querschnittsfläche in m.

Tabelle 4.4 Korrekturfaktoren bei anderen Rauigkeiten

d/k	20	40	100	200	500	10^3	$2 \cdot 10^3$	$5 \cdot 10^3$	10^4
$f_{d/k}$	3,55	2,65	1,9	1,58	1,18	1,0	0,85	0,7	0,6

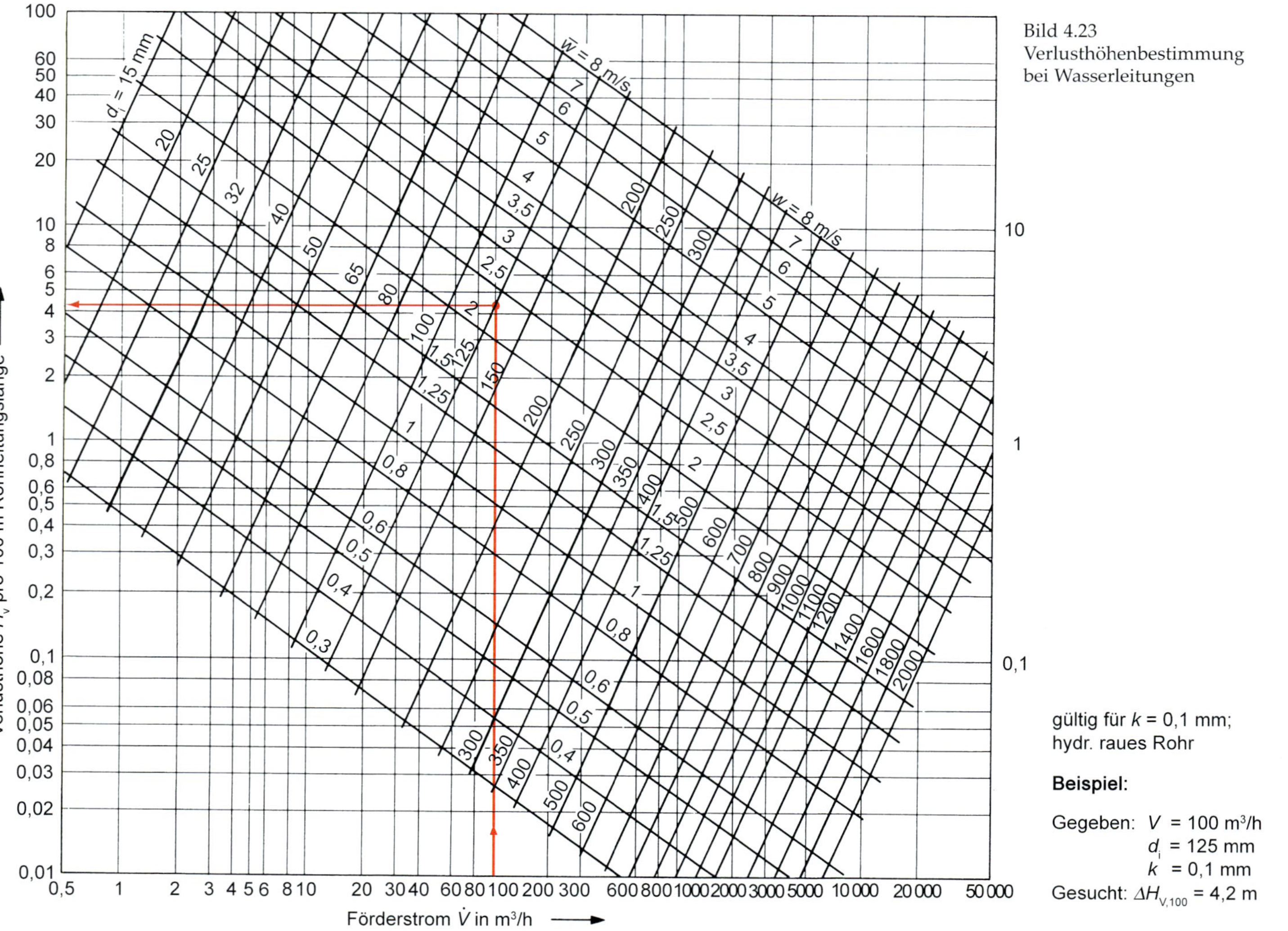

Bild 4.23
Verlusthöhenbestimmung bei Wasserleitungen

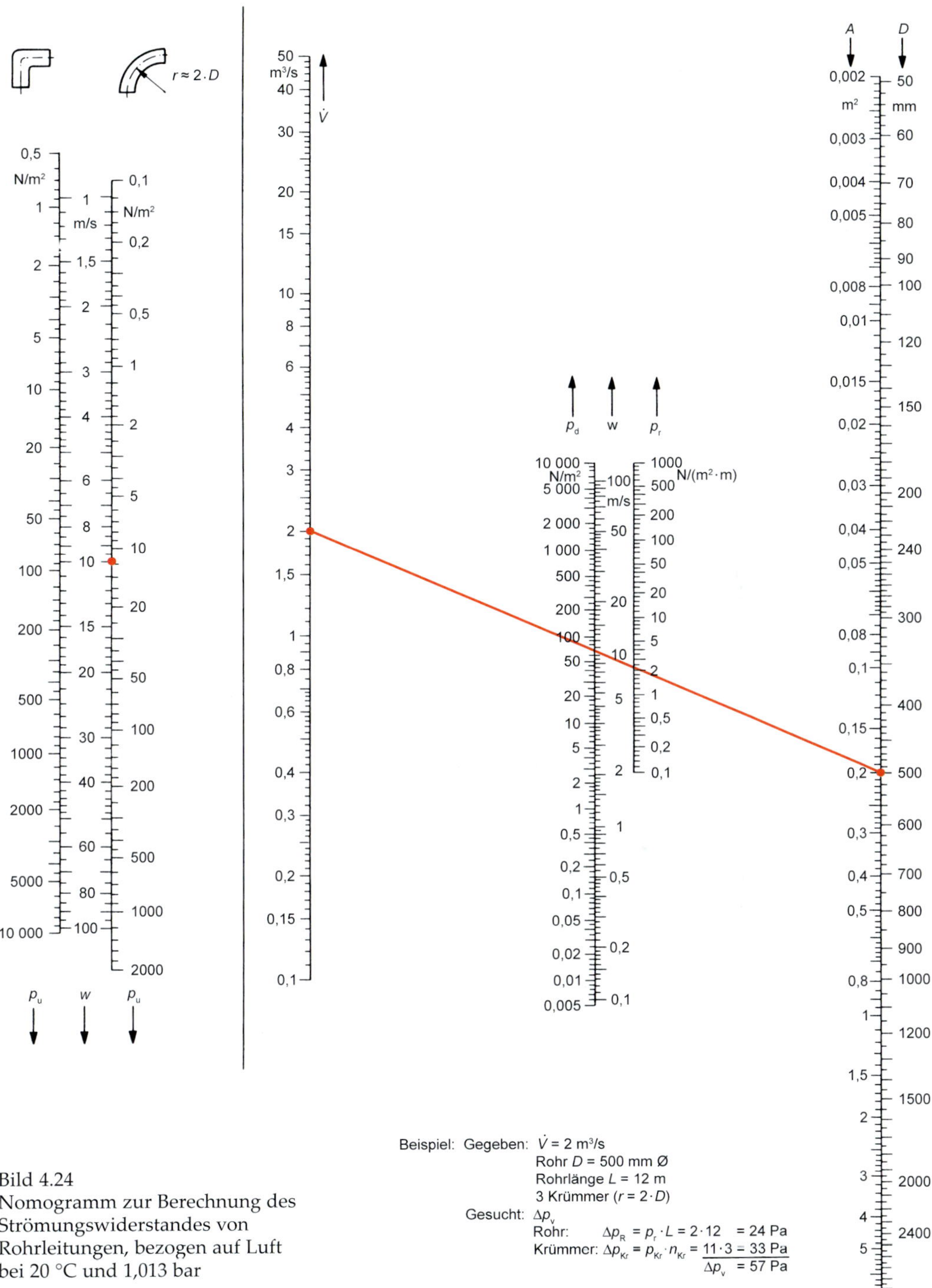

Bild 4.24
Nomogramm zur Berechnung des Strömungswiderstandes von Rohrleitungen, bezogen auf Luft bei 20 °C und 1,013 bar

Die Werte gelten für glatte Rohrleitungen aus Stahlblech. Bei einem anderen Material sind sie mit folgenden Faktoren zu multiplizieren:

ca. 1,5 bei Holzkanälen
ca. 2 bei gemauerten oder betonierten Kanälen
ca. 5 bei Wellschläuchen

Der Rohrreibungswiderstand ist dann

$$\Delta p_r = \Sigma\,(p_r \cdot L) \qquad (\text{N/m}^2 = \text{Pa})$$

L Kanalabschnitt in m
p_r spezifischer Reibungswiderstand N/m²/m
Δp_r gesamter Reibungswiderstand (N/m² = Pa)

Für einfache Anlagen können die **Widerstände von Krümmern** aus Bild 4.24 entnommen werden. Zwischenwerte sind zu interpolieren. Der Strömungswiderstand ergibt sich aus der Formel:

$$\Delta p_v = \Sigma\,(\zeta \cdot p_{dyn})$$

mit:

$$p_{dyn}\,\frac{\varrho}{2}\cdot \overline{w}^2$$

ζ Widerstandszahl
p_{dyn} dynamischer Druck an der Stelle des Widerstandes

Bei Normalzustand der Luft (ϑ = 15 °C und ϱ = 1,23 kg/m³) gilt:

$$p_{dyn} = \frac{\overline{w}^2}{1{,}6} \qquad (\text{N/m}^2)$$

$\overline{w}_i$ Strömungsgeschwindigkeit an der Stelle des Widerstandes

4.6.4.3 Leistungsbedarf für die Überwindung des Druckverlustes

Die von Strömungsmaschinen (Pumpen und Ventilatoren) spezifisch nutzbare mechanische Förderarbeit beträgt (bezogen auf m = 1 kg):

$$Y = \frac{p_d - p_s}{\varrho} + \frac{w_d^2 - w_s^2}{2} + g \cdot H_{d,s} \qquad \left(\frac{\text{N}\cdot\text{m}}{\text{kg}} = \frac{\text{J}}{\text{kg}}\right)$$

Bezieht man die Energien auf die spezifische Gewichtskraft

$$\left(\frac{m}{G} = \frac{m}{m \cdot g}\right)$$

ergibt sich:

$$H = \frac{p_d - p_s}{\varrho \cdot g} + \frac{w_d^2 - w_s^2}{2 \cdot g} + H_{d,s}$$

Diese Förderhöhendarstellung wird bei **Pumpen** verwendet und ist somit unabhängig von der Dichte ϱ der Flüssigkeit:

$$H = \frac{Y}{g} \quad \text{bzw.} \quad Y = g \cdot H$$

Bezieht man die Energien auf das spezifische Volumen

$$\left(\frac{m}{V} = \frac{V \cdot \varrho}{V}\right),$$

ergibt sich:

$$p = p_d - p_s + \frac{\varrho}{2}\cdot(w_d^2 - w_s^2) + \varrho \cdot g \cdot H_{d,s}$$

Diese Förderdruckdarstellung wird bei **Ventilatoren** verwendet.

Die Förderleistung einer Strömungsmaschine ist bei **Pumpen** (Bild 4.25):

$$P = \frac{\dot{m}\cdot Y}{\eta} = \frac{\dot{m}\cdot g \cdot \Delta H}{\eta} = \frac{\dot{V}\cdot \varrho \cdot g \cdot \Delta H}{\eta} \qquad \text{(Gl. 4.116)}$$

bei **Ventilatoren** (Bild 4.26):

$$P = \frac{\dot{m}\cdot Y}{\eta} = \frac{\dot{m}\cdot \frac{\Delta p}{\varrho}}{\eta} = \frac{\dot{V}\cdot \Delta p}{\eta} \qquad \text{(Gl. 4.117)}$$

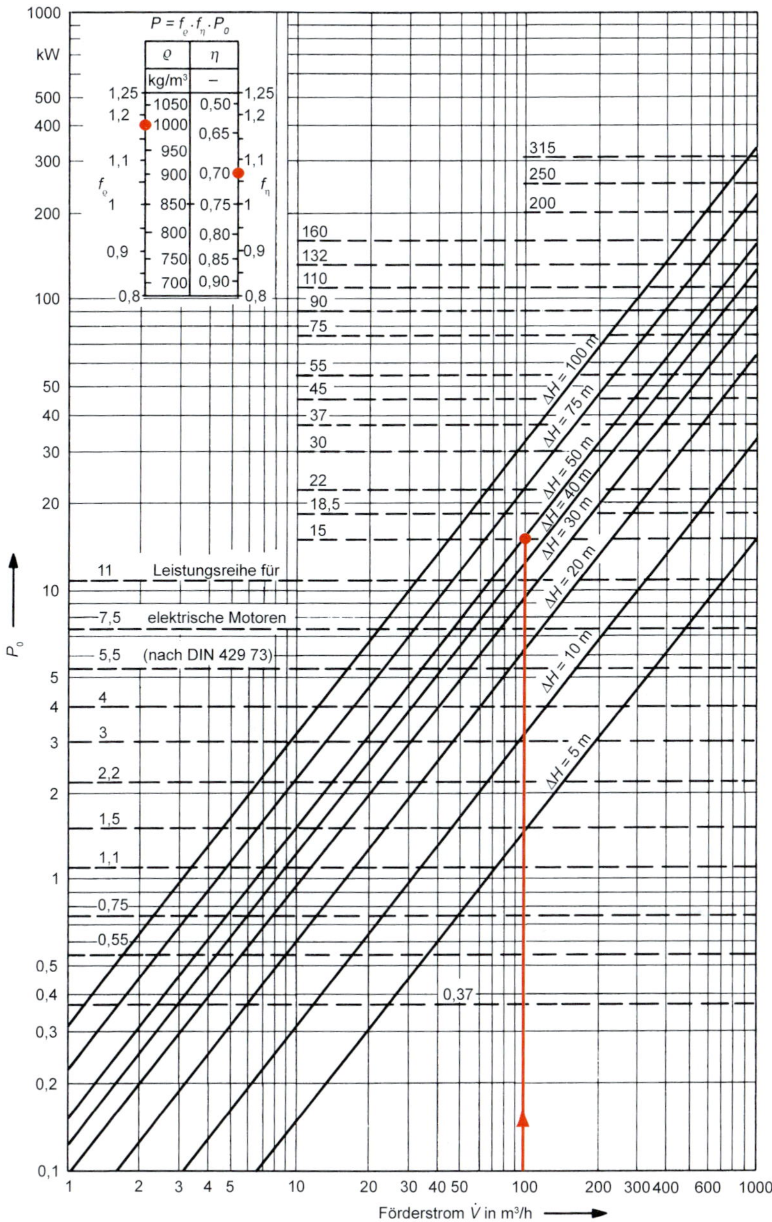

Bild 4.25 Leistungsbestimmung bei Pumpen

Beispiel:

Gegeben:

$\dot{V}$ = 100 m³/h
ΔH = 50 m
ϱ = 1000 kg/m³
η = 0,70

Gesucht:

$P = P_0 \cdot f_\varrho \cdot f_\eta = 15 \cdot 1{,}18 \cdot 1{,}07 \approx 19$ kW
P_M = 22 kW (Motorgröße)

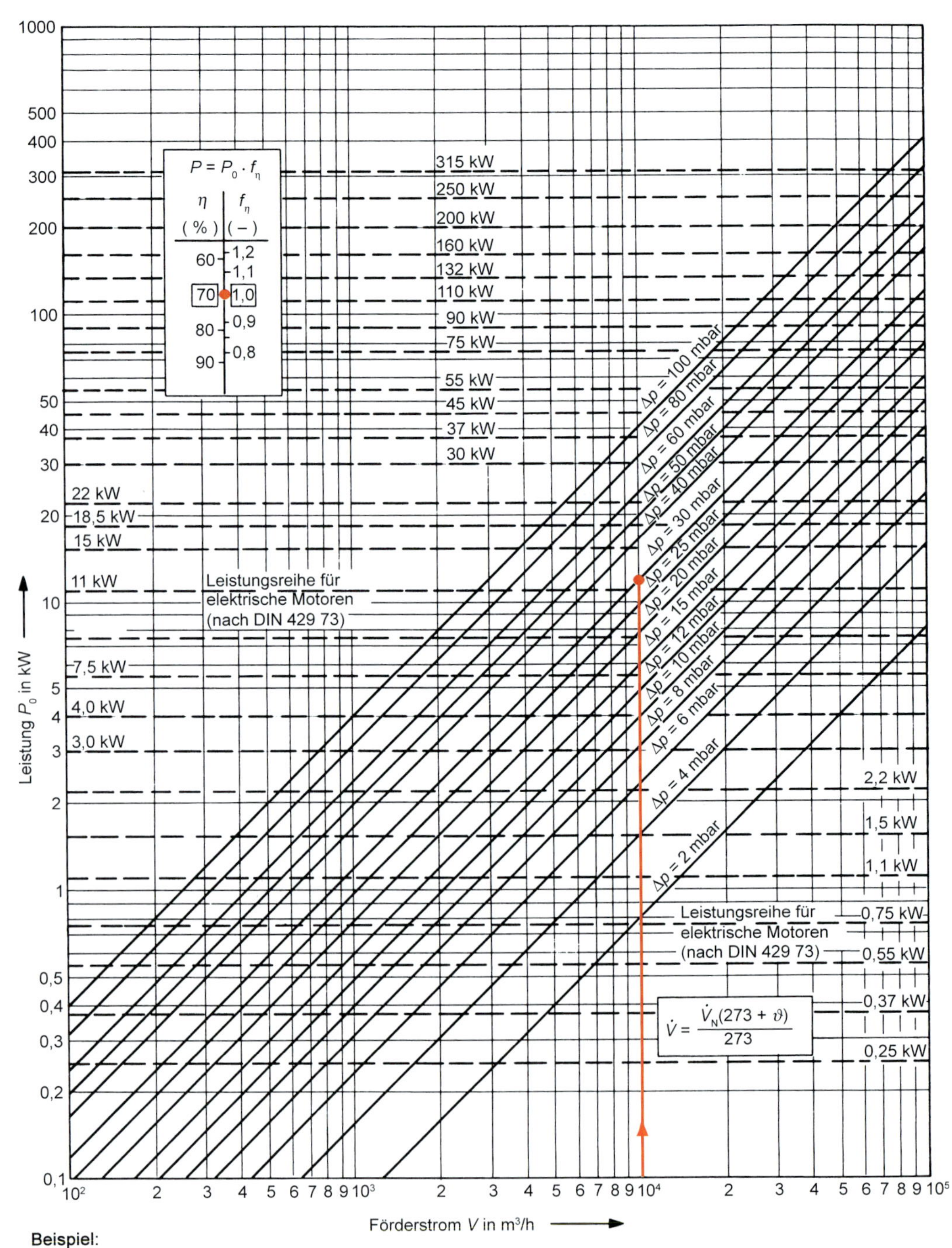

Beispiel:

Gegeben:

$\dot{V}$ = 10 000 m³/h;

η = 70%

Δp = 30 mbar

Gesucht:

$P = P_0 \cdot f_\eta = 11{,}5 \cdot 1{,}0$

P_M = 15 kW

Bild 4.26 Leistungsbestimmung bei Ventilatoren

5 Temperaturdämmung

Die Temperaturdämmung (oftmals noch als Isolierung bezeichnet) hat die Aufgabe von:

- Wärmeschutz,
- Kälteschutz,
- Berührungsschutz,
- Brandschutz,
- Schutz vor Taupunkttemperatur-Unterschreitung,
- Schutz vor Kondensatanfall und
- Schutz vor Einfrierung.

Bei den Dämmstoffen bewirken nicht die Feststoffanteile die gewünschte Schutzwirkung, sondern geeignete Kombinationen kleinster feinverteilter Poren in den einzelnen Stoffen. Die untere Grenze für die Wärmeleitfähigkeit ist somit durch die Wärmeleitung der in den Dämmstoffen enthaltenen Füllgase gegeben.

Das Grundprinzip der Dämmung liegt nun in der Reduzierung der Temperaturübertragung. Die Wärmeleitfähigkeit des gesammten Dämmstoffes λ_D (Bild 5.1) setzt sich aus den Anteilen der Wärmeleitfähigkeit von Feststoff λ_{Fest} und Gasfüllung λ_{gas} sowie aus den äquivalenten Anteilen von Strahlung λ_{str} und Konvektion λ_{Kon} zusammen.

Eine merkliche Verbesserung der Wärmedämmung ist daher erst durch eine starke Verringerung des Gasdruckes innerhalb der Wärmedämmung zu erreichen bzw. durch dünnste Faserstoffe mit enger Verfilzung mit dem Effekt, dass der Abstand der Fasern geringer ist als die freie Weglänge der Gasmoleküle.

Den Anforderungen an den Dämmeffekt und seiner Erhaltung ist der Aufbau anzupassen. Die 3 Grundbestandteile einer Dämmung sind:

- Dämmstoff,
- Unterkonstruktion und
- äußere Verkleidung.

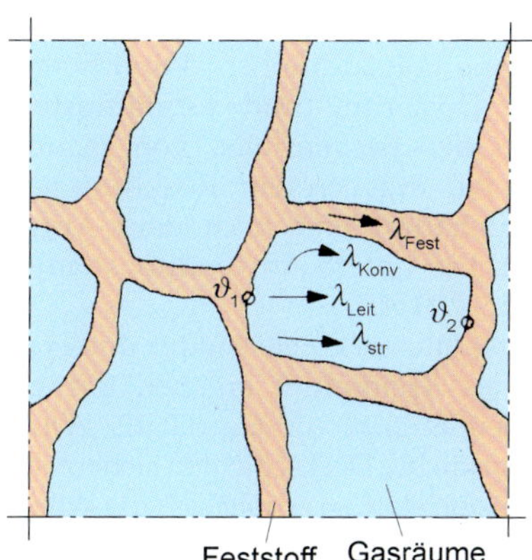

Bild 5.1 Zellenstruktur einer Dämmung

5.1 Dämmstoffe

Als Dämmstoffe werden bevorzugt verwendet:

- Schaumstoffe,
- Fasermaterialien und
- Metallfolien.

5.1.1 Schaumstoffe

Dämmschaumstoffe werden aus Kunstharzen hergestellt. In Form von Schalen, Segmenten oder Platten dienen sie vorwiegend zur Dämmung von Kälteanlagen. Die Verwendung der Hartschaumstoffe für Objekte des Wärmeschutzes wird i.Allg. durch die obere Anwendungsgrenztemperatur von ca. 120 °C eingeengt. In niederen Temperaturbereichen lassen sich die Schaumstoffe ebenfalls gut verwenden. Durch Zusatz geeigneter Chemikalien können Kunstharzschaumstoffe schwer entflammbar eingestellt werden.

Von den bekannten Kunstharzschaumstoffen finden aus wirtschaftlichen und technischen Gründen nur einige in größerem Umfang Verwendung: so unter anderem Polystyrolschaum (z.B. Styropor) und Polyurethanschaum (z.B. Moltopren).

Polyurethanschaum

Harter Polyurethan-Schaumstoff wird aus flüssigen Rohstoffkomponenten, Polyol auf Polyether- oder Polyesterbasis und Polyisocyanat unter Zusatz von Aktivatoren, Treibmittel und anderen Beimischungen durch eine Polyadditionsreaktion hergestellt. Genaue Dosierung und sorgfältigstes Vermischen der Bestandteile, von Hand oder maschinell, ergeben ein Reaktionsgemisch, das aufschäumt und nach dem Aufsteigen erhärtet. Die untere Anwendungstemperatur liegt bei – 200 °C.

Die geschlossene Zellstruktur und Halogenalkane als Treibmittel ergeben die geringe Wärmeleitfähigkeit von (λ_D = 0,019 W/(m · K)). Diffusionsdichte Deckschichten sichern sie. Findet Diffusion statt, so erhöht sich die Wärmeleitfähigkeit auf den Endwert von λ_D = 0,026 W/(m · K).

Verbundwirkung

Das aufschäumende Reaktionsgemisch geht beim Aushärten einen ebenso festen wie dauerhaften Verbund mit Deckschichten aus vielen Werkstoffen ein.

Ausfüllen komplizierter Hohlräume

Bei entsprechender Einstellung des Reaktionsgemisches überwindet der aufsteigende Schaum enge Spalten, umfließt Kanten und dringt bis in den letzten Winkel vor.

Schaumglas

Herstellung

Die Produktion von Schaumglas gliedert sich in 2, voneinander unabhängige verfahrenstechnische Bereiche:

a) Rohglasherstellung,
b) Schaumglasherstellung.

Im erstgenannten Prozess wird aus anorganischen Rohstoffen wie Quarzsand, Kalziumkarbonat, Kali-Feldspat, Eisenoxid und Natriumkarbonat durch Schmelzen bei ca. 1350 °C Ofentemperatur ein überaus hochwertiges Silikatglas produziert, das in weiteren Produktionsschritten in einem Schredder mechanisch zerkleinert und in einer Kugelmühle zu feinstem Glasmehl zerstoßen wird.

Unter Beigabe von reinem Kohlenstoff als Treibmittel, der bei über 1200 °C in einem nachgeschalteten 2. Schmelzprozess als CO_2-Gas anfällt und die flüssige Glasschmelze aufschäumen lässt, entsteht die charakteristische Zellstruktur.

Nach dem Aufschäumen werden die quaderförmigen Blöcke der Schäumform entnommen und in einem darauffolgenden, etwa 14-stündigen Temperprozess spannungsfrei auf Raumtemperatur abgekühlt.

Die Formgebung des Endproduktes von Schaumglas, nämlich Platten, Halbschalen, Segmentstücke und Bogen, folgt unmittelbar nach Entnahme der Blöcke aus dem Temperofen.

Während die Plattenfertigung üblicherweise mit der Abmessung 600 × 450 m in Dicken von 25...150 mm vollautomatisch erfolgt, sind zur Herstellung der Schaumglas-Produkte für den technischen Dämmbereich weitere umfangreiche Schritte notwendig.

So werden dreieckige oder trapezförmige Streifen in 600 mm Länge spanabhebend durch Schleifen oder Sägen zu Halbschalen oder Segmenten bearbeitet, Bogen-, Flansch- und Ventilteile hergestellt und, falls erforderlich, passgenau zusammengesetzt.

Eigenschaften

Dämmstoffe aus Schaumglas sind nach DIN 18174 für den Hochbaubereich genormt und im AGI-Arbeitsblatt Q 137 als Dämmstoff für betriebstechnische Anlagen zugelassen und beschrieben.

Schaumglas ist säure-, öl-, benzin-, benzol- und lösungsmittelbeständig. Durch seine geschlossenzellige Struktur nimmt es weder Flüssigkeiten, noch Gase auf oder leitet sie weiter. Es ist nach DIN 4102 absolut unbrennbar (Baustoffklasse A1).

Weitere wichtige Eigenschaften:

- alterungsbeständig,
- maßstabil,
- druckfest,
- ungeziefersicher,
- giftfrei, ökologisch unbedenklich,
- leicht bearbeitbar.

Schaumglas lässt sich bei Betriebstemperaturen zwischen –260 °C und +430 °C als Dämmstoff einsetzen.

Die Rohdichte liegt beim gebräuchlichen Typ bei 125 kg/m^3. Es darf bei großen Temperaturdifferenzen weder schockartig abgekühlt noch erhitzt werden. Deshalb sollte bei Temperaturdifferenzen von über 100 K von der Ausgangstemperatur und Temperaturgradienten von >2 K/min die Dämmschicht mehrlagig ausgeführt werden.

Die Wärmeleitfähigkeit ist abhängig von der Mitteltemperatur im Dämmstoff. Sie nimmt bei hohen Temperaturen zu, bei niederen ab.

AGI-Q137 enthält entsprechende Wärmeleitfähigkeitskurven für Schalen und Platten.

Die Dicke der Dämmung wird im Normalfall nach dem gewünschten oder zugelassenen Wärmeverlust und/oder der zugelassenen Oberflächentemperatur der Dämmschicht bemessen.

Bei warmgehenden Leitungen ist hierbei als Grenztemperatur eine verbrennungsfreie Berührung gefordert, kaltgehende Systeme müssen eine kondenswasserfreie Oberfläche gewährleisten.

Verarbeitung

Schaumglasschalen und -segmente werden bei mittleren und hohen Betriebstemperaturen trocken angesetzt.

Rohr- oder Behälteroberflächen sollten grundsätzlich vor dem Anbringen der Dämmung einen Korrosionsschutz nach AGI Q151 oder DIN 18 364 erhalten.

Die bei hohen Betriebstemperaturen im Rohr- oder Behältersystem auftretenden thermischen Längenänderungen werden durch einen auf der Innenseite aufgetragenen Abriebschutz kompensiert.

Jede einzelne Lage wird mittels Spannbänder aus temperatur- und korrosionsfestem Material gesichert. Hierzu bieten sich Bänder aus Edelstahl oder Polyesterfaser an.

Ist eine wasserdichte Oberfläche erforderlich, ist die letzte Dämmlage an den Schalenenden und Fugenflächen mit einem geeigneten Kleber zu schließen. Hierzu eignet sich der 2-Komponenten-Kaltkleber PC 56 auf kunststoffvergüteter Bitumenbasis oder PC 88 auf PUR-Basis.

Wird die Leitung oder der Behälter im Freien aufgestellt, ist die gesamte Oberfläche witterungsbeständig zu behandeln, wobei auch Verkleidungen aus Aluminium- oder Edelstahlblech denkbar sind.

5.1.2 Fasermaterialien

5.1.2.1 Mineralfasern

Mineralfasern in ihren verschiedenartigen Ausführungen (Rohdichte im Bereich von 40...250 kg/m^3), verbunden mit der jeweils zweckmäßigsten Verarbeitungsmöglichkeit, bieten für fast alle vorkommenden Dämmprobleme eine gute Lösung an. Mineralfasern werden nach verschiedenen Verfahren (Schleudern, Blasen, Düsen-Blasverfahren) hergestellt. Dabei ergeben sich lange oder kurze Fasern mit unterschiedlichen mechanischen Eigenschaften. Je nach dem chemischen Aufbau der Fasern liegt die obere Temperatur-Anwendungsgrenze der gebräuchlichen Qualitäten bis ca. 700 °C für Matten und Platten, während für Filze und Schalen mit Rücksicht auf den darin enthaltenen Binder eine Temperatur-Anwendungsgrenze bis 250 °C gegegeben ist.

Mineralfaserschalen finden immer mehr Anwendung, da sie leicht zu montieren sind und erforderliche Demontagen (für Kontrollen und Reparaturen) kostengünstig gestalten. Für schwer zugängliche Ausführungsformen sowie komplizierte Formteile werden auch Schnüre und Zöpfe verwendet, die aus Mineralfaser bestehen und mit Garn oder Draht umklöppelt sind.

Dämmmatten lassen sich in Sonderausführung mit Drahtversteppung bzw. mit Versteppung aus Glas- oder Asbestfäden herstellen und zeichnen sich durch vielfache Anwendungsmöglichkeiten aus. Vor allem ist hier zu nennen die Anpassungsfähigkeit an komplizierte Oberflächen in Verbindung mit einer zuverlässigen Isolierleistung und einer ausreichenden Zeitstandfestigkeit auf der Grundlage von Preiswürdigkeit und erleichterter Montagemöglichkeit.

Bevorzugte Halbzeugform ist die auf Drahtgeflecht gesteppte Fasermatte, die nicht brennbar sind im Sinne DIN 4102. Die Wärmeleitfähigkeit λ_D zeigt Bild 5.2 in Abhängigkeit von der mittleren Temperatur. Die Raumdichte dieser Dämmstoffe beträgt ca. 100 kg/m^3. Das Raumgewicht ändert sich jedoch, wenn ebene Mineralfasermatten um Rohre herumgelegt werden (Bild 5.3).

5.1.2.2 Keramikfasern

Für außerordentliche hohe Temperaturbeanspruchung stehen Keramikfasern zur Verfügung, die neben einer sehr guten Dämmleistung eine Beständigkeit bis zu 1260 °C aufweisen, bei einer Basis auf Tonerdesilikat und bis 1500 °C bei einer Basis auf Chrom-Aluminiumsilikat. Die Rohdichten liegen im Bereich von 48...384 kg/m^3.

5.1.3 Metallfolien

Metallfolien stellen eine rein metallische Wärmedämmung dar. Es handelt sich dabei um sog. konstruktive Dämmungen, die durch parallele Anordnung blanker Folien aus Aluminium oder legiertem Stahlmaterial hergestellt werden. Die Wärmeleitfähigkeit bewegt sich hier bei 200 °C mittlerer Temperatur im Bereich von 0,05...0,07 W/(m · K), je nachdem, ob Folien aus legiertem Stahl oder aus Aluminium eingebaut werden. Der Vorteil dieser Dämmung liegt in der völligen Staubfreiheit sowie der Standfestigkeit und Reinigungsmöglichkeit.

5.1.4 Hilfsmaterialien

Hilfsmaterialien dienen vor allem zur Unterbrechung von Wärmebrücken bei Abstandskonstruktionen. Die Wärmeleitfähigkeit ist aus Bild 5.2 ersichtlich.

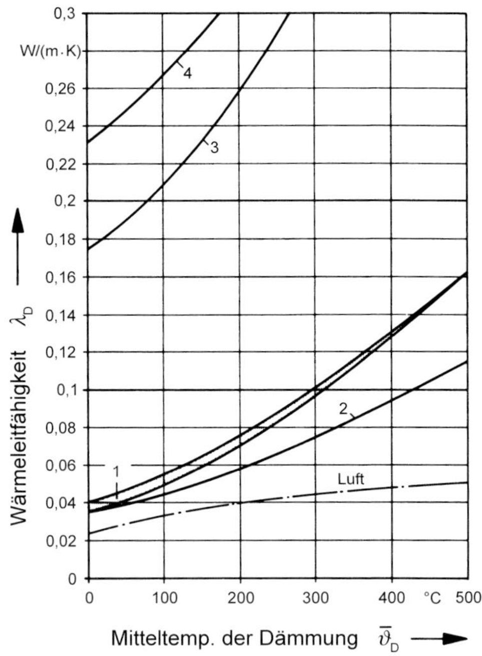

Bild 5.2 Wärmeleitfähigkeit von Dämmstoffen in Abhängigkeit von der Mitteltemperatur der Dämmung

Nr.	Material	Dichte kg/m^3	Anwendungstemp. bis ... °C
1	Mineralfaserprodukte	100	700
2	Keramikfaser	100	1 500
3	Mineralfaserpappe, rein	900	550
4	Faserdichtungsmaterial	2 000	550

5.2 Unterkonstruktion

Die Unterkonstruktion besteht durchweg aus stabilen Bandstahlringen in der Abmessung von 30 mm × 3 mm bis zu 40 mm × 4 mm, je nach Größe der Leitung und der Dämmdicke, ferner aus mit dem äußeren Ring verbundenen Abstandsstegen, die radial zur Leitung eingestellt sind und die mit einer dämmenden Zwischenlage – Mineralfaserpappe oder Faserdichtungsmaterial – von ca. 5 mm eingenietet werden. Anstelle der metallischen Abstandsstege sind auch keramische Abstandsstege im Gebrauch. Lediglich bei Leitungen, die mit einer Schalendämmung ausgerüstet werden, und bei Leitungen geringeren Durchmessers, etwa von DN 80 und weniger, sowie bei Dämmdicken von 50 mm und weniger können derartige Ringe entfallen, es sei denn, dass die Leitungen stärkeren mechanischen Einflüssen unterliegen. Überall dort, wo von vornherein feststeht, dass die Leitung begangen wird, sollte man von vornherein eine verstärkte Unterkonstruktion einbauen und eventuell trittfeste Dämmteile auf der Oberseite der Leitung einfügen, zum Beispiel unter Verwendung von Monoblock-Platten mit einem erhöhten Raumgewicht von 250 kg/m^3 oder in Form von Calciumsilicat-Material. Der Abstand der Ringe beträgt etwa 950 mm bei Verwendung von 1 m breitem Blech.

Für Trag- und Stützkonstruktionen sind Zuschläge zur Wärmeleitfähigkeit nach Bild 5.2 zu berücksichtigen. In Bild 5.2a sind Anhaltswerte genannt.

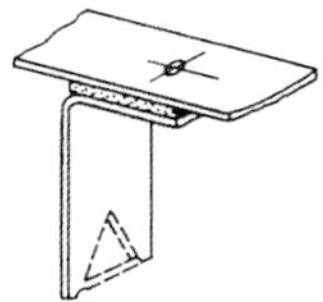

Bild 5.2a
Anhaltswerte
$\Delta\lambda_m$ (W/m · K)
für eine typische Trag- und Stützkonstruktion

Die Wärmeleitfähigkeit wird berechnet für die Gesamtwärmedämmung:

$$\lambda_D = \lambda_{Bild5.2} + \Delta\lambda_m \qquad \text{(VDI-2055)}$$

5.3 Äußere Verkleidung

Die Dämmungen der wärme- oder kälteführenden Rohrleitungen, die in der Hauptsache aus Mineralfasern und Kunststoffen bestehen, bedürfen eines Schutzes gegen mechanische und klimatologische Einwirkungen. Sie selbst besitzen aufgrund ihrer technologischen Eigenschaften keine nennenswerte Festigkeit und Dampfdichtheit. Als Oberflächenschutz bzw. -abschluss für die Dämmstoffe kommen Hartmäntel, Pappe-, Kunststoff- oder Blechummantelungen in Frage.

Eine Schutzummantelung besonderer Art ist bei Rohrleitungen, die in der Kältetechnik eingesetzt werden, vorzuziehen. Damit die Feuchtigkeit der umgebenden Luft nicht an die Rohrleitung gelangen und dort kondensieren kann, müssen auf der warmen Seite der Dämmung Sperrschichten geschaffen werden, wofür geeignete wasserdampfdichte Materialien und Konstruktionen zu wählen sind.

Die beste Dampfsperre stellen Stahlbleche dar, die an den Stoßstellen Stehfälze erhalten, welche verlötet werden. So wird die Schutzummantelung praktisch wasserdampfdicht.

Die häufigste Abdeckungsart ist die Verkleidung der Dämmstoffe mit verzinktem Stahlblech oder Alu-Blech (Werkstoff Nr. 3.3527 und 3.3535). Diese Ausführung sollte auch aus dem Grunde verwendet werden, da hierbei eine geschlossene Oberfläche erreicht wird, die eine gute Steifigkeit besitzt und so fest ist, dass beim Begehen der Rohrleitung und beim Anlehnen einer Leiter keine Einbeulungen entstehen. Austretendes flüssiges Medium aus einer Leckstelle, das auf eine solche Ummantelung tropft, dringt dabei nicht in die Isolierung ein. Dabei ist jedoch zu beachten, dass die Sick- bzw. Falzstoßstellen so angebracht sind, dass das Medium abläuft.

Die Dicke der verzinkten Bleche kann zweckmäßigerweise wie folgt gewählt werden in Abhängigkeit vom Isolationsaußendurchmesser:

bis 150 mm Ø:
Blechdicke 0,63 mm (Blech Nr. 22)
über 150...400 mm Ø:
Blechdicke 0,75 mm (Blech Nr. 21)
über 400...700 mm Ø:
Blechdicke 0,88 mm (Blech Nr. 20)
über 700 mm Ø:
Blechdicke 1,00 mm (Blech Nr. 19)

Kunststoffüberzogenes Blech aus Stahl oder Aluminium lässt sich bei Einsatz entsprechender Maschinen ohne weiteres verarbeiten. Man hat aber dann bei der Unterkonstruktion darauf Rücksicht zu nehmen, dass die Beschichtungsmaterialien oft thermoplastischer Natur sind. Die Abstandskonstruktion muss dementsprechend mit isolierenden Zwischenelementen so abgesichert sein, dass die maximale Temperaturbelastbarkeit des Kunststoffmaterials berücksichtigt bleibt. Ein besonderer Vorteil dieser Materialien liegt in der außerordentlich weiten Widerstandsfähigkeit gegenüber chemischen Einflüssen.

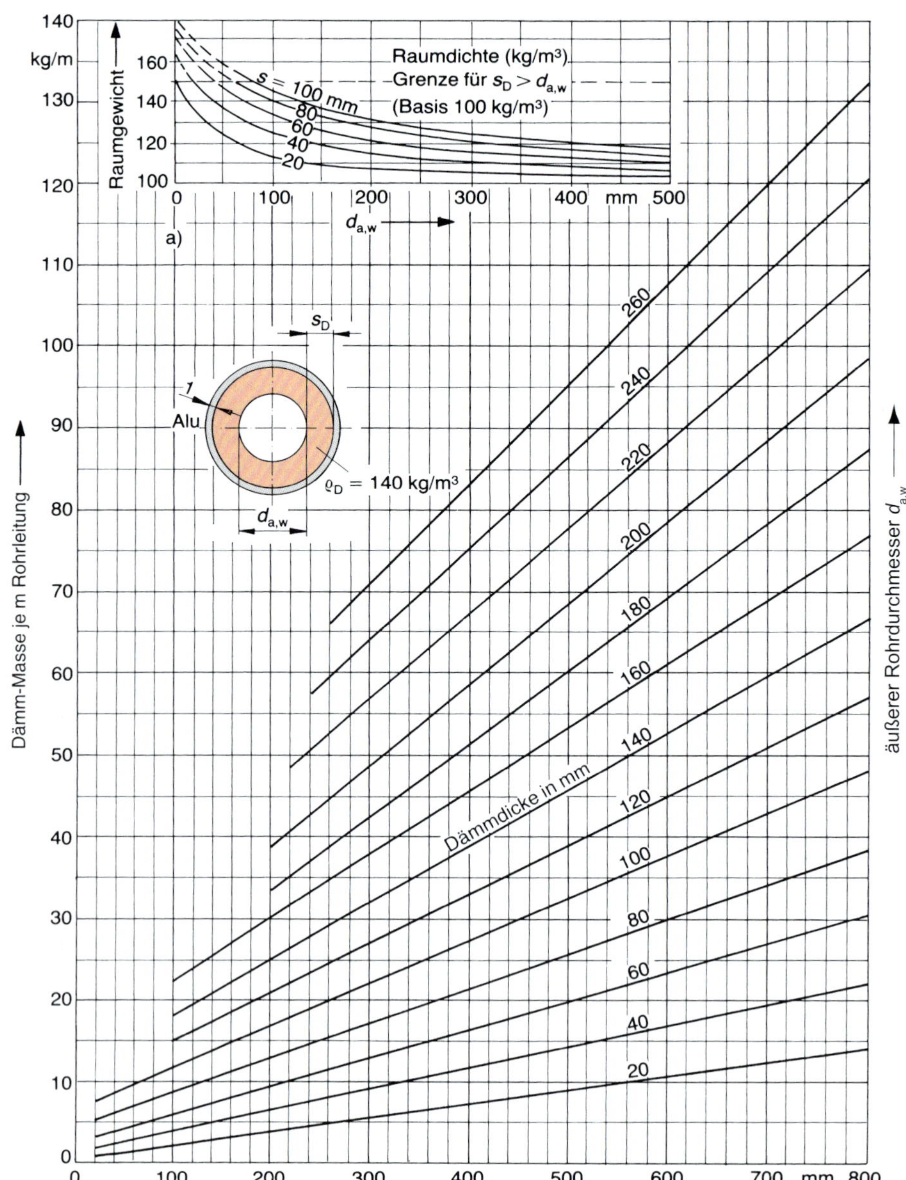

5.4 Ausführungen

5.4.1 Ausführung für Wärmedämmung

Bei der Verlegung von Rohrleitungen und der Montage von Behältern ist besonders darauf zu achten, dass ein ausreichender Platz (Bild 5.4) für die Dämmung und Dämmarbeiten berücksichtigt wird. Sämtliche Anlagenbauelemente, an denen Leckage auftreten können, z.B. Flanschstellen, sollten kontrollierbar sein. Die Endstellen sind mit Endstellenscheiben dicht zu verschließen. Die Dämmung sollte erst nach der Dichtheits- bzw. Druckprobe der Anlage aufgebracht werden. Berechnungen, Garantien, Messverfahren und Lieferbedingungen für

◄ Bild 5.3
Dämm-Massen von Rohrleitungen – Mineralfasermatten (ϱ_D = 140 kg/m³) mit 1 mm Alu-Ummantelung
a) Änderung der Raumdichte von ebenen Matten (ϱ_D = 100 kg/m³), wenn diese um Rohre gelegt werden

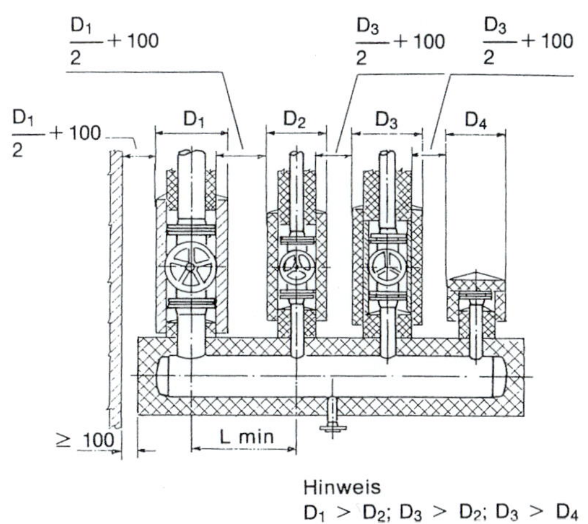

Empfohlene Mindestabstände von Stutzen (L min) bei wärmegedämmten Verteilern

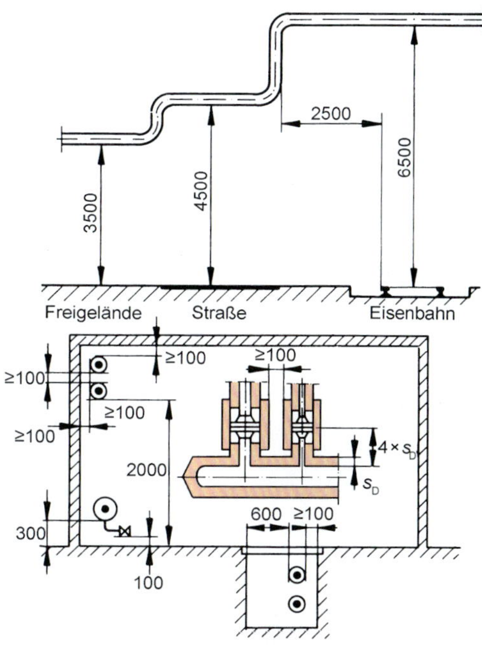

Mindestabstand zwischen Behältern, Apparaten usw. ≧1000 mm.

Bild 5.4 Mindestabstände von Leitungen

Bild 5.4a Ausführungen der Wärmedämmung in der Praxis [Quelle: NESS]
I) Ausführung im Gebäude

Bild 5.4 a)
II) Ausführung im Freien [Quelle: HTT]

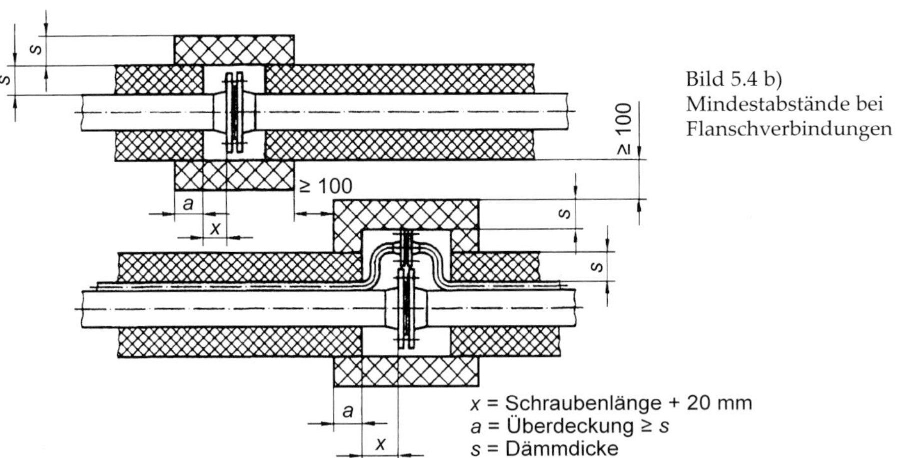

Bild 5.4 b)
Mindestabstände bei Flanschverbindungen

Dämmungen sind in der VDI-Richtlinie VDI 2055 aufgeführt.

Bei **Leitungen mit senkrechter Anordnung** hat das Dämm-Material einschließlich der Unterkonstruktion das Bestreben, sich allmählich nach unten hin abzusetzen. Um diesem Vorgang und die daraus folgenden Schäden sicher zu vermeiden, hat sich der Einbau von Doppelspannringen bewährt (Bild 5.5). Soweit vorhanden, ist es vorteilhaft, die Ringe über Schweißrau-

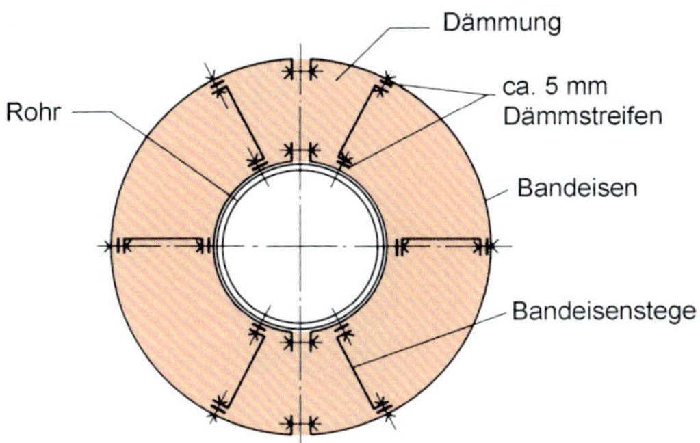

Bild 5.5
Spannringe für senkrechte Leitungen

pen anzuordnen, damit ein zusätzlicher Schutz gegen ein Abrutschen der Isolierung und der Ringe gegeben ist.

Für die Anordnung und Ausführung **abnehmbarer Dämmkappen an Flanschen und Armaturen** ist zunächst einmal der Abstand der anschließenden Rohrisolierung vom Flansch so zu bemessen, dass sich die Flanschenbefestigungsbolzen einwandfrei herausnehmen lassen, ohne dass es erforderlich ist, die anschließende Rohrisolierung zunächst zu entfernen (Bild 5.6). Außerdem sollten die Dämmkappen

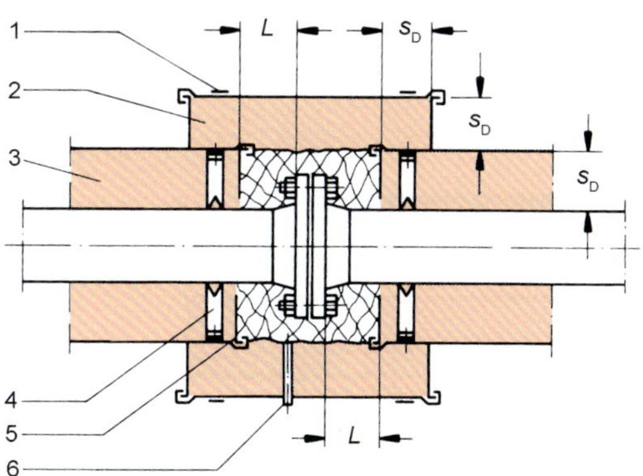

Bild 5.6 Wärmeschutz für eine Flanschverbindung (horizontale Rohrleitung)

1 Spannbänder mit Verschuss für geteilte Flanschkappe
2 Flanschkappe (hinter Drahtgeflecht)
3 Rohrwärmedämmung
4 Abstandshalter und Abstandsring
5 Stirnscheibe
6 Tropfröhrchen

in einer Breite auf der benachbarten Rohrisolierung aufliegen, die der Rohrleitungsdämmdicke entspricht. Für den Dämmeffekt ist es darüber hinaus von ausschlaggebender Bedeutung, dass die Stirnseiten der Dämmkappen weitgehend dichtend auf der Rohrdämmung aufliegen.

Stoßkappen sind vor allem an den **Endstellen** der Dämmung vor Flanschen, Armaturen oder abnehmbar zu haltenden Dämmungsteilen im Bereich von Schweißstellen erforderlich, um dadurch den Dämmstoff seitlich ordnungsgemäß abzuschirmen und vor einer Beschädigung zu schützen.

In Bild 5.7 sind Rohrdurchführungen durch Wände dargestellt.

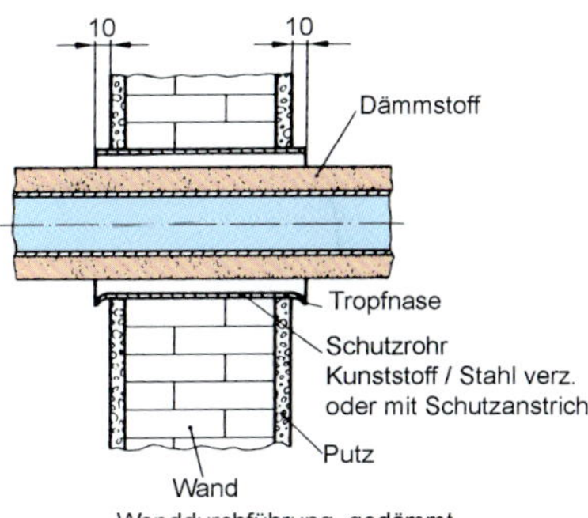

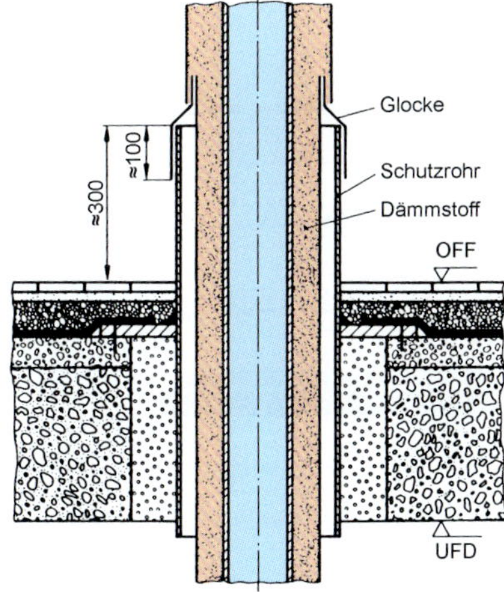

Bild 5.7 Wanddurchführungen

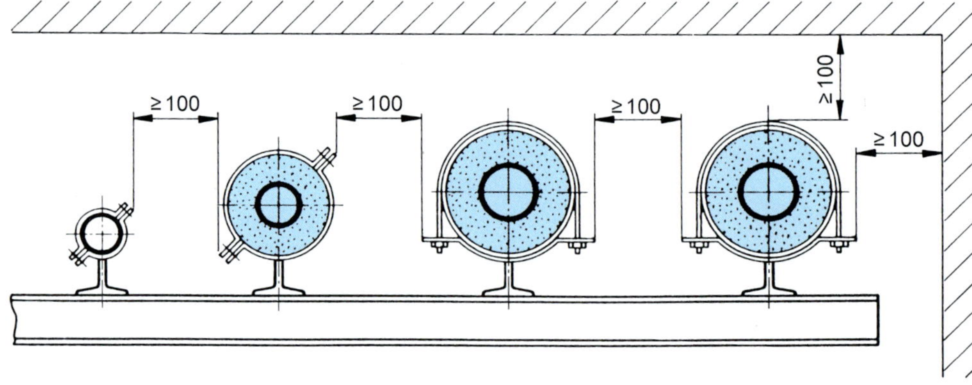

Bild 5.7a Abstände zwischen gedämmten Rohrleitungen (n. DIN 4140)

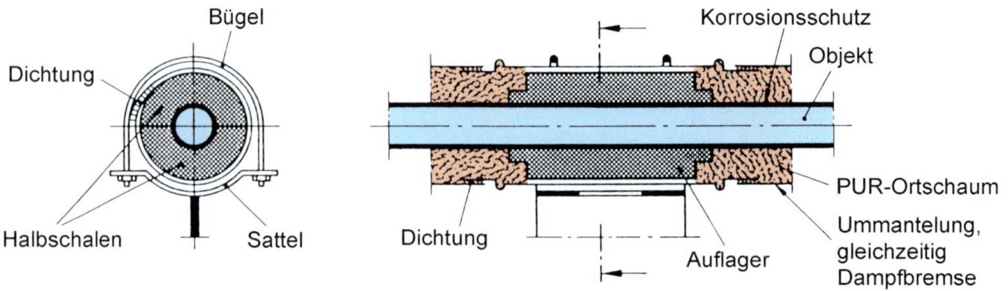

Bild 5.7b Loslager horizontal und vertikal bei PUR-Ortschaum als Dämmstoff: Auflager aus Halbschalen

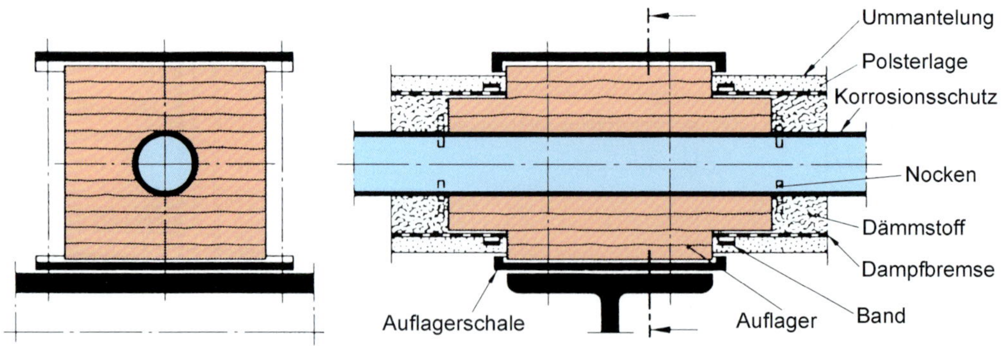

Bild 5.7c Festlager horizontal und vertikal

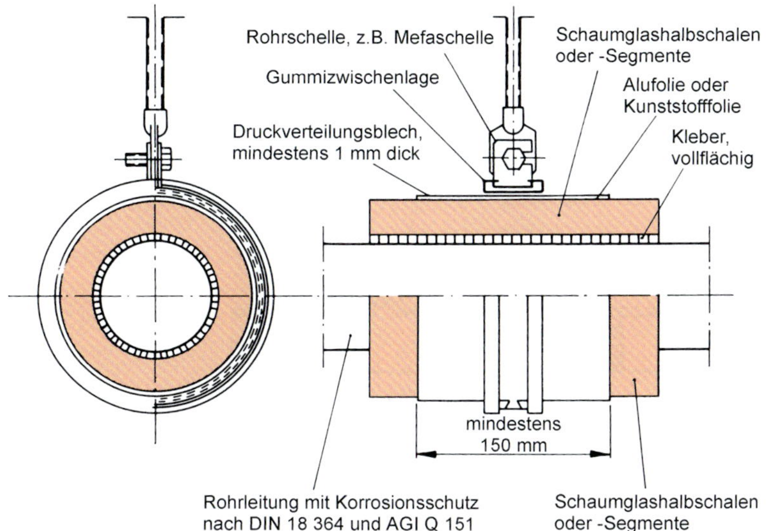

Zulässige Druckbelastung auf die Schaumglasoberfläche = 0,17 N/mm².
Druckfestigkeit von Schaumglas T2 = 0,5 N/mm². Zur Ermittlung der zulässigen Dauerbeanspruchung wird ein Sicherheitsfaktor von 3 empfohlen.

Gesamtmasse von Rohrleitungen aus Stahl mit Kaltwasser, inkl. Schaumglasdämmung, Zubehör und Blechmantel.			
Rohr-Ø	**Gesamtmasse in kg/lfm**		
	Schaumglasdicke		
mm	ca. 25 mm	ca. 40 mm	ca. 50 mm
33,7	6,1	7,7	9,0
48,3	8,8	10,2	11,0
88,9	19,1	20,6	22,3
114,3	26,7	28,4	30,5
168,3	45,9	47,8	50,3
219,1	–	75,2	77,6
273,0	–	106,5	110,2
323,9	–	144,5	147,8
355,6	–	–	174,6
406,4	–	–	214,9

Maximal zulässiger Abstand der Rohrabhängungen bei Rohrauflagern		
Rohr-Ø	**Abstand bei Einfachschelle**	**Abstand bei Doppelschelle**
mm	m	m
33,7	2,0	–
48,3	3,0	–
88,9	4,8	–
114,3	5,5	–
168,3	5,9	–
219,1	5,0	–
273,0	4,0	8,0
323,9	3,2	6,4
355,6	2,9	5,8
406,4	2,6	5,2

Die o.g. Rohrabhängeabstände wurden hinsichtlich Rohrdurchbiegung und Belastung der Abhängekonstruktion mit den praktischen Erfahrungswerten abgestimmt.

Bild 5.8 Abhängung einer mit Schaumglas gedämmten Rohrleitung (nach Angaben der Fa. Deutsche Pittsburgh Corning GmbH)

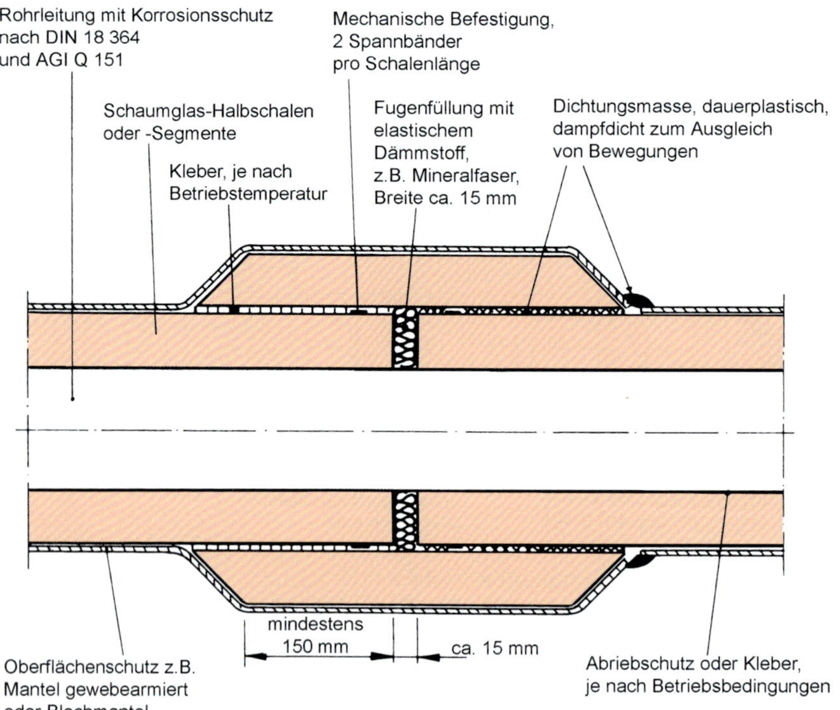

Rechenbeispiel für Dehnfugenanzahl
Rohrleitung aus rostfreiem Stahl
Länge: 100 m
Betriebstemperatur: – 40 °C
Längenänderungsunterschied:
ca. 0,9 mm/m
(aus Diagramm entnommen)
Bei diesem Beispiel beträgt der Längenänderungsunterschied 0,9 mm · 100 = 90 mm
Anzahl der erforderlichen Dehnungsfugen bei einer Breite von ca. 15 mm

$$\frac{90\text{ mm}}{15\text{ mm}} = 6\text{ Dehnungsfugen}$$

Somit ist alle 16 m eine Dehnungsfuge vorzusehen.

→ Längenänderungsunterschiede zwischen Schaumglas und Metallrohren

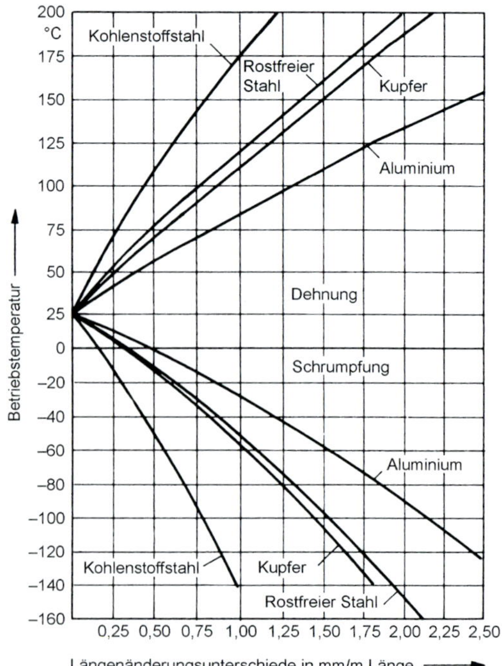

Bild 5.9 Rohrdämmung mit Schaumglasdehnfugen (n. Angaben von Fa. Deutsche Pittsburgh Corning GmbH)

Für das Dämmen von betriebstechnischen Anlagen gilt als Regel der Technik DIN 4140.

Besondere Beachtung bedarf das Dämmen mit Schaumglas. In den Bildern 5.8 und 5.9 sind einige wichtige Merkmale dargestellt.

5.4.2 Ausführung für Kältedämmung

Die Darstellung gilt für die Ausführung von Kältedämmungen an betriebstechnischen Anlagen, deren Betriebstemperatur unter der Umgebungstemperatur liegt. Sie gilt weiterhin für betriebstechnische Anlagen, bei denen durch wechselnde Betriebstemperaturen – auch kurzzeitig – die Taupunkttemperatur der Umgebungsluft unterschritten wird.

Auflager
Eine direkte Verbindung zwischen Objekt und seiner Befestigung oder seinem Fundament ist zu vermeiden. Zwischen diese beiden werden deshalb Auflager aus Dämmstoffen mit hoher Druckfestigkeit eingelegt (Bild 5.7a). Die für Dauerlasten zulässigen Druckspannungen der Dämmstoffe dürfen nicht überschritten werden. Reicht deren Festigkeit nicht aus, können Auflager aus anderen Stoffen mit niedriger Wärmeleitfähigkeit, z.B. Hartholz, verwendet werden (Bild 5.7b).

Festpunkte müssen konstruktiv so ausgebildet sein, dass auch Schubkräfte sicher übertragen werden; dabei kann eine metallische Verbindung unvermeidbar sein (Bild 5.7c).

Die Dampfbremsen des Auflagers oder des Fundamentes und der anschließenden Dämmung müssen sich überlappen und funktionsgerecht verbunden werden, z.B. durch Kleben. Der Dämmstoff der anschließenden Dämmung ist fugendicht an das Auflager oder Fundament anzuschließen, z.B. durch Kleben oder Stufenfalz.

Dampfbremse
Art und Dicke der dampfbremsenden Stoffe richten sich nach der Temperatur des Objektes, der Temperatur und der relativen Feuchte der Umgebungsluft sowie nach der dampfbremsenden Wirkung der Dämmschicht einschließlich der Fugen. Die Dampfbremse muss die Dämmschicht dicht umschließen. Sie muss auch an z.B. Abschottungen, Endstellen, Einbauten, Durchdringungen, Übergängen, Abgängen, Auflagern voll wirksam sein. Der Untergrund für die Dampfbremse muss trocken und frei von Verunreinigungen, z.B. Schmutz, Öl, Trennmittel sein. Grobe Ungleichmäßigkeiten der Oberfläche müssen ausgeglichen werden. Betonflächen müssen vor Aufbringen der Dampfbremse grundiert werden.

5.5 Bemessung der Dämmdicken

5.5.1 Wärmeverlustberechnung

Der Wärmeverlust einer gedämmten Rohrleitung berechnet sich zu (Bild 5.10):

$$\dot{Q}_L = \dot{q}_L \cdot L \qquad \text{(Gl. 5.1)}$$

L Rohrleitungslänge
$\dot{q}_L$ Wärmeverlust pro m Rohr

$$\dot{q}_L = k_L \cdot \Delta\vartheta \qquad \text{(Gl. 5.2)}$$

$\Delta\vartheta$ Temperaturdifferenz zwischen Medium und Umgebungsluft
k_L auf 1 m Rohrlänge bezogener Wärmedurchgangskoeffizient

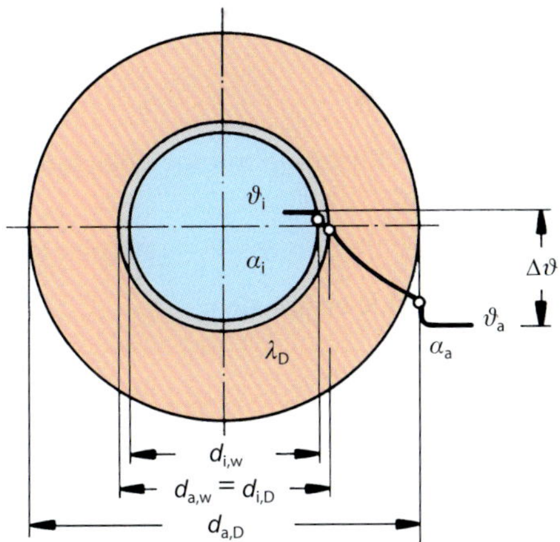

Bild 5.10 Radialer Temperaturabfall am gedämmten Rohr

mit:

$$k_L = \frac{\pi}{\frac{1}{\alpha_i \cdot d_{i,w}} + \frac{1}{2 \cdot \lambda_w} \cdot \ell n \frac{d_{a,w}}{d_{i,w}} + \frac{1}{2 \cdot \lambda_D} \cdot \ell n \frac{d_{a,D}}{d_{i,D}} + \frac{1}{\alpha_a \cdot d_{a,D}}} \quad \text{(Gl. 5.3)}$$

α_i Wärmeübergangskoeffizient auf der Mediumseite in $W/(m^2 \cdot K)$
λ_w Wärmeleitkoeffizient der Rohrwand in $W/(m \cdot K)$
λ_D Wärmeleitkoeffizient der Dämmung bei der Mitteltemperatur ϑ_D in $W/(m \cdot K)$
α_a Wärmeübergangskoeffizient auf der Außenseite in $W/(m^2 \cdot K)$

Üblicherweise ist der Wärmewiderstand auf der Innen- und Stahlrohrwandseite vernachlässigbar, und man erhält den für praktische Erfordernisse ausreichenden Wärmedurchgangskoeffizient k_L zu:

$$k_L = \frac{\pi}{\frac{1}{2 \cdot \lambda_D} \cdot \ell n \frac{d_{a,D}}{d_{i,D}} + \frac{1}{\alpha_a \cdot d_{a,D}}} \quad \text{(Gl. 5.4)}$$

und daraus den spezifischen Wärmeverlust:

$$\dot{q}_L = \frac{\pi \cdot \Delta\vartheta}{\frac{1}{2 \cdot \lambda_D} \cdot \ell n \frac{d_{a,D}}{d_{i,D}} + \frac{1}{\alpha_a \cdot d_{a,D}}} \quad \text{(Gl. 5.5)}$$

Der Wärmeübergangskoeffizient α_a [5.1] setzt sich aus einem konvektiven Anteil $\alpha_{a,konv}$ und einem Strahlungsanteil $\alpha_{a,Str}$ zusammen:

$$\alpha_a = \alpha_{a,konv} + \alpha_{a,Str}$$

Fasst man diese Einflüsse in eine Gleichung, dann erhält man:

$$\alpha_a \approx 9{,}5 + 0{,}0085 \cdot (\vartheta_{D,a} - \vartheta_a)^{1{,}33} \quad (W/(m^2 \cdot K))$$

Bei $\vartheta_{D,a} - \vartheta_a \approx 20$ K ergibt sich:

$$\alpha_a \approx 10\ W/(m^2 \cdot K)$$

Die Wärmeverluste können genauer bestimmt werden n. DIN EN ISO 12241 für den:

a) Strahlungsanteil:

$$\alpha_{a,\,Str} = \varepsilon \cdot C_s \cdot \frac{(\vartheta_{D,a} + 273{,}15 \cdot K)^4 - (\vartheta_a + 273{,}15 \cdot K)^4}{\vartheta_{D,a} - \vartheta_a} \quad \text{(Gl. 5.6)}$$

$C_s = 5{,}67 \cdot 10^{-8} \left(\frac{W}{m^2 \cdot K^4}\right)$,

Strahlungszahl des Schwarzen Körpers.
ε = Emissionsverhältnis:
ε = 0,05 für Aluminiumblech, gewalzt
ε = 0,13 für Aluminiumblech, oxidiert
ε = 0,26 für verzinktes Stahlblech, blank
ε = 0,44 für verzinktes Stahlblech, angestaubt
ε = 0,15 für austenitischer Stahl
ε = 0,18 für Aluminium-Zink-Blech
ε = 0,94 für nichtmetallische Oberflächen, z.B. Lacke

b) Konvektionsanteil

b1) Innerhalb von Gebäuden

b1.1) senkrechte Wände und senkrechte Rohrleitungen

$$\alpha_{a,konv} = 1{,}32 \cdot \sqrt[4]{\frac{\Delta\vartheta}{H}} \left(\frac{W}{m^2 \cdot K}\right) \quad \text{(Gl. 5.7)}$$

$$\alpha_{a,konv} = 1{,}74 \cdot \sqrt[3]{\Delta\vartheta} \left(\frac{W}{m^2 \cdot K}\right) \quad \text{(Gl. 5.8)}$$

gültig für: $H^3 \cdot \Delta\vartheta \leq 10\ (m^3 \cdot K)$
gültig für: $H^3 \cdot \Delta\vartheta > 10\ (m^3 \cdot K)$

$$\alpha_{a,konv} = 1{,}25 \cdot \sqrt[4]{\frac{\Delta\vartheta}{D_a}} \left(\frac{W}{m^2 \cdot K}\right) \quad \text{(Gl. 5.9)}$$

b1.2) waagerechte Rohrleitungen

$$\alpha_{a,konv} = 1{,}21 \cdot \sqrt[3]{\Delta\vartheta} \left(\frac{W}{m^2 \cdot K}\right) \quad \text{(Gl. 5.10)}$$

gültig für: $D_a^3 \cdot \Delta\vartheta \leq 10\ (m^3 \cdot K)$
gültig für: $D_a^3 \cdot \Delta\vartheta > 10\ (m^3 \cdot K)$

b2) Außerhalb von Gebäuden

$$\alpha_{a,konv} = 3{,}96 \cdot \sqrt{\frac{w}{H}} \left(\frac{W}{m^2 \cdot K}\right) \quad \text{(Gl. 5.11)}$$

b2.1) Senkrechte Wände

$$\alpha_{a,konv} = 5{,}76 \cdot \frac{w^{0,8}}{H^{0,2}} \left(\frac{W}{m^2 \cdot K}\right) \quad \text{(Gl. 5.12)}$$

gültig für: $w \cdot H \leq 8$ (m^2/s)
gültig für: $w \cdot H > 8$ (m^2/s)

b2.2) Waagerechte und senkrechte Rohrleitungen

$$\alpha_{a,konv} = \frac{0{,}0081}{D_a} + 3{,}14 \cdot \sqrt{\frac{w}{D_a}} \left(\frac{W}{m^2 \cdot K}\right) \quad \text{(Gl. 5.13)}$$

$$\alpha_{a,konv} = 8{,}9 \cdot \frac{w^{0,9}}{D_a^{0,1}} \left(\frac{W}{m^2 \cdot K}\right) \quad \text{(Gl. 5.14)}$$

gültig für: $w \cdot D_a \leq 0{,}00855$ (m^2/s)
gültig für: $w \cdot D_a > 0{,}00855$ (m^2/s)

- $\Delta\vartheta$ ist der Temperaturunterschied zwischen Oberflächentemperatur der Wand und der Umgebungstemperatur.
- H ist die Höhe der Wand, bzw. die senkrechte Höhe einer Rohrleitung.
- w ist die Windgeschwindigkeit

Dabei ist zu beachten: $\Delta\vartheta = \vartheta_{D,a} - \vartheta_a \leq 100$ (K)
H und D_a in (m)
w in (m/s)
$D_a \triangleq d_{a,D}$

Beispiel:
Wärmeverluste einer unisolierten horizontalen Kondensatleitung innerhalb eines Gebäudes.

Rohrwandaußentemperatur: $\vartheta_a = 100 \cdot {}^\circ C$
Umgebungstemperatur: $\vartheta_{um} = 20 \cdot {}^\circ C$
Rohraußendurchmesser: $D = 100 \cdot mm$

Konvektiver Anteil:
Randbedingung für α_{konv} — Laminar $D^3 \cdot (\vartheta_a - \vartheta_{um}) = 0{,}08\ m^3 \cdot K$ — kleiner $10\ m^3 \cdot K$

Konvektiver Wärmeübergang: $\alpha_{konv} = 1{,}25 \cdot \sqrt[4]{\frac{(\vartheta_a - \vartheta_{um})}{D}}\ \frac{W}{m^2 \cdot K}$ — $\alpha_{konv} = 6{,}648\ \frac{W}{m^2 \cdot K}$

Strahlungsanteil:
Rohrleitung mit Farbe angestrichen (nichtmetallischer Anstrich): $\varepsilon = 0{,}94$ — $C_S = 5{,}67 \cdot 10^{-8}\ \frac{W}{m^2 \cdot K^4}$

$$\alpha_{Str} = \varepsilon \cdot C_S \cdot \frac{(\vartheta_a + 273 \cdot K)^4 - (\vartheta_{um} + 273 \cdot K)^4}{\vartheta_a - \vartheta_{um}}$$

$\alpha_{Str} = 7{,}986\ \frac{W}{m^2 \cdot K}$

Gesamtwärmeübertragung: $\alpha_a = \alpha_{konv} + \alpha_{Str}$ — $\alpha_a = 14{,}634\ \frac{W}{m^2 \cdot K}$

Wärmeverluste:

$q = \alpha_a \cdot (\vartheta_a - \vartheta_{um})$ — $q = 1{,}17 \cdot \frac{kW}{m^2}$

Dies entspricht einem Wärmeverlust je m-Rohrleitung: $L = 1 \cdot m$

$q_L = q \cdot D \cdot \pi \cdot L$ — $q_L = 0{,}37$ kW

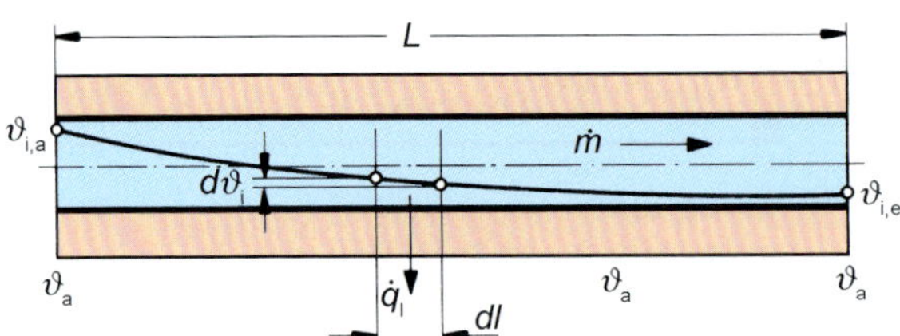

Bild 5.11
Axialer Temperaturabfall am gedämmten Rohr

5.5.2 Temperaturabfall im Rohr

Der Temperaturabfall ergibt sich aus den Gleichgewichtsbedingungen n. Bild 5.11 zu:

$$d\dot{Q} = \dot{m} \cdot c_p \cdot d\vartheta_i \qquad \text{(Gl. 5.15)}$$

$$d\dot{Q} = \dot{q}_L \cdot d\ell \qquad \text{(Gl. 5.16)}$$

Daraus erhält man:

$$-\dot{m} \cdot c_p \cdot d\vartheta_i = \dot{q}_L \cdot d\ell \qquad \text{(Gl. 5.17)}$$

$$-d\vartheta_i = \frac{\dot{q}_L \cdot d\ell}{\dot{m} \cdot c_p} \text{ und mit Gl. 5.5} \qquad \text{(Gl. 5.18)}$$

$$-\frac{d\vartheta_i}{d\vartheta} = \frac{d\ell}{\dot{m} \cdot c_p} \cdot \frac{\pi}{\frac{1}{2 \cdot \lambda} \cdot \ell n \frac{d_{a,D}}{d_{i,D}} + \frac{1}{\alpha_a \cdot d_{a,D}}} \qquad \text{(Gl. 5.19)}$$

Werden die Größen α_a, c_p u. λ_D als konstant über die Länge angenommen, und integriert man diese Gleichung, erhält man:

$$\vartheta_{i,e} - \vartheta_a = \frac{\vartheta_{i,a} - \vartheta_a}{\exp\left(\frac{L}{\dot{m} \cdot c_p} \cdot \frac{\pi}{\frac{1}{2 \cdot \lambda_D} \cdot \ell n \frac{d_{a,D}}{d_{i,D}} + \frac{1}{\alpha_a \cdot d_{a,D}}}\right)} \qquad \text{(Gl. 5.20)}$$

5.5.3 Wirtschaftliche Dämmdicke

Die wirtschaftliche Dämmdicke ergibt sich aus dem Optimum (Bild 5.12) von Anlagen- und Wärmeverlustkosten, was dem minimalen Kapitaldienst entspricht. Die Kurve der Gesamtkosten verläuft beiderseits dieses Minimums sehr flach, geringe Abweichungen von der optimalen Dämmdicke sind daher zulässig.

$$B = \frac{Q_N}{H_u \cdot \eta} \qquad \text{(Gl. 5.21)}$$

Bezieht man den Wärmepreis auf $Q_N = 1$ GJ, werden an Heizmittel benötigt:
Als unterer Heizwert kann zugrunde gelegt werden:

Für Heizöl EL:	H_u = 42 000 kJ/kg
Für Heizöl S:	H_u = 40 000 kJ/kg
Für Erdgas:	$H_{u,n}$ = 33 000 kJ/m³
Für elektrische Energie:	H_u = 3 600 kJ/kWh

Der mittlere Wirkungsgrad für die Beheizung beträgt ca:

Für direktbefeuerte Anlagen	$\eta = 0{,}85$
Für elektrisch beheizte Anlagen	$\eta = 0{,}99$

Damit ergibt sich der Heizmittelbedarf zu:

Für Heizöl EL	B = 28 kg/GJ
Für Heizöl S	B = 29,4 kg/GJ
Für Erdgas	B_n = 35,6 m³/GJ
Für elektrische Energie	B = 280 kWh/GJ

Nimmt man als spezifische Heizmittelkosten an:

Für Heizöl EL	k = 0,70 €/kg
Für Heizöl S	k = 0,50 €/kg
Für Erdgas	k_n = 0,50 €/m³
Für elektrische Energie	k = 0,20 €/kWh

$$K_W = k \cdot B \qquad \text{(Gl. 5.22)}$$

erhält man den Wärmepreis K aus:

Der Wärmepreis beträgt somit mit den gegebenen Randbedingungen:

Für Heizöl EL K_W = 19,60 €/GJ ≙ 7,1 Cent/kWh

Bild 5.12
Ermittlung der wirtschaftlichen Dämmdicke aus dem minimalen Kapitaldienst

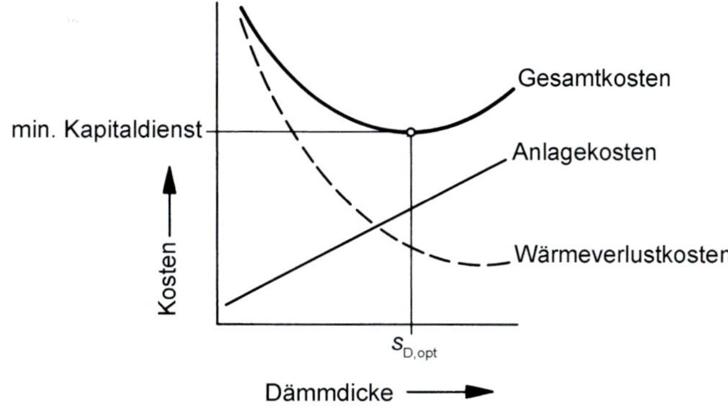

Für Heizöl S	K_W =	14,70 €/GJ
	≙	5,3 Cent/kWh
Für Erdgas	K_W =	17,80 €/GJ
	≙	6,4 Cent/kWh
Für elektrische Energie	K_W =	56,00 €/GJ
	≙	20,0 Cent/kWh

Mit diesen Wärmepreisen und den Amortisationskosten kann nun die wirtschaftliche Dämmdicke ermittelt werden.

Die Gesamtkosten K_{ges} berechnen sich nun aus den Wärmeverlustkosten und Anlagekosten nach der Richtlinie VDI 2055 (3.82):
Für die **ebene Wand**:

$$K_{ges} = \dot{q} \cdot K_W \cdot t \cdot \frac{3{,}6}{10^6} + b \cdot k_D \quad (€/(m^2 \cdot a)) \qquad \text{(Gl. 5.23)}$$

Für das **Rohr**:

$$K_{ges,L} = \dot{q}_L \cdot K_w \cdot t \cdot \frac{3{,}6}{10^6} + b \cdot k_D \cdot \pi \cdot d_{i,D} \quad (€/(m \cdot a)) \qquad \text{(Gl. 5.24)}$$

t Benutzungsdauer (h/a)
K_w Wärmepreis (€/GJ)
b Kapitaldienstfaktor (1/a) (auch Kapitalaufwand für Wartung usw.) b ≈ 0,2 (1/a)
k_D spezifische Kosten für Wärmedämmung (€/m²) bzw. (€/m) (auch Kosten für Oberflächenschutz, Abstandshalterung usw.)

Nimmt man eine lineare und stetige Kostensteigerung der Wärmedämmung an sowie einen einheitlichen Dämmstoff und $\alpha_i \to \infty$, ergibt sich die wirtschaftliche Dämmdicke $s_{D,W}$:
Für die **ebene Wand**:

$$s_{D,W} = 0{,}19 \cdot \sqrt{\frac{\lambda_D \cdot \Delta\vartheta_{i,o} \cdot t \cdot K_W}{b \cdot \Delta k_D}} - \frac{\lambda_D}{\alpha_a} \cdot 10^3 \text{ (mm)} \qquad \text{(Gl. 5.25)}$$

mit:

Δk_D Kostensteigerung von 1 m² Wärmedämmung bei Vergrößerung der Dämmschichtdicke um 1 cm (€/(m² · cm)).

Für **das Rohr**:

$$s_{D,W} = f\,(F \text{ und } d_{i,D}) \qquad \text{(Gl. 5.26)}$$

mit:

$$F = \frac{3{,}6}{10^5} \cdot \lambda_D \cdot \Delta\vartheta_{i,o} \cdot t \cdot K_W$$

Mittels des Faktors F kann nun die wirtschaftliche Dämmdicke einer Rohrleitung aus Bild 5.13 ermittelt werden.

Legt man die Nutzungsdauer mit t = 8760 h/a sowie den Wärmepreis mit 20 €/GJ fest, ergibt sich aus Bild 5.13 das Diagramm Bild 5.13a.

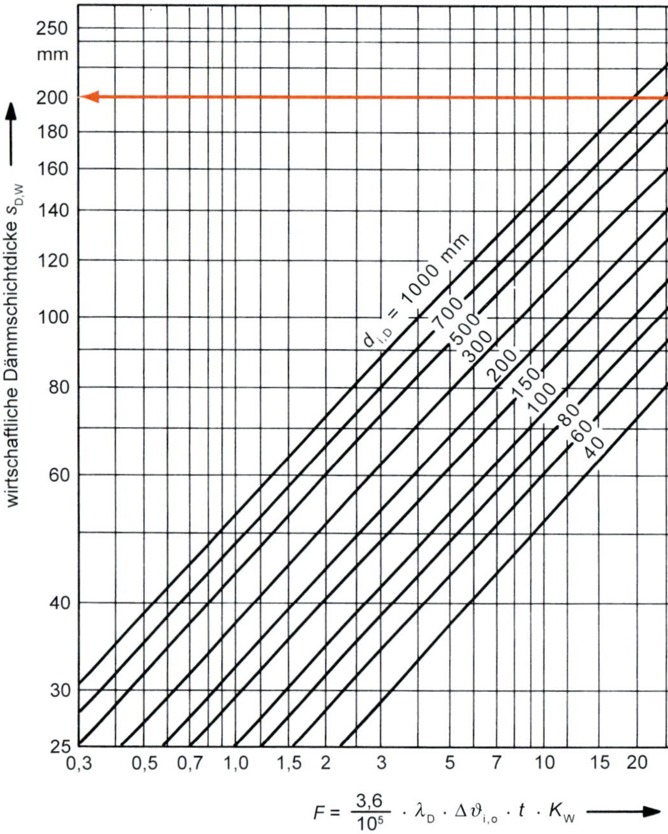

wirtschaftliche Dämmschichtdicke $s_{D,W}$ (mm): 25, 30, 40, 60, 80, 100, 120, 140, 160, 180, 200, 250

$d_{i,D}$ = 1000 mm, 700, 500, 300, 200, 150, 100, 80, 60, 40

0,3 0,5 0,7 1,0 1,5 2 3 5 7 10 15 20 30 50 70 100 150

$$F = \frac{3{,}6}{10^5} \cdot \lambda_D \cdot \Delta\vartheta_{i,o} \cdot t \cdot K_W$$

▲ Bild 5.13
Anhaltswerte für die wirtschaftliche Dämmdicke in Abhängigkeit vom Stahlrohraußendurchmesser und dem Faktor F

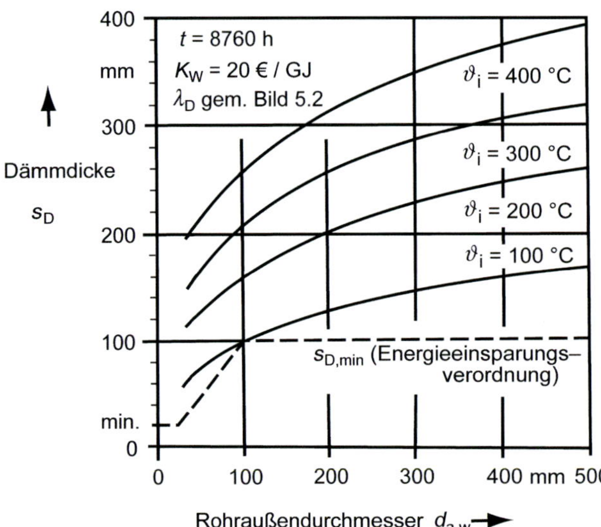

◀ Bild 5.13a
Wirtschaftliche Dämmdicke für t = 8760 h, K_W = 20 € / GJ

Tabelle 5.1 Anhaltswerte der Betriebswärmeleitfähigkeit von Dämmstoffen n. VDI 2055 (3.82) in W/(m · K)

Materialbezeichnung	bei einer Mitteltemperatur von				
	0 °C	50 °C	100 °C	200 °C	300 °C
lose Fasern	0,045	0,055	0,065	0,085	0,12
Bahnen, ungebunden und versteppt, evtl. mit Zwischenlaufpapier	0,040	0,050	0,060	0,095	0,13
Matten, versteppt auf z.B. Wellpappe oder Drahtgeflecht	0,040	0,045	0,050	0,075	0,11
Rollfilze, gebunden					
a) weich	0,040	0,055	0,070	–	–
b) fest	0,040	0,050	0,060	–	–
Platten, gebunden					
a) weich	0,040	0,050	0,065	–	–
b) fest	0,035	0,040	0,050	–	–
Formstücke					
a) Schalen	0,035	0,040	0,050	0,070	0,10
b) Segmente	0,040	0,045	0,050	0,075	–
c) Sonderformstücke					
Schnüre, Zöpfe	0,050	0,060	0,075	–	–
Schaumglas	0,050	0,060	0,070	0,095	0,13

Dämmstoff		Rohdichte kg/m³	Mitteltemperatur °C				
			−150	−100	−50	0	50
Korkplatten	DIN 18161 Teil 1	80...200	0,025	0,030	0,035	0,040	0,045
Polystyrolpartikel-Hartschaum	DIN 18164 Teil 1	≥ 20	0,020	0,025	0,030	0,035	0,040
Polystyrol-Extruderschaum (Zellgas CF_2Cl_2)	DIN 18164 Teil 1	≥ 25					
mit Schäumhaut			0,020	0,025	0,030	0,030	0,035
ohne Schäumhaut			0,020	0,025	0,030	0,035	0,040
Polyurethan-Hartschaum platten und -bahnen*)	DIN 18164 Teil 1	≥ 30					
a) **)			0,020	0,025	0,030	0,030	0,035
b) **)			0,020	0,025	0,025	0,025	0,030
Polyurethan-Ortschaum *)	DIN 18159 Teil 1	≥ 37	0,020	0,025	0,030	0,030	0,035
Phenolharz-Hartschaum	DIN 18164 Teil 1	≥ 30	0,020	0,025	0,030	0,035	0,040
Polyvinylchlorid-Hartschaum		≥ 40	0,020	0,025	0,030	0,035	0,040
Schaumglas	DIN 18174	100...150	0,035	0,040	0,045	0,050	0,060

*) Zellgas $CFCl_3$

**) a) ohne gasdiffusionsdichte Deckschichten

b) mit gasdiffusionsdichten Deckschichten

Deckschichten gelten ohne besonderen Nachweis als gasdiffusionsdicht, wenn sie aus metallischen Werkstoffen mit einer Dicke von mindestens 50 μm bestehen.

Beispiel 5.1
Aufgabenstellung
Man bestimme die wirtschaftliche Dämmdicke für ein Rohr mit folgenden Betriebsbedingungen:

Innentemperatur $\vartheta_i = 320\ °C$
Oberflächentemperatur $\vartheta_o = 40\ °C$
Rohraußendurchmesser $d_{a,W} = d_{i,D} = 219{,}1$ mm
Betriebsstunden pro Jahr $t = 6000$ h/a
Wärmepreis (Kessel mit Heizölfeuerung)
$K_W = 14{,}70$ €/GJ

Aufgabenlösung
Aus Bild 5.13 erhält man die wirtschaftliche Dämmdicke mit:

$$F = \frac{3{,}6}{10^5} \cdot \lambda_D \cdot \Delta\vartheta_{i,o} \cdot t \cdot K_W$$

Hierin ist:

$\lambda_D = 0{,}06$ W/(m · K)
$\Delta\vartheta_{i,o} = 280$ K

damit wird:

$$F = \frac{3{,}6}{10^5} \cdot 0{,}06 \cdot 280 \cdot 6000 \cdot 14{,}70 = 53{,}3$$

und somit:

$$s_{D,W} = 200 \text{ mm}$$

Die wirtschaftliche Dämmdicke kann jedoch nicht grundsätzlich für alle Anwendungsbereiche zugrunde gelegt werden, da bei sehr geringen Betriebsstunden pro Jahr sich z.B. ebenfalls eine dünne Dämmdicke ergeben würde, jedoch mit sehr hoher (unzulässiger) Oberflächentemperatur.

5.5.4 Minimal zulässige Dämmdicke (Berührungsschutz)

Der untere Grenzwert für die Dämmdicke ergibt sich aus der Forderung der Oberflächentemperatur an der Dämmung. Legt man als zulässige Oberflächentemperatur ϑ_o eine Temperatur zugrunde, die 20 K über der Umgebungstemperatur liegt, ergibt sich damit ein Wärmeverlust von:

$$\dot{q}_o = \alpha_a \cdot (\vartheta_o - \vartheta_a) \qquad \text{(Gl. 5.27)}$$

Mit: $\alpha_a = 10$ W/(m² · K) gemäß den Anmerkungen zu Gl. 5.5 beträgt somit der Wärmeverlust:

$$\dot{q}_o = 200 \text{ W/m}^2 \qquad \text{(Gl. 5.28)}$$

und bezogen auf 1 m Rohrleitungslänge:

$$\dot{q}_{o,L} = \dot{q}_o \cdot d_{a,D} \cdot \pi \qquad \text{(Gl. 5.29)}$$

Formt man nun Gl. 5.5 auf den Innendurchmesser der Isolierung um, ergibt sich dieser zu:

$$d_{i,D} = \frac{d_{a,D}}{\exp\left(\frac{2 \cdot \bar{\lambda}_D}{d_{a,D}} \cdot \left(\frac{(\vartheta_i - \vartheta_a)}{\dot{q}_o} - \frac{1}{\alpha_a}\right)\right)} \qquad \text{(Gl. 5.30)}$$

Wertet man diese Gleichung aus mit:

$\alpha_a = 10$ W/(m² · K)
$\dot{q}_o = 200$ W/m² und
$\bar{\lambda}_D$ aus Tabelle 5.1

dann ergibt sich eine Mindestdämmdicke entsprechend Bild 5.14.

5.5.5 Ungedämmte Stellen im System

Analog zu den Engstellen in der Anlage (Abschnitt 4), die für den Druckverlust entscheidend sein können, gilt dies für die ungedämmten Stellen in einem Wärmeschutzsys-

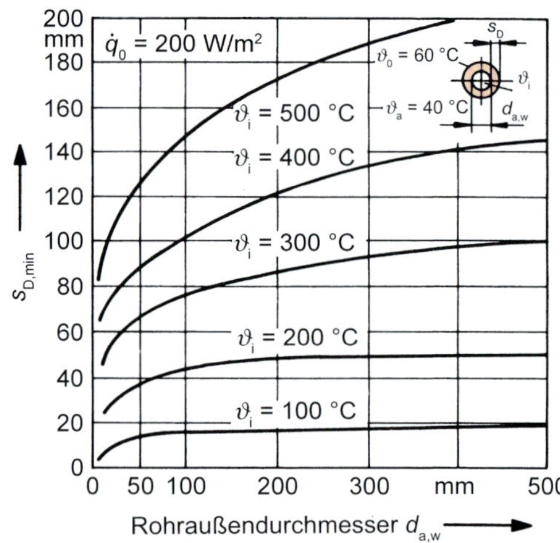

Bild 5.14 Minimal zulässige Dämmdicke bei einer Oberflächentemperatur von 60 °C (Umgebungstemperatur 40 °C und ohne Wärmebrücken)

tem. Besonders bei kleinen Heizleistungen (etwa bei $\dot{Q} < 100$ kW) für die Wärmeverbraucher ist es wesentlich, die Dämmverluste sehr genau zu bestimmen, damit die Erhitzerleistung richtig und ausreichend ausgelegt wird.

Gemäß den Ausführungen für die minimale Dämmdicke bei einer Differenz zwischen Oberflächentemperatur am Außenmantel der Dämmung von 20 K (Bild 5.14) ergibt sich hierbei eine Verlust-Wärmestromdichte von $\dot{q}_0 = 200$ W/m².

Betrachtet man jedoch eine ungedämmte Stelle wie Flanschpaar und Armatur, in der gleichen Anlage, ergeben sich folgende Verhältnisse bei einer Innentemperatur von z.B. $\vartheta_i = 300$ °C:

Zu dem bei niedrigen Temperaturen vorherrschenden Konvektiven Anteil α_K (Naturkonvektion) für den Wärmeübergangskoeffizienten kommt hierbei als wesentliche Ergänzung der Strahlungsanteil α_{Str} hinzu:

$$\alpha_a = \alpha_K + \alpha_{Str} = \alpha_K + C \cdot \frac{(T_i^4 - T_a^4)}{\vartheta_i - \vartheta_a} \quad \text{(Gl. 5.31)}$$

mit:

$\alpha_K =$ 10 W/(m² · K)
$C \approx$ 4,5 · 10^{-8} W/(m² · K⁴)*
$\vartheta_a =$ 20 °C
$\vartheta_i =$ 300 °C

ergibt sich:

$$\alpha_a = 10 + 18 = 28 \text{ W/(m}^2 \cdot \text{K)}$$

und damit die Wärmeverluststromdichte zu:

$$\dot{q} = \alpha_a \cdot (\vartheta_i + \vartheta_a) = 7840 \text{ W/m}^2 \quad \text{(Gl. 5.32)}$$

Das Verhältnis der Wärmestromverlustdichten von ungedämmter und gedämmter Stelle beträgt somit:

$$\frac{\dot{q}}{\dot{q}_0} = \frac{7840}{200} \approx \frac{40}{1} \quad (\text{bei } \vartheta_i = 300\ °\text{C}) \quad \text{(Gl. 5.33)}$$

Der Wärmeverlust Q der ungedämmten Stelle errechnet sich aus:

* entspricht einem Emissionsverhältnis von $\varepsilon \approx 0{,}8$ der Rohrwand

$$\dot{Q} = \dot{q} \cdot A_0 \quad \text{(Gl. 5.34)}$$

mit:

A_0 isotherme Oberfläche der ungedämmten Stelle

Ein Wärmeverlust einer Flanschverbindung:

Bei DN 25 mit $A_0 \approx 0{,}05$ m² wird
$\dot{Q} = 0{,}4$ kW/ Flanschverbindung.
Bei DN 200 mit $A_0 \approx 0{,}30$ m² wird
$\dot{Q} = 2{,}3$ kW/ Flanschverbindung.

Wird die Installation auch noch im Freien ausgeführt, muss man die Erhöhung des Konvektiven Wärmeübergangskoeffizienten berücksichtigen. Dieser berechnet sich aus den Luftstoffkonstanten und der Geschwindigkeitsabhängigkeit für einen weiten Durchmesserbereich zu:

$$\alpha_K \approx 7 \cdot \overline{w}^{0,8} \text{ W/(m}^2 \cdot \text{K)} \quad \text{(Gl. 5.35)}$$

Rechnet man mit einer Windgeschwindigkeit von $\overline{w} = 10$ m/s (entspricht einer frischen Brise), ergibt sich:

$\alpha_K \approx 44$ W/(m² · K)

Mit dem Strahlungsanteil von
$\alpha_{Str} = 18$ W/(m² · K) bei einer Innentemperatur von 300 °C, erhält man den Gesamt-Wärmeübergangskoeffizienten zu:

$\alpha_a = 44 + 18 = 62$ W/(m² · K)

Damit tritt nochmals eine Erhöhung der Wärmeverluste einer ungedämmten Stelle bei der Installation im Freien gegenüber Rauminstallation auf von:

$$\frac{\dot{q}_{Frei}}{\dot{q}_{Raum}} = \frac{62}{28} \approx \frac{2{,}2}{1} \quad \text{(Gl. 5.36)}$$

Für Flansche und Armaturen kann die äquivalente Rohrlänge dieser «Wärmebrücken» aus Tabelle 5.2 entnommen werden. Für Rohraufhängungen wird der Zuschlagswert für den *k*-Wert angegeben.

Oberflächentemperatur

Aus betriebstechnischen Gründen wird in der Praxis oft gefordert, dass eine bestimmte Ober-

Tabelle 5.2 Äquivalente Rohrlängen für Flansche und Armaturen sowie Zuschlagswert für den k-Wert (VDI-2055) für Rohraufhängungen in Gebäuden und im Freien

Flansche für Druckstufen PN 25–PN100	äquivalente Länge $\Delta\ell$ in m		
Ungedämmt für Rohrleitungen	50–100 °C	150–300 °C	400–500 °C
in Gebäuden 20 °C			
DN 50	3– 5	5–11	9–15
100	4– 7	7–16	13–16
150	4– 9	7–17	17–30
200	5–11	10–26	20–37
300	6–16	12–37	25–57
400	9–16	15–36	33–56
500	10–16	17–36	37–57
im Freien 0 °C			
DN 50	7–11	9–16	12–19
100	9–14	13–23	18–28
150	11–18	14–29	22–37
200	13–24	18–38	27–46
300	16–32	21–54	32–69
400	22–31	28–53	44–68
500	25–32	31–52	48–69
Gedämmt in Gebäuden 20 °C und im Freien 0 °C für Rohrleitungen	50–100°C	150 – 300 °C	400–500°C
DN 50	0,7–1,0	0,7–1,0	1,0–1,1
100	0,7–1,0	0,8–1,2	1,1–1,4
150	0,8–1,1	0,8–1,3	1,3–1,6
200	0,8–1,3	0,9–1,4	1,3–1,7
300	0,8–1,4	1,0–1,6	1,4–1,9
400	1,0–1,4	1,1–1,6	1,6–1,9
500	1,1–1,3	1,1–1,6	1,6–1,8
Armaturen für Druckstufen PN 25–PN100	äquivalente Länge $\Delta\ell$ in m		
Ungedämmt für Rohrleitungen	50–100 °C	150–300 °C	400–500 °C
in Gebäuden 20 °C			
DN 50	9–15	16– 29	27– 39
100	15–21	24– 46	42– 63
150	16–28	26– 63	58– 90
200	21–35	37– 82	73–108
300	29–51	50–116	106–177
400	36–60	59–136	126–206
500	46–76	75–170	158–267
im Freien 0 °C nur für Druckstufe PN25			
DN 50	22– 24	27– 34	35– 39
100	33– 36	42– 52	56– 61
150	39– 42	50– 68	77– 83
200	51– 56	68– 87	98–101
300	59– 75	90–125	140–160
400	84– 88	106–147	165–190
500	108–114	134–182	205–238
Gedämmt für Rohrleitungen	50–100°C	150 – 300 °C	400–500°C
in Gebäuden 20 °C und im Freien 0 °C			
DN 50	4– 5	5– 6	6– 7
100	4– 7	5– 7	6– 7
150	4– 6	5– 8	6– 9
200	5– 7	5– 9	7–10
300	5– 9	6–12	7–13
400	6– 9	7–12	8–15
500	7–11	8–15	9–19
Rohraufhängungen	Zuschlagswert z		
in Gebäuden	0,15		
im Freien	0,25		
	$k^* = k \cdot (1 + z)$		

flächentemperatur oder eine bestimmte Differenz der Oberflächentemperatur zur Temperatur der Umgebungsluft nicht überschritten werden darf. Die Oberflächentemperatur ist kein Maß für die Qualität eines Dämmsystems.

Sie hängt nicht nur vom Wärmetransport ab, sondern auch von Betriebsbedingungen, die vom Hersteller nicht bestimmt oder gewährleistet werden können. Unter anderem gehören dazu: Umgebungstemperatur, Luftbewegung, Zustand der Oberfläche der Dämmung, Einfluss benachbarter strahlender Körper, Wetterbedingungen usw. Darüber hinaus müssen Annahmen über betriebstechnische Einflussgrößen gemacht werden. Wenn alle diese Größen bekannt sind, ist es möglich, die erforderliche Dämmschichtdicke abzuschätzen. Es muss jedoch darauf hingewiesen werden, dass diese Annahmen den speziellen tatsächlichen Betriebsbedingungen nur in sehr wenigen Fällen entsprechen. Da eine genaue Ermittlung aller Einflussgrößen nicht möglich ist, ist die Berechnung der Oberflächentemperatur ungenau und **kann nicht gewährleistet werden**. Dieselben Einschränkungen gelten für die Gewährleistung der Temperaturdifferenz zwischen der Oberfläche und der Umgebungsluft, die auch als Übertemperatur bezeichnet wird. Sie enthält zwar den Einfluss der Umgebungsluft auf die Oberflächentemperatur, setzt aber voraus, dass der Wärmeübergang durch Konvektion und Strahlung beschrieben werden kann, dessen Größe ebenfalls bekannt sein muss. Diese Bedingung ist jedoch meist nicht erfüllt, da die Lufttemperatur in unmittelbarer Umgebung der Oberflä-

Beispiel 5.2

Aufgabenstellung

In einem Rohrleitungssystem von DN 200 (s. Aufgabenbild) soll der Wärmeverlust von minimal isolierter Rohrleitung (n. Bild 5.13) und unisoliertem Ventil bestimmt werden. Ergänzend hierzu soll der Wärmeverlust der Absperrarmatur für den Fall berechnet werden, dass diese im Freien bei Windanfall ($\overline{w} = 10$ m/s) installiert wird.

Aufgabenlösung

Spezifischer Wärmeverlust der isolierten Rohrleitung:

$$\dot{q}_L = A_{o,L} \cdot \dot{q}_o = 1{,}07 \cdot 200 = 214 \text{ W/m}$$
$$= 0{,}214 \text{ kW/m}$$

Wärmeverlust des Ventils bei Installation im Raum:

$$\dot{Q} = A_o \cdot \dot{q} = 1{,}2 \cdot 7840 = 9400 \text{ W} = 9{,}4 \text{ kW}$$

Wärmeverlust des Ventils bei Installation im Freien:

$$\dot{Q} = A_o \cdot \alpha_a \cdot (\vartheta_i - \vartheta_a) = 1{,}2 \cdot 62 \cdot 280$$
$$= 20832 \text{ W} = 20{,}8 \text{ kW}$$

Der Wärmeverlust der Armatur entspricht somit einer gleichwertigen isolierten Rohrleitung von:

$$L = \frac{\dot{Q}}{\dot{q}_L}$$

Bei Installation im Raum beträgt:

$$L = \frac{9{,}4}{0{,}214} = 44 \text{ m}$$

Bei Installation im Freien beträgt:

$$L = \frac{20{,}8}{0{,}214} = 97 \text{ m}$$

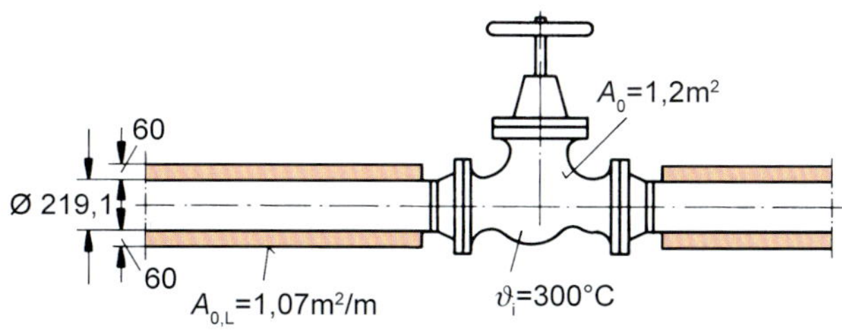

che, die für den konvektiven Wärmeübergang maßgeblich ist, sich im Allgemeinen deutlich von der Temperatur anderer Oberflächen, mit denen die Dämmung im Strahlungsaustausch steht, unterscheidet.

5.6 Kondensatanfall in Rohrleitungen

Infolge der Wärmeverluste $\dot{Q}_L$ n. Gl. 5.1 bleibt bei Dampfströmung in der Rohrleitung ab der Sattdampftemperatur die Temperatur konstant, wobei jedoch dann eine teilweise Kondensation des Dampfes eintritt. Der Wärmeverlust ist dann gleich der entsprechenden Kondensationswärme.

Der *anfallende Kondensationsstrom* $\dot{m}_K$ ergibt sich aus der Gleichgewichtsbedingung:

$$\dot{m}_K \cdot \Delta h_v = \dot{Q}_L \quad \text{(Gl. 5.37)}$$

und daraus zu:

$$\dot{m}_K = \frac{\dot{Q}_L}{\Delta h_v} \quad \text{(Gl. 5.38)}$$

mit:

Δh_v spezifische Verdampfungsenthalpie

In der Praxis tritt am häufigsten die Frage nach der Übertemperatur auf. Unter dem Begriff Übertemperatur ist eine Temperaturdifferenz zu verstehen, die am Anfang der Ferndampfleitung zwischen Heißdampf und Sattdampf vorliegen muss, um Kondensat zu vermeiden.

Um diese Übertemperatur zu bestimmen, verwendet man die Näherungsformel zur Bestimmung des axialen Temperaturabfalles in Rohrleitungen.

$$\Delta\vartheta = \frac{\dot{Q}_L}{\dot{m}_D \cdot c_{p,D}} \quad \text{(Gl. 5.39)}$$

Die notwendige Übertemperatur kann in der Praxis durch Unterbrechung der Wärmedämmung, Auflager und dgl. erheblich größer werden. Um dies mit zu berücksichtigen, kann man bei der Berechnung des Wärmestromes in der Rohrleitung einen Zuschlag zur Wärmeleitfähigkeit hinzugeben. Außerdem sollte in der Länge der Rohrleitung ein Längenzuschlag enthalten sein.

Bei kompressiblem Medium und langen Leitungen ist zu der errechneten Übertemperatur noch eine Temperaturerhöhung oder Temperaturerniedrigung durch Druckverlust (Drosselung) hinzuzuzählen. Die Erniedrigung oder Erhöhung muss aus dem Mollier-*h*-*s*-Diagramm abgelesen werden.

Erhöhung der Übertemperatur durch Druckverluste

Herrscht in der zu berechnenden z.B. Wasser-Ferndampfleitung ein Druck von ca. 30 bar oder mehr, ist mit einer Erhöhung der Übertemperatur zu rechnen. Die Veranschaulichung dieses Falles ist in Bild 5.15a gegeben.

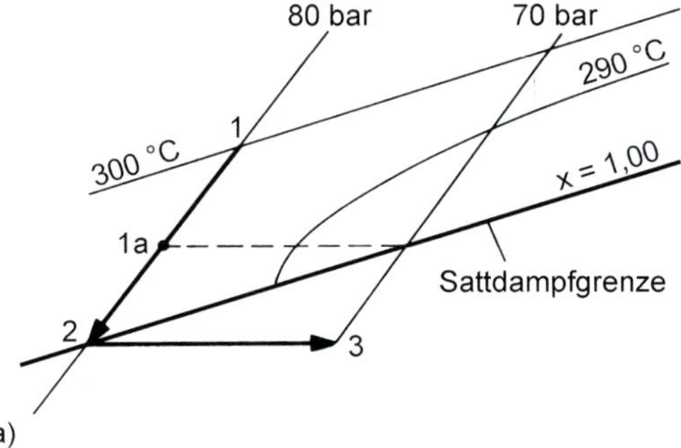

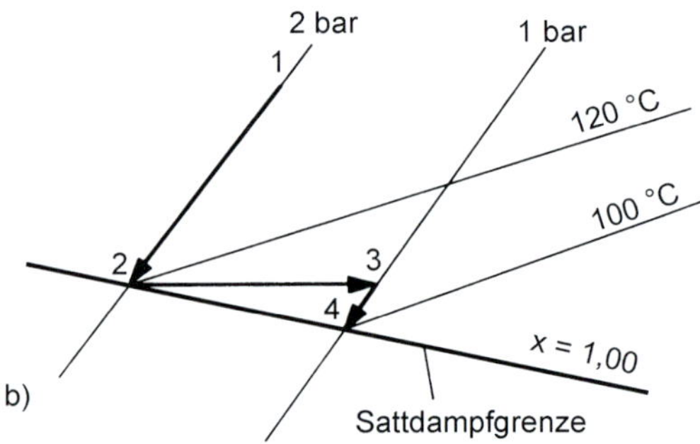

Bild 5.15 Wärmeverlust und Druckverlust im *h*-*s*-Diagramm (s. Erläuterungen im Text)
a) Erhöhung der Übertemperatur infolge von Druckverlust
b) Erniedrigung der Übertemperatur infolge von Druckverlust

Betrachtung von Punkt 1 nach Punkt 2: Temperaturabsenkung des Mediums infolge des Wärmeverlustes. Diese Temperaturdifferenz wird durch Gl. 5.1 errechnet.

Betrachtung von Punkt 2 nach Punkt 3: Temperaturabsenkung bzw. Kondensatanfall infolge Druckverlust in der Rohrleitung.

Um nun die notwendige Übertemperatur zur Vermeidung von Kondensat zu erhalten, muss die Temperaturdifferenz zwischen Punkt 1a und Punkt 2 zur errechneten Übertemperatur aus Gl. 5.30 hinzugefügt werden.

Erniedrigung der Übertemperatur durch Druckverluste

Bei Drücken kleiner ca. 30 bar hat die Wasserdampf-Sattdampfkurve eine negative Steigung, was zur Folge hat, dass die errechnete Übertemperatur aus Gl. 5.1 zu groß ist. Die Veranschaulichung ist in Bild 5.15b zu sehen.

Betrachtung von Punkt 1 nach Punkt 2: Temperaturabsenkung des Mediums infolge des Wärmeverlustes. Diese Temperaturdifferenz wird durch Gl. 5.30 errechnet.

Betrachtung von Punkt 2 nach Punkt 3: Temperaturerhöhung infolge Druckverlust in der Rohrleitung.

Um nun die notwendige Übertemperatur zur Vermeidung von Kondensat zu erhalten, muss die Temperaturdifferenz zwischen Punkt 3 und Punkt 4 von der errechneten Übertemperatur aus Gl. 5.39 abgezogen werden.

5.7 Schutz vor Taupunkt-Temperaturunterschreitung

Befindet sich in einem Gas ein Medium, das gemäß dem Partialdruck eine Kondensationstemperatur besitzt, die im Arbeitsbereich der Rohrleitung liegt, dann besteht die Möglichkeit, dass dieses Medium (zumindest immer in der Grenzschicht des Temperaturprofils an der Rohrwand) *auskondensiert*.

Befinden sich z.B. Kühlwasserleitungen in temperierten Räumen, bildet sich je nach der Temperaturdifferenz zwischen wasserführendem Dämmobjekt und der Umgebungsluft und je nach der relativen Luftfeuchtigkeit **Schwitzwasser** auf der Objektoberfläche. In diesem Fall ist es erforderlich, zur Vermeidung der oft unangenehmen Kondensatbildung, eine Wärmeschutzverkleidung vorzusehen, deren Dicke je nach den örtlichen Klima- und Betriebsverhältnissen ermittelt werden muss.

Bei gasführenden Leitungen, wie z.B. **Rauchgasleitungen**, bei denen die Gase einen mehr oder weniger hohen Anteil an Schwefeldioxid (SO_2) oder Schwefeltrioxid (SO_3) enthalten, der bei Kondensation zu entsprechend umfangreichen Korrosionsschäden an den Wandungen führen würde, muss dafür Sorge getragen werden, dass mittels einer Dämmung die *Taupunkttemperatur* an der Rohrwand nicht unterschritten werden kann.

Entsprechend Bild 5.16 ist die Dämmdicke so zu dimensionieren, dass ϑ_{Tau} nicht unterschritten wird, wobei zu beachten ist, ob die Taupunkttemperatur an der Rohraußenseite oder Rohrinnenseite unterschritten werden kann.

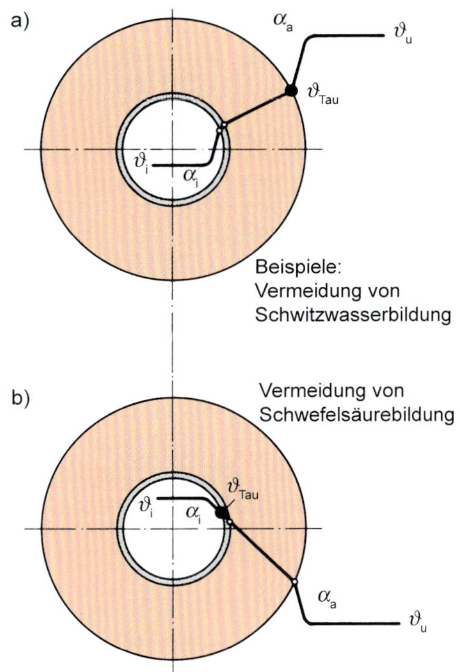

Bild 5.16 Vermeidung von Taupunkttemperaturunterschreitung
a) außen
b) innen

Tauwasserverhütung
Tauwasserverhütung hängt nicht nur von den die Oberflächentemperatur beeinflussenden Bedingungen ab, sondern zusätzlich von der relativen Feuchte der umgebenden Luft, die sehr oft nicht genau vom Auftraggeber angegeben werden kann. Sie ist um so schwieriger anzugeben, je höher sie ist; in diesem Fall wirken sich Schwankungen in der Feuchte oder in der Oberflächentemperatur sehr stark aus. Unter Anwendung der Gleichungen kann die notwendige Dämmschichtdicke zur Tauwasserverhütung auch iterativ ermittelt werden. Der zulässige Temperaturunterschied, in °C, zwischen Oberfläche und Umgebungsluft für verschiedene Luftfeuchten beim Einsetzender Taubildung ist in Tabelle 5.3 angegeben.

Tabelle 5.3 Die zulässige Temperaturdifferenz, in °C, zwischen Oberfläche und Umgebungsluft bei verschiedenen relativen Luftfeuchten am Beginn der Tauwasserbildung

Temperatur der Umgebungsluft in °C	Relative Luftfeuchte, in %													
	30	35	40	45	50	55	60	65	70	75	80	85	90	95
–20	–	10,4	9,1	8,0	7,0	6,0	5,2	4,5	3,7	2,9	2,3	1,7	1,1	0,5
–15	12,3	10,8	9,6	8,3	7,3	6,4	5,4	4,6	3,8	3,1	2,5	1,8	1,2	0,6
–10	12,9	11,3	9,9	8,7	7,6	6,6	5,7	4,8	3,9	3,2	2,5	1,8	1,2	0,6
– 5	13,4	11,7	10,3	9,0	7,9	6,8	5,8	5,0	4,1	3,3	2,6	1,9	1,2	0,6
0	13,9	12,2	10,7	9,3	8,1	7,1	6,0	5,1	4,2	3,5	2,7	1,9	1,3	0,7
2	14,3	12,6	11,0	9,7	8,5	7,4	6,4	5,4	4,6	3,8	3,0	2,2	1,5	0,7
4	14,7	13,0	11,4	10,1	8,9	7,7	6,7	5,8	4,9	4,0	3,1	2,3	1,5	0,7
6	15,1	13,4	11,8	10,4	9,2	8,1	7,0	6,1	5,1	4,1	3,2	2,3	1,5	0,7
8	15,6	13,8	12,2	10,8	9,6	8,4	7,3	6,2	5,1	4,2	3,2	2.3	1,5	0,8
10	16,0	14,2	12,6	11,2	10,0	8,6	7,4	6,3	5,2	4,2	3,3	2,4	1,6	0,8
12	16,5	14,6	13,0	11,6	10,1	8,8	7,5	6.3	5,3	4,3	3,3	2,4	1,6	0,8
14	16,9	15,1	13,4	11,7	10,3	8,9	7,6	6,5	5,4	4,3	3,4	2,5	1,6	0,8
16	17,4	15,5	13,6	11,9	10,4	9,0	7,8	6,6	5,4	4,4	3,5	2,5	1,7	0,8
18	17,8	15,7	13,8	12,1	10,6	9,2	7,9	6,7	5,6	4,5	3,5	2,6	1,7	0,8
20	18,1	15,9	14,0	12,3	10,7	9,3	8,0	6,8	5,6	4,6	3,6	2,6	1,7	0,8
22	18,4	16,1	14,2	12,5	10,9	9,5	8,1	6,9	5,7	4,7	3,6	2,6	1,7	0,8
24	18,6	16,4	14,4	12,6	11,1	9,6	8,2	7,0	5,8	4,7	3,7	2,7	1,8	0,8
26	18,9	16,6	14,7	12,8	11,2	9,7	8,4	7,1	5,9	4,8	3,7	2,7	1,8	0,9
28	19,2	16,9	14,9	13,0	11,4	9,9	8,5	7,2	6,0	4,9	3,8	2,8	1,8	0,9
30	19,5	17,1	15,1	13,2	11,6	10,1	8,6	7,3	6,1	5,0	3,8	2,8	1,8	0,9
35	20,2	17,7	15,7	13,7	12,0	10,4	9,0	7,6	6,3	5,1	4,0	2,9	1,9	0,9
40	20.9	18,4	16,1	14,2	12,4	10,8	9,3	7,9	6,5	5,3	4,1	3,0	2,0	1,0
45	21,6	19,0	16,7	14,7	12,8	11,2	9,6	8,1	6,8	5,5	4,3	3,1	2,1	1,0
50	22,3	19,7	17,3	15,2	13,3	11,6	9,9	8,4	7,0	5,7	4,4	3,2	2,1	1,0

Beispiel: Bei einer Umgebungstemperatur von 20 °C und einer relativen Luftfeuchte von 70% ist die zulässige Oberflächentemperatur gleich 20 °C – 5,6 °C = 14,4 °C

6 Bauvorschriften und Prüfungen

6.1 Herstellung von Rohrleitungen aus Stahl

Einstufungen von Rohrleitungen

Konstruktion, Herstellungsverfahren, Umfang und Reihenfolge der Prüfungen müssen der Rohrleitungsklasse entsprechen, die den Rohrleitungs-Kategorien der DGRL aus den Bildern 1.3 bis 1.6 entspricht (0, I, II u. III).

Rohrleitungen für den Betrieb bei ≤ 0,5 bar müssen in Übereinstimmung mit der guten Ingenieurpraxis (in den EU- oder EFTA-Staaten), oder nach DIN EN 14480-1 konstruiert, hergestellt und geprüft sein.

Nachfolgend sind tabellarisch die wichtigsten Herstellungsrichtlinien genannt:

- Das Schweißen darf nur von geprüften Schweißern mit einer gültigen Prüfung nach DIN EN 287-1 durchgeführt werden.
- Schweißverfahren und Schweißanweisungen müssen DIN EN 288-... entsprechen.
- Verwendung geeigneter Werkstoffe einschließlich der vorgesehenen Nachweise über Werkstoffprüfungen auch für Schweißzusätze und Schweißhilfsstoffe.
- Einhaltung der Schweißkantenvorbereitung für die Fügeverbindung (s. Tabelle 2.39). Gegebenenfalls Bescheinigung über Wärmebehandlung.
- Bemessungsüberprüfung der Festigkeit von: Rohren, Formstücken, Flanschverbindungen usw.
- Elastizitätsüberprüfung und Stützweiten gemäß Tabelle 6.1.
- Rohrleitungen mit Schema und Aufstellungsplan überprüfen.
- Überprüfung der Schweißnähte nach EN 25817 gemäß der festgelegten Bewertungsgruppe.
- Zerstörungsfreie Überprüfung der Schweißnähte durch Röntgen- oder US-Prüfung.
- Dichtheitsprüfung mit 0,4 bar Gasüberdruck und Einsprühen aller Schweiß- und Verbindungsstellen mit Schäummittel.
- Druckprüfung in der Regel mit Flüssigkeit und dem 1,43-fachen des zulässigen Betriebsüberdrucks. Prüfdauer: mindestens 30 Minuten. Es ist zu beachten, dass selbst bei einer Druckhöhe von 90% der Streckgrenze kleinere Anrisse nicht zu einer Undichtigkeit führen (Bild 6.1).
- Besondere Beachtung bei Temperaturen von über 50 °C und unter –10 °C.
- Überprüfung der Anlagenführung nach z.B. WHG (Wasserhaushaltsgesetz).
- Überprüfung der Anlagenausrüstung.
- Prüfung der sicherheitstechnisch erforderlichen Ausrüstungsteile:

(1) Sicherheitseinrichtungen gegen Drucküberschreitung oder gegen Temperaturabweichung auf Vorhandensein, sachgemäße Auswahl und Einstellung – z.B. anhand einer Bescheinigung eines Sachverständigen – sowie auf sachgemäße Anordnung unter Einbeziehung der gefahrlosen Ableitung der beim Ansprechen ausströmenden Medien und, soweit erforderlich, auf Funktion;

(2) die Eignung, sachgemäße Anordnung und ggf. die richtige Anzeige bzw. Funktion weiterer sicherheitstechnisch erforderlicher Ausrüstungsteile, z.B. der Messeinrichtung für Druck- und Temperatur;

(3) ob die dem Betrieb der Rohrleitung dienenden sonstigen Armaturen-, Mess- und Regeleinrichtungen die Sicherheit der Rohrleitung oder die Funktion der sicherheitstechnisch erforderlichen Ausrüstungsteile beeinträchtigen, ggf. auch im Hinblick auf abzuführende Medien und deren gefahrlose Ableitung;

(4) ob die Funktion von Ausrüstungsteilen, die durch Fremdenergie (z.B. elektrische, pneumatische und hydraulische) angetrieben bzw. angesteuert werden, auch bei Energieausfall gegeben ist – z.B. durch «fail-safe»-Ausführung – oder ob einer Funktionsbeeinträchtigung durch Ener-

gieausfall hinreichend Rechnung getragen wurde;

(5) an beheizten Rohrleitungen, die Eignung und Einstellung von Einrichtungen zur Einhaltung der zulässigen Betriebstemperatur der Rohrleitung.

- Wiederkehrende Prüfungen:
  Ziel der wiederkehrenden Prüfung ist eine Aussage darüber zu treffen, dass sich die Rohrleitung und ihre Ausrüstungen zum Zeitpunkt der Prüfung für die vorgesehene Betriebsweise in ordnungsmäßigem Zustand befindet und erwarten lässt, dass sie bis zur nächsten wiederkehrenden Prüfung den Anforderungen entspricht.
  Stichprobenweise Prüfungen sind ausreichend, wenn der Sachverständige aus ihren Ergebnissen den sicherheitstechnischen Zustand der zu prüfenden Anlagenteile beurteilen kann.

Tabelle 6.1 Rohrleitungsliste eines Rohrleitungssystems

Rohrleitungen				**RI-Fließbild**	**mech. Auslegung**			**Stützweiten**		**Schenkellängen**										
Rohrleitungs-Nr.	DN	Rohrklasse	Durchflussstoff	Pos.-Nr. gemäß Zeichng.-Liste	zul. Betr.-überdruck PS	zul. Betr.-temperatur TS	Beheizt	nach Tab.	Gr. vorh. Stützw.	Wertevergl.-Tabelle/vorhanden/Angaben in mm										Einzl. Rech.
										1		**2**		**3**		**4**				
					bar	°C	°C	mm	mm	Tab.	vorh.	Tab.	vorh.	Tab.	vorh.	Tab.	vorh.			

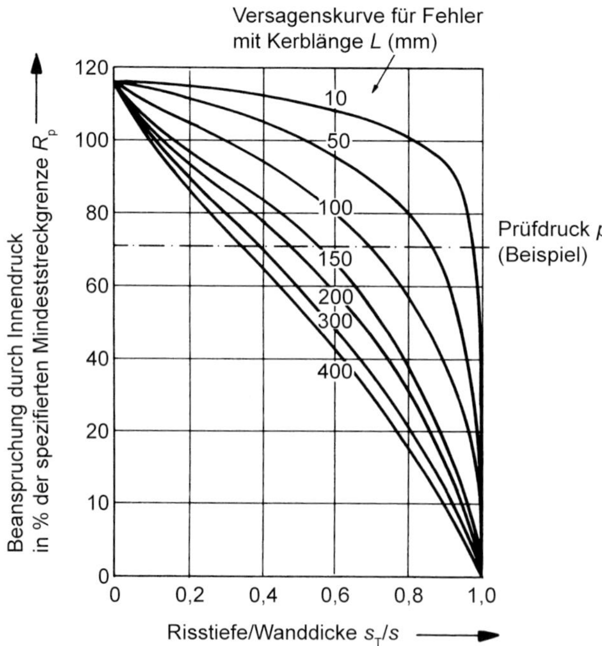

Bild 6.1 Versagensverhältnisse bei Fehlern verschiedener Größen relativ zum Probedruck bei der werkseitigen Wasserdruckprüfung (am Beispiel von Großrohren der Abmessung 1420 × 15,7 mm aus Werkstoff X 67, nach Mannesmann)

Soweit erforderlich, kann sich der Sachverständige bei seinen Prüfungen und Aussagen auf die Prüfungen oder Erfahrungen des Betreibers oder Dritter abstützen, wobei ihm deren Bewertung obliegt.

6.1.1 Anforderungen an Schweißverbindungen

Die Anforderungen an die Schweißverbindungen sind in den für die Fertigung verbindlichen Unterlagen (z.B. Konstruktion- oder Arbeitsunterlagen) festzulegen. Für die einzelnen Schweißverbindungen sind jeweils nur die Anforderungen vorzusehen, die mit Rücksicht auf die notwendigen örtlichen Eigenschaften oder auf ihren Einfluss auf die Konstruktion erforderlich sind (s. Tabelle 6.2).

Zerstörungsfreie Prüfung (ZfP) von Schweißnähten

Die Schweißnähte sind vor Durchführung einer ZfP einer Sichtprüfung nach EN 970 zu unterziehen. Wenn der geforderte Umfang der ZfP unter 100% liegt (s. Tabelle 6.2 und 6.4), dann müssen die festgelegten ZfP in der frühest möglichen Phase des Fertigungsprozesses angewendet werden, um sicherzustellen, dass einwandfreie Schweißnähte erreicht werden.

Die Annahmekriterien für die ZfP-Verfahren sind nach Verfahrensanweisungen durchzuführen und müssen den Europäischen Normen entsprechen.

Die Anforderungen für die Zulässigkeitskriterien für Oberflächenfehler sind in Tabelle 6.3 enthalten.

Die Norm EN 25 817 (s. Tabelle 6.5) soll als Bezug bei der Erstellung von Anwendungsregeln und/oder Anwendungsnormen dienen. Sie kann in einem umfassenden Qualitätssystem zur Fertigung zufriedenstellender Schweißverbindungen verwendet werden. Sie legt 3 Gruppen von Werten für die Abmessungen fest, aus denen eine Auswahl für eine bestimmte Anwendung getroffen werden kann. Die Bewertungsgruppe, die für den Einzelfall notwendig ist, sollte durch die Anwendungsnorm oder den verantwortlichen Konstrukteur zusammen mit dem Hersteller, Anwender und/oder anderen betroffenen Stellen festgelegt werden. Die Bewertungsgruppe ist vor Fertigungsbeginn, vorzugsweise im Angebots- und Bestellstadium, festzulegen. In Sonderfällen können Zusatzangaben erforderlich sein.

Die Absicht dieser Norm ist es, Bewertungsgruppen als verweisungsfähige Grunddaten festzulegen. Sie haben keinen Bezug auf irgendeine spezifische Anwendung. Sie beziehen sich auf die Schweißnahtarten in der Fertigung und nicht auf das ganze Erzeugnis oder Bauteil. Es ist deshalb möglich, für Bewertungsgruppen des gleichen Erzeugnisses oder Bauteils unterschiedliche Bewertungsgruppen vorzuschreiben.

Bei der Auswahl der Bewertungsgruppe für eine bestimmte Anwendung sollten die Konstruktionsgegebenheiten, die nachfolgenden Verfahren (z.B. Oberflächenbehandlung), die Beanspruchungsarten (z.B. statisch, dynamisch), die Betriebsbedingungen (z.B. Temperatur, Umgebung) und die Fehlerfolgen beachtet werden. Wirtschaftliche Faktoren sind ebenfalls wichtig und sollten nicht allein die Kosten für das Schweißen, sondern auch die für das Beaufsichtigen, Prüfen und Ausbessern enthalten.

Die 3 Bewertungsgruppen sind so festgelegt, dass sie eine breite Anwendung in der schweißtechnischen Fertigung erlauben. Die Bewertungsgruppen beziehen sich auf die Fertigungsqualität und nicht auf die Gebrauchstauglichkeit der gefertigten Erzeugnisse. Die Norm EN 25 817 bezieht sich auf:

- unlegierte und legierte Stähle,
- die nachfolgend genannten Gruppen von Schweißprozessen und die ihr zugeordneten Einzelprozesse in Übereinstimmung mit ISO 4063:

  11 Metall-Lichtbogenschweißen ohne Gasschutz,
  12 Unterpulverschweißen,
  13 Metall-Schutzgasschweißen,
  14 Wolfram-Schutzgasschweißen,
  15 Plasmaschweißen,
- Handschweißen, mechanisches und automatisches Schweißen,
- alle Schweißpositionen,
- Stumpfnähte, Kehlnähte und Nähte an Rohrabzweigungen,
- Dickenbereich der Grundwerkstoffe 3...63 mm.

Tabelle 6.2 Prüfumfang für Rundnähte, Stutzen- und Kehlnähte sowie Dichtnähte* nach DIN EN 13 480-5: 2002 (D)

Werkstoff-gruppe[1])	Rohrlei-tungs-klasse	Alle Schweiß-nähte	Rundnähte			Stutzennähte						Einsteck-schweiß-verbindung/ Kehlnähte		Dichtnähte	
			Oberflächen-prüfung		Volumet-rische Prüfung	Oberflächenprüfung			Volumetrische Prüfung			Oberflächen-prüfung		Oberflächen-prüfung	
		VT %	e_n^b mm	MT/PT[c] %	RT/UT %	Stutzen-durch-messer	e_n mm	MT/PT[c] %	Stutzen-durch-messer	e_n^b mm	RT/UT %	e_n mm	MT/PT %	e_n mm	MT/PT %
1.1 1.2 8.1	I	100			5	alle		Null	alle		Null	alle	Null	alle	Null
	II				5										
	III				10			10	> DN 100	> 15	10		10		10
1.3, 1.4 2.1, 2.2 4.1, 4.2 8.2, 8.3 9.1, 9.2, 9.3 10.1, 10.2	I	100	≤ 30	5	10	alle[e]		10	alle		Null	alle[e]	10	alle[e]	5
			> 30	10											
	II		≤ 30	5	10										
			> 30	10	10										
	III		≤ 30	5	25	alle			> DN 100	> 15	10	alle	25	alle	25
			> 30	10	25[d]										
3.1, 3.2, 3.3, 5.1, 5.2, 5.3 5.4, 6.1, 6.2, 6.3, 6.4, 7.1, 7.2, 11	I	100	≤ 30	10	25	alle		25	alle		25	alle	25	alle	10
			> 30	25	25										
	II		≤ 30	25	25										
			>30	25	25[d]										
	III		≤ 30	100	100			100			100		100		100
			> 30	100	100[d]										

[a] Werkstoffgruppe, siehe CR ISO 15608:2000
[b] Auswahl des geeigneten ZfP-Verfahrens für die volumetrische Prüfung, siehe Tabelle 8.4-4 der Norm.
[c] Für ferritische Werkstoffe ist vorzugsweise die Magnetpulverprüfung zu wählen
[d] Zusätzliche Prüfungen für Querfehler, ausgehend von der Schweißnahtoberfläche (siehe 8.4.4.2 der Norm)
[e] Nur wenn eine Wärmenachbehandlung durchgeführt wurde
* Bei Rundnähten mit einer rechnerischen Spannung von weniger als 70% der zulässigen Spannung darf der Prüfumfang auf 50% der Werte reduziert werden.

Tabelle 6.3 Zulässigkeitskriterien für Oberflächenfehler

Identifizierung der Oberflächenfehlstelle			maximal zulässige Fehlstelle			
EN ISO 6520-1: 1998 Ordnungs-nummer	Benennung	EN 25817: 1992 Referenz-nummer	Rohrleitungsklasse nach EN 13480-1: 2002, Tabelle 4.1-1			zusätzliche Anforderungen
			III	II	I	
			Bewertungsgruppe nach EN 25817:1992			
1001 bis 1064	Risse (alle)	1	Nicht zulässig			
2011 bis 2017 2021 bis 2024	Porosität und Poren (alle) Lunker (alle)	3 bis 5	B[1)]	B	C	[1)] Bei Auftreten an der Oberfläche, – Durchmesser = 2 mm und – Tiefe = 1 mm mit den zusätzlichen Bedingungen, dass: – der Fehler nicht bei einem Stopp oder Neuansatz auftritt – der Fehler nicht systematisch ist auf derselben Schweißnaht bei drucktragenden Schweißnähten oder belasteten Anschweißnähten
3011 bis 3014 3021 bis 3024 303 3041 bis 3043	Schlackeneinschluss (alle) Flussmitteleinschluss (alle) Oxideinschluss Fremdmetalleinschluss (alle)	6 6 6 6; 7	Nicht zulässig			Muss beseitigt werden, z.B. durch Schleifen
4011 bis 4013	Bindefehler (alle)	8	Nicht zulässig			
402	Ungenügende Durch-schweißung	9	Nicht zulässig			Falls eine durchschweißte Naht erforderlich ist
5011 bis 5012	Kerbe	11	B[2)]	C	C	[2)] $t \geq 16$ mm: $h \leq 0{,}5$ mm bei langen Unregelmäßigkeiten 6 mm $\leq t < 16$ mm: $h \leq 0{,}3$ mm bei langen Unregelmäßigkeiten; $h \leq 0{,}5$ mm bei kurzen Unregelmäßigkeiten $t < 6$ mm: $h < 0{,}3$ mm bei kurzen Unregelmäßigkeiten

Tabelle 6.3 (Fortsetzung)

5013	Wurzelkerbe	21	B	C	C	
502	Zu große Nahtüberhöhung	12	B	C	C	Glatter Übergang erforderlich, Nahtübergangswinkel ≥ 120°
503	Zu große Nahtüberhöhung	13	C	C	C	Wie bei 502
504	Zu große Wurzelüberhöhung	16	B	C	C	
5041	Einzelne Durchtropfung	17	B	B	C	
506	Schweißgutüberlauf	22	Nicht zulässig			
507	Kantenversatz	18				Siehe EN 13480-4
508	Winkelversatz	–				Siehe EN 13480-4
509	Verlaufenes Schweißgut	19	B	B	B	
511	Decklagenunterwölbung	19	B	B	B	
512	Übermäßige Ungleichschenkligkeit	20	D	D	D	
515	Wurzelrückfall	21	B	B	B	Lange Fehlstelle: nicht zulässig
516	Wurzelporosität	–	Nicht zulässig			
517	Ansatzfehler	23	Nicht zulässig			
601	Zündstelle	24	Nicht zulässig			Muss beseitigt werden, z.B. durch Schleifen plus MT oder PT um sicherzustellen, dass kein Riss geblieben ist

Tabelle 6.4 Zerstörungsfreier Prüfumfang bei Längsnähten

Schweißnahtfaktor z	VT %	MT oder PT %	RT oder UT %
$z \leq 0{,}7$	100	0	0
$0{,}7 < z \leq 0{,}85$	100	10	10
$0{,}85 < z \leq 1{,}0$	100	100	100

Symbole und Abkürzungen zu Tabelle 6.2 u. 6.4:
- LT Dichtheitsprüfung
- ZfP Zerstörungsfreie Prüfung
- MT Magnetpulverprüfung
- PT Eindringprüfung
- RT Durchstrahlungsprüfung
- UT Ultraschallprüfung
- VT Sichtprüfung
- PWHT Wärmenachbehandlung

Wenn im geschweißten Erzeugnis entscheidende Abweichungen hinsichtlich der Nahtgeometrien und der in dieser Norm beschriebenen Maße bestehen, ist der Umfang abzuschätzen, in dem die Bedingungen dieser Norm angewendet werden können.

Metallurgische Gesichtspunkte, z.B. Korngröße, werden von dieser Norm nicht erfasst.

Tabelle 6.5 Grenzwerte für Unregelmäßigkeiten (EN 25 817: 1992)

Nr.	Unregel-mäßigkeit Benennung	Ordnungs-Nr. nach ISO 6520	Bemerkungen	Grenzwerte für die Unregelmäßigkeiten bei Bewertungsgruppen		
				niedrig D	mittel C	hoch B
1	Risse	100	Alle Arten von Rissen, ausgenommen Mikrorisse ($h \cdot l < 1$ mm^2), Kraterrisse siehe Nr. 2	nicht zulässig		
2	Endkraterriss	104		zulässig	nicht zulässig	
3	Porosität und Poren	2011 2012 2014 2017	Die folgenden Bedingungen und Grenzwerte für Unregelmäßigkeiten müssen erfüllt werden: a) Größtmaß der Summe auf der abgebildeten oder gebrochenen Oberfläche der Unregelmäßigkeit b) Größtmaß einer einzelnen Pore für Stumpfnähte Kehlnähte c) Größtmaß für eine einzelne Pore	4% $d \leq 0{,}5\ s$ $d \leq 0{,}5\ a$ 5 mm	2% $d \leq 0{,}4\ s$ $d \leq 0{,}4\ a$ 4 mm	1% $d \leq 0{,}3\ s$ $d \leq 0{,}3\ a$ 3 mm
4	Porennest	2013	Der gesamte Porenbereich innerhalb eines Nestes sollte zusammengefasst und in % aus den größeren der beiden Bereiche ermittelt werden: Hüllkurve, die alle Poren umfasst oder einen Kreis mit einem Durchmesser, der der Schweißnahtbreite entspricht. Der zulässige Porenbereich sollte örtlich begrenzt sein. Die Möglichkeit, dass andere Unregelmäßigkeiten verdeckt sind, sollte beachtet werden. Die folgenden Bedingungen und Grenzwerte für Unregelmäßigkeiten müssen erfüllt werden: a) Größtmaß der Summe auf der abgebildeten oder gebrochenen Oberfläche der Unregelmäßigkeit b) Größtmaß einer einzelnen Pore für Stumpfnähte Kehlnähte c) Größtmaß für Porennest	16% $d \leq 0{,}5\ s$ $d \leq 0{,}5\ a$ 4 mm	8% $d \leq 0{,}4\ s$ $d \leq 0{,}4\ a$ 3 mm	4% $d \leq 0{,}3\ s$ $d \leq 0{,}3\ a$ 2 mm
5	Gaskanal, Schlauch-poren	2015 2016	Lange Unregelmäßigkeiten für Stumpfnähte Kehlnähte Größtmaß für Gaskanal, Schlauchporen	 $h \leq 0{,}5\ s$ $h \leq 0{,}5\ a$ 2 mm	nicht zulässig	nicht zulässig
			Kurze Unregelmäßigkeiten für Stumpfnähte Kehlnähte Größtmaß für Gaskanal, Schlauchporen	 $h \leq 0{,}5\ s$ $h \leq 0{,}5\ a$ 4 mm oder nicht größer als die Dicke	 h 0,4 s $h \leq 0{,}4\ a$ 3 mm oder nicht größer als die Dicke	 $h \leq 0{,}3\ s$ $h \leq 0{,}3\ a$ 2 mm oder nicht größer als die Dicke
6	Feste Einschlüsse (außer Kupfer)	300	Lange Unregelmäßigkeiten für Stumpfnähte Kehlnähte Größtmaß für feste Einschlüsse	 $h \leq 0{,}5\ s$ $h \leq 0{,}5\ a$ 2 mm	nicht zulässig	nicht zulässig
			Kurze Unregelmäßigkeiten für Stumpfnähte Kehlnähte Größtmaß für feste Einschlüsse	 $h \leq 0{,}5\ s$ $h \leq 0{,}5\ a$ 4 mm oder nicht größer als die Dicke	 $h \leq 0{,}4\ s$ $h \leq 0{,}4\ a$ 3 mm oder nicht größer als die Dicke	 $h \leq 0{,}3\ s$ $h \leq 0{,}3\ a$ 2 mm oder nicht größer als die Dicke

fortgesetzt

Tabelle 6.5 (fortgesetzt)

Nr.	Unregelmäßigkeit Benennung	Ordnungs-Nr. nach ISO 6520	Bemerkungen	Grenzwerte für die Unregelmäßigkeiten bei Bewertungsgruppen niedrig D	mittel C	hoch B
7	Kupfer-Einschlüsse	3042		nicht zulässig		
8	Bindefehler	104		zulässig, aber nur unterbrochene und keine bis zur Oberfläche	nicht zulässig	
9	Ungenügende Durchschweißung	402	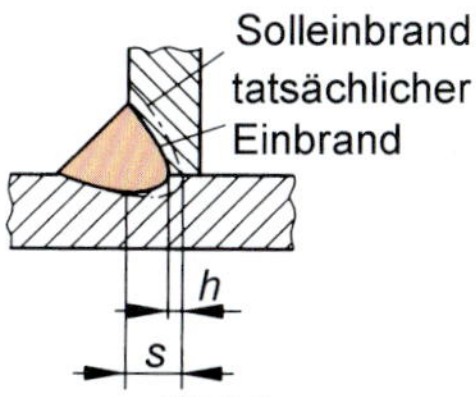 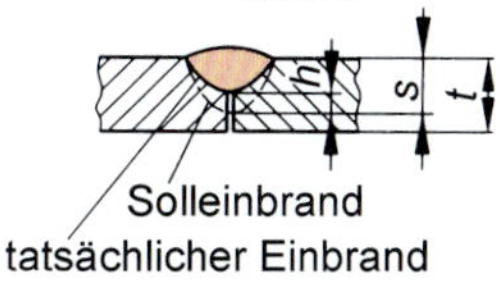 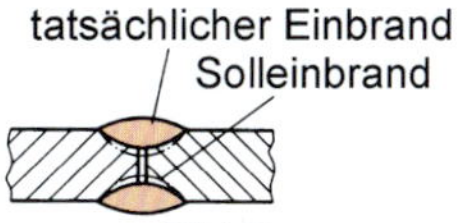 Solleinbrand tatsächlicher Einbrand Bild A Solleinbrand tatsächlicher Einbrand Bild B tatsächlicher Einbrand Solleinbrand Bild C	lange Unregelmäßigkeiten: nicht zulässig Kurze Unregelmäßigkeiten: $h \leq 0{,}2\,s$, max. 2 mm	 $h \leq 0{,}1\,s$, max. 1,5 mm	nicht zulässig
10	schlechte Passung, Kehlnähte		ein übermäßiger oder ungenügender Stegabstand zwischen den zu verbindenden Teilen. 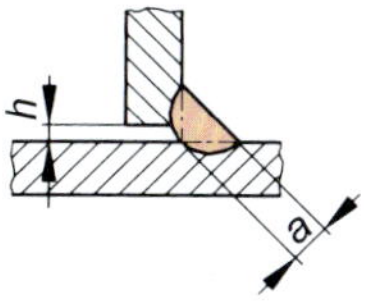 Stegabstände, die den zugehörigen Grenzwert überschreiten, dürfen in bestimmten Fällen durch eine entsprechend größere Nahtdicke ausgeglichen werden.	$h \leq 1$ mm + $0{,}3\,a$, max. 4 mm	$h \leq 0{,}5$ mm + $0{,}2\,a$, max. 3 mm	$h \leq 0{,}5$ mm $0{,}1\,a$, max. 2 mm

fortgesetzt

Tabelle 6.5 (fortgesetzt)

Nr.	Unregel-mäßigkeit Benennung	Ordnungs-Nr. nach ISO 6520	Bemerkungen	Grenzwerte für die Unregelmäßigkeiten bei Bewertungsgruppen		
				niedrig D	mittel C	hoch B
11	Einbrand-kerbe	5011 5012	Weicher Übergang wird verlangt. 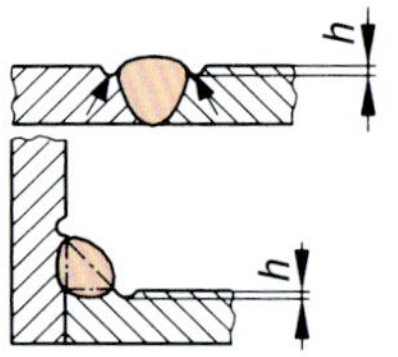	$h \leq 1{,}5$ mm	$h \leq 1{,}0$ mm	$h \leq 0{,}5$ mm
12	Zu große Nahtüber-höhung	502	Weicher Übergang wird verlangt. 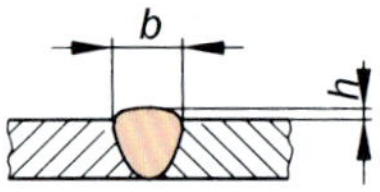	$h \leq 1$ mm $- 0{,}25\ b$, max. 10 mm	$h \leq 1$ mm $- 0{,}15\ b$, max. 7 mm	$h \leq 1$ mm $- 0{,}1\ b$, max. 5 mm
13	Zu große Nahtüber-höhung	503	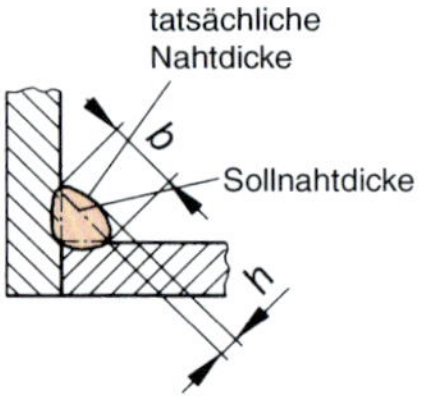 tatsächliche Nahtdicke Sollnahtdicke	$h \leq 1$ mm $- 0{,}25\ b$, max. 5 mm	$h \leq 1$ mm $- 0{,}15\ b$, max. 4 mm	$h \leq 1$ mm $- 0{,}1\ b$, max. 3 mm
14	Naht-dickenüber-schreitung (Kehlnaht)		Für viele Anwendungen ist eine Überschreitung der Nahtdicke über das Sollmaß kein Grund für eine Zurückweisung. 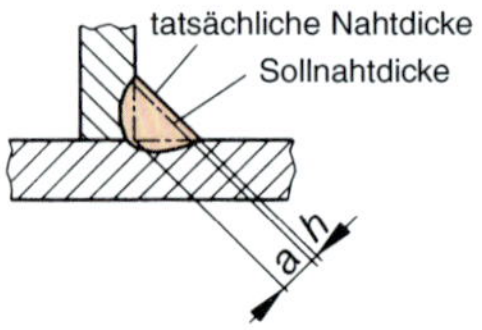 tatsächliche Nahtdicke Sollnahtdicke	$h \leq 1$mm $- 0{,}3\ a$, max. 5 mm	$h \leq 1$ mm $0{,}2\ a$, max. 4 mm	$h \leq 1$ mm $- 0{,}15\ a$, max. 3 mm
15	Naht-dickenunter-schreitung (Kehlnaht)		Eine Kehlnaht mit sichtlich kleinerer Nahtdicke soll nicht als fehlerhaft betrachtet werden, wenn die tatsächliche Nahtdicke durch einen tieferen Einbrand ausgeglichen und damit das Sollmaß erfüllt wird. 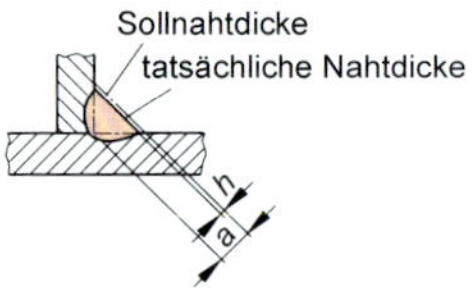 Sollnahtdicke tatsächliche Nahtdicke	Lange Unregelmäßigkeiten: nicht zulässig Kurze Unregelmäßigkeiten $h \leq 0{,}3$ mm $+ 0{,}1\ a$ max. 2 mm	max. 1 mm	nicht zulässig

fortgesetzt

Tabelle 6.5 (fortgesetzt)

Nr.	Unregel-mäßigkeit Benennung	Ordnungs-Nr. nach ISO 6520	Bemerkungen	Grenzwerte für die Unregelmäßigkeiten bei Bewertungsgruppen niedrig D	mittel C	hoch B
16	Zu große Wurzel-überhöhung	504	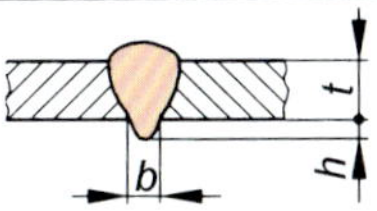	$h \leq 1$ mm + 1,2 b, max. 5 mm	$h \leq 1$ mm + 0,6 b, max. 4 mm	$h \leq 1$ mm + 0,3 b, max. 3 mm
17	Örtlicher Vorsprung	5041		zulässig	Gelegentliche örtliche Überschreitungen zulässig.	
18	Kanten-versatz	507	Die Grenzwerte für die Abweichungen beziehen sich auf die einwandfreie Lage. Wenn nicht anderweitig vorgeschrieben, ist die einwandfreie Lage gegeben, wenn die Mittellinien übereinstimmen (siehe auch Abschnitt 1). t bezieht sich auf die geringere Dicke. 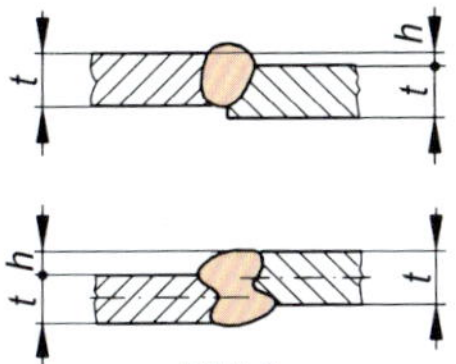 Bild A 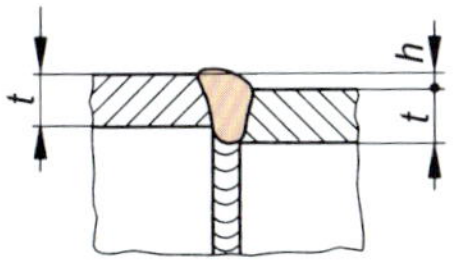 Bild B	Bild A – Bleche und Längsschweißnähte: $h \leq 0{,}25\ t$, max. 5 mm Bild B – Umfangsschweißnähte $h \leq 0{,}5\ t$: max. 4 mm	$h \leq 0{,}15\ t$, max. 4 mm max. 3 mm	$h \leq 0{,}1\ t$, max. 3 mm max. 2 mm
19	Decklagen-unter-wölbung, verlaufenes Schweißgut	511 509	Weicher Übergang wird verlangt. 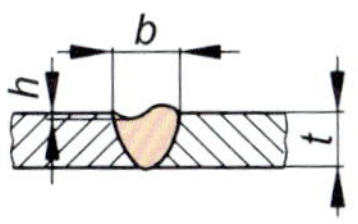	Lange Unregelmäßigkeiten: nicht zulässig Kurze Unregelmäßigkeiten: $h \leq 0{,}2\ t$, max. 2 mm	 $h \leq 0{,}1\ t$, max. 1 mm	 $h \leq 0{,}05\ t$, max. 0,5 mm
20	Übermäßige Ungleich-schenklig-keit bei Kehlnähten	512	Es wird vorausgesetzt, dass eine asymmetrische Kehlnaht nicht ausdrücklich vorgeschrieben ist. 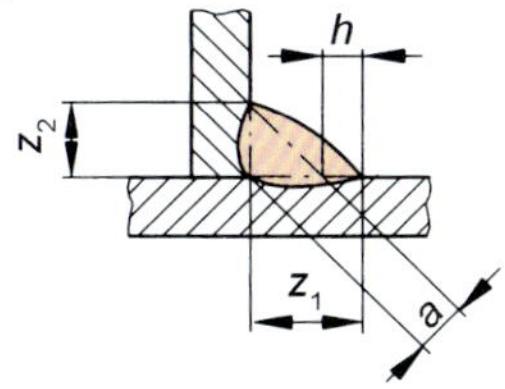	$h \leq 2$ mm + 0,2 a	$h \leq 2$ mm + 0,15 a	$h \leq 15$ mm + 0,15 a

Fortgesetzt

Tabelle 6.5 (abgeschlossen)

Nr.	Unregel-mäßigkeit Benennung	Ordnungs-Nr. nach ISO 6320	Bemerkungen	Grenzwerte für die Unregelmäßigkeiten bei Bewertungsgruppen		
				niedrig D	mittel C	hoch B
21	Wurzel-rückfall Wurzel kerbe	515 5013	Weicher Übergang wird verlangt. 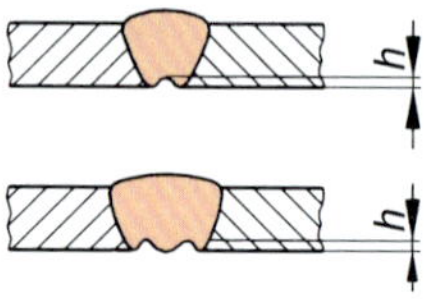	$h \leq 1{,}5$ mm	$h \leq 1$ mm	$h \leq 0{,}5$ mm
22	Schweißgut-überlauf	506	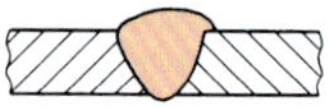	kurze Unregel-mäßigkeiten zulässig	nicht zulässig	
23	Ansatzfehler	517		zulässig	nicht zulässig	
24	Zündstelle	601		Die Zulässigkeit kann von einer nachfolgenden Behandlung beeinflusst werden. Die Zulässigkeit hängt von der Art des Grundwerkstoffes und insbesondere von der Rissanfälligkeit ab.		
25	Schweiß-spritzer	602		Die Zulässigkeit hängt von der Anwendung ab.		
26	Mehrfach-unregel-mäßigkeiten im Quer-schnitt [1])		Für Dicken s oder $a \leq 10$ mm können besondere Bedingungen notwendig sein. 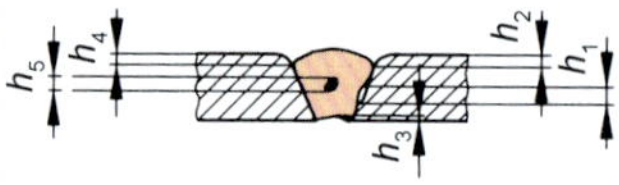 $h_1 + h_2 + h_3 + h_4 + h_5 = \Sigma h$ 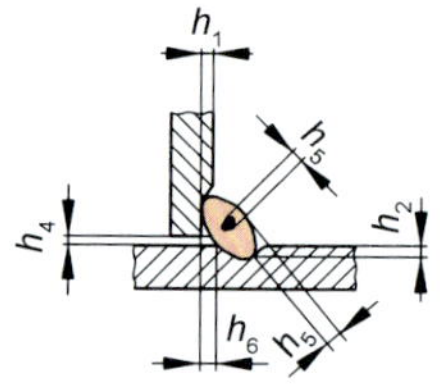 $h_1 + h_2 + h_3 + h_4 + h_5 + h_6 = \Sigma h$	Gesamtgröße von kurzen Unregelmäßigkeiten Σh 0,25 s oder 0,25 a, max. 10 mm	0,2 s oder 0,2 a, max. 10 mm	0,15 s oder 0,15 a, max. 10 mm

[1]) In einem solchen Fall sollte die volle Summierung aller zulässigen Abweichungen für die festgelegten Werte der verschiedenen Bewertungsgruppen eingeschränkt werden. Jedoch sollte der Wert für eine einzelne Unregelmäßigkeit ≥ h, z.B. für eine einzelne Pore, nicht überschritten werden.

6.2 Rohrleitungskennzeichnung

Die Kennzeichnung der Rohrleitungen nach dem Durchflussstoff erfolgt nach DIN 2403. Unter Rohrleitungen sind hierbei zu verstehen: Rohre und ihre Verbindungen, Armaturen und Formstücke einschl. Dämmung. Die in den Rohrleitungen beförderten Durchflussstoffe werden nach ihren allgemeinen Eigenschaf-ten in 10 Gruppen eingeteilt, deren Farbe (nach RAL Farbtonregister 840 R) gemäß Tabelle 6.3 festgelegt sind. Zur besonderen Kennzeichnung der Brennbarkeit werden die Schilderspitzen der Gruppe 4 und 8 in roter Farbe nach RAL 3003 ausgeführt. Beispiele s. Bild 6.2.

Tabelle 6.6 Kennzeichnung von Rohrleitungsanlagen in Abhängigkeit vom Durchflussmedium (n. DIN 2403)

Durchflussstoff	Gruppe	Farbe	Nächstliegendes Farbmuster im RAL Farbregister RAL 840 HR
Wasser	1	Grün	RAL 6018
Wasserdampf	2	Rot	RAL 3000
Luft	3	Grau	RAL 7001
Brennbare Gase	4	Gelb oder Gelb mit Zusatzfarbe Rot	RAL 1021 RAL 1021 RAL 3000
Nicht brennbare Gase	5	Gelb mit Zusatzfarbe Schwarz oder Schwarz	RAL 1021 RAL 9005 RAL 9005
Säuren	6	Orange	RAL 2003
Laugen	7	Violett	RAL 4001
Brennbare Flüssigkeiten	8	Braun oder Braun mit Zusatzfarbe Rot	RAL 8001 RAL 8001 RAL 3000
Nicht brennbare Flüssigkeiten	9	Braun mit Zusatzfarbe Schwarz oder Schwarz	RAL 8001 RAL 9005 RAL 9005
Sauerstoff	0	Blau	RAL 5015

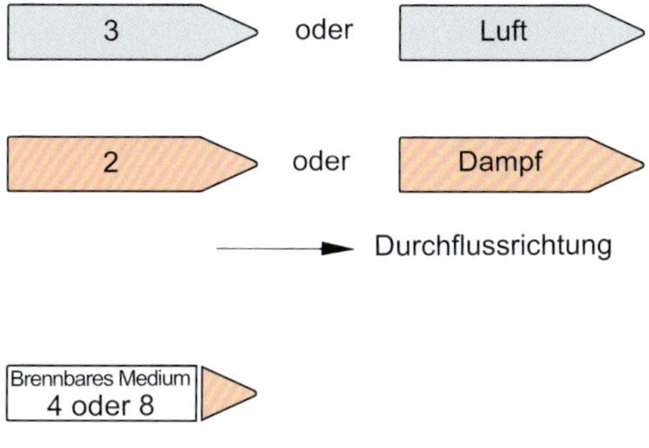

Bild 6.2 Beispiele zur Rohrleitungskennzeichnung

7 Konstruktions- und Planungsrichtlinien

7.1 Projektbearbeitungsschema

Bis zum Produktionsbeginn von Industrieanlagen müssen folgende Phasen durchgearbeitet werden:

1. Vorplanung

1.1 Grundidee
1.2 Grobes Anlagenschema mit den Hauptdaten und erforderlichen Hilfssystemen
1.3 Projektbeschreibung
1.4 Grobkostenschätzung und Wirtschaftlichkeitsbetrachtungen
1.5 Entscheidung über Weiterführung des Projektes

2. Grobverfahrensplanung

2.0 Festlegung eines Projektleiters
2.1 Anlagenschemata mit den wichtigsten Parametern
2.2 Ablauf Beschreibung
2.3 Instrumentierungsdiagramme
2.4 Gebäudepläne mit Grobfestlegung der Aufstellung
2.5 Zusammenstellung der elektr. Daten und etwaigen Stromverbrauch (Motorendaten)
2.6 Betrachtung über kritische elektrische Strompfade (z.B. bei Stromausfall)
2.7 Explosionsgefahrenbereiche festlegen
2.8 Grober Terminplan
2.9 Festlegung der erforderlichen Genehmigungen für Umwelt (Luft (TA Luft), Wasser (WHG), Lärm (TA Lärm)), Baurecht, Sachschutz (TRB) und Personenschutz (UVV)

3. Detailverfahrensplanung

3.1 Projekt-Bearbeitungsplan und -Anweisungen
3.2 R + I-Schemata für die Anlagen- und Hilfssysteme
3.3 Anlagendatenlisten für die Auslegung der Instrumentierung
3.4 Elektroteilliste
3.5 Grobe Aufstellungspläne und Rohrleitungsstudien
3.6 Überprüfung der: Montagemöglichkeit, Entleerung, Entlüftung, Zugänge, Fluchtwege und Löschanlagen
3.7 Liste über empfohlene Unterlieferanten
3.8 Erstellung von Spezifikationen der Teile mit langen Lieferzeiten
4.0 Detailaufstellungs- und Rohrleitungspläne

4. Detailanlagenplanung

4.1 Materialstücklisten
4.2 Arbeitsspezifikationen
4.3 Bearbeitung der Genehmigungsunterlagen
4.4 Angebotseinholung und Vergleiche
4.4aInspektionsberichte und -planung
4.5 Terminplanüberprüfung
4.6 Kostenüberprüfung
4.7 Bestellungen
4.8 Montageplanung
5.1 Terminkoordination

5. Montage

5.2 Montageberichte als Rückkopplung für die einzelnen Planungsabteilungen und Kosten
5.3 Überprüfung der Liefergrenzen
5.4 Druck- und Dichtheitsprüfungen
5.5 Reinigung der Anlagen (innen und außen)
5.6 Aufbringung der Wärme- bzw. Kältedämmung
5.7 Abnahmeprüfung
6.1 Austrocknung

6. Inbetriebnahme

6.2 Justierung der Mess-, Regel- und Steuertechnik (MSR), Überprüfung der Motordrehrichtungen
6.3 Füllen der Anlage
6.4 Funktionsprüfung
6.5 Inbetriebnahme
6.6 Messprotokoll
6.7 Übergabe
6.8 Nachkalkulation

7.2 Auslegung

7.2.1 Lastfälle

Die Rohrleitungen müssen so ausgelegt und ausgeführt sein, dass sie allen zu erwartenden Belastungen sicher standhalten. Insbesondere sind zu berücksichtigen:

- Betriebszustand: Eigengewicht, Betriebsüberdruck, Wärmedehnung und bei Freianlagen Wind- und Schneelast.
- An- und Abfahrzustände, häufig verbunden mit erhöhten Druck- und Temperaturbelastungen sowie Anschlusspunktverschiebungen (z.B. Kolonne warm, Brüdenleitung noch kalt).
- Extrembetrieb: Extreme Druck- und Temperaturbeanspruchung, die durch im Rahmen von Sicherheitsanalysen vorhersehbare Betriebsstörungen verursacht werden können.
- Wasserdruckprüfung: Erhöhte Gewichtsbelastung bei Gasleitungen (eventuell zusätzliche Unterstützung erforderlich).
- Tiefe Temperaturen (z.B. bei Rohrleitungen im Freien).
- Erhöhte Temperaturen (z.B. durch überhitzten Dampf, Sonneneinstrahlung oder wenn kaltgehende Rohrleitungen mit Dampf sterilisiert werden).

7.2.2 Berechnung

Die rechnerische Auslegung von Rohrleitungen kann z.B. nach DIN EN 13480-3 erfolgen.

Die Ausführung der Rohrleitung hat auf Basis von verbindlichen Isometrien, Rohrleitungsplänen und -listen zu erfolgen.

Der Nachweis über Druck- und/oder Temperaturbeanspruchungen kann unter Berücksichtigung von Rohrklassen erfolgen, die von einer benannten Stelle (nach DGRL) geprüft werden.

Der Nachweis über die Flexibilität und/ oder die Unterstützung der Rohrleitung erfolgt nach DIN EN 13480-3. Kann ein diesbezüglicher Nachweis nicht erbracht werden, ist eine gesonderte Berechnung durchzuführen. Die Ergebnisse der Berechnung müssen in die Fertigungsisometrie übertragen werden.

7.2.3 Planungsabstände, Zwischenräume

a) Alle quer und längs auf gleicher Bühne oder Deckentrasse verlaufenden Rohrleitungen sind, sofern möglich, in Rohrtrassen zu führen. Die Rohrtrassen sind im Aufstellungsplan festzulegen. Rohrtrassen verschiedener Richtungen sind in unterschiedliche Ebenen zu legen, um Rohrleitungskollisionen zu vermeiden. Abzweigungen erfolgen nicht in der Ebene der Rohrtrasse, sondern senkrecht zu ihr. Gegebenenfalls ist in Verlängerungsrichtung von Haupttrassen (z.B. Versorgungsleitungen) Platz freizuhalten, um eine spätere Weiterführung zu ermöglichen.

b) Die Abstände von Rohrleitungen untereinander sind nach DIN 4140 zu wählen (s. Bild 5.7a). Die lichten Abstände vom Anlagenboden (Bühne, Gebäudeebene) sollen mindestens 300 mm betragen.

c) Sofern Rohrleitungen Verkehrswege o.ä. überqueren, müssen folgende lichte Mindesthöhen eingehalten werden (s. Bild 5.4). Richtwerte zu Verkehrswegeüberquerungen, die auf keinen Fall unterschritten werden dürfen, siehe auch Arbeitsstättenrichtlinie ASR 17/1,2.

d) Der Zwischenraum nebeneinander stehender Pumpen bzw. Kompressoren sollte so bemessen sein, dass zwischen den Rohrleitungen oder sonstigem Zubehör bzw. Nebenaggregaten ausreichend Platz für z.B. Wartungs- und Montagearbeiten und für den Zugang/die Bedienung bleibt (min. 500 mm), sofern die Maschinen nicht aus prozesstechnischen Gesichtspunkten auf gemeinsamen Fundamenten oder Grundrahmen angeordnet werden.
Bei Rohrleitungen oder Ausrüstungsteilen, die temporär mit Sperrscheiben oder Anfahrsieben versehen werden müssen, muss für deren Montage bzw. Demontage ausreichend Platz vorgesehen werden.

e) Armaturen und Einbauteile müssen so angeordnet werden, dass sie freie Durchgangswege nicht behindern und für die Bedienung sowie Wartung zugänglich sind. Alle Armaturen, deren Handräder höher als 2,2 m über der Bedienungsbühne liegen, sollten mit Kettenrädern oder Spindelverlängerungen ausgeführt sein. Die Bedienungskette darf nicht in die Durchgangswege hineinhängen.

f) EMR-spezifische Einbauvorschriften müssen berücksichtigt werden.

g) Alle Rohrleitungen müssen mögliche Temperaturdehnungen genügend elastisch aufnehmen und gegebenenfalls mit Ausdehnungsmöglichkeiten versehen werden. Dehnungsbögen sind Kompensatoren vorzuziehen. Von Behältern, Apparaten und Maschinen sind zusätzliche Beanspruchungen seitens der Rohrleitung fernzuhalten. Bei Anschlüssen z.B. an emaillierten Behältern, Behältern oder Apparaten aus Glas, Grafit oder Kunststoff sind unbedingt die Montagehinweise des Herstellers zu beachten.

h) Bei Rohrleitungen mit Nut-Feder-Flanschverbindungen ist der apparateseitige Stutzen stets mit Nut-Flansch auszuführen. Die Anschluss-Armatur bzw. die Anschluss-Rohrleitung muss bei Bedarf mit einem Einlegering (nach DIN 2512) montiert werden.

i) Zur Absicherung gegen Drucküberschreitung infolge thermischer Ausdehnung ist in allen wärmeaufnehmenden Rohrleitungen für Flüssigkeiten (z.B. Kühlwasser, Sole) zwischen Apparat (z.B. Apparat mit Doppelmantel oder Wärmeaustauscher) und Absperrarmatur ein Ausrüstungsteil mit Sicherheitsfunktion (z.B. Sicherheitsventil) einzubauen.

j) Ein- und Auslaufstrecken für Messstrecken müssen nach DIN EN ISO 5167-1 bzw. nach Herstellerangaben ausgeführt werden.

k) Rohrleitungen mit brennbaren Medien sollten nicht über warmgängigen Rohrleitungen (z.B. Dampf) verlegt werden (Flammpunkt beachten).

l) Bei parallel zur Rohrtrasse verlaufenden Kabelpritschen sollten diese möglichst oberhalb von flüssigkeitsführenden Rohrleitungen verlegt werden.

7.2.4 Maßtoleranzen

Rohrleitungen sind nach den Maßen (Bezug auf Null-Koordinaten) zu montieren, die in den Zeichnungen (z.B. Isometrien, Rohrleitungsplänen) angegeben sind. Unstimmigkeiten in den Zeichnungen sind der Montageleitung bzw. dem Auftraggeber rechtzeitig vor Ausführung der Arbeiten zu melden. Die ausgeführten Maße (Ist-Maße) sollten von den vorgeschriebenen Maßen (Soll-Maße) nur um die im Folgenden angegebenen Toleranzen abweichen. Die in den Zeichnungen angegebenen Toleranzen haben Vorrang. In Ausnahmefällen kann die Montageleitung bzw. der Auftraggeber größere Toleranzen zulassen.

Sofern die Lage der Rohrleitungen nicht durch bereits montierte Ausrüstungen bestimmt wird, sind folgende Abweichungen vom Soll-Maß (z.B. von Flansch, von Rohrachse zu Flansch, Gebäudeachse zu Rohrachse, von der Senkrechten) üblich:

- ± 3 mm bei einem Abstand der Messpunkte von ≤ 6 m
- ± 6 mm bei einem Abstand der Messpunkte von > 6 m bis ≤ 15 m
- ± 10 mm bei einem Abstand der Messpunkte von > 15 m

Bei Abzweigungen sind folgende Abweichungen von der vorgeschriebenen Lage zulässig:

- ± 3 mm bei Rohrleitungen mit einer zulässigen maximalen Temperatur von ≤ 400 °C oder einer PN-Stufe von < PN 64
- ± 1,5 mm bei Rohrleitungen mit einer zulässigen maximalen Temperatur von > 400 °C oder einer PN-Stufe von ≥ PN 64

Die Abweichung von Stutzen für Entlüftungen, Entleerungen, Manometer u.Ä. von der vorgeschriebenen Lage darf ± 10 mm betragen.

Bei Flanschen sollten folgende radiale Abweichungen nicht überschritten werden:

- ± 0,5 mm zu Flanschen von Pumpen, Kompressoren, Turbinen, Verdichtern und anderen Ausrüstungen
- ± 1 mm zu Flanschen von Ausrüstungen mit einer zulässigen max. Temperatur von > 400 °C oder einer PN-Stufe von > PN 64
- ± 3 mm bei allen anderen Verbindungen (z.B. Entlüftungen, Entleerungen, Abläufe)

Die Abweichungen der Schraubenlöcher je Flanschpaarung von der vorgeschriebenen Lage darf ± 2 mm, gemessen am Lochkreis, betragen.

7.2.5 Rohrleitungshalterungen

Rohrleitungen müssen (z.B. zur Vermeidung von Schwingungen, zur Gewichtsablastung) unterstützt bzw. geführt werden; Beispiele siehe Bild 3.56.

Verantwortlich für die Konstruktion und den Nachweis der Rohrleitungshalterungen, -unterstützungen und marktgängigen Rohrhalterungssysteme ist der Hersteller der Rohrleitung im Sinne der DGRL, in Abstimmung mit der zuständigen Montageleitung bzw. dem Auftraggeber/zuständigen Planer.

- Rohrleitungshalterungen sind rohrumschließende Bauteile, die der Halterung und Führung der Rohrleitung dienen.
- Rohrleitungsunterstützungen (siehe auch Abschnitt 7.2.6) leiten die Rohrlagerkräfte in den Stahl- bzw. Betonbau ein.

Vorhandene Befestigungen und Unterstützungen dürfen nur in Abstimmung mit der zuständigen Montageleitung bzw. dem Auftraggeber/zuständigen Planer geändert werden.

Befestigungen an Betonbauwerken erfolgen als Schraub- (z.B. mit Stahl-Spreizankern) oder Klemmverbindung. Befestigungen an Stahlkonstruktionen erfolgen in der Regel in geklemmter Ausführung. Die geschraubte oder geschweißte Ausführung bedarf der Genehmigung durch die zuständige Montageleitung bzw. den Auftraggeber/zuständigen Planer (Nachweis der Baustatik erforderlich).

Bei senkrechter Einbaulage und **gleichzeitigem** Auftreten von dynamischer Belastung ist eine Klemmverbindung unzulässig.

Hänger, Unterstützungen und Stützgerüste sollten vor dem Verlegen der Rohrleitungen montiert werden. Der Auftragnehmer ist verpflichtet, darauf zu achten, dass Auflageflächen mit einem ausreichenden Korrosionsschutz versehen sind. Ist der Auftraggeber für den Korrosionsschutz verantwortlich, so hat der Auftragnehmer die Ausführung dieser Arbeiten rechtzeitig bei der zuständigen Montageleitung bzw. dem Auftraggeber zu beantragen.

Werden Unterstützungen mit Zustimmung der zuständigen Montageleitung bzw. dem Auftraggeber erst nach dem Verlegen der Rohrleitungen montiert, so hat der Auftragnehmer für provisorische, ausreichend stabile Unterstützungen zu sorgen. Anschlüsse z.B. von Behältern, Apparaten, Maschinen oder dünnwandigen Aggregaten dürfen nicht durch das Gewicht von Rohrleitungen und Armaturen belastet werden. Gleiches gilt für emaillierte Rohrleitungen und Rohrleitungen aus Glas oder Kunststoff. Deren Ausrüstungsteile (z.B. Armaturen) müssen einzeln abgelastet werden.

Metallische Armaturen und andere Einbauten (z.B. Filter, Zähler, Druckschalter) in Kunststoffrohrleitungen sind so zu unterstützen, dass keine unzulässigen Kräfte (z.B. durch das Gewicht der Armaturen) auf die Rohrleitung übertragen werden.

Beim Befestigen der Rohrleitungen sind Bewegungen der Rohrleitungen bedingt durch die Betriebstemperatur zu berücksichtigen. Die vorgeschriebenen Festpunkte sind vom Auftragnehmer zu beachten und unbedingt einzuhalten.

Ein Mischen von Rohrleitungen und Rohrschellen aus unlegiertem Stahl und CrNi-Stahl sollte vermieden werden. Sollte dies betriebsbedingt nicht möglich sein, sollte zwischen Rohrschellen aus unlegiertem Stahl und Rohren aus CrNi-Stahl, Nickel, Nickellegierungen oder NE-Metallen ein Streifen aus einem temperaturbeständigen, chemisch neutralen Material angeordnet werden (Vermeidung von Korrosion). Bei Kunststoff-Rohren und emaillierten Rohrleitungen sollte der Streifen aus elastischem Kunststoff (z.B. PVC weich) bestehen. Dieser braucht beim Einsatz von geeigneten Fertigteilen wie Schellen mit Einlage nicht zusätzlich verwendet zu werden (Spannungsvermeidung).

Die Arretierung von Federhängern ist erst nach dem Ausrichten der montierten, gegebenenfalls bereits isolierten, betriebsbereiten Rohrleitung zu lösen. Die Federn sind vorgespannt einzubauen. Die Kalteinstellung jedes

Federhängers sowie die nach der Kalteinstellung eventuell eintretende Lageveränderung der Rohrleitung ist zu prüfen. Bei deutlicher Abweichung der Kalteinstellung (10–20% vom Federweg) gegenüber der auf dem Federhänger angegebenen Markierung ist mit der zuständigen Montageleitung bzw. dem Auftraggeber Rücksprache zu halten.

7.2.6 Rohrleitungsunterstützungen

Der Gefahr einer Überbeanspruchung durch unzulässige Bewegung oder übermäßige Kräfte z.B. an Flanschen, Verbindungen, Kompensatoren oder Schlauchleitungen ist durch Unterstützung, Befestigung, Verankerung, Ausrichtung oder Vorspannung in geeigneter Weise vorzubeugen.

Marktgängige Rohrleitungsunterstützungen bzw. sog. Rohrhalterungsmontagesysteme müssen die grundlegenden Sicherheitsanforderungen der DGRL Anhang I, Abschnitt 6a) erfüllen. Durch die Berücksichtigung z.B. von DIN EN 13480-3 kann dies umgesetzt werden.

DIN EN 13480-3, Abschnitt 13 sowie zugehöriger Anhang I enthalten Anforderungen an die Aufnahme und Lenkung von Bewegungen von Rohrleitungssystemen. Dieser Abschnitt 13 gilt weder für Tragwerke, an denen Abstützungen befestigt sind, noch für Betriebsbedingungen, unter denen Korrosion und Erosion auftreten.

Abstützungen sind Tragelemente, die die Rohrleitung mit der umgebenden Tragwerkkonstruktion verbinden. Sie haben den Zweck,

- das Gewicht der Rohrleitung und der mit ihr verbundenen Einrichtungen zu tragen,
- die Bewegung der Rohrleitung zu lenken;
- die Belastungen der Rohrleitung in die umgebende Tragwerkkonstruktion abzuleiten und zu übertragen und einen oder mehrere der sechs Bewegungsfreiheitsgrade (drei Verdrehungen und drei Verschiebungen jeweils in den Hauptachsen) der Rohrleitung an bestimmten Punkten des Rohrleitungssystems aufzuheben oder zu begrenzen.

7.2.7 Flanschverbindungen

a) Dichtungen

Die Betriebssicherheit einer montierten Dichtung wird von den Eigenschaften der Dichtung, dem Zustand der Flansche und Schrauben und ganz wesentlich durch die Montage beeinflusst.

Flansche sind so zu montieren, dass die Schraubenlöcher nicht in die Hauptachsen fallen. Flanschverbindungen sind so auszurichten, dass sie fluchtende Achsen haben und die Dichtflächen der Flansche die Dichtung möglichst gleichmäßig (planparallel) berühren.

Der maximale axiale Versatz der Flansche wird durch das Spiel der Schrauben in den Schraubenlöchern bestimmt. Dabei sollten generell die in den jeweiligen Normen genannten Schraubengrößen verwendet werden.

Die Dichtflächen der Flansche und die Dichtungen müssen unbeschädigt, eben, sauber, trocken und fettfrei sein. Insbesondere dürfen keine radial verlaufenden Oberflächenbeschädigungen wie Riefen oder Schlagstellen vorhanden sein.

Dichtungen mit Knickstellen dürfen **niemals** eingesetzt werden. Diese stellen ein erhöhtes Sicherheitsrisiko dar.

Grundsätzlich darf nur eine Dichtung pro Flanschverbindung eingebaut werden. Ausgenommen davon sind Einlegeringe an einer Nut/Nut-Flanschverbindung. Hierbei ist auf beiden Seiten des Einlegeringes eine Dichtung notwendig.

b) Schrauben, Muttern und Scheiben

Bei einer Flanschverbindung ist besonderes Augenmerk auf die kraftschlüssige Verbindung mit Schrauben und Muttern zu richten:

- Bei Montagearbeiten ausgebaute Schrauben, Muttern und Scheiben müssen – wenn notwendig – durch neue ersetzt werden. Dehnschrauben müssen in jedem Fall erneuert werden.
- Schrauben und Muttern müssen sauber und unbeschädigt sein und der Rohrleitungsspezifikation (Rohrklasse) entsprechen.
- Schrauben sind zur Minimierung der Reibkräfte vor dem Zusammenbau an den

Gleitflächen mit geeigneten Schmiermitteln zu behandeln.

- Unterliegen die Schrauben Temperaturen von >250 °C, so sind hitzebeständige Schmiermittel zu verwenden.
- An einer Flanschverbindung sind die Schrauben so einzubauen, dass alle Schraubenköpfe auf derselben Seite angeordnet sind.
- Die Schrauben an vertikal verlegten Rohrleitungen sollten in der Regel die Schraubenköpfe über dem Flansch haben, d.h. von oben eingesteckt.
- Die Schrauben müssen ganz durch die Muttern geschraubt sein. Nach dem Anziehen der Mutter sollten nicht mehr als fünf Gewindegänge, aber wenigstens zwei am Schraubenende überstehen (siehe auch DIN 78). Schraubenbolzen, Dehnschrauben und Gewindestangen sind so zu montieren, dass die Überstände auf beiden Seiten etwa gleich sind. Schraubenköpfe und Muttern müssen glatt aufliegen.
- Bei Kunststoff-Flanschen sind unter Schraubenköpfen und Muttern Unterlegscheiben anzuordnen. Dies gilt auch, wenn anstelle von Stiftschrauben Sechskantschrauben verwendet werden.
- Sofern definierte Anzugsmomente vorgegeben sind (z.B. Angaben aus einer Rohrklasse, Flächenpressung nach TA-Luft, Herstellerinformationen) muss z. B. ein Drehmomentschlüssel verwendet werden.

7.2.8 Druckhaltende Ausrüstungsteile

Beim Einbauen von druckhaltenden Ausrüstungsteilen (z.B. Ventilen, Rückschlagklappen, Regelventilen, Schauglasarmaturen, Filtern, Kondensatableitern) ist auf die richtige Durchflussrichtung und Einbaulage zu achten.

Flanschschutzdeckel und -kappen sowie gegebenenfalls Beutel mit Trockenschutzmittel (z.B. Silicagel) sowie Versand- oder Verpackungsmaterial sind vor dem Einbauen der druckhaltenden Ausrüstungsteile zu entfernen.

Druckhaftende Ausrüstungsteile mit Anschweiß-Enden dürfen nur in geöffnetem Zustand eingeschweißt werden. Dabei müssen temperaturempfindliche Einbauten wie z.B. Dichtungselemente ausgebaut werden.

Druckhaftende Ausrüstungsteile sind so einzubauen, dass Handräder oder Hebel bedient werden können.

Bei Druck- und Dichtheitsprüfungen müssen bei Kompensatoren eventuell erforderliche Sicherheitsmaßnahmen getroffen werden (z.B. erhöhte Festpunktkräfte bei Axial-Kompensatoren). Diese sind mit der zuständigen Montageleitung bzw. dem Auftraggeber/zuständigen Planer zu vereinbaren.

7.2.9 Rohrleitungen an Pumpen und anderen Maschinen

- Saugleitungen an Pumpen sind möglichst kurz und direkt auszuführen. Diese sind gegebenenfalls mit Steigung zur Pumpe hin zu verlegen. Hochpunkte sind wegen Luftpolsterbildung unbedingt zu vermeiden. Alle Reduzierstücke am horizontalen Pumpenanschluss sind daher in exzentrischer Form, Oberkante flach, auszuführen.
- Entleerungsmöglichkeiten sind vorzusehen, auch hinter eventuell eingebauten Rückschlagarmaturen.
- Bei der Verbindung von Rohrleitung mit Pumpen und anderen Maschinen ist jeweils eine Unterstützung vorzusehen, um die Lasten aus Eigengewicht und Zusatzkräften nicht auf den Anschluss zu übertragen.
- Saug- und Druckleitungen von Kompressoren sind so zu verlegen, dass ein Rücklauf von Flüssigkeit in die Maschine nicht möglich ist. Zu diesem Zweck sind eventuell auch Rohrleitungsteile zu dämmen, um eine Kondensatbildung zu verhindern, oder es sind Entwässerungsmöglichkeiten vorzusehen.
- Bei der Auslegung von Saug- und Druckleitungen an Pumpen, sowie für die Ermittlung der benötigten Zulaufhöhen sind die Angaben der Pumpenhersteller zu Grunde zu legen. Formelzeichen, Begriffe und Definitionen siehe DIN EN 12723.

7.2.10 Dampf- und Kondensatleitungen

- Von Hauptleitungen zu Verbrauchern abgehende Dampfleitungen sind möglichst nach oben mit je einer Absperrarmatur am Abgang, sowie einer Armatur am Verbraucher auszuführen. Leitungssäcke in Dampfleitungen sind möglichst zu vermeiden und im Einzelfall mit Kondensatableitern zu entwässern.

- Horizontale Dampfleitungen sind mit Gefälle in Flussrichtung des Kondensates zu verlegen.
- In allen Kondensatleitungen ist vor der ersten Absperrarmatur am Kondensatabscheider ein Entleerungsstutzen DN 25 mit Armatur anzuordnen.
- An Kondensatabscheidern in geschlossenen Systemen ist zu beiden Seiten eine Absperrarmatur vorzusehen; bei offenem Kondensatabfluss ist nur eine Armatur vor dem Kondensatabscheider erforderlich. Kondensatleitungen sind nach der Dampfrohrklasse auszulegen.
- Kondensatabscheider sind leicht demontierbar und wartungsfreundlich anzuordnen sowie bei nicht fest eingebauten Sieben zusätzlich mit Schmutzfängern und Rückschlagarmatur auszustatten.
- Kondensat sollte in der Regel nur bis zu einer Temperatur von max. 40 °C in das Abwassernetz abgeleitet werden und ist daher erforderlichenfalls vorher zu kühlen.

7.2.11 Druckluft- und Steuerluftleitungen (getrocknete Luft mit 4,0…6,0 bar Überdruck)

- Druckluft und Steuerluft sind getrennt und zweckgebunden zu verwenden. Dauerhafte Verbindungen zwischen diesen beiden Systemen sind unzulässig. Steuerluft ist ausschließlich für den Betrieb von EMR-Einrichtungen zu verwenden. Druckluft dient als Energie, Roh- oder Hilfsstoff, z.B. für die Verwendung bei Betriebsmittelstationen.
- Am Übergabepunkt Firmennetz/Produktionsgebäude wird ein Filter mit 3 µm Filterfeinheit empfohlen, dafür zuständig ist der abnehmende Betrieb. Die Ausführung sollte mit Bypass oder mit zwei Filtern parallel geschaltet, einschließlich der erforderlichen Armaturen für einen Filterwechsel bzw. Bypassbetrieb erfolgen. Vor und nach der Filtereinheit sind in der Regel Druckmessungen vorzusehen.
- Das innerbetriebliche Rohrleitungsnetz ist vorteilhaft als Ringleitung mit Anschlussmöglichkeiten für eine Notversorgung auszuführen. Diese Ringleitung wird im Regelfall aus CrNi-Stahl ausgeführt.
- EMR-Einrichtungen sollten in Gruppen zusammengefasst und über jeweils einen Steuerluftverteiler versorgt werden.
- Druckluft und Steuerluft sind in der Regel ganzjährig getrocknet – Entwässerungen bzw. Begleitheizungen sind dann nicht erforderlich.

7.2.12 Mantelrohrleitungen

Der Hersteller im Sinne der DGRL muss unterschiedlichen Wandtemperaturen, Drücken zwischen Innenteil und Außenmantel bzw. -rohr sowie der daraus resultieren Längenänderung (Ausdehnung, Schrumpfung) durch bauteilinterne Kompensatoren konstruktiv Rechnung tragen.

Bei der Fertigung ist auf möglichst offen liegende Innenrohrschweißnähte zu achten, d.h. die Schweißnähte des Innenrohres dürfen nicht durch den Mantel (Außenrohr) verdeckt sein (Gefahr bei Leckage). Ansonsten ist an diesen Stellen eine 100%-Röntgenprüfung vorzusehen.

7.2.13 Dokumentation, Protokolle, Prüfungen

Bei der Errichtung und dem Betrieb von Rohrleitungen müssen Prüfungen auch aus gesetzlichen Vorgaben durchgeführt werden, z.B. Festigkeitsprüfung bzw. Abnahmeprüfung nach DGRL durch den Hersteller sowie Prüfung vor Inbetriebnahme und wiederkehrende Prüfungen nach BetrSichV durch den Betreiber.

Über die durchgeführten Prüfungen, Kontrollen, Abnahmen und Übergaben sind in der Regel Protokolle zu erstellen. Der Umfang ist zwischen Auftraggeber und Auftragnehmer abzustimmen und sollte bereits bei der Auftragsvergabe schriftlich fixiert werden.

7.3 Typische Konstruktionsrichtlinien

Trotz der verschiedenen Anwendungsgebiete gibt es jedoch grundsätzliche Beachtungsmerkmale, die allgemein gelten. Als Hauptentscheidungshilfe gilt das Durchflussmedium und das zu betrachtende Rohrleitungselement.

In den meisten Fällen ergibt sich hiermit folgendes Schema der Hauptbeachtungsmerkmale.

Medium:

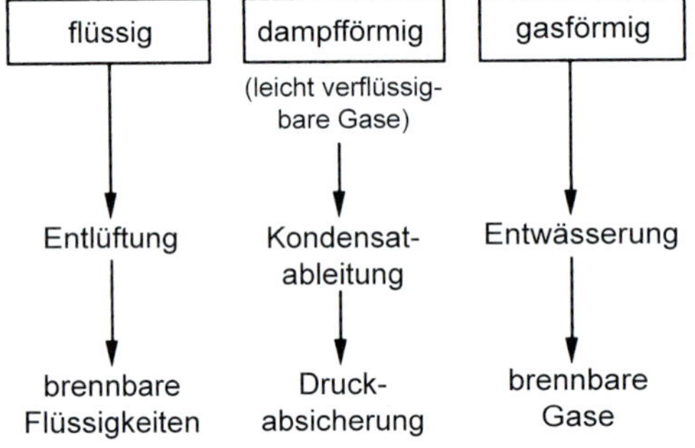

Elemente:

z.B. Pumpen — Kondensatpumpe Dampfturbine — Verdichter

7.3.1 Entlüftungen

Um eine Gasblase (mit vollem Rohrquerschnitt) in einer mit Flüssigkeit gefüllten Leitung mit der Strömung mitzunehmen (z.B. Luft in einer Wasserleitung) ist nach [7.1] für horizontale Leitungen mindestens eine Strömungsgeschwindigkeit von $w = 0{,}3$ m/s erforderlich.

Aus den Auftriebsgesetzen nach Stokes und Newton lassen sich die Geschwindigkeiten genauer bestimmen (s. [7.2]). Überschlägig ergibt sich:

In fallenden Rohrleitungen erhöht sich die notwendige Strömungsgeschwindigkeit im max. Bereich bei einer Neigung von 30°...60° nach unten auf:

$$w \approx 0{,}1 \cdot \sqrt{d_i} \text{ (m/s)} \qquad \text{(Gl. 7.1)}$$

mit: d_i in mm

Bei senkrecht nach unten gerichteter Leitung (90°) verringert sich diese Geschwindigkeit auf ca. die Hälfte.

Die Leitungen sind mit Steigung zu den Entlüftungen zu verlegen (Bild 7.1).

Da die Entlüftungsleitungen üblicherweise wesentlich kleiner in ihrer Nennweite (Bild 7.2) sind, ist darauf zu achten, dass der Anschluss an die Hauptleitung entsprechend ausgeführt bzw. gesichert ist (Achtung auch beim Transport).

An Sammlern sollten bei Gas- und Dampfleitungen die Abgänge nach oben hin weggehen.

Bei Flüssigkeiten vermeiden (Gasansammlung)
(Entlüftung notwendig)

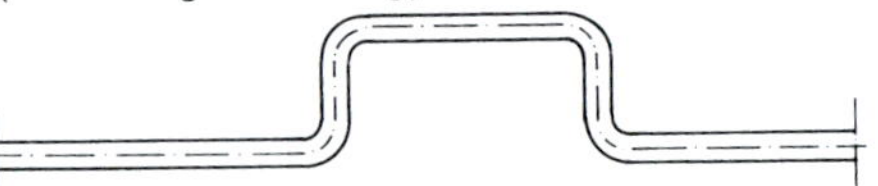

Bei Gasen u. Dämpfen vermeiden (Kondensation)
(Entleerung notwendig)

Leitungsführung:

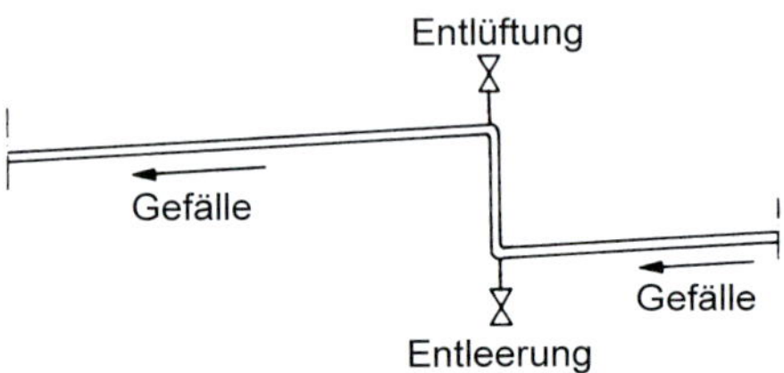

Bei Dämpfen:

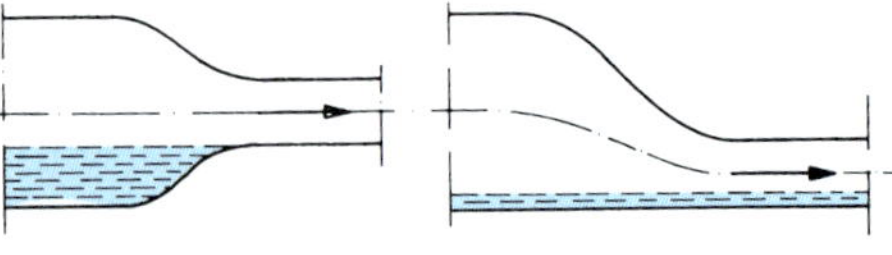

falsch: Kondensat staut sich — richtig: Kondensat läuft ab

Bild 7.1 Grundsätzliche Rohrleitungsgestaltung

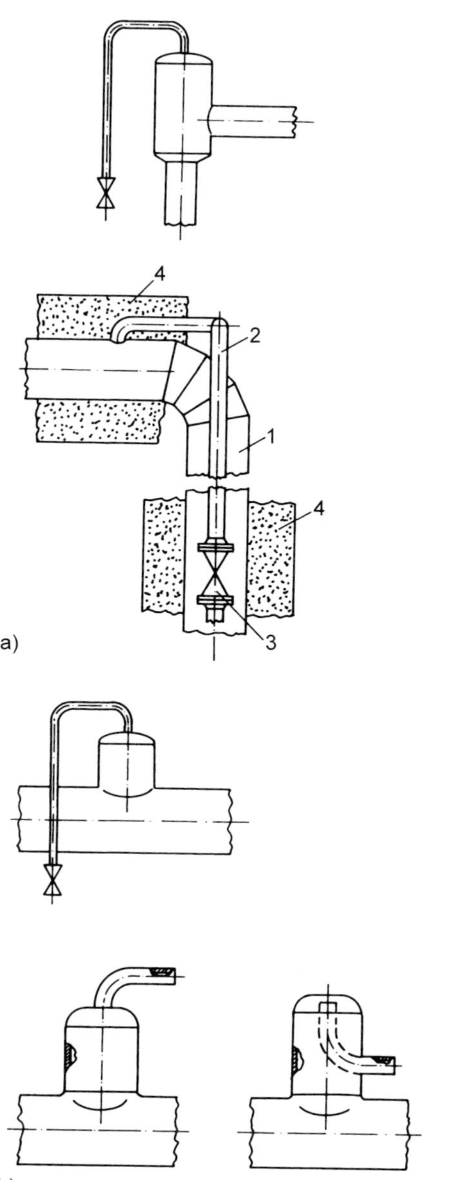

Bild 7.2 Entlüftungen
a) Entlüftungsanordnung bei Richtungsänderung
1 Hauptrohrleitung
2 Entlüftungsleitung
3 Entlüftungsventil
4 Wärmedämmung
b) Entlüftungsanordnung bei gerader Leitung

7.3.2 Entleerungen

Die Mindestnennweite von Entleerungsventilen sollte so gewählt werden, dass auch Schmutz mit abgelassen werden kann und es nicht zu Verstopfungen kommt. Aus diesen Gründen haben sich Nennweiten von DN 20 mit selbstreinigenden Ventilen (im Sitz) bewährt.

Notfalls muss die Armatur durchstoßbar sein (Kugelhahn). In die Hauptentleerungsleitungen sollten Schmutzfänger eingebaut werden. Die Leitungen sind mit Gefälle zu den Entleerungen hin zu zerlegen (Bild 7.1).

7.3.3 Kondensatableitung

Gemäß Abschnitt 5.6 ergibt sich durch Abkühlung des Dampfes (Anfahren, Wärmeverluste) ein ständiger Kondensatanfall in Dampfleitungen [7.4]. Die Kondensatmenge muss aus der Hauptleitung entfernt werden, da ansonsten der Querschnitt der Rohrleitung verringert wird und es durch die Dampfströmung zu «Wasserschlägen» durch mitgerissenes Kondensat kommt (Bild 7.3 und 7.4). Die Ableitung erfolgt über mechanische oder thermisch wirkende Kondensatableiter (Bild 7.5).

7.3.4 Sicherheits-Abblaseinrichtungen

Die Auslegung kann nach [3.9] erfolgen. Es ist unbedingt der Zulauf und insbesondere die Abblasleitung konstruktiv zu beachten. Es dürfen keine zu großen Widerstände vor und hinter dem Sicherheitsorgan entstehen. Bei Kondensationsmöglichkeit (Dampf) ist ein Abscheider in die Ausblasleitung einzubauen. Die Mündung der Abblasleitung muss gefahrlos enden. Die Geräuschentwicklung ist zu beachten, gegebenenfalls sind Schalldämpfer einzubauen.

7.3.5 Warmgehende Rohrleitungen

Hier ist vor allem auf eine ausreichende elastische Verlegung der Rohrleitung zu achten. Der kürzeste Weg zwischen 2 Festpunkten ist «weiträumig» zu umgehen. Ansonsten sind Kompensationselemente einzubauen (hierbei ist jedoch die Lebensdauer zu beachten).

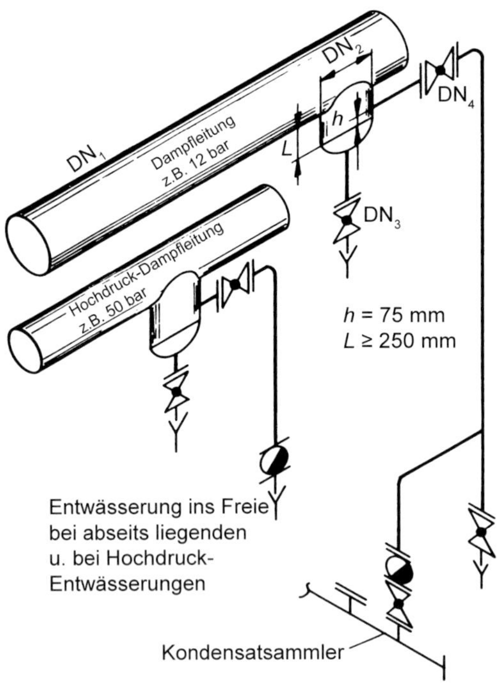

Bild 7.3
Dampfleitungsentwässerung (Kondensatableitung)
Entwässerungsstellen sind vor jedem nach oben gehenden Richtungswechsel, an Tiefpunkten, am Leitungsende und mit Abständen von ca. 100 m im geraden Leitungsverlauf erforderlich.

Jede Entwässerungsstelle der Dampfleitung hat einen großen Schmutz- und Wassersack, für dessen Abmessungen die Tabelle erprobte Anhaltswerte enthält (Fa. Gestra). Der Kondensatanfall ist im Dauerbetrieb verhältnismäßig gering. Er beträgt bei Sattdampf je nach Nennweite der Dampfleitung und Qualität der Wärmedämmung ca. 10...20 kg/h auf 100 m Leitungslänge. Ausschleusen der großen Anfahrmengen und Ausblasen von Schmutz erfolgt über Ausblasventile direkt ins Freie.

DN_1	50	65	80	100	125	150	200	250	300	350	400	450	500
DN_2	50	65	80	80	80	100	150	150	200	200	200	250	250
DN_3	20	20	20	20	20	20	20	20	20	20	20	20	20
DN_4	20	25	25	40	40	40	40	50	50	50	50	50	50

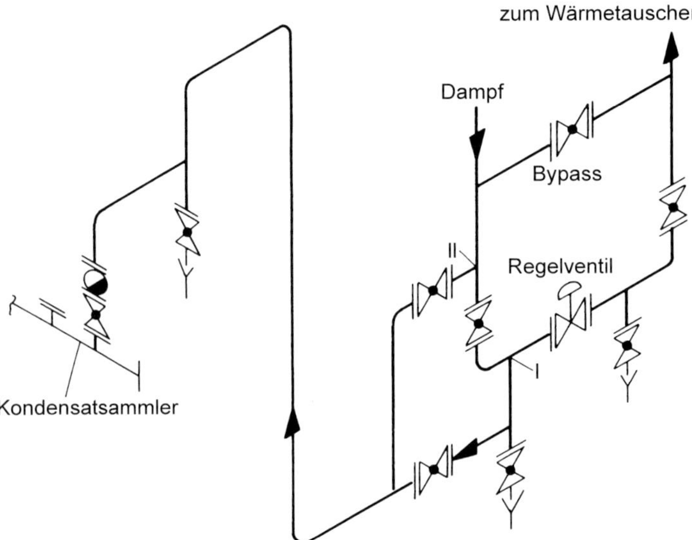

Bild 7.4 Dampfleitungsentwässerung an einer Ventilgruppe
Diese Ventilgruppe für einen dampfseitig geregelten Wärmeaustauscher wird über Abzweigstelle I vor dem Dampfregelventil entwässert. Die Entwässerungsleitung ist über einen Kondensatableiter mit dem Sammler verbunden und hat gleichzeitig Verbindung mit der Abzweigstelle II. II ist normalerweise abgesperrt und wird als Entwässerungsstelle nur dann benutzt, wenn die Dampfzufuhr für den Wärmeaustauscher über den Bypass erfolgen muss (z.B. Wartungsarbeiten).

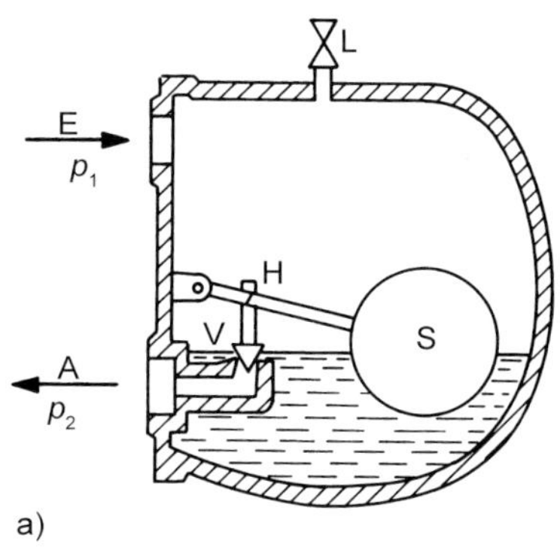

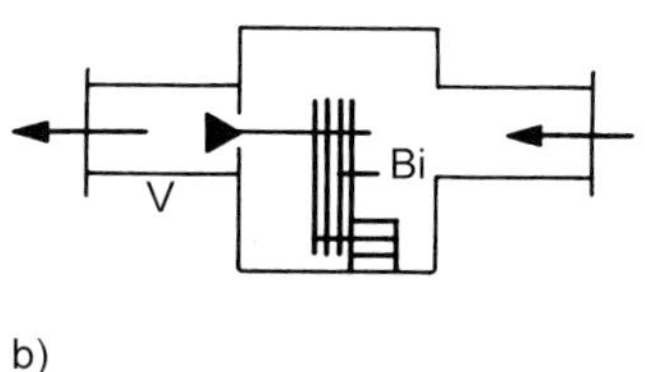

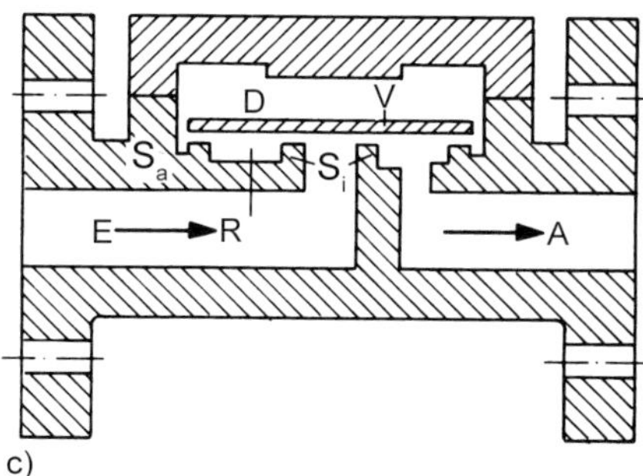

Bild 7.5 Kondensatableiter
a) Mechanischer Kugelschwimmerableiter
Sie werden speziell bei dampfseitig geregelten Anlagen mit kleiner Druckdifferenz (Gegendruck) eingesetzt. Sie sind reine Niveauregler. Das Kondensat wird ohne Unterkühlung abgeleitet.
b) Thermischer Ableiter
V = Ventil
Bi = Bimetallplatten
c) Thermodynamische Ableiter
Sie bestehen aus einem flachen, zylindrischen Gehäuse, in dem sich eine runde Platte auf und ab bewegen kann. Das Kondensat tritt zentral ein und strömt über Sitz S, und einen Ringspalt R aus Ausgang A. Ventilplatte V ist geöffnet. Folgt nun dem Kondensat Dampf nach, der viel schneller strömt, fällt der Druck ab. Die Ventilplatte sinkt ab, und durch den äußeren Sitz S_a tritt Dampf in den Raum D und drückt die Platte auf Sitz S_i und S_a. Damit ist die weitere Strömung unterbunden, bis der Druck in D infolge Abkühlung durch Kondensat zusammenbricht. Die Öffnung wird wieder freigegeben und das Kondensat strömt ab.

Auslegung und Berechnung gemäß Abschnitt 3.3. Die Wärmedämmung erfolgt gemäß Abschnitt 5. Bei Rohrleitungssystemen, die im Bereich der Zeitstandsfestigkeit betrieben werden ($\vartheta > 450$ °C), sollten die Rohrleitungen so vorgespannt werden (bis zu 100%), dass im Betriebszustand keine Zusatzspannung durch die Wärmedehnung auftritt.

7.3.6 Kaltgehende Rohrleitungen

Rohrleitungsschrumpfung beachten. Starker Abfall der Werkstoffzähigkeit (Kerbschlagprüfung) bei den üblichen Konstruktionsstrahlen bei Temperaturen unter ca. –10 °C beachten. Kältedämmung gemäß Abschnitt 5. Schwitzwasserbildung an der Außenoberfläche vermeiden gemäß Abschnitt 5.7.

7.3.7 Begleitheizung

Ein Rohrleitungssystem, in dem das flüssige Durchflussmedium so abgekühlt werden kann, dass es erstarrt, muss mit einer Begleitheizung versehen werden. Die Begleitheizung ist so zu regeln, dass eine Überhitzung bzw. eine Entzündung des Mediums nicht möglich ist. Üblicherweise werden elektrische Heizbänder (s. a. AGI-Arbeitsblatt Q 103), Doppelmantelrohre oder angelegte Begleitheizungsrohre (Bild 7.6 und 7.7) verwendet (s. a. AGI-Arbeitsblatt Q 104).

Messstellen, Ausgleichsgefäße, Impulsleitungen und Schutzkästen werden möglichst mit einer Heizstrecke beheizt. Bei bestimmten Produkten besteht Überhitzungsgefahr. In solchen Fällen wird die Beheizung als Abstandsheizung ausgeführt (Bild 7.8).

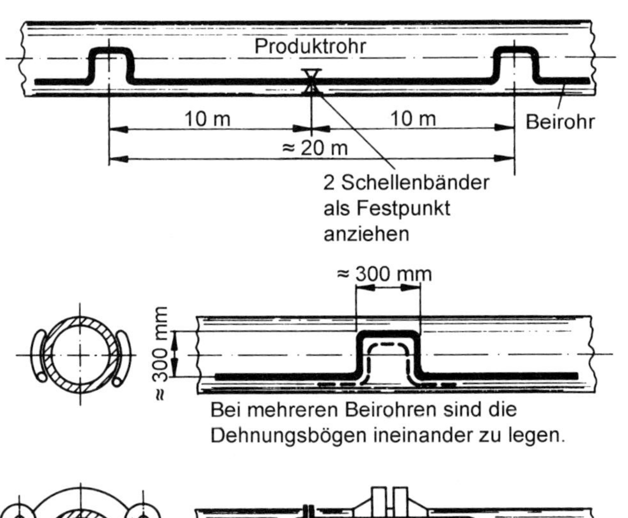

Bild 7.6
Begleitheizung mittels dampfbeheizter Anlegerohre (Beirohre)

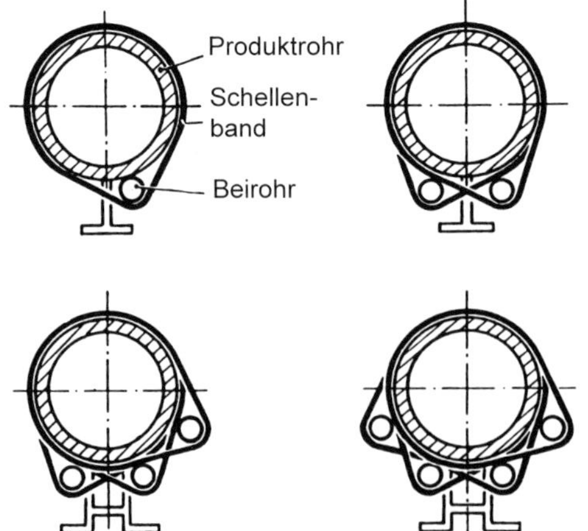

Bild 7.7
Befestigung der Begleitheizung. Die Befestigung der Beirohre an den zu beheizenden Leitungen erfolgt mit Schellenband (13 mm × 0,3 mm) und Plomben in Abständen von ca. 1 m. Sind an einer Produktleitung mehrere Beirohre erforderlich, dann wird jedes Beirohr einzeln befestigt, um ein Verrutschen der Rohre zu verhindern. Festpunkte werden mit jeweils 2 fest angezogenen Schellenbändern hergestellt. An allen anderen Befestigungspunkten (Gleitlagern) müssen die Beirohre unter den Schellenbändern verschiebbar sein.

Bild 7.8
Beheizung von Messstellen, Impulsleitungen und Schutzkästen

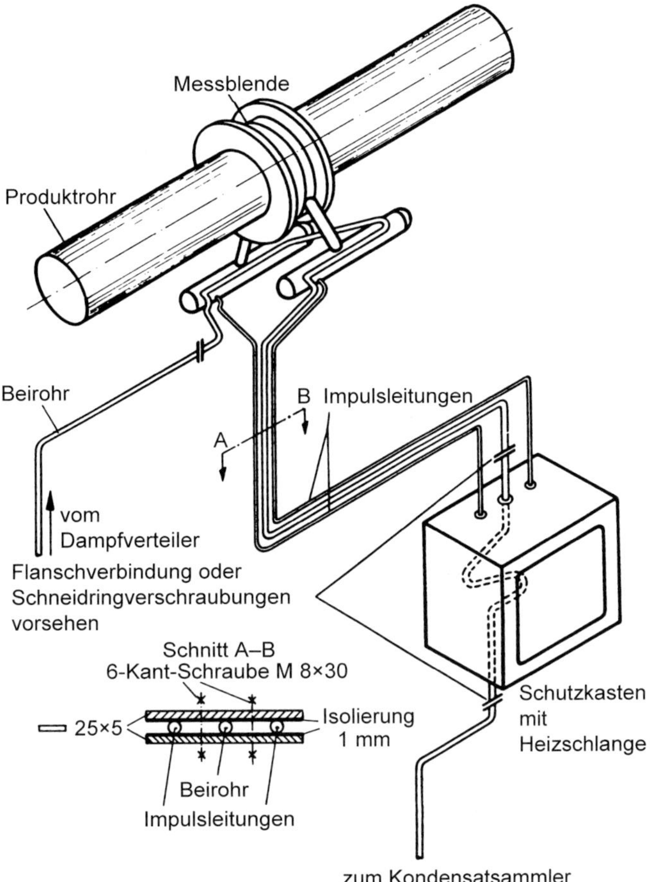

7.4 Anschlüsse an Aggregaten und Apparaten

7.4.1 Kraft- und Arbeitsmaschinen

Bei z.B. Pumpen, Verdichtern, Dampfturbinen und Dieselmotoren sind Schwingungen vom Rohrleitungssystem sowie vom Fundament fernzuhalten (durch Schwingungskompensation bzw. Dämpfung).

Achtung: Die Anschlussnennweiten dieser Anlagenteile sind nicht maßgebend für die anschließenden Rohrleitungssysteme. Bei Pumpen für Flüssigkeiten z.B. reichen die Strömungsgeschwindigkeiten am Druckstutzen bis zu 10 m/s!

Zur Demontage sind Armaturen vor und hinter die Maschinen anzubringen. Zum Schutz vor dem Eindringen von Schmutzteilchen sollten in die Eintrittsleitung Schmutzfänger eingebaut werden.

7.4.2 Apparate

An Behältern, Wärmeaustauscher, Kolonnen usw. ist vor allem auf die zulässigen Kräfte auf die Anschlussstutzen zu achten. Die Rohrführung ist so zu gestalten, dass eine Zugänglichkeit bzw. Ausbaubarkeit (z.B. Rohrbündel an Wärmeaustauschern) gegeben ist.

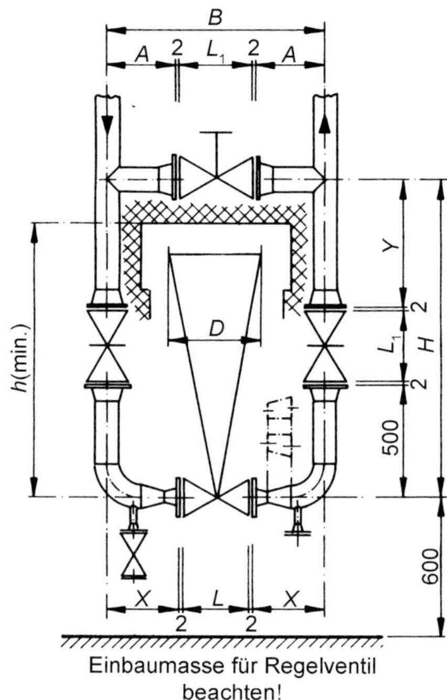

DN Rohr	DN Regel-ventil	Max. Dämm-dicke	*h* (min.)	*D*	*X*	*L*	*A*	L_1	*B*	*Y*	*H*
25	15	50	1050	290	268	130	253	160	670	536	1200
	20		1050		258	150					
	25		1065		253	160					
50	25	70	1065	290	298	160	263	230	760	566	1300
	32		1065	290	288	180	263				
	40		1140	400	333	200	318		870		
	50		1140	400	318	230	318				
80	40	80	1140	400	358	200	303	310	920	536	1350
	50		1140		343	230					
	65		1150		313	290					
	80		1165		303	310					
100	50	80	1140	400	353	230	293	350	940	546	1400
	65		1150		323	290					
	80		1165		313	310					
	100		1180		293	350					

Bemerkung:
1. Gilt für gedämmte und nicht gedämmte Rohrleitungen.
2. Maße gelten auch bei Verwendung von Sattelstutzen.
3. Bei gleichen DN von Rohrleitung und Regelventil entfällt Reduzierung.
4. Aus verfahrenstechnischen Gründen evtl. exzentrische Reduzierungen verwenden.
5. Bogen: Bauart 3.

Bild 7.9 Baumaßangaben für komplette Regelstation [7.3]

7.5 Mess-, Steuer- und Regeltechnik (MSR)

7.5.1 Regelarmaturen

Regelarmaturen müssen dicht schließen, und es sind daher möglichst Schmutzfänger davor anzubringen. Um auch bei einem Defekt der Regelarmatur die Anlage betreiben zu können, sollte eine Bypassleitung mit Handregelventil als Umgehung vorgesehen werden. Regelarmaturen mit der oszillierenden Spindel möglichst vertikal nach oben oder horizontal anordnen. Eine Anordnung nach unten birgt die Gefahr in sich, dass sich mit der Zeit die kleinen Schmutzteilchen (die noch durch den Schmutzfänger gehen) ablagern, und es kommt bei Armatur mit Faltenbalg zur Balg-Beschädigung. Bei senkrechter Anordnung nach oben ist bei heißgehenden Leitungen darauf zu achten, dass der Armaturenantrieb nicht unzulässig warm wird [3.8].

Bei Regelgruppen ist selbst bei kleinen Nennweiten auf die großen Baumaße zu achten (Bild 7.9).

7.5.2 Messstellen

Aus den Bildern 7.10 und 7.11 sind die Messanordnungen für Druckmessungen zu entnehmen. Bild 7.12 zeigt eine Druckentnahmemessstelle für Dampf. Zu Bild 7.13 ist eine typische Temperaturmessstelle mit Entnahmestutzen (Verstärkung) dargestellt.

7.6 Rohrleitungsverlegung

7.6.1 Verlegung im Gebäude

Innerhalb eines Gebäudes sollten die Rohrleitungen möglichst rechtwinklig und im Bereich von Stützen und Querträgern verlegt werden. Hierdurch wird die Abstützung, Auflagerung oder Aufhängung erleichtert. Eine übliche Höhenverteilung von Bauelementen innerhalb eines Gebäudes zeigt Bild 7.14.

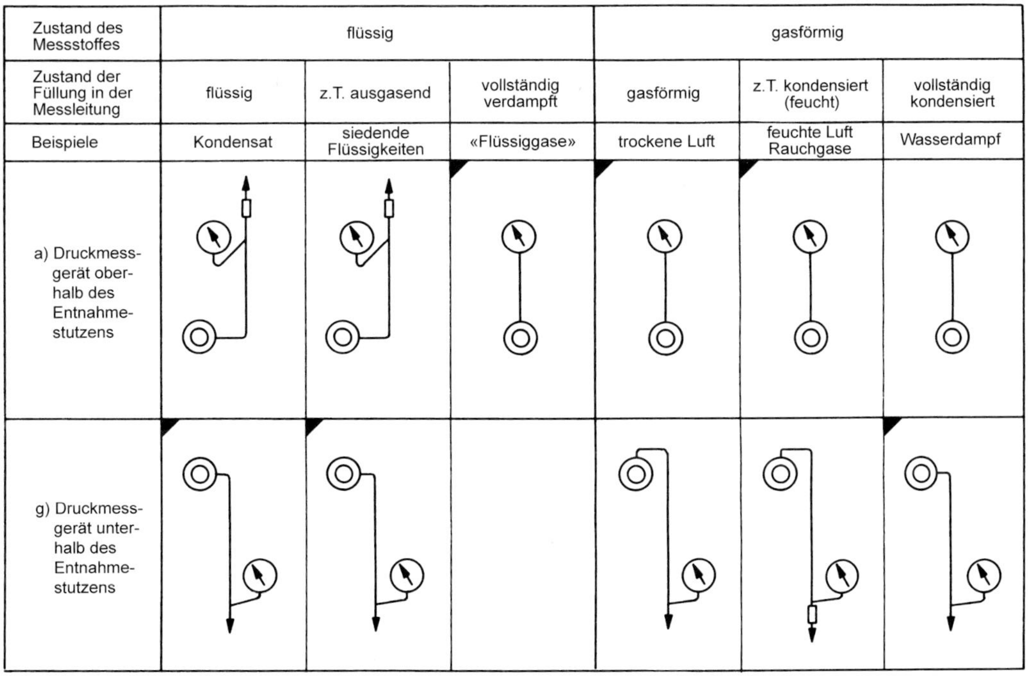

Zustand des Messstoffes	flüssig			gasförmig		
Zustand der Füllung in der Messleitung	flüssig	z.T. ausgasend	vollständig verdampft	gasförmig	z.T. kondensiert (feucht)	vollständig kondensiert
Beispiele	Kondensat	siedende Flüssigkeiten	«Flüssiggase»	trockene Luft	feuchte Luft Rauchgase	Wasserdampf
a) Druckmessgerät oberhalb des Entnahmestutzens			◤	◤	◤	
g) Druckmessgerät unterhalb des Entnahmestutzens	◤	◤				◤

Bild 7.10 Messanordnungen von Druckmessgeräten (n. VDE/VDI 3512 Blatt 3)
◤ diese Anordnung ist zu bevorzugen

7.6.2 Verlegung auf einer Rohrbrücke

Außerhalb von Gebäuden erfolgt die Einzelverlegung von Rohrleitungen an der Gebäudewand. Bei Verlegung mehrerer Rohrleitungen von Gebäude zu Gebäude über eine größere Entfernung verwendet man sog. Rohrbrücken (Bild 7.15).

Richtlinien und Regelwerke

Bei der Verlegung von Rohrleitungen auf Rohrbrücken sind ergänzend folgende Regelwerke zu beachten:

- DVGW: Arbeitsblätter, Merkblätter, Hinweise für Wasser und Gas
- DVWK-TRwS Teil 1: Technische Regel wassergefährdender Stoffe: Rohrleitungen aus metallischen Werkstoffen
- DVWK-TRwS Teil 2: Technische Regel wassergefährdender Stoffe: Rohrleitungen aus polymeren Werkstoffen
- VawS: Verordnung über Lagern, Abfüllen und Umschlagen wassergefährdender Stoffe
- GefStoffV: Verordnung über gefährliche Stoffe (Gefahrstoffverordnung)
- StörfallV: Verordnung zur Durchführung das Bundes-Immissionsschutzgesetzes (Störfallverordnung)

Sofern nicht schon durch die Technischen Regeln zur BetrSichV (TRBS) ersetzt, können folgende Richtlinien weiterhin angewendet werden.

- TRbF: Technische Regeln für brennbare Flüssigkeiten
- TRR: Technische Regeln Rohrleitungen

Allgemeine Hinweise

Über Gelände – ohne Auffangraum für Leckagemengen – sind Flanschverbindungen auf Funktionsflansche zu reduzieren. Bauart nach DVWK TRwS Teil 1 und 2.

Bei der Verlegung von Rohrbrückenleitungen sind Tief- und Hochpunkte zu vermeiden. Alle Tiefpunkte sind mit Entleerstutzen und alle Hochpunkte mit Entlüftungsstutzen zu versehen.

Es ist immer darauf zu achten, dass Gefahren durch einen unbeabsichtigten Druckaufbau vermieden werden. Gegebenenfalls sind Schutzeinrichtungen (z.B. Sicherheitsventile, Überströmer) einzuplanen. Dies kann z.B. bei eingesperrtem Medium in einem Rohrleitungsstück erforderlich werden, wenn die Erwärmung oder Abkühlung des Mediums zu Über- oder Unterdruck führen kann.

Statik der Rohrbrücke

Die Funktion der Dehnfugen der Rohrbrücken dürfen durch keinerlei Baumaßnahmen eingeschränkt werden.

Für Rohrbrücken gelten die statischen Einflüsse von Freianlagen, z.B. Schnee- und Windlast.

Bei der Verlegung von Rohrleitungen ist die Traglast zu prüfen.

Zur Vermeidung von großen Festpunktkräften ist bei schweren Rohrleitungen die Reibkraft unter den Rohrlagern durch geeignete Maßnahmen (z.B. PTFE-Platten, Rollenlager) zu vermindern.

Das Einleiten von Festpunktkräften in die Tragkonstruktion muss geprüft werden. Geeignete Einleitpunkte sind gegebenenfalls mit dem Statiker festzulegen.

Festpunktkräfte > 2,5 kN sind in den Rohrplänen (Isometrien) auszuweisen.

Längen-Kompensation der Rohrleitung

Die Dehnung durch Umgebungseinflüsse (z.B. Sonneneinstrahlung, Frost) ist zu berücksichtigen. Vorzugsweise sollten Angular- und Lateral-Kompensatoren eingebaut werden. Axial-Kompensatoren auf Tragwerken sind nach Möglichkeit zu vermeiden. Sollte der Einbau notwendig sein, müssen die aus dem Innendruck der Rohrleitung resultierenden Kräfte statisch vom Tragwerk aufgenommen werden. Wegen ihrer freien Auslenkung sind Axial-Kompensatoren so nahe wie möglich allseitig zu führen.

Bei Anschlüssen an Neubauten oder neuen Rohrbrücken sind mögliche Fundamentabsenkungen zu berücksichtigen.

Bei der Verlegung in oder auf Brücken (z.B. über Flussläufe) ist darauf zu achten, dass auch Brücken einen oder mehrere Festpunkte haben und sich der Festpunkt der Rohrleitung in/auf der Brücke verschieben kann.

7.7 Druckanstieg bei Wärmeeinwirkung auf eine eingeschlossene Flüssigkeit

Wird eine eingeschlossene Flüssigkeit in einem Rohr oder Apparat an ihrer Ausdehnung gehindert, so übt diese auf die Rohrwand einen Druck aus.

Die Flüssigkeitsausdehnung relativ zur Rohrwand beträgt:

$$\Delta V = V_0 \cdot (\beta - 3 \cdot \alpha) \cdot \Delta\vartheta \qquad \text{(Gl. 7.2)}$$

Der erforderliche Druck, der die Volumenausdehnung rückgängig machen müsste, beträgt nach dem Poisson'schen Gesetz (ohne Berücksichtigung der Streckgrenzen-Dehnung der Wand):

$$\Delta p = \frac{\Delta V}{V_0} \cdot \frac{1}{K_K} \qquad \text{(Gl. 7.2a)}$$

Der Gleichgewichtsdruckanstieg beträgt bei der Einsetzung von Gl. 7.2 in Gl. 7.2a schließlich:

$$\Delta p = \frac{\beta - 3 \cdot \alpha}{K_K} \cdot \Delta\vartheta \qquad \text{(Gl. 7.3)}$$

mit:

K_K Kompressibilitätskoeffizient (1/bar)
$K_K \approx 100 \cdot 10^{-6}$ 1/bar bei Ölen
$K_K \approx 50 \cdot 10^{-6}$ 1/bar bei Wasser

Beispiel 7.1

Eingeschlossenes Wärmeträgerölvolumen

$\beta \approx 1000 \cdot 10^{-6}$ 1/K
$\alpha \approx 12 \cdot 10^{-6}$ 1/K, ferritischer Stahl
damit

$$\Delta p = \frac{1000 - 3 \cdot 12}{100} \cdot \Delta\vartheta \quad \text{(bar)}$$

$$\Delta p = 10 \cdot \Delta\vartheta \quad \text{(bar)}$$

Dies bedeutet, dass bei vollständig gefüllter Leitung ein Druckanstieg von 10 bar pro 1 K auftritt!

β Volumenausdehnungs-Koeffizient der Flüssigkeit
α Längenausdehnungs-Koeffizient der Rohrleitung

7.8 Kondensatableitung

Bei vielen mit Dampf betriebenen Anlagen entsteht am Ende des Dampfweges Kondensat, das über einen Kondensatableiter abgeführt wird. Da hiermit ein Druckabfall verbunden ist, entsteht eine Nachverdampfung (Bild 7.10a). Man kann diesen nachträglich aus dem heißen Kondensat wieder entstehenden Dampf zwar durch geeignete Anlagen wieder nutzbar machen, doch ist dieses Verfahren nur bei größeren Kondensatmengen wirtschaftlich.

Anteil der Nachverdampfungsmenge:

$$m_D = \frac{h'_E - h'_A}{\Delta h_{V,A}} \qquad \text{(Gl. 7.4)}$$

Beispiel 7.2

Druck vor dem Ableiter 5 bar
Druck hinter dem Ableiter 1 bar
Das Kondensat läuft «nicht unterkühlt» zu ($x = 0$).
Den Wasserdampftafeln kann man jetzt folgende Werte entnehmen:

$h_5{}'_{bar}$ = 640,12 kJ/kg
$h_1{}'_{bar}$ = 417,51 kJ/kg
$\Delta h_{V,1\,bar}$ = 2257,9 kJ/kg

Es folgt nun:

$h_5{}'_{bar} - h_1{}'_{bar}$ = (640,12 – 417,51) kJ/kg = 222,61 kJ/kg

Damit werden

$$m_{D,\%} = \frac{h'_{5\,bar} - h'_{1\,bar}}{\Delta h_{V,1\,bar}} \cdot 100 = \frac{222{,}61\ \text{kJ/kg}}{2257{,}9\ \text{kJ/kg}} \cdot 100 = 9{,}86$$

des Kondensates in Dampf verwandelt und nur 90,2 % fließen als Heißwasser mit einer Temperatur von rund 100 °C ab. Von 1 kg Dampf gehen also 0,099 kg wieder verloren, sofern nicht hinter dem Ableiter eine Rückgewinnung erfolgt.

Die spezifischen Volumenanteile betragen jedoch

$v' = 0{,}00\,10437$ m³/kg
$v'' = 1{,}694$ m³/kg

Das mittlere spezifische Volumen im Kondensatnetz ist dann:

$y_{ges} = v' \cdot (1 - m_D) + v'' \cdot m_D = v' \cdot 0{,}902 + v'' \cdot 0{,}099 = 0{,}1666$ m³/kg

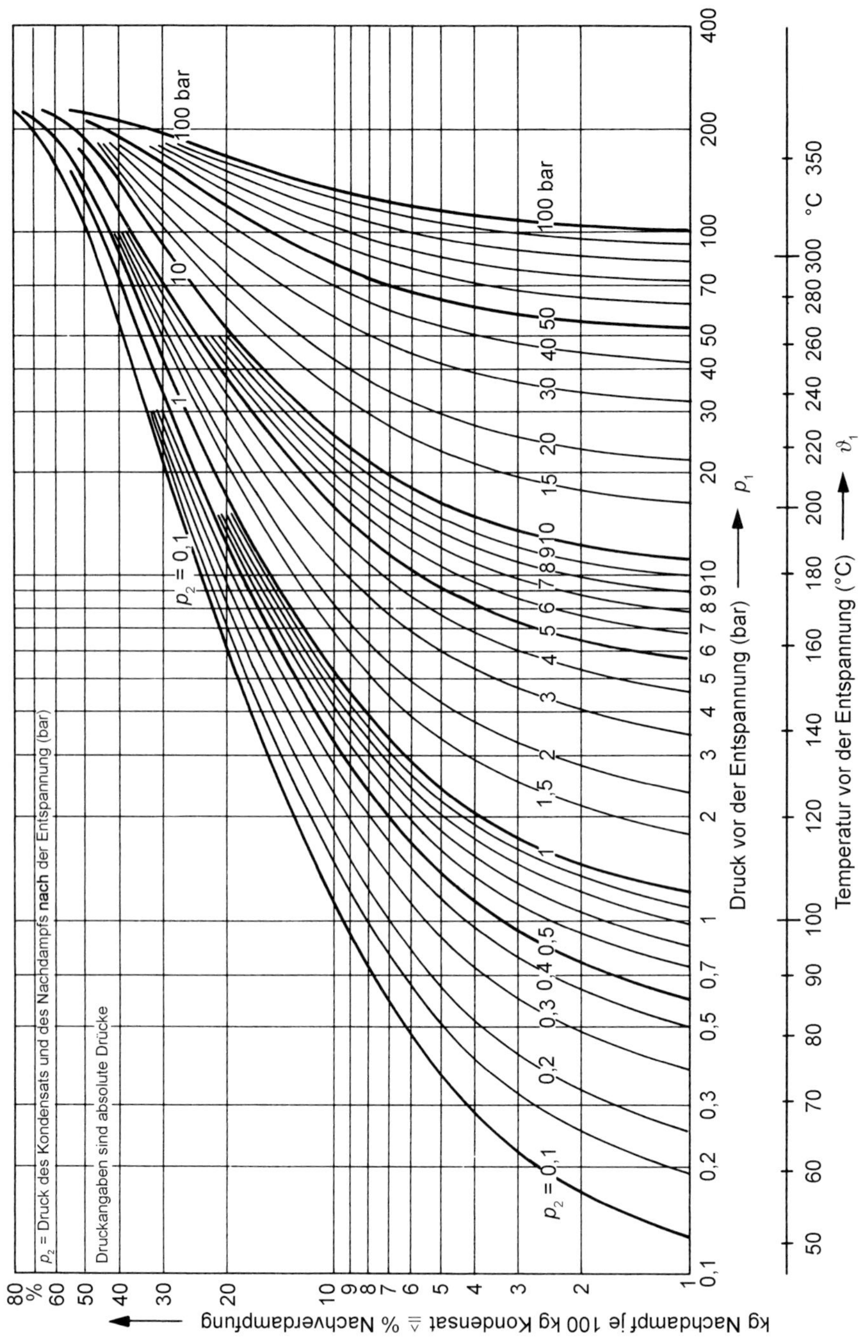

Bild 7.10a Nachverdampfung bei der Entspannung von Wasserdampf-Kondensat

Der Dampfanteil ist hierbei:

$y_D = \upsilon'' \cdot m_D = 1{,}694 \cdot 0{,}099 = 0{,}1677\ \mathrm{m^3/kg}$

Der Dampfanteil erreicht einen Wert von:

$$\upsilon_D = \frac{y_D}{y_{ges}} = \frac{0{,}1677}{0{,}1666} = 0{,}994$$

Damit erreicht die Nachverdampfung von ca. 9,9% einen Volumenanteil im Kondensatnetz von 99,4%.

Dies ist auch der Grund, dass Kondensatleitungen aus Sicherheitsgründen wie «Dampfleitungen» strömungstechnisch berechnet werden.

Zustand des Messstoffes	flüssig			gasförmig (Gase und Dämpfe)		
Zustand der Füllung in den Wirkdruckleitungen	flüssig	z.T. ausgasend	vollständig verdampft	gasförmig	z.T. kondens.	vollständig verflüssigt
Beispiele	Kondenswasser	sied. Wasser, gasbel. Meth.	«Flüssiggase»	trockene Luft	feuchte Luft	Wasserdampf
a) Wirkdruckmessgerät oberhalb des Drosselgerätes	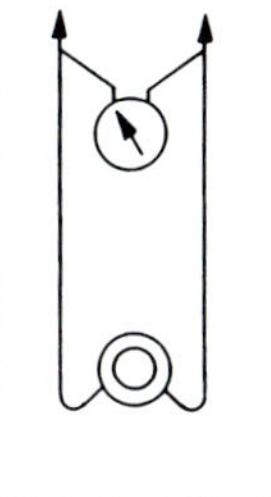	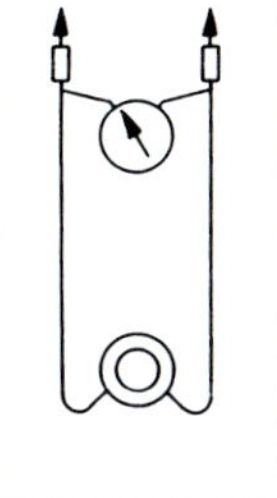	◤ 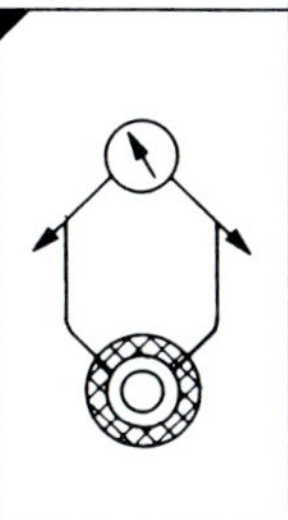	◤ 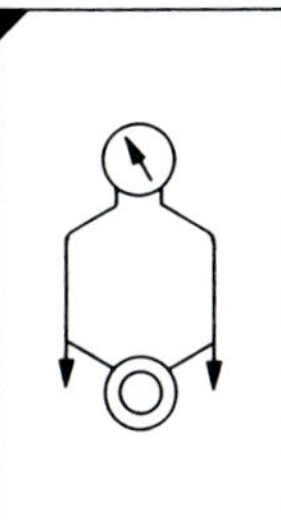	◤ 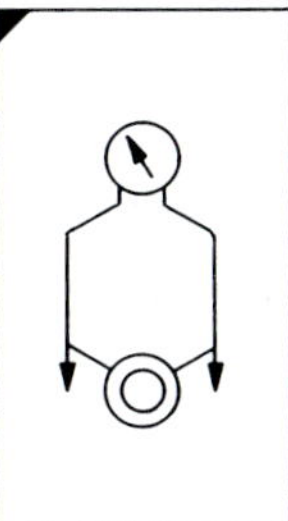	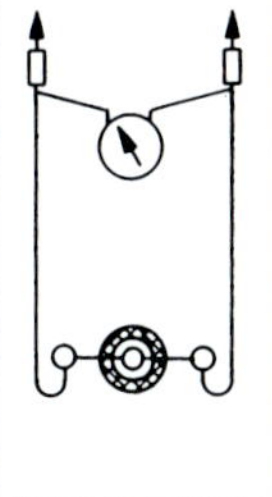
b) Wirkdruckmessgerät unterhalb des Drosselgerätes	◤ 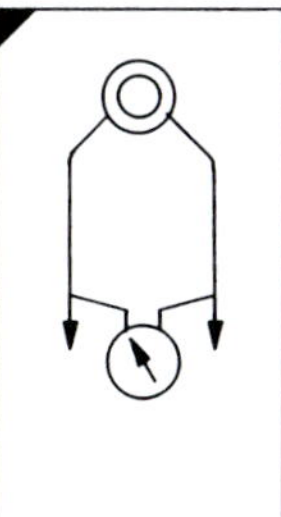	◤ 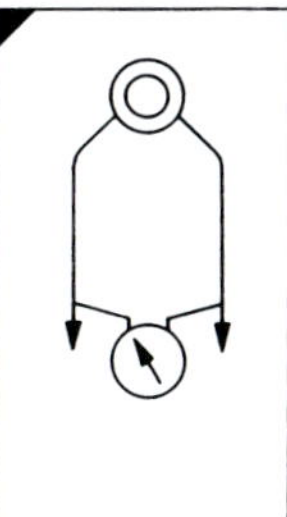	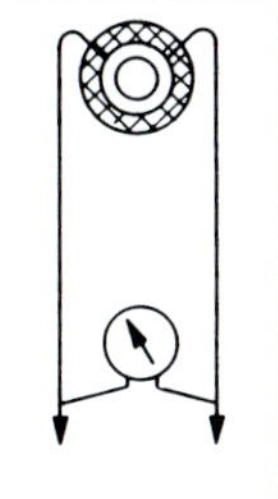	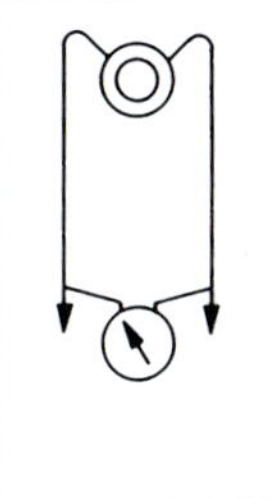	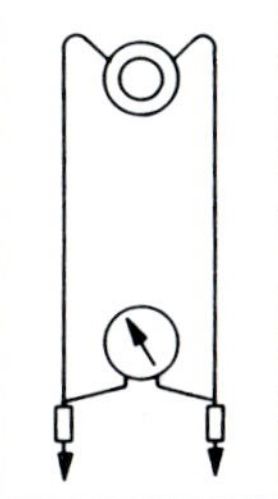	◤ 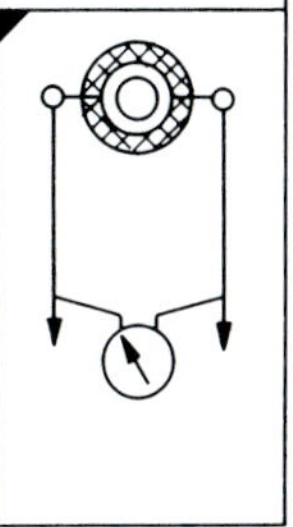

Bild 7.11 Messanordnung für Drosselgerät und Wirkdruckmessgerät
◤ diese Anordnung ist zu bevorzugen

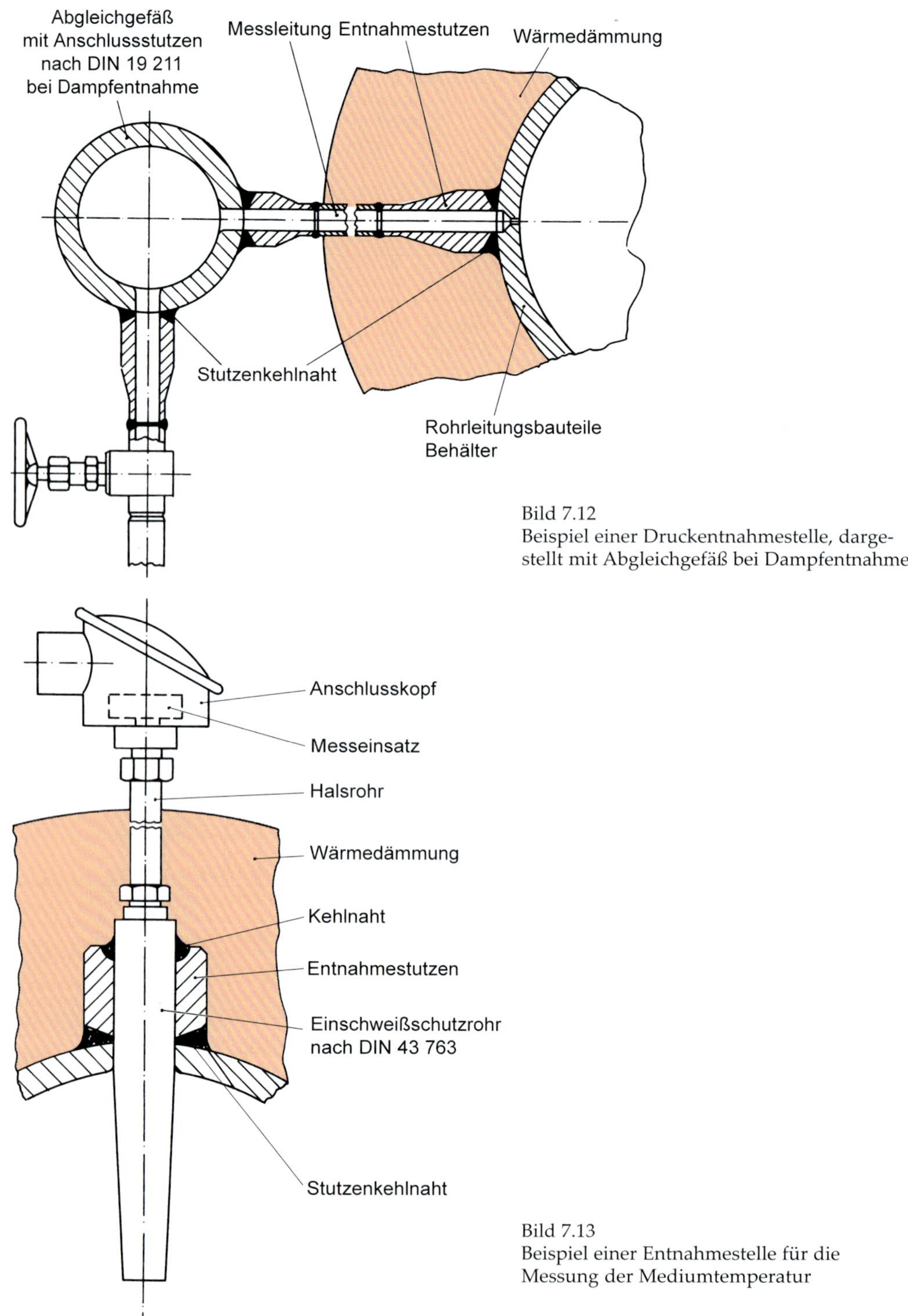

Bild 7.12
Beispiel einer Druckentnahmestelle, dargestellt mit Abgleichgefäß bei Dampfentnahme

Bild 7.13
Beispiel einer Entnahmestelle für die Messung der Mediumtemperatur

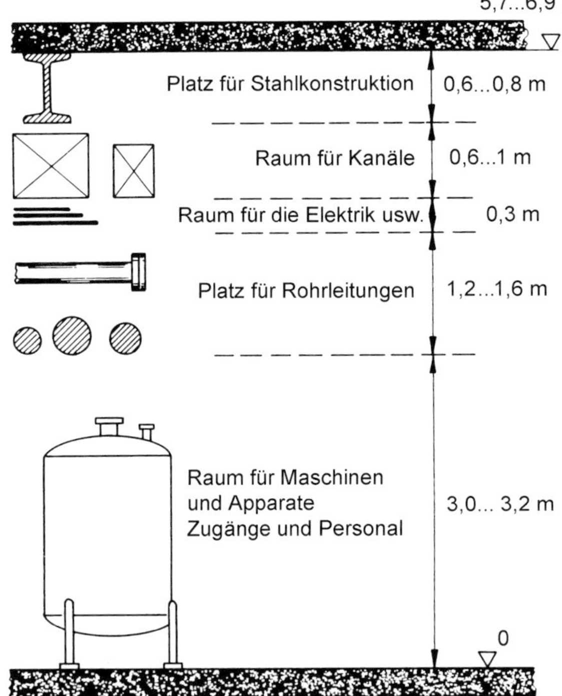

Bild 7.14
Übliche Höhenaufteilung zwischen Boden und Decke in (m)

Bild 7.15 Rohrbrücke (s. Seite 326) ▶

1. Bei der Verwendung einer 2-fachen Belegung übereinander wird obenauf das Hilfssystem (Luft, Wasser, Dampf) verlegt.
2. Die Rohrleitungen sollten nicht über die senkrechte Stütze hinaus verlegt werden, um nachträglich noch einen Aufbau zu ermöglichen.
3. Flüssigkeitsgefüllte Leitungen möglichst außen verlegen, wegen Durchbiegung der horizontalen Träger.
4. Möglichst Platz lassen für zukünftige Rohrleitungen.
5. Heißgehende Rohrleitungen ($\vartheta > 100\,°C$) mit Wärmedämmung versehen und auf Gleitstützen legen. Wärmedehnung beachten.
6. Warmgehende Rohrleitungen ($\vartheta < 100\,°C$) können im Querträgerbereich an der Wärmedämmung ausgespart werden.
7. Sammlerposition.
8. Elektroleitung am besten außerhalb der Rohrbrücke anordnen.
9. Bei Richtungswechsel möglichst auch die Höhe ändern, um zukünftige Rohrleitungen nicht zu versperren.
10. Übliche Breite nicht über 7,5 m. Falls mehr Raum benötigt wird, dann sollte man zu einem Doppeldeck übergehen.
11. Leitung sollte entleerbar sein.
12. Örtliche Hilfssystemversorgung (Dampf, Druckluft und Wasser); Elektrische Steuerung und Löschanschluss an senkrechter Stütze befestigen. Die Anschlüsse für Hilfssysteme sollten min. DN 25 sein.

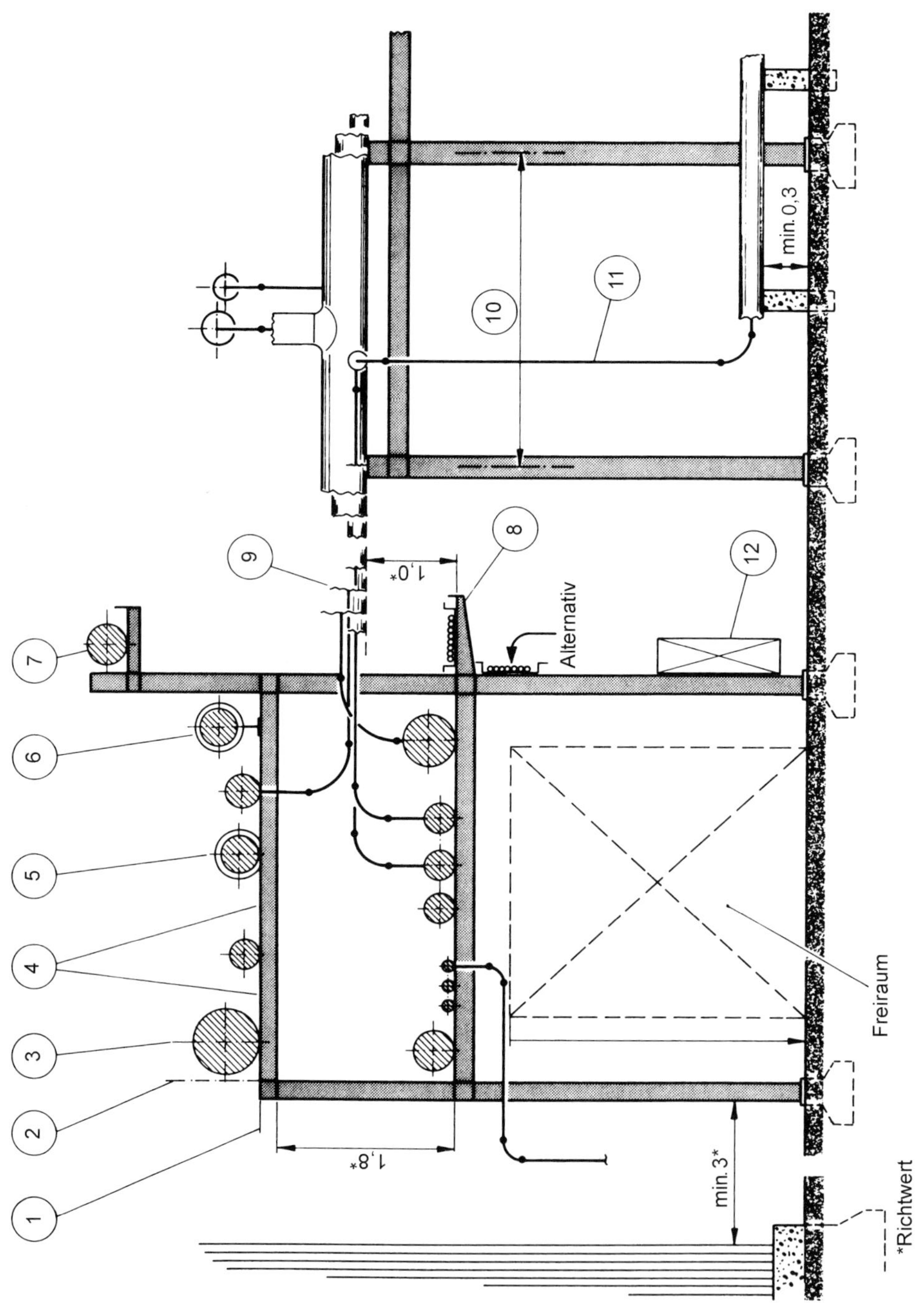
1
2
3
4
5
6
7
8
9
10
11
12
1,8*
1,0*
Alternativ
Freiraum
min. 3*
min. 0,3
*Richtwert

Bild 7.16 Anlagenbau – Außenaufstellung [Quelle: NESS]

8 Kostenermittlung

In der Rohrleitungstechnik ist es üblich, die einfach zu handhabende Zuschlagskalkulation zu verwenden.

Die Gemeinkosten werden hierbei in material- und lohnabhängige Kosten unterteilt.

Dadurch ergeben sich ein Materialgemeinkosten-Zuschlag (angegeben in % des Fertigungsmaterials) und ein Lohngemeinkosten-Zuschlag (angegeben in % des Fertigungslohns).

Die Einzelkosten (Fertigungsmaterial + Fertigungslohn) dienen in der Vorkalkulation der Ermittlung des Angebotspreises, in der Nachkalkulation der Kontrolle und der Ermittlung der Zuschlagssätze.

Fertigungsmaterial
Als Fertigungsmaterial werden Roh- und Hilfsstoffe sowie Halbmaterialien bezeichnet, die in die Anlage eingehen. Wenn keine größeren Preisschwankungen auftreten, wird das Fertigungsmaterial zu den Einstandspreisen eingesetzt. Hierzu sind die Kosten für Frachten, Verpackung, Versicherungen und Lagerung enthalten.

Fertigungslöhne
Die Höhe der Fertigungslöhne ergibt sich durch Multiplikation der für die Leistungserstellung notwendigen Montageminuten mit dem Minutenfaktor.

Bei der Berechnung des Minutenfaktors muss davon ausgegangen werden, dass die Montageminuten jeweils für eine Kolonne, bestehend aus einem Monteur und einem Helfer, gelten.

Gemeinkosten
Gemeinkosten sind Kostenarten, die nicht als Einzelkosten erfassbar sind und deshalb den Kostenträgern nicht unmittelbar zugeordnet werden können.

Es muss eine statistische Aufteilung in material- und lohnabhängige Gemeinkosten erfolgen.

8.1 Preiskalkulation

Die Preiskalkulation ergibt sich aus folgenden Kosten:

Materialkosten

$$K_{Mat} = k_{Mat} \cdot f_{M,\, zuschlag} \qquad \text{(Gl. 8.1)}$$

k_{Mat} Materialeinstandspreis
$f_{M,zuschlag}$ Materialgemeinkosten-Zuschlag

Fertigungskosten
k_{Lohn} Lohnkosten je Montageminute

$$K_{Mont.} = k_{Lohn} \cdot f_{Person} \cdot f_{L,\, Zuschlag} \cdot t_{Min} \qquad \text{(Gl. 8.2)}$$

f_{Person} 2 für Montagekolonne
1...2 für Vorfertigungsmöglichkeit
$f_{L,Zuschlag}$ Lohngemeinkosten-Zuschlag
t_{Min} Montagezeit in Minuten (s. Bild 8.1)

Aufwandsentschädigung
Die Aufwandsentschädigung richtet sich nach der Entfernung der Baustelle vom Sitz des Unternehmens (Luftlinie).

In der Regel unterscheidet man zwischen Nahzone (bis 85 km) und Fernzone. In der Nahzone sind Auslösung und in der Fernzone Auslösung zuzüglich Übernachtungskosten zu vergüten.

Des Weiteren sind Fahrtkosten zu berücksichtigen. Die Aufwandsentschädigung ergibt somit folgende Kosten:

- Auslösung,
- Fahrtzeiten,
- Kilometergeld,
- Übernachtungskosten,
- Überstundenzuschläge.

Weitere Kosten
- Zeichnungskosten,
- Transportkosten zur u. innerhalb der Baustelle,

- Baustelleneinrichtung,
- Baustellenleitung,
- Prüfkosten wie: Dichtheits- u. Druckprüfung sowie z.B. Röntgenkosten u. Abnahmekosten,
- Montage in über 4 m Höhe,
- Maurer- und Stahlbauarbeiten,
- Einfluss der Baustellenverhältnisse,
- Anstrich.

Als Vertragsgrundlage für die Montagen wird üblicherweise auf die VOB hingewiesen. Kosten für Anlagenbauteile s. Bild 8.2.

8.2 Vorausbestimmung der Montagedauer

Die Montagedauer ist nicht identisch mit der Montagezeit, da diese neben den reinen Arbeitszeiten auch die arbeitsfreien Tage enthält. Diese freien Tage, wie Wochenende und Feiertage müssen hinzugerechnet werden.

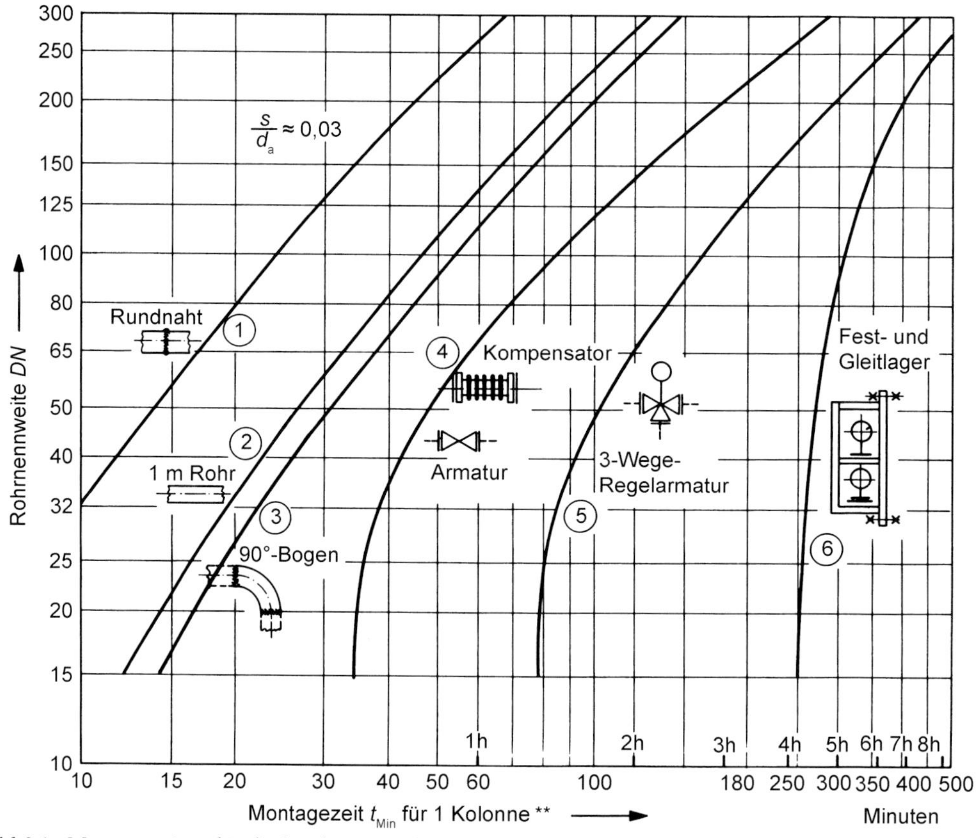

Bild 8.1 Montagezeiten für die häufigsten Rohrleitungsteile; Basis ist Tabelle 3.11 (Anhaltswerte)
Erläuterung zu Nr.: (Rohre aus P 235 GH mit Mindestwanddicke n. DIN EN 10216-2

1 Rundnaht herstellen [8.1] [1)]
2 1 m Rohr verlegen; mit Schweißnahtanteil [1)] } Schweißnahtausführung n. DIN EN 1708-1
3 90°-Bogen verlegen; mit 2 Rundnähten [1)] } Bewertungsgruppe D *)
4 Armatur, Kompensator usw. montieren; mit Gegenflansche, Schrauben und Dichtungen (PN 16)
5 3-Wege-Regelarmatur montieren; mit Gegenflansche, Schrauben und Dichtungen (PN 16)
6 Fest- und Gleitlager herstellen und montieren; ohne Material (Anhaltswerte) und ohne Maurerarbeiten

*) Bei Bewertungsgruppe B sind die Montagezeiten mit dem Faktor ca. 2,5 zu multiplizieren
**) 1 Kolonne: 1 Facharbeiter und 1 Helfer
[1)] Bei Edelstahlrohrleitungen sind die Montagezeiten mit dem Faktor von ca. 3 zu mulitplizieren.

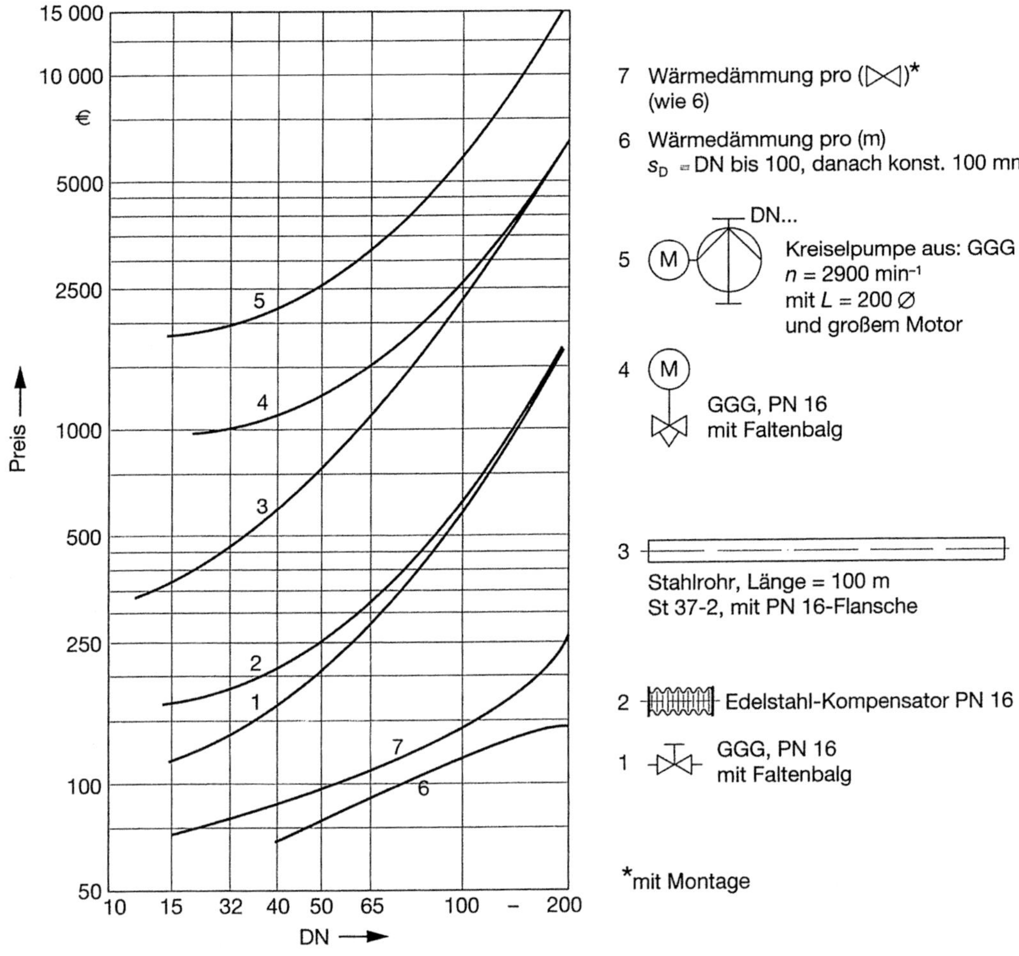

Bild 8.2 Kosten für Anlagenteile in Abhängigkeit von der Nennweite DN (bis PN 16)

Beispiel: Ermittlung eines Richtpreises
Ein Heißwasser-Rohrleitungssystem soll erweitert werden für den Anschluss einer neuen Maschine (s. Bild zum Beispiel).

Konstruktionsgrößen:
U-Bogen-Dehnschenkellänge ermittelt nach Bild 3.56, Stützweite ermittelt aus Tabelle 3.8 (oder Bild 3.49)

Materialkosten aus Bild 8.2:
94 m Rohr und 8 St. 90°-Krümmer DN 100 (gerundet 100 m) 2 500 €
4 St. Armaturen DN 100/PN 16, 4 · 600 € 2 400 €
100 m Wärmedämmung für DN 100, 100 · 120 € 12 000 €
4 St. Wärmedämmung für Armatur, 4 · 150 € 600 €

$k_{Mat} = 17\,500$ €

Materialgemeinkostenzuschlag: $f_{M.Zuschlag} = 1{,}25$

Materialkosten: $K_{Mat} = k_{Mat} \cdot f_{Zuschlag} = 21\,875$ €

Montagekosten aus Bild 8.1:
- Rohr verlegen: 45 min/m
  $t_{Rohr} = 94 \cdot 45 = 4230$ min
- Krümmer verlegen: 53 min/St
  $t_{Krüm} = 8 \cdot 53 = 424$ min
- Armaturen montieren: 83 min/St
  $t_{Arm} = 4 \cdot 83 = 332$ min
- Rohrlager herstellen und montieren: 310 min/St
  $t_{Lager} = 10 \cdot 310 = 3100$ min

Gesamtzeit $t_{ges} = 8086$ min

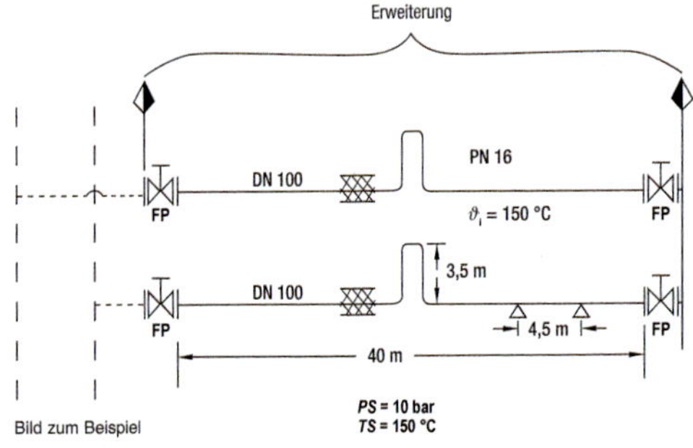

Bild zum Beispiel

Montagezeit in Stunden für 1-Kolonne:

$$t_{Mont} = \frac{t_{ges}}{60 \text{ min/h}} = 135 \text{ h}$$

Stundenlohn für 1-Kolonne: $k_{Kolonne} = 60$ €/h

Montagekosten:
$K_{Mont} = k_{Kolonne} \cdot t_{Mont} = 60 \cdot 135 = 8100$ €

Aufwandsentschädigung:
Montagetage:

$$\text{Tage} = \frac{t_{Mont}}{t_{Tag}} = \frac{135 \text{ h}}{10 \text{ h/d}} = 13{,}5 \text{ d}$$

Baustellenentfernung: 200 km (einfach)
Gesamtmontagetage:
$\text{Tage}_{ges} = 14$ d (mit Fahrzeit)

Arbeitstage pro Woche: 5 Tage

$$\text{Arbeitswochen} = t_{Woche} = \frac{\text{Tage}_{ges}}{\text{Tage}_{Woche}} = \frac{14}{5} = 2{,}8 \text{ Wochen}$$

Auslösung: $n_{Auslös} = T_{Tage\ ges} + 2$ Wochenenden $= 14 + 4 = 18$ Tage

Kosten: $k_{Auslös} \cdot n_{Auslös} \cdot k_{Ausl.d} \cdot n_{Person}$
$= 17 \cdot 26 \cdot 2 =$ 936 €

Kilometergeld: (Kleinbus mit Werkzeug)
$k_{km} = 2 \cdot 200 \text{ km} \cdot 1$ €/km = 400 €

$k_{Hotel} = (n_{Auslös} - 2) \cdot 2 \cdot k_{Pers}$
$= (17 - 2) \cdot 2 \cdot 40 =$ 1 280 €

Gesamtkosten für Aufwandsentschädigung: $K_{Aufwand} = 2\,616$ €

Gesamtkosten:
Materialkosten: $K_{Mat} = 21\,875$ €
Montagekosten: $K_{Mont} = 8\,100$ €
Aufwandsentschädigung $K_{Aufw} = 2\,616$ €
$K_{Kosten} = 32\,591$ €

Zuschlag für: Planung, Prüfungen, Abnahme, Dokumentationen usw. $f_{allg} = 1{,}15$

Gesamtkosten: $K_{gesamt} = K_{Kosten} \cdot f_{allg} = 37\,480$ €

9 Zusammenfassung der wichtigsten Gleichungen

Tabelle 9.1 Zusammenstellung der wichtigsten Bestimmungsgleichungen für die Rohrverlegung

Pos.	Benennung	Bestimmungsformel	Gleichung im Buch
1	Längenänderung 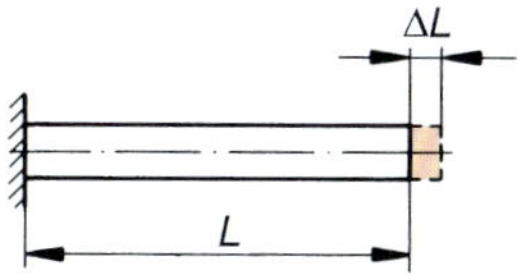 ΔL, L	$\Delta L = L \cdot \overline{\beta}_L \cdot \Delta\vartheta$; $\overline{\beta}_L$ aus Tabelle 3.1	3.1
2	Wärmespannung 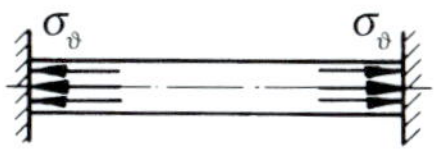 σ_ϑ, σ_ϑ	$\sigma_\vartheta = E \cdot \overline{\beta}_L \cdot \Delta\vartheta$; $\overline{\beta}_L$ aus Tabelle 3.1, E aus Tabelle 3.1	3.4
3	Ausladelängen 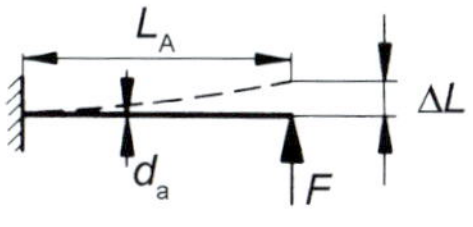 L_A, ΔL, d_a, F	$L = f_L \cdot \sqrt{\Delta L \cdot d_a}$; $f_L = \sqrt{\dfrac{1{,}5 \cdot E}{\sigma_{zul}}}$ $F \approx \dfrac{3 \cdot E \cdot I \cdot \Delta L}{L_A^3}$	3.25 3.19
	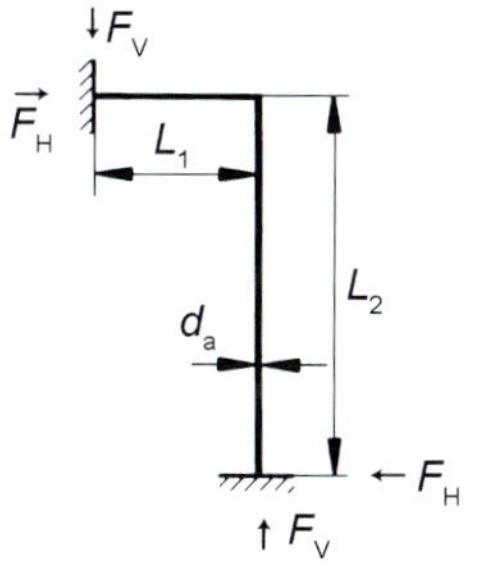 F_V, F_H, L_1, L_2, d_a, F_H, F_V $F_{res} = \sqrt{F_V^2 + F_H^2}$	$L_1 = f_L^2 \cdot \overline{\beta}_L \cdot \Delta\vartheta \cdot \dfrac{L_2}{L_1} \cdot d_a$ $F_V \approx 3 \cdot E \cdot \beta \cdot \Delta\vartheta \cdot \dfrac{L_2}{L_1} \cdot \dfrac{I}{L_1^2}$ $F_H \approx 3 \cdot E \cdot \beta \cdot \Delta\vartheta \cdot \dfrac{L_1}{L_2} \cdot \dfrac{I}{L_2^2}$	3.33 3.29 3.35
	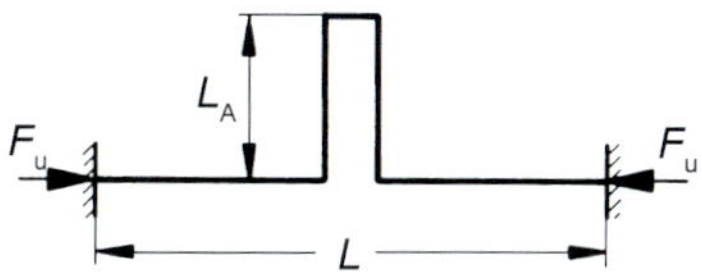 L_A, F_u, F_u, L	$L_A = 0{,}56 \cdot f_L \cdot \sqrt{\Delta L \cdot d_a}$ $F_u \approx \dfrac{E \cdot I \cdot \Delta L}{L_A^3}$; $\Delta L = L \cdot \overline{\beta} \cdot \Delta\vartheta$	3.41 mit 3.39 3.42

Tabelle 9.1 Fortsetzung

4	Elastizitätsberechnung 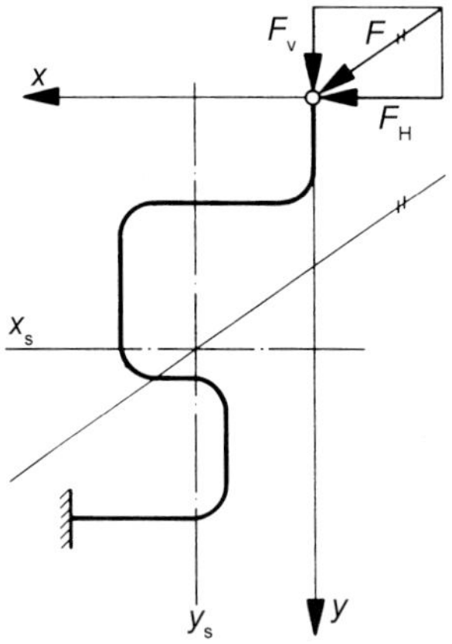 	$F_H = E \cdot I \cdot \frac{\Delta L_H \cdot I_{y,S} + \Delta L_V \cdot I_{xy,s}}{I_{x,s} \cdot I_{y,s} - I_{xy,s}^2}$ $F_V = E \cdot I \cdot \frac{\Delta L_V \cdot I_{x,s} + \Delta L_H \cdot I_{xy,s}}{I_{x,s} \cdot I_{y,s} - I_{xy,s}^2}$ $F = \sqrt{F_H^2 + F_V^2}$ Momentenbestimmung aus Tabelle 3.2	3.95 3.96 3.97
5	Elastizitätskriterium 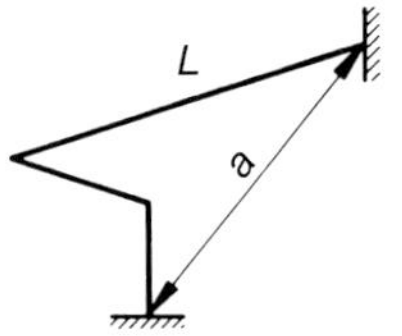 	$\frac{L}{a} \geqq 1 + f_w \cdot \sqrt{\frac{d_a}{a}}$ f_w s. Bild 3.27 $f_w \approx \frac{\vartheta}{45}$ L = Gesamtrohrlänge	3.153
6	Stützweite 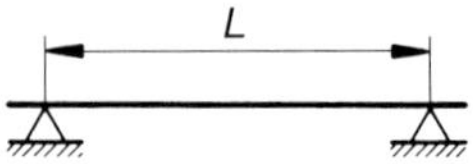 	$L = f \cdot d_i^{2/3}\ (m)$; d_i in mm $f \approx 0{,}2...0{,}3$	3.186

Tabelle 9.2 Zusammenstellung der wichtigsten Bestimmungsgleichungen der Strömungstechnik

1	Innendurchmesser	$d_i = \sqrt{\frac{\dot{V} \cdot 4}{\overline{w} \cdot \pi}}$ $\overline{w}$ s. Bild 4.3	4.5
2	Druckabfall (Flüssigkeiten)	$\Delta p_\lambda = \lambda \cdot \frac{L}{d_i} \cdot \varrho \cdot \frac{\overline{w}^2}{2}$ λ s. Bild 4.3 $\Delta p_v = \left(\lambda \cdot \frac{L}{d_i} + \zeta \right) \cdot \varrho \cdot \frac{\overline{w}^2}{2}$	4.6 4.11
3	Druckabfall (Gase)	$\frac{p_1^2 - p_2^2}{2 \cdot p_1} = \lambda \cdot \frac{L}{d_i} \cdot \varrho_1 \cdot \frac{\overline{w}_1^2}{2} \cdot \frac{\overline{T}}{T_1}$ mit: $\overline{T} = \frac{T_1 + T_2}{2}$ oder: $\frac{\Delta p}{p_1} = 1 - \sqrt{1 - \frac{2 \cdot \overline{T}}{T_1} \cdot \frac{\Delta p_i}{p_1}}$ mit: $\Delta p_i = \Delta p_v$ n. Gl. 4.11	4.14 4.21
4	Pneumatische Förderung	$\Delta p_{ges} = (\lambda + \lambda_z \cdot \mu_{pn}) \cdot \frac{L}{d_i} \cdot \varrho_G \cdot \frac{\overline{w}^2}{2}$ λ_z s. Bild 4.7 $\mu_{pn} = \frac{\dot{m}_{Fest}}{\dot{m}_{Gas}}$	4.26
5	Hydraulische Förderung	$\Delta p_{ges} = (\lambda \cdot \varrho_{Fl} + \lambda_{z,h} \cdot \mu_h [\varrho_{Fest} - \varrho_{Fl}]) \cdot \frac{L \cdot \overline{w}^2}{d_i \cdot 2}$ $\lambda_{z,h}$ s. Bild 4.8 $\mu_h = \frac{\dot{V}_{Fest}}{\dot{V}_{Fest} + \dot{V}_{FL}}$	4.31

Tabelle 9.2 Fortsetzung

6	Förderhöhe der Anlage 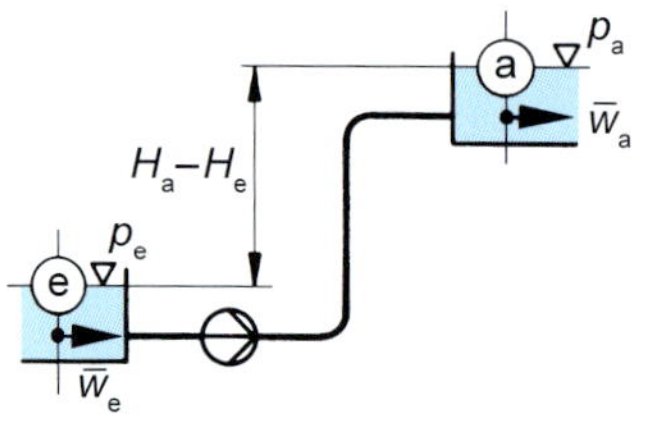 $H_a - H_e$, p_a, $\bar{w}_a$, p_e, $\bar{w}_e$	$H_A = \frac{p_a - p_e}{\varrho \cdot g} + (H_a - H_e) + \frac{\bar{w}_a^2 - \bar{w}_e^2}{2 \cdot g} + H_V$	4.39
7	Hintereinander geschaltete Rohrleitungen 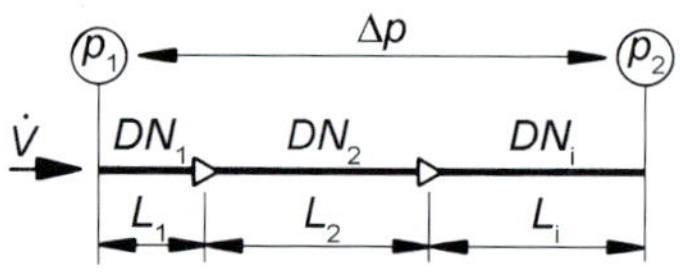 p_1, Δp, p_2, $\dot{V}$, DN_1, DN_2, DN_i, L_1, L_2, L_i	$\Delta p = \dot{V}^2 \cdot \frac{8 \cdot \varrho}{\pi^2} \cdot \sum_{i=1}^{n} \left(\lambda_i \cdot \frac{L_i}{d_{i,i}^5} \right)$	4.53
8	Parallel geschaltete Rohrleitungen 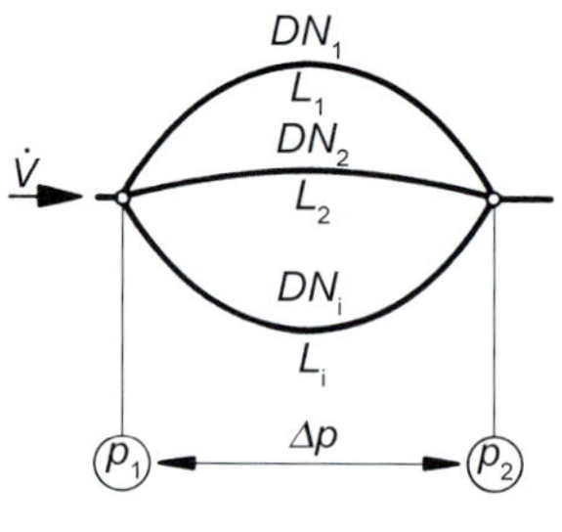 DN_1, L_1, DN_2, L_2, DN_i, L_i, $\dot{V}$, p_1, Δp, p_2	$\Delta p = \dot{V}^2 \cdot \frac{8 \cdot \varrho}{\pi^2} \cdot \frac{1}{\left(\sum_{i=1}^{n} \sqrt{\frac{d_{i,i}^5}{\zeta \cdot d_{i,i} + \lambda_i \cdot L_i}} \right)^2}$	4.80

Tabelle 9.3 Zusammenstellung der wichtigsten Bestimmungsgleichungen für die Temperaturdämmung

Pos.	Benennung	Bestimmungsformel	Gleichung im Buch
1	Wärmeverlust 	$\dot{Q}_L = \dot{q}_L \cdot L$ $\dot{q}_L \approx \dfrac{\pi}{\dfrac{1}{2 \cdot \lambda_D} \ln \dfrac{d_a}{d_i} + \dfrac{1}{\alpha_a \cdot d_a}} \cdot \Delta\vartheta$ $\Delta\vartheta = (\vartheta_i - \vartheta_a)$ $\alpha_a \approx 10\, W/(m^2 \cdot K)$ λ_D s. Bild 5.2	5.1
2	Temperaturabfall 	$\vartheta_{i,e} - \vartheta_a =$ $\dfrac{\vartheta_{i,a} - \vartheta_a}{\exp\left(\dfrac{L}{\dot{m} \cdot c_p} \cdot \dfrac{\pi}{\dfrac{1}{2 \cdot \lambda_D} \ln \dfrac{d_a}{d_i} + \dfrac{1}{\alpha_a \cdot d_a}}\right)}$	5.11
3	Kondensatanfall 	$\dot{m}_K = \dfrac{\dot{Q}_L}{\Delta h_V}$	5.29

Literaturverzeichnis

Spezielle Literatur zu einzelnen Kapiteln

3.1 WAGNER, W.: *Festigkeitsberechnungen im Apparate- und Rohrleitungsbau.* Würzburg: Vogel Communications Group, 2007.

3.2 KÁRMÁN, TH. V.: Über die Formänderung dünnwandiger Rohre. Z. *VDI 55 (1911)*, Nr. 45.

3.3 JÜRGENAONN, H. V.: *Elastizität und Festigkeit im Rohrleitungsbau.* Berlin, Heidelberg, New York: Springer-Verlag, 1953.

3.4 HAMPEL, H.: *Rohrleitungsstatik.* Berlin, Heidelberg, New York: Springer-Verlag, 1972.

3.5 ENDERS, W.: Wärmespannungen in Rohrleitungen. *Forsch. Ing.-Wes.* 23 (1957).

3.6 Autorengemeinschaft: *Stahl im Hochbau.* 14. Aufl., Band 1/Teil 2. Düsseldorf: Verlag Stahleisen GmbH, 1986.

3.7 WAGNER, W.: *Wärmeaustauscher.* Würzburg: Vogel Communications Group, 2005.

3.8 WAGNER, W.: *Regel- und Sicherheitsarmaturen.* Würzburg: Vogel Communications Group, 2008.

4.1 WAGNER, W.: *Strömung und Druckverlust.* Würzburg: Vogel Communications Group, 2008.

4.2 BOHL, W., ELMENDORF, W.: *Technische Strömungslehre.* Würzburg: Vogel Communications Group, 2005.

4.3 BARTH, W.: Strömungstechnische Probleme der Verfahrenstechnik. *CIT (1954)*, Nr. 1, S. 29–34.

4.4 HERNING, F.: *Stoffströme in Rohrleitungen.* Düsseldorf: VDI-Verlag, 1966.

4.5 WAGNER, W.: Maßnahmen gegen Kavitation vermindern Schäden beim Betreiben von Pumpen. *Maschinenmarkt 87* (1982), Nr. 56, S. 1161–1164.

5.1 WAGNER, W.: *Wärmeübertragung.* Würzburg: Vogel Communications Group, 2004.

7.1 GANDENBERGER, W.: *Über die wirtschaftliche und betriebswirtschaftliche Gestaltung von Fernwasserleitungen.* München: Oldenbourg-Verlag, 1957.

7.2 PRANDTL, L., u.a.: *Strömungslehre.* Braunschweig: Vieweg, 1969.

7.3 BRÜCK, H.: Abrechnung von Konstruktionsarbeiten im Rohrleitungs- und Modellbau. *3 R international* 18 (1979) 2.

7.4 WAGNER, W.: *Wasser und Wasserdampf in Anlagenbau.* Würzburg: Vogel Communications Group, 2003.

8.1 ENDE, G.: *Kalkulationstafeln für Heizungs-, Lüftungs- und Sanitäranlagen.* Düsseldorf: Krammer-Verlag, 1982.

Allgemeine und weiterführende Literatur

STADTMANN, F. H.: *Stahlrohr-Handbuch.* Essen: Vulkan-Verlag, 1982.

FIRGAU, W.: *Jahrbuch Rohrleitungstechnik.* Essen: Vulkan-Verlag, 1982.

WIESE, FR.-F.: *Rohrleitungen in Dampfkraftwerken und dampfverbrauchenden Betrieben.* Düsseldorf: VDI-Verlag, 1960.

SCHÖNE, O., SCHWENK, E.: *Rohrleitungen in neuzeitlichen Wärmekraftanlagen.* Berlin, Göttingen, Heidelberg: Springer-Verlag, 1961.

Autorenkollektiv: *Handbuch für den Rohrleitungsbau.* Berlin: VEB Verlag Technik, 1981.

PAS 1057: Berlin, Beuth Verlag.

Stichwortverzeichnis

R

S

T